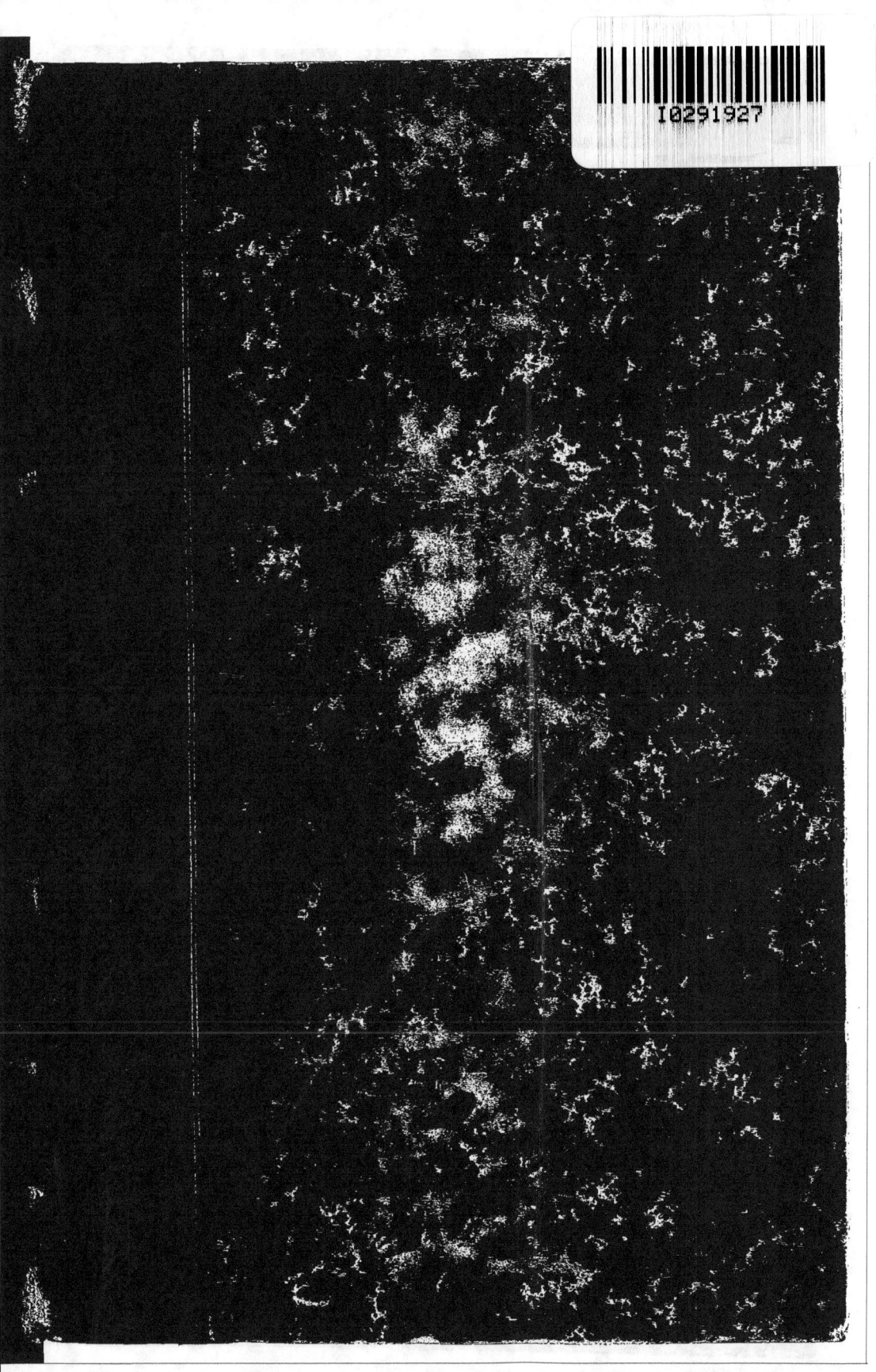

EN VENTE CHEZ Mme V^e CH. DUNOD

ÉDITEUR-LIBRAIRE DES CORPS DES PONTS ET CHAUSSÉES, DES MINES
DES TÉLÉGRAPHES ET DES CHEMINS DE FER

49, Quai des Augustins. — PARIS

COURS
DE
CONSTRUCTION DES PONTS

PAR

M. PH. CROIZETTE-DESNOYERS

INSPECTEUR GÉNÉRAL

PROFESSEUR A L'ÉCOLE DES PONTS ET CHAUSSÉES

Deux vol. in-4 et un atlas de 45 planches. — Prix : **80 fr.**

TABLE ANALYTIQUE DES MATIÈRES
CONTENUES DANS LES DEUX VOLUMES

INTRODUCTION. — PRÉCIS HISTORIQUE

§ 1. — *Ponts antérieurs à l'ère romaine.* — OUVRAGES CONSTRUITS EN ASIE EN ÉGYPTE ET EN GRÈCE. — VOÛTE TRÈS ANCIENNE EN ITALIE.

§ 2. — *Ponts construits pendant l'ère romaine.* — PONTS EN BOIS. — PREMIERS PONTS ET AQUEDUCS EN MAÇONNERIE. — Ponts sur le Tibre, à Rome. — (Milvius, Ælius, Janicule, Cestius, Fabricius et Palatin). — AUTRES PONTS EN ITALIE. — Rimini et Narni. — OUVRAGES CONSTRUITS DANS LA GAULE. — Pont aqueduc du Gard. — OUVRAGES CONSTRUITS EN ESPAGNE ET EN AFRIQUE. — Ponts de Salamanque, de Mérida, de Cordoue et d'Alcantara. — Aqueducs de Mérida, de Taragone et de Ségovie. — PONTS SUR LE DANUBE. — CARACTÈRES PRINCIPAUX DES PONTS CONSTRUITS PAR LES ROMAINS.

§ 3. — *Ponts construits au moyen âge.* — OUVRAGES CONSTRUITS DANS L'EMPIRE D'ORIENT. — OUVRAGES CONSTRUITS EN FRANCE. — Ponts d'Albi, d'Espalion, d'Avignon, de la Guillotière et de Saint-Esprit. — Pont de Carcassonne, premiers ponts sur la Seine, ponts sur la Vienne. — Ponts de Valentré à Cahors, d'Orthez, de Sauveterre, d'Entraigues, de l'Arche, de Pontoise d'Ouilly. — Ponts de Montauban, de Céret, de Saint-Affrique, de Bidarray, d'Olargues. — Ponts de Castellane, de Romans, de Villeneuve-d'Agen, de Vieille-Brioude. — OUVRAGES CONTRUITS EN ITALIE. — Pont sur le Serchio. — Pont de Pavie. — Aqueduc de Spolète. — Ponts de l'Amiral, de Vérone. — Aqueduc de Ficarazi. — Ponts d'Alexandrie et Pont-Vieux à Florence. — Ponts Nomentano et de Trezzo. — OUVRAGES CONSTRUITS EN ANGLETERRE ET EN ALLEMAGNE. — OUVRAGES CONSTRUITS EN ESPAGNE. — Ponts à Tolède en Catalogne, à Zamora, Ricobayo et Orense. — CARACTÈRES PRINCIPAUX DES PONTS CONSTRUITS AU MOYEN AGE.

§ 4. — *Ponts construit au XVIe et XVIIe siècle.* — OUVRAGES CONSTRUITS EN FRANCE. — Ponts à Paris, Tournon, Claix, Chenonceaux, Châtellerault et Toulouse. — Aqueducs d'Arcueil, de Buc et de Maintenon. — OUVRAGES CONSTRUITS EN ITALIE. — Ponte-Corvo, La Trinité, Rialto, Vicence, Capodarso, Ponte di Mezzo. — OUVRAGES CONSTRUITS EN HOLLANDE, EN ALLEMAGNE ET EN ESPAGNE. — Viaduc de Ronda. — CARACTÈRES PRINCIPAUX DES PONTS CONSTRUITS AU XVIe ET XVIIe SIÈCLE.

§ 5. — *Ponts construits en Perse à diverses époques.* — OUVRAGES DIVERS EN PERSE. — Premières voûtes. — Ponts de Disfoul, de Chouster, d'Erivan et Pont Rouge. — Ponts de la Jeune Fille, de Mianeh, de Tauris, d'Ispahan. CARACTÈRES PRINCIPAUX DES PONTS PERSANS.

§ 6. — *Ponts construits au XVIIIe siècle.* — OUVRAGES CONSTRUITS EN FRANCE. — Ponts de Blois, des Têtes, de Compiègne, de Port-de-Piles et de Charmes. — Ponts à Orléans, Saumur, Moulins, Tours, Mantes, Nogent-sur-Seine et Neuilly. — Ponts de Sainte-Maxence, de la Concorde et de Nemours. — Aqueducs de Montpellier et de Carpentras. — Ponts de Vizille, de Lavaur, de Gignac, de Rumilly. — Ponts très surbaissés. — OUVRAGES CONSTRUITS EN ANGLETERRE. — Ponts de Blakfriars, Westminster et Kew. — Ponts de Blenheim, Essex et Pont-y-Pridd. — OUVRAGES CONSTRUITS EN ALLEMAGNE ET EN ESPAGNE. — Ponts de Dresde, de Madrid et de Valence. — OUVRAGES CONSTRUITS EN ITALIE ET EN PORTUGAL. — Pont de San Leonardo. — Aqueducs en Sicile, à Caserte et près de Lisbonne. — PONTS EN BOIS. — Ouvrages remarquables construits en Suisse et en Bavière. — CARACTÈRES PRINCIPAUX DES PONTS CONSTRUITS AU XVIIIe SIÈCLE.

§ 7. — *Ponts construits à l'époque actuelle.* — OUVRAGES EN MAÇONNERIE. — FRANCE. — Ponts d'Iéna, Rouen et Bordeaux. — Grands ponts sur la Loire. — Nouveaux ponts à Paris. — Grandes arches de Nogent-sur-Marne et de Saint-Sauveur. — Autres ponts à larges ouvertures. — Ponts de Tilsitt et des Andelys. — Ponts sur la Garonne et ses affluents. — Ponts-canaux et Ponts-aqueducs. — Très grands et nombreux viaducs pour chemins de fer. — ANGLETERRE. — Ponts à Londres, à Chester, à Glasgow. — Ouvrages construits par Telford. — Pont divers. — Nombreux viaducs. — ITALIE. — Ponts sur la Dora, la Scrivia, l'Adige, le Volturne, le Sele et la Fegana. — Pont de Solférino. — Nouveaux ponts à Turin. — Viaducs. — HOLLANDE. — BELGIQUE. — ALLEMAGNE. — Ponts sur le Neckar, le Mein et l'Elbe. — Ouvrages de dimensions moyennes. — Grands viaducs du Göltzchthal et de l'Elsterthal. — AUTRICHE. — SUISSE. — ESPAGNE. — Ouvrages divers. — ÉTATS-UNIS. — Pont de Cabin John. — PONTS EN BOIS. — France. — Étranger. — PONTS MÉTALLIQUES. — OUVRAGES EN FONTE. — OUVRAGES EN fer. — Ponts a poutres droites. — Ponts de systèmes divers. — Viaducs métalliques. — Ponts suspendus. — Caractères principaux des ponts construits dans le siècle actuel.

COURS PROPREMENT DIT

Chapitre I. — Dispositions générales.

§ 1. — *Choix de l'emplacement des ponts.* — Conditions a rechercher principalement. — Bon sol de fondation. — Tracé normal au courant, fixité du lit. — Digues ou guideaux. — Concentration des eaux. — Précautions à prendre contre les courants obliques. — Emplacement des viaducs.

§ 2. — *Débouché à donner aux ponts.* — Importance de la fixation des débouchés. — Vitesse corrodant les divers terrains. — Limites a adopter ordinairement pour les remous. — Coefficients de contraction. — Détermination des débouchés. — Calcul des remous. — Méthodes de M. Navier, de l'aide-mémoire Claudel, de M. Bresse. — Applications. — Répartition des débouchés. — Règles à observer et exemples divers.

§ 3. — *Mode de construction et dimensions principales.* — Choix du mode de construction. — Répartition des débouchés en arches ou travées. — Ouvertures à adopter, au point de vue des dépenses, pour ponts en maçonnerie et pour ponts métalliques. — Définition des viaducs et classement de leurs hauteurs. — Hauteurs à donner aux arches ou travées de ponts. — Largeurs à adopter. — Formes a choisir pour les arches. — Pleins cintres. — Arcs de cercle. — Ellipses ou anses de panier. — Ogives ou courbes surhaussées. — Résumé. — Tableaux comparatifs des ouvrages présentant des dimensions exceptionnelles.

Chapitre II. — Fondations

§ 1. — *Nature des diverses terrains.* — Classification des terrains. — Sondage et expériences sur la résistance du sol.

§ 2. — *Fondations par épuisement.* — Fondations a l'abri des eaux courantes. — Fouilles ordinaires. — Fouilles blindées. — Viaduc d'Auray. — Blindages avec rails et traverses ou avec cadres mobiles. — Bâtardeaux. — Application de M. Lanteirès. — Bâtardeaux avec vieux rails. — Bâtardeaux appuyés sur des enceintes à Hennebont, Lorient, Quimperlé. — Fondation du grand viaduc de l'Aulne.

§ 3. — *Fondation sur béton immergé.* — Emploi dans des enceintes ou des caissons. — Conditions de nécessité du procédé. — Accidents causés par les crues de 1875. — Ponts d'Empalot, de Madame, etc. — Précautions a prendre contre les affouillements. — Enrochements Crèches. — Résille Chaubard. — Plates-formes en facines. — Radiers généraux. — Estacades. — Fondations exécutées en Hollande. — Cuvelage en fonte. — Fondations du grand pont de Ponghkeepsie en Amérique. — Fondations sur grillages ou enrochements.

§ 4. — *Fondations sur pilotis.* — Battage des pieux. — Charges pratiques.

— 4 —

Plates-formes. — Caissons foncés. — Massifs supérieurs en béton. — Ponts de Rouen, de Bordeaux. — Quais de Rouen, de Nantes. — Viaduc d'Amsterdam. — Accidents survenus dans les fondations sur pilotis. — Ponts de Tours, de Tonnay-Charente, de l'Elorn, de l'Alma, de Tarbes, des Invalides. — Effets provenant de la pression des remblais. — Moyens à employer pour prévenir les accidents. — Pieux métalliques en fonte ou en fer.

§ 5. — *Fondations par massifs isolés.* — Fondations par puits blindés. — Pont sur la Vilaine. — Viaduc d'Ormaiztegui. — Fondations par massifs descendant graduellement. — Bassin de Radoub à Rochefort. — Jetées à Saint-Nazaire. — Forme de radoub à Lorient. — Passerelle à Lorient. — Bassin à flot de Bordeaux. — Murs de quai du bassin de Penhouët.

§ 6. — *Fondations par l'air comprimé.* — Premiers emplois de l'air comprimé. — Fondations des ponts de Rochester et de Saltash. — Fondations tubulaires. — Ponts de Szegedin, de Bordeaux, d'Argenteuil. — Construction des piles au-dessus des fondations. — Fondations par caissons. — Ponts de Kehl, de la Voulte, du Scorff et de Nantes. — Fondations en Hollande. — Pont de Rotterdam. — Fondations en Amérique. — Ponts de Saint-Louis, Brooklin et autres ouvrages. — Fondations en Danemark. — Ponts sur le Lümfjord. — Fondations avec voûtes en maçonnerie. — Pont de Marmande. — Caisson bâtardeau de M. Montagnier. — Fondations du viaduc du Val Saint-Léger. — Accidents à redouter et précautions à prendre au sujet du personnel.

§ 7. — *Comparaison des divers procédés et règles à suivre.* — Évaluation des prix de revient pour fondations. — Par épuisements, avec béton immergé, sur pilotis, par massifs isolés, par l'air comprimé. — Durée d'exécution. — Garanties de solidité. — Résumé des avantages et des inconvénients.

§ 8. — *Applications aux différentes natures de terrains.* — Fondations à des profondeurs restreintes. — Terrains incompressibles et inaffouillables. — Terrains compressibles et affouillables. — Fondations a de grandes profondeurs. — Principaux cas d'application de chaque procédé. — Observations générales.

Chapitre III. — Formes et Stabilité des Voûtes.

§ 1. — *Tracé des courbes d'intrados.* — Choix a faire. — Pleins-cintres. — Arcs de cercle. — Ellipses. — Anses de panier. — Courbe du pont de la Trinité à Florence. — Ogive persane.

§ 2. — *Conditions de stabilité des voûtes.* — Distinction a faire entre l'équilibre et la stabilité. — Expériences de M. Boistard. — Conclusions déduites des expériences. — Résistance au renversement. — Coefficient de stabilité. — Position du joint de rupture. — Observations faites sur des ponts détruits pendant la guerre. — Cohésion et adhérence. — Résistance au glissement. — Résistance à l'écrasement. — Résumé des principales conditions de stabilité.

§ 3. — *Courbes de pression.* — Principes généraux et procédés suivis pour la détermination des courbes. — Considérations préliminaires. — Répartition de la pression sur les joints. — Courbe générale de pression. — Courbe de pression dans les voûtes. — Positions de la courbe moyenne de pression à la clef et au point de rupture. — Nouvelles expériences sur les voûtes. — Détermination de la poussée horizontale et complément du tracé de la courbe de pression. — Pressions sur les maçonneries aux diverses hauteurs. — Utilité des élargissements dans les tympans. — Mémoires divers relatifs aux conditions de stabilité des voutes. — Mémoire de M. Carvalho. — Méthode de M. Durand-Claye. — Note de M. Cuncq. — Procédé indiqué par M. Dupuis. — Mémoire de M. Yvon Villarceau. — Mémoire de M. de Saint-Guilhem. — Courbe de pression dans les piédroits. — Tracé par procédé graphique. — Détermination des points par le calcul. — Influence de la poussée des remblais et influence des surcharges. — Influence des surcharges provenant des remblais. — Influence des surcharges autres que celles des remblais.

§ 4. — *Application des courbes de pression.* — Utilité des applications. — Données admises pour voûtes en plein-cintre. — Valeurs des poussées. — Comparaison des résultats. — Forme de la courbe de pression. — Pressions lors du décintrement. — Modifications produites par des surcharges. — Appréciation des pressions exercées par les remblais. — Données admises pour voûtes en arc de cercle. — Valeur des poussées et comparaison des résultats. — Données admises dans les applications pour voûtes en ellipse. — Valeur des poussées et observations.

Chapitre IV. — Épaisseur des Voûtes, Culées et Piles.

§ 1. — *Epaisseurs à donner aux voûtes.* — Considérations générales sur les épaisseurs des voutes. — Epaisseurs à la clef des voûtes en plein cintre, en arc de cercle et en ellipse ou en anse de panier pour ponts de routes. — Epaisseurs à donner aux reins des voûtes. — Complément du tracé de la courbe d'extrados. — Epaisseurs à donner aux voûtes des ponts pour chemins de fer.

§ 2. — *Epaisseurs à donner aux culées.* — Détermination de l'épaisseur des culées aux naissances. — Valeurs des épaisseurs aux naissances pour voûtes en plein cintre, pour voûtes en arc de cercle et pour voûtes en ellipse. — Détermination de l'épaisseur des culées au-dessous des naissances pour résistance au renversement. — 1° Avec parement extérieur vertical. — 2° Avec fruit extérieur. — 3° Avec parement extérieur courbe. — Epaisseurs à donner aux culées pour voûtes en plein cintre, en arc de cercle et en ellipse. — Epaisseurs à donner aux culées en ce qui concerne les pressions. — Courbe d'égale pression. — Applications. — Formules diverses pour les épaisseurs de culées.

§ 3. *Épaisseur à donner aux piles.* — Epaisseurs a donner pour résistance au renversement. — Applications. — Epaisseur a donner pour résistance a la pression. — Dispositions spéciales aux ponts pour chemins de fer. — Résumé des règles pratiques a suivre pour déterminer les épaisseurs des voutes, des culées et des piles. — Conditions de stabilité. — Poussées horizontales. — Epaisseurs des culées. — Epaisseurs des piles. — Observations générales.

Chapitre V. — Appareils et Modes de Construction.

§ 1. — *Mode de construction des voûtes.* — Tassement des voutes. — Précautions à prendre pour diminuer les tassements. — Modes de construction employés par les Romains. — Appareils a adopter pour les voutes. — Emploi des pierres de taille et des moellons. — Détails de construction. —

Procédé suivi au pont de Tilsitt. — Procédé suivi au nouveau pont de Claix. — Emploi des briques. — Complément de l'appareil des têtes. — Archivoltes. — Cornes de vaches. — Raccordement des bandeaux avec les piles et culées. — Tympans. — Elégissements au moyen de voûtes. — Mode d'écoulement des eaux intérieures. — Chapes.

§ 2. — *Formes et dispositions des culées.* — MURS EN AILE ET MURS EN RETOUR. — Observation relative aux murs en retour. — CULÉES POUR VIADUCS. — Elégissements dans le système anglais.

§ 3. — *Formes et dispositions des piles.* — PILES ORDINAIRES ET PILES CULÉES. — Forme des avant et arrière-becs pour piles en rivière. Demi-piles attenant aux culées. — Epaisseurs des voûtes, soubassements et socles des piles pour viaducs. — Fruits à donner à ces piles. — Contreforts pour piles de viaducs. — Evidements dans les piles. — Piles de viaducs avec fruits courbes. — Observations générales sur le mode de construction des ponts et viaducs.

§ 4. — *Couronnement des ponts.* — TYPES COURANTS DE PLINTHES ET PARAPETS. — Couronnements en maçonnerie, sans refuges. — avec refuges. — Types divers pour garde-corps métalliques. — Exemple de couronnements en Italie.

§ 5. — *Elargissement des ponts.*

§ 6. — *Abords des ponts.*

Chapitre VI. — Voûtes biaises.

§ 1. — *Principes généraux et appareils à adopter.* — CONSIDÉRATIONS GÉNÉRALES. — Poussée au vide invoquée précédemment. — Poussées extérieures réellement produites. — CONDITIONS THÉORIQUES A REMPLIR POUR LES APPAREILS. — Appareil orthogonal parallèle. — Méthode graphique de M. Dupuit. — Appareil hélicoïdal. — Améliorations introduites par M. Léveillé. — Modification proposée par M. Dupuit. — Appareil cycloïdal. — Appareil suivant les génératrices et les sections droites. — Appareil par arcs droits. — Appareil orthogonal convergent.

§ 2. — *Détails de construction et exemples divers.* — Indication des mouvements produits pendant la construction et le décintrement. — Précautions à prendre pour prévoir ou diminuer les accidents. — Raccordement des culées biaises avec les talus. — Formes à donner aux extrémités des piles. — Epaisseurs à donner aux voûtes, piles et culées. — Surfaces à adopter pour les joints. — Exemples de ponts biais en maçonnerie. — Choix à faire entre les divers appareils.

Chapitre VII. — Cintres.

§ 1. — *Principes généraux sur les dispositions à suivre.* — Pressions exercées par une voûte sur son cintre. — Recherches à faire pour l'établissement des projets de cintre. — Détermination des dimensions des couchis. — Efforts supportés par les diverses pièces des fermes. — Principes sommaires pour la composition des fermes.

§ 2. — *Applications, calculs, exemples et décintrements.* — Couchis. — Fermes. — Calcul des efforts exercés. — Types à appliquer principalement.

— Cintre employés au siècle dernier. — Exemples comparatifs de cintres. — Mode de liaison des fermes entre elles. — Assemblages des pièces. — Cintres pour voûtes biaises. — Modes de support des cintres et décintrements. — Dépenses comparatives de divers cintres. — Observations générales.

Chapitre VIII. — Instructions pratiques pour les Calculs de Résistance.

§ 1. — *Données générales à adopter pour les applications.* — Résistance à la compression. — Résistance à l'extension. — Résistance à la flexion. — Moments d'inertie. — Conditions d'épreuve des ponts métalliques. — Ponts supportant des voies de fer. — Ponts supportant des voies de terre.

§ 2. — *Calculs pour ponts avec poutres droites et à une seule travée.* — — Moment fléchissant et efforts tranchant. — Applications générales aux poutres des ponts. — Pièces reposant sur deux appuis. — Applications pour les pièces à section uniforme. — Applications pour les poutres à sections variables. — Détermination des dimensions des semelles. — Détermination des dimensions de la paroi verticale. — Dimensions à déterminer pour les barres d'un treillis.

§ 3. — *Calculs pour ponts avec poutres droites et à plusieurs travées.* — Formulaires de M. Bresse. — Détermination du moment fléchissant. — Formulaire graphique. — Formulaire analytique. — Détermination des efforts tranchants. — Epures pour déterminer les dimensions des semelles. — Résistance aux efforts tranchants.

§ 4. — *Calculs pour les ponts en arcs.* — Efforts à considérer. — Formules approximatives très simples. — Détermination des valeurs exactes de Q. — Calcul de la flèche. — Recherche directe de la pression maxima. — Recherche détaillée du travail du fer pour une section quelconque. — Application faite par M. Dupuy.

Chapitre IX. — Ponts en bois.

§ 1. — *Ponts à poutres droites simples.* — Palées. — Culées. — Travées de dimensions successives. — Systèmes divers à petites portées.

§ 2. — *Ponts en arcs.* — Ponts supportés par des arcs. — Ponts avec arc en madriers. — Ponts construits par Wiebeking. — Pont de Cascade-Gleen. — Ponts suspendus à des arcs.

§ 3. — *Ponts à poutres droites composées.* — GRANDS OUVRAGES CONSTRUITS EN SUISSE. — Pont de Zurich. — Ponts de Schaffouse. — Pont de Wettingen. — TYPES CRÉÉS AUX ETATS-UNIS. — Système Town. — Système Long. — Système Howe. — Système Bürr. — VIADUCS. — CONSIDÉRATIONS GÉNÉRALES SUR LES PONTS EN BOIS.

Chapitre X. — Ponts en fonte.

§ 1. — *Premières applications.* — OUVRAGES EN FONTE CONSTRUITS A L'ORIGINE.

§ 2. — *Ouvrages construits en France depuis 1840.* — PONTS AU-DESSUS DES VOIES DE FER. — PONTS SUPPORTANT DES VOIES DE FER. — Premiers ponts sur la ligne de Paris à Lyon. — Pont de Villeneuve-Saint-Georges. — Pont de Nevers. — Pont de Tarascon. — Pont de la Voulte. — Pont sur le Var. — Pont sur le Rhône à Lyon. — Ponts d'Oissel et de Tourville. — Pont de Frouard. — Pont sur la Chiffa. — PONTS POUR VOIES DE TERRE. — Pont de Solférino. — Pont Saint-Louis. — Pont Sully. — Pont de Grenelle. — Pont de Suresnes. — Pont au Double. — Pont de Vichy. — Pont sur l'Oued-el-Hammam. — Pont d'El-Kantara. — PONTS EN ARCS AVEC ARTICULATIONS.

§ 3. — *Ouvrages divers construits à l'étranger.* — PONTS SUPPORTÉS PAR DES ARCS. — Pont de Rochester. — Pont de Nottingham. — Holborn Viaduct. — Pont sur la Wien. — PONTS SUSPENDUS A DES ARCS. — Pont de Buildwash. — Pont sur le canal du Régent. — Pont sur le canal de Paddington. — Pont de Leeds. — Pont sur le Rock-Creek. — Viaduc de High-Level à Newcastle.

§ 4. — *Considérations générales sur les ponts en fonte.*

Chapitre XI. — Ponts en tôle.

§ 1. *Eléments de la construction et ponts à poutres droites pour faibles ouvertures.* — ELÉMENTS DE LA CONSTRUCTION. — TYPES D'OUVRAGES POUR FAIBLES OUVERTURES. — Ponts supportant des voies de fer. — Sections comparatives des poutres pour passage sous rails. — Ponts au-dessus des voies de fer. — Ponts sur cours d'eau pour routes et chemins.

§ 2. — *Grands ponts à poutres droites en Europe.* — PONTS POUR CHEMINS DE FER A DEUX VOIES. — Britannia. — Conway. — Ponts sur la Garonne. — Langon, Aiguillon et Moissac. — Bordeaux. — Lorient. — Chalonnes. Argenteuil. — Redon. — OBSERVATIONS SUR LES PRINCIPAUX TYPES CI-DESSUS. — AUTRES EXEMPLES DE PONTS A DEUX VOIES. — Arles. — Conflans. — Empalot. — Offenbourg. — Stadlau. — Pesth. — Varsovie. — Dunabourg. — Cologne. — Tulln. — Mezzana-Corti. — PONTS POUR CHEMINS DE FER A UNE VOIE. — Dirshau. — Marienbourg. — Rybinsk. — Nussdorf. — Tamise. — Cher près Tours. — COMPARAISON DE DIVERS PONTS. — Ponts en Italie. — En Espagne. — PONTS POUR LIGNES D'INTÉRÊT LOCAL. — PONTS POUR ROUTES ET CHEMINS. — SOLIDARITÉ OU INDÉPENDANCE DES TRAVÉES.

§ 3. — *Ponts peu coûteux et faciles à déplacer.* — PONTS PORTATIFS ÉCONOMIQUES (Système Eiffel). — Type n° 1. — Mise en place. — Type n° 2. — PONTS POLYTÉTRAGONAUX PORTATIFS (Système Cottrau). — Types divers. — Viaducs.

§ 4. — *Ponts à poutres droites en Amérique.* — TYPES GÉNÉRAUX. — Mode général de construction. — Applications des grandes portées du système Fink. — Application du système à losange au pont Saint-Charles. — Application du système triangulaire composé au pont de Louisville. — Application du système Linville au pont de Cincinnati, sur l'Ohio. — Ponts du système Post. — Ponts en treillis. — Considérations sur le mode de construction.

§ 5. — *Viaducs métalliques.* — VIADUCS AVEC PILES EN MAÇONNERIE. — VIADUCS AVEC PILES MÉTALLIQUES. — Fribourg. — Busseau d'Ahun et la Cère. — Viaducs entre Commentry et Gannat. — La Tarde. — Le Tay. — Castellaneta. — VIADUCS DIVERS. — VIADUCS EN NORWÉGE. — VIADUCS CONSTRUITS EN AMÉRIQUE. — Viaduc sur le Kentucky-River.

§ 6. — *Ponts de systèmes divers.* — Première catégorie. — Windsor. — Sharpness. — La Linth. — Domitz. — Deuxième catégorie. — Saltash. — Botzbergbahn. — Mayence. — Hambourg. — Troisième catégorie. — Tilsitt. — Florisdorf. — Dusseldorf. — Quatrième catégorie. — Mode de calcul. — Applications. — Kuilenbourg, Moerdyck, Bommel, Crèvecœur, Nimègue, Arnhem, Dordrecht et Rotterdam (observations sur le mode de construction).

§ 7. — *Ponts en arc de fer ou d'acier.* — Ponts de Szégedin (Chemin de fer). — Saint-Just. — La Chiffa. — Le Cinca. — Arcole. — Coblentz. — L'Erdre. — Saint-Louis. — Szégedin (route). — Pesth (route). — Porto.

§ 8. — *Poids des superstructures métalliques.* — Utilité de l'examen des poids. — Résumé des règles suivies pour la détermination des poids.

§ 9. — *Considérations générales sur les ponts métalliques et comparaison des diverses catégories.* — Considérations sur les ponts métalliques. — Métal à employer. — Dispositions générales à adopter. — Nombre de poutres. — Indépendance des travées. — Constitution des principales pièces. — Comparaison des diverses catégories.

Chapitre XII. — Ponts suspendus.

Premiers ponts suspendus. — Menay. — Formules de Navier. — Description de quelques principaux ponts. — Fribourg. — La Roche-Bernard. — Lorient. — Pesth. — Clifton. — Langeais. — Dispositions spéciales adoptées pour certains ouvrages. — Mode de construction de la superstructure. — Observations sur les câbles. — Règles générales a observer. — 1° Ponts pour voitures. — 2° Ponts pour piétons. — 3° Détails de construction. — Dispositions nouvelles appliquées en France. — Saint-Ilpize. — Lamothe. — Exhaussement du tablier du pont de Givors. — Grands ponts construits aux États-Unis. — Caractères principaux de ces ponts. — Pont d'aval du Niagara. — Pittsburg. — Cincinnati. — Niagara-Falls. — Point-Bridge. — Brooklyn.

APPENDICE

GRANDS PONTS ET VIADUCS RÉCEMMENT CONSTRUITS OU EN COURS D'EXÉCUTION

Grand pont de Marmande, sur la Garonne (France). — Ponts de Lavaur Antoinette et de Castelet. — Traversée de la Dordogne a Cubzac (France). — Pont sur la Loire a Saumur (France). — Viaducs de Kirchenfeld et du Javroz (Suisse). — Viaduc de Schwartzwasser (Suisse). — Viaduc de Garabit sur la Trueyre (France). — Ponts et viaducs de très grandes dimensions (Amérique du Nord). — Kinzua. — Poughkeepsie. — Pont sur le Firt of Forth, près Queensferry (Écosse).

ANNEXES

I. — DOCUMENTS STATISTIQUES SUR LES PONTS ET VIADUCS EN MÉTAL.

TABLEAUX RÉSUMÉS

§ 1. — Ponts et viaducs en tôle pour chemins de fer.
§ 2. — Ouvrages en fonte pour chemins de fer.
§ 3. — Ouvrages en tôle pour routes et chemins.
§ 4. — Ouvrages en fonte pour routes et chemins.

II. — TABLEAUX DE PRIX D'OUVRAGES D'ART CALCULÉS POUR SERVIR DE BASES DANS LES ESTIMATIONS D'AVANT-PROJETS DE CHEMINS DE FER.

1° PRIX ÉLÉMENTAIRES.
2° PRIX DES OUVRAGES.
  § 1. — Ouvrages à construire d'après des types généraux.
  § 2. — Ouvrages à construire d'après des dessins spéciaux.

TABLE DES PLANCHES

I   Ponts construits à l'époque romaine.
II Aqueducs construits à l'époque romaine.
III Ponts construits en France au moyen âge.
IV Ponts construits à l'étranger au moyen âge.
V   Ponts construits en France aux XVIe et XVIIe siècle.
VI Ponts construits à l'étranger aux XVIe et XVIIe siècle.
VII Ponts construits en Perse à diverses époques.
VIII Ponts construits en France au XVIIIe siècle.
IX Ponts construits à l'étranger au XVIIIe siècle.
X   Principaux ponts en maçonnerie construits en France au XIXe siècle.
XI Principaux ponts en maçonnerie construits en Angleterre au XIXe siècle.
XII Principaux ponts en maçonnerie construits en Italie au XIXe siècle.
XIII Principaux ponts en maçonnerie construits en divers pays au XIXe siècle.
XIV Principaux ponts récemment construits en France.
XV Principaux ponts métalliques construits en France au XIXe siècle.

XVI	Ponts en bois ou en métal construits à l'étranger au XIX° siècle.
XVII	Ponts métalliques récemment construits à l'étranger.
XVIII	Très grands ponts métalliques construits à l'étranger au XIX° siècle.
XIX	Principaux ponts métalliques construits récemment à l'étranger.
XX	Grands viaducs métalliques construits récemment à l'étranger.
XXI	Principaux ponts suspendus construits en France et à l'étranger au XIX° siècle.
XXII	Courbes des poussées horizontales des voûtes de ponts.
XXIII	Courbes des épaisseurs de culées aux naissances.
XXIV	Courbes des épaisseurs de culées au-dessous des naissances.
XXV	Courbes des épaisseurs de culées au-dessous des naissances.
XXVI	Exemples comparatifs de couronnements de ponts et viaducs.
XXVII	Exemples comparatifs de couronnements de ponts et viaducs.
XXVIII	Exemples comparatifs de garde-corps métalliques.
XXIX	Dessins comparatifs de cintres employés pour arches en plein cintre.
XXX	Dessins comparatifs de cintres employés pour arches en arc de cercle.
XXXI	Dessins comparatifs de cintres employés pour arches elliptiques.
XXXII	Éléments principaux de grands ponts en fonte.
XXXIII	Éléments principaux de ponts en fer, à poutres droites, en Europe.
XXXIV	Éléments principaux de ponts en fer, à poutres droites, en Europe.
XXXV	Éléments principaux de ponts en fer, à poutres droites, en Europe.
XXXVI	Éléments principaux de ponts en fer, à poutres droites, pour routes et chemins.
XXXVII	Éléments principaux de ponts en fer, à poutres droites, en Amérique.
XXXVIII	Éléments principaux de viaducs, avec piles métalliques, en Europe.
XXXIX	Éléments principaux de viaducs, avec piles métalliques, en Amérique.
XL	Éléments principaux de ponts en arc de fer ou d'acier.
XLI	Éléments principaux de ponts en fer de systèmes divers.
XLII	Éléments principaux de ponts en fer de systèmes divers.
XLIII	Éléments principaux de ponts suspendus en Europe.
XLIV	Éléments principaux de ponts suspendus en Amérique.
XLV	Courbes des poids par mètre linéaire de ponts en tôle pour chemins de fer.

Nota. — La planche XXI est triple et la planche XLV est double ; toutes les autres sont simples

BULLETIN DE SOUSCRIPTION

*Je soussigné*_____

déclare souscrire pour . *exemplaire au* **Cours de Construction des Ponts,** *par* M. Ph. Croizette-Desnoyers, *qui me ser* *adressé à*[1]_____

_____

moyennant la somme de **quatre-vingts francs** *que je joins en un mandat-poste.*

A_____ le_____ 188 .

Signature[2]

[1] Mettre son adresse complète.
[2] Signer très lisiblement.

PROCÉDÉS

ET

MATÉRIAUX DE CONSTRUCTION

PARIS. — IMP. C. MARPON ET E. FLAMMARION, RUE RACINE, 26.

A. DEBAUVE

Ingénieur en chef des Ponts et Chaussées.

PROCÉDÉS

ET

MATÉRIAUX DE CONSTRUCTION

TOME DEUXIÈME

TROISIÈME PARTIE

FONDATIONS

PARIS

Vve Ch. DUNOD, ÉDITEUR

LIBRAIRE DES CORPS NATIONAUX DES PONTS ET CHAUSSÉES, DES MINES
ET DES TÉLÉGRAPHES

49, Quai des Augustins, 49

1885

TROISIÈME PARTIE

FONDATIONS

OBJET ET DIVISION DE LA TROISIÈME PARTIE

Fonder un édifice, c'est lui donner une base capable de le supporter sans tassement ni déformation.

Les édifices en général n'agissent sur leur base que par leur poids ; la base n'a donc à résister qu'à des efforts verticaux et, naturellement, doit être horizontale afin qu'aucun glissement ne soit à craindre. Cependant il arrive, notamment dans les travaux publics, que certains ouvrages ont à résister non seulement à des charges verticales, mais encore à des efforts horizontaux ou inclinés ; l'horizontalité ne convient plus alors pour la base de fondation, et on est conduit à la placer normalement à la résultante des efforts qui lui sont transmis ; ce cas exceptionnel se présente pour les murs de soutènement.

La définition même du travail appelé fondation nous indique qu'il est impossible d'appliquer à ce travail des règles fixes ; les dispositions à adopter dépendent de la nature du terrain, du genre de l'édifice et des matériaux que donne le pays. Un simple mur de clôture peut reposer sans crainte sur une terre ordinaire, incapable de recevoir la base d'un viaduc ; pour le même ouvrage, la fondation sur pilotis conviendra, dans une région forestière où l'on a le bois sous la main, tandis que la fondation sur maçonnerie établie dans une enceinte sera plus économique dans une région rocheuse.

On ne saurait donc, en cette matière, formuler des règles absolues ; cependant tous les systèmes ne sont pas également applicables dans un cas donné ; celui qu'il convient d'adopter est presque toujours nettement indiqué, et le choix est commandé par la seule inspection des sondages ; parfois, le choix est douteux, et deux ou trois systèmes sont acceptables à première vue. C'est alors qu'intervient la considération d'économie et la comparaison des dépenses afférentes à chaque système dicte le choix définitif.

Les systèmes de fondation peuvent être rangés en quatre grandes classes :

1° Les fondations effectuées directement sur le terrain solide et à l'air libre, dans une fouille ou dans une enceinte plus ou moins profonde, avec ou sans le secours de machines d'épuisement ;

2° Les fondations sur pilotis, parmi lesquelles nous rangerons, non seulement les fondations sur pieux de bois ou de métal, mais encore les fondations sur piliers isolés en maçonnerie ;

3° Les fondations sur massifs immergés, massifs de béton, massifs d'enrochements, massifs de blocs artificiels ;

4° Les fondations par l'air comprimé qui, comme celles de la première classe, pénètrent directement jusqu'au terrain solide.

De cette classification résulte la division de notre étude en cinq chapitres :

Chapitre I. — *Généralités sur les fondations.*
Chapitre II. — *Fondations directes sur le solide.*
Chapitre III. — *Fondations sur pieux ou piliers isolés.*
Chapitre IV. — *Fondations sur massifs immergés.*
Chapitre V. — *Fondations par l'air comprimé.*

PROCÉDÉS

ET

MATÉRIAUX DE CONSTRUCTION

CHAPITRE PREMIER

GÉNÉRALITÉS SUR LES FONDATIONS

La plupart des auteurs rangent les systèmes de fondation en trois grandes classes qui correspondent : la première, à un terrain incompressible ; la seconde, à un terrain compressible superposé à un terrain incompressible ; la troisième, à un terrain indéfiniment compressible.

Nous pensons, avec Dupuit, que cette classification repose sur une base erronée : il y a bien quelques terrains compressibles, par exemple, les massifs récents de terres rapportées, les tourbes sèches, et jamais on ne songera à asseoir des constructions importantes sur de pareils terrains ; mais c'est à tort que l'on range parmi les terrains compressibles les argiles, les terres compactes, et même les vases fluides ; celles-ci ne sont pas plus compressibles que l'eau pure, et l'on sait que la compressibilité de l'eau est pratiquement négligeable.

Ce n'est donc point la compressibilité du sol, mais sa mobilité, qu'il faut considérer ; les vases fluides, par exemple, quoique incompressibles, sont essentiellement mobiles ; enfermées sous le piston d'une presse hydraulique, elles supporteraient sans dépression une charge énorme, mais, abandonnées à elles-mêmes, elles s'échappent latéralement sous la charge qu'on leur impose ; parfois même elles se boursoufflent et remontent de chaque côté du massif superposé. C'est donc la mobilité qui, dans ce cas, s'oppose à la solidité de la fondation.

Il est d'autres terrains qui ne sont pas mobiles et qui ne tendent pas à fuir latéralement sous la charge, mais qui manquent de cohésion et qu'un faible courant désagrège ; tels sont les graviers et les sables. Les terrains de ce genre peuvent être excellents comme fondation, à condition qu'on les enferme dans une enceinte et qu'on les mette à l'abri des courants.

Nous sommes convaincu qu'en bien des cas le béton immergé dans une enceinte s'est délavé et n'a pas fait prise, de sorte que bon nombre d'ouvrages, que l'on croit reposer sur des massifs monolithes de béton immergé, s'appuient en réalité sur un tas de cailloux placé dans un coffrage ; un massif de ce genre résiste fort bien à une charge verticale, et il n'y aurait d'accident à redouter que si le coffrage venait à céder ou à disparaître.

C'est donc surtout la mobilité du terrain qu'il faut considérer en matière de fondation et les divers systèmes en usage répondent aux trois classes suivantes de terrain :

1° Terrain solide ; 2° terrain solide recouvert de couches mobiles ; 3° terrain mobile sur une profondeur indéfinie.

1° Terrain solide. — Parmi les terrains solides il faut ranger les roches, les graviers et les sables. Mais quand il s'agit de roches tendres, de graviers et de sables soumis à l'action d'un cours d'eau, on doit prendre des précautions spéciales pour combattre les affouillements, c'est-à-dire les dégradations incessantes produites par les courants.

On peut avoir à établir les fondations sur un terrain sec, ce qui est le cas général des constructions ordinaires, ou sous l'eau, comme cela arrive pour les ponts, écluses et murs de quai.

Sur un terrain sec, il y a peu de chose à faire : il suffit de dresser convenablement une plate-forme horizontale sur laquelle on pose la première assise. Quelque dur que soit le rocher, il est toujours convenable d'encastrer la fondation dans le sol, afin d'en bien assurer la solidité. La plate-forme dressée, on la recouvre d'un bain de mortier, sur lequel on pose soit les plus gros moellons, soit des pierres de taille dégrossies, en un mot, les matériaux les plus résistants dont on dispose, réservant pour les assises moins chargées les matériaux tendres et friables. Pour satisfaire les convenances architecturales, et pour être en même temps certain qu'aucune partie de la superstructure ne sera en porte-à-faux, il est d'usage de donner à la base un léger empatement de 0^m05 à 0^m10 et de former ainsi une manière de socle sur lequel repose l'édifice. Remarquons d'ailleurs que la base supporte le maximum de charge et doit par suite avoir un excédant de largeur.

Jamais un mur vertical ne doit être assis sur un plan incliné ; lorsque le rocher n'est pas horizontal, on l'entaille pour préparer une série de redans horizontaux, reliés par des faces verticales ; la hauteur du mur est donc variable d'un redan à l'autre ; c'est une disposition des plus contraires à la résistance, parce qu'il en résulte souvent des compressions inégales et par suite des déchirements et des crevasses dans les massifs. Lorsqu'on opère ainsi, il y a donc de minutieuses précautions à prendre : il faut commencer par amener toutes les parties du mur au niveau du redan le plus élevé, au moyen de maçonneries très résistantes ; on attend qu'elles aient parfaitement fait prise avant de les exhausser ; les ciments sont précieux dans de pareilles circonstances. C'est ainsi qu'ayant à asseoir, par exemple, un phare sur une plate-forme de rocher d'un diamètre insuffisant, on a complété cette plate-forme par des massifs de béton à ciment de Portland; on a abandonné le massif à lui-même pendant toute une année; puis, quand il avait, pour ainsi dire, atteint la dureté du rocher, on a commencé la superstructure sans avoir rien à craindre.

Les fondations sous l'eau sont plus difficiles et on les exécute par divers procédés, suivant la hauteur de la couche liquide à traverser.

1° Tant que la hauteur d'eau ne dépasse pas 2 à 3 mètres et que le courant est animé d'une vitesse modérée, on circonscrit, par une digue en terre glaise, ou *batardeau*, l'emplacement des fondations; la glaise est soigneusement pilonnée et le batardeau est une muraille presque étanche. A l'intérieur de l'enceinte ainsi formée, on enlève l'eau au moyen de machines d'épuisement (pompes, norias, chapelets, tympans, vis d'Archimède, etc.). Une fois l'eau enlevée, on dresse le fond de l'enceinte avec la mine et le pic, et l'on maçonne comme à sec. L'imperméabilité de la digue n'est jamais parfaite; aussi doit-on réserver dans un coin de l'enceinte un petit puisard où se réunit le produit de toutes les sources, et qui reçoit la crépine d'un tuyau de pompe.

2° Lorsque la profondeur est trop considérable ou le courant trop rapide, on ne fait plus le batardeau uniquement en glaise, parce qu'avec ses talus il occuperait un emplacement considérable et manquerait de résistance. La digue est formée par une enceinte verticale en charpente, limitant la fouille et soutenant à l'extérieur un massif de terre glaise. L'enceinte en charpente est composée de pieux espacés et moisés à la partie supérieure; les cadres vides sont remplis soit avec des palplanches verticales, qui pénètrent dans le terrain, soit avec des voliges horizontales.

Si ce système n'est pas suffisant, on exécute deux enceintes parallèles de pieux et palplanches ou voliges, entre lesquelles on pilonne la terre glaise. On épuise et on construit comme précédemment.

3° Enfin, si l'on trouve le procédé ci-dessus inapplicable ou trop coûteux, on peut encore construire une enceinte non étanche en pieux et palplanches battus dans le sol, et, dans cette enceinte remplie d'eau, on immerge, avec des caisses ou des trémies, un massif de béton qu'on amène jusqu'à l'étiage. A mesure que le massif s'élève, il exerce une pression contre les parois de l'enceinte jusqu'à ce qu'il ait fait prise; on équilibre cette pression au moyen d'enrochements que l'on dépose sur la paroi extérieure de l'enceinte et que l'on élève graduellement comme le béton.

Lorsque le massif de béton est arrivé à une certaine profondeur au-dessous de l'étiage, on coule quelquefois des murettes en béton le long des parois intérieures du coffrage; on constitue de la sorte une cuve en béton, dans laquelle on épuise pour maçonner à sec.

4° Le terrain est-il trop dur pour qu'il soit commode de battre des pieux, on exécute un caisson en charpente, dont la base est découpée de manière à épouser les irrégularités du fond; ce caisson, construit sur le rivage, est amené par bateaux à l'emplacement qu'il doit occuper; là, on l'échoue et on immerge du béton à l'intérieur; ou bien encore, on garnit les rebords inférieurs avec un bourrelet de glaise, on calfate les parois, on épuise à l'intérieur et l'on travaille à sec.

Au caisson en bois on a substitué quelquefois un caisson en tôle qui peut être, dans certains cas, plus commode, sinon plus économique.

5° Enfin, lorsque la profondeur d'eau est par trop considérable, comme pour certains travaux à la mer, on exhausse le plafond en immergeant d'énormes quantités d'enrochements et de blocs de manière à constituer pour la maçonnerie une base solide, quoique artificielle.

Dans ce cas, on a souvent recours, pour arrimer les blocs ou même pour les maçonner, à des cloches à plongeur ou à des scaphandres.

2° Terrain mobile superposé à un terrain solide. — Lorsqu'on peut atteindre le sol résistant, il faut faire des sacrifices pour cela et se résoudre à acheter, quelquefois cher, une solidité à toute épreuve. C'est ainsi que, dans ces derniers temps, on n'a pas hésité à descendre jusqu'à 30 mètres et plus les fondations de grands ponts pour chemins de fer.

Le cas qui nous occupe est celui qu'on rencontre presque toujours; il est rare que les couches solides soient à la surface du sol; elles sont, la plupart du temps, recouvertes de terre arable, d'alluvions, de tourbes ou de vases qu'il faut traverser pour trouver une assiette inébranlable.

S'il s'agit de fonder un ouvrage sur un sol non recouvert par les eaux, on exécute une fouille que l'on poursuit jusqu'à ce qu'on ait rencontré le sol résistant; si la profondeur de la fouille n'est que de 2 ou 3 mètres et que le terrain ait quelque consistance, on peut, sans avoir d'éboulement à craindre, tailler les parois à peu près verticales; mais lorsque la profondeur augmente, il devient nécessaire, pour prévenir tout accident, d'étrésillonner la fouille et quelquefois de la blinder. Étrésillonner une tranchée consiste à en soutenir les parois opposées par des madriers que l'on applique sur ces parois et dont on maintient l'écartement par des pièces transversales; celles-ci sont disposées de manière à laisser passage aux bennes qui montent les déblais ou qui descendent les matériaux; lorsque le terrain est sablonneux et presque fluide, on est conduit à blinder la fouille, c'est-à-dire à en cacher les parois par des planchers ou boucliers que maintiennent des pièces transversales. La maçonnerie se fait comme nous avons dit; mais comme les fondations sont cachées, on les exécute maintenant en petits matériaux hourdés avec du mortier hydraulique, qui fait prise rapidement et donne un massif dur et compact : on a même recours à des massifs de béton avec chaux hydraulique ou ciment, et l'on obtient par là de véritables monolithes. L'empatement doit augmenter avec la profondeur de la fouille et la charge à supporter.

Lorsque la couche solide est à une grande profondeur, on se dispense quelquefois d'aller la chercher sur toute l'étendue de la fondation. On creuse seulement des puits, espacés de quelques mètres, et descendant jusqu'à la couche solide; on les remplit de béton, et l'on réunit par des arcs de voûte les piliers ainsi construits. Il est à remarquer qu'on n'a pas besoin de cintres pour ces voûtes; on se contente d'entailler le terrain entre deux piliers suivant le profil voulu, et l'on obtient un cintre en terre. Ce mode de construction est précieux pour traverser des couches d'alluvions profondes ou des terrains rapportés.

S'agit-il d'exécuter des fondations sous l'eau, on a recours à des procédés divers, dont voici le détail :

1° On forme une enceinte de pieux et palplanches et, dans cette enceinte, on drague jusqu'à ce qu'on mette à nu le sol résistant; on immerge alors le béton, comme on l'a fait dans le cas d'un plafond solide.

Il est avantageux de draguer l'emplacement de la construction avant de battre les pieux, parce qu'on peut exécuter alors un dragage à gueule-bée avec les machines ordinaires, et ce dragage est peu coûteux, tandis que dans l'enceinte on est forcé de le faire à la main et il revient fort cher; ajoutons que la hauteur d'enfoncement des pieux et palplanches est de beaucoup diminuée, et le battage rendu bien plus facile.

On peut chercher à rendre étanche une pareille enceinte et à épuiser, mais il faut alors que le sous-sol soit peu perméable, et c'est ce qui n'arrive guère. On est presque toujours forcé de couler au préalable une couche de béton, capable de résister à la sous-pression des eaux.

2° On drague à gueule-bée l'emplacement de la construction, et on vient y échouer un caisson en charpente de bois ou de tôle dans lequel on immerge le béton; à moins que l'on ne préfère se servir d'un caisson étanche, dans lequel on épuise pour travailler à sec. Le caisson peut être en bois ou en fer.

3° Si la profondeur semble trop considérable, ou le caisson trop coûteux, on bat dans le sol une série de pieux dont la pointe pénètre dans la couche solide; entre ces pieux, et tout autour de leur enceinte, on enfonce des enrochements destinés à empêcher les oscillations et flexions transversales. On recèpe les pieux dans le plan horizontal de l'étiage; sur leur tête, on applique un plancher de madriers sur lequel on construit.

Tel est l'ancien système de pilotis : aujourd'hui on supprime le plancher, avec lequel la maçonnerie supérieure n'adhère jamais; on noie la tête des pieux dans une couche de béton que l'on dresse bien horizontalement dans le plan de l'étiage; sur ce béton, on élève les assises de maçonnerie, qui se trouvent parfaitement soudées à la fondation, dans laquelle on peut même les encastrer.

4° S'il faut donner aux pilots, pour arriver jusqu'à l'étiage, une hauteur trop considérable, on les recèpe à une certaine profondeur au-dessous de l'étiage, et sur la base ainsi formée on vient échouer un caisson foncé, véritable coffre étanche, ouvert par le haut, dans lequel on épuise pour exécuter à sec les maçonneries. Ce système est de beaucoup préférable au précédent, car les bois se conservent indéfiniment, parce qu'ils sont complètement noyés. Il va sans dire que les parois du caisson sont démontées et enlevées après l'opération.

5° Enfin, dans certains cas, on a raffermi le sol en le surchargeant d'une masse d'enrochements présentant une large base : on laisse tous les tassements se produire, et sur ce massif artificiel on vient asseoir les ouvrages. Ce procédé peut, dans un fleuve, conduire à de mauvais résultats, parce que les enrochements réduisent de beaucoup la section du lit, et donnent naissance à des chutes et à des rapides.

6° Lorsqu'il s'agit de traverser une couche de vase ou de sable d'une certaine profondeur, et surmontée seulement d'une faible couche d'eau, ou bien périodiquement submergée comme certaines plages, on a recours aux fondations tubulaires. Sur le sol on applique une rouelle en bois, sorte de plancher annulaire dont le bord est souvent garni d'un fer, formant un petit cylindre vertical, taillé en biseau et destiné à découper les parois du puits ; dans cet anneau se place l'ouvrier qui déblaye non seulement au centre, mais encore sous le plancher ; celui-ci s'enfonce, et, à mesure qu'il s'enfonce, on le surcharge de maçonnerie. C'est donc un puits maçonné qui descend peu à peu ; quand on a trouvé le sol résistant, on s'arrête, on remplit les puits de maçonnerie, puis on les réunit par des voûtes sur lesquelles on bâtit.

Ce système est originaire de l'Inde, où les naturels l'appliquent depuis une haute antiquité pour la fondation de leurs temples sur le bord des rivières. Ils traversent ainsi de hautes couches de sable : le puits est plein d'eau et, à chaque instant, des plongeurs s'élancent pour aller remplir les dragues au fonds du puits ; on voit que c'est une opération peu commode. Pour traverser des terrains perméables, nous préférerons en général recourir à l'air comprimé, et nous réserverons les puits ordinaires pour traverser des couches de vase, dont l'imperméabilité permet de travailler à sec au fond du puits.

7° Nous arrivons enfin au système de l'air comprimé, qui a permis de fonder de merveilleux ouvrages à des profondeurs auparavant inaccessibles. Deux procédés sont en usage : fondations par tubes ou par caissons. Imaginez un tube ouvert par en bas, et portant à la partie supérieure un appareil à comprimer l'air ; on le place verticalement sur le sol, on comprime l'air à l'intérieur, l'eau s'enfuit par le dessous et l'on peut travailler à sec au fond du tube. A mesure que l'on descend, la colonne d'eau, qui tend à faire irruption et qu'il faut maintenir, augmente de hauteur ; il faut donc augmenter la pression. On injecte de l'air d'une manière continue pour avoir une atmosphère respirable et pour obvier aux fuites. On descend à 30 mètres et plus, et cela n'a rien d'étonnant, si l'on réfléchit que la pression d'une atmosphère équivaut à celle d'une colonne d'eau de $10^m 33$ de hauteur ; à une profondeur de 30 mètres, l'ouvrier enfermé dans le tube supporte donc une pression de quatre atmosphères. Arrivé au terrain solide, on remplit le tube avec de la maçonnerie, ou, tout simplement, avec du bon béton : dans certains cas, on consolide encore le terrain du fond en battant des pieux avec des sonnettes placées dans le tube.

Pour avoir une base de fondation plus étendue et plus résistante, on a substitué aux tubes à air comprimé des caissons dans lesquels le travail est plus facile, et qui en outre sont plus commodes à guider dans leur mouvement de descente.

Nous étudierons en détail ces diverses méthodes.

3° Terrain indéfiniment mobile. — Il n'y a pas, à vrai dire, de terrain indéfiniment mobile; on trouve toujours une couche solide quand on pousse le sondage assez loin. Mais, en fait de fondations, on doit considérer le sol comme indéfiniment mobile, lorsqu'on ne veut pas ou qu'on ne peut pas aller chercher l'assise résistante. Il est clair, par exemple, que, pour une construction ordinaire, on ne descendra pas les fondations à 15 ou 20 mètres, et qu'on préférera s'établir sur le sol, même au prix de quelque désavantage; d'autre part, on n'ira pas non plus descendre, même pour un ouvrage de quelque importance, à 30 ou 40 mètres de profondeur.

Ce qu'on doit rechercher, quand on s'établit sur un sol mobile, c'est une répartition de la charge sur une surface aussi étendue que possible; mais il est de toute nécessité que cette répartition soit parfaitement uniforme, afin que, s'il se produit un tassement, il soit le même partout; sans quoi on s'expose à voir les maçonneries se crevasser et se déchirer de toutes parts.

Un autre fait à signaler est le suivant : dans les terrains mous, la couche superficielle est souvent la plus dure; et alors il faut bien se garder d'attaquer la surface, il faut tout simplement poser l'ouvrage sur le sol naturel.

Voici maintenant les divers procédés en usage pour le genre de fondations qui nous occupe.

1° On consolide le terrain en le lardant de petits pieux en bois, qui compriment la vase ou la tourbe et en augmentent la compacité; en même temps, une partie de la vase reflue latéralement, comme un liquide : les pressions se transmettent de toutes parts dans ces couches semi-liquides, et il arrive souvent qu'en enfonçant un pieu on produit une sous-pression capable de faire remonter les pieux voisins. Une fois le sol affermi, on établit l'ouvrage; mais on ne peut jamais avoir pleine confiance, parce qu'il arrive qu'un pieu, que l'on ne peut plus enfoncer à un moment donné, devient très libre quelque temps après, quand la compression latérale a disparu, et prend, sous l'influence de la charge, une position nouvelle.

2° Au lieu de pieux en bois, on peut larder le terrain de pieux en sable comprimé; on enfonce un pieu conique en bois, puis on le retire par un mouvement de rotation, de manière à lisser les parois du trou, que l'on remplit ensuite avec du sable humide et pilonné. Le sable produit le même effet que des pieux solides; il a, en outre, la propriété de répartir sur une grande surface les pressions auxquelles il est soumis à la partie supérieure; il en résulte qu'il a toutes les qualités désirables pour former un bon empatement. Aussi, dans certains cas, peut-on fonder assez solidement des ouvrages en enlevant une couche du sol que l'on remplace par une couche de sable.

3° Le procédé le plus usité pour fondations sur terrain compressible consiste à recouvrir le sol d'un grillage en charpente, formé de longuerines et de traversines, et présentant un large empatement; dans les cases de ce grillage, on bourre à coups de masse autant de moellons irréguliers qu'il en peut entrer, et sur la plate-forme qui en résulte, on établit l'ouvrage.

Quelquefois on recouvre le grillage d'une couche de béton, qui a pour but de répartir uniformément les pressions sur une grande étendue.

Et même on est allé jusqu'à supprimer le grillage et on a adopté pour couche de fondation une assise de béton de 1 à 2 mètres d'épaisseur; ce procédé a souvent réussi.

4° On peut encore tasser le sol en le surchargeant au moyen d'énormes remblais de bonne terre, qui s'enfoncent plus ou moins profondément dans la vase; on retire ensuite l'excédant de remblai, on bat des pieux et on peut fonder.

5° Enfin, lorsque le sol est par trop mou, et que les moyens précédents ne réussissent pas, on a recours à de longs pieux en bois, que l'on enfonce par le gros bout, afin qu'ils ne remontent point par les souspressions; ces pieux ne résistent point par leur section transversale, mais principalement par le frottement que la vase exerce contre leurs faces latérales. Quoi qu'il en soit, ce système est dangereux; on s'expose à bien des tassements, et il est bon, quand on l'emploie, de diminuer la charge le plus possible.

Précautions à prendre pour les terrains affouillables. — Les terrains les plus résistants sont attaqués à la longue par les eaux courantes; à plus forte raison, les fonds de gravier, de sable et même de roche tendre, ne résistent-ils pas à la force des eaux. Sur les fleuves à cours rapide, les affouillements atteignent fréquemment plusieurs mètres de profondeur; sur le Rhône, à Tarascon, on a trouvé des affouillements de 14 mètres.

On comprend bien que, dans ces conditions, un massif de fondation non défendu ne tardera pas à reposer sur le vide et à s'écrouler. On obvie aux affouillements en descendant la fondation à une assez grande profondeur, et en protégeant l'enceinte de cette fondation par des blocs irréguliers.

Les enrochements, une fois posés, peuvent se trouver remués et entraînés par les courants; il faut donc les inspecter de temps en temps, pour les entretenir et les compléter.

Lorsque la profondeur n'est pas considérable, on établit les enrochements en les déposant le long de l'enceinte de fondation; de l'autre côté, ils prennent leur talus naturel; avant de les déposer, on exécute un dragage au pied de l'enceinte, afin que les blocs descendent au-dessous du fond; ils tendent toujours à retomber sur l'enceinte, parce que le fond de la partie draguée est incliné vers le massif. Lorsqu'on a des moellons de grosseur inégale, on met les petits au fond, ils livrent moins facilement passage à l'eau, qui ne peut venir produire des affouillements au-dessous d'eux; on réserve les plus gros pour la surface, ils risquent moins d'être entraînés et brisent beaucoup mieux la violence du courant.

Lorsque nous parlerons des grandes digues exécutées à la mer, nous aurons l'occasion d'exposer l'action des eaux sur les énormes massifs d'enrochements, qui forment la base de ces digues.

Dans les fleuves d'une certaine profondeur, il est à craindre que les enrochements abandonnés à eux-mêmes ne viennent à rétrécir au delà des limites voulues la section d'écoulement; dans ce cas, on préfère battre une seconde enceinte formée de pieux et palplanches et espacée de l'enceinte de fondation de 1 mètre ou 1^{m}50. Dans la crèche ainsi formée, on immerge les enrochements; la seconde enceinte est recépée bien plus bas que la première; on la protège elle-même par des enrochements ordinaires qui n'occupent que peu de place. C'est le système employé au pont de Tarascon et au pont de Rouen.

Lorsque l'on manque de moellons irréguliers, ce qui est rare, on peut à la rigueur recourir soit à des blocs artificiels de béton, soit à des sacs de grosse toile remplis de béton. Il faut avoir soin, dans ce cas, de choisir une toile spéciale à large maille, afin que les sacs, en se moulant les uns sur les autres, prennent de l'adhérence entre eux. En général, la soudure ne se fait pas, et l'emploi des sacs, qu'on avait préconisé à un moment, n'a pas donné les résultats qu'on en espérait.

Fondations sur radier général; *pont-canal du Guétin.* — Généralement on se contente d'enrochements pour protéger contre les affouillements les fondations qui ne descendent pas à une grande profondeur sous le lit des rivières à fond mobile. Cependant, quand ce fond se composait de sable affouillable sur une grande profondeur, on a parfois établi les ponts sur un radier général occupant toute la largeur de la rivière et s'étendant à une certaine distance à l'amont et à l'aval des piles.

Le pont de Moulins sur l'Allier a été établi, en 1771, par M. de Régemorte, sur un radier général; le même système a été suivi, en 1833, pour le pont-canal du Guétin sur l'Allier et quelques années plus tard pour le viaduc du Guétin.

La figure 1, planche II, donne la coupe transversale du pont-canal du Guétin.

Les progrès de l'art et les perfectionnements apportés à la fabrication du béton par l'emploi de la chaux hydraulique, ont permis de fonder le radier général à une plus grande profondeur que celui de Moulins et dans le lit même de la rivière, dont le cours a été réglé en contenant ses grandes eaux entre des digues.

Le fond du lit de l'Allier est composé de bancs mobiles de sable et l'on trouve la même nature de terrain à une très grande profondeur. On a beaucoup de peine à faire pénétrer les pieux dans ce terrain à plus de 4 mètres, quoique les crues de la rivière produisent quelquefois des affouillements de 6 mètres de hauteur. Le moyen de fondation qui, dans de telles circonstances, présente le plus de chances de succès, consiste à établir, comme on l'a fait à Moulins et au pont-canal du Guétin, un radier général s'étendant d'une rive à l'autre sous les arches et les piles du pont.

Ce radier, posant immédiatement sur le sol, devra être protégé en amont et en aval par deux files de pieux jointifs, espacées plus ou moins, suivant que le lit de la rivière sera plus ou moins profond au-dessous du plan d'étiage. On commencera le travail par le battage de ces deux files de pieux, entre lesquelles on creusera dans le terrain avec des machines à draguer. Cette opération du dragage, à laquelle on pourra procéder même pendant le battage des pieux, servira, s'il y a lieu, à faciliter l'enfoncement de ces pilots d'enceinte jusqu'à la profondeur où les affouillements ne sont plus à craindre. L'on remplira ensuite l'intervalle en maçonnerie de béton. Puis, après avoir également dragué et nivelé l'intérieur de l'enceinte dans laquelle le radier doit être établi, on construira cet ouvrage en béton à la cote de hauteur qui aura été déterminée pour donner aux eaux de la rivière un débouché suffisant. Enfin l'on formera, au-devant de chacune des files de pieux extérieurs, un enrochement en gros blocs pour les défendre contre les affouillements.

Au viaduc du Guétin pour le chemin du Centre (*fig.* 2, pl. II), on a, avec raison, supprimé les files de pieux internes à l'amont et à l'aval et il ne reste que les files externes; on a dragué plus profondément à l'emplacement des murs de garde dont la fouille se raccorde par un talus avec la fouille du radier. Le massif de béton est unique; seulement sa hauteur, qui atteint 4 mètres sous les murs de garde n'est que de 1 mètre à l'emplacement du radier proprement dit; toute la surface est maçonnée en gros libages, parce qu'une surface en béton serait attaquable.

Radier général du viaduc de pont d'Ain. — Le lit de l'Ain, à la traversée du chemin de fer de Genève, est formé d'alluvions et de graviers que le courant déplace avec facilité; au-dessous du gravier, on trouvait des couches de sable fin et d'argile moins résistantes que lui. C'était donc sur le gravier qu'il fallait établir la fondation du viaduc, sauf à la mettre à l'abri des affouillements. Cette condition dictait le choix d'un radier général.

On a battu en travers de la rivière deux lignes de pieux et palplanches jointifs, l'un à 3^m50 en amont de la tête des voûtes, l'autre à 8 mètres en aval. Dans l'enceinte ainsi formée, on a enlevé le gravier et placé une couche générale de béton, recouverte d'un radier ou pavage maçonné, en moellons taillés de 0^m50 de queue avec chaînes en pierres de taille à l'aplomb des têtes. L'épaisseur de la couche de béton est de 0^m90 au milieu, 0^m70 sous les piles, 2^m20 sous les culées; elle est renforcée près de la ligne des pieux d'aval et son épaisseur est portée à 1^m90 sur une longueur de 3^m20.

Les files de pieux sont défendues extérieurement par des enrochements. La flèche du radier est de 0ᵐ80 pour une ouverture d'arche de 22 mètres.

La fondation fut exécutée en deux parties en faisant passer les eaux alternativement à droite et à gauche. Le battage des pieux se faisait au fur et à mesure du dragage.

Le système du radier général est coûteux et n'offre pas une sécurité absolue ; aussi est-il abandonné aujourd'hui pour tous les grands ouvrages ; on préfère descendre les fondations à une profondeur telle qu'elles se trouvent à l'abri des affouillements et les moyens dont on dispose permettent d'y parvenir dans tous les cas. On n'en a pas moins recours aux enrochements pour combattre les affouillements au pourtour des fondations et, dans les rivières à fond mobile, les plates-formes en fascinages du système hollandais peuvent rendre de grands services.

Pour beaucoup de petits ponts, établis sur des dérivations de ruisseaux ou de rivières, on a conservé le radier général qui ne représente pas alors une grosse dépense.

Classification adoptée dans le présent ouvrage pour les divers systèmes de fondation. — La classification naturelle et logique que nous venons d'exposer a l'avantage de mettre en lumière les circonstances auxquelles s'appliquent les divers systèmes de fondation, mais elle ne se prête guère à la forme didactique, parce que certains procédés sont communs à plusieurs classes.

Aussi préférons-nous prendre les procédés eux-mêmes comme base de notre classification. Quatre systèmes ou procédés généraux de fondation se présentent à nous :

1° On peut établir la fondation directement sur le solide en opérant à sec et à l'air libre. A cet effet, on creuse une fouille plus ou moins profonde, ou bien on installe une enceinte ou un coffrage, et l'on descend ainsi jusqu'au terrain solide en ayant recours, s'il le faut, à des machines d'épuisement ;

2° On peut asseoir l'édifice sur une série de pieux battus dans le sol ; c'est le vieux système des pilotis qui ne soulève guère de difficulté dans l'application et qui donne une assez grande sécurité. On a, dans certains cas, substitué aux pieux en bois des piliers en maçonnerie ;

3° On est parfois conduit à fonder les ouvrages sur des massifs d'enrochements ou sur des massifs de béton immergés dans une enceinte. L'emploi du béton immergé est à éviter toutes les fois qu'on le peut, car avec lui, on ne sait jamais ce que l'on fait et l'on s'expose à bien des mécomptes ; c'est un procédé qui tend à disparaître ;

4° Enfin, les fondations par l'air comprimé se développent de jour en jour, et c'est un système sur lequel nous porterons toute notre attention, car c'est à lui qu'appartient l'avenir.

Chacun de ces quatre procédés généraux que nous venons de définir forme la matière d'un des quatre chapitres qui vont suivre.

CHAPITRE II

FONDATIONS DIRECTES SUR LE SOLIDE

Lorsqu'on procède à une fondation directe à l'air libre sur le terrain solide, plusieurs cas peuvent se présenter :

1° Il arrive que l'assise solide est presque à fleur de sol, au-dessus du niveau des eaux, et il n'y a alors qu'à exécuter une fouille insignifiante et à préparer la base de la maçonnerie ;

2° Souvent aussi, l'assise solide est à une profondeur notable, et il faut recourir pour l'atteindre à une fouille dont les parois, en général, ne se maintiennent pas d'elles-mêmes ; il faut parer aux éboulements, soutenir les terres par des madriers que contrebutent des pièces transversales, ou *étrésillons*, réunissant les parois opposées dont elles maintiennent l'écartement. Tantôt il n'existe pas d'infiltrations, et l'on creuse à sec ; tantôt, au contraire, l'eau pénètre dans la fouille en plus ou moins grande abondance, et il faut recourir à des appareils d'épuisement plus ou moins puissants. Dans tous les cas, le procédé reste le même ;

3° Lorsque le sol est recouvert par les eaux, si la profondeur n'est pas trop grande, on entoure l'emplacement de la fondation par des digues imperméables, ou *batardeaux* ; on épuise à l'intérieur de cette enceinte, et on exécute la fouille jusqu'à la profondeur voulue.

4° Quand la profondeur d'eau est plus considérable ou que l'espace fait défaut, on peut substituer aux bâtardeaux un coffrage, ou caisson sans fond, que l'on immerge à l'emplacement choisi ; on épuise à l'intérieur de ce caisson à parois étanches, puis on y construit le massif de fondation.

De cet examen général résulte la division du présent chapitre :

1° Fondation directe sans fouille ni épuisement ;
2° Fondation dans une fouille, avec ou sans épuisement ;
3° Fondation dans une enceinte de bâtardeaux, avec épuisement ;
4° Fondation dans un caisson étanche, avec épuisement ;
5° Description sommaire des appareils d'épuisement.

1° FONDATION DIRECTE SANS FOUILLE NI ÉPUISEMENT.

Une fondation, quelle qu'elle soit, doit être établie sur le *terrain vierge ;* la couche de terre arable et les terres rapportées doivent être enlevées dans tous les cas ; car c'est seulement après de longues années que les terres rapportées retrouvent leur cohésion complète et leur incompressibilité.

Il y a donc toujours une légère fouille à effectuer à la surface du sol pour recevoir le massif de fondation et lui préparer une base régulière, mais il s'agit là d'un simple déblai qu'on exécute sans étrésillon ni boisage.

Fondation sur le rocher. — Le cas le plus simple est celui où le rocher se présente à fleur du sol, car la solidité d'une pareille base n'est pas douteuse.

On dresse une surface horizontale taillée à vif afin d'assurer la liaison de la maçonnerie et du rocher, et on ménage toujours un encastrement de 0^{m}30 au moins avec un léger empatement de 0^{m}05 ou 0^{m}10. — Sur la surface du rocher mise à vif on étale une couche de mortier et sur cette couche on place les plus gros moellons.

La base doit être normale à l'effort qu'elle supporte et, comme pour la plupart des constructions l'effort est vertical, la base doit être horizontale. Si donc on se trouve en présence d'un rocher incliné, il convient, afin d'éviter toute chance de glissement, de l'entailler par redans horizontaux; mais, de la sorte, la hauteur de la maçonnerie est variable au-dessus de la fondation; la compression, proportionnelle à la hauteur, varie également et des déchirures peuvent se produire dans la maçonnerie, surtout si la différence de niveau entre les points A et E est considérable; on se

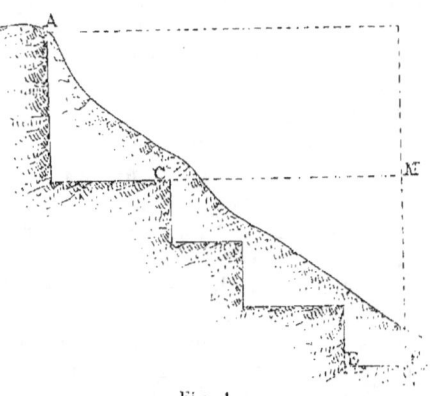

Fig. 1.

mettra à l'abri du danger en exécutant la partie CMF avec une bonne maçonnerie compacte à prise rapide.

La fondation directe sur le rocher exige donc quelques précautions particulières que mettront en relief les exemples ci-après.

Phare du Four. — Le phare du Four est une tour en maçonnerie de 23 mètres de hauteur assise sur une roche présentant vers le sud une déclivité prononcée.

Le rocher a été profondément entaillé partout en redans concentriques inclinés vers le centre de la tour et de nombreux goujons de fer, de 0^{m}07 de diamètre, ont rattaché le rocher et les premières assises de la maçonnerie.

Viaduc de Pompadour. — Le viaduc de Pompadour, ligne de Limoges à Brives, est fondé sur le micaschiste. La roche est extrêmement dure et solide; toutefois, elle a été profondément disloquée par un soulèvement granitique voisin et les bancs se sont redressés presque verticalement. Aussi a-t-il été souvent nécessaire d'employer la mine pour régulariser le rocher ou pour enlever des blocs de stabilité douteuse.

La pression par centimètre carré, transmise au sol de fondation, est de $5^{kg}94$. Les constructeurs ne dépassent guère la pression de 6 à 7 kilogrammes sur les sols les plus durs et se bornent à 5 kilogrammes pour les roches calcaires ordinaires.

Phare de Barfleur. — Des précautions analogues ont été prises pour la fondation du phare de Barfleur qui est assis sur une des masses de granit bordant le littoral de la Manche. Dans l'emplacement du phare proprement dit on a fait sauter, à la poudre, les principales inégalités du rocher; puis, à l'aide du marteau, on a pratiqué un encuvement à fond exactement horizontal dans toutes ses parties, si l'on en excepte une fente remplie de terre qui s'est manifestée vers l'un des angles du carré. Mais cette fente elle-même a été creusée jusqu'à vif fond et chacun de ses bords a été refouillé en gradins horizontaux afin que les pierres de taille à placer pour remplir cette excavation reportassent la pression, à laquelle elles devaient être soumises, non seulement sur le fond, mais encore sur les flancs de la fente. Quant aux bâtiments accessoires, l'étendue de leur périmètre et les ondulations de la surface du sol ne permettaient pas de songer à les fonder dans un plan unique, mais ils reposent dans tout leur pourtour sur le rocher dérasé en gradins horizontaux, les uns plus, les autres moins déprimés.

Barrage du Furens. — Tout le monde connaît le barrage du Furens, destiné à régulariser le cours de cette rivière et à alimenter d'eau la ville de Saint-Étienne, en créant un réservoir dont la profondeur atteint près de 50 mètres près du barrage.

« Le terrain sur lequel est construit le barrage est du micaschiste. Le barrage, dit M. Graeff, est encastré dans le roc vif par ses fondations et par ses côtés. Pour les fondations, tous les blocs détachés ou douteux ont été enlevés avec soin jusqu'à ce qu'on fût arrivé au seuil en roc vif qui relie les deux versants contre lesquels s'appuie la construction, qui est même enracinée par encastrement dans ce bloc de rocher compacte. Quant aux côtés, on a enlevé toute la partie exfoliée au contact séculaire des vicissitudes atmosphériques jusqu'au roc vif, dans lequel on a pratiqué à la mine, et sans rien disposer régulièrement, des redans suivant lesquels le massif est encastré par les côtés, comme il l'est à sa base par ses fondations. On peut dire que ce massif est serré comme dans un étau qui rend tout mouvement de translation ou de glissement impossible, et les seuls mouvements qu'il puisse éprouver sont ceux du tassement vertical de la maçonnerie. »

« Nous pensons que l'établissement sur le roc vif, tant par le bas que sur les côtés, est pour des ouvrages comme celui-ci une condition *sine quâ non* et, si on ne la rencontrait pas, il vaudrait mieux renoncer à la construction. »

Phare de la Banche. — Le phare de la Banche, embouchure de la Loire, est établi sur un banc calcaire dont le noyau solide ne se rencontre qu'à des hauteurs variant de 0ᵐ90 à 0ᵐ20 seulement en contre-haut des plus basses mers de vives eaux.

« La surface de ce rocher était résistante, sans beaucoup de fissures, et paraissait au moins assurer de bonnes fondations; mais quand on l'a attaqué pour encastrer les premières assises, on a constaté qu'en bien des points cette résistance diminuait rapidement, et que le rocher devenait de plus en plus tendre, et se transformait même parfois en une sorte d'amas de matières calcaires non agrégées, d'une consistance analogue à celle d'un sable vaseux. Sous ces amas, à des profondeurs variant de 0ᵐ60 à 2ᵐ10, on retrouvait heureusement le rocher solide, et quand il a été démontré par de nombreux sondages qu'ils ne constituaient pas une couche générale, qu'ils ne remplissaient que des poches plus ou moins importantes, on s'est résigné à les rechercher avec le plus grand soin, à les vider autant que pouvaient le permettre les bâtardeaux qu'il fallait établir à la hâte à chaque marée, le plus souvent avec le goëmon qu'on avait sous la main, puis à les bloquer à bain de mortier de ciment de Portland jusqu'à des profondeurs qui ont atteint 2 mètres en contre-bas des plus basses mers. »

Des poches de ce genre, remplies d'argile ou de vase, se rencontrent parfois dans les fondations en rivière; il faut avoir soin de les nettoyer à fond et de les remplir avec de bon béton; si elles se présentent en forme de faille, on peut les boucher avec de petites voûtes à qui les bords de la faille servent de culées, et l'on n'a plus rien à craindre.

Fondation sur la terre compacte. — La terre *vierge*, que l'on trouve sous la couche arable superficielle, terre plus ou moins sableuse, argileuse ou marneuse, est, en général, assez résistante pour supporter des murs et des bâtiments ordinaires; souvent même, lorsqu'elle est bien à l'abri des dégradations, on peut lui faire porter des ouvrages d'art et des ponts importants.

Il faut cependant qu'elle soit à l'abri des eaux souterraines et qu'aucun affouillement ne soit à craindre; si l'on redoute l'invasion des eaux, il faut préalablement assainir l'emplacement de la construction par un drainage de ceinture, et l'on appliquera à ce travail les principes exposés dans la première partie de cet ouvrage au sujet de la consolidation des déblais et des remblais.

Quand le terrain est incliné, la base de fondation est taillée par redans comme nous l'avons expliqué pour le rocher.

Résistance de la terre compacte à l'écrasement. — Nous ne connaissons pas d'expériences sur la résistance que présente à l'écrasement la terre vierge compacte.

Il serait, du reste, difficile de procéder à des expériences exactes, car elles ne peuvent porter sur de petits prismes isolés comme on le fait pour les pierres; la terre la plus résistante s'écraserait très facilement dans ces conditions, aussi facilement au moins que le grès tendre qui s'affaisse sous une charge de 4 kilogrammes par centimètre carré; pour ne pas s'écraser, il faut que la terre soit maintenue par une enceinte immuable et se trouve à l'abri de toute attaque de la part de l'eau ou des agents atmosphériques.

Dans ces conditions, elle est propre à porter les fondations non seulement de bâtiments ordinaires, mais encore d'ouvrages très importants.

Les chemins de fer nous montrent bien des passages supérieurs notamment qui sont fondés sur des argiles compactes et lui transmettent des pressions de 2 à 5 kilogrammes par centimètre carré sans qu'aucun tassement survienne. Sur la ligne de Busigny à Somain, par exemple, nous trouvons un passage supérieur, voûte en arc de cercle de 18 mètres de corde, fondé sur l'argile sableuse jaune par l'intermédiaire d'un massif de béton de 1 mètre de hauteur et de 4^m25 de largeur qui transmet à l'argile une pression d'environ 2^k3 par centimètre carré; un autre passage supérieur, voûte en plein cintre, est également fondé sur l'argile compacte par un massif de béton de 1^m25 de hauteur et de 3^m70 de largeur qui transmet au sol une pression de 3 kilogrammes par centimètre carré.

Nous verrons plus loin que sur la ligne de Busigny à Hirson on a fondé un pont sur un sable boulant bien assaini, en ne dépassant pas la charge de 2 kilogrammes par centimètre carré.

Sur le sable vierge, pur et ferme, et surtout sur le gravier, on adopte ordinairement la charge de 5 kilogrammes par centimètre carré, comme pour le béton; et, en effet, le béton immergé n'est souvent qu'un gravier, car il a été délavé pendant l'emploi, et le bon gravier naturel est aussi résistant que lui.

D'après cela, on peut admettre une charge de :

2 kilogrammes par centimètre carré sur la terre vierge ordinaire et sur un sable médiocre ;

3 kilogrammes sur l'argile compacte;

5 kilogrammes sur le bon sable ferme et sur le gravier.

Il est bien entendu qu'il s'agit de fondations parfaitement protégées, inattaquables à l'eau et aux agents extérieurs.

En vue de trouver le minimum de la résistance des terres, nous rapporterons les expériences faites sur les terres pilonnées.

Résistance d'une terre rapportée bien pilonnée. — M. Arson, ingénieur de la Compagnie parisienne du gaz, a procédé à des expériences pour reconnaître la résistance à la compression de divers terrains pilonnés et est arrivé aux résultats suivants :

On a expérimenté le sable de rivière, le tuf blanc et la terre végétale, que l'on pilonnait par couches de 0^m05. Dans ces conditions, la densité de la terre végétale augmente d'un tiers, celle du sable de rivière d'un cinquième. Dans ce sable il reste après le pilonnage encore 20 p. 100 de vides que l'on réduit notablement en pratiquant simultanément le pilonnage et l'arrosage à grande eau, à la condition d'éviter la présence de l'argile. On pourrait faire disparaître ces vides en mêlant du sable fin au sable de rivière, mais le sable fin serait entraîné par les pluies.

La compression s'exerçait au moyen de presses hydrauliques et de leviers, et les mesures étaient prises avec une grande précision. Dans ces conditions, on obtint les résultats suivants :

1° Le sable de rivière arrosé et pilonné résiste jusqu'à 100 kilogrammes par décimètre carré ; au delà, un léger enfoncement se produit. Le sable pilonné transmet donc très mal les pressions ; il constitue, par suite, d'excellents remblais et même de bonnes fondations de bâtiments. Ces résultats sont conformes à ceux qu'a trouvés, en 1838, le capitaine Niel.

2° Le tuf blanc humide, mais non arrosé, a résisté jusqu'à 80 kilogrammes par décimètre carré ; au delà et jusqu'à 184 kilogrammes, l'équilibre s'est maintenu avec une légère dépression de 0^m025.

3° La terre végétale pilonnée résistait à 44 kilogrammes par décimètre carré ; à 47 kilogrammes se produisait une dépression de 0^m005 et à 90 kilogrammes un enfoncement de 0^m01.

Utilité de l'arrosage pour la résistance des terres pilonnées. — Ces expériences mettent en évidence l'utilité de l'arrosage pour la compression des terres ; l'eau est le véhicule qui entraîne les parties ténues et les fait pénétrer dans les cavités élémentaires de la masse qui, par elles, devient compacte et incompressible. Nous savions déjà que les remblais composés de produits de dragages présentent une grande résistance lorsque, par égouttement, ils ont perdu l'excès d'humidité ; les sables dragués au canal de Gand et au canal d'Amsterdam et employés en remblais, n'ont donné lieu à aucun foisonnement.

Il est bien entendu que les remblais ainsi confectionnés doivent pouvoir s'égoutter ; s'ils conservaient toute leur eau primitive, ils resteraient semi-fluides.

Traitement des remblais par l'eau. — Bien que nous ayons examiné dans le précédent volume les faits relatifs aux terrassements, nous croyons devoir rappeler ici l'avantage qu'il y a à traiter par l'eau les massifs de terre rapportée dont on veut accroître la cohésion et la résistance.

Si l'eau en excès est le plus grand et presque le seul ennemi des ouvrages en terre, elle leur est bienfaisante lorsqu'elle ne fait que les traverser sans demeurer emprisonnée dans la masse ; c'est par elle que les remblais, abandonnés aux intempéries d'un hiver, se tassent et acquièrent de la consistance.

Il peut donc y avoir avantage, lorsque la chose est possible, à arroser en grand les remblais au moment où on les forme, surtout lorsqu'il s'agit de digues dont on veut assurer l'étanchéité.

La digue du réservoir du lac d'Orédon (Hautes-Pyrénées), créé pour la distribution des eaux de la Neste, est un remblai en terre. Pour donner à ce remblai une compacité immédiate, les terres qui le composent ont été traitées par l'eau de la manière suivante :

On disposait d'un courant d'environ 15 litres à la seconde que l'on pouvait jeter à volonté dans une conduite en bois de 0^m16 de diamètre placée à 0^m80 sous la voie des terrassements par laquelle arrivaient les wagons à décharger. La conduite, que l'on prolongeait au fur et à mesure de l'avancement du remblai, débouchait au point où chaque wagon, en basculant, laissait tomber son chargement.

« On déchargeait deux et quelquefois trois wagons : la buse se trouvait ainsi recouverte de 3^{m}50 à 5 mètres cubes de terre ; on lançait l'eau dans la conduite ; celle-ci, établie avec une pente d'environ 0,005 et ayant son extrémité aval bouchée par le remblai, se chargeait rapidement. La masse de terre, pénétrée par l'eau, passait à l'état de lave plus ou moins pâteuse ; puis l'eau, se faisant jour au travers, précipitait, avec un fracas assourdissant, la terre, le sable, les pierrailles et les blocs vers la base du remblai.

« Un atelier de 4 ou 5 hommes, munis de crochets en fer, détournait au besoin les grosses pierres et dirigeait le courant successivement à droite, à gauche ou en face, de manière à mener de front le talus amont et le talus aval.

« L'eau courant au pied du remblai, après avoir laissé en route les parties qu'elle avait entraînées, s'écoulait à droite ou à gauche dans la tranchée, n'emportait en suspension que de l'humus léger et du sable fin à l'état de vase.

« Au bout de quelques minutes, les matériaux déposés par l'eau, et en quelque sorte sous l'eau, avaient perdu le liquide qui leur avait servi de véhicule. Le sable s'était logé dans les moindres interstices laissés par les fragments de plus grosses dimensions. Aucun vide n'apparaissait et la masse entière était tellement résistante qu'aucun tassement ne semblait plus possible. »

Nous pensons que ce procédé doit être efficace, à condition qu'il soit possible d'égoutter et d'expulser rapidement et complètement les eaux ; le massif devient alors une sorte de maçonnerie à mortier de terre et l'on sait que la maçonnerie de ce genre possède réellement une grande résistance lorsqu'elle est protégée contre la pénétration de l'eau.

Fondation sur le sable. — *Bâtir sur le sable* serait, d'après un dicton ancien, une mauvaise affaire ; il n'en est rien. Le sable, même rapporté, présente, surtout lorsqu'il est légèrement humide, une grande résistance à la compression et il a l'avantage de répartir, sur une grande surface, le poids des charges qui le surmontent.

Il n'y a donc à se préoccuper que de le maintenir dans un coffrage ou dans une enceinte et de le soustraire à l'érosion des eaux courantes.

Plusieurs officiers du génie ont effectué sur le sable d'intéressantes expériences dont nous rappellerons les principaux résultats.

1° Si l'on remplit une caisse de sable et que l'on pratique des ouvertures au fond ou dans les parois, le sable s'écoule avec la même vitesse, quelle que soit la hauteur de la colonne.

Si les trous des parois sont percés horizontalement et n'ont pas un diamètre à peu près égal à l'épaisseur des parois, il ne tombe pas un seul grain de sable par les ouvertures latérales.

2° Quelque pression que l'on fasse subir au sable, elle n'influe en aucune manière sur la quantité qui s'écoule par une ouverture donnée dans le même temps.

3° Le sable versé dans une des branches d'un tube deux fois coudé à angle droit ne remonte pas dans la branche opposée ; il s'étend à peine dans la partie horizontale, à une très petite distance du coude.

4° L'angle avec l'horizon, sous lequel le sable se présente le plus souvent, après l'écoulement d'une partie de sa masse, est presque toujours entre 30° et 33° ; il se maintient rarement à 35°.

5° Dans un tas bien tamisé, les couches inférieures, inclinées elles-mêmes de 30° avec l'horizon, servent naturellement de support aux couches supérieures ; mais la plus grande partie de celles-ci est supportée par la portion du plan horizontal à laquelle elles aboutissent. Si on enlève la portion du sol sur laquelle elles s'appuient, la couche tout entière s'écoule aussitôt, laissant voir intacte celle sur laquelle elle reposait, inclinée sous un angle de 30° à 33°. Cela explique pourquoi le sable ne s'écoule pas par des ouvertures horizontales, si elles sont plus profondes que larges ; dans ce cas, les couches supérieures trouvent des points d'appui sur les parois mêmes du vase, et un obstacle absolu dans les couches inférieures.

De ce qui précède, on a conclu que le sable, placé dans une excavation, ne laissait reporter sur le fond de cette excavation que le poids d'une pyramide ou d'un prisme de sable, qui aurait pour base celle de l'excavation, et dont les faces auraient pour inclinaison sur la base celle que le sable prend naturellement ; qu'il transmettait, au contraire, aux parois, une pression oblique, uniforme et égale, pour chaque unité superficielle, à la charge divisée par la surface totale des parois de l'excavation.

Nous n'avons pas besoin de mettre le lecteur en garde contre les expériences précédentes et le résultat qu'on en a tiré ; le résultat est faux et les expériences ont été faites dans des conditions trop spéciales pour qu'on puisse les considérer autrement que comme des indications se rapprochant plus ou moins de la vérité.

En ce qui concerne l'erreur que l'on a faite en considérant la pression exercée à la surface d'un massif de sable comme se reportant uniquement sur les parois de l'excavation, elle tient à ce que l'on a confondu l'état de mouvement avec l'état statique.

Supposons, en effet, du sable dans un tube à fond mobile ; tant que le fond est maintenu, il supporte la colonne de sable tout entière avec la surcharge ; que le fond vienne à descendre et le mouvement à se produire, la masse entière aura d'abord tendance à suivre le fond, mais les arcboutements des molécules de sable et les frottements contre les parois se produiront à ce moment ; le fond du tube, dans sa descente, ne sera surmonté que d'un cône de sable à génératrices inclinées à 30°, et le reste de la masse pourra se trouver suspendu par le frottement contre les parois.

L'exactitude des considérations que nous venons d'exposer est démontrée par d'anciennes expériences du capitaine de génie, plus tard maréchal, Niel, qui arrive aux conclusions suivantes :

1° La poussée latérale ne peut, de quelque manière qu'on la conçoive, diminuer en rien la pression verticale du sable, qui est égale à son poids augmenté de la surcharge, et elle ne saurait avoir d'influence que sur la répartition de cette pression.

2° Les effets de la poussée latérale augmentent en pure perte le tassement des constructions, et peuvent leur faire prendre de l'inclinaison, surtout quand les parois verticales sont déprimées vers leur partie supérieure ; il faut chercher à les éviter, en donnant au massif de sable un empatement proportionné à la résistance des parois verticales de l'excavation.

3° Le sable ne jouit point de la propriété de s'arc-bouter en voûte sur des distances assez grandes pour que la poussée latérale qui en résulterait vienne déprimer les parois verticales, en même temps que la charge qu'elles supportent directement les écraserait.

4° La propriété qu'a le sable de s'arc-bouter, au-dessus des parties du fond qui cèdent, empêche que les résistances inégales de ce fond viennent provoquer des ruptures dans la maçonnerie, et contribue à donner au sol de l'excavation une forme telle que la résistance soit partout la même.

En résumé, ce qui constitue les avantages du sable en matière de fondation, c'est sa mobilité, c'est son incompressibilité. Sa mobilité lui permet de changer de forme avec les parois de l'enceinte qui le contient et de répartir, sur une surface d'autant plus grande que la profondeur du massif est plus considérable, les pressions exercées à la partie supérieure sur une surface restreinte. Grâce à son incompressibilité, il échappe aux tassements que subissent les terrains ordinaires. Il faut remarquer que l'incompressibilité du sable n'est absolue qu'autant qu'il est mouillé. Lorsqu'on l'emploie à constituer un massif de fondation, c'est donc une excellente précaution à prendre que de le répandre par couches que l'on arrose et que l'on pilonne.

Nous aurons l'occasion de citer plus loin l'emploi qui a été fait du sable aux fondations du viaduc de Paludate. Voici d'autres exemples :

M. l'inspecteur général Mary cite une maison de pontonnier du canal de l'Ourcq qui fut construite dans les marais de la Beuvronne sur un sol tourbeux. — « On sait que cette sorte de terrain, d'une part très compressible, a, en outre, la propriété de se déplacer latéralement, de sorte qu'il est éminemment impropre à supporter les constructions. Cependant on est parvenu à construire la maison à peu de frais et très solidement. Pour cela, on a enlevé la tourbe jusqu'à 2 mètres au-dessous de la fondation, tant dans l'emplacement de la maison qu'à une certaine distance du pourtour. Puis on a remplacé la tourbe sur cette épaisseur par du sable, qui se trouve en abondance dans le voisinage du canal. Les murs ont été ensuite fondés sur ce sable, comme sur un sol naturel, et aucun mouvement ne s'est jamais opéré dans les maçonneries. »

Le mode de fondation sur le sable a été souvent mis en usage dans le service du génie, où l'on rencontre fréquemment des murs ou des piédroits de voûtes à établir sur des terrains rapportés. Ce mode semble propre à être employé toutes les fois que l'on cherche à rendre les tassements des constructions moins considérables et plus uniformes, pourvu toutefois que le sable ne coure pas le risque d'être entraîné par les eaux, comme sous un mur de quai, par exemple. Ainsi, pour asseoir les maçonneries sur des terrains rapportés dont la résistance peut être inégale, comme ceux des remparts en général ; sur des terrains glaiseux, vaseux ou de dépôt, comme le sont la plupart de ceux des vallées et des bords de rivières ; sur le gros gravier compressible, dans la tourbe, on pourra s'en servir avec avantage.

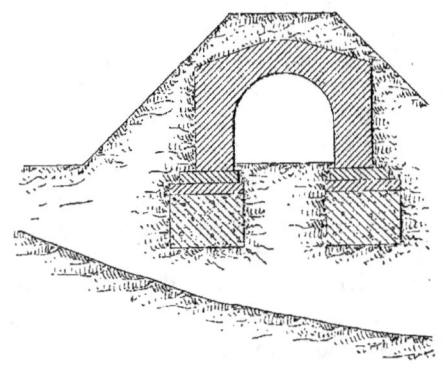

Fig. 2.

Le choix du sable ne doit pas être indifférent ; celui qui est moyennement fin, non terreux, homogène dans sa grosseur, est celui qui éprouve le moins de tassement, dont le talus d'éboulement varie le moins, et qui, par ces motifs, paraît le plus convenable. Quand il est humide, on le pilonne fortement pour le faire pénétrer dans toutes les anfractuosités ; lorsqu'il est sec, il épouse de lui-même la forme de la cavité, mais il n'est pas absolument incompressible, et il faut l'employer par couches que l'on arrose et que l'on pilonne.

Lorsqu'on a à craindre que le sable ne soit attaqué et entraîné par les eaux souterraines, on lui ajoute un lait de chaux, ce qui constitue un mortier maigre qu'on appelle béton de sable.

Pilotis en sable. — Lorsque le peu de consistance du terrain exige une certaine profondeur de fondation et que l'on ne peut exécuter la fouille pour la remplir de sable, on a recours quelquefois à des pilotis en sable, dont le système a été imaginé par le colonel Durbach.

On prend un pieu en bois, bien rond et de la longueur voulue, légèrement conique, et armé d'un sabot conique ajusté avec soin, de manière à ne faire aucune saillie sur le bois. La tête du pieu est armée d'une forte frette en fer, et percée d'un trou horizontal, dans lequel on peut engager une tige de fer. On enfonce le pieu avec un mail ou masse en bois, munie de deux manches, et que manœuvrent trois hommes, l'un entre les deux manches, les deux autres de chaque côté ; lorsqu'on a une sonnette légère et facile à transporter, cela vaut encore mieux. Le pieu une fois enfoncé, on le retire en lui imprimant un mouvement ascensionnel de torsion

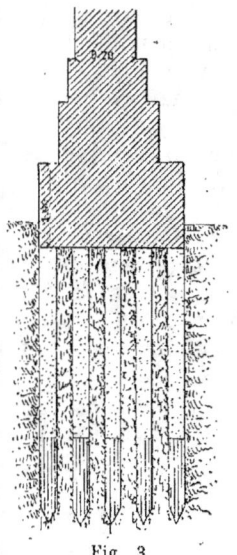

Fig. 3.

au moyen de la barre horizontale, qui forme comme un bras de cabestan; le trou du pieu reste avec des parois bien lisses, et on le remplit de sable ou de béton de sable.

On recommence à côté la même opération, et on larde ainsi de pieux en sable tout l'espace sur lequel l'ouvrage doit reposer. Il est clair que c'est là un moyen énergique de comprimer le terrain et de lui donner de la résistance.

Un autre avantage est que les pilots en sable sont bien moins coûteux que les pilots en bois : ceux-ci pourrissent vite dans un terrain qui n'est pas constamment imbibé d'eau; ceux-là résistent indéfiniment.

La figure ci-contre représente une fondation sur pilotis en sable destinés à porter un pilastre d'un atelier de forges.

Fondation de la mairie de Pont-Audemer. — M. l'ingénieur Olivier citait, en 1837, divers exemples de fondations sur sable qui ont réussi toutes les fois qu'on n'avait pas à craindre de voir le sable entraîné par l'eau; c'est évidemment là une condition capitale. A Pont-Audemer, on trouve sous le sol naturel une couche sableuse mêlée de pierres roulées, de 0^{m}80 d'épaisseur, sur laquelle on peut poser en toute sécurité des constructions très lourdes; lorsque l'on construisit la mairie, on jugea la résistance de cette couche insuffisante, on l'enleva, au-dessous on trouva un terrain mou dans lequel on se crut obligé de battre de longs pieux; cependant, pour les murs de refend, on se contenta de mettre, à la place de la roche sableuse qu'on avait enlevée, une couche de sable battu et bien arrosé avec un lait de chaux. Rien ne bougea et toutes les murailles, liées ensemble, n'éprouvèrent ni mouvements, ni fissures, bien que fondées les unes sur pilotis, les autres sur sable. A *une usine près Bolbec*, les fondations des murs rencontraient en partie la craie, en partie le sable vert toujours mouillé mais non susceptible d'être entraîné; ce sable supporte sans dépression les poids que l'on pose à sa surface, bien qu'il devienne pâteux et fluide lorsqu'on le frappe à coups redoublés; les murs fondés en partie sur la craie, en partie sur le sable, ne subirent aucun mouvement, ce qui prouve que l'un ne tassait pas plus que l'autre.

Dans ces dernières années, les ingénieurs du *port de Dunkerque ont fondé sur le sable*, à des profondeurs de plusieurs mètres au-dessous du niveau de la mer, des ouvrages considérables. Il est vrai que ces fondations ont donné lieu à des précautions particulières en ce qui touche les épuisements et la mise en place du béton, précautions que nous aurons l'occasion de signaler ultérieurement.

Fondation d'un pont sur le canal de la Sambre à l'Oise, sable boulant. — Au chemin de fer de Busigny à Hirson, M. l'ingénieur en chef Menche de Loisne a eu à fonder un pont sur le canal de la Sambre à l'Oise, dans les conditions suivantes.

Le sous-sol comprenait les couches ci-après :

Terre végétale, argile.	2^{m}90
Sables boulants.	5^{m}80
Sable et gravier.	0^{m}60
Gravier compacte.	2^{m}00

« Le projet approuvé supposait une fondation en béton assise sur le gravier; mais lorsqu'on eut entamé sur 1 mètre environ le sable boulant, à 5 mètres en contre-haut du gravier, la venue d'eau fut considérable et le sable prit une consistance sirupeuse. Dans ces conditions, on ne pouvait atteindre le gravier qu'à l'air comprimé ou avec d'énormes dépenses d'épuisement. On remblaya en sable sec la partie de fouille qui avait été ouverte dans le sable boulant et on coula un lit de béton au trass de Hollande de 1ᵐ50 d'épaisseur. On donna aux fondations un empatement tel que le sol ne devait porter définitivement que 2 kilogrammes au centimètre carré. Bien que le terrain se réduisît en une boue liquide sous le passage des hommes, le succès fut complet, car l'ouvrage n'a pas tassé. »

Dans des terrains de ce genre, il conviendrait donc *de fonder haut les ouvrages* en donnant aux fondations un *empatement suffisant pour que la pression soit réduite à 2 kilogrammes par centimètre carré* dans les terrains que le piétinement des terrassiers transforme en boue. Quand le terrain est horizontal, on peut se contenter d'une enceinte de pieux et palplanches pour contenir le massif de fondation; si le terrain est incliné il faut un pilotis général et l'on coiffe les pieux d'un béton énergique.

Il va sans dire qu'avec des terrains aussi dangereux, les remblais aux abords des ouvrages doivent être conduits avec prudence et bien symétriquement de chaque côté de l'ouvrage; il convient, du reste, d'abandonner les voûtes et de recourir aux tabliers métalliques avec lesquels il est facile de corriger des mouvements même d'une certaine importance.

2° FONDATION DIRECTE DANS UNE FOUILLE, AVEC OU SANS ÉPUISEMENT.

Fouille étrésillonnée, fouille blindée. — Lorsqu'on a à exécuter une fouille de fondation, il est bien rare qu'on ait affaire à des terres se tenant seules; il faut soutenir les parois de l'excavation sans quoi il se produirait des éboulements dangereux, ou bien on serait forcé de donner à ces parois le talus naturel de la terre coulante, ce qui entraînerait un déblai et une dépense considérables. Du reste, l'espace est généralement limité à l'emplacement des fondations d'édifices et l'on est forcé d'effectuer les fouilles presque à pic.

S'il en était autrement, si l'on était libre de creuser une fouille avec parois en talus, il pourrait y avoir parfois économie à adopter cette solution plutôt que de recourir à un étaiement coûteux; c'est une étude comparative de la dépense qui permet de trancher la question.

Considérons une fouille à base carrée de côté a et de profondeur h; si on l'exécute avec parois verticales, le cube de terre à extraire est a^2h; avec des parois à 45 degrés ce cube devient

$$a^2h + 2h^2a + \frac{4}{3}h^3;$$

l'accroissement du cube de déblai est donc

$$2h^2 a + \frac{4}{3} h^3;$$

quant aux frais de blindage et d'étrésillonnement ils sont, pour une profondeur donnée, au moins proportionnels au périmètre de la fouille, c'est-à-dire à a; ces frais croissent plus vite que le cube de déblai, et il n'est pas douteux que s'il s'agit d'une fouille de grande superficie, il arrive un moment où il est avantageux de l'exécuter avec parois en talus.

Le plus souvent c'est la fouille à parois verticales que l'on rencontre, et, comme dans les terrains en apparence les plus résistants on voit souvent des éboulements partiels se produire, éboulements toujours dangereux pour des ouvriers entassés au fond d'un trou, l'architecte et l'ingénieur ont le strict devoir de prendre toujours les plus grandes précautions en pareille matière.

Si la terre est coulante, argileuse ou vaseuse, on recouvre les parois d'un plancher continu, derrière lequel on place même parfois un fascinage; ce plancher ou blindage, est formé de planches horizontales ou de dosses que l'on pose au fur et à mesure de l'approfondissement. Les deux parois se rapprocheraient évidemment si on ne maintenait l'écartement au moyen de fermes verticales; ces fermes se composent de pièces appliquées à plat suivant la ligne de plus grande pente des parois qui possèdent presque toujours un léger fruit sur la verticale; entre ces pièces, on chasse à coups de maillet des étrésillons ou pièces obliques inclinées alternativement vers le haut et vers le bas de manière à produire un arcboutement.

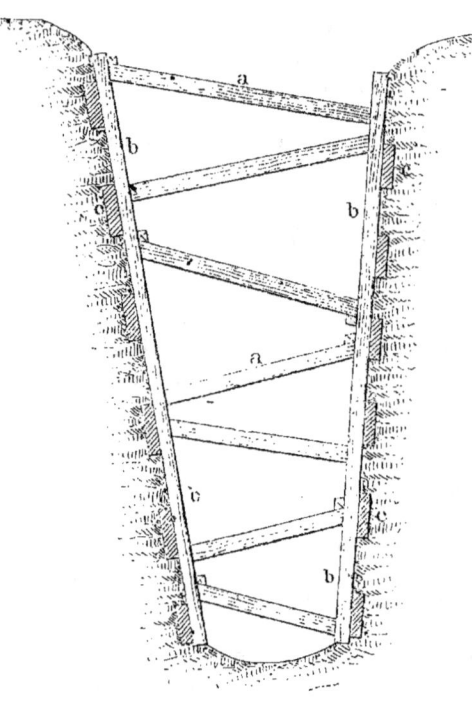

Fig. 4.

La figure 4 représente une fouille blindée et étrésillonnée.

Les pièces $a\ a$ sont des étrésillons.

Les pièces $b\ b$ sont des couchis debout qui constituent, avec les étrésillons, des fermes transversales plus ou moins espacées suivant la fluidité du sol.

Les pièces $c\ c$ sont les couchis ou planches dont est formé le blindage.

Dans certains cas, on pourra supprimer les couchis c ou en réduire beaucoup le nombre; quelquefois même les pièces debout b deviendront inutiles et on ne conservera que les étrésillons portant par leurs extrémités sur des bouts de planches.

Le mode de soutènement que nous venons de décrire s'applique à des tranchées, c'est-à-dire à des fouilles en longueur comme celles qui conviennent pour la construction d'un mur, d'un aqueduc; pour des fouilles carrées ou rectangulaires, il ne saurait suffire.

Les parois des fouilles de ce genre sont, d'ordinaire, soutenues par des cadres horizontaux, plus ou moins espacés suivant la cohésion du terrain, et derrière ces cadres on glisse des planches verticales d'autant plus rapprochées que le sol est plus fluide. C'est le système que nous avons décrit dans le premier volume de cet ouvrage pour le creusement des puits et le percement des galeries, mais dans les fouilles de fondation il s'applique, en général, sur une plus grande échelle.

Soit une fouille rectangulaire ABCD, on garnit les parois avec des planches ou dosses verticales plus ou moins espacées et l'on pose, pour les soutenir, les petits côtés $n\ n$ d'un cadre; pour maintenir l'écartement des pièces n, on pose les grands côtés m du cadre; mais ceux-ci ont eux-mêmes tendance à se rapprocher l'un de l'autre, et il faut s'opposer à cette tendance par des étrésillons $p\ p$. On voit que le système ainsi constitué est fait pour résister à tous les efforts et

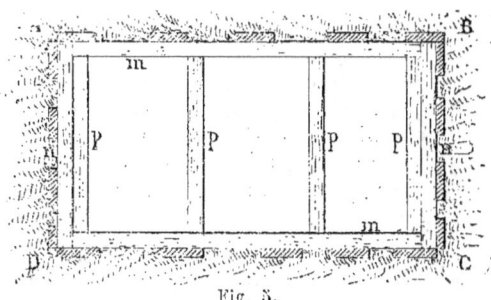

Fig. 5.

que la stabilité des parois est assurée pourvu que les pièces de bois aient un équarrissage suffisant et ne viennent pas à se rompre. Les pièces p, accolées aux pièces n, peuvent être à la rigueur supprimées; alors les pièces m et n sont taillées en biseau pour s'arcbouter dans les angles de la fouille.

On pose les cadres au fur et à mesure de la descente; les pièces de bois n'ont pas exactement la longueur voulue et on les cale à une extrémité avec des coins chassés à la masse. D'un cadre à l'autre, les étrésillons p doivent se correspondre dans les mêmes plans verticaux, afin de laisser des puits verticaux libres pour le montage des déblais et la descente des matériaux.

La fouille a des dimensions supérieures à celles du massif de fondation qu'elle doit recevoir, et l'excès de ses dimensions en plan est au moins égal à l'épaisseur d'un cadre augmentée de celle d'un blindage. A la rigueur, on peut s'en tenir à cet excès lorsque le blindage est formé de palplanches jointives battues à l'avance, ce que l'on doit toujours chercher à faire.

Mais, si le blindage en planches verticales est posé au fur et à mesure de l'approfondissement, il faut se garder de s'en tenir aux dimensions strictement suffisantes, sans quoi on est à peu près certain de rencontrer de grosses difficultés ; un cadre peut subir une déformation, c'est un fait qui se produira presque toujours, et il est nécessaire que les dimensions de la fouille présentent une certaine marge à cet effet ; il faut, en outre, prévoir le cas où l'on serait conduit à installer des appareils d'épuisement et, si l'espace fait défaut, on paie bien cher, par les embarras de tous genres et les chômages, la petite économie qu'on a réalisée sur la longueur des bois et le cube de la fouille.

La remarque que nous venons de faire est générale ; nous la répéterons pour tous les systèmes de fondation ; nous la considérons comme fort importante, car les constructeurs inexpérimentés commettent presque toujours la grosse faute de se tenir trop à l'étroit dans l'établissement des enceintes ou des caissons de fondation. Un jeu de 0^{m}50 est déjà trop faible, et il est beaucoup plus prudent de prévoir un jeu de 1 mètre au moins tout autour du massif, quand on ne forme pas l'enceinte avec des palplanches battues à l'avance.

Cadres pour blindage de puits au réservoir de Torcy (*canal de Bourgogne*). — Pour la réparation des digues de l'étang de Torcy, on a eu à exécuter dans ces digues des puits de 8 à 10 mètres de profondeur que l'on remplissait de maçonnerie. Ces puits rectangulaires avaient 2 mètres sur 1^{m}50, et on les creusait par profondeurs de 1^{m}50 en bon terrain et de 1 mètre en mauvais terrain.

Le blindage d'une assise s'effectuait au moyen de quatre panneaux, représentés par les figures 5 à 11, planche I, et formés de planches en chêne de 0^{m}025 d'épaisseur, séparées par des vides de 0^{m}08 ; ces planches sont réunies dans chaque panneau par trois traverses de 0^{m}06 sur 0^{m}12 ; la traverse du milieu d'un petit panneau a 0^{m}12 sur 0^{m}12 et elle est comprise, à chaque extrémité, entre deux languettes boulonnées de 0^{m}20 de longueur, formant un manchon dans lequel s'engage, lors de l'assemblage des cadres, une pièce de bois A, destinée à maintenir l'écartement des petits cadres, ceux-ci maintenant l'écartement des grands. Les petits panneaux se coincent entre les grands et les pièces A se coincent entre les petits. Quatre crosses C que l'on plante dans les traverses intermédiaires des petits panneaux, devant les traverses A, maintiennent l'assemblage.

On comprend sans peine comment s'effectue le démontage des châssis et d'une assise au fur et à mesure que la maçonnerie s'élève.

Lorsqu'il s'est produit des éboulements sur les parois, on maintient les terres et on bouche les excavations avec des fascines avant de poser les châssis.

Fondations du pont de Fium'Alto. — Le pont de Fium'Alto, construit en Corse par M. l'ingénieur Doniol, est à une seule arche de

40 mètres d'ouverture. Les fondations ont été exécutées en maçonnerie ordinaire hydraulique, et par épuisement, à 2ᵐ55 en contre-bas de l'étiage ; le sol sur lequel on s'est établi consiste en un rocher schisteux assez tendre dont les fentes ont été remplies avec du béton. Comme ce rocher inspirait peu de confiance, on a donné, au moyen de trois retraites, un empatement d'un mètre à la maçonnerie.

Fondations du viaduc de Morlaix. — « Toutes les piles du viaduc de Morlaix, dit M. l'ingénieur Fénoux, ont été établies directement sur le rocher, formé par un schiste bleu bien résistant. Pour trouver ce terrain solide, on a dû, à certaines piles, descendre à plus de 9 mètres au-dessous du sol naturel : la hauteur moyenne des massifs de fondation a été de 5ᵐ80. Sur l'emplacement des piles à flanc de coteau, le rocher se présentait avec une inclinaison assez grande, et on a dû le déraser par larges redans horizontaux, dont l'exécution a conduit, en quelques points, à pousser les fouilles à plus de 6 mètres de profondeur dans le rocher. Ces redans ont été remplis avec de la maçonnerie exécutée au mortier de ciment et conduite de façon à donner, au niveau le plus élevé des fouilles, un plan parfaitement horizontal sur lequel on a établi le massif de fondation construit en maçonnerie avec mortier de chaux hydraulique. Ces massifs ont été élevés verticalement et offrent au niveau du sol, dans tous les sens, un empatement de 0ᵐ40 par rapport à la base inférieure des supports.

« Autour des fondations de toutes les piles, on a établi soit des barbacanes, soit des drains à pierres sèches, destinés à assurer aux eaux un prompt et facile écoulement. »

Égouts de Paris, fouille blindée avec épuisements, établissement des fondations en sous-œuvre. — Plusieurs égouts de Paris sont fondés dans un sable fluent au-dessous de la nappe d'eau des puits, dont on considérait autrefois l'épuisement comme presque impossible. Il est impossible d'y fonder par fouille blindée, car on attirerait tout le sable latéral, et les maisons qui sont fondées plus haut s'ébouleraient.

Belgrand a résolu le problème par les opérations suivantes :

1° Construction à ciel ouvert, dans une fouille étrésillonnée, de la partie de l'égout qui se trouve au-dessus de la nappe d'eau des puits ;

2° Assèchement de cette nappe d'eau par un épuisement énergique jusqu'en contre-bas du radier ;

3° Exécution souterraine en sous-œuvre des terrassements et des maçonneries de la partie de l'égout pénétrant dans la nappe d'eau. (Figures 12 à 15, planche 1.)

Pour l'assèchement, on ouvrait un puisard tous les 100 mètres et on y installait autant de pompes qu'il en fallait, mues par une locomobile. On enlevait ainsi, en certains points, jusqu'à 5,000 mètres cubes d'eau en 24 heures ; mais cela ne suffisait pas à abaisser suffisamment la nappe entre deux puisards consécutifs, elle gardait une forme convexe avec deux versants inclinés vers les puisards. Il fallut ouvrir dans l'axe du radier ;

entre les puisards, une tranchée ou rigole d'assèchement ; cette rigole était formée par des plats-bords enfoncés horizontalement dans le sable et maintenus par des cadres verticaux. Au fur et à mesure qu'on enfonçait deux plats-bords et qu'on fouillait l'intervalle compris entre eux, l'eau se nivelait entre les deux puisards et l'on pouvait recommencer un nouvel approfondissement.

On arrivait ainsi à abaisser la nappe d'eau jusqu'au-dessous du radier.

La reprise en sous-œuvre et l'exécution des maçonneries n'offrait plus alors de difficultés, car le sable fluent, une fois asséché, devient remarquablement ferme et un étaiement élémentaire suffisait pour en maintenir les parois.

On a construit ainsi de grandes longueurs d'égout dans d'excellentes conditions de rapidité et d'économie.

Fondation du viaduc de Dinan; fouilles blindées avec épuisement, bâtardeaux. — La vallée de la Rance, à l'emplacement du viaduc de Dinan, est comprise entre deux coteaux que relie une plaine d'alluvions marines de 150 mètres de largeur (fig. 1 à 4, planche 1).

L'épaisseur de la couche d'alluvions vaseuses est de 10 mètres et les hautes mers recouvrent complètement le sol.

Comme le montre l'élévation générale, le viaduc comporte six piles complètes ; les deux extrêmes ont été fondées directement sur le rocher sans difficulté. Restaient les quatre piles médianes qui ont donné lieu à deux opérations distinctes.

1° Une fouille unique, indiquée sur le plan général, fut creusée pour les piles 2 et 3; fouille mise à l'abri des eaux par deux bâtardeaux construits en travers de la rivière, l'un à l'amont et l'autre à l'aval; la rivière est rejetée dans une dérivation creusée à cet effet.

La dérivation, ouverte dans des jardins et contournant un îlot de maisons, était taillée avec bords presque à pic; de là des éboulements dans le terrain vaseux; pour le soutenir on planta le long du pied des talus deux files de pieux soutenant des madriers appliqués contre ces talus mêmes. Des pièces de bois, d'une longueur de 4 mètres égale à la largeur de la dérivation, produisaient l'arcboutement des pieux, placés en regard les uns des autres et la destruction des forces qu'il s'agissait de combattre.

Comme on voulait fonder les deux piles en trois semaines, on s'attacha à construire des bâtardeaux peu volumineux ; chacun d'eux fut réduit à un simple corroi de 2^m30 d'épaisseur, contenu entre deux cloisons de charpente, espacées d'autant et reliées par des tirants en fer sur lesquels s'entre-détruisaient les poussées exercées contre les cloisons par les corrois.

Le plan montre que la dérivation coupait deux chemins; on établit sur les coupures des ponts provisoires en bois de 4 mètres de portée. La coupure, de 6 à 7 mètres de profondeur avec parois verticales, ne pouvait être abandonnée à elle-même et il fallait soutenir les parois de l'excavation. Dans ce but, de simples planches étaient placées debout contre les parois et des madriers appliqués horizontalement contre ces planches; des poutrelles interposées et coincées entre ces madriers produisaient l'arcboutement des deux parois.

Au moment de la grosse marée d'équinoxe, la charge d'eau transforma rapidement en grosses filtrations les légers suintements qui se montraient, non à travers les bâtardeaux demeurés parfaitement étanches, mais à travers le gravier et la pierraille qui forment le fond de la rivière. Bientôt l'excavation fut envahie et les appareils d'épuisement devinrent impuissants. Il fallut isoler par un troisième bâtardeau la partie du lit dans laquelle on présumait que les infiltrations prenaient naissance, moyen dont l'emploi fut suivi d'un plein succès. Dès qu'à l'aide de deux pompes Letestu on eût fait descendre l'eau dans la fouille de fondation au-dessous du niveau qu'elle occupait dans l'enceinte formée par le bâtardeau auxiliaire, celle-ci s'asséchait pour ne plus se remplir.

2° Les piles 4 et 5 furent fondées également dans une fouille commune. Cette fouille n'était séparée du lit de la rivière que par une digue dont l'épaisseur au sommet n'excédait pas 2 mètres; les marées d'équinoxe, doublant la charge d'eau, accroissaient chaque jour les infiltrations qui, bien que peu volumineuses et faciles à épuiser, délayaient la vase et produisaient des éboulements. — La faible cloison, à l'abri de laquelle le travail s'opérait, était sur le point de donner passage aux eaux, et il fallait conjurer ce danger; à cet effet, on établit un blindage formé d'une ligne de pieux posés sur le rocher, appuyés contre les maçonneries commencées, arc-boutés au moyen d'étais contre les parois de l'excavation et maintenant des madriers glissés derrière eux.

A l'abri de ce blindage les maçonneries furent exécutées sans nouvel incident. La pression par centimètre carré, transmise au rocher à la base de fondation, est de $8^{kg}80$; il s'agissait d'une roche granitique dure; dans la généralité des viaducs, on se borne à une pression de 5 à 6 kilogrammes par centimètre carré. Cependant, on peut dépasser ces chiffres lorsqu'on est bien certain de la résistance et de l'homogénéité du rocher, car la pression à la base s'élève à 15 kilogrammes pour l'aqueduc de Roquefavour et 19 kilogrammes pour le pont du Gard.

Enceintes de pieux et palplanches battus dans la vase. — Viaduc d'Auray.

« Les fondations par épuisements, dit M. l'ingénieur en chef Croizette-Desnoyers dans son mémoire déjà cité, sont incontestablement les plus satisfaisantes, parce qu'elles permettent de reconnaître dans tous ses détails la nature du fond, de le préparer convenablement en le dérasant ou le nettoyant autant qu'il est nécessaire, et enfin d'élever le massif dans les meilleures conditions possibles, avec tous les soins que comporte l'exécution d'un bétonnage posé à sec ou d'une maçonnerie construite à l'air libre. »

Le viaduc d'Auray est construit sur la rivière du Loc, un peu en amont de la ville d'Auray. L'amplitude des marées, c'est-à-dire la distance verticale entre la haute et la basse mer de vive eau, est de 4 mètres. Le fond de la vallée se compose d'une épaisse couche de vase recouvrant un rocher granitique, sur lequel il fallait asseoir les fondations.

C'est sur la rive gauche que se trouve la plus grande profondeur de vase, mais la marée ne s'élève guère au-dessus du sol, qui est à découvert pendant la basse mer ; il était donc facile de protéger les fouilles par un bâtardeau ou bourrelet, formé de deux vannages maintenant entre eux un massif de vase compacte et imperméable.

Pour établir les fondations, on a battu autour de l'emplacement de chaque pile une enceinte formée de pieux de 0^{m}25 d'équarrissage, intercalés par séries entre des pieux verticaux de 0^{m}33 d'équarrissage, espacés de 1^{m}50 à 2 mètres d'axe en axe. Puis on a fouillé dans cette enceinte, en enlevant la vase compacte et en épuisant avec des pompes mues par des locomobiles ; à mesure que la fouille descendait, la vase, qui transmet les pressions presque comme un liquide, exerçait sur les parois extérieures de l'enceinte des poussées considérables, et les parois opposées se seraient rapprochées, si l'on n'avait eu soin d'étrésillonner la fouille au moyen de cadres horizontaux en charpente ; ces cadres, espacés de 2 mètres à la partie supérieure, allaient se rapprochant vers le bas de la fouille, où ils n'étaient plus qu'à 1 mètre de distance.

Voici dans quels termes M. Croizette-Desnoyers recommande ce système :

« Pour les fondations par épuisements dans les terrains vaseux, dès que la profondeur atteint 2 ou 3 mètres, il y a presque toujours avantage à blinder la fouille pour éviter d'avoir à lui donner trop d'amplitude ou de s'exposer à des éboulements. Seulement les blindages doivent être plus ou moins complets, suivant la nature du terrain. Il convient de les former de palplanches ou de madriers verticaux battus d'avance, et qui, à mesure que l'on exécute la fouille, sont maintenus par des cadres horizontaux suffisamment étrésillonnés. D'après la nature du sol, on emploie des palplanches plus ou moins épaisses ; on les écarte ou on les rapproche jusqu'à les rendre jointives suivant les besoins ; les cadres sont plus ou moins rapprochés, les étrésillons ont plus ou moins de force : mais cette disposition a le grand avantage de se prêter à des consolidations successives à mesure que la nécessité s'en fait sentir, et par conséquent de ne pas exiger d'avance de trop grands moyens. Ainsi, dans le cas où on reconnaît que les palplanches sont trop espacées, rien n'est plus facile que d'en intercaler d'autres ; si les cadres sont trop éloignés entre eux, on en introduit d'intermédiaires ; si les étrésillons ne sont pas assez nombreux, on les multiplie ; mais on agit toujours d'après un plan régulier, on ne fait pas de fausse manœuvre et l'on a une fouille toujours parfaitement en ordre. Si, au contraire, on emploie des madriers horizontaux soutenus par des montants verticaux, dont l'écartement est maintenu par des étrésillons, on peut sans doute encore arriver au but, mais on a une enceinte formée de parties indépendantes qui ne se prêtent pas un appui mutuel ; on est par suite beaucoup moins bien protégé contre les éboulements et l'on a beaucoup plus de difficulté à renforcer l'enceinte s'il en est besoin. Enfin, si l'on procède sans plan arrêté et si on dispose les bois d'une manière irrégulière, on en emploie beaucoup plus qu'avec une des méthodes précédentes, on gêne le travail de la fouille, on éprouve des accidents, et finalement on dépense beaucoup plus de temps et d'argent. Nous ne saurions trop recommander d'opérer d'après un projet bien étudié, pouvant être modifié dans ses détails suivant les exigences du travail, mais devant être maintenu dans son principe, et nous insistons vivement pour l'emploi de palplanches verticales et de cadres horizontaux formant une enceinte régulière. Ce mode, simple et économique pour les profondeurs ordinaires, est encore le meilleur pour les grandes profondeurs, à la condition de renforcer suffisamment l'enceinte. »

Nous avons vu que les fouilles des piles placées près de la rive gauche de la rivière étaient protégées par des bâtardeaux en vase compacte ; pour les piles centrales, les bâtardeaux avaient à soutenir une hauteur d'eau considérable, puisque l'oscillation de la marée atteignait 4 mètres, et le travail devenait difficile et dangereux. M. l'ingénieur Sévène eut alors l'idée d'établir à l'aval du viaduc, dans une partie resserrée de la rivière, un barrage, dont la base était en blocs de rochers et le massif en vase ; ce barrage s'opposait à l'introduction des eaux de la mer ; on lui avait accolé sur la rive droite un pertuis muni de clapets ou vannes à charnière, s'ouvrant de l'amont à l'aval. La marée montante appuyait ces clapets sans pouvoir pénétrer dans le bief supérieur ; pendant ce temps-là, les eaux douces de la rivière s'accumulaient à l'amont, et, à marée basse, elles forçaient les clapets à s'ouvrir et à leur livrer passage. On arrivait de la sorte à décharger les bâtardeaux de la pression d'une nappe d'eau d'environ 2^{m}50 de hauteur.

Le prix moyen du mètre cube de maçonnerie de fondation a été seulement de 42 francs pour une profondeur d'environ 9 mètres sous les hautes mers. Il est vrai que les travaux remontent à plus de vingt ans.

Viaduc d'Hennebont ; épuisements dans une enceinte de pieux et palplanches.

— Le viaduc d'Hennebont est construit sur le Blavet pour le passage de la ligne de Nantes à Brest. Le zéro étant placé au niveau de la mer moyenne, les plus basses mers sont à 2^{m}15 au-dessous et les plus hautes mers à 3^{m}40 au-dessus ; d'où une oscillation totale de 5^{m}55. Le fond de la rivière comprend une couche de vase de 4 à 6 mètres sur les rives et de 1 mètre au milieu du lit ; au-dessous on trouve une légère couche de sable fin, puis un terrain composé de gravier mêlé de galets, de blocs de roches et d'argile ; ce terrain dur, mais de composition inégale, occupe une hauteur variant de 1 à 2 mètres ; au-dessous vient le granite sur lequel il faut asseoir la fondation à une profondeur de 6^{m}90 à 9^{m}60 au-dessous des plus hautes mers.

Les sondages s'étaient malheureusement arrêtés sur le gravier dur et n'avaient pas été descendus jusqu'au rocher, ce qui entraîna de graves mécomptes. C'est une nouvelle preuve de l'importance des sondages préparatoires ; l'ingénieur doit les suivre et les contrôler tout spécialement, sans quoi il s'expose à de grands embarras.

A Hennebont on a donc battu pour fonder les piles des enceintes de pieux et de palplanches, qui ont pénétré non jusqu'au rocher, mais seulement jusqu'au gravier, circonstance qui a augmenté les épuisements dans d'énormes proportions.

Pour les piles 1 et 4, on a établi des bâtardeaux de 3 mètres de largeur autour des enceintes; ces bâtardeaux étaient formés de panneaux en madriers s'appuyant sur des pieux espacés de 2 mètres; l'intervalle était rempli avec de la vase bien tassée; mais cette vase peu compacte s'est trouvée attaquée par les courants ou soulevée par la mer montante, il en est résulté de fréquentes avaries et d'abondantes infiltrations; néanmoins on put effectuer la fouille et la maintenir à sec avec des pompes mues par des locomobiles.

C'est aux piles 2 et 3 qu'apparurent les grandes difficultés, malgré les précautions supplémentaires qu'on avait adoptées, figures 1 à 3, planche VII ; l'enceinte de la pile avait été calfatée jusqu'au niveau de basse mer et l'enceinte extérieure destinée à maintenir le bâtardeau avait été composée de pieux plus gros espacés de 1 mètre seulement d'axe en axe; l'intervalle entre les deux enceintes avait été rempli, non pas avec de la vase mais avec de l'argile, et on avait supprimé les grands boulons en fer qui reliaient les deux enceintes et qui étaient dans les piles précédentes des causes fréquentes de voies d'eau; on avait tenté d'enraciner le bâtardeau dans le gravier en draguant celui-ci entre les deux enceintes, mais cette opération ne put être effectuée que d'une manière superficielle.

Du reste, le bâtardeau, recouvert par les eaux à chaque marée, subissait des dégradations continuelles; on dut le protéger à la surface par des gazons, des planches pressées par des moellons et enfin par des sacs remplis d'argile; ce dernier système donna de bons résultats pourvu qu'on eût recours à un entretien constant.

Lorsqu'on approfondissait la fouille, les infiltrations entraînaient à l'intérieur, soit le gravier, soit la terre des bâtardeaux, d'où formation de poches et de voies d'eau avec tassements considérables; il fallut se résoudre à battre, à $1^m 85$ de l'enceinte intérieure, une enceinte intermédiaire de palplanches bien jointives et refaire le bâtardeau intérieur avec de bonne argile; malheureusement les moises transversales qu'on ne pouvait enlever continuaient à livrer passage à l'eau chassée par la pression extérieure.

La coupe en long de la fouille montre sur sa gauche le tuyau d'épuisement des pompes; celles-ci étaient montées avec leurs locomobiles sur un bateau et suivaient ainsi l'oscillation de la mer, de manière à réduire au strict nécessaire la hauteur d'élévation des eaux aspirées; c'est une considération capitale en matière d'épuisements, surtout lorsqu'il s'agit de fouilles profondes pour lesquelles la hauteur d'aspiration s'approche du maximum pratique. Sur la même coupe en long, on aperçoit à droite un tuyau à clapet, c'est le tuyau d'évacuation qui débouche un peu au-dessus de la basse mer et qui sert à vider l'enceinte à marée descendante; ce tuyau servait aussi, avec le tuyau des pompes, à laisser l'eau pénétrer dans la fouille lorsque le niveau de la mer s'élevait à une hauteur telle que la résistance de la charpente devenait douteuse et les infiltrations trop abondantes; on se hâtait alors d'équilibrer les hauteurs d'eau au dehors et au dedans de l'enceinte.

FONDATIONS   41

Au fur et à mesure de l'approfondissement, on établissait un bordage jointif sur les pieux et palplanches pour arrêter les infiltrations et les apports de vase ou d'argile. Il n'en fallut pas moins recourir à des scaphandres pour boucher les voies d'eau et pour consolider les bâtardeaux.

Après beaucoup d'essais on finit par obtenir une étanchéité suffisante et par pouvoir pousser la fouille jusqu'au rocher, mais en ménageant des talus dans le gravier au-dessous de la pointe des palplanches. Avec la plus grande hâte on construisit alors les massifs de béton de Portland destinés à porter la maçonnerie supérieure qui, elle, s'exécuta sans difficulté.

Les dépenses ont été considérables; elles ont atteint 71 francs par mètre cube de maçonnerie et seraient plus fortes aujourd'hui puisque le travail remonte à 1860.

On aurait recours aujourd'hui à l'air comprimé qui donnerait toute sécurité et serait plus économique.

Fondations du pont de Menat; épuisements dans une fouille blindée. — Ce pont a été construit en 1847, sur la Sioule (Puy-de-Dôme), par M. l'ingénieur Aynard; c'est à une note de cet ingénieur que nous empruntons les lignes suivantes qui nous paraissent renfermer quelques observations intéressantes :

« Les fondations d'ouvrages d'art dans le lit des rivières torrentielles présentent quelquefois des difficultés imprévues, lors même qu'on a reconnu d'avance la solidité de la base sur laquelle on doit les établir.

« Ces rivières, près de leurs sources, coulent en général sur un lit de rocher recouvert d'une couche plus ou moins épaisse de galets et de pierres d'un volume quelquefois considérable.

« Lorsque cette couche est de faible épaisseur, et que l'on doit faire peu d'épuisements, l'établissement des maçonneries sur le roc est un travail des plus simples. C'est ainsi que se présentent le plus souvent, dans les pays de montagnes, les fondations des ponts qui servent à franchir des vallées étroites.

« Mais au contraire, quand la couche au-dessus du rocher a une épaisseur de quelques mètres, et que cette couche elle-même est placée à une certaine profondeur au-dessous de l'eau, on peut être obligé quelquefois d'employer des procédés particuliers de fondations qui s'écartent un peu des méthodes ordinaires. Ces circonstances se présentent souvent aussi dans les pays de montagnes, pour l'établissement des ponts situés dans les élargissements des vallées principales.

« La construction du pont de Menat, sur la Sioule, dans le département du Puy-de-Dôme, a donné lieu à quelques détails de fondations qui pourraient peut-être s'employer ailleurs avec avantage dans des positions analogues.

« La culée droite de l'ouvrage devait reposer sur un banc de rocher qui apparaissait vers la rive; en sondant pour les piles et l'autre culée, on avait cru rencontrer le même banc à 3 mètres à peu près au-dessous de l'étiage. Cependant la grosseur des galets qui composaient le fond de la rivière me laissait quelques doutes sur l'exactitude de cette reconnaissance, qui avait été faite, du reste, avec des instruments fort imparfaits.

« Voulant mettre le rocher à découvert, nous devions ou draguer ou faire des fouilles avec bâtardeaux. Le premier moyen était impossible, au moins avec les appareils dont nous pouvions disposer, à cause de la grosseur des matières à draguer. Il fallait donc construire des bâtardeaux, et leur donner des dimensions telles qu'ils pussent contenir les talus de nos fouilles dont le fond devait descendre au moins à 3 mètres et très probablement à une profondeur plus grande, puisqu'il y avait incertitude sur la vérité de nos sondages. Cette grande étendue à donner à nos bâtardeaux, en encombrant énormément le lit de la rivière, nous aurait exposés à beaucoup d'accidents.

« Il me sembla que le seul parti convenable était de faire les parements des fouilles verticaux, en les soutenant avec des palplanches; mais les blocs qui composaient la couche à fouiller présentaient aux palplanches une résistance impossible à vaincre sans les briser.

« Nos palplanches ne pouvant s'enfoncer que de quelques centimètres, l'idée me vint alors de me servir de la fouille elle-même pour les faire descendre jusque sur le rocher.

« Nous avions autour de chaque pile un cadre en bois (*fig.* 3 et 4, pl. II), disposé pour battre une enceinte, et tout autour un bâtardeau en terre glaise pour permettre d'épuiser dans l'emplacement des fouilles. Comme les palplanches n'avaient pas pénétré dans le sol, leur pied reposait simplement sur le fond de la rivière ou s'y enfonçait de quelques centimètres seulement.

« Aussitôt que l'emplacement des fouilles fut à sec, on commença les déblais.

« Comme je l'ai dit, l'enceinte de nos bâtardeaux était fort étroite, elle avait été disposée pour donner aux fouilles des parements verticaux qui devaient être soutenus par les palplanches que nous comptions battre, et nous n'avions pas pu y réussir; il fallait donc arriver au même résultat par un autre moyen.

« Dès que les déblais furent commencés, il fut facile de voir quels étaient les obstacles qui nous avaient arrêtés; la grosseur des blocs nous montra que nous avions eu raison de ne pas persister dans le battage. Mais ce qui nous avait été impossible avant l'épuisement nous était devenu facile; il suffisait, à mesure que le fond de la fouille descendait, de déblayer un peu le pied de chaque palplanche, qui n'ayant plus à vaincre de frottement que sur l'une de ses faces, s'enfonçait alors sous le simple choc d'un maillet. L'enfoncement des palplanches marchant avec l'approfondissement de la fouille, l'office que nous en attendions était complètement rempli, puisqu'elles maintenaient les parements de la fouille verticaux, et que c'était là leur seul but.

« Les fouilles n'ayant pas plus de 6 mètres de largeur, il était facile de maintenir les charpentes au moyen d'étais allant de l'un à l'autre bord.

« Comme je le craignais, ce n'était pas le rocher qui avait arrêté notre sonde, mais une couche de galets énormes mêlés à des blocs dont quelques-uns cubaient jusqu'à 0^{m}25.

« En suivant le procédé que je viens d'indiquer, nous avons fait descendre les fouilles sans la moindre difficulté jusqu'à environ 5 mètres au-dessous de l'eau pour une des piles, sans être obligé d'employer plus de trois vis d'Archimède manœuvrées chacune par des relais de trois à quatre ouvriers. Pour l'autre pile et la culée de gauche, nous avons trouvé le rocher à une profondeur un peu moins grande.

« Nos maçonneries étaient à peine au-dessus de l'étiage qu'une crue emporta nos bâtardeaux; et sans aucun doute, nos fondations auraient éprouvé le même sort, si elles n'avaient reposé sur un fond inaffouillable. »

Massif de béton posé à sec dans une fouille, précautions à prendre.

— Au pont de Saint-Pierre-de-Gaubert, sur la Garonne, construit par M. l'ingénieur Regnauld, les deux culées et une partie des piles ont été fondées à sec.

« On transportait le béton dans des brouettes; on le versait à la place qu'il devait occuper et on le régalait par couches horizontales de 0^{m}20 à 0^{m}25 d'épaisseur afin de rapprocher les cailloux tendant toujours à s'écarter. En outre, pour rendre au béton son homogénéité, pour faire prendre aux cailloux les positions les plus favorables et pour remplir exactement les vides en répartissant uniformément le mortier dans toute la masse, on avait soin de pilonner, à l'aide de pilons en bois, les couches de béton aussitôt qu'elles étaient établies.

« Pour les culées on avait ménagé des rampes permettant le transport du béton à la brouette.

« Pour les piles où le talus des fouilles était de 45°, on construisait une aire en planches à l'extrémité des fouilles, près du pont de service amont, et on y installait la bétonnière. Les matériaux, amenés à l'aide de chariots roulant sur le pont de service, étaient jetés dans la bétonnière et arrivaient, à l'état de béton, sur le plancher construit. On le chargeait en brouettes et on le transportait dans les différents points de la fouille où il était disposé en couches, comme dans le cas précédent.

« On réalisait ainsi une économie considérable de temps et de main-d'œuvre.

« Quand on était obligé d'interrompre les couches de béton, on les terminait par des redans, afin d'assurer le raccordement des parties interrompues avec celles que l'on établissait le lendemain. On lavait alors la surface du redan sur laquelle on posait le nouveau béton; les autres surfaces subissaient les mêmes préparations. On parvenait ainsi à relier parfaitement les couches de la veille à celles du jour même. »

En général, du moment où on a la possibilité de maçonner à sec, il convient d'exécuter de la maçonnerie ordinaire avec moellons bruts, qui donne toujours plus de garanties de solidité que le béton; et qui est presque toujours moins coûteuse. Il est vrai que le béton se fabrique mécaniquement et peut être posé par le premier manœuvre venu, tandis que la maçonnerie ordinaire exige des ouvriers spéciaux, et il n'est pas toujours commode d'en réunir une grande quantité à la fois.

L'emploi du béton permet de se passer de bons maçons et de conduire les travaux beaucoup plus rapidement; c'est sans doute ce motif qui en a commandé l'emploi au pont de Saint-Pierre-de-Gaubert, comme dans beaucoup d'autres ouvrages pour lesquels il eût été possible de substituer la maçonnerie ordinaire au béton.

Fondations d'ouvrages et fouilles dans le sable, ports de Dunkerque et de Gravelines. — Dans ces dernières années on a exécuté, à Dunkerque et à Gravelines, plus de dix écluses ou barrages éclusés, établis sur un terrain exclusivement formé de sable pur et fin comme de la farine descendant à 15 ou 20 mètres en contre-bas des plus basses mers.

M. Plocq, inspecteur général des ponts et chaussées, a rendu compte du système suivi pour les fouilles et fondations dans ce terrain, système qui a donné des résultats satisfaisants.

« Ce système consiste dans l'exécution des déblais à sec à l'aide d'épuisements généraux pour chaque grand chantier, de préférence aux dragages sans épuisements au-dessous du plan d'eau naturel qui, dans ces terrains, est voisin du niveau de basse mer. »

Les travaux s'exécutent à l'abri de bâtardeaux insubmersibles, soit naturels, soit artificiels. Les bâtardeaux assurés, on commençait la fouille et on préparait, en un point convenable, l'organisation des appareils d'épuisement, qui n'ont jamais exigé une puissance supérieure à 8 ou 10 chevaux, quelle que fût l'étendue du chantier. Pour parer à tout accident, on accouplait pour chaque chantier deux locomobiles Calla de cette puissance ; chacune travaillait une semaine consécutive.

De la sorte, les machines n'étaient point surmenées, étaient nettoyées et réparées aussi souvent qu'il le fallait; aussi ont-elles duré 15 ans. On ne doit jamais reculer devant cette double organisation pour des travaux de quelque importance, car le supplément de dépense donne toute sécurité et se traduit finalement par une grande économie de temps et d'argent. Le même principe est appliqué dans les distributions d'eau par machines élévatoires.

Le point capital est *l'organisation des puisards d'épuisement;* ils doivent se tenir toujours à 1 mètre au moins au-dessous du niveau d'eau qu'il faut obtenir. Si on se contentait de loger les crépines au milieu de trous creusés dans le sable, les pompes s'engorgeraient, elles entraîneraient le sable et désagrégeraient le terrain à grande distance, alors qu'on se propose de conserver à ce terrain toute sa fermeté. Les puisards sont donc composés de cuvelages en bois ou en métal ; l'anneau du fond est fermé par un clapet s'ouvrant de bas en haut ; lorsqu'il s'agit d'enfoncer le puisard, on ouvre ce clapet, on déblaye au-dessous avec une drague à main ou avec une petite chaîne à godets verticale ; l'enfoncement obtenu, on ferme le clapet et le puisard constitue un réservoir fermé par le fond dans lequel les eaux pénètrent par des trous percés dans l'anneau supérieur.

« Grâce à ces dispositions, dit M. Plocq, il a toujours été très facile d'exécuter les déblais dans le sable sec jusqu'au niveau du dessous des fondations, à 8 ou 10 mètres même au-dessous des plus basses mers.

« Il suffisait pour cela que les terrassements et les démolitions d'ouvrages rencontrés dans les fouilles fussent dirigés de manière que les eaux se rendissent facilement dans les puisards, et ce résultat a toujours été assuré sans peine par des rigoles d'assèchement bien tracées, avec pentes convenables, et bien entretenues à une profondeur de 0^{m}50 au moins au-dessous des niveaux successifs de la fouille en cours de creusement. »

Les puisards ont toujours été établis à 15 ou 20 mètres de tout emplacement devant recevoir une maçonnerie de fondation, et du côté de la retenue des eaux lorsqu'il s'agissait d'une écluse. On évitait ainsi l'ameublissement du sol de fondation et la création de petits canaux d'appel ou de cheminement des eaux, canaux qui auraient pu persister après l'achèvement de l'ouvrage.

Du reste, les puisards étant à l'amont, les eaux d'épuisement se trouvaient rejetées non à la mer libre mais dans les bassins et canaux intérieurs à un niveau constant.

Le tuyau d'évacuation dans ces bassins est noyé comme la crépine l'est dans le puisard, de sorte que la circulation de l'eau se fait comme dans un siphon et la hauteur d'ascension à vaincre est réduite au strict nécessaire, c'est-à-dire à la différence du niveau de l'eau dans le puisard et du niveau de l'eau dans le bassin récepteur. La pompe centrifuge est interposée sur le siphon.

Cette disposition est fort importante à observer pour obtenir un fonctionnement régulier et économique; le tuyau se trouve toujours amorcé et le rendement en travail utile est maximum.

« Les déblais à sec dans ces conditions ont été nécessairement plus économiques et plus expéditifs que si l'on avait essayé de les exécuter par dragages; car ce ne serait pas avec une drague de 8 à 10 chevaux de force que l'on pourrait, en descendant jusqu'à 7 ou 8 mètres sous l'eau, réaliser un cube de 1,200 à 1,500 mètres de déblais par jour, comme on est parvenu à le faire par fouille et charge en sable sec et par transports au moyen de wagons et locomotives sur voies ferrées descendant jusqu'au fond des fouilles, ainsi entretenu à sec par épuisement continu. »

Autre avantage considérable du travail à sec par épuisement : on n'a pas eu besoin d'attendre l'achèvement de la fouille pour commencer le battage des pieux et des palplanches, lorsqu'il y avait lieu de le faire, opération pour laquelle il aurait toujours fallu recourir à l'épuisement à partir du moment où la fouille eût été descendue par dragages au niveau du plan de battage.

Les pilotis et palplanches pouvaient ainsi se trouver presque tous enfoncés peu de temps après l'achèvement de la fouille.

Au même moment tous les engins propres à la fabrication et à l'emploi du béton étaient prêts à fonctionner.

Le plan d'eau se trouvant maintenu au-dessous de la fouille, si l'on dépose le béton sur le terrain sec, on ne tarde pas à voir les eaux s'élever du côté opposé à celui des machines d'épuisement, et l'on constate sous le béton des filtrations qui se traduisent par des bouillonnements au pied du talus de béton; il y a délavage et formation de canaux dans le massif, circonstance funeste pour la sécurité de la fondation. Quelle que soit la rapidité de prise du béton, ces effets ne tardent pas à se produire et, du reste, si le béton était à prise trop rapide, le travail de la veille se relierait mal à celui du lendemain; l'effet obtenu risquerait d'être le même.

On a conjuré ces inconvénients graves en laissant remonter les eaux dans la fouille à 0^{m}20 ou 0^{m}30 en contre-bas du niveau supérieur du massif de béton, qui a été immergé sur une hauteur variant de 1 à 2 mètres.

On a pris pour l'immersion des précautions spéciales que nous dirons plus loin en traitant spécialement des fondations sur béton immergé dans une enceinte.

L'exécution des fouilles à sec, par épuisement, a donc permis aux ingénieurs des ports du littoral de Dunkerque de mener de front toutes les parties du travail de fondation; en préférant ce système à celui des dragages, ils ont évité des pertes de temps considérables, ont gagné beaucoup en sûreté et surtout ont réalisé une grande économie comme le montrent les chiffres suivants :

La dépense journalière des épuisements généraux, par 24 heures, est de.	50 à 60 francs.
Répartie sur 1,000 mètres cubes de déblai, elle donne par mètre cube. .	5 à 6 centimes.
La fouille proprement dite coûte.	20 centimes.
Plus-value pour chargement en wagons	6 centimes ;

soit un total de 0 fr. 32 par mètre cube pour fouille et charge.

C'est moins que la moitié du prix que coûterait le même travail effectué par dragages sans épuisement.

3^b FONDATION DANS UNE ENCEINTE DE BATARDEAUX, AVEC ÉPUISEMENT

Généralités sur les bâtardeaux. — On appelle *bâtardeau* (bâtard d'eau, digue bâtarde) une digue provisoire, ou muraille en terre, destinée à circonscrire un espace donné et à le séparer des eaux voisines, de telle sorte que l'on puisse épuiser et travailler à sec à l'intérieur de l'enceinte ainsi formée.

Les fondations dans des enceintes de bâtardeaux sont les plus fréquentes, et cela se comprend, car ce sont les plus commodes et les plus sûres; elles conviennent, en général, pour les ouvrages établis sur de petits cours d'eau et pour ceux que l'on fonde sur les fleuves à large lit, n'offrant, pendant une partie de l'année, que de faibles mouillages.

L'inconvénient des bâtardeaux est qu'ils sont exposés à être surmontés ou emportés par les crues, et cet inconvénient s'est plus d'une fois rencontré.

Le massif des bâtardeaux s'exécute, en général, avec de la terre franche ou de l'argile que l'on pilonne avec soin; l'argile ne doit pas être employée en mottes, telle que le déblai la donne, ces mottes se lieraient mal, il faut lui faire subir un corroyage préalable, et la débarrasser des pierres, branchages ou racines qu'elle peut contenir. Une branche, par exemple, placée transversalement, peut servir à guider les eaux, et l'on voit alors une source qui surgit à l'intérieur de la fouille.

C'est pour la même raison qu'il faut avoir soin d'enraciner les bâtardeaux dans le sol de fondation ; sans cela la liaison ne s'établit point entre la glaise et le terrain, il y a une surface de séparation par où l'eau s'ouvre un passage ; on s'expose alors à ne pouvoir épuiser, ou bien on est forcé de recourir à des machines puissantes et coûteuses.

En règle générale, le bâtardeau doit pénétrer assez profondément dans le sol pour rejoindre les couches imperméables ; sans cette précaution, les eaux filtrent toujours sous le massif et viennent remplir la fouille.

Quoi qu'on fasse, l'étanchéité n'est jamais parfaite et l'on doit recourir à des machines d'épuisement plus ou moins compliquées.

Lorsque la hauteur d'un bâtardeau dépasse 1^m50 ou bien lorsqu'on est limité par l'espace, ce qui ne permet point de laisser à l'ouvrage ses talus naturels, on bat une ou deux files de pieux parallèles ; s'il n'y en a qu'une, l'un des talus se trouve remplacé par un plan vertical, contre lequel vient s'appliquer la glaise ; s'il y en a deux, c'est un véritable mur en glaise avec parements en bois. Pour compléter ces parements, on ajoute aux pieux des palplanches verticales ou tout simplement des voliges horizontales ; ce procédé est moins coûteux et, néanmoins, donne souvent de bons résultats.

On doit éviter de réunir les deux files de pieux et palplanches par des pièces transversales qui seraient noyées dans la glaise, parce que ces pièces de bois, sans adhérence pour la terre, livreraient passage à l'eau.

Le sommet d'un bâtardeau doit dépasser le niveau ordinaire des eaux, afin de protéger la fouille contre les petites crues accidentelles.

Souvent on substitue à la glaise un massif de béton que l'on verse entre les deux enceintes ; on obtient de la sorte de bons résultats ; toutefois, le procédé est dispendieux, et l'adhérence entre le sol et le bâtardeau n'est guère meilleure avec le béton qu'avec l'argile.

Ces bâtardeaux en béton peuvent rendre d'excellents services, lorsqu'ils reposent sur un radier général lui-même en béton. Voici par exemple comment on peut fonder une écluse sur un terrain de gravier : on drague à gueule-bée l'emplacement de l'écluse, puis on construit une enceinte de pieux et palplanches qui suit tous les contours extérieurs de l'ouvrage ; dans cette enceinte, on achève le dragage jusqu'à la profondeur voulue, puis on dresse le fond et on immerge une couche de béton, dont l'épaisseur est variable avec la sous-pression qu'elle doit supporter. Cela fait, on immerge le long de l'enceinte des murettes de béton qui viennent se souder au radier et qui prennent à l'intérieur leur talus naturel, à moins qu'on ne préfère les maintenir par une enceinte provisoire engagée dans le béton du radier. La masse de béton forme alors une cuve étanche, dans laquelle on épuise ; après l'épuisement, on établit à sec toutes les maçonneries ; on ne démolit pas les bâtardeaux, on les comprend dans les bajoyers ou murs latéraux de l'écluse et c'est tout économie.

Les figures 6, 7, 8, représentent trois bâtardeaux simples, dont la construction se comprend à la seule inspection du dessin. Dans le premier exemple, les terres reposent sur un plancher incliné que soutien-

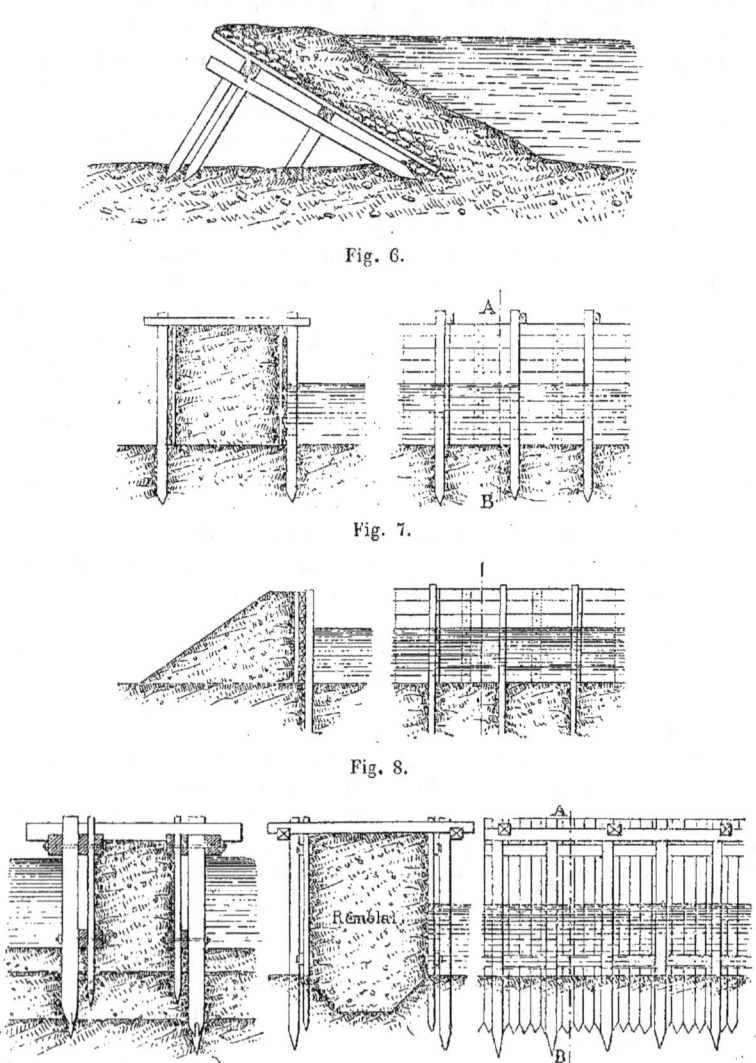

Fig. 6.

Fig. 7.

Fig. 8.

Fig. 9.

nent des étais; dans le second exemple, on voit un coffrage formé de pieux verticaux, réunis à la partie supérieure par des traverses et contre lesquels s'appuient des voliges horizontales; dans le troisième exemple, il n'y a qu'une paroi verticale.

La figure 9 montre un bâtardeau à coffres : les pieux sont moisés longitudinalement et maintenus par des traverses; entre les deux files de pieux se trouve le coffrage en palplanches. Le remblai est bien enraciné dans le sol.

Sur la figure 10 on voit un bâtardeau en charpente à parois amovibles; le coffrage est formé de planches horizontales; les montants s'en-

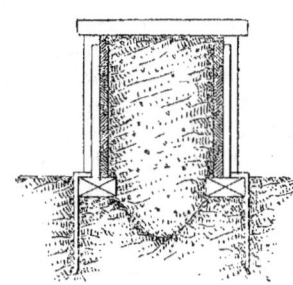
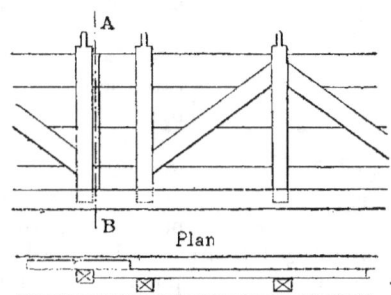

Fig. 10.

gagent à tenon et mortaise, à l'extrémité inférieure, avec des solives longitudinales, et, à l'extrémité supérieure, avec des traversines.

L'important est que les parois en bois puissent être engagées dans le terrain vierge et peu perméable; généralement les palplanches verticales, enfoncées à la masse ou au mouton, réalisent cette condition mieux que ne peuvent le faire des panneaux de planches horizontales.

La figure 11 donne la coupe d'un bâtardeau pour enceinte de fondations du viaduc d'Auray; ce bâtardeau, avec remplissage en vase, a 4 mètres de largeur; dans chaque file les pieux sont espacés de 1 mètre d'axe en axe. Des clayonnages horizontaux relient les pieux d'une même file et soutiennent le massif de vase; les parois en clayonnage ne concourent donc pas à assurer l'imperméabilité, c'est le massif de vase qui est seul chargé de cette fonction. Au contraire, au viaduc d'Hennebont, on a appliqué contre les pieux des panneaux en madriers qui remplissaient le double rôle de soutenir le massif de vase et de présenter par eux-mêmes un obstacle aux filtrations; mais la vase étant moins compacte qu'à Auray, elle était soulevée et délayée à mer montante et éprouvait ensuite des tassements brusques; les files de pieux étaient reliées par des boulons en fer qui restaient fixes pendant ces tassements et créaient des vides servant

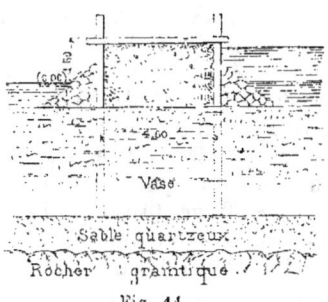

Fig. 11.

4

de passage à l'eau ; il fallait alors enlever le massif de terre superposé, puis le remettre en place et le pilonner à nouveau. L'argile corroyée ne causerait pas de pareils accidents.

Pour le *viaduc du Scorff*, ligne de Nantes à Brest, les piles voisines des rives ont été fondées à l'abri de bâtardeaux, représentés par la figure 12 et décrits comme il suit par M. l'inspecteur général Desnoyers :

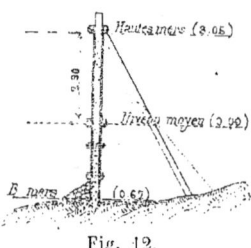

Fig. 12.

« Ces bâtardeaux se composent de pieux espacés de mètre en mètre et reliés entre eux par plusieurs cours de moises, entre lesquelles on a fixé, de part et d'autre des pieux, des panneaux en planches dont l'intervalle est rempli de vase bien tassée. Cette vase, ainsi serrée entre deux panneaux très rapprochés, suffit pour assurer l'étanchéité du bâtardeau. La base des pieux était maintenue par des enrochements et reliée au rocher par un petit massif de maçonnerie fait au moment de basse mer, de manière à empêcher l'eau de passer au-dessous des panneaux du bâtardeau ; l'ensemble du système, d'abord appuyé par des contrefiches intérieures, était maintenu contre la poussée des eaux intérieures par un fort enrochement s'élevant un peu au-dessus du niveau moyen de la mer ; les angles étaient en outre reliés par des moises qui empêchaient toute déformation. Ces bâtardeaux, dont la disposition est due à M. le chef de section Guillemain, ont bien réussi et présentent l'avantage de prendre peu d'espace. Seulement, il est indispensable que la base du bâtardeau soit parfaitement reliée au sol. On a obtenu ce résultat en encastrant la base des panneaux dans de petits massifs de maçonnerie. »

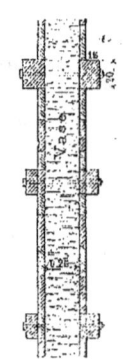

Fig. 13.

Il nous semble que l'imperméabilité de ces bâtardeaux minces tient beaucoup plus à la bonne confection des deux parois en planches soutenues par les pieux qu'à la présence de la vase maintenue dans le coffrage. Il est probable qu'avec une seule paroi en planches, bien calfatée, bien protégée contre le déversement, d'un côté par des enrochements, et de l'autre par des contrefiches, on fût arrivé au même résultat satisfaisant.

Le remplissage en terre peut même, à notre avis, devenir nuisible, car il masque et empêche de reconnaître les fuites qui existent dans les parois du coffrage, fuites qu'il est cependant facile de boucher, soit par un calfatage, soit par une planche clouée à la surface, soit encore avec une toile imperméable. Lors donc qu'on se donne la peine d'établir deux parois en pieux et palplanches jointives, ou en pieux et panneaux, nous pensons qu'on peut, en bien des cas, *supprimer le remplissage en terre* et qu'il y a même avantage à le faire, car il sera très facile, en l'absence de ce remplissage, d'aveugler les voies d'eau se manifestant dans les parois. Si, du reste, la nécessité du remplissage en terre se fait sentir, rien ne s'oppose à ce qu'on l'effectue après avoir tenté d'abord de s'en passer.

Fondations du pont de Neuilly, construit en 1768, par Perronet.

— Il nous a paru intéressant, au point de vue historique, de donner un aperçu du système suivi par Perronet, en 1768, pour la fondation du grand pont de Neuilly, qui fait encore de nos jours un excellent effet. Ce système est à peu près identique à celui que Perronet appliqua aux ponts d'Orléans et de Nantes, et la planche III en donne une idée nette; il consiste à enfermer dans une enceinte de bâtardeaux l'espace correspondant à une ou à plusieurs piles; on épuise à l'intérieur de cette enceinte, puis on bat les pieux à l'emplacement de chaque pile, on les recèpe le plus bas possible, on leur fait porter un plancher solide et bien dressé sur lequel on élève les maçonneries.

Le système est simple et offre une grande sécurité; il serait encore applicable en bien des cas; malheureusement il ne convient pas aux rivières à crues imprévues, à courants rapides, et l'application en serait plus difficile aujourd'hui sur la Seine, car les barrages de navigation empêchent les eaux de descendre aussi bas qu'autrefois.

Les bâtardeaux du pont de Neuilly étaient composés de deux files de pieux espacées de dix pieds; ceux d'une même file étaient distants de quatre pieds et réunis par des liernes; contre ces liernes et à l'intérieur de la file de pieux on battait des panneaux de palplanches jointives. Le devis s'exprime comme il suit sur les précautions à prendre pour la confection des massifs de bâtardeaux :

« On enlèvera et draguera les sables et vases de l'intérieur des bâtardeaux jusques sur le tuf ou bon terrain, et le plus bas qu'il sera possible, afin que la terre franche puisse être assise sur un terrain non sujet à filtration, autant que cela se pourra, ce qui est essentiel pour diminuer les épuisements.

« On remplira ensuite l'intérieur des bâtardeaux, jusqu'à l'affleurement au-dessus des entretoises, avec de la terre franche de bonne qualité; elle sera bien battue avec pilons à mesure qu'on l'emploiera. »

Perronet préférait pour les bâtardeaux la terre franche à la glaise « qui, dit-il, aurait coûté davantage et n'aurait pas si bien réussi parce qu'elle se pelotonne et laisse des vuides que l'on ne peut supprimer quand même on les pilonnerait sous l'eau. »

Il est certain que l'argile exige des précautions spéciales; il faut qu'elle soit bien corroyée avant l'emploi et fortement comprimée; elle donne alors d'excellents résultats, tandis qu'elle ne réussit pas si on l'emploie à l'état de mottes jetées pêle-mêle.

Perronet construisit donc pour les culées et les piles des enceintes de bâtardeaux, comme celles qui sont indiquées au plan, figure 2; la figure 1 donne le profil des travaux transversalement à la rivière, en juillet 1768; entre l'enceinte de la culée et celle de la première pile on voit un coursier fermé par un vannage et les eaux de la rivière y font tourner une roue à aubes qui fait mouvoir une roue à godets dans chaque enceinte; quand la roue à godets ne suffisait pas, on ajoutait des chapelets inclinés mus par des treuils à bras d'hommes.

Le profil en travers montre, en outre, dans l'enceinte de la culée deux sonnettes à tiraudes et sur le bâtardeau extérieur de la pile deux autres sonnettes ainsi qu'une drague verticale à godets. Le plan indique les chemins de service qui permettaient de voiturer les matériaux jusqu'à l'intérieur des enceintes.

La disposition d'ensemble est excellente et montre les progrès immenses réalisés par les premiers ingénieurs des ponts et chaussées à la tête desquels il faut placer Perronet.

Fondation du barrage de la Vanne-Alcorps, sur la Meuse. — Les barrages de la Meuse française, dans la partie moyenne des Ardennes, ont été fondés par épuisement. M. l'ingénieur en chef Nicou, qui a exécuté les travaux comme ingénieur ordinaire, nous a donné les renseignements relatifs aux fondations du barrage de la Vanne-Alcorps ; les dispositions adoptées sont représentées par les figures de la planche IV.

Le barrage comprend trois passes de 31^m70 de largeur séparées par deux piles de 2^m75 ; les travaux ont été exécutés à sec dans deux enceintes de bâtardeaux. La première idée qui se présente à l'esprit consiste à placer les deux enceintes bout à bout en utilisant pour la seconde le bâtardeau extrême de la première ; mais un tel procédé donnerait lieu à de grandes difficultés pour relier les deux parties de la fondation et on arriverait avec peine à obtenir une suture étanche et solide. Il faut donc que la deuxième enceinte chevauche sur la première. Le même principe devrait être appliqué si l'on fondait un barrage sur un massif de béton immergé dans une enceinte ; comme on ne peut exécuter le travail en une seule fois, puisqu'il faut toujours réserver un passage aux eaux, il est nécessaire que la première partie avance sur l'emplacement de la seconde, afin que celle-ci se trouve amorcée lorsqu'on viendra l'exécuter à son tour.

La figure 1 de la planche IV est le plan général des fondations du barrage de la Vanne-Alcorps. La première enceinte comprend deux des passes ; elle est formée par des bâtardeaux dont la figure 5 représente la coupe transversale ; l'ossature se compose de deux lignes de pieux reliées par des moises, et sur chaque ligne s'appuient des tableaux en planches horizontales de 0^m025 d'épaisseur ; le vannage est double pour la file externe et simple pour la file interne ; les pieux étaient en chêne et le reste en sapin. Après avoir nettoyé le sol à l'intérieur du coffrage, on l'a rempli avec une terre légèrement argileuse ; lorsque cette terre était un peu grasse et plastique, elle résistait mieux aux filtrations. A l'intérieur, le bâtardeau était appuyé par des enrochements qui servirent plus tard pour les massifs de protection à l'amont et à l'aval du barrage ; à l'extérieur, il était appuyé par des déblais provenant de la fouille.

La figure 2 donne le profil en long du barrage et les figures 3 et 4 sont des coupes en travers dans la première et dans la deuxième enceinte.

Avant de démolir la première enceinte, on a installé à l'intérieur le caisson bâtardeau MN, figure 1, destiné à fermer la deuxième enceinte avec les bâtardeaux MS et NR se rattachant à la rive.

Ce caisson bâtardeau est représenté en élévation, plan et coupe transversale, par les figures 6, 7, 8 ; il porte sur la maçonnerie terminée du barrage et, à son emplacement, cette maçonnerie est flanquée, non par des enrochements simples, mais par des massifs O et Q (*fig.* 6) de maçonnerie avec mortier ; sans cette précaution, il est clair que des filtrations abondantes auraient pénétré dans la seconde enceinte par les interstices de ces massifs. L'ossature du caisson est formée de montants de 0^{m}16 sur 0^{m}16 d'équarrissage assemblés sur des semelles horizontales de même équarrissage et reliés à leurs têtes par des moises de 0^{m}07 sur 0^{m}20 ; à l'intérieur il y a deux vannages en planches de 0^{m}20 sur 0^{m}025, et à l'extérieur un seul vannage. La largeur comprise entre les deux vannages formant les parois verticales du coffre à terre est de 2^{m}15.

Dans la première enceinte, on a construit le massif du barrage jusqu'à la section KU (*fig.* 1), située au delà de l'emplacement du caisson bâtardeau ; puis on a établi la deuxième enceinte après avoir démoli la première, on l'a mise à sec et il a été facile de relier parfaitement la maçonnerie nouvelle à l'ancienne, suivant la section KU.

Dans chaque enceinte, les eaux étaient recueillies par des rigoles les amenant à un puisard qui recevait le tuyau d'aspiration des pompes rotatives P, mues par les locomobiles L. Les puisards étaient ouverts dans un terrain solide formé de galets et de graviers empâtés dans la glaise. On remarquera que ces puisards sont établis assez loin des maçonneries afin que le terrain ne soit pas désagrégé dans leur voisinage, et aussi à une certaine distance des bâtardeaux pour le même motif.

Une locomobile de 14 chevaux, actionnant une pompe Gwynne, a largement suffi pour les épuisements de la première enceinte ; elle ne travaillait guère que le tiers de la journée. Il n'en a pas été de même à la deuxième enceinte, où les épuisements ont été très pénibles au premier abord, parce que, pendant l'hiver, les eaux condensées sur la rive droite avaient affouillé le lit de la Meuse et produit l'excavation indiquée sur le profil en long, figure 2. Il a fallu deux locomobiles, l'une de 8 et l'autre de 6 chevaux. Les organes d'une petite machine de ce genre sont, en général, trop délicats et exigent des réparations fréquentes qui sont une cause de grande gêne et de dépense.

A l'origine, les tuyaux de refoulement étaient verticaux et se terminaient par un évasement destiné à empêcher le désamorçage, comme nous le dirons plus loin. Cette disposition a le grave inconvénient de forcer à élever les eaux à une hauteur plus grande qu'il n'est nécessaire et on fit ensuite plonger les tuyaux de refoulement dans le bief d'aval, afin de réduire au strict nécessaire la hauteur d'élévation. Pour s'opposer au désamorçage, on installe alors au-dessus des pompes un réservoir d'eau. Au-dessus de chaque puisard, une chèvre permettait de soulever les crépines pour les visiter et les nettoyer.

On remarquera, sur les figures 3 et 4, coupes transversales du barrage, que le corps de l'ouvrage est formé en parement de deux massifs de maçonnerie de moellons et que ces massifs comprennent un remplissage en béton.

Pour les travaux en rivière, le béton est parfois plus économique que la maçonnerie de moellons bruts. Cependant, il n'en est pas toujours ainsi, et c'est une étude à faire dans chaque cas ; le béton a toujours l'avantage de permettre un travail beaucoup plus rapide, puisqu'il se fait mécaniquement sans le concours d'ouvriers spéciaux.

Les épuisements du barrage de la Vanne-Alcorps ont donné lieu aux dépenses suivantes :

Dans la première enceinte, la machine de 14 chevaux a été louée 74 jours et a donné 68 jours de travail effectif ; dans la seconde, les deux machines de 8 et 6 chevaux ont été louées 125 jours et ont donné 111 jours de travail effectif.

	1re ENCEINTE FR. C.	2e ENCEINTE FR. C.
Prix de location des machines.................	5,698 »	6,033 »
Combustible consommé.......................	562 »	1,090 »
Surveillance, approvisionnement, éclairage, etc.	1,030 »	1,723 38
Réamorçage des pompes......................	3 60	2 50
Travaux relatifs au transport et à l'installation des machines...............................	95 60	1,045 63
Abris des machines..........................	120 »	159 20
Total partiel......	7,510 »	10,075 71
Total général.....		17,585 fr. 71

Fondation du viaduc de Montrond. — Le viaduc de Montrond, sur la Loire, ligne de Lyon à Montbrison, est fondé sur une roche schisteuse recouverte d'une couche de gravier de 2 à 4 mètres, que surmonte une terre sablonneuse de 1 mètre d'épaisseur en moyenne.

Les piles sont établies sur un socle en maçonnerie reposant sur un massif de béton immergé dans une enceinte de bâtardeaux en béton.

On a commencé par draguer à gueule-bée à l'emplacement des piles jusqu'à la rencontre de la roche ; puis les bâtardeaux ont été établis au moyen de doubles vannages en planches de 0m04 tenues par des pieux en fer pénétrant de 0m30 environ dans la roche. La double enceinte formée par ces vannages a été remplie d'un béton de chaux hydraulique lourde. Enfin, on a entouré d'enrochements ces fondations.

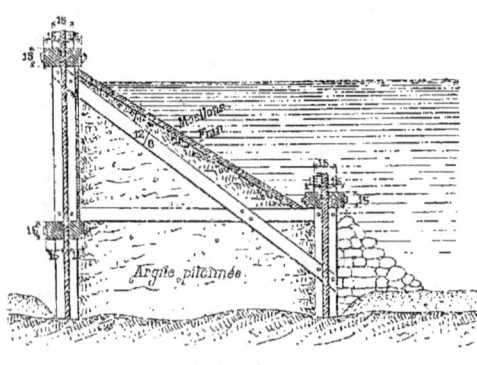

Fig. 14.

Pour les piles latérales, il n'a pas été fait de bâtardeaux ; les fouilles ont été descendues verticalement au moyen d'un vannage enfoncé au fur et à mesure, et tenues à sec par des épuisements.

Bâtardeau employé à Cherbourg. — M. l'ingénieur Clavenad a employé au port de Cherbourg le bâtardeau représenté par la figure 14. La paroi interne est formée de pieux et palplanches jointifs, réunis par deux cours de moises horizontales ; la paroi externe est moins élevée et ne porte qu'un cours de moises à la partie supérieure. La paroi interne a été complétée par un tamponnage d'argile forte entre les palplanches et par un bordage cloué sur les moises.

Les pieux correspondants des deux parois sont reliés : 1° par un tirant horizontal; 2° par une écharpe qui moise le tirant; ces deux pièces maintiennent l'écartement des parois.

L'intérieur du coffrage ainsi formé a été rempli par un corroi d'argile et de foin, et le talus du côté des eaux a été recouvert d'une couche de foin surmontée de moellons plats.

La préparation de l'argile se faisait par couches de 0^{m}20 à 0^{m}30 que des hommes piétinent en répandant le foin et arrosant de temps à autre.

L'addition du foin à l'argile donne une sorte de feutrage imperméable et résistant; mais il faut que le mélange soit parfait et que chaque brin de foin soit bien entouré d'argile.

Ce mélange doit probablement résister mieux que de l'argile pure au batillage des eaux; cependant on l'emploie rarement et l'argile ou la terre forte bien corroyées donnent en général des résultats satisfaisants.

Le bâtardeau que nous venons de décrire a été d'une étanchéité parfaite, il résistait à une pression de 3 mètres d'eau et a coûté 75 francs le mètre courant.

Fondation du quai Henri IV, à Paris.

— La figure 15 représente, d'après M. l'ingénieur de Lagrené, le procédé suivi pour la fondation du mur du bas port Henri IV, à Paris. Quand la profondeur de la couche solide ne dépasse pas 4 ou 5 mètres au-dessous du niveau des eaux, on ne doit pas hésiter, dit M. de Lagrené, à fonder par épuisements; c'est la meilleure méthode, car elle permet de connaître dans tous ses détails la nature du fond, de le préparer convenablement en le dérasant et le nettoyant, enfin d'élever les maçonneries dans les meilleures conditions de surveillance et de confection.

On établit donc un bâtardeau en rivière parallèlement au mur à construire et à environ 3 mètres de distance, en ayant soin de draguer le fond sur une certaine hauteur s'il manque de consistance et s'il est perméable; dans ce cas, il est bon de l'appuyer à l'extérieur par un remblai en sable fin et terre. Il ne doit rester aucun moellon à l'emplacement du bâtardeau, cela crée un passage aux eaux d'infiltration.

« La fouille est ainsi limitée d'un côté par le bâtardeau et de l'autre par le talus pratiqué dans la rive.

« On épuise lentement pour commencer afin de laisser aux terres du bâtardeau le temps de s'égoutter; on examine en même temps si, eu égard à la nature et à la profondeur de la fouille, il convient d'étrésillonner à la fois le bâtardeau et la rive au moyen de solives qui vont de l'une à l'autre. Cette mesure de précaution doit généralement être prise, elle est peu coûteuse et garantit contre tout accident.

« Si l'on a suivi avec soin cette marche, c'est-à-dire si le bâtardeau est fait avec soin, s'il est fortifié par un remblai extérieur dans le cas où il repose sur une couche perméable, si en outre la rive et le bâtardeau sont étrésillonnés l'un contre l'autre, les épuisements se feront générale-

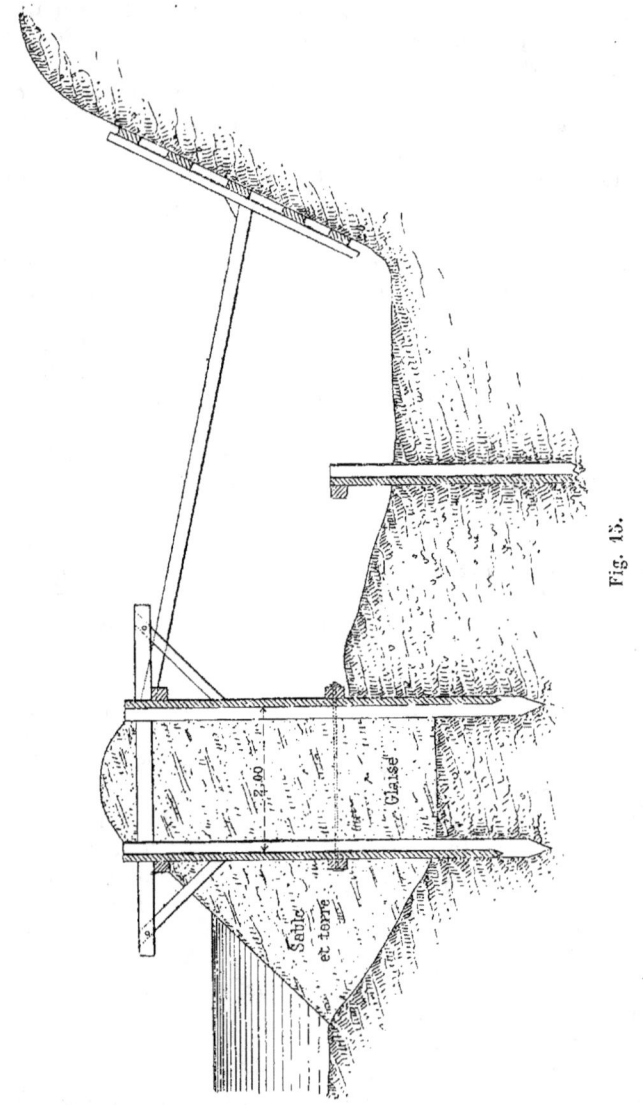

Fig. 15.

ment sans difficulté jusqu'au terrain solide sur lequel les maçonneries doivent reposer.

« La rive peut comprendre une couche aquifère qui s'écoule dans la fouille; dans ce cas les épuisements sont un peu augmentés et il y a plus de chances d'éboulements du côté des terres, l'étrésillonnement dont j'ai parlé est alors plus étendu. D'ailleurs, quand on a une certaine longueur de mur à construire, on peut, au moyen de bâtardeaux en retour, diviser la fouille totale en plusieurs fouilles partielles que l'on épuise successivement.

« Si le terrain de fondation est un banc de rocher ou de tuf très résistant, on a qu'à asseoir les maçonneries après avoir bien dérasé la surface ; mais si le terrain de fondation est simplement une couche de sable ou de gravier, il est prudent de le maintenir latéralement du côté de la rivière par une ligne de pieux et palplanches ; le mur doit toujours être encastré de 0^m50 au moins dans le terrain solide au-dessous du fond de la rivière. »

La figure 16 donne la coupe du mur du quai Henri IV fondé d'après ces principes sur un sable graveleux rencontré à 2^m50 sous l'étiage de la Seine. La première assise de fondation se compose de forts libages de 0^m40 de hauteur. Le prix des épuisements a été de 30 francs par mètre courant de mur.

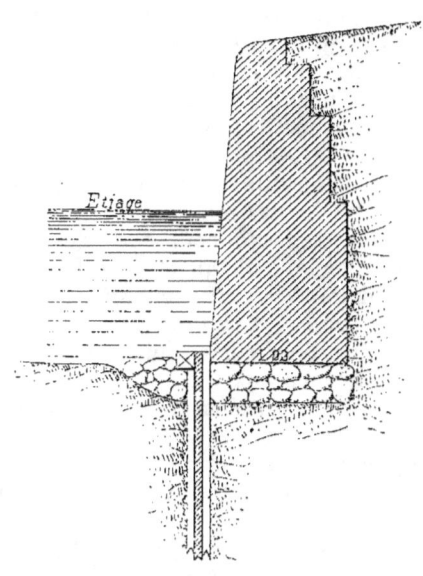

Fig. 16.

Bâtardeau des bassins de radoub du port de Marseille.

— L'ensemble des bassins de radoub a été construit à l'abri d'un bâtardeau comprenant une branche de 638 mètres de long parallèle au rivage, se retournant d'équerre pour venir s'enraciner au rivage par deux traverses de 160 mètres et 155 mètres.

Ce bâtardeau, formé d'un coffrage rempli de béton, a pénétré dans des profondeurs d'eau de 0 à 6 mètres et dans des fouilles de 0 à 11 mètres ; son épaisseur a été prise égale aux 0,45 de la hauteur totale comprise entre le fond de la fouille et le couronnement placé à 2^m40 au-dessus de 0 ; cette épaisseur varie de 2^m20 à 6 mètres.

Il fallait obtenir une enceinte absolument solide et étanche. La première opération consistait à creuser jusqu'au terrain résistant le lit de mer sur lequel on devait établir le bâtardeau ; à cet effet, les couches de vase ont été extraites avec des dragues à godets, et les quelques couches résistantes qu'on a rencontrées, sable fin feutré par des végétations, ont été enlevées au moyen d'un ponton à dents et à cuillers mû par une machine de la force de 8 chevaux. On descendait les fouilles jusqu'au terrain solide, argile dure ou poudingue.

Puis, sur un échafaudage formé de pieux reliés par des longrines et des traverses, on installait des dragues à treuil chargées de niveler les sillons et de les nettoyer à vif.

Venait alors le battage des pieux pour le coffrage du béton, pieux carrés de 0^{m}30, placés à 2^{m}50 de distance d'axe en axe, battus au refus d'un mouton de 400 kilogrammes, leur donnant une fiche de 0^{m}40 à 0^{m}80 dans le terrain solide. Leurs têtes étaient reliées par des longrines et des traverses du même équarrissage, et leurs intervalles étaient remplis par des vannages horizontaux en madriers de 0^{m}08 d'épaisseur.

Avant le coulage du béton, le fond était nettoyé à nouveau par des scaphandres qui s'assuraient que les vannages touchaient bien le fond solide.

Le béton, formé de trois volumes de cailloux pour deux volumes d'un mortier comprenant 400 kilogrammes de chaux du Teil en poudre pour 1^{m}07 de sable, était coulé dans des caisses demi-cylindriques en tôle jaugeant un tiers de mètre cube.

L'épuisement initial à l'intérieur de cet immense bâtardeau a été exécuté au moyen de deux norias à godets jaugeant un hectolitre chacun, de trois pompes rotatives et d'une pompe Farcot, mues par des locomobiles de 8 à 10 chevaux.

Il a suffi ensuite d'une noria débitant 6 litres par seconde pour enlever toutes les infiltrations qui s'amassaient dans la fouille. Celle-ci avait 8 mètres de profondeur sous l'eau et un périmètre de 1,876 mètres, fermé pour les trois quarts par le bâtardeau en béton. On doit reconnaître d'après cela que le système de fondation était bien justifié par la nature compacte et imperméable des terrains et que, de plus, l'étanchéité du bâtardeau a atteint toute la perfection qu'il était permis d'espérer. Cet heureux résultat est dû aux soins attentifs et incessants qui ont présidé à la préparation des fouilles, à la confection des bétons et à leur coulage.

Après l'épuisement du bâtardeau général, on a attaqué le creusement des bassins sur un grand nombre de points ; dix-neuf grues à treuil ont été installées sur les quais et sur un pont en charpente au-dessus de points d'où partaient des voies rayonnant dans diverses directions ; les déblais étaient chargés dans des caisses de 600 litres amenées par des wagons plats sous les treuils des grues qui les enlevaient et les vidaient par basculement dans des wagons de 1^{m}80 roulant sur le quai et traînés par des chevaux.

Bâtardeau pour l'achèvement du bassin national à Marseille. — M. l'inspecteur général Bernard a décrit le bâtardeau en béton, construit à Marseille dans le but d'isoler et d'assécher tout l'espace à approfondir pour l'achèvement du bassin national.

Commencé en août 1876, le bâtardeau a été terminé en octobre 1879.

Dès le 15 décembre suivant, on a commencé l'épuisement et la surface était à sec le 25 janvier 1880 ; cette surface était de 436 ares et le bâtardeau avait un développement de 1,069 mètres.

La charge de l'eau contre la paroi varie de 7^{m}40 à 7^{m}80.

« Le volume du béton coulé dans l'eau pour l'établissement du bâtardeau est de 37,500 mètres cubes ; celui des déblais dragués pour en préparer l'assiette est de 13,500 mètres et le volume de l'eau extraite s'élève à 210,000 mètres cubes. Cet épuisement a été obtenu par l'emploi d'une noria et d'une pompe rotative actionnées la première par une machine fixe de 20 chevaux et la seconde par une locomobile de 15 chevaux. La noria a marché 873 heures et la pompe 734 heures. L'épuisement est revenu à 0^{f}06 par mètre cube d'eau enlevée, dont 0^{f}025 pour l'installation des appareils, non compris l'achat, et 0^{f}035 pour leur fonctionnement.

Le mètre cube de béton, frais d'encaissement compris, était payé 32^{f}85. La dépense totale s'est élevée à 1,200,000 francs.

Quand l'épuisement a été achevé, on a eu la satisfaction de voir que le bâtardeau en béton était parfaitement étanche, très bien lié avec le sol sur lequel il repose, qu'il n'y avait pas de source dans le fond et qu'en somme l'étanchéité était assez complète pour qu'on puisse maintenir la fouille à sec, en faisant fonctionner la noria de temps en temps.

Le mortier entrant dans la composition du béton était fait avec de la chaux du Teil et du sable de mer pris à Saint-Raphaël, à raison de 400 kilogrammes de chaux pour 1^{m}07 de sable : il a été fabriqué au manège à roues. Le béton contenait 0^{m}59 de ce mortier pour 0^{m}89 de pierres cassées. Les précautions d'usage ont été prises pour arriver à un sol de fondation solide et le nettoyer, pour faire un bon coulage de béton, enlever la laitance et bien relier toutes les parties. Elles ont permis d'arriver à l'excellent résultat qui vient d'être constaté. »

Bâtardeau pour le barrage de l'île Davis, sur l'Ohio.
— *Transport du corroi par des pompes.* — Pour établir le barrage de l'île Davis, sur l'Ohio, les ingénieurs américains construisirent un bâtardeau entourant une enceinte de 187 mètres de long sur 71 mètres de large et formé d'une double paroi en pieux et palplanches renfermant un massif de terre glaise et de sable mélangés.

Ce mélange constitue le sol même de l'île Davis. On corroyait le déblai obtenu et on le chargeait dans des wagonnets le portant à des bateaux ; ceux-ci, d'une capacité de 12 à 15 mètres cubes, avaient à parcourir 375 mètres pour accoster le bâtardeau ; le corroi était déchargé, régalé à la pelle et constamment arrosé à l'aide de tuyaux élastiques.

Pour supprimer les chargements et les reprises, M. Meredith eut l'idée d'envoyer directement avec une pompe, de l'île au bâtardeau, le corroi amené préalablement à l'état fluide.

Le mélange fluide se faisait dans une cuve qui recevait la terre et en même temps de l'eau venant du fleuve par un tuyau ; dans cette cuve plongeait la crépine à soupape d'une pompe rotative qui aspirait le mélange et le refoulait jusqu'au bâtardeau par des tuyaux flexibles. A côté de la pompe centrifuge fonctionnait une pompe ordinaire chargée d'alimenter la chaudière, de nettoyer le tuyau de refoulement, de lubrifier l'arbre de la pompe centrifuge, d'amorcer celle-ci et de remuer les terres dans la cuve. Quand le mélange n'était pas assez fluide, une obstruction se produisait dans le tuyau de refoulement et le manomètre l'accusait aussitôt; un jet d'eau à haute pression, emprunté à la pompe auxiliaire suffisait à déboucher le tuyau.

Les parties de la pompe centrifuge en contact avec le corroi fluide s'usaient rapidement.

Le corroi s'étalait librement dans le coffrage du bâtardeau et après avoir perdu son excès d'eau formait une masse homogène, dure, imperméable.

On transporta ainsi 4,500 mètres cubes de corroi en 23 jours, soit 20 mètres cubes à l'heure; la dépense totale s'éleva à 22,880 francs, soit 5 francs par mètre cube; l'économie était de près de 40 p. 100 et le résultat bien meilleur. Le manomètre de la pompe auxiliaire marquait d'ordinaire une pression de 5 kilogrammes par centimètre carré, et celui du tuyau de refoulement une pression de $2^{k_g}5$.

Fondation du bassin de la Citadelle, au Havre; épuisements dans une enceinte de bâtardeaux. — Les travaux du bassin de la Citadelle ont été exécutés à l'abri de bâtardeaux dans des fouilles constamment entretenues à sec par des pompes à vapeur.

Du côté du bassin de l'Eure, le mur de quai construit en 1858 offrait toutes les garanties voulues pour faire un bon bâtardeau.

Il n'en était pas de même à l'extrémité, où l'on trouvait le vieux mur de l'avant-port déformé par les tassements et formé d'une maçonnerie décomposée; on ne pouvait s'en servir comme bâtardeau étanche et il fallut en construire un de toutes pièces.

« Deux files de pieux parallèles ont d'abord été battues pour servir de points d'attache aux fermes en charpente sur lesquelles étaient cloués les madriers formant le revêtement extérieur du bâtardeau. Les fermes ont ensuite été reliées transversalement entre elles par des cours de longrines; à chaque angle du polygone formé par la construction on a installé un double cours de poutres en tôles et cornières. Sur ces poutres s'assemblaient des tirants de retenue, dont les points d'attache étaient fixés soit directement à terre en arrière du vieux mur, soit à des faisceaux de pieux battus en avant du mur. De plus, et afin d'augmenter la résistance des pieux de rive au renversement, et de soustraire au délavage les terres argileuses destinées à former le massif même du bâtardeau, une risberme de moellons fut jetée dans l'avant-port au pied même de la construction : un véritable mur en pierres sèches fut même élevé en arrière du bordage du masque en charpente jusqu'à l'arasement des pièces inclinées qui soutenaient à la tête les arbalétriers des fermes. Grâce à ces dispositions, le bâtardeau a parfaitement rempli l'objet pour lequel il avait été construit; et, lorsque le tassement des terres fut terminé, il acquit une compacité telle qu'une partie du vieux mur put être démolie et les fouilles de la tête aval des aqueducs de chasse descendues à 15 mètres de profondeur totale sans accidents. »

Pendant que l'on construisait ce bâtardeau on poursuivait activement le creusement des fouilles de la partie nord du bassin et des principaux ouvrages.

Pour tenir les fouilles à sec, trois pompes à vapeur, actionnées par des locomobiles, avaient été installées sur la rive nord du chantier. Elles élevaient ensemble un volume de 9,272 litres par minute ; les eaux étaient jetées dans le fossé septentrional de l'ancienne citadelle ; ce fossé formait réservoir à marée haute et se vidait à marée descendante par un aqueduc muni d'une vanne et de clapets.

Le sol à l'emplacement des travaux était composé de couches d'alluvions maritimes et fluviales ; on trouvait d'abord une couche épaisse d'argile sableuse mêlée de bancs de tourbe, puis, au-dessous, du sable fin et des amas de galets dont la grosseur croît depuis le gravier jusqu'au moellon. Les hauteurs respectives des diverses couches étaient, du reste, très variables, et on les avait relevées avec soin par des sondages multipliés.

Le premier soin, dit M. l'ingénieur Bellot, a été d'abaisser rapidement le plan des eaux d'infiltration au niveau de la couche de gros galets, de manière à assécher partout les sables fins et les petits galets ou graviers sur lesquels ils reposent. Le chantier s'est ainsi trouvé drainé sur toute son étendue : partout les bétons de fondation ont été posés à sec ; la sécurité était telle que l'entrepreneur installa au fond de la fouille un four à chaux et une briqueterie. — Cette situation est le résultat de la *bonne installation des appareils d'épuisement et du procédé suivi pour le creusement des puisards dans lesquels plongeaient les tuyaux d'aspiration des pompes*. Au lieu d'enceintes de pieux et palplanches jointifs battus à l'avance, système adopté jusqu'alors au Havre, il a été fait usage d'anneaux en tôle et cornières superposés et chargés du poids énorme de 30 tonnes de rails. Sous l'action de cette surcharge les anneaux traversèrent rapidement les couches d'argile et de sable, et, en contraignant les eaux à sourdre dans le galet, prévinrent les déplacements latéraux des sables fins et par conséquent la formation d'excavations souterraines et les éboulements.

Ainsi desséché, le sable constituait une excellente fondation et aucun tassement ne se manifesta. Soustraits à l'action des sources de fond, les bétons ont fait une prise parfaite et pas une goutte d'eau ne les traverse.

L'argile elle-même, grâce au puissant drainage qui l'avait assainie, présentait une telle résistance que, sans provoquer de déchirures, on a pu élever les murs de quai du bassin à flot sur un simple massif de béton de 1 mètre d'épaisseur, sans grillages ni pilotis.

Bâtardeau du pont de Port-Sainte-Marie ; forage préalable des trous de pieux pour bâtardeaux. — Le fond de la Garonne, à l'emplacement du pont de Port-Sainte-Marie, consiste en un banc de marne argileuse, passant sur certains points au sable compacte que dans le pays on appelle *tuf*, le tout à nu ou recouvert d'une couche de gravier de 0^{m}50 au plus.

La profondeur d'eau sous l'étiage est de 1 mètre à 1^{m}30, mais pendant la période des fondations les eaux se sont maintenues de 1^{m}50 à 2 mètres au-dessus de l'étiage.

Sur les berges, le sol solide était au même niveau qu'en rivière, à 5 ou 6 mètres en contre-bas du sol naturel formé de sables et de graviers.

Sur la rive gauche, on a fondé la culée et deux piles par épuisement dans des enceintes de palplanches battues à la sonnette avant le déblai; sur la rive droite, la culée et une pile ont été fondées dans des enceintes formées de planches verticales maintenues par des cadres horizontaux et battues au maillet au fur et à mesure du déblai. Ce système a donné de bons résultats jusqu'à des profondeurs de 7 à 8 mètres dans des terrains plus ou moins aquifères.

En rivière, on a fondé également par épuisement dans des bâtardeaux; il y a eu de grandes difficultés, car plusieurs bâtardeaux ont été emportés par les crues.

Lorsque le tuf était à nu, on y forait à l'avance des trous où devaient pénétrer les pieux des bâtardeaux et ponts de service; là où le gravier empêchait le forage, on employait des sabots terminés par une tige de fer carrée de 0^{m}50 de long et de 0^{m}03 à 0^{m}05 de côté; ces pieux battus avec précaution s'enfonçaient bien dans le tuf et ne s'arrachaient point par soulèvement, comme cela arrivait avec les pieux à sabots ordinaires, même placés dans des trous forés; mais les pieux à tige de fer étaient exposés à se déverser, et il fallut enrocher fortement le pourtour des bâtardeaux et les palées du pont de service.

Les bâtardeaux une fois construits furent remplis d'argile bien pilonnée et s'épuisèrent assez facilement; on descendit ainsi jusqu'à 9 mètres sous l'eau et ces grandes fouilles purent être maintenues à l'aide de blindages modérés.

Les épuisements ont été faits au moyen de trois locomobiles, une de 10 chevaux et trois de 4 chevaux, actionnant des pompes centrifuges; les fondations ont été exécutées en maçonnerie avec parement en gros libages.

Fondations du pont de Montauban. — Les piles du pont de Montauban, sur le Tarn, ont été fondées les unes par caissons à l'air comprimé, les autres par épuisement, à des profondeurs variant de 5 à 6 mètres, dans des enceintes de bâtardeaux du système Lanteirès. Ce système est représenté par les figures 4 à 9, planche V, extraites de la notice de M. l'ingénieur en chef Lanteirès. Il fallait encastrer les piles dans un tuf argileux et, comme les pieux y pénétraient difficilement sans se briser, on dut les armer d'un sabot spécial que prolonge une tige de fer de 0^{m}30 de longueur. Les trous destinés à recevoir le corps des pieux étaient forés à l'avance à l'aide d'une tarière à rotation et la tige barbelée était seule enfoncée par le choc de la sonnette.

Le bâtardeau se compose de deux enceintes de pieux de ce genre et les intervalles entre les pieux sont remplis par des panneaux de palplanches jointives dont la pointe s'engage dans le tuf. Les pieux en regard l'un de l'autre sont moisés à leur sommet et deux cours de moises longitudinales guident les palplanches.

Cette double enceinte a permis d'épuiser facilement et de creuser dans le tuf l'emplacement du massif de fondation.

Pour arracher les pieux on a eu recours au système représenté sur la planche V et composé de deux vérins agissant par traction sur une tige verticale.

Bâtardeau en charpente employé à la Rochelle. — En 1833, on exécuta à l'écluse de la Rochelle, dans une partie où le sas avait 17m87 de largeur, un bâtardeau en bois ainsi composé :

Ce bâtardeau (*fig.* 1, 2, 3, pl. V) forme un chevron en travers de l'écluse comme feraient deux portes busquées fermées. Il comprenait six fermes horizontales, comportant chacune deux arbalétriers de 0m35 d'équarrissage, un entrait et deux jambes de force de 0,30 ; la flèche du busc était le cinquième de l'ouverture. Quatre moises liaient les arbalétriers à l'entrait et aux jambes de force. Les six fermes étaient maintenues horizontales par trente potelets intermédiaires et par deux poteaux verticaux appuyés sur le radier. Deux rainures verticales avaient été creusées dans la maçonnerie de chaque bajoyer pour recevoir les extrémités des arbalétriers et des jambes de force.

Les six fermes reçurent un bordage de 0m18 d'épaisseur composé de deux épaisseurs de planches à joints carrés.

Ce bâtardeau supportait en haute mer près de 6 mètres d'eau et l'espacement des fermes horizontales croissait de bas en haut.

Nous n'en avons donné la description qu'à titre historique ; on préférerait aujourd'hui exécuter dans un coffrage un bâtardeau en béton. Cependant le bâtardeau en charpente peut être utilisé dans certains cas exceptionnels.

4° FONDATION DANS UN CAISSON ÉTANCHE, AVEC ÉPUISEMENT.

Considérations générales. — Lorsque le terrain solide se montre à nu au fond des eaux, ou lorsque la couche non résistante qui le recouvre est trop mince pour recevoir des pilotis, ou trop fluide pour les maintenir, on est conduit à effectuer la fondation dans un caisson sans fond en bois ou en métal immergé à l'emplacement voulu.

Les premiers caissons sans fond n'étaient pas étanches ; ils jouaient simplement le rôle d'une enceinte de pieux et palplanches à l'intérieur de laquelle on immerge du béton après avoir dragué et nettoyé le sol. C'est un système que nous examinerons ultérieurement.

Nous étudions, pour le moment, le caisson à parois étanches dans lequel on épuise pour reconnaître directement le sol et établir à sec le massif de fondation.

Nous avons déjà fait ressortir les avantages considérables de ce procédé qui permet de contrôler la nature du fond sans se guider uniquement sur des sondages, de mettre le rocher à vif, de le déraser et de construire une maçonnerie compacte et homogène offrant une absolue sécurité.

Il est vrai que la fondation par caisson étanche est plus coûteuse que la fondation par béton immergé ; mais l'économie est, dans une certaine mesure, secondaire en pareille matière, et c'est surtout dans la superstructure qu'il convient de la chercher.

Les caissons ont l'inconvénient d'exiger un dragage préalable qui, dans les rivières d'allure torrentielle, donne lieu parfois à des mécomptes; en quelques heures une fouille est comblée et il faut recommencer le déblai sur de nouveaux frais. De plus, il est difficile d'obtenir une bonne étanchéité à la base du caisson, dans une profondeur de plusieurs mètres d'eau, si l'on n'a pas recours à des scaphandres.

Enfin, il convient de donner au caisson assez de hauteur au-dessus de l'étiage pour qu'il ne soit pas surmonté par les crues ordinaires; qu'une crue exceptionnelle arrive, le caisson court grand risque d'être disloqué ou emporté, de sorte qu'un cas imprévu peut compromettre une campagne. Il est vrai que la plupart des procédés présentent à un degré plus ou moins grand ce même inconvénient.

Lors donc qu'on se sert de caissons étanches, il faut avoir un scaphandre et disposer de moyens puissants d'épuisement afin d'enlever rapidement le travail. Il arrive souvent que, par une économie mal entendue, on recule devant la location ou l'acquisition de locomobiles et de pompes puissantes; presque toujours on perd beaucoup de temps et l'on en arrive finalement à être forcé de recourir au matériel dont on n'avait pas voulu tout d'abord.

Enfin, il convient de donner au caisson des dimensions notablement supérieures à celles du massif de maçonnerie qu'il doit recevoir; pour avoir négligé cette précaution on s'expose à des accidents sérieux et à des malfaçons. Si vous n'avez que 0^m50 de jeu autour de la maçonnerie à la base du caisson et que vous commettiez une erreur de quelques centimètres dans la pose ou dans l'alignement du caisson, ce qui arrivera bien souvent, comment ferez-vous pour installer le puisard et la crépine des pompes et pour creuser autour de la maçonnerie les rigoles destinées à recueillir les eaux? Que le caisson subisse une déformation quelconque et le mal s'aggravera encore. Il est donc indispensable de donner au moins 1 mètre de jeu à la base du caisson; on se donne ainsi toutes facilités pour l'exécution, et le supplément de dépense est insignifiant.

Ce jeu peut être réduit à 0^m50 à la partie haute du caisson et l'on donne à ses parois une certaine inclinaison. Généralement on prend une inclinaison de $\frac{1}{10}$ pour les grands caissons, mais, comme l'inclinaison des parois constitue toujours une certaine sujétion tant pour les assemblages que pour la pose du bordage, nous préférerions, surtout pour les petites profondeurs, adopter des parois verticales.

Ces considérations générales vont se trouver commentées et développées dans les exemples suivants :

Caisson du viaduc de Port-de-Pile, sur la Creuse. — C'est à M. l'ingénieur en chef Beaudemoulin que l'on doit les premiers caissons étanches, et il en a fait l'application au viaduc établi à Port-de-Pile, sur la Creuse, pour le passage du chemin de fer de Tours à Bordeaux. M. Desnoyers a décrit ce travail dans un mémoire inséré aux *Annales* *des ponts et chaussées de* 1849, mémoire qui nous fournit les renseignements ci-après :

« *Description du sol de fondation*. — Dans l'emplacement où l'on avait à construire un viaduc de trois arches de 31 mètres d'ouverture pour le chemin de Tours à Bordeaux, le fond du lit de la Creuse est formé, sur au moins 8 à 9 mètres d'épaisseur, par une argile noire très compacte, de nature schisteuse, et qui, sur la plus grande partie de la largeur du lit, n'est pas complètement incompressible; mais cependant, à la suite d'expériences spéciales, elle a paru assez résistante pour supporter directement les piles du viaduc, à la condition de donner à la fondation de ces piles un très fort empattement; d'un autre côté, comme la jalle est à un certain degré affouillable, sous l'action d'un très fort courant, il n'aurait pas été prudent de faire reposer la base des fondations sur la surface de la jalle, à une faible profondeur au-dessous des basses eaux. Par suite, on a été conduit à fonder les piles directement sur la jalle, avec des empattements de 18 mètres environ de longueur sur 10 mètres de largeur, et à une profondeur de 4 mètres au-dessous de l'étiage.

« A l'emplacement des piles, la surface de la jalle se trouve à environ 2 mètres au-dessous de l'étiage, et est recouverte par une couche de gravier. Pour établir la fondation d'après les bases du projet, il fallait donc, après avoir traversé la couche de gravier, faire pénétrer la fouille à 2 mètres environ de profondeur dans la masse de jalle. D'après la nature de ce massif, ainsi qu'on a eu occasion de s'en assurer par expérience, un dragage aurait présenté des difficultés à peu près insurmontables, et, dans tous les cas, aurait exigé beaucoup de temps et une dépense énorme. On ne pouvait donc appliquer, dans ce cas, ni les enceintes ordinaires de pieux et palplanches, dont le battage aurait eu d'ailleurs le grave inconvénient de faire éclater les couches de jalle et d'en détruire la résistance, ni même les caissons sans fond qui ne peuvent être appliqués avec avantage que lorsque la fondation doit reposer sur un terrain solide, que l'on peut mettre facilement à nu. C'est pour suppléer à l'insuffisance de ces moyens que M. Beaudemoulin a modifié, de la manière qui va être décrite, la disposition des caissons qui avaient servi sur le Cher et avaient reçu des massifs de béton immergé.

« *Description des caissons*. — Le but principal que l'on devait se proposer dans l'emploi des nouveaux caissons consistait à éviter le dragage dans la jalle et à procurer les moyens de faire à sec par épuisement la fouille de cette partie de la fondation. Dès lors, au lieu de présenter seulement à la partie supérieure un bordage calfaté, les parois devaient être rendues étanches sur toute la hauteur. Dès lors aussi, comme au moment de l'épuisement l'enveloppe devait avoir à supporter une très forte pression, il fallait lui donner plus de solidité. Par suite, tout en conservant au caisson la même forme générale (*fig.* 5 à 9, pl. XXIII), on a donné beaucoup plus de force aux montants; on a ajouté au bas des parois une forte semelle sur laquelle les montants viennent s'assembler; on a relié ces dernières pièces par des contre-fiches, et enfin on a remplacé les palplanches verticales non jointives du premier système par un bordage ayant également 0m05 d'épaisseur, mais formé de madriers placés horizontalement, assemblés très exactement et calfatés avec le plus grand soin. Il est d'ailleurs évident que, comme dans ce cas la plus grande pression devait venir de l'extérieur, le bordage devait être placé en dehors des montants de manière à être soutenu par eux lorsque la pression se ferait sentir.

« Le caisson ainsi préparé formait donc une enveloppe complètement étanche, très solide par elle-même et qui devait être fortifiée encore, au moment de l'emploi, par des étançons que l'on placerait à l'intérieur, pour prévenir la flexion des parois à mesure que l'on effectuerait l'épuisement. »

Le caisson construit était amené sur bateaux à l'emplacement voulu (fig. 1, 2, 3, planche VI). On avait au préalable dragué le gravier qui recouvre la jalle, de manière que les semelles du caisson vinssent, après immersion, reposer directement sur cette jalle. A ce moment, le caisson étant étanche et la jalle peu perméable, il n'y avait plus à combattre que les infiltrations qui se produisaient sous les semelles. On les annulait en disposant au-dessus et à côté des semelles, à l'extérieur du caisson, un bourrelet en argile bien corroyée et damée avec soin. Cela fait, on épuisait à l'intérieur, on achevait facilement la fouille et on élevait à sec la maçonnerie de béton.

Le bourrelet d'argile au pourtour extérieur du caisson a été établi avec le plus grand soin (fig. 2, 3, planche VI); on a commencé par entourer la semelle du caisson avec un sac de 0m30 de diamètre rempli d'argile parfaitement corroyée; ce sac, dont on augmentait la longueur et que l'on remplissait au fur et à mesure de la pose, s'engageait dans tous les vides et les bouchait sans qu'on eût à craindre de voir l'argile entraînée à travers les fissures du caisson pendant l'épuisement. Au-dessus de ce bourrelet on a placé de l'argile comprimée avec des pilons en fonte et des dames plates. Le tout a été recouvert d'enrochements afin de se défendre contre les crues.

Le caisson a été monté entre deux grands bateaux placés parallèlement à la pile; il était soutenu, pendant le montage, par des pièces de bois; pour l'immerger, on l'a soulevé d'abord au moyen de quatre treuils, puis on l'a laissé descendre doucement; son poids était d'environ 30,000 kilogrammes (fig. 1, planche VI).

Le caisson a été vidé avec quatre pompes en moins de 24 heures; les déblais étaient enlevés par des bennes à treuils; en pratiquant la fouille, on laissait, en dedans de la semelle du caisson, une banquette de 1 mètre de largeur, afin d'éviter les éboulements; cette banquette était enlevée peu à peu au fur et à mesure de l'avancement du massif. On pouvait occuper 25 à 30 ouvriers à la fois au fond du caisson, et le travail de nuit n'offrait aucune difficulté.

Le massif de fondation est en béton posé à sec dans une enceinte de libages; on a préféré le béton à la maçonnerie ordinaire parce qu'il était fabriqué plus vite et coûtait moins cher, et parce qu'il peut être convenablement employé même par des ouvriers qui ne sont pas maçons de profession.

FONDATIONS

La surface du béton, au niveau du socle de la pile, a été protégée par un pavage maçonné.

Le béton a été posé, du reste, avec toutes les précautions voulues pour en faire un massif bien homogène : on le posait sur toute la hauteur à la fois par couches de 0^m30 à 0^m40 de hauteur, se suivant en redans à 1 mètre de distance.

Tous ces redans marchent du même pas ; en avant du redan inférieur, des ouvriers balayent le sol à vif ; toutes les surfaces apparentes du béton sont fortement pilonnées à la dame plate. De la sorte, on obtient une liaison parfaite entre toutes les parties, et on n'est pas exposé à venir poser un béton frais sur un béton trop vieux ayant fait prise complète.

« Le béton employé dans ces conditions, dit M. Desnoyers, forme une masse très compacte et tout à fait incompressible, dans laquelle on doit avoir plus de confiance que dans toute autre pour soutenir des ouvrages d'un grand poids. »

Il a fallu 39 jours de travail pour la fondation d'une pile, savoir : 9 jours pour le montage, 1 jour pour l'immersion, 8 jours pour la confection du bâtardeau et l'organisation des échafaudages, 1 jour pour l'épuisement, 9 jours pour la fouille et 11 jours pour l'exécution des maçonneries jusqu'à l'étiage.

La dépense s'est répartie comme il suit :

	FR. C.
Fourniture et main-d'œuvre sur chantier du caisson.	4,604 74
Montage et immersion, compris location de bateaux et de tous appareils.	4,209 04
Dragage, bâtardeau, enrochement	5,720 99
Épuisement, déblais, travaux divers	10,189 35
Échafaudages, fournitures et faux frais divers	4,366 63
Total.	29,090 75

Ce qui fait ressortir la dépense à environ 35 francs par mètre cube de la maçonnerie comprise dans le caisson, la confection même de cette maçonnerie devant être comptée à part.

Caissons du viaduc de l'Aulne. — Le viaduc établi sur la rivière de l'Aulne, près Châteaulin, est un fort bel ouvrage qui a fait grand honneur à M. l'ingénieur Arnoux. Le système adopté pour les fondations est représenté par les figures 4 à 7 de la planche VI.

« Les piles en rivière sont au nombre de trois, et pour deux d'entre elles les difficultés de fondation ont été sérieuses. Il s'agissait de fonder en pleine rivière, à 5^m40 au-dessous de la retenue d'eau du barrage de Guily-Glass et en se tenant à l'abri des marées qui pouvaient s'élever encore jusqu'à 2 mètres plus haut. Le sol de fondation est un schiste ardoisier, à feuillets fortement inclinés, dont il était nécessaire d'enlever la surface, afin de mettre à vif le rocher dur, et qui en outre était recouvert d'une couche de vase et de gravier. Pour des piles aussi fortement chargées, il était d'une très grande importance de s'assurer d'une excellente fondation et par suite de pouvoir l'établir par épuisement. Dans ce but, après avoir enlevé la couche mobile par dragage à grande section, on a immergé pour chaque pile un caisson en charpente sans fond, de 22^m75 de longueur sur 10 mètres de largeur, et dont les parois avaient été calfatées d'avance, excepté à la partie basse pour laquelle il avait été impossible de racheter *à priori* les inégalités très prononcées du terrain schisteux ; on y est parvenu, après l'immersion, en faisant glisser dans cette partie, entre les deux derniers cours de moises du caisson, des palplanches verticales très serrées, à l'extérieur desquelles on a établi un petit bâtardeau en argile, corroyée à l'aide du scaphandre, et recouvert d'une forte toile consolidée par des enrochements. On a ensuite épuisé à l'intérieur du caisson, et l'étanchéité obtenue était telle qu'il suffisait de faire fonctionner une pompe pendant deux ou trois heures par jour pour tenir la fouille parfaitement à sec. A l'abri de cette grande enceinte, on a pu avec la plus grande facilité enlever toutes les parties tendres du schiste, mettre à nu les parties dures, en régulariser les surfaces, et enfin construire les maçonneries jusqu'au-dessus des plus hautes mers.

Pour mettre le caisson en place, on a profité d'une manière heureuse de la double faculté que donnaient, d'une part les pertuis du barrage pour faire baisser momentanément le niveau des eaux, et d'autre part l'action de la marée pour faire remonter rapidement ce niveau. En effet, après avoir assemblé le caisson sur des bateaux, à l'emplacement de la fouille, et l'avoir fait porter sur de fortes béquilles fixées au bord des bateaux et dont le pied descendait à près de 2 mètres au-dessous du fond de ces bateaux, on a fait baisser le niveau des eaux, et les béquilles sont venues reposer sur le fond du lit de la rivière ; puis, après avoir dégagé les bateaux, on a attendu la marée montante et l'on a ramené les bateaux pour saisir le caisson à la partie supérieure ; les eaux continuant à faire monter les bateaux ont fait soulever un peu le caisson, de manière à permettre d'enlever les béquilles : alors, en faisant de nouveau baisser les eaux, on n'a plus eu qu'à laisser descendre le caisson pour qu'il vînt se fixer dans sa position définitive. Ce secours des eaux a été fort utile, car il a dispensé de tout emploi de grues ou de treuils, et a permis de manœuvrer avec une grande facilité une masse dont le poids dépassait 75,000 kilogrammes.

La dépense de fondation d'une pile ainsi établie est résumée de la manière suivante :

	FR.
Fournitures de bois et façon du caisson.	18,476
Dragages, bâtardeau en argile, déblais à l'intérieur du caisson, etc.	12,862
Maçonneries	25,255
Fournitures de matériel	13,443
Dépenses diverses, journées, fournitures, surveillance, etc.	7,798
Total	77,834

Le prix par mètre superficiel de fondation à 7^m40 de profondeur au-dessous des hautes mers est de 390 francs, et le prix par mètre cube ne dépasse pas 53 francs. »

Dans le total qui précède, le matériel d'épuisement et d'exécution est compté à sa valeur intégrale d'acquisition ; d'autre part, les maçonneries sont estimées jusqu'au sommet du caisson.

Si l'on calculait le prix du mètre cube du massif de maçonnerie réellement construit au-dessous du niveau de l'eau, on trouverait certainement qu'aujourd'hui l'on pourrait faire au même prix la fondation par caisson à l'air comprimé.

Le caisson du viaduc de l'Aulne n'en reste pas moins fort intéressant et montre qu'avec beaucoup de soin on peut réaliser l'étanchéité presque parfaite d'un grand caisson en charpente.

Caisson du viaduc du Scorff. — La pile culée du viaduc du Scorff, à l'entrée de Lorient, a été fondée dans un grand caisson étanche. Le mémoire de M. Desnoyers sur les *Fondations dans les terrains vaseux*, mémoire si fertile en renseignements précieux pour le constructeur, nous fournit encore la description de ce travail, que représentent les figures 4 à 10 de la planche VII.

Il fallait descendre à 8^m25 au-dessous des hautes mers dans un terrain formé de vase à la partie supérieure et de sable à la base, en pleine rivière et sur un point exposé à de forts courants de marée. La situation était la même qu'au viaduc d'Hennebon, dont nous avons parlé précédemment, mais l'enceinte de pieux et palplanches avait donné à Hennebon tant de difficultés et d'ennuis qu'à Lorient on résolut de lui substituer un caisson étanche.

Ce caisson se compose de poteaux montants reliés par quatre cours de moises horizontales ; on a relevé exactement le relief du rocher à l'emplacement que devait occuper le pourtour du caisson de manière à ce qu'il reposât bien d'aplomb sur le fond. Les palplanches glissent entre les cours de moises et viennent s'appuyer sur le rocher ; on ne les introduit qu'après l'immersion ; on calfate leurs jointures de manière à rendre la paroi étanche. Cette opération n'est facile qu'au-dessus du dernier cours de moises ; entre le dernier cours de moises et le fond, la paroi étanche est construite sur le chantier avant l'immersion du caisson ; cette paroi est formée de dosses verticales glissées entre les moises et supportant des madriers horizontaux, ainsi qu'on le voit sur la figure.

La carcasse du caisson avec la paroi étanche inférieure et le dernier cadre d'étrésillons fut construite à terre, puis lancée comme un navire, et amenée en place au moyen de bateaux qui la dirigent et la soutiennent ; ceci se fait à haute mer ; à basse mer, on laisse échouer le caisson, on le surcharge, par exemple, avec des rails, pour l'empêcher d'être soulevé, et on glisse les palplanches. Pour s'opposer aux filtrations qui ne pouvaient manquer de se produire entre le rocher et la base du caisson, on avait d'abord eu l'idée d'appliquer à l'extérieur un bourrelet d'argile, mais les courants violents auraient tout emporté. On résolut alors de construire un bâtardeau intérieur en béton, qui est représenté sur la figure 4 ; c'est un mur en béton immergé entre le bord des caissons et des panneaux en planches que soutenaient des tiges de fer enfoncées dans le rocher. Le bâtardeau achevé, on épuisa à l'intérieur et on bétonna à sec. Les épuisements furent considérables, parce qu'on avait construit le dernier cadre d'étrésillons avant l'immersion du caisson ; ces étrésillons traversaient le bâtardeau en béton, sans avoir avec lui une parfaite adhérence, et par suite ils livraient passage à l'eau.

Il va sans dire que le bâtardeau en béton reste compris dans le massif de fondation dont il fait partie.

La dépense de ce caisson a été considérable et s'est élevée à 89,000 fr., compris le remplissage. La maçonnerie ressort ainsi à 71 fr. le mètre cube. Pour ce prix, il est probable qu'on pourrait l'établir aujourd'hui à l'air comprimé.

Du reste, le caisson de Lorient était dans de fort mauvaises conditions, vu les grandes inégalités que présentait le rocher ; la substitution du bâtardeau intérieur au bourrelet extérieur, opérée après coup lorsque les étrésillons étaient en place, a contribué aussi dans une large mesure à accroître les difficultés et la dépense.

Caisson du viaduc de Quimperlé. — M. Desnoyers a donné la description du caisson en charpente qu'il a employé pour la fondation du viaduc de Quimperlé ; le rocher était à 2 mètres au-dessous des basses mers et à 5^m50 au-dessous des hautes mers. Le caisson, représenté par les figures 11 à 18, planche VII, devait donc résister à des charges de 5^m50 de hauteur d'eau ; il était disposé de manière à recevoir un bâtardeau intérieur et avait ses parois verticales afin de faciliter le remplissage ; les palplanches conservaient la liberté de glisser entre les moises, afin de pouvoir être descendues isolément jusqu'à toucher le rocher, condition indispensable au succès ; sur la hauteur destinée au bâtardeau, le bordage était cloué à l'intérieur du caisson pour que l'eau ne pût arriver à l'intérieur du bâtardeau par les intervalles des palplanches. Il fallait draguer préalablement le terrain de 1^m50 de hauteur qui surmontait le rocher, mais comme le dragage était difficile à cause des blocs mêlés au gravier, on se contenta de l'effectuer au pourtour du caisson et sous l'emplacement du bâtardeau, en se réservant de terminer le déblai central lorsque le caisson serait en place.

Le dragage achevé, on a mis le caisson en place, posé les palplanches, complété le bordage supérieur et exécuté le bâtardeau. On a évité l'emploi de pièces transversales et d'étrésillons traversant ce bâtardeau, car ces pièces constituent autant de chemins ouverts aux infiltrations. Le rang inférieur d'étrésillons était à 3^m70 au-dessus du fond du caisson et sur ce rang on a fixé des madriers dessinant le cadre intérieur du bâtardeau ; on a adapté sur ces madriers, au droit des poteaux montants du caisson, des colliers en fer dans lesquels on a fait glisser des tiges en fer de 0^m03 de diamètre ; ces tiges ont servi d'appui à des panneaux en planches, puis le coffrage a été rempli avec une argile bien corroyée et bien tassée, et on a épuisé à l'intérieur.

Dans des eaux calmes, le bâtardeau intérieur est remplacé par un bourrelet extérieur au caisson ; mais, lorsque la fondation est faite, comme à Quimperlé, au milieu d'un fort courant, les bourrelets extérieurs sont difficiles à établir et à consolider, et M. Desnoyers considère le bâtardeau intérieur comme préférable, bien qu'il ait le grave inconvénient d'exiger un caisson beaucoup plus vaste que la fondation, puisqu'il ne peut être incorporé à la maçonnerie. M. Desnoyers trouve au bâtardeau intérieur un autre avantage, c'est que le caisson peut être démonté et réemployé.

A notre avis, la préférence ne doit être accordée au bâtardeau intérieur qu'avec la plus grande réserve ; les bourrelets extérieurs peuvent être recouverts et maintenus au milieu d'un courant par des toiles imperméables et même par des fascinages avec enrochements ; ils permettent de réduire considérablement les dimensions des caissons et de les rendre plus maniables et beaucoup moins coûteux. Aussi est-ce là le système que la plupart des ingénieurs ont adopté.

Le bâtardeau intérieur ne paraît justifié que lorsqu'on l'exécute en béton pour l'incorporer à la fondation future, ainsi qu'on l'a fait au pont sur le Scorff.

Le prix de la fondation du viaduc de Quimperlé est revenu à 41 francs par mètre cube de maçonnerie au-dessous des hautes mers ; c'est encore un chiffre bien élevé si l'on considère que la construction entre les niveaux de basse et de haute mer est très facile. Il nous semble qu'aujourd'hui des caissons amovibles à air comprimé devraient conduire des résultats presque aussi économiques.

Caisson du pont de Beynac. — M. l'ingénieur Liébeaux a rendu compte du système suivi pour la fondation des piles du pont de Beynac, sur la Dordogne, et nous lui empruntons les renseignements qui vont suivre. On a eu recours à un caisson sans fond, représenté par les figures 1 à 7, planche VIII ; sa hauteur est de 4^m50, soit 1^m50 au-dessus de l'étiage ; les parois sont inclinées au 1/10 ; elles sont formées de poteaux montants reliés par quatre cours de moises et à chaque cours de moises correspond un cadre de pièces longitudinales et de pièces transversales. Les assemblages des angles sont faits à l'aide de ferrures et de boulons qui rendent très facile le montage et le démontage des caissons. Sur le bâti est cloué un bordage calfaté et jointif.

On drague à gueule-bée l'emplacement du caisson et des scaphandres vont nettoyer à vif la zone sur laquelle il doit être posé ; pendant ce temps, le caisson est construit sur la rive, descendu à l'eau par un plan incliné, soulevé entre deux bateaux et amené à l'emplacement voulu qui est défendu à l'amont par un brise-lames formé de pieux et d'enrochements. L'immersion est obtenue par une surcharge de rails ; la longueur des poteaux d'angle a été réglée d'après les sondages, de telle sorte que la face supérieure du caisson soit horizontale. Le caisson en place, des scaphandres vont compléter le bordage ou blindage entre sa base inférieure et le rocher, et font tout autour un bourrelet de glaise ; ils se servent à cet effet de briquettes de glaise fabriquées après un pilonnage énergique.

Sur les parois du caisson on cloue des toiles imperméables qui recouvrent le bourrelet de glaise et une zone du fond de la rivière sur 2 mètres au moins à partir du caisson ; enfin les toiles sont recouvertes de sacs remplis d'argile et ceux-ci d'un bourrelet d'argile bien pilonnée.

On épuise alors, mais avec lenteur pour laisser se serrer les bois et la glaise; le fond mis à sec, on creuse le puisard et on fait avec des planches des rigoles glaisées sur tout le pourtour de la fouille.

On élève la maçonnerie en enlevant au fur et à mesure les étrésillons que l'on remplace par des bouts de bois s'appuyant d'un bout sur le caisson et d'autre bout sur le parement de la pile.

Il a fallu 50 à 60 jours pour construire une pile, depuis le commencement du dragage jusqu'à l'achèvement des maçonneries; le caisson d'une pile a été réemployé pour une autre et la dépense de ce chef s'est trouvée réduite de moitié.

Voici la dépense pour une pile normale avec 3^m10 de profondeur d'eau :

1° DÉPENSES A L'ENTREPRISE		2° DÉPENSES EN RÉGIE	
	FR. C.		FR. C.
Dragages	6,515 64	Part d'achat du matériel d'épuisement	3,500 »
Déblais	35 92		
Caisson	4,843 04	Épuisements	1,953 47
Maçonneries	6,137 51	Dépenses diverses	6,275 62
	17,532 11		11,729 09

Total général. . . . . 29,261 fr. 20 c.

Le cube de maçonnerie exécuté étant seulement de 152^m71, le prix de revient a été de 191 francs par mètre cube. Ce prix peut paraître fort élevé au premier abord, mais il convient de remarquer qu'il s'agit d'une fondation à faible profondeur et d'une pile de petites dimensions, et que la dépense n'augmenterait pas sensiblement pour une profondeur plus grande et pour un cube beaucoup plus fort.

La pile n° 4, placée dans le courant le plus rapide et dans la plus grande profondeur, offrit de sérieuses difficultés; le caisson mis en place et toutes les précautions prises, on tenta d'épuiser à l'intérieur, mais ce fut en vain. Les plongeurs découvrirent au fond du caisson des excavations par où l'eau pénétrait en abondance; on essaya de les boucher avec des sacs de béton, puis avec des masses d'argile recouvertes de dalles, mais de nouveaux orifices s'ouvrirent à côté des anciens.

On reprit alors les sondages et on constata que la moitié de la pile correspondait à une croûte rocheuse de 0^m20 à 0^m70 d'épaisseur, laissant au-dessous d'elle un vide d'environ 1 mètre se prolongeant dans la rivière à droite et à gauche du caisson, de sorte que par ce vide une communication permanente s'établissait entre la rivière et le caisson lorsqu'on cherchait à épuiser à l'intérieur de celui-ci.

On se résolut à casser cette croûte sur tout le pourtour du caisson et à prolonger celui-ci par un blindage s'appuyant en haut sur le caisson, en bas sur le rocher solide. Le cassage fut fait au moyen d'une sonnette battant sur un rail Vignole aiguisé en trépan.

Le blindage avec glaisage extérieur prolongeait donc le caisson jusqu'au solide et on pouvait épuiser à l'intérieur; mais l'étanchéité était loin d'être aussi parfaite que pour un véritable caisson et on dut se résoudre

FONDATIONS

à poser sous l'eau, avec des habits de scaphandre, deux lignes de libages en dehors desquels on refoula du béton de ciment le plus loin possible sous la croûte; c'est ensuite seulement que l'on put épuiser complètement et encastrer la maçonnerie dans le rocher.

« Ces difficultés, dit M. Liébeaux, correspondent à un cas particulier, heureusement très rare; mais elles démontrent bien qu'il vaut toujours mieux, quand on le peut, voir le fond de la fouille, s'établir à sec et ne pas se fier à l'apparence du rocher.

« Si, pour en finir plus vite, on avait fondé la pile sur béton immergé, une des moitiés de la pile aurait été établie sur un fond solide et l'autre sur une croûte rocheuse d'assez faible résistance; de là un accident à peu près certain. »

Ces circonstances montrent une fois de plus l'importance des sondages; il faut les exécuter avec le plus grand soin, ne pas se contenter de reconnaître le terrain solide, surtout quand il s'agit d'une fondation d'ouvrage d'art, mais y faire descendre la sonde sur une hauteur suffisante pour qu'on ne puisse plus mettre en doute la solidité de la base d'appui.

5° DESCRIPTION SOMMAIRE DES PROCÉDÉS D'ÉPUISEMENT

Les appareils d'épuisement, aujourd'hui si perfectionnés et si puissants, sont pour l'ingénieur un des plus précieux auxiliaires.

Notre intention n'est évidemment pas d'en donner ici la théorie mécanique; ce serait matière à un volume entier. Notre but est d'en présenter seulement une description sommaire et surtout de signaler les précautions à prendre dans la pratique pour installer avec succès un chantier d'épuisements; ces précautions sont simples et peu nombreuses, mais, pour les avoir méconnues, on a éprouvé souvent des mécomptes et des retards préjudiciables à la bonne exécution des travaux.

Il existe trois séries d'appareils d'épuisement :
   1° Les anciennes pompes à mouvement alternatif;
   2° Les pompes rotatives;
   3° Les appareils divers.

1° POMPES A MOUVEMENT ALTERNATIF

L'usage de ces pompes sera toujours très développé pour les travaux courants, parce qu'elles peuvent être manœuvrées à bras d'hommes, ce à quoi ne se prêtent pas les pompes rotatives. On les trouve partout; elles sont faciles à construire et à réparer; elles ont, lorsqu'elles sont construites avec beaucoup de soin, un rendement mécanique supérieur à celui des pompes rotatives, et, à ce titre, sont avantageuses pour un usage permanent. Mais elles sont nécessairement volumineuses et exigent, lorsqu'on a recours à un moteur à vapeur, des transmissions relativement compliquées. L'économie d'espace et la simplicité sont des conditions souvent essentielles à observer dans les grands travaux; aussi n'est-il pas étonnant que la pompe rotative y ait presque partout supplanté la pompe à mouvement alternatif.

1. Pompe aspirante. — La pompe aspirante est la première connue; son principe est une conséquence immédiate de la pression atmosphérique, qui fut mise en lumière par Torricelli et Pascal.

Dans un corps de pompe P se meut un piston, traversé par deux soupapes Z, qui s'ouvrent de bas en haut. Le corps de pompe se prolonge par un tube vertical C qui plonge dans un réservoir d'eau XY; le tube est séparé du corps de pompe par une soupape Z', s'ouvrant de bas en haut.

Supposons le piston au bas de sa course : il s'élève, le vide tend à se faire au-dessous de lui, mais la colonne liquide inférieure exerce sa pression sur la soupape Z', la soulève et remplit la cavité cylindrique du corps de pompe.

Quand le piston redescend, il comprime le liquide, appuie sur son siège la soupape Z', la soupape Z ne tarde pas à se soulever, et le liquide passe au-dessus du piston.

Dans la période ascendante, ce liquide sera soulevé et s'écoulera par le conduit latéral T.

Les savants du moyen âge expliquaient l'ascension de l'eau dans le tube C et dans le cylindre par cet axiome : « La nature a horreur du vide. » On remarqua bientôt que la nature n'avait horreur du vide que jusqu'à 32 pieds ou 10^m33; car aussitôt que le tube C atteignait une dimension verticale de 10^m33, l'eau n'arrivait plus dans le corps de pompe, quelque parfaite que fût la construction de l'appareil.

La découverte de la pression atmosphérique explique le phénomène : cette pression fait équilibre à une colonne de mercure de 0^m76 ou à une colonne d'eau de 10^m33; donc, pour qu'il y ait égalité de pression en tous les points du plan XY, il faut que la colonne d'eau, qui s'élève dans le tube C et dans le corps de pompe, soit de 10^m33.

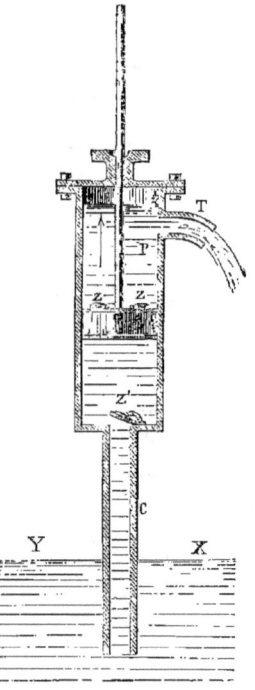

Fig. 17

Cette hauteur est la limite théorique du fonctionnement de la pompe aspirante; en pratique, il faut tenir compte des pertes de charge dues aux chocs, aux étranglements et épanouissements brusques de la colonne liquide, et il est prudent de limiter à 7 ou 8 mètres la colonne d'aspiration.

Remarquez en outre que l'air en dissolution dans l'eau se dégage en partie sous l'influence d'une pression moindre, et vient former sous le piston une couche gazeuse qui se comprime, et absorbe du travail.

FONDATIONS 75

Quand le piston est au bas de sa course, il y a toujours au-dessous de lui de petites cavités, qui retiennent un volume v d'air à la pression atmosphérique H ; si le piston se relève, cet air se détend jusqu'à occuper le volume entier V du corps de pompe, et sa pression est alors $H\dfrac{v}{V}$. Appelons h la hauteur du tube d'aspiration C, lorsque cette valeur h satisfera à l'équation :

$$h + H\frac{v}{V} = H,$$

il n'entrera plus d'eau dans le corps de pompe, puisque l'atmosphère sera équilibrée par la pression de l'air confiné, plus la colonne h du tube C. Cette raison seule suffirait pour que la hauteur d'aspiration h fût toujours inférieure à H ou $10^m 33$.

L'effort à faire pour soulever le piston se calcule comme il suit :
Soit h la hauteur du tube d'aspiration, h' celle du corps de pompe ; la face supérieure du piston est soumise à la pression $H + h'$, la face inférieure à la pression $H - h$, la résultante des pressions est égale à leur différence, c'est-à-dire à la hauteur $(h + h')$ à laquelle l'eau est élevée, de la surface du réservoir au tuyau d'émission T.

Si S est la section du piston, l'effort est donc $S(h + h')$, expression dans laquelle le mètre est l'unité ; l'effort est exprimé en mètres cubes, c'est-à-dire en tonnes, et pour l'avoir en kilogrammes, il faudra multiplier l'expression précédente par 1,000. L'effort vertical F à exercer est donc

$$F = 1,000\,S(h + h').$$

Quel est le rendement de cet engin ? Si l'on appelle h_1, l'amplitude de la course du piston, le travail à chaque coup est égal à Fh_1, et il s'élève un cube d'eau égal $1,000\,S h_1$; cette eau est élevée à la hauteur $(h + h')$, ce qui donne un travail égal à $1,000\,S h_1 (h + h')$; ce travail utile est, comme on le voit, égal au travail moteur.

Dans la pratique, il est loin d'en être ainsi, à cause des fuites et des pertes de forces vives que nous avons énumérées plus haut ; dans les bonnes pompes aspirantes, très bien construites, le rendement peut atteindre 60 à 65 p. 100 ; mais les pompes communes ne donnent souvent que 10 p. 100.

2. Pompe foulante. — Ainsi, la pompe aspirante, quoique d'une installation facile, ne peut rendre de grands services à l'industrie, car elle n'élève l'eau qu'à 7 ou 8 mètres, tandis qu'on a souvent à porter d'énormes masses liquides à de grandes hauteurs.

Aussi, est-on forcé de recourir presque toujours à la pompe foulante, dont la hauteur d'élévation est, théoriquement, illimitée.

Le corps de pompe descend dans le réservoir, et se termine par la soupape Z', qui s'ouvre de bas en haut ; de la base du corps de pompe se détache latéralement un tube vertical T, fermé par la soupape Z, qui s'ouvre de droite à gauche.

Si le piston s'élève, l'eau du réservoir pénètre dans le corps de pompe ; s'il s'abaisse, l'eau se comprime, la soupape Z' est fortement appuyée sur son siège, la soupape Z finit par s'ouvrir, lorsque la compression de l'eau est assez forte pour vaincre le poids de la colonne d'eau T, dont h est la hauteur.

La pression à exercer sur le piston est Sh, et si h_1 est l'amplitude de sa course, il faudra développer un travail exprimé en kilogrammètres

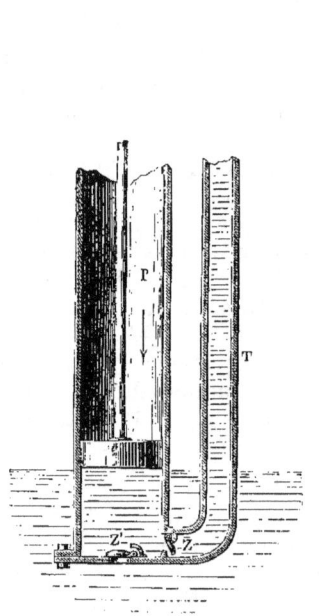
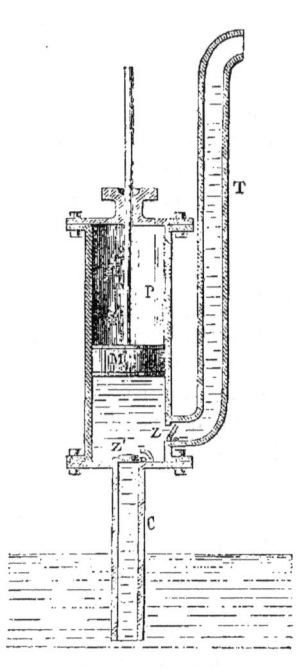

Fig. 18.   Fig. 19.

par $1,000\,Shh_1$. Le rendement est toujours inférieur à l'unité, car il se produit des chocs et des coups de bélier, et l'eau qui passe du corps de pompe dans le tuyau d'aspiration est soumise à une contraction qui entraîne une perte notable de force vive.

3. Pompe aspirante et foulante. — Mais, le plus souvent, il y a avantage à combiner ensemble l'aspiration et le refoulement. La coupe théorique de la pompe aspirante et foulante est représentée par la figure 18.

Quand le piston P s'élève, il aspire l'eau du réservoir par le tuyau vertical C ; quand il s'abaisse, il comprime l'eau du corps de pompe et la refoule dans le tuyau d'émission T, dont la hauteur n'est limitée que par la résistance des tuyaux, et par la force dont on dispose.

D'ordinaire, la pompe n'est pas à simple effet, comme celle que nous venons de décrire, mais à double effet, c'est-à-dire que l'aspiration et le refoulement se produisent pour chaque oscillation simple du piston. Il y a donc double système de soupape, ainsi que nous le verrons plus loin. Les calculs suivants s'appliquent à une pompe à double effet.

La pression à exercer sur le piston est, en en appelant h la hauteur d'aspiration et h' la hauteur du refoulement, $1,000\,S(h+h')$. Cette expression ne tient pas compte des frottements du piston contre le cylindre ou contre les boîtes à étoupes qui le guident, ni du poids de ce piston et de son attirail qui agit tantôt dans un sens, tantôt dans l'autre, ni des pertes de charge, qui résultent du frottement du liquide sur lui-même et sur les parois irrégulières qui le limitent, ni de l'accélération variable qui peut être imprimée au piston et à la masse liquide, car tout cela ne se meut pas d'un mouvement uniforme.

Si P est le poids du piston, P' celui de la masse d'eau, que celle-ci prenne une accélération y' et le piston une accélération y, ces accélérations exigent une force supplémentaire égale à $\dfrac{P}{g}y + \dfrac{P'}{g}y'$. On diminue dans de grandes proportions ces forces nuisibles, en soutenant le piston par un contrepoids lorsqu'il est très lourd, et en disposant à la base du tuyau d'ascension un réservoir à air, qui se comprime plus ou moins et emmagasine la force vive des chocs, pour la restituer ensuite d'une manière progressive et rendre à peu près uniforme le mouvement de la colonne d'eau.

On arrive à régulariser davantage le mouvement, en se servant de deux pompes accouplées qui refoulent les eaux dans un même tuyau d'ascension. Les tiges des pistons de ces pompes sont réunies par des bielles à des manivelles M et M', calées à 90° l'une de l'autre sur un arbre moteur horizontal A. Les bielles ayant une grande longueur par rapport à leur manivelle, on peut admettre qu'elles restent sensiblement verticales pendant le mouvement; la vitesse des boutons M et M' est donc toujours verticale, et, comme l'arbre A possède une vitesse angulaire uniforme ω, la vitesse des points M et M' est la même que celle de leurs projections sur le diamètre vertical AX de la manivelle. Soit r le rayon de cette manivelle, la vitesse de circulation de M est ωr, et la vitesse de la bielle MB est $v = \omega r \sin x$; celle de la bielle M'B' est :

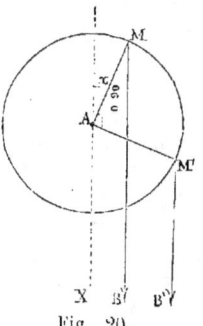

Fig. 20.

$$v = \omega r \sin\left(\frac{\pi}{2} + x\right) \text{ ou } \omega r \cos x.$$

Dans un temps t, l'ensemble des deux pompes qui ont même section S pour leur piston fournira un volume d'eau égal à

$$S(v+v')t \quad \text{ou} \quad S\omega r t(\sin x + \cos x).$$

On aura toutes les combinaisons possibles de vitesse en faisant varier x de 0 à $\frac{\pi}{2}$; le maximum et le minimum du débit correspondront au maximum et au minimum de l'expression $\sin x + \cos x$.

Cette expression a deux minima, égaux à 1, pour $x = 0$ et $x = \frac{\pi}{2}$,

— a un maximum, égal à 1,41, pour $x = \frac{\pi}{4}$,

et sa valeur moyenne est $\dfrac{\int_0^{\frac{\pi}{2}} (\sin x + \cos x)\, dx}{\int_0^{\frac{\pi}{2}} dx} = \dfrac{4}{\pi} = 1{,}27$.

L'écart entre la valeur moyenne et les valeurs extrêmes est donc bien moindre qu'avec une seule pompe, dans laquelle le débit élémentaire varie de 0 à 1.

Si l'on répète le même calcul pour trois pompes calées sur le même arbre à 120° l'une de l'autre, on trouvera que la solution est encore plus avantageuse, et que l'écart entre la valeur moyenne du débit et ses valeurs extrêmes est encore beaucoup diminué.

Passons maintenant de ces notions théoriques à l'examen de diverses pompes usuelles :

Pompes de mines. — Les grandes pompes ont pris naissance dans les mines d'Angleterre ; à l'origine, on se servit de norias qui donnaient lieu à des accidents fréquents, puis on eut recours à des pompes aspirantes ; mais chacune n'élevant l'eau qu'à 7 ou 8 mètres, il fallait en étager une série dans chaque puits avec autant de réservoirs ; les tiges de toutes ces pompes superposées étaient réunies à une maîtresse tige qui les faisait toutes mouvoir à la fois.

L'invention de la pompe foulante permit de faire disparaître cet attirail encombrant. La figure 21 représente une pompe de mine : l'eau du puisard est absorbée par la crépine qui y plonge, et qui est percée de trous pour arrêter les matières solides ; sur la droite de la figure on voit le piston que soutient une tige en bois : c'est un piston plongeur ou long cylindre métallique, qui se meut dans un corps de pompe parfaitement alésé à la partie supérieure. Le tuyau d'ascension, avec sa soupape de base, est sur la gauche de la figure. Le mécanisme de l'appareil est identique à celui de la figure théorique, que nous avons expliqué plus haut.

La tige du piston atteint généralement un poids très considérable, qui, dans certaines mines, va jusqu'à 50 tonnes ; la machine à vapeur est à simple effet, elle a pour mission de soulever le piston. Dans cette première phase du mouvement, l'eau est aspirée. Le piston arrivé en haut de sa course retombe par son propre poids, et ce poids suffit à comprimer et à soulever la colonne d'eau tout entière.

FONDATIONS

Il va sans dire que la longue tige verticale du piston est convenablement guidée dans son parcours, afin de n'être point exposée à flamber, et que, si son poids est trop considérable pour l'effet à produire, on équilibre l'excédant au moyen de contrepoids, afin de limiter le travail de la vapeur à ce qui est nécessaire.

La figure 22 représente une autre pompe à piston plongeur; on voit que les soupapes sont inclinées et buttent contre des rebords solides, afin de pouvoir résister à de fortes pressions. Le piston plein est bien alésé, mais il est inutile que le corps de pompe le soit, excepté à la partie supérieure dans la boîte à étoupes ou stuffing-box (e) et dans la boîte à graisse (g). Ces deux parties doivent être parfaitement alésées, afin qu'on obtienne une fermeture hermétique.

Il arrive souvent que de l'air se dégage de l'eau aspirée et finit par s'accumuler à la partie supérieure; on se réserve le moyen de l'expulser, en ménageant dans le piston plongeur un petit conduit uy, fermé à l'extérieur par une vis de pression t.

Lorsqu'une pompe est parfaitement construite, le volume élevé peut être de 90 p. 100 du volume décrit par le piston; mais il est prudent de ne pas compter sur plus de 75 p. 100.

La pompe à double effet n'est guère en usage dans les grands épuisements; il faut remarquer, du reste, qu'on peut obtenir le double effet en calant à 180° l'une de l'autre, sur un même arbre horizontal, les bielles et manivelles qui actionnent deux pompes égales; l'un des pistons monte pendant que l'autre descend, et la compensation s'établit.

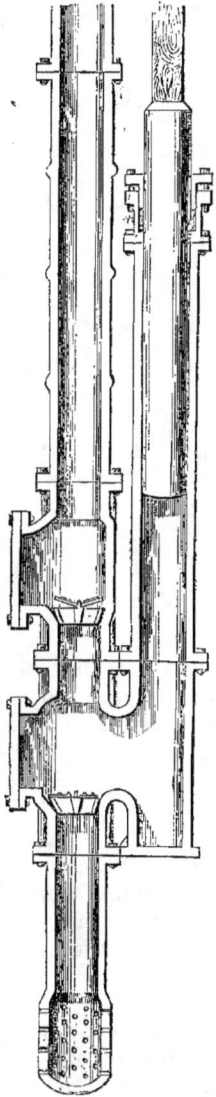

Fig. 21.

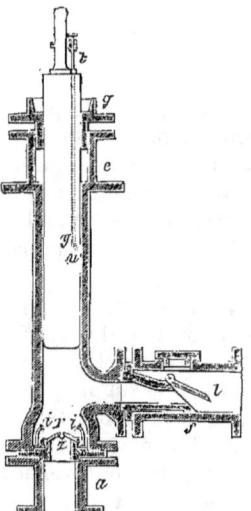

Fig. 22.

Pompe ordinaire à incendie. — Ce principe a été appliqué dans la pompe à incendie, que tout le monde a vue fonctionner, et que représente la figure 23.

Deux pistons P et P' sont montés sur un même balancier ; le système est placé dans une bâche métallique où l'on verse de l'eau ; cette eau arrive par les soupapes qu'on voit au fond des corps de pompe : elle est

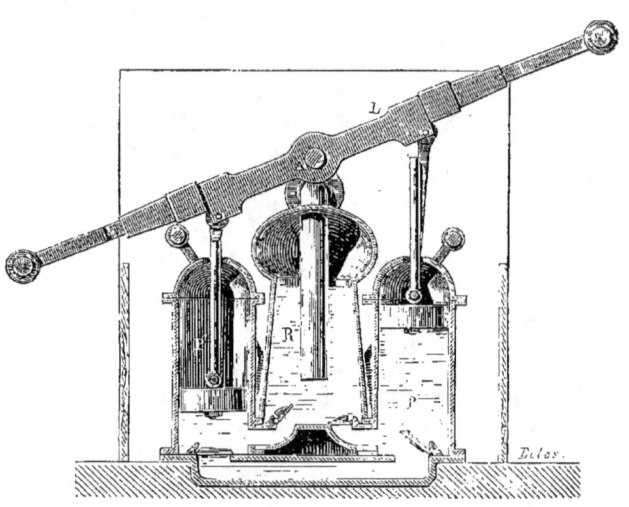

Fig. 23.

aspirée quand le piston s'élève ; quand il descend, elle est refoulée et pénètre par les soupapes latérales dans le réservoir R, à la partie supérieure duquel se maintient de l'air comprimé. A ce réservoir R se visse le tuyau d'émission, dans lequel l'eau est refoulée sous une pression constante égale à celle de l'air comprimé.

On voit que cet appareil est simple et parfaitement conçu.

Pompe Letestu. — La pompe Letestu est encore fort usitée dans les travaux publics, bien que les pompes rotatives lui fassent une grande concurrence. Elle est à un, deux ou quatre pistons. C'est, généralement, une simple pompe aspirante qui ne diffère de la pompe ordinaire que par la forme de son piston.

La figure 24 représente ce piston en élévation et coupe :

C'est un cône vertical, dont la pointe est en bas et dont la base a le diamètre du corps de pompe. Dans ce cône, qui est en cuivre et percé de trous nombreux, s'applique un autre cône en cuir qui déborde le premier et qui ne lui est fixé que par le sommet. Quand ce piston monte, l'eau supérieure presse le cuir contre le cône métallique et cette eau est soulevée ; quand le piston descend, le cuir se détache du métal et flotte dans le liquide, il n'y a point de résistance et le piston va jusqu'au fond du cylindre pour remonter ensuite une nouvelle quantité d'eau.

On conçoit sans peine l'immense avantage de ce genre de piston lorsqu'il s'agit d'épuiser des eaux bourbeuses ou chargées de gravier; tout est facilement entraîné sans qu'il en résulte le moindre choc. Des sou-

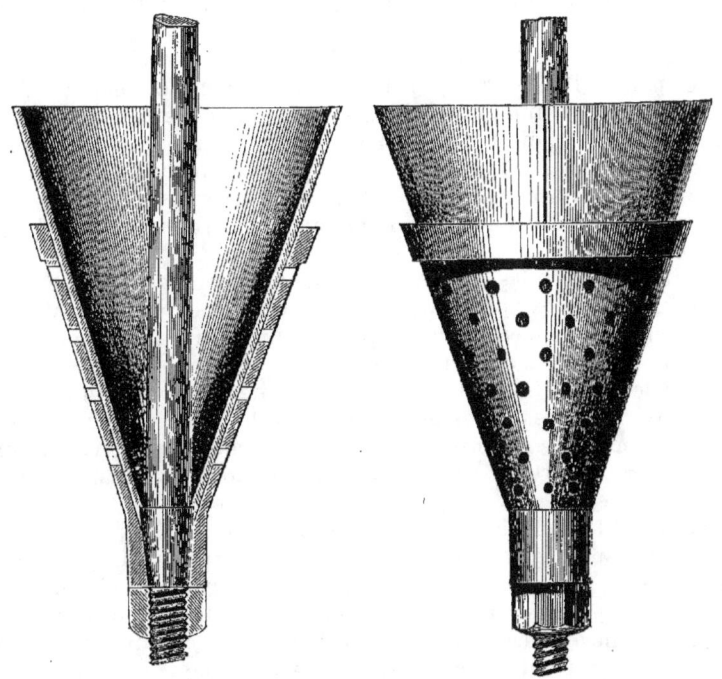

Fig. 24.

papes et des clapets ordinaires seraient bientôt engorgés ou brisés, là où la pompe Letestu fonctionne sans encombre.

On a substitué au cuir le caoutchouc, qui est encore plus flexible, et donne une fermeture plus hermétique.

On a même remplacé le cône de cuivre par une surface plane percée de trous, et recouverte d'une rondelle en caoutchouc; de la sorte, l'eau pénètre dans le corps de pompe moins obliquement, et cela est préférable, puisqu'il n'y a plus de changement de direction dans les filets liquides.

On arrive à peu près au même effet en évasant convenablement le cône métallique.

Applications de la pompe Letestu aux épuisements. — Ce qui a fait le succès de la pompe Letestu, c'est, nous le répétons, la disposition du piston qui permet d'aspirer une eau chargée de terre et de gravier; une pompe ordinaire ne résisterait pas longtemps à un pareil régime. On a construit des pompes Letestu à un seul corps, mais on ne peut s'en servir qu'accidentellement pour de faibles épuisements; dans une fouille de quelque importance on se sert de la pompe à deux corps qui se meut soit à bras d'hommes, soit à la vapeur; enfin, pour des épuisements considérables on peut employer une pompe à quatre cylindres, mue par la vapeur.

Les figures 14 à 18 de la planche VIII représentent les dispositions adoptées par M. Paul Regnauld, ingénieur des ponts et chaussées, pour les fondations du grand pont de Saint-Pierre de Gaubert, sur la Garonne (chemin de fer du Midi). On voit sur la figure 16 comment on a réuni par un fossé latéral les fouilles de plusieurs piles, de manière à amener les eaux dans un puisard commun, d'où on les extrait par une machine puissante; c'est une solution économique, qui permet en outre d'éviter l'encombrement.

La figure 18 donne les détails des pistons et soupapes, qui sont les pièces essentielles des pompes. Le piston conique en bronze est formé de circonférences concentriques réunies par des rayons, de manière à donner des ouvertures quadrilatères, et il est recouvert à l'intérieur par une lame de caoutchouc; les soupapes qui mettent en communication la partie inférieure des corps de pompe avec le tuyau d'aspiration sont formées de rondelles en bronze, percées, comme les pistons, de nombreux trous, recouvertes d'une feuille de caoutchouc, et guidées par trois ailettes verticales.

Sur la figure 19, on voit les détails de la pompe à deux cylindres : à la partie inférieure, les cylindres verticaux sont réunis par un cylindre horizontal plus petit, dans lequel débouche le tuyau d'aspiration; à la partie supérieure, ils sont réunis par un autre cylindre horizontal, qui reçoit l'eau soulevée; celle-ci s'écoule dans une bâche, par un plan incliné ménagé sur le côté du cylindre horizontal. Chaque corps de pompe communique avec le cylindre inférieur par une soupape. Lorsqu'un piston descend, le caoutchouc qui le garnit flotte dans l'eau; il n'y a pas de résistance à vaincre; la pression du liquide ferme la soupape du bas en appuyant sur la rondelle de caoutchouc; la communication n'existe plus entre le corps de pompe et le tuyau d'amenée; quand le piston remonte, il soulève l'eau qui est au-dessus de lui, et celle-ci, par sa pression, appuie le caoutchouc sur le piston; au-dessous, le vide tend à se faire, la soupape s'ouvre et l'eau du puisard est aspirée.

Nous avons vu qu'avec un seul piston, l'effort à exercer est tantôt nul, tantôt représenté par une colonne d'eau d'une hauteur égale à celle qui sépare le niveau du puisard de l'orifice de déversement, soit H cette hauteur. Lorsque deux corps de pompe sont réunis par un balancier, l'un monte pendant que l'autre descend; l'effort à exercer sur l'ensemble devient constant et représenté par H.

Les transmissions sont représentées en pointillé sur l'élévation, et en trait plein sur le plan. Une locomobile imprime, au moyen d'une courroie, un mouvement de rotation à une poulie qui sert de volant, et qui sur son axe porte un pignon de 18 dents, engrenant avec une roue de 72 dents montée sur un arbre coudé qui porte la manivelle M, reliée au balancier par une bielle. On voit que l'on réduit dans la proportion de 1 à 4 la vitesse de l'arbre du volant; en effet, une vitesse exagérée ne conviendrait point à l'appareil, parce qu'on aurait des frottements considérables au passage de l'eau à travers les pistons et les soupapes.

On remarquera que l'appareil est monté sur quatre roues de wagon, afin de circuler sur les voies de service.

La figure 15 représente une pompe à quatre corps, réunis à la partie inférieure par une caisse quadrangulaire, dans laquelle débouche le tuyau d'aspiration, et avec laquelle chaque corps de pompe communique par une soupape. Les transmissions sont la seule partie que nous ne connaissions pas. Sur un truc qui suit la machine est posée une chaudière, qui envoie sa vapeur dans un cylindre que l'on voit marqué en pointillé sur le bâti de la pompe; le piston, prolongé par une tige à glissière, met en marche une bielle et un arbre sur lequel sont montés deux volants de 0^m80 de diamètre, et deux pignons de 0^m20 de diamètre; ceux-ci engrènent avec deux roues dentées de 1 mètre placées au-dessus d'eux, et les roues dentées elles-mêmes communiquent leur mouvement de rotation à leur arbre, qui est coudé au milieu pour livrer passage à la bielle motrice du balancier des pistons. La vitesse de rotation du premier arbre est réduite pour le second dans le rapport de 1 à 5.

« La quantité d'eau, élevée d'une hauteur de 6 mètres par la pompe à quatre cylindres, était, en moyenne, de 200 mètres cubes par heure.

« La pompe à deux cylindres donnait des résultats beaucoup plus faibles; elle élevait en moyenne 75 mètres cubes par heure. »

La figure 1, planche IX, donne les dispositions adoptées au pont de Kehl par MM. les ingénieurs Vuigner et Fleur-Saint-Denis, pour les épuisements à l'intérieur des piles. Une chaudière montée sur le pont de service donne sa vapeur à un cylindre dont la tige agit par une bielle sur un arbre à volant; cet arbre porte un pignon qui engrène avec une roue dentée, sur l'arbre de laquelle est fixée une manivelle qui fait mouvoir les balanciers des trois pompes Letestu : une grande et deux petites; là, comme plus haut, on interpose une roue dentée pour diminuer la vitesse de rotation. Il est évident qu'on n'est pas forcé de faire mouvoir les trois pompes à la fois.

Les tuyaux d'aspiration pénètrent dans le puisard et se terminent par une sorte de pomme d'arrosoir appelée crépine; la crépine, tout en livrant passage à la terre et aux petits graviers, arrête les cailloux et les détritus de toutes sortes qui détérioreraient l'appareil.

Nous croyons utile de donner un aperçu des prix des pompes Letestu :

Une pompe à deux corps, avec piston ayant pour diamètre 0^m40, 0^m25, 0^m14, 0^m20, manœuvrée à bras d'hommes, débitant par minute à raison de 13 coups de piston par corps 800, 300, 100, 220 litres, coûte avec tuyaux d'aspiration, crépine et emballage, 1,775, 1,100, 755, 1,000 fr.; la pompe de 0^m40 exige trois hommes par mètre de profondeur, les trois derniers numéros exigent respectivement 3,1 ou 3 hommes par 2 mètres de profondeur.

Avec les transmissions pour moteur à vapeur, les prix respectifs des quatre modèles sont 2,810, 1,970, 1,360 et 1,740 francs, et les débits s'élèvent à 1,300, 460, 150 et 300 litres à la minute; les transmissions comprennent un bâti en bois de chêne.

Une pompe d'épuisement, à deux corps de 0m44, débitant 3,300 litres à la minute, montée sur bâti en charpente, avec 7m50 de tuyaux d'aspiration, coûte 7,135 francs, et une pompe à deux corps de 0m60, débitant 7,000 litres à la minute, coûte 17,000 francs.

A ces prix il faut ajouter le transport et la pose.

M. Lacour, à la Rochelle, construit des pompes du même système dont le prix est moins élevé :

Ses pompes à 1 corps de	10	15	20	centimètres de diamètre
Débitent	35	65	95	litres à la minute
Et coûtent	255	325	395	francs.

avec neuf mètres de tuyaux et la crépine.

Ses pompes à 2 corps de...	15	20	25	30	35	40 centimètres
Débitent, manœuvrées à bras.	120	220	300	400	600	800 litres à la minute,
Et coûtent	535	760	910	1057	1200	1500 francs ;

les transmissions pour moteurs à vapeur coûtent :

500   550   600   700   800   900 francs.

Dans les travaux publics il arrive parfois que l'on paye les appareils d'épuisement en location à la journée ; le prix de location est toujours fort élevé ; aussi ce système n'est-il à recommander que pour les travaux de courte haleine. Dès que l'on peut utiliser l'appareil pendant plus d'une campagne, il y a presque toujours avantage à l'acheter.

Le rendement mécanique des pompes Letestu est compris entre 50 et 75 p. 100 ; avec une bonne installation, on arrive facilement à ce dernier chiffre.

Nous ne connaissons guère d'expériences sur le prix de revient du mètre cube d'eau élevé à 1 mètre de hauteur par les appareils d'épuisement ; d'après MM. les ingénieurs Morandière et Compaing ce prix serait de :

Avec une petite pompe simple à bras.	4 centimes.
Petite pompe à double corps à bras	5 —
— — à manège	1,2 —
— — avec locomobile.	0,6 —

Avec une grande pompe à deux ou à quatre cylindres, le prix de revient peut s'abaisser encore davantage.

Les chiffres précédents sont déjà anciens et il est prudent de les augmenter de moitié.

Il faut remarquer, du reste, que le travail des appareils d'épuisement est, en général, très irrégulier et qu'il n'y a pas grand intérêt à établir le prix de revient au mètre cube d'eau montée.

Pompe à double effet. — Nous dirons quelques mots de la pompe à double effet, bien qu'elle soit peu usitée dans les travaux publics et nous citerons comme exemple la pompe castraise, représentée par les figures 25 et 26.

Elle se compose d'un piston P qui se meut dans un cylindre alésé

Fig. 25.

ouvert aux deux bouts ; ce cylindre est fixé par un joint annulaire à un autre cylindre en fonte qui l'entoure.

L'ensemble des deux cylindres forme le corps de pompe ; la partie inférieure communique par le conduit h avec la capacité M, dans laquelle débouchent les tuyaux d'aspiration T et de refoulement T' ; il y a deux soupapes à boulet, s'ouvrant de bas en haut A et B. A côté de la capacité M s'en trouve une autre égale M', séparée de la première par une cloison verticale, munie aussi de ses deux soupapes et communiquant avec la partie supérieure du corps de pompe par l'ouverture h' placée à droite et au-dessus de l'orifice h.

Voici la manœuvre : lorsque le piston s'élève, le vide tend à se faire sous lui et par conséquent dans la cavité M, le boulet A se lève et l'eau est aspirée, tandis que la charge du tuyau d'ascension presse fortement la soupape B contre son siège. Le liquide qui est au-dessus du piston et, par conséquent, dans la cavité M', est comprimé ; la pression applique sur son siège la soupape A', mais elle soulève la soupape B' et l'eau s'en va dans le tube d'ascension.

On voit que l'on a pris soin de faire faire à l'eau le moins de détour possible et que l'on évite ainsi les pertes de charge. Les orifices sont du reste larges et arrondis.

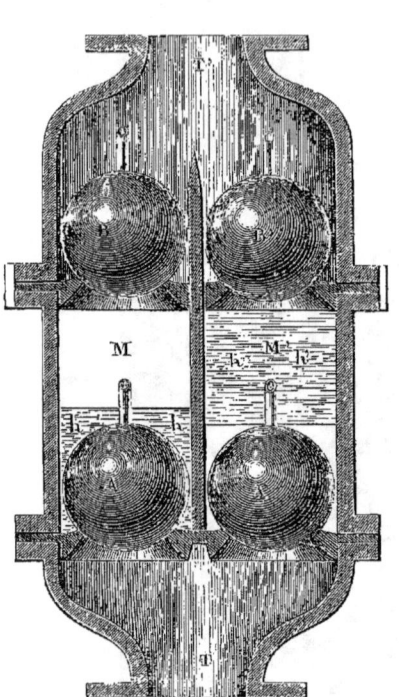

Fig. 26.

Le mouvement de la colonne d'eau ascendante est continuel, et elle finit par prendre un mouvement uniforme ; il ne se produit ni chocs ni coups de bélier qui absorbent une fraction notable de force vive.

Les soupapes AB, A'B', sont des boulets en caoutchouc vulcanisé ; elles sont donc très légères et se soulèvent à la moindre aspiration ; elles ont en outre l'immense avantage de leur élasticité ; sous l'influence de la pression, elles s'appliquent exactement sur leur siège et forment un obturateur parfait. Elles ne s'écartent guère de leur position, car elles sont à une faible distance des parois verticales qui les guident ; cependant on a cru bon de limiter par des fils de cuivre l'amplitude de leur déplacement vertical.

Le piston P, dont la tige passe dans un stuffing-box bien graissé et bien étanche, est formé d'un épais disque en cuivre, sur les bases duquel sont fixés des godets ; le bord de ces godets frotte sur les parois du cylindre alésé, et la fermeture est hermétique, car un des godets est toujours fortement appuyé par la pression de l'eau soulevée.

Cette pompe a les avantages de la pompe Letestu ; elle fonctionne très régulièrement, livre passage aux sables et graviers, et présente, en outre, un rendement considérable compris entre 55 et 70 p. 100. Elle conviendrait pour de grands épuisements.

Le mouvement du piston de cette pompe est identique à celui de la machine à vapeur. La transmission la plus simple pour la pompe à double effet consiste donc à monter sur la même tige le piston de la machine motrice et celui de la pompe ; les deux cylindres sont en regard l'un de l'autre. On obtient ainsi une transmission élémentaire, solide, condensée et absorbant peu de travail.

Aussi trouve-t-on de nombreuses applications du système dans les installations permanentes de machines élévatoires.

2° POMPES ROTATIVES

Pompe de Dietz. — La première pompe rotative connue est celle de Dietz, qui ne mettait en jeu aucun principe nouveau, ainsi qu'on va le voir :

La figure 27 en représente une coupe : elle se compose d'un cylindre (aa) communiquant d'un côté avec le tuyau d'aspiration T, de l'autre avec le tuyau d'ascension T'. Dans l'axe de ce cylindre fixe est un arbre tournant (c) qui entraîne avec lui un autre cylindre, traversé à frottement doux par des palettes $p\,p'\,p''$... normales à sa surface. Sur les fonds du cylindre (aa) est fixé un excentrique dd, intérieur au cylindre mobile, et une lame métallique extérieure à ce cylindre (b) ; cette lame laisse donc libres les orifices d'aspiration et d'ascension.

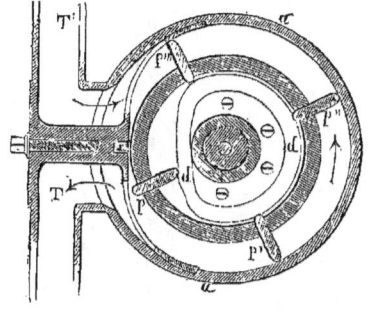

Fig. 27.

Considérons la palette p ; elle est poussée par l'excentrique d, de manière à rester toujours au contact avec la lame ; elle forme donc un vase qui va sans cesse s'agrandissant, et qui se remplit d'eau puisque le vide ne peut se produire.

Les palettes p' et p'' sont immobiles pour le moment et maintiennent l'eau ; mais la palette p''' rentre dans le cylindre (b), le vase qu'elle fermait se rétrécit, et l'eau s'en échappe pour monter dans le tube T'.

Cet appareil ingénieux est très compliqué, d'un ajustage difficile ; il demande beaucoup de soins et d'entretien, et, en somme, n'est guère pratique. Dans ces derniers temps, toutefois, la pompe Greindl à piston rotatif a donné de bons résultats, mais ne s'est point propagée.

Pompes à force centrifuge. — Il a complètement disparu et cédé la place aux pompes à force centrifuge, inventées par Appold. Ces pompes ne sont autres que des turbines élévatoires ; elles sont identiques aux ventilateurs à aubes courbes.

Une petite roue à aubes courbes tourne sur son axe avec une grande vitesse ; au centre de cette roue débouche un tuyau d'aspiration ; elle est entourée d'une capacité fermée, de laquelle se détache latéralement un tube d'ascension. Le liquide compris entre les aubes prend une vitesse de rotation croissante à partir de l'axe ; sous l'influence de la force centrifuge, il comprime les molécules situées à l'extérieur de la roue. Le liquide étant poussé vers la circonférence, le vide tend à s'établir au centre, et par suite il se produit un appel ; l'eau du réservoir inférieur s'élève donc dans le tuyau d'ascension, et si les proportions sont convenablement choisies, il s'établit un courant ascendant continu.

Il importe de donner aux aubes une courbure convenable, car des expériences ont montré que le rendement d'un appareil, atteignant

70 p. 100 avec des aubes courbes, pouvait tomber à 25 p. 100 avec des aubes planes.

Il importe aussi, comme dans les ventilateurs, d'envelopper la turbine dans une capacité assez large pour éviter les tourbillonnements, les réflexions et les chocs du liquide qui s'échappe de la circonférence.

L'admission de l'eau se fait par le centre au moyen d'un large tube d'aspiration; la vitesse à l'entrée doit être aussi réduite que possible; peut-être même y aurait-il avantage à disposer des surfaces directrices.

La vitesse de progression du liquide entre les aubes va en augmentant à mesure qu'on s'éloigne du centre; pour obtenir un débit constant, et pour éviter les remous et les pertes de charge, il serait donc bon de réduire progressivement la section comprise entre deux aubes consécutives, ce à quoi on arrive en donnant aux aubes la forme de languettes dont la largeur va en diminuant vers la circonférence extérieure.

A l'Exposition universelle de 1855, on remarquait seulement deux ou trois spécimens de pompes centrifuges; en 1867, on pouvait constater déjà la rapide extension prise par cet appareil, ce qu'expliquent la simplicité du mécanisme, l'absence de pièces pouvant se détériorer par le travail, enfin la facilité de la commande.

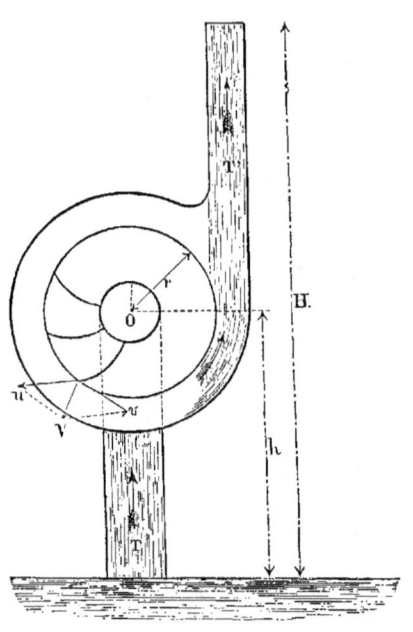

Fig. 28.

Un écueil sérieux dans le fonctionnement de la pompe centrifuge consiste dans l'introduction de l'air soit par les presse-étoupes de l'axe, soit par les joints de l'enveloppe, soit enfin par le tuyau d'aspiration lui-même, qui amène avec l'eau une plus ou moins grande quantité d'air. Cet air s'accumule au centre de l'appareil, y acquiert une tension capable de faire équilibre à la pression atmosphérique, et la pompe cesse alors de fonctionner. Pour remédier à ce grave inconvénient, qui a été primitivement le principal obstacle à la propagation de la pompe centrifuge, les constructeurs ont imaginé différents systèmes.

Il existe plusieurs grands constructeurs de pompes rotatives tant en France qu'à l'étranger; c'est la pompe Dumont que l'on rencontre le plus souvent sur nos chantiers de travaux publics et que nous allons décrire:

Le corps de pompe est une grosse lentille creuse en fonte formée de deux coquilles boulonnées m; la turbine mobile R est montée sur l'ar-

FONDATIONS

bre Q qui reçoit son mouvement de la poulie G, actionnée par la courroie d'une machine motrice. La turbine R comprend six aubes courbes à largeur décroissante comprises entre deux joues latérales; trois de ces aubes sont prolongées jusqu'au moyeu de l'arbre moteur.

La turbine étant animée d'un mouvement rapide de rotation, le vide tend à se faire à la partie centrale, l'eau est aspirée par le tuyau C qui se

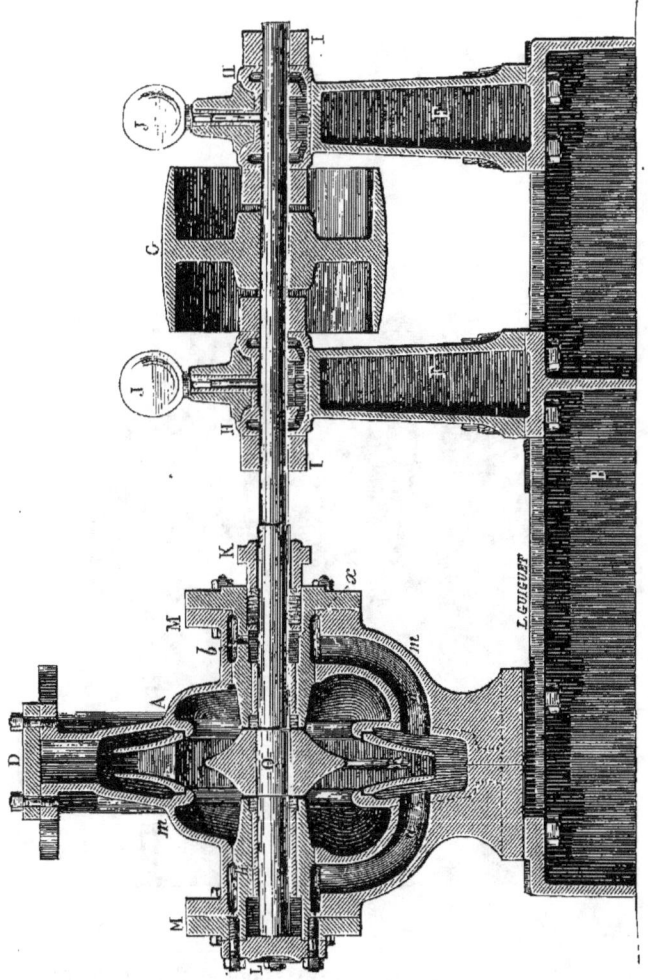

Fig. 29.

bifurque en deux conduits d aboutissant à l'anneau central de la turbine; l'eau pénètre entre les aubes, y chemine et est refoulée par la force centrifuge dans le tuyau D.

Les conduits a, communiquant avec le corps de pompe, entretiennent un courant d'eau dans les espaces annulaires h, et ce courant suffit à empêcher l'échauffement exagéré des tourillons.

Il importe de prévenir les rentrées d'air, qui, sous l'influence de l'appel au centre de la turbine, tendent à se produire par le presse-étoupes M ; à cet effet, on a ménagé en avant du presse-étoupes un joint hydraulique annulaire que plusieurs petits trous b mettent en communication avec la chambre h, afin qu'il soit toujours rempli d'eau.

Néanmoins, il arrive que des bulles d'air s'accumulent au sommet du

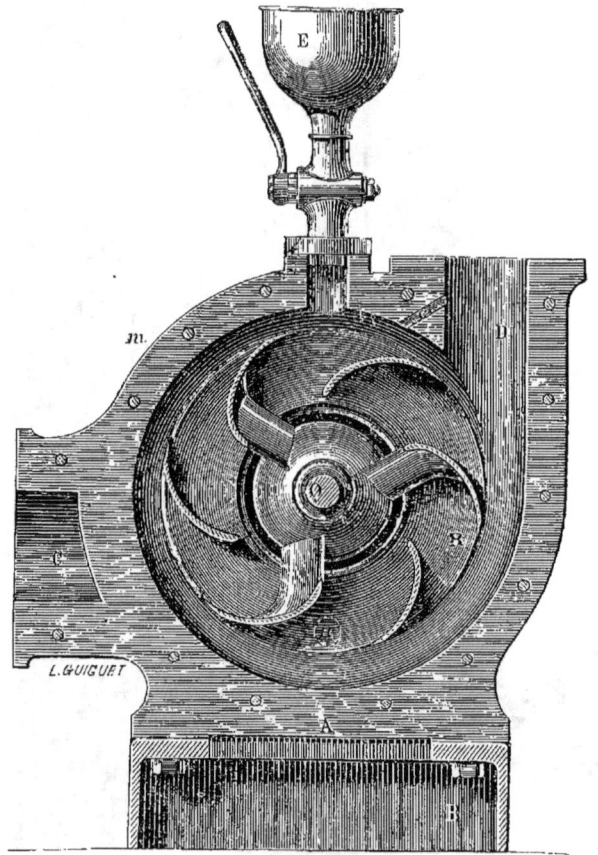

Fig. 30.

corps de pompe ; le conduit c leur livre passage et elles gagnent le tuyau de refoulement.

Pour mettre la pompe en marche, il faut l'amorcer, c'est-à-dire remplir d'eau le corps de pompe et le tuyau d'aspiration ; on se sert à cet effet de l'entonnoir E muni d'un robinet.

L'arbre moteur doit être absolument à l'abri de toute oscillation, de tout déplacement; dès qu'il prend du jeu, des rentrées d'air se produisent et le fonctionnement de la pompe devient défectueux; aussi convient-il d'apporter les plus grands soins au montage, à la confection et au graissage des joints et coussinets. Des bagues I, placées de chaque côté des coussinets H, s'opposent à tout déplacement longitudinal de l'axe.

Avantages et inconvénients des pompes centrifuges. — Les pompes centrifuges ont l'immense avantage de fournir un gros débit sous un petit volume; elles sont, en outre, d'une grande simplicité d'installation et n'ont besoin que d'une place restreinte dans un puits ou dans une fouille; elles n'exigent qu'une transmission élémentaire. Aussi est-ce un outil parfaitement approprié aux épuisements qui se présentent dans les travaux publics.

Il ne donne pas, en général, un rendement mécanique très élevé, mais cette circonstance est en partie compensée par la diminution dans les dépenses de premier établissement et d'entretien. Du reste, la considération du rendement mécanique est, à nos yeux, d'importance très secondaire lorsqu'il s'agit d'épuisements; la question de savoir si l'on consommera chaque jour quelques kilogrammes de charbon de plus ou de moins est à peu près insignifiante; la dépense correspondante est des plus minimes, comparée à celle qu'entraînent un chômage ou même une simple gêne dans le chantier; l'important est d'avoir un outil simple et puissant, qui inspire toute sécurité.

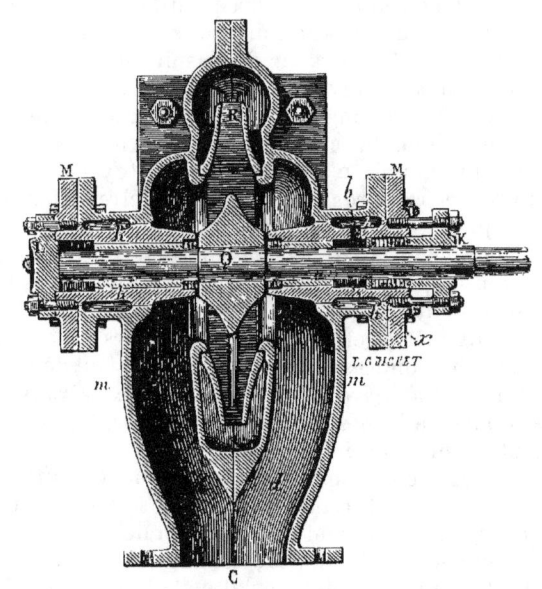

Fig. 31.

La pompe rotative ne peut être mue à bras d'hommes ou à l'aide d'un manège. Elle exige une vitesse qu'un moteur inanimé peut seul lui donner. Le moteur le plus commode est la locomobile; encore faut-il, comme nous le verrons plus loin, la choisir telle, qu'elle puisse imprimer à la pompe la vitesse voulue.

Elle ne se prête pas à un débit réduit et, lorsqu'on se sert d'une pompe trop puissante, on est amené à la faire fonctionner par intermittence.

Enfin, sa puissance est limitée en tant que pompe foulante ; elle ne convient pas à des hauteurs de plus de 20 mètres. Il est vrai que ces hauteurs ne se rencontrent guère dans les travaux publics.

Tuyaux d'aspiration. — Les tuyaux d'aspiration doivent remplir une condition capitale : l'étanchéité parfaite, sans quoi il se produit des rentrées d'air et l'appareil fonctionne mal, quelquefois même il s'arrête.

La profondeur d'aspiration au-dessous de la pompe ne peut guère dépasser 8 mètres ; encore est-il préférable de se tenir notablement au-dessous de cette limite quand les circonstances le permettent.

Le diamètre du tuyau d'aspiration doit être au moins égal à celui de la tubulure d'aspiration du corps de pompe ; il convient même de l'augmenter avec la longueur de l'aspiration, afin de diminuer les pertes de charge dans les tuyaux ; on sait que ces pertes de charge sont proportionnelles à la longueur du tuyau et au carré de la vitesse de l'eau. Il importe donc de réduire cette vitesse le plus possible, c'est-à-dire, pour un débit donné, d'adopter pour les tuyaux le plus grand diamètre possible. Les raccords entre deux diamètres différents doivent toujours être coniques.

Pour les installations fixes, on se sert de tuyaux en plomb, en cuivre ou en fonte ; pour les épuisements, on préfère les tuyaux en tôle galvanisée qui coûtent moins cher et sont plus maniables. On les fait par bouts droits de deux mètres et par coudes de divers rayons. Ils s'assemblent par des brides boulonnées ; toutefois, quand il faut démonter souvent la conduite, comme cela arrive notamment dans les travaux à la mer, on se sert avec avantage de brides avec boulons à bascule, qui se montent ou se démontent en quelques instants.

Pour les épuisements, il est presque toujours indispensable de recourir à des bouts de tuyaux flexibles. On se servait autrefois de tuyaux en cuir, qui se courbaient mal et se détérioraient très vite par les alternatives de sécheresse et d'humidité ; on fait aujourd'hui des tuyaux en caoutchouc enveloppant une spirale en fil métallique, qui coûtent cher, mais qui donnent de bons résultats ; ils se courbent facilement sans s'aplatir et n'offrent, pour ainsi dire, aucun obstacle à l'écoulement des eaux.

Clapets de retenue et crépine. — L'amorçage par le procédé ordinaire de remplissage avec de l'eau n'est possible que si la colonne d'aspiration peut être fermée par un clapet. C'est ce qu'on appelle le clapet de retenue, et presque toujours le clapet de pied, parce qu'il est à la base de l'aspiration.

Le clapet des pompes Dumont est représenté par la figure 32 ; c'est un battant en caoutchouc armé de platines et logé dans une boîte tronc-conique qui se raccorde avec le tuyau d'aspiration ; l'eau aspirée ne subit qu'une faible déviation et les pertes de charge ne sont pas grandes.

Tant que la pompe marche, le clapet reste soulevé ; dès qu'elle s'ar-

FONDATIONS

rête, il retombe sur son siège et retient l'eau de la colonne d'aspiration, ce qui dispense de recourir à un nouvel amorçage à chaque arrêt.

La boîte du clapet de pied est boulonnée sur la crépine, cylindre en tôle percé de trous assez nombreux pour que l'eau aspirée les traverse sans grande vitesse.

La crépine est indispensable pour empêcher l'introduction des cailloux et autres corps solides; on la loge dans un puisard au-dessous du niveau qu'il faut maintenir dans la fouille.

Les crépines des tuyaux d'aspiration doivent être toujours au-dessus du fond du puisard, afin d'aspirer le moins possible les sables et vases qui s'accumulent sur ce fond et que l'on doit draguer aussi souvent que cela est nécessaire.

Les tuyaux d'aspiration doivent être munis de clapet de pied, sans quoi l'amorçage de la pompe rotative devient impossible dès que la profondeur atteint 5 à 6 mètres. Cette profondeur limite est d'autant plus faible que le tuyau d'aspiration est plus long; et cela se conçoit, puisque les résistances sont proportionnelles à la longueur du tuyau; de plus, il faut que la pompe fonctionne comme machine pneumatique, de manière à aspirer l'air qui remplit le tube avant l'amorçage; comme telle, elle fonctionne mal; et, lorsqu'on a à la fois un tuyau d'aspiration très long et une hauteur d'aspiration de 5 à 6 mètres, l'amorçage, en admettant qu'on arrive à l'obtenir, se fait avec une lenteur excessive.

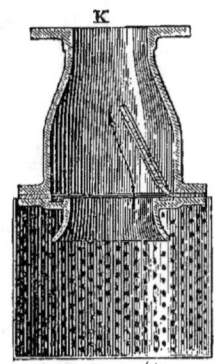

Fig. 32.

Le clapet de pied pare à cet inconvénient et met à l'abri des défaillances qui se produisent souvent dans le fonctionnement des pompes centrifuges.

Quand on est dans un terrain de sable ou de vase, on remplace la crépine par une lanterne à barreaux verticaux; elle convient surtout pour les grands débits, que la crépine ordinaire n'alimenterait pas sans des frottements notables.

Il faut *éviter le plus possible l'introduction des corps solides dans les pompes*, et, à cet effet, on doit prendre des précautions spéciales pour l'installation des puisards. On fait des puisards à parois en bois ou en tôle dans lesquels l'eau de la fouille arrive, non par le fond, mais par la partie supérieure en traversant un grillage; la crépine n'est pas exposée ainsi à aspirer le sable ou le gravier du voisinage.

Dans certains cas, il convient même de couvrir le puisard afin de s'opposer à l'introduction des feuilles, des racines ou des algues et goëmons, lorsqu'on travaille à la mer : une racine, une algue peut suffire pour arrêter le fonctionnement de la pompe.

La boîte du clapet de pied peut être munie d'un regard; c'est une excellente précaution. En cas d'arrêt, on soulève la crépine et on visite en quelques instants le clapet, que l'on échange ou que l'on répare.

Amorçage par un éjecteur à vapeur. — L'amorçage des pompes rota-

94 PROCÉDÉS ET MATÉRIAUX DE CONSTRUCTION

tives est une grosse sujétion. On l'a singulièrement facilité en appliquant

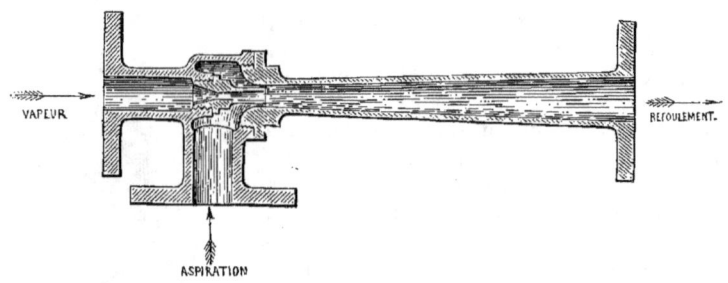

Fig. 33.

à ces pompes l'éjecteur qui avait rendu de grands services pour l'installation des siphons.

L'éjecteur n'est autre qu'un giffard ; un jet de vapeur est lancé par

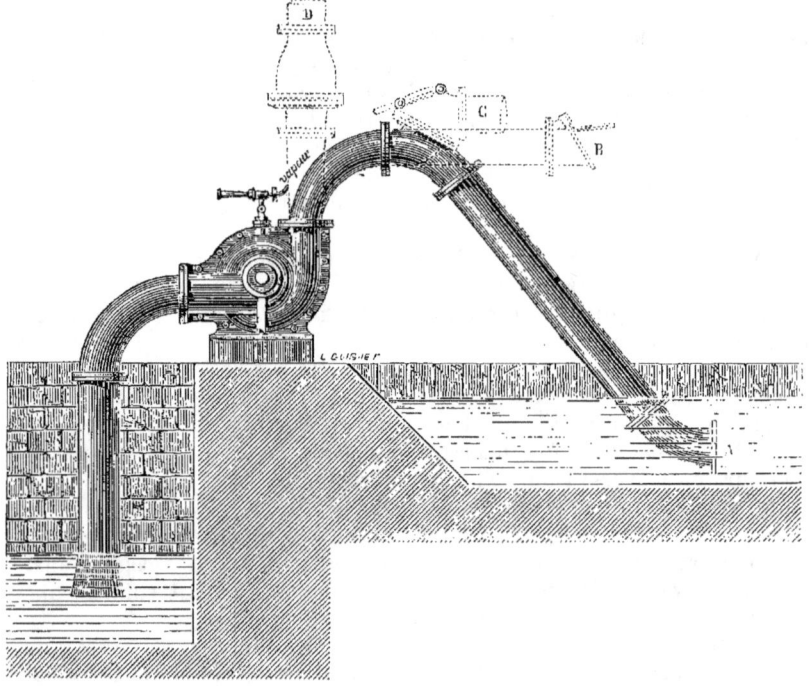

Fig. 34.

une buse conique dans l'orifice annulaire d'un tuyau de refoulement ; ce jet de vapeur entraîne l'air qui l'entoure et produit dans un autre tuyau un appel d'air ou d'eau.

Cet appareil simple peut produire dans le tuyau d'aspiration un vide partiel correspondant à une hauteur d'eau d'un peu plus de 8 mètres; il convient donc parfaitement pour amorcer les pompes centrifuges.

La vapeur est fournie par la machine motrice de la pompe à l'aide d'un petit tuyau flexible en caoutchouc monté sur robinet.

Pour que l'éjecteur puisse agir et faire le vide, il faut que l'aspiration se produise dans une cavité fermée, c'est-à-dire que les extrémités des tuyaux d'aspiration et de refoulement soient séparés de l'air extérieur. Le tuyau d'aspiration en est naturellement séparé, puisqu'il plonge dans l'eau du puisard; il n'en est pas de même du tuyau de refoulement, à moins qu'il ne forme siphon comme le montre la figure 34, et ne débouche en A au-dessous du niveau que prend l'eau à l'extérieur de la fouille; s'il en est autrement, il faut munir le tuyau de refoulement de l'un des clapets B, C D, représentés par des lignes pointillées.

On voit que l'amorçage à la vapeur permettrait à la rigueur de supprimer le clapet de pied; mais ce serait une faute de le supprimer, car en somme il économise une partie du réamorçage, et on peut en avoir besoin si l'éjecteur se dérange.

L'amorçage à la vapeur est à recommander pour les travaux d'épuisement; les pompes se désamorcent fréquemment, surtout quand elles vident le puisard, et l'amorçage à l'eau fait perdre beaucoup de temps.

On remarquera la disposition de *siphonnement* indiquée sur la figure 34; cette disposition est très avantageuse, car la pression d'eau à vaincre n'est plus représentée que par la différence de niveau entre la nappe d'eau de la fouille et la nappe extérieure; on n'élève pas en pure perte l'eau à une hauteur supérieure à celle qui est nécessaire, ainsi que cela arrive avec les dispositions marquées en pointillé.

Pompes rotatives pour dragage des vases molles et des sables. — Nous avons décrit, dans le premier volume de cet ouvrage, les pompes employées au dragage des vases et des sables. Les dispositions générales de ces pompes sont semblables à celles que nous venons de décrire, mais le mécanisme intérieur est différent en vue de résister à l'usure rapide que produit le frottement des éléments solides mélangés à l'eau. Toutes les parties exposées au frottement sont en acier; le tuyau de refoulement est horizontal et placé à la base du corps de pompe; la partie annulaire qui entoure la turbine a une capacité plus grande, et les joues de la turbine sont supprimées. La crépine est remplacée par une sorte de cuiller d'aspiration, et le clapet de pied est supprimé; l'amorçage se fait à la vapeur.

Le rendement est généralement faible, mais celui des dragues ordinaires l'est également, et la pompe-drague rend de grands services dans certains cas ainsi que nous l'avons vu.

Installation des appareils d'épuisement au neuvième bassin à flot du port du Havre. — Dans une note publiée en

1881, M. l'ingénieur Widmer a donné un aperçu des dispositions appliquées à l'épuisement des fouilles pour les ouvrages de ce bassin.

La plateforme en béton, de 1^{m}50 de hauteur, pour fondation de la digue du large, est exécutée à la marée dans des fouilles blindées.

« La principale difficulté du travail consiste dans l'épuisement de ces fouilles. Des puisards, formés d'anneaux en tôle de 3 mètres de diamètre et de 1 mètre de hauteur, boulonnés les uns au-dessus des autres, sont établis de 60 en 60 mètres le long de l'emplacement de la digue. Pour épuiser dans ces puisards on s'est servi jusqu'à présent de pompes centrifuges, commandées à une distance de 100 mètres, par l'intermédiaire de câbles télodynamiques, par des locomobiles placées sur le terre-plein de l'extrémité ouest de l'ouvrage. En raison des sujétions auxquelles donnerait lieu ce mode de transmission au fur et à mesure de l'avancement des fondations, on va essayer l'emploi d'une pompe à vapeur montée sur un truc susceptible de circuler sur une voie ferrée et que l'on conduira à chaque marée basse au droit du puisard dans lequel l'épuisement doit être effectué. »

La fouille de l'écluse devant exiger des épuisements considérables, s'accroissant avec la profondeur de la fouille, on a résolu d'établir tout d'abord le puisard sur sa hauteur entière. Ce puisard est formé également d'anneaux en tôle superposés, mais on leur a donné 4 mètres de diamètre afin de pouvoir y placer facilement plusieurs tuyaux d'aspiration les uns à côté des autres.

Ce puisard a été foncé à l'air comprimé.

Installation des appareils d'épuisement à l'écluse de Carrières-sur-Seine. — M. l'ingénieur de Préaudeau, dans sa notice sur les écluses de Carrières-sur-Seine, a donné d'intéressants renseignements, que nous reproduisons ci-après, au sujet de l'installation et du fonctionnement des appareils d'épuisement :

« Le matériel d'épuisements comprenait : une pompe Neut et Dumont avec tuyaux de 0^{m}225 et machine de 12 à 15 chevaux, capable d'un débit de 250 mètres cubes à l'heure pour une ascension de 7 mètres ; deux pompes Neut et Dumont avec tuyaux de 0^{m}28 et machine de 25 à 30 chevaux, capables chacune d'un débit de 500 mètres cubes à l'heure, pour une ascension de 7 mètres.

Les trois machines ont rarement fonctionné ensemble ; mais à cause de la hauteur des eaux en rivière et des crues qui se sont produites pendant l'été de 1879, les hauteurs d'ascension ont atteint jusqu'à 8 et 9 mètres, ce qui réduisait notablement l'effet utile de chaque appareil.

Pour produire en marche normale le débit prévu avec 7 mètres d'ascension, la pompe de 250 mètres cubes devait faire 540 tours par minute, et celle de 500 mètres, 480 tours.

Pour maintenir ces débits avec de plus grandes hauteurs d'ascension, il eût fallu augmenter notablement le nombre de tours des pompes et par suite la vitesse des machines ; avec une commande directe, malgré la grande différence de diamètre des poulies, ce résultat est assez difficile à obtenir.

Il vaudrait donc mieux, pour des installations d'épuisement d'une certaine durée, avoir une transmission intermédiaire. En marche normale, la vitesse de la locomobile pourrait être moindre et, en cas de surcharge, il serait facile de maintenir le débit en faisant faire quelques tours de plus à la machine.

Beaucoup d'installations d'épuisement sont faites avec des machines trop faibles ou marchant trop vite; dès qu'il se produit une surcharge accidentelle soit dans le débit, soit dans la hauteur d'ascension, on est exposé à des embarras.

Pour calculer la force nécessaire pour un débit donné, on doit admettre que le rapport du travail en eau montée au travail évalué sur l'arbre de la machine ne dépassera pas 50 p. 100 pour pompes avec tuyaux de moins de 0^{m}25, et 55 p. 100 avec tuyaux de 0^{m}25 à 0^{m}30.

Les dépenses de combustible peuvent être évaluées avec ces hypothèses à environ 7 à 8 kilogrammes par cheval utile en eau montée et par heure, si les machines sont en bon état.

Avec les pompes centrifuges, l'aspiration doit être limitée entre 5 et 6 mètres; le refoulement doit toujours avoir 1^{m}50 à 2 mètres de hauteur pour empêcher les rentrées d'air, et il est plus avantageux pour les élévations plus fortes d'augmenter le refoulement que l'aspiration. Dans les fouilles profondes, les pompes se trouvent donc en contre-bas du niveau de la rivière; lorsqu'on a plusieurs appareils, il convient de les placer à des hauteurs différentes pour faciliter leur démontage successif lorsque les épuisements s'arrêtent, et pour permettre, en cas d'accidents survenant aux enceintes, de faire fonctionner les appareils les plus élevés pendant que les autres sont déjà noyés.

Le tableau suivant rend compte de l'augmentation de vitesse que doivent recevoir les pompes, suivant la hauteur totale d'élévation des eaux.

DIAMÈTRE des tuyaux A L'ASPIRATION.	DÉBIT par HEURE.	NOMBRE DE TOURS PAR MINUTE		
		Pour une hauteur d'aspiration.. 4.00	5.50	5.50
		— de refoulement 2.00	2.00	3.50
		Total....... 6.00	7.50	9.00
0^{m}225	250 m. c.	500	560	625
0^{m}28	500 —	450	500	555

Ce qu'on peut exprimer en disant que les vitesses doivent être entre elles comme les racines carrées des hauteurs d'élévation. Inversement, si une pompe réglée pour une élévation de 7^{m}50 travaille pour une élévation de 9 mètres, sans modifier sa vitesse, le débit se réduit notablement; il descend approximativement de 250 à 125 mètres cubes pour une pompe de 0^{m}225, et de 500 à 310 mètres cubes pour une pompe de 0^{m}28.

On voit donc quel intérêt il y a :

1° A pouvoir augmenter la vitesse des machines ;

2° Quand les circonstances le permettent, à faire siphonner les tuyaux de refoulement pour réduire autant que possible la hauteur d'élévation.

La vitesse par seconde de l'eau dans les tuyaux de ces pompes est normalement du côté de l'aspiration, de 1^{m}75 pour les pompes de 0^{m}225, et de 2^{m}25 pour les pompes de 0^{m}28 ; ces chiffres peuvent, sans inconvénient, être augmentés de moitié ; mais c'est une limite qu'il convient de ne pas dépasser.

Puisards. — Au début des épuisements, à cause des veines argileuses qui se rencontraient dans le terrain, il y avait grand intérêt à abaisser le plan d'eau autant que possible ; pour creuser des puisards profonds, on a employé des cuvelages en tôle par anneaux successifs de 1 mètre de hauteur et de 3^{m}50 de diamètre, renforcés de cornières ; on les enfonçait au moyen d'un chargement de rails, en déblayant à l'intérieur avec l'aide d'une pompe à bras. Il convient lorsqu'on emploie ces anneaux que le dernier élément ne soit pas renforcé par une cornière à sa base, mais par un fer méplat pour ne pas opposer de résistance à l'enfoncement.

Durée des épuisements. — Pendant la période d'achèvement des fouilles des écluses, la surface épuisée a atteint au fond 80 ares avec des profondeurs de 6 à 8 mètres en contre-bas de la Seine ; une surface de 30 ares environ dépendant de la dérivation s'y ajoutait avec des profondeurs de 2 à 3 mètres sous la Seine.

Dans la campagne de 1880, pendant que les épuisements étaient repris pour continuer les maçonneries de fondations, les terrassements à l'excavateur se poursuivaient dans la dérivation ; ils ont été prolongés au delà de la durée qu'aurait exigée la construction des maçonneries sous l'eau pour permettre l'achèvement de ces terrassements et la pose des portes d'écluses, qui a été faite à sec.

La différence entre le prix des terrassements à sec et celui des dragages, et surtout la rapidité très grande imprimée au chantier, par l'emploi continu de l'excavateur, nous paraissent compenser largement les sacrifices consentis pour les épuisements.

Il a été employé en deux campagnes, 572 journées de pompe de 500 mètres cubes, et 179 journées de pompe de 250 mètres cubes.

Épuisements du canal Saint-Louis. — Le canal Saint-Louis a été creusé à un niveau inférieur à celui de la mer, dans un terrain de sable fin et d'argile ; ce terrain étant peu perméable, pris en masse, on a exécuté la fouille à sec, à l'aide de trois bâtardeaux, deux aux extrémités et un au milieu.

La longueur entière était donc divisée en deux biefs, et chaque bief avait ses appareils d'épuisement. Le fond du canal étant horizontal et la pente nulle, les rigoles d'amenée ayant, en outre, des dimensions restreintes, les épuisements n'étaient convenablement obtenus qu'à une distance de 800 mètres au plus des machines.

Bien que les eaux n'eussent dans les rigoles d'amenée que des vitesses faibles, elles entraînaient dans les puisards des quantités très considérables de sables fins.

Dans l'origine, on avait employé de grosses pompes Letestu de 0^m45 de diamètre. Ces pompes, qui sont, en général, d'un emploi avantageux, ont eu, dans l'espèce, de sérieux inconvénients, par suite de l'usure extraordinaire des garnitures en cuir des pistons.

On les a donc remplacées par des pompes Neut et Dumont, élevant les eaux à une hauteur totale de 9 mètres, mais disposées de manière à ne pas aspirer à plus de 5 mètres. Accidentellement, on a fait aspirer une de ces pompes à 7^m50, avec 1 mètre de hauteur de refoulement, et elle a encore donné de bons résultats.

Les pompes rotatives étaient actionnées chacune par une locomobile de 8 à 10 chevaux ; tous les appareils étaient en double, afin d'éviter les chômages. Un système d'embrayage permettait, du reste, d'atteler chaque pompe à l'une ou l'autre locomobile.

Les appareils d'épuisement étaient installés sur des charpentes soutenues par des pilotis.

Les puisards étaient formés par une enceinte de pieux et palplanches.

Exemples d'installation. — Les figures 35 et 36 donnent des exemples d'installation de pompes rotatives pour épuisement. La pompe est installée immédiatement au-dessus du niveau maximum que les eaux peuvent prendre dans la fouille, afin de réduire le plus possible la hauteur d'aspiration ; quand on a plusieurs pompes, il est bon de les placer à des hauteurs différentes, l'une d'elles pouvant se trouver, sans inconvénient, noyée au commencement de l'opération.

La crépine doit être soutenue par une chaîne, formant moufle, si c'est nécessaire, afin qu'on puisse la soulever et la visiter en quelques instants ; c'est une opération qui se présente assez fréquemment, surtout quand on ne prend pas des précautions spéciales pour la construction du puisard et l'arrivée des eaux dans ce puisard.

Comme le puisard est, d'ordinaire, susceptible de se vider, il faut avoir un tuyau de refoulement plus long que le tuyau d'aspiration, ou bien le surmonter d'un réservoir, de telle sorte que le volume d'eau maintenu au-dessus de la pompe puisse remplir la colonne d'aspiration, en cas de désamorçage.

Il est facile de disposer dans le puisard un flotteur qui, par une ficelle et des poulies de renvoi, indique constamment au mécanicien le niveau de l'eau et lui fait connaître s'il doit ralentir ou activer la vitesse de sa machine.

La figure 35 montre une pompe installée en arrière d'un bâtardeau sur une charpente ; le refoulement est surmonté d'un réservoir B assez vaste pour que son contenu puisse remplir toute la colonne d'aspiration. Comme celle-ci a une grande longueur, elle est munie d'un clapet de retenue intermédiaire C. On remarquera que la crépine est logée dans un

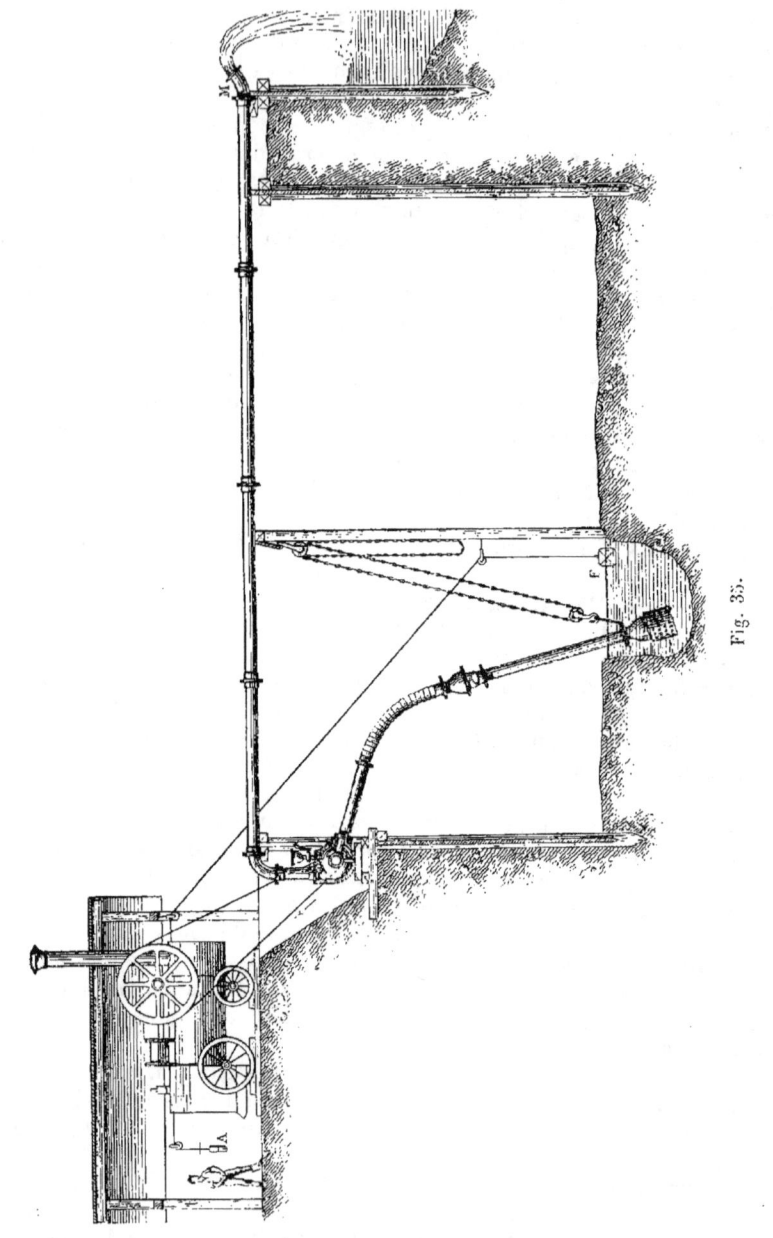

Fig. 35.

puisard en pieux et palplanches. Il convient de donner à ce puisard des

FONDATIONS

dimensions aussi grandes que possible, surtout quand l'épuisement doit être intermittent.

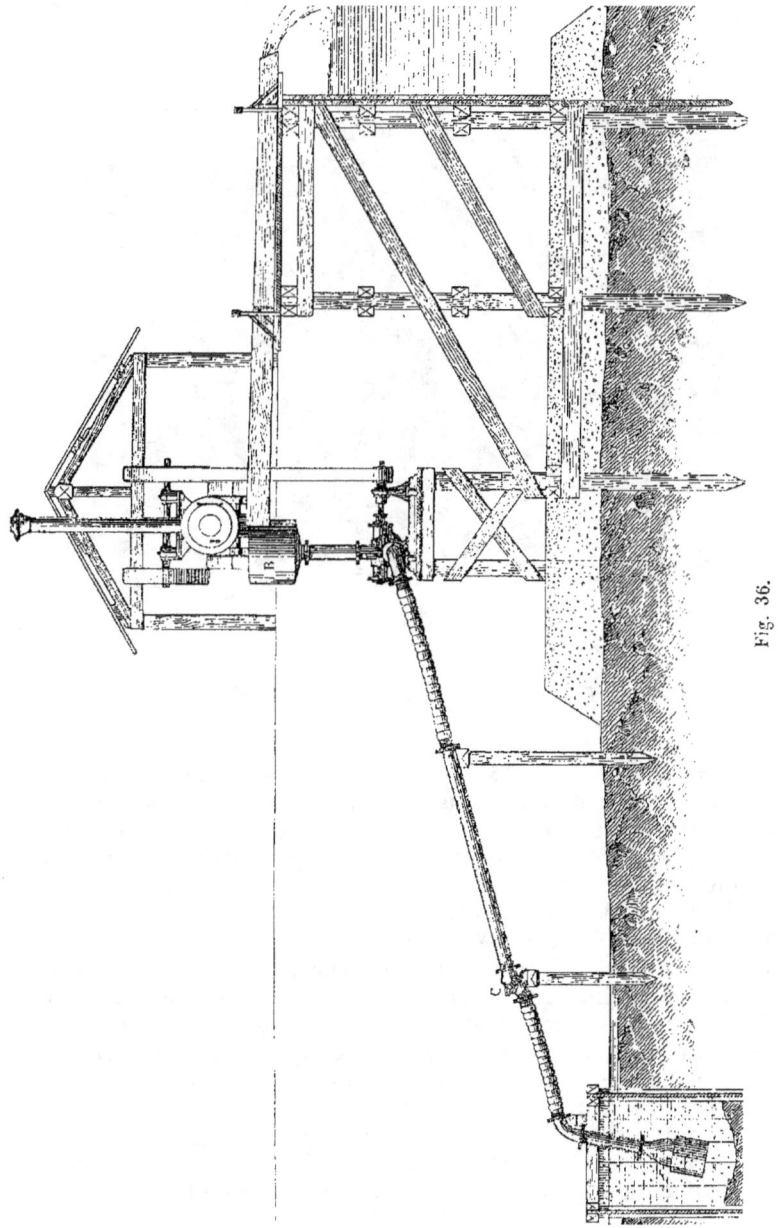

Fig. 36.

La figure 37 indique la disposition d'une pompe rotative placée sur bateau; on peut dans certains cas recourir à une transmission intermédiaire, ce qui est parfois meilleur dans les fouilles étroites et profondes. Aujourd'hui, l'amorçage est devenu facile par l'emploi de l'éjec-

Fig. 37.

teur et l'on peut opérer par siphonnement, d'où un grand avantage économique.

Choix de la machine motrice d'une pompe rotative. — La pompe rotative exige un moteur hydraulique ou un moteur à vapeur. L'adoption d'un moteur hydraulique est bien rare, cependant, elle pourrait se présenter avec quelques chances d'économie pour d'importants travaux en rivière, susceptibles d'une longue durée; des roues pendantes, mues par le courant, pourraient donner la puissance nécessaire.

D'ordinaire, on a recours à une locomobile; il ne faut pas croire que l'on puisse se servir d'une locomobile quelconque, pourvu qu'elle ait la force voulue en chevaux vapeur; il faut aussi qu'elle puisse donner à l'arbre de la pompe une vitesse suffisante pour que la pompe fonctionne, et bien des locomobiles ne sont pas disposées pour cela. On est conduit alors à augmenter le diamètre de leur poulie motrice, en la recouvrant d'une fourrure annulaire en bois.

Du reste, lorsqu'il s'agit d'installer un appareil d'épuisement, il faut toujours en préciser les conditions et les soumettre au fournisseur de pompes, afin qu'il sache exactement ce qu'on exige de lui.

Aperçu des prix des pompes rotatives. — Lorsqu'on a à établir des appareils d'épuisement, il convient de demander un devis estimatif à de bons constructeurs, afin de savoir à quoi s'en tenir et de faire un choix raisonné.

Voici les forces et les prix des douze numéros des pompes Dumont :

NUMÉROS des POMPES.	DÉBIT EN HECTOLITRES par MINUTE.	FORCE EN CHEVAUX par MÈTRE D'ÉLÉVATION.	PRIX de LA POMPE.	POIDS de LA POMPE.
			Francs.	Kilog.
0	0,9 à 1,5	0,05 à 0,08	250	50
1	1,8 à 3 »	0,10 à 0,15	375	70
2	3,6 à 6 »	0,20 à 0,30	450	130
3	7,5 à 10 »	0,32 à 0,45	550	160
4	10 » à 15 »	0,45 à 0,60	700	290
5	18 » à 27 »	0,75 à 1,10	850	350
6	28 » à 42 »	1,15 à 1,70	1,000	420
7	36 » à 54 »	1,50 à 2,20	1,250	550
8	45 » à 75 »	1,80 à 2,75	1,500	675
9	60 » à 90 »	2,50 à 3,50	1,800	850
10	75 » à 120 »	3,00 à 4,50	2,100	950
11	96 » à 144 »	3,60 à 5,25	2,400	1,100

Ces prix ne comprennent pas les godets graisseurs, l'amorçage, les crépines et tuyaux, les coudes et raccords, les pièces de rechange, etc.; de sorte qu'il est prudent de les doubler pour une première évaluation. Il faut évidemment ajouter le prix de location ou d'acquisition de la locomobile.

3° APPAREILS DIVERS POUR ÉPUISEMENT

Tous les moteurs hydrauliques sont réversibles et peuvent se transformer en appareils élévatoires, si on leur applique un moteur capable de les faire fonctionner. Tous peuvent donc se transformer en machines d'épuisement, et nous allons les passer rapidement en revue.

Siphon. — Nous rappellerons d'abord le principe du siphon :

Deux réservoirs A et B sont réunis par un tube deux fois recourbé; c'est ce tube qui constitue le siphon; on commence par l'amorcer, c'est-à-dire par le remplir de liquide. La discontinuité dans la colonne ne saurait se produire, car le vide se formerait immédiatement et le liquide viendrait combler ce vide en vertu de la pression atmosphérique, pourvu toutefois que la hauteur de la petite branche fût inférieure à la colonne d'un baromètre fait avec le même liquide, soit 10^m33 s'il s'agit de l'eau, et 0^m76 s'il s'agit du mercure.

La colonne restera donc continue, mais nous dirons en outre qu'elle prendra un mouvement uniforme de A vers B. En effet, considérons, par exemple, un point de la branche horizontale, et appelons h la hauteur de la branche A, H celle de B, et h' la hauteur de la pression atmosphérique; ce point ou plutôt cette section du tube reçoit à droite une pression $h'-h$, et à gauche une pression $h'-H$.

La différence $H-h$ agit de droite à gauche, c'est-à-dire de A vers B.

On trouvera la même différence en tout point de la colonne.

Donc celle-ci se met en mouvement, et, si elle est de section constante, elle prend une vitesse uniforme, sans quoi le vide se produirait en certains endroits, ce qui est impossible.

On peut admettre que la vitesse d'écoulement est celle due à la hauteur de chute, soit $v=\sqrt{2g(H-h)}$, en ayant soin de la diminuer de l'effet du frottement, qui est proportionnel à la longueur du siphon.

Le siphon est un appareil séduisant par sa simplicité et il est naturel qu'on ait songé à l'appliquer aux épuisements pour travaux publics, dans les cas où il est possible de faire déboucher le tuyau abducteur des eaux à un niveau inférieur à celui qu'elles prennent dans la fouille. Ces cas sont plus fréquents qu'on ne le croirait au premier abord : ils se présentent pour les ouvrages à flanc de coteau, pour ceux qu'on établit à l'amont d'un barrage, pour les galeries souterraines inclinées vers l'intérieur du sol.

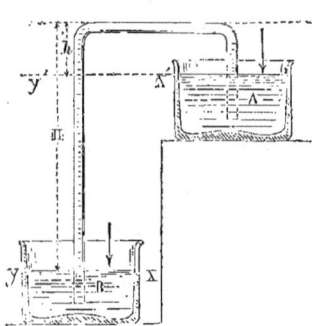

Fig. 38.

Ainsi, nous avons concouru à l'établissement, ou plutôt à la tentative d'établissement d'un siphon destiné à enlever les eaux du fond d'une galerie de 300 mètres de profondeur environ, légèrement inclinée sur l'horizontale; la branche d'appel A avait donc 300 mètres de longueur, et commençait par une crépine plongée dans un puisard. A la sortie, le siphon, composé de tuyaux Chameroy, suivait le coteau incliné à 30° et se rendait au fond d'une auge en bois, dans laquelle l'eau s'accumulait pour se déverser à la surface. L'extrémité du siphon ne peut déboucher à l'air, lorsque sa section devient notable, parce que la colonne liquide se divise, l'air monte à l'intérieur et l'appareil ne tarde pas à se désamorcer.

On dispose à chaque bout du siphon des robinets qui permettent de modérer la vitesse d'écoulement, de manière à rendre constant le niveau du puisard; dans une grande exploitation, il serait possible de rendre automatique la manœuvre de ces robinets.

Malheureusement les siphons ainsi installés fonctionnent pendant quelques minutes, puis se ralentissent et finissent par s'arrêter; il s'introduit toujours un peu d'air par les joints et par les crépines et, en admettant que les joints soient parfaits et les puisards profonds, l'eau qui circule dans le siphon, se trouvant à une pression hydrostatique inférieure à la pression atmosphérique, abandonne une partie de l'air et des gaz qu'elle tient en dissolution. Cet air s'accumule au sommet du siphon, il commence par rétrécir la section d'écoulement, et finit par l'obstruer tout à fait.

Il est un moyen simple de remédier à cet inconvénient, c'est d'installer au sommet du siphon une tubulure avec pompe aspirante à air qu'un enfant manœuvre.

On peut encore, lorsque les circonstances s'y prêtent, recourir à un éjecteur à vapeur semblable à celui que nous avons décrit pour l'amorçage des pompes rotatives; cet éjecteur est monté sur le coude du tuyau comme on le voit sur la figure 39.

Si même on pouvait se procurer de l'eau sous pression, on pourrait substituer à l'éjecteur à vapeur un éjecteur à eau qui fonctionnerait de la même manière et qui serait alimenté par une conduite de diamètre minime. L'éjecteur à eau n'est autre qu'une modification de la trompe catalane; l'application en a été faite par M. Maurice Lévy au siphon demi-circulaire, accolé à la voûte d'un pont passant par-dessus le

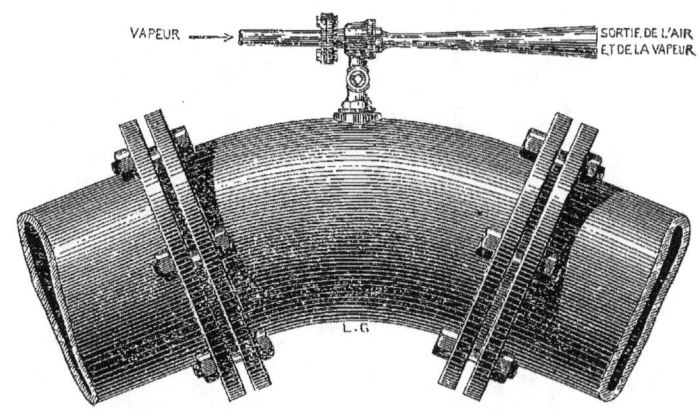

Fig. 39.

canal Saint-Martin à Paris, et destiné à conduire au collecteur le produit des égouts de Bercy. Le siphon a 8 mètres de flèche; les trois trompes placées à son sommet sont capables d'enlever tous les gaz que dégagerait le passage de 2 mètres cubes d'eau par seconde et de faire l'amorçage en six minutes.

L'amorçage étant fait par les trois trompes A, B, C, une d'elles suffit à l'entretenir; la dépense de l'eau qui est prise sur une conduite de distribution indiquée en pointillé, s'élève à 300 ou 350 mètres cubes par vingt-quatre heures. Un flotteur actionne automatiquement la valve de prise d'eau de la trompe et l'ouvre plus ou moins suivant que le volume d'air accumulé augmente ou diminue.

Afin d'empêcher l'arrivée dans les trompes des eaux sales du siphon, l'aspiration se fait par une cheminée à cloison centrale; l'appel d'air suit le chemin marqué par les flèches et il faudrait que les eaux débordassent au sommet de la cloison pour pénétrer jusqu'en A.

L'appareil a réussi. Il est à remarquer que l'amorçage devient presque inutile en cas de grande averse, lorsque le débit et, par suite, la vitesse sont considérables; les bulles d'air sont entraînées par le courant. Il y a là une indication susceptible d'être utilisée dans les siphons d'épuisement; en augmentant dans une certaine mesure la longueur de la branche descendante, sauf à réduire le diamètre des tuyaux, on augmente la vitesse et on diminue le volume des gaz qui s'arrêtent au sommet.

A Reims, le bassin des sources de la distribution est relié au puisard des machines élévatoires par un siphon de 375 mètres de long, de 0^{m}50 de diamètre, fournissant en été 8,000 mètres cubes d'eau par jour. Le

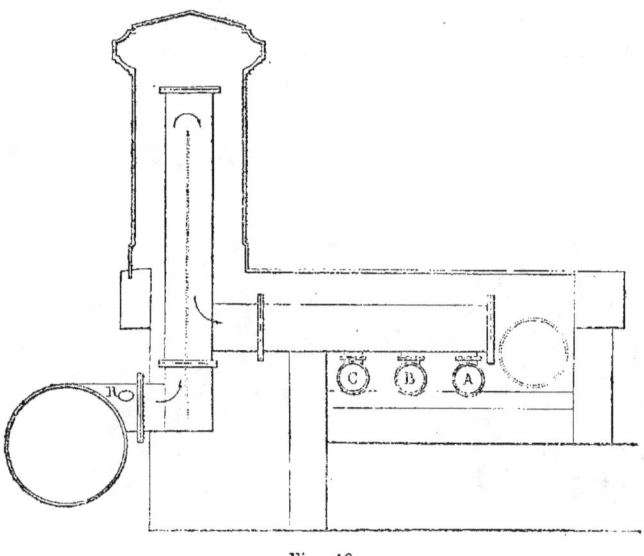

Fig. 40.

siphon (figure 3, planche 10) présente quatre sommets et, en chacun d'eux, il porte une ventouse; après quelque temps de marche, les gaz accumulés aux sommets ralentissent le débit; alors, on ferme les vannes d'extrémité du siphon, on ouvre les ventouses et on remplit le siphon à l'aide d'une prise d'eau spéciale branchée sur la conduite ascensionnelle. Cette opération se fait tous les huit jours et dure deux heures. En 1880, M. Lamandière, ingénieur de la ville, se proposait de poser des pompes à air sur chaque ventouse pour évacuer l'air accumulé sans interrompre la marche du siphon.

On voit que, grâce à ces divers procédés, le siphon peut devenir un engin pratique d'épuisement.

Chapelet. — Le chapelet, incliné ou vertical, se compose d'une chaîne (figures 41, 42) dont chaque maillon porte en son milieu une planchette rectangulaire dont le plan est normal à celui de la chaîne. La chaîne est sans fin, et elle s'enroule à ses extrémités sur deux roues qu'on appelle hérissons; c'est sur la roue supérieure que le moteur agit, et la roue inférieure est entraînée par la chaîne. Celle-ci, en montant,

FONDATIONS 107

s'engage dans le tuyau, dont la section est la même que celle des planchettes, de sorte que l'eau emprisonnée entre les planchettes consécutives s'élève avec elles.

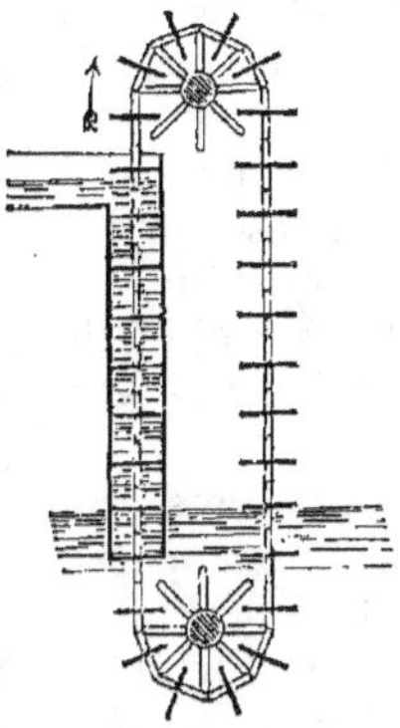

Cet appareil, qui jouit d'une certaine célébrité, est d'un rendement faible, car les pertes d'eau sont considérables, surtout, lorsque le chapelet est construit tout entier en bois, comme on le faisait autrefois. Avec un engin très soigné, on peut arriver à produire un travail d'élévation égal à 0,69 du travail moteur.

Perronet et les ingénieurs de son temps ont fait grand usage des chapelets, notamment aux fondations des ponts de Neuilly et d'Orléans.

A Neuilly on s'est servi de chapelets verticaux de 15 pieds de long, plongeant de 3 pieds dans l'eau, mus par quatre hommes relevés toutes les deux heures et agissant sur les manivelles du hérisson supérieur; il fallait douze hommes par jour

Fig. 41.

et on obtenait un débit de 1,380 muids par vingt-quatre heures (3,700 hectolitres). Perronet ne tarda pas à substituer aux chapelets une roue à godets mue par une roue pendante installée dans le courant de la rivière et il réalisa ainsi une grande économie.

Chaîne-pompe. — Le chapelet français a été dans ces derniers temps perfectionné en Angleterre. La chaîne très solide porte une série de disques, qui s'engagent en remontant dans un tube en fonte ou en

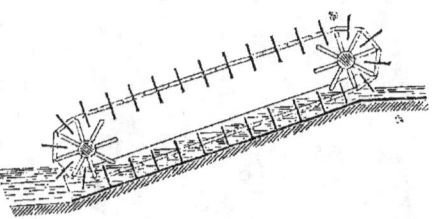

Fig. 42.

fer émaillé. Les disques sont formés d'une rondelle de caoutchouc comprise entre deux rondelles en fer de moindre diamètre, que l'on serre plus ou moins. La poulie motrice du haut reçoit son mouvement d'une machine à vapeur.

On voit que rien n'est changé en principe; mais, grâce à une construction et à un ajustage soignés, grâce surtout à l'emploi des disques en caoutchouc qui donnent une fermeture presque hermétique, on est arrivé à un rendement considérable que l'on garantit de 80 p. 100.

Plusieurs de ces chaînes-pompes ont été établies en Angleterre pour des distributions d'eau et pour des épuisements de mines.

Des constructeurs français en ont construit également divers modèles qui sont de trop petite puissance pour être utilisés dans les épuisements.

Noria. — La noria (figure 43) semble avoir pris naissance au moyen âge dans les pays soumis à la domination arabe. C'est une chaîne à seaux dont le fonctionnement se comprend à la seule inspection de la figure.

C'est un engin très simple et très facile à monter ; dans les pays chauds, on remplace la chaîne par une corde tressée et les seaux en bois ou en métal par des poteries.

Le rendement de cet appareil, lorsqu'il est bien construit, peut être de 50 à 60 p. 100 ; bien des pompes ordinaires n'en donnent pas autant, et la noria a pour elle la facilité de la construction, de l'entretien et des réparations.

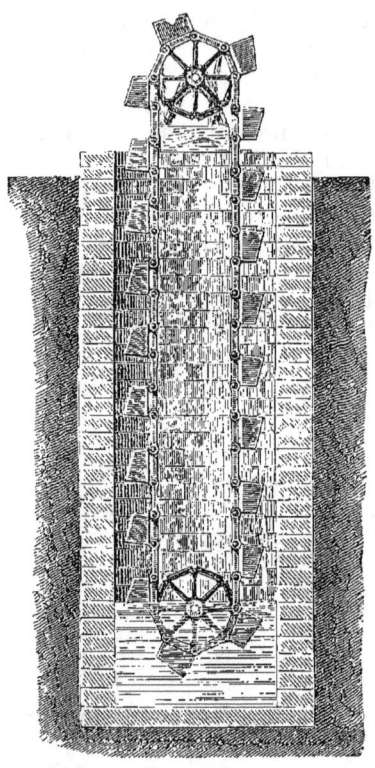

Fig. 43.

La noria est en usage dans plusieurs industries comme appareil élévatoire ; ainsi, dans les moulins, la farine est montée d'un étage à l'autre par des norias, formées d'une courroie en cuir sur laquelle sont fixés de petits augets en cuir.

Dans la noria, comme dans le chapelet, c'est sur le tambour supérieur qu'agit la force motrice.

La noria peut rendre de grands services dans les épuisements de longue haleine ; c'est un bon instrument, simple, à grand rendement. Nous avons vu précédemment que, pour mettre à sec la fouille des bassins de radoub de Marseille, fouille exécutée à l'abri d'un bâtardeau, on avait eu recours à deux norias avec godets cubant un hectolitre, donnant un débit de 6 litres à la seconde. La noria était mue par une machine de 20 chevaux.

Au canal Saint-Louis, on s'est servi, dans la fouille de l'écluse, d'une noria élevant l'eau à 12 mètres de hauteur totale, mue par une machine de dix chevaux. « Cette noria a rendu d'excellents services. Elle était peu sujette à dérangements ; elle montait les eaux les plus chargées de sable tout aussi bien que les eaux les plus claires ; elle draguait même un peu son puisard. Aussi les épuisements de l'écluse n'ont-ils jamais été interrompus un instant. »

Écope hollandaise. — Tout le monde connaît l'écope ordinaire, employée surtout à enlever l'eau des bateaux. Les Hollandais ont donné à cet engin de grandes proportions ; ils en ont fait une auge oscillante qui plonge dans le canal pour s'emplir et se relève pour déverser à l'autre bout l'eau dont elle s'est chargée.

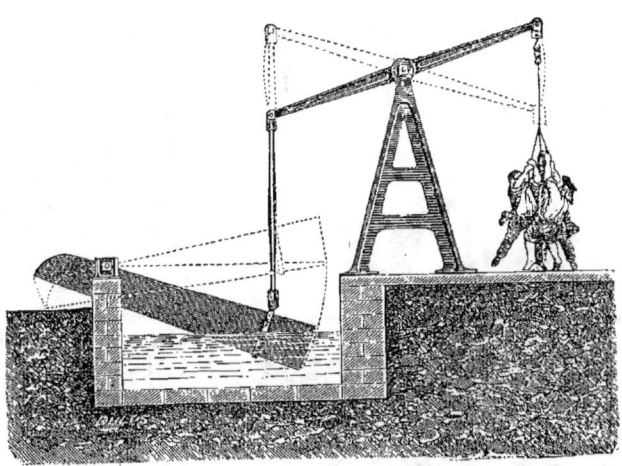

Fig. 44.

Le mouvement oscillatoire lui est communiqué par un balancier que des hommes manœuvrent avec quelques tiraudes.

Roue à seaux. — Nous citerons encore, comme appareil élévatoire susceptible d'être employé dans les irrigations, la roue à seaux que représente la figure 45. Le fonctionnement en est bien facile à saisir, et le calcul peut se faire sans peine. Il est à remarquer qu'il existe une perte de travail assez sensible, due à la surélévation qu'il faut donner aux seaux ou godets pour que l'eau se déverse. Il est facile d'atténuer cette déperdition.

La roue à godets était l'appareil de prédilection de Perronet qui s'en est beaucoup servi aux ponts de Neuilly et de Mantes, et qui lui communiquait son impulsion à l'aide d'un arbre actionné par une roue

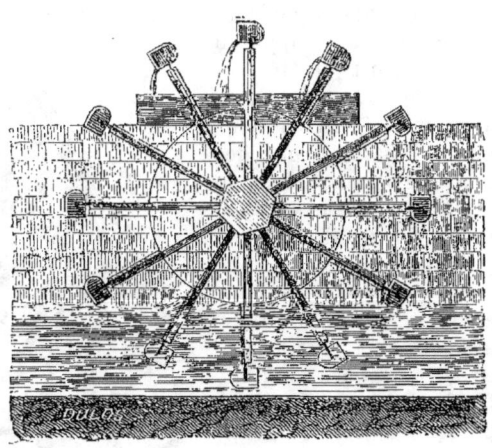

Fig. 45.

pendante mue par le courant même de la rivière. La machine du pont de Neuilly épuisait 1,200 muids à l'heure, soit 320 mètres cubes; chaque godet contenait 4 pieds cubes; la hauteur d'élévation n'était que de 5 à 6 pieds.

Tympan. — Il y a deux sortes de tympans : 1° le tympan à tubes, figure 46, et 2° le tympan à cloisons, figure 47.

1° Le tympan à tubes se compose d'une série de tubes en spirale, rayonnant autour d'un arbre horizontal. L'eau pénètre dans un tube pendant qu'il plonge dans le bief d'aval, et une fois entrée, comme elle tend toujours à occuper le point le plus bas de ce tube, c'est-à-dire le point où le plan tangent est horizontal, elle s'avance de la circonférence vers le centre, où elle trouve un orifice annulaire libre par lequel elle s'épanche.

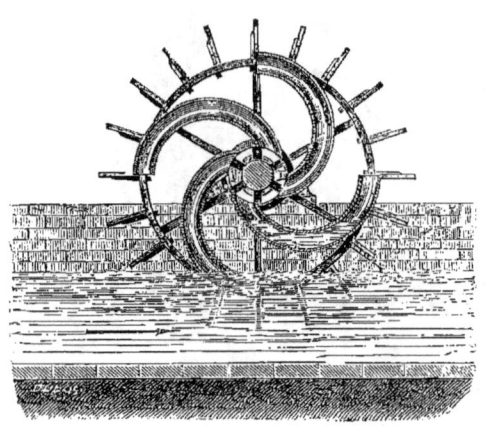

Fig. 46.

2° Mais le tympan le plus usité est celui de la seconde espèce, ou tympan à cloisons. Entre deux larges disques montés sur un arbre horizontal sont disposées des cloisons en spirale, dont les extrémités viennent successivement plonger dans l'eau. Le liquide, tendant toujours à occuper la partie basse de chaque cloison, chemine de la circonférence du tympan à son orifice central. L'appareil se construit en tôle et cornières. Le tympan de Vitruve était un tambour en bois partagé par des cloisons planes en quatre ou huit secteurs ; à la périphérie de chaque secteur se trouvait un orifice qui livrait passage à l'eau, et celle-ci, par la rotation, arrivait à la partie centrale, où elle s'écoulait. L'effort était irrégulier, puisque le bras de levier du poids d'eau emprisonné allait sans cesse en diminuant.

Fig. 47.

Cette machine est devenue pratique le jour où les cloisons intérieures ont été courbées, suivant les développantes d'un cercle concentrique à l'axe de rotation; car l'eau se dispose à l'endroit où la tangente à la cloison est horizontale; la normale au liquide est donc une verticale qui coïncide à la fois avec la direction du poids et avec le rayon vecteur de la développante, lequel est tangent à une circonférence fixe. On voit que le bras de levier du poids d'eau contenu dans la cloison est constant, et il en est de même de l'effort moteur.

M. Cavé a construit un tympan en tôle de la force de 20 chevaux, qui élève l'eau à 2 mètres de hauteur.

En somme, la forme de la cloison est à peu près indifférente, parce qu'il y a toujours plusieurs cloisons en charge, et l'effort est ainsi régularisé.

On courbe donc les cloisons en développante ou en spirale, et on a soin que l'angle du dernier élément avec la circonférence du tambour soit aussi faible que possible, car c'est sous cet angle que la cloison coupe l'eau. Le dernier élément de l'aube près de l'orifice central doit être disposé de telle sorte, que l'écoulement commence et se termine le plus tôt possible, afin d'éviter toute élévation inutile.

L'orifice d'écoulement avait 0^m30 de diamètre dans le tympan Cavé; cette dimension a donné de bons résultats.

On peut admettre que le tympan fait huit tours par minute, et comme il y a quatre cloisons, cela fait par minute trente-deux prises d'eau; chaque cloison prend, en pénétrant dans l'eau, un volume qu'il est facile d'évaluer, en considérant l'extrémité de la cloison au moment où elle émerge et menant par cette extrémité une horizontale qui représente le niveau du liquide. On déduira de là le débit du tympan par mètre courant, et, par suite, la largeur qu'on devra lui donner pour débiter un volume connu.

Le travail moteur à employer s'en déduira sans peine.

Le tympan perfectionné est susceptible d'un bon rendement, 75 p. 100, et se prête bien à épuiser de grandes masses d'eau. Malheureusement, la hauteur d'élévation est limitée, puisqu'elle est de 0^m25 inférieure au rayon de l'appareil. En outre, la machine est assez lourde et d'un transport peu commode.

Aux fondations du barrage éclusé de Meulan-sur-Seine, on s'est servi d'un tympan en tôle et fer cornière, qui revenait à 1 fr. le kilogramme; il avait un diamètre de 10^m30 et élevait l'eau à une hauteur variant de 4^m50 à 4^m60; il fournissait environ 10 mètres cubes par minute ou 14,400 mètres cubes par vingt-quatre heures.

En cent jours de travail, les dépenses du tympan ont été de 27,945 fr. 27, soit 0 fr. 0194 par mètre cube d'eau élevée à la hauteur indiquée ci-dessus.

Le mouvement de la machine à vapeur était transmis au tympan au moyen d'une courroie, passant sur la poulie de la machine et sur une seconde poulie montée sur l'arbre même du tympan.

Suivant M. Cavé, le rendement est de 80 p. 100.

Vis d'Archimède. — Imaginez un tube étroit enroulé en hélice sur un cylindre incliné, et dans ce tube engagez une bille; sollicitée par son poids, elle descendra dans la spire jusqu'à l'endroit (a) où la tangente est horizontale. Si le cylindre est animé d'une rotation autour de son axe, au bout d'un certain temps sa génératrice (a') sera venue en a'', et le point a' en a'' en parcourant un cercle normal à l'axe. La projection de l'hélice que représente la figure se sera transportée parallèlement à elle-même en a'' ; donc la tangente en ce point sera horizontale, et, par suite, la bille s'y sera rendue. Elle aura donc progressé de a en a'' sur la génératrice, et, par suite, elle se sera élevée d'une quantité qui dépend de l'inclinaison de l'hélice sur l'horizon.

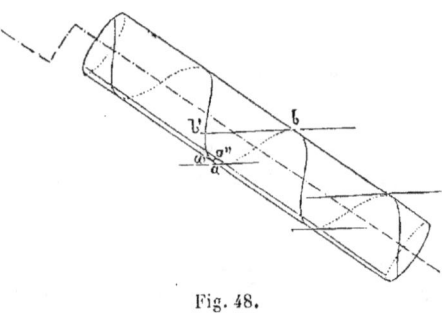

Fig. 48.

Au lieu d'une bille, vous pouvez supposer de l'eau qui pénètre par l'orifice inférieur du tube, et qui ainsi s'élèvera peu à peu le long des spires. Le volume que prend chaque spire dépend de la longueur de l'arc hydrophore (bab') ; l'arc hydrophore est la longueur de l'hélice, qui se trouve dans chaque spire au-dessous de la tangente horizontale bb'. Pour une hélice donnée, l'arc hydrophore diminue à mesure que se relève l'axe du cylindre, et quand

Fig. 49.

l'inclinaison de l'axe est égale à l'angle de l'hélice avec la génératrice du cylindre, sur lequel elle s'enroule, l'arc hydrophore est nul.

Il est évident que l'extrémité inférieure de l'hélice ne doit pas plonger continûment dans l'eau, mais qu'à chaque tour elle doit émerger pendant un certain temps.

Deux masses liquides situées dans les parties basses de deux spires consécutives sont séparées par une masse d'air, qui va en se dilatant à mesure qu'on s'élève ; pour remédier à cet inconvénient fâcheux, on a soin de percer, de place en place, dans le tube, de petits trous destinés à laisser rentrer l'air et à maintenir partout la pression atmosphérique.

Le volume soulevé dépend donc du nombre de spires, de la longueur de l'arc hydrophore et de la longueur de l'arc parcouru dans l'eau à chaque rotation par l'orifice inférieur de la vis.

Le tube hélicoïde dont nous venons de parler est plutôt théorique que

Fig. 50.

pratique ; c'est surtout un appareil de démonstration, dont on se sert dans le cours de physique.

Ainsi, à chaque tour du cylindre, la masse liquide avance d'un pas parallèlement à l'axe, et s'élève d'une quantité qui dépend de l'inclinaison de l'axe. Pour que le liquide s'élève, il est nécessaire que l'inclinaison de l'axe sur l'horizon soit inférieure à l'angle de la tangente à l'hélice avec la génératrice ou avec l'axe du cylindre.

Soit P la quantité d'eau qui entre à chaque tour, h le pas de la vis, α l'inclinaison de l'axe sur l'horizon ; à chaque tour le poids P monte de $h \sin\alpha$, et s'il y a (n) spires, le travail élévatoire produit pour un tour de la vis est de $n, P, h, \sin\alpha$. L'effort moteur F est d'ordinaire appliqué à une manivelle de rayon R, il en résulte donc un travail égal à

$$2 \pi R F$$

et l'équation d'équilibre dynamique devient

$$n P h \sin\alpha = 2 \pi R F.$$

La vis d'Archimède usuelle est représentée en coupe et en élévation par les figures 49 et 50. Elle se compose d'une surface de vis à filet carré comprise entre un noyau central et un tambour; l'air circule tout le long de l'axe, ou quelquefois on ménage dans les douves du tambour de petits orifices. La force motrice produite par des hommes agissant sur une manivelle est transmise à la vis par un engrenage. L'axe repose à sa base sur un tourillon.

L'inconvénient de ce système est la lourdeur de l'appareil; on l'a heureusement modifié dans la vis hollandaise; le tambour ou canon est fixe et peut n'envelopper que la moitié inférieure de la vis. Celle-ci tourne donc seule, et elle est solidement montée sur son arbre ou noyau.

Voici ce que nous disions dans notre Traité de l'exécution des travaux, au sujet de la vis hollandaise :

L'appareil se compose d'une vis d'Archimède, comprenant un noyau solide qui porte deux ou trois cours de surfaces hélicoïdales engendrées par une droite qui se meut normalement au cylindre du noyau en s'appuyant constamment sur une hélice de ce cylindre; la vis est entourée d'un berceau cylindrique fixe. Lorsqu'on donne à l'appareil un mouvement de rotation, l'eau comprise entre deux pas de vis tend toujours à descendre à la partie la plus basse, et par suite de cette tendance elle s'élève en réalité, pourvu que l'axe de la vis ne soit pas trop incliné sur l'horizon; l'eau sert d'écrou mobile à la vis fixe.

La vis hollandaise est commode pour élever de grandes masses d'eau à de faibles hauteurs; elle est facilement réparable, ne coûte pas cher et fonctionne régulièrement; mais elle donne des résultats économiques très médiocres, pour les raisons suivantes :

Le diamètre du noyau est souvent trop faible pour la longueur de la vis, il éprouve une flexion notable, et pour donner un jeu à cette flexion il faut laisser entre les surfaces hélicoïdales et le berceau un espace vide de 2 à 3 centimètres, par lequel s'écoule beaucoup d'eau (c'est l'inconvénient déjà signalé pour le chapelet).

La vitesse de la vis est généralement trop considérable; il en résulte des frottements et une perte de force vive notable, surtout lorsque l'appareil est tout en bois.

Pour avoir le rendement maximum, il faut donner au diamètre du noyau les 43 à 60 centièmes du diamètre total de la vis; généralement, au contraire, le rapport est bien moindre. En prenant un noyau épais, les surfaces hélicoïdales se trouvent moins larges, et, bien qu'elles ne soient pas géométriquement développables, on arrive à les exécuter en tôle.

En adoptant un noyau épais en bois, l'appareil formant en somme un corps en partie flottant, on peut réduire dans une grande proportion l'effort transmis par la pesanteur sur les tourillons.

La vis doit être immergée d'une profondeur constante, calculée suivant sa force; quand l'immersion est trop considérable, les hélices extrêmes se chargent d'un volume d'eau que les parties plus rapprochées du noyau ne peuvent retenir et qui s'écoule alors le long du cylindre intérieur du berceau; si l'immersion est trop faible, on n'utilise plus complètement l'appareil, qui ne se charge pas suffisamment. Il faut donc placer la vis dans un puisard à niveau constant.

Les anciennes vis en bois donnent un rendement qui ne dépasse pas 50 p. 100; M. Riche a obtenu un rendement de 74 p. 100 en adoptant les dimensions ci-après : ses vis ont 8^{m}20 de longueur, un diamètre total de 1^{m}80, un noyau de 1^{m}05 de diamètre, un pas de 1^{m}86; elles sont inclinées à 27 degrés sur l'horizon. Elles ont coûté, y compris le palier, le pivot et la crapaudine, 2,050 francs chacune, c'est-à-dire moitié moins que les anciennes vis en bois.

Aujourd'hui, c'est à une locomobile qu'on demande la force nécessaire à la manœuvre d'une vis d'Archimède.

Bélier hydraulique. — En parlant du bélier hydraulique, dans le *Journal des mines* de 1802, le savant Montgolfier s'exprime ainsi :

« Telle est la machine que j'ai imaginée et exécutée en 1796, depuis plus de six ans, dans ma manufacture de papier à Voiron, pour élever l'eau d'une rivière à la hauteur de la pile de mes cylindres à la hollandaise, en profitant d'une chute de 10 pieds : opération qui m'a dispensé de roues, de pompes et autres attirails de machines hydrauliques qu'on emploie ordinairement.

« Cette invention n'est pas d'origine anglaise, elle appartient tout entière à la France : je déclare que j'en suis le seul inventeur et que l'idée ne m'en a été fournie par personne ; il est vrai qu'un de mes amis a fait passer, avec mon agrément, à MM. Watt et Bolton, copie de plusieurs dessins que j'avais faits de cette machine avec un mémoire détaillé sur ses applications. Ce sont ces dessins qui ont été fidèlement copiés dans la patente prise à Londres par M. Bolton, le 13 décembre 1797; ce qui est une vérité dont il est bien éloigné de disconvenir, ainsi que le respectable M. Watt. »

C'est donc bien à notre savant Montgolfier qu'est dû le bélier hydraulique.

Il est fondé sur le principe général suivant :

Un corps, en état de repos ou de mouvement, ne peut changer instantanément cet état; le changement est toujours progressif et se fait dans un temps que l'on peut mesurer.

Voici des exemples à l'appui :

A la pointe d'un obus on attache une corde d'une certaine longueur, on met l'obus dans sa pièce et on enflamme la poudre; le projectile s'élance avec une vitesse considérable : la corde ne peut prendre instantanément cette vitesse et se brise. Cette circonstance s'est opposée longtemps à l'emploi des amarres de sauvetage que l'on lance de la côte aux vaisseaux naufragés.

Une balle de plomb lancée à la main dans un carreau le brise : lancée par une arme à feu, elle agit comme emporte-pièce et indique son passage par un trou circulaire.

En passant très rapidement sur une planche ou sur de la glace de faible épaisseur, on ne rompt ni l'une ni l'autre, et cependant elles se briseraient sous une charge immobile beaucoup plus faible.

Lorsque de l'eau est maintenue dans un tube ou tuyau quelconque, dont on vient à ouvrir l'orifice inférieur, cette eau s'écoule avec une vitesse d'abord variable, qui ne tarde pas à s'accroître et à se propager dans toute la colonne, jusqu'à ce qu'elle ait atteint son maximum et soit devenue uniforme.

De même, si on vient à fermer brusquement l'orifice, la colonne entière ne s'arrête pas instantanément, les couches successives ont une tendance à se presser successivement, mais la compression qui en résulte n'est guère accusée par les variations de volume à cause de la minime compressibilité de l'eau. Quoi qu'il en soit, cette compression n'en existe pas moins; la demi-force vive de la colonne liquide doit être équilibrée par le travail moléculaire de la compression; le rapprochement des molécules étant très faible, la force de compression est nécessairement considérable pour produire un travail donné, et, comme cette force est transmise aux parois qui contiennent le liquide, il peut arriver que ces parois s'effondrent et se brisent.

C'est ce qui arrive souvent dans les tuyaux où circule de l'eau à forte pression; lorsqu'on ferme brusquement le robinet d'écoulement, la force vive de la masse liquide suffit quelquefois à crever le tuyau près du robinet. On évite cet inconvénient en fermant doucement le robinet, de manière à produire petit à petit le ralentissement du liquide. Mais il est

Fig. 51.

plus sûr encore d'adopter des robinets à vis auxquels il faut faire faire plusieurs tours pour qu'ils soient complètement fermés; on n'a de la sorte rien à craindre de l'imprudence et de l'inattention.

Il faut bien se souvenir qu'il ne s'agit point, dans le phénomène qui nous occupe, de pression hydrostatique, mais de force vive; un tube peut largement résister à la charge d'une haute colonne d'eau, et se crever avec violence lorsque l'on veut tout d'un coup arrêter le mouvement de cette colonne.

Nous espérons que ces explications préliminaires suffiront à faire comprendre le mécanisme du bélier hydraulique, que représente la figure 51.

L'eau d'une source élevée arrive dans le tuyau T, qui se termine par un orifice A que peut fermer une soupape à boulet S. Sur le tube T s'embranche un conduit cylindrique, au centre duquel débouche un tuyau plus petit B fermé par une soupape S' qui s'ouvre de bas en haut, tandis que la soupape S s'ouvre de haut en bas. Le tuyau B est au fond d'un réservoir à air R, sur le côté duquel prend naissance le tuyau d'ascension T'. Les soupapes S et S' sont en métal creux, et leur poids est à peu près le double de celui de l'eau qu'elles déplacent. Elles tendent donc à retomber sur leur siège, à moins qu'une pression plus forte ne les soulève.

Le fonctionnement de l'appareil comprend trois phases distinctes, dont il est facile de reconnaître expérimentalement les durées respectives.

Première phase. — L'eau qui descend du tube T commence à s'écouler par l'orifice A au-dessus du boulet S; la vitesse de la colonne, d'abord nulle, va en s'accélérant jusqu'à atteindre son maximum; l'eau finit par soulever le boulet S et l'applique sur l'orifice A.

Deuxième phase. — Alors l'écoulement est brusquement suspendu; la colonne d'eau, pour perdre sa force vive, exerce sur elle-même et sur les parois qui la contiennent une énergique compression qui produit plusieurs effets : une trépidation et une déformation des tuyaux, une compression de l'air en *mn*, une poussée sur la soupape S' qui se soulève, et laisse l'eau pénétrer dans le réservoir à air R; l'air de ce réservoir se comprime pour faire place à l'eau.

Troisième phase. — L'air comprimé en (*mn*) se détend et rend à la masse d'eau un effort en sens contraire de celui qu'il a reçu; la colonne liquide tend donc à rebrousser chemin et à remonter vers la source, il en résulte une diminution de pression dans le tube T; le boulet S, soumis à son poids et à la pression atmosphérique, retombe sur son siège et la première phase recommence.

Dans la troisième phase aussi, l'air comprimé au sommet du réservoir R se détend et rend à l'eau le travail qu'il en a reçu; la soupape S' est appuyée sur son siège, et l'eau ne peut s'échapper que par le tuyau d'ascension T'. Elle s'élève donc dans ce tuyau.

Il est besoin de renouveler l'air de l'espace *mn* et celui du réservoir R car cet air se trouve entraîné ou dissous par l'eau comprimée; on obtient ce renouvellement au moyen de la soupape *s* qui débouche dans l'atmosphère et s'ouvre de dehors au dedans. Pendant la troisième phase du mouvement, l'air en *mn* se détend, sa pression s'abaisse et tombe au-dessous de la pression atmosphérique, le clapet *s* s'ouvre donc pendant un instant, et une certaine quantité d'air pénètre en *mn*, d'où elle se trouve refoulée par la soupape S' dans le réservoir R.

On a même imaginé d'employer la détente de l'air (*mn*) à faire un bélier aspirateur; on fait déboucher dans l'espace *mn* un tube qui se rend dans un réservoir inférieur, et, lors de la détente, l'eau s'élève dans ce tube.

Mais cet appareil a été peu employé, car il est d'un faible rendement et d'une faible utilité, comme on le conçoit, puisqu'on peut toujours lui substituer le bélier de refoulement.

Le grand avantage de celui-ci est son fonctionnement automatique, qui persiste indéfiniment sans frais et sans surveillance. Lorsqu'on dispose d'une chute de grand débit et de faible hauteur, le bélier est précieux, puisqu'il permet d'élever une partie de ce débit à une hauteur très considérable; c'est un effet qui paraît paradoxal au premier abord, et que nièrent même quelques académiciens lors de l'invention de Montgolfier. Mais, nous le répétons, on le conçoit sans peine, lorsqu'on veut considérer la théorie du travail et de la force vive et non point celle des pressions hydrostatiques.

Malheureusement, les pièces qui composent le bélier sont soumises à des chocs considérables, qui ne tardent pas à les détériorer; aussi a-t-on renoncé au bélier de grandes dimensions, et on l'a réservé pour élever de petites quantités d'eau.

Lorsqu'il est construit avec soin, il donne alors un excellent rendement, qui peut atteindre 75 p. 100.

Nous avons traité plus haut, mais d'une manière incidente, la question du bélier d'épuisement ou bélier d'aspiration; nous avons montré que, dans la troisième phase du mouvement, l'air comprimé dans l'espace mn, figure 51, se détendait, et que si cet air était mis par un tube en communication avec un réservoir inférieur, l'eau s'élèverait dans le tube à une hauteur qui dépend de la section du tube et de la force vive produite par la détente de l'air.

M. Ch. Leblanc, ingénieur des ponts et chaussées, a construit sur ce principe un bélier d'épuisement, dont il s'est servi pour des fondations d'écluses et de ponts; il a décrit son appareil dans un savant mémoire inséré aux *Annales des ponts et chaussées* de 1858, et les constructeurs de béliers hydrauliques feront bien de lire attentivement ce mémoire, ils y trouveront de précieux renseignements.

Un barrage maintient l'eau d'amont à une certaine hauteur au-dessus du bief d'aval; un tube, fermé en haut par une soupape, livre passage à l'eau, qui prend une vitesse progressive dans ce tube, jusqu'au moment où cette vitesse est assez forte pour fermer la soupape; l'écoulement s'arrête brusquement, mais l'eau continue sa marche en vertu de sa force vive, il y a dilatation de l'air contenu dans un réservoir communiquant avec le tube, la soupape d'aspiration s'ouvre, et l'eau s'élève dans un tube d'aspiration qui pénètre au fond du puisard de la fouille. Cet appareil a donné d'intéressants résultats ; mais il ne s'est pas propagé.

Pulsomètre. — Le pulsomètre, inventé en 1869 par l'américain Hall, est un appareil destiné à élever les liquides par la pression directe de la vapeur s'exerçant sur la surface même du liquide. Les idées classiques sur la condensation instantanée de la vapeur au contact de l'eau froide, expliquent sans doute l'apparition tardive de cet appareil simple qui, dans son fonctionnement, représente quelque chose d'analogue aux pulsations du cœur.

La vapeur y agit non seulement par pression, mais encore par condensation; dans ce dernier cas elle aspire l'eau, et dans le premier cas elle la refoule.

L'appareil, coulé en fonte d'une seule pièce, comprend les éléments ci-après :

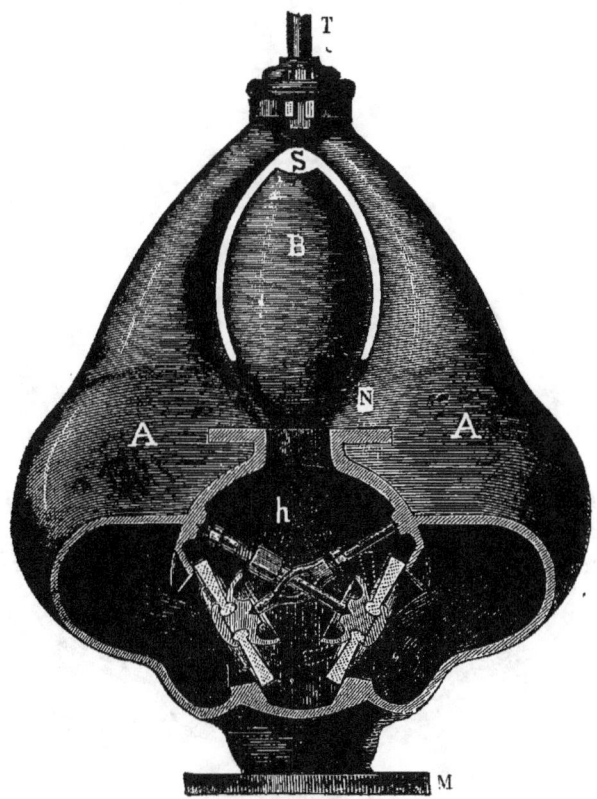

Fig. 52.

1° Deux chambres accolées, en forme de poire, A,A, reliées par leur pointe supérieure;

2° Une chambre d'aspiration D placée sous les poires A, et munie de trois clapets d'aspiration en caoutchouc, deux de ces clapets débouchant dans les poires;

3° Une chambre de refoulement h avec ses deux clapets en caoutchouc, ouvrant à la base des poires;

4° Un réservoir à air B placé entre les deux poires et communiquant avec la chambre h;

5° Une soupape oscillante placée à la pointe des poires et amenant la vapeur alternativement dans l'une et dans l'autre.

Supposons l'appareil amorcé, la poire droite est pleine d'eau, la soupape supérieure est rejetée vers la gauche, la vapeur entre, presse le liquide, et le refoule dans la chambre h et dans le tuyau de refoulement ; mais, à mesure que la poire se vide, la surface de contact de la vapeur et de l'eau augmente, la vapeur se condense, la pression tombe, et la

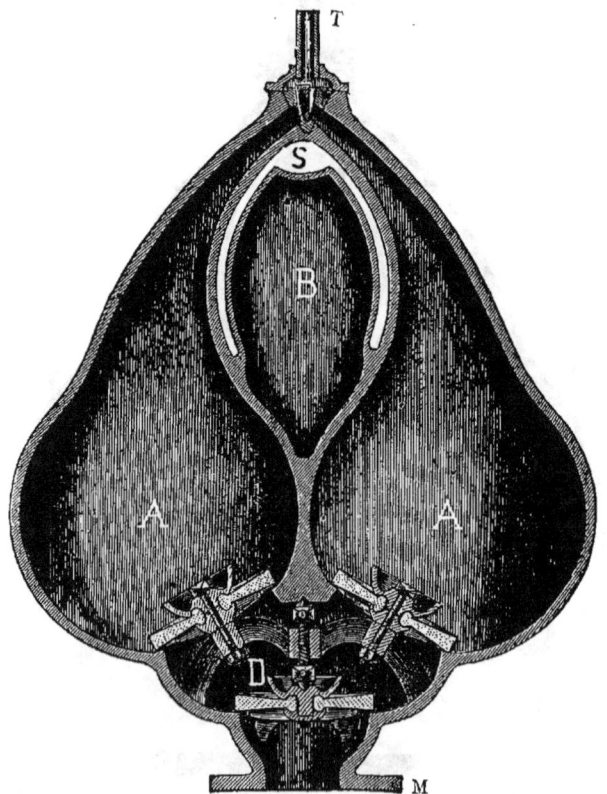

Fig. 53.

soupape oscillante revient à droite pour fermer la poire de droite et ouvrir la poire de gauche ; cependant, un vide relatif s'établit dans la poire de droite, le refoulement s'arrête, l'aspiration commence sous l'influence de la pression atmosphérique, et la poire se remplit ; à ce moment, la condensation se produit dans la poire de gauche, la soupape oscillante retourne vers la gauche, la vapeur pénètre à nouveau dans la poire de droite, l'opération recommence, et ainsi de suite indéfiniment.

Pendant la période d'aspiration, un reniflard s'ouvre à la partie haute de la poire et laisse rentrer un peu d'air, qui se trouve comprimé par la force vive de l'eau aspirée, forme matelas et, plus tard, entraîné par le refoulement, gagne les chambres h et B.

Les applications du pulsomètre sont aujourd'hui fort nombreuses; on s'en sert dans les chemins de fer pour remplir les tenders et on peut prendre la vapeur motrice dans la chaudière même de la locomotive à l'aide d'un tube flexible. L'appareil, par sa puissance, sa flexibilité, son petit volume, l'absence de transmissions, se prête merveilleusement à l'épuisement des puits. Nous verrons plus loin l'application qui en a été faite pour l'épuisement dans les puits de fondation au port de Rochefort.

On a même profité de la vapeur d'échappement, perdue dans les machines sans condensation, pour élever de l'eau à quelques mètres de hauteur.

La hauteur d'élévation dépend évidemment de la pression de la vapeur qu'on emploie. On ne connaît pas nettement le rendement économique de l'appareil; il consommerait, suivant les circonstances, $3^k 50$ à 7 kilogrammes de charbon par heure et par cheval mesuré en eau montée.

Application du pulsomètre à l'épuisement de puits et de galeries à la place de Montmédy. — Les figures 1 et 2, planche X, représentent une installation de pulsomètres faite à Montmédy par les officiers du génie militaire pour l'épuisement à l'intérieur d'une galerie inclinée à 13 p. 100. La distance entre les puits 6 et 7 de cette galerie est de 150 mètres; le premier a 27 mètres de profondeur sur $1^m 80$ de large, et le second 43 mètres de profondeur sur $2^m 30$ de large; la galerie a 2 mètres de hauteur. L'installation de pompes et de transmissions eût présenté dans de pareilles conditions des difficultés presque insurmontables; le pulsomètre a donné une solution simple.

L'épuisement des eaux s'accumulant en A, à l'avancement de la galerie, se fait par deux pulsomètres B et C indépendants l'un de l'autre. L'appareil B enlève les eaux et les jette dans le puisard D, pratiqué sur la verticale du puits n° 6; elles sont reprises et montées à la surface du sol par l'appareil C.

La conduite d'aspiration de l'appareil B est allongée successivement au fur et à mesure de l'avancement des travaux, et ce pulsomètre est déplacé et reporté vers le front de taille lorsque, par suite de l'inclinaison de la galerie, la hauteur verticale d'aspiration devient trop grande. La conduite d'aspiration et celle de refoulement ayant même diamètre, on ajoute à celle-ci ce qu'on a dû retrancher à celle-là dans l'avancement de l'appareil.

Au puits n° 7, il s'agissait de continuer le foncement au-dessous de la strate aquifère et de poursuivre les travaux de la galerie de chaque côté du puits. Les pompes de divers systèmes étaient vite mises hors de service par la grande quantité de sable en suspension dans les eaux à élever. Deux pulsomètres conjugués ont été installés pour effectuer cet épuisement. Le premier est fixé en E, le second F est suspendu à un treuil; la colonne d'aspiration de E est reliée à la colonne de refoulement de F par un tuyau en caoutchouc de 5 mètres de long, ce qui permet de descendre l'appareil inférieur suivant les besoins du travail et de le mettre à l'abri des inondations. Le fonctionnement de pulsomètres conjugués nécessite l'établissement d'une cuvette et d'un tuyau HH' pour recevoir la décharge du trop plein que peut présenter l'appareil inférieur.

Cette installation a été faite par la Compagnie de construction des Batignolles, concessionnaire en France du brevet de Hall.

CONDITIONS GÉNÉRALES A OBSERVER DANS L'INSTALLATION DES APPAREILS D'ÉPUISEMENT

Il n'est pas inutile de résumer à la fin de cette étude les quelques principes généraux qui en découlent :

1° Toutes les fois qu'il s'agit d'épuiser à l'intérieur d'une fouille ou d'une enceinte, il faut adopter, pour les dimensions en plan de cette enceinte, des valeurs notablement supérieures à celles du massif de maçonnerie qu'elle doit recevoir. Presque toujours les ingénieurs inexpérimentés se tiennent trop à l'étroit ; ils ne savent où loger les puisards et les rigoles d'amenée et éprouvent, surtout vers la fin de l'opération, une gêne considérable qui se traduit par de la mauvaise besogne et des dépenses supplémentaires ; les maçonneries s'exécutent dans des conditions défectueuses, quelquefois même sont délavées.

2° A moins d'impossibilité il faut loger le puisard en dehors de l'assiette de la fondation et assez loin, eu égard à la nature du terrain, pour que l'aspiration des eaux ne désagrège pas le sol au voisinage des maçonneries.

3° Le puisard doit être assez large et assez profond pour que la crépine s'y meuve facilement et trouve toujours une certaine provision d'eau ; il faut forcer le plus possible les dimensions des puisards lorsque l'épuisement est intermittent et que le puisard est exposé à se vider fréquemment.

4° A moins d'être ouvert dans un terrain bien compact, le puisard doit être entouré de pieux et palplanches, ou, mieux encore, composé d'anneaux en tôle. Les parois ainsi formées sont percées de trous, à moins qu'on ne puisse, ce qui est bien préférable, se contenter d'un déversement superficiel par la partie haute de l'enceinte.

5° Le puisard doit être protégé par un couvercle à charnières lorsqu'il est exposé à recevoir des feuilles, des pailles, des racines, des plantes aquatiques, toutes choses qui arrêtent le fonctionnement de la pompe.

6° On ne peut atteler une pompe à une locomobile quelconque ; il faut que, non seulement les conditions de puissance, mais aussi les conditions de vitesse soient réalisées, et il est bon de faire connaître à l'avance au constructeur les conditions dans lesquelles l'opération doit être effectuée.

7° Il ne faut pas craindre de recourir tout d'abord à de puissants moyens d'épuisement, sinon on perd en tâtonnements et en fausses manœuvres dix fois plus qu'on n'eût dépensé en consentant immédiatement la dépense voulue. Cependant, il faut éviter, surtout quand il s'agit de pompes rotatives, de choisir un modèle par trop fort, car l'intermittence du fonctionnement s'impose alors et cause une grande gêne.

USAGE DES TOILES IMPERMÉABLES POUR DIMINUER LES FILTRATIONS

En 1835, M. l'ingénieur Baude fit une application intéressante des toiles imperméables à la fondation des piles du pont de Saint-Maur, près Paris, descendues à une profondeur de 2 mètres sous l'étiage.

La présence d'anciens enrochements rendait difficile le battage de pieux et palplanches et on y renonça. On se contenta de battre, au maillet à deux manches, de minces pieux de 0^m10 à 0^m12 d'équarrissage aux angles de la pile; trois rangs de liernes en planches de sapin de 0^m03 d'épaisseur furent boulonnés sur ces pièces montantes et sur ces cours de liernes espacés de 1 mètre on cloua une toile imperméable formant encaissement, non de résistance, mais d'isolement du béton, pendant le coulage, des terres étrangères qui auraient pu s'y mêler par éboulements.

Il faut dire que la fouille à l'emplacement de la pile était asséchée par épuisement, ce qui était très facile, car cette fouille était ouverte dans d'anciens enrochements agglutinés par de la glaise.

L'encaissement une fois en place, on laissa monter l'eau, puis on immergea le béton. Le béton tendit les toiles, mais n'en creva aucune et son parement s'éleva presque verticalement juxtaposé à la toile. Pendant l'intervalle des immersions, un ouvrier armé d'un balai mettait la laitance en suspension dans l'encaissement et on l'enlevait par épuisement avec des écopes.

Le procédé de fondation que nous venons de décrire n'est évidemment pas à imiter, ni à recommander; l'idéal d'une fondation est de l'effectuer à sec, et lorsqu'une fouille est épuisée, et qu'on peut facilement la maintenir en cet état, il est absolument illogique d'y laisser rentrer l'eau pour immerger du béton alors qu'on pouvait établir à l'air libre une bonne maçonnerie ordinaire.

Mais l'exemple nous a paru intéressant à citer à cause de l'usage des toiles imperméables qui nous paraissent aujourd'hui beaucoup trop délaissées.

M. de Saint-Venant voulant empêcher les sources de fond de délaver les massifs de béton coulés dans une enceinte, recommandait d'immerger au fond de ces enceintes une toile imperméable; son conseil n'a pas été suivi et ne pouvait l'être; un pareil système empêcherait toute adhérence entre le sol naturel et le massif de béton superposé.

En revanche, les toiles imperméables sont susceptibles de rendre aujourd'hui de grands services pour assurer l'étanchéité des enceintes en pieux et palplanches, des parois de caissons et des bâtardeaux.

M. Cauvin, le fabricant de bâches pour les chemins de fer, vend, à raison de 3 francs le mètre carré cousu, des toiles goudronnées imperméables qui donnent de bons résultats; il donne même, au prix de 2 francs, des toiles fabriquées avec des bâches de réforme, et ces toiles sont d'un emploi avantageux dans les fondations. Nous pensons qu'on pourrait s'en servir plus souvent qu'on ne le fait.

CAPTAGE DES SOURCES DANS LES FOUILLES DE FONDATION

Il arrive quelquefois qu'après avoir exécuté des fouilles à l'intérieur d'une enceinte, on rencontre pour asseoir l'ouvrage un sol incompressible il est vrai, mais très perméable et duquel s'échappent des sources nombreuses et puissantes.

Lorsque les sources sont latérales et produites par des couches de suintement se rapprochant de l'horizon, on peut s'en débarrasser en exécutant autour de l'enceinte un fossé qui recueille les eaux pour les amener dans un puisard d'où on les enlève avec une machine d'épuisement.

Le plus souvent l'on a affaire à des sources de fond; si elles ne sont pas fortes, on les laisse couler jusqu'à ce que l'eau s'élève suffisamment dans l'enceinte pour leur faire équilibre, puis on immerge une aire de béton dont l'épaisseur est calculée pour résister à la sous-pression des sources; au bord de cette aire, on accole aux pieux et palplanches de l'enceinte un mur en béton qui forme bâtardeau. On a donc obtenu de la sorte une grande cuvette en béton toute pleine d'eau; on laisse aux mortiers le temps de durcir, puis on épuise à l'intérieur, et l'on achève à sec la construction. Lorsqu'on épuise, le béton a pris assez de consistance pour étouffer les sources, qui ne reparaissent plus.

Dans certains pays à sous-sol perméable, l'écoulement des eaux ne se fait guère à la surface, il est surtout souterrain, et dans les fouilles on rencontre des sources puissantes. Lors de l'exécution du canal de la Somme, M. Mary, qui nous a laissé tant de notions pratiques, eut à lutter contre ce grave inconvénient des sources de fond; il parvint à le surmonter par des procédés qui sont restés classiques, et que, dans son cours de construction, il décrivait comme il suit :

« Lorsque le sol est incompressible et peu perméable, on épuise l'emplacement de l'ouvrage que l'on a à construire et l'on procède comme si l'on avait à fonder au-dessus de l'eau. Cependant il y a des circonstances où, même avec des eaux peu abondantes, il convient de prendre des précautions particulières pour assurer la solidité de l'ouvrage que l'on exécute. Il peut arriver que toutes les eaux sortent par une source assez énergique et que cette source se trouve dans l'emplacement de la maçonnerie; si, dans cette position, on maçonne autour de la source, puis au-dessus, avant que les massifs environnants aient pris corps, il arrivera, ou que la source s'ouvrira une nouvelle issue au travers de la maçonnerie voisine, ou qu'elle soulèvera le massif avec lequel on aura essayé de l'étouffer. Le meilleur parti à prendre dans ce cas est de laisser une issue libre à l'eau du côté opposé au parement vu, et d'attendre, pour fermer cette issue avec du béton ou du mortier hydraulique, que toute la fondation soit terminée et que l'on ait laissé remonter les eaux dans la fouille.

« Si la source jaillit dans l'emplacement d'un radier, on lui prépare une issue maçonnée, recouverte en pierres plates ou en madriers en chêne, pour l'amener par le chemin le plus court jusqu'au derrière des murs, et on prépare, de distance en distance, à peu près de 2 mètres en 2 mètres, sur cette rigole, des trous ronds que l'on bouche avec des tampons en bois, pour qu'aucune ordure ne puisse y tomber. Les eaux ayant ainsi un libre cours, ne s'élèvent pas, aucune sous-pression ne se produit, les mortiers ne sont délavés nulle part et la maçonnerie se trouve dans les meilleures conditions de durée. Si l'on a plusieurs sources, on tâche de les amener à une rigole commune. Quand toute la fondation est faite, que l'on est sur le point de laisser monter les eaux, on enlève les bouchons qui ferment les trous de la rigole et on les remplace par d'autres d'une longueur suffisante pour qu'ils s'élèvent au-dessus de l'eau après qu'elle aura repris son niveau.

« Quand on s'est assuré, en fermant les issues de la fouille, que les sources sont noyées et ne coulent plus, on introduit l'ajutage d'une pompe foulante dans l'orifice le plus reculé de la rigole, celui qui est tout à fait au fond du cul-de-sac que forme cette rigole; cette pompe foulante est formée d'un bout de tuyau en bois, assez long pour s'élever du radier sur lequel il doit porter jusqu'au-dessus du niveau de l'eau. A son extrémité inférieure est adapté un ajutage en tôle du même diamètre que le vide du tuyau, et disposé pour entrer dans les orifices de la rigole. On maintient ce tuyau dans une position verticale, on y introduit, avec une espèce d'entonnoir, de très bon mortier, de consistance moyenne et fabriqué avec du sable plutôt fin que gros. Tant que le mortier entre dans le tuyau, on continue à en verser. Il est entendu que pour faire toute l'opération, on a soin d'enlever, outre le tampon du trou où le tuyau est placé, les tampons les plus voisins, afin de faciliter la sortie de l'eau qui remplit la rigole, à mesure que le mortier s'y introduit; car on conçoit que si les orifices étaient bouchés, l'eau ne sortant pas, le mortier ne pourrait entrer. C'est par ce motif que le premier trou doit être à l'extrémité la plus reculée de la rigole et que l'on commence par celui-là. Si l'on a plusieurs corps de pompe, on les place sur les trous les plus rapprochés de celui par lequel le mortier est introduit. Cette disposition permet de juger du succès de l'opération par l'arrivée du mortier dans le second et quelquefois dans le troisième corps de pompe.

« Dès que le mortier cesse d'entrer dans le tuyau, on y pousse avec force une verge en fer ou en bois; souvent cela suffit pour faire pénétrer de nouveau le mortier; cependant il arrive un moment où ce moyen ne suffit plus. Alors on introduit dans le tuyau un tampon en étoupe, on place dessus une espèce de piston qui a du jeu dans le tuyau et on frappe avec un maillet sur le piston ; ordinairement cela fait dégorger le tuyau d'où l'on retire le piston, puis le tampon d'étoupe que l'on saisit avec un crochet, et on recommence la même opération jusqu'à ce que l'on arrive à un refus absolu.

« Alors on reporte son tuyau au trou suivant, et on continue ainsi jusqu'à ce que l'on arrive à un refus absolu dans tous les trous ; souvent lorsque l'on verse du mortier dans un des trous, il sort par les trous voisins ; on prévient cet effet en y mettant des tuyaux dans lesquels le mortier s'élève.

« Si la rigole avait plusieurs rameaux, il conviendrait de verser à la fois du mortier dans chacun d'eux de manière à y arrêter les versements quand ils seraient remplis jusqu'à la branche principale.

« Nous avons insisté sur ces détails parce qu'ils peuvent être appliqués non seulement à la fondation d'une écluse quelconque, mais aussi à la réparation d'une maçonnerie dans laquelle il existe des vides que l'on peut remplir facilement. »

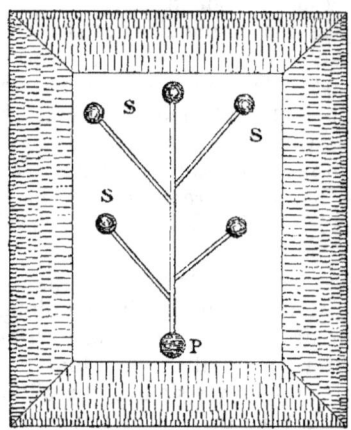

Fig. 54.

Lors donc qu'on rencontre au fond d'une fouille une série de sources, il faut se garder de vouloir les étouffer avec de la maçonnerie : elles se frayeraient un passage, délaveraient les mortiers et amèneraient des accidents ; il faut les recevoir dans de petits aqueducs, que l'on réunit sur un tronc commun débouchant dans le puisard P ; elles deviennent ainsi inoffensives. La plupart du temps, les aqueducs peuvent se faire en briques avec une section carrée libre de 0^{m}10, quelquefois même, avec une section triangulaire et trois briques. On peut même recourir à de bons tuyaux de drainage bien cuits et bien solides que l'on recouvre de béton de ciment.

Au lieu de conduire les sources à un puisard pour en enlever le produit avec une pompe, on peut adopter une solution plus simple qui consiste à ménager dans le massif de maçonnerie un évent, un tuyau vertical ; les eaux de la source s'y élèvent jusqu'à ce qu'elles aient pris leur niveau hydrostatique, et alors l'écoulement s'arrête.

Ce procédé est connu depuis longtemps : l'ingénieur Hupeau l'appliqua, en 1750, au pont d'Orléans, comme l'indique la figure 55. Il se produisait dans les enceintes de bâtardeaux des sources considérables que les chapelets et les tympans n'arrivaient pas à vaincre ; on chercha à les aveugler avec des pieux enfoncés à leur emplacement. C'était, nous le savons, un remède illusoire.

On en vint alors au système que voici : « On fit draguer le sable autour de la source jusqu'au tuf, on l'enferma dans une cuve ; on fit battre de petits pieux et palplanches jointivement à 2 pieds et demi tout au pourtour de cette cuve, et cet intervalle fut rempli de terre grasse pilonnée. L'eau monta d'abord sur cette première cuve, ce qui obligea d'en placer au-dessus une seconde et bien jointivement avec la première ; l'eau de la source monta pour lors, à quelque chose près, jusqu'à la surface de la

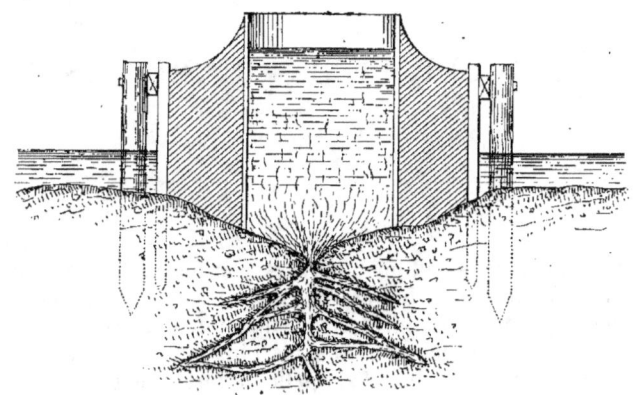

Fig. 55.

rivière, s'élevant et s'abaissant comme dans un siphon, suivant ses différentes crues. Cette source étant ainsi en quelque sorte fixée, on fit descendre les épuisements à 6 pouces plus bas qu'on ne l'avait pu faire. »

La construction des maçonneries des écluses de Jarrow-Docks, sur la Tyne, a donné lieu à une particularité analogue.

Les fondations reposent sur une argile très compacte, en contact immédiat avec le terrain houiller. Peu après la pose des premières assises de la petite écluse, on remarqua un soulèvement très régulier du radier, sur une hauteur d'environ 0^m075. On perça un trou de sonde, et, après avoir atteint le rocher à travers une couche d'argile compacte de 2^m10 de profondeur, il en sortit un jet d'eau considérable. On plaça un tuyau dans le trou de sonde ; l'eau s'y éleva à 4 mètres au-dessus des fondations, et ce niveau varia de 0^m22 suivant les hauteurs des marées ; ce niveau correspondait à peu près à celui des basses mers dans la rivière. On fit en différentes parties du radier plusieurs trous semblables, qu'on garnit de même de tuyaux, où l'eau s'éleva partout à la même hauteur, et ces trous restèrent ouverts pendant toute la durée des travaux. Peu après le radier revint sensiblement à son niveau primitif. On le chargea de pierres et l'on construisit les bajoyers : il ne s'est depuis manifesté aucune avarie.

CHAPITRE III

FONDATIONS SUR PIEUX OU PILIERS ISOLÉS

L'idée de supporter les édifices aériens par des poteaux ou colonnes proportionnés, comme nombre et comme puissance, à la charge superposée, date des premiers temps de la civilisation ; les architectes anciens passèrent bientôt des poteaux en bois les plus simples aux colonnes en pierre dont l'agencement primitif rappelle de fort près celui des édifices en charpente. De même, les ingénieurs chargés de l'exécution des ponts reconnurent bien vite qu'ils pouvaient donner à leurs ouvrages une assiette solide en les faisant reposer sur des pieux en bois enfoncés dans le sol jusqu'au terrain solide, système précieux surtout à une époque où les engins d'épuisement et les moyens de travailler sous l'eau faisaient absolument défaut.

Les constructions sur pilotis remontent donc aux époques les plus reculées et l'on sait tout le parti qu'en ont tiré les populations lacustres préhistoriques.

Jusqu'au siècle actuel le système des pilotis était presque seul en usage pour les fondations des grands ponts ; il rend encore aujourd'hui de sérieux services et convient en bien des cas par son économie et par la simplicité des moyens qu'il met en œuvre.

Le plus souvent on a recours à des pieux en bois ; mais il devient de plus en plus difficile de trouver, à un prix raisonnable, les pièces de fort diamètre et de grande longueur ; aussi les a-t-on remplacées, dans certains cas, par des pieux métalliques auxquels on adapte d'ordinaire des sabots à vis au lieu des vieux sabots à pointe en usage pour les pieux en bois.

Enfin, dans ces derniers temps, on a transformé le système des fondations sur pilotis en substituant aux poteaux en bois, de dimension nécessairement limitée, des piliers en maçonnerie construits dans des puits descendus jusqu'au terrain solide.

Le présent chapitre se divise donc naturellement en trois parties :

1° Pieux et pilotis en bois ;
2° Pieux métalliques et pieux à vis ;
3° Piliers en maçonnerie.

1° PIEUX ET PILOTIS EN BOIS

CONSIDÉRATIONS GÉNÉRALES

Distinction entre les pieux et les pilotis. — Aujourd'hui on ne fait plus guère de distinction entre les *pieux* et les *pilotis* ou *pilots*, et dans le langage ordinaire on se sert indifféremment de ces trois termes l'un pour l'autre. Il serait bon cependant de leur conserver, dans la langue technique, leur ancienne signification.

« Les pieux, dit Perronet, sont le plus communément employés à porter un édifice construit au-dessus des hautes eaux, tels que sont les ponts en charpente et les moulins.

« On se sert de pilots ou pilotis pour porter un ouvrage en maçonnerie que l'on veut fonder sur les basses eaux, comme les ponts, les murs de quai, les écluses et autres ouvrages de cette espèce. »

La distinction est nette et peut être précisée en d'autres termes : les pieux ne sont pas entièrement enfoncés dans le sol et demeurent libres, soit dans l'eau, soit dans l'air, sur une partie de leur hauteur ; les pilots, au contraire, sont sur toute leur hauteur enfoncés dans le sol ou entourés d'enrochements et toujours entièrement noyés, de sorte qu'ils n'ont pas à supporter des alternatives d'immersion et d'émersion.

Perronet confond les termes pilots et pilotis ; en réalité, le pilotis est l'ensemble des pilots qui constituent la fondation d'un ouvrage. Ainsi, on devrait dire par exemple : la pile de ce pont repose sur un pilotis formé de cinquante pilots.

En réalité, on considère aujourd'hui les deux mots comme synonymes.

Composition, forme et dimension des pieux. — Tous les bois susceptibles de résister aux chocs du mouton peuvent donner des pilots. Les plus résistants à dimension égale sont évidemment les meilleurs ; tels sont le chêne et l'orme ; mais ce dernier, à cause de sa forme nerveuse et irrégulière, est bien rarement employé. Après le chêne viennent le hêtre et le pin ou le sapin. L'emploi de ces deux derniers se généralise de plus en plus parce que l'étranger nous les fournit à un prix relativement modéré, tandis que le prix du chêne s'élève sans cesse ; en outre, les bois résineux, par leur forme régulière, se prêtent parfaitement aux assemblages et sont plus faciles à travailler.

Quand les pilots sont isolés, on emploie les bois en grume, c'est-à-dire simplement écorcés ; il est bien inutile de les équarrir, ce serait s'imposer une main-d'œuvre supplémentaire et diminuer en pure perte la résistance de la pièce.

L'équarrissage n'est nécessaire que s'il s'agit d'établir des enceintes jointives. Il a toujours quelque inconvénient au point de vue de la résistance, car il ne peut se faire sans couper quelques fibres.

Il est inutile et même nuisible de conserver l'écorce des bois dont on fait les pilotis ; cette écorce est dénuée de résistance et pourrait cependant opposer un obstacle à l'enfoncement. L'aubier doit rester, car il concourt à la résistance et, par le séjour prolongé dans l'eau, il acquiert une force comparable à celle du cœur.

Les pilots non équarris affectent la forme d'un tronc de cône, forme peu accusée il est vrai dans les bois résineux ; cette forme est peu favorable à l'enfoncement, puisque d'ordinaire on enfonce les pieux par le petit bout ; aussi quelques constructeurs ont-ils eu l'idée d'enfoncer les pieux par le gros bout ou de les garnir à leur pointe d'un sabot qui déborde. Ces systèmes n'ont pas prévalu, et les pieux enfoncés par le gros bout n'ont été employés que dans certains terrains de vase fluente. Du reste, il faut remarquer que ce n'est point la facilité d'enfoncement que l'on recherche dans les pilots, surtout lorsqu'ils ne sont pas battus à refus absolu ; le but que l'on poursuit est précisément le contraire et c'est sur la résistance à l'enfoncement que l'on compte ; la forme tronc-conique est favorable à cette résistance et n'a pas d'inconvénient lorsqu'elle n'est pas suffisamment accusée pour rendre le battage difficile.

Palplanches. — Les palplanches sont des pièces de bois équarries à section rectangulaire ; elles sont beaucoup plus larges qu'épaisses, et leur épaisseur varie généralement entre 0^m08 et 0^m12 pour une largeur de 0^m20 à 0^m25 ; elles sont taillées en pointe à leur extrémité, et c'est de là que leur vient le nom de pal. Elles servent à garnir les intervalles entre les pieux lorsqu'il s'agit d'établir des enceintes jointives.

Dimension des pieux. — Il est rare que l'on emploie des pieux d'un diamètre inférieur à 0^m15 ; ils n'offriraient pas assez de résistance et ne supporteraient pas un battage sérieux. La dimension ordinaire est de 0^m25 ou 0^m30 de diamètre ou d'équarrissage ; les dimensions plus fortes, 0^m35 ou 0^m40, se rencontrent plus difficilement en grande longueur et, pour les avoir, il faudrait majorer les prix.

Voici les cubes par mètre courant des pieux équarris ou ronds :

ÉQUARRISSAGE ou DIAMÈTRE	VOLUME	
	DE L'ÉQUARRI	DU ROND
	m. c.	m. c.
0^m15	0,0225	0,0177
0^m20	0,04	0,0314
0^m25	0,0625	0,0491
0^m30	0,09	0,0707
0^m35	0,1225	0,0962
0^m40	0,16	0,1256

Conservation des bois sous l'eau. — Le bois sain et de bonne essence, employé en un endroit sec, comme celui qui entre dans la charpente d'un édifice bien couvert, se conserve des siècles. Exposé à l'air et surtout aux alternatives de sécheresse et d'humidité, il se décompose rapidement par combustion lente et tombe en pourriture ; quelques années suffisent pour détruire les traverses de chêne enfouies dans le ballast d'une voie ferrée.

La plupart des bois, plongés dans l'eau ordinaire d'une manière absolument continue, durcissent et se conservent presque indéfiniment, à moins qu'ils ne soient dévorés par des parasites spéciaux dont nous parlerons ultérieurement, et encore cette circonstance ne se rencontre-t-elle que dans l'eau de mer et avec certaines conditions.

L'immersion continue des bois les met donc à l'abri des causes de destruction et leur conserve leur résistance. Les charrons de campagne avaient autrefois l'habitude d'immerger pendant plusieurs années dans des mares les pièces de bois dont ils voulaient faire les limons des grosses voitures de roulage ; nous ne savons jusqu'à quel point cette pratique est rationnelle et si elle repose sur des expériences sérieuses ; il semble toutefois que les bois ainsi immergés étaient, comme les bois étuvés, moins exposés à jouer et à se fendre ; ils avaient sans doute perdu les gommes et matières organiques dont leurs fibres étaient imprégnées après l'abattage.

« Il paraît, dit Buffon, qu'il y a dans les bois une matière grasse que l'eau dissout aisément ; il paraît aussi qu'il y a des parties de fer qui donnent la couleur noire. » On a retiré de l'eau à Rouen, en 1830, des morceaux de bois de chêne provenant des pilotis d'un pont fondé en 1150. « Ce bois, dit Berthier, ressemblait à l'ébène dont il avait acquis la couleur et la dureté. L'analyse chimique a démontré que cette modification était due à la présence du peroxyde de fer. » En 1827, à Strasbourg, on a de même retiré du Rhin 86 mètres cubes d'un bois de chêne employé par Vauban en 1681 ; ce bois présentait les mêmes caractères que celui de Rouen : couleur foncée analogue à celle de l'ébène et très grande dureté.

Les pilots constamment plongés dans l'eau doivent donc inspirer toute confiance ; il faut seulement qu'ils soient recépés un peu au-dessous de l'étiage absolu, c'est-à-dire au-dessous du niveau des plus basses eaux connues, sans quoi leur tête viendrait à émerger et ne tarderait pas à se ronger et à s'affaiblir ; cet effet est très sensible dans les pieux des ponts en charpente, dont la décomposition est surtout rapide sur la portion de la hauteur comprise entre les basses et les hautes eaux. Cependant, il existe beaucoup de vieux ponts dont les pilotis émergent parfois lors des grandes sécheresses ; cela n'a pas un très grand inconvénient dans ces vieux ouvrages, car la tête des pilots est entourée d'enrochements agglutinés et compacts, capables de supporter seuls le poids de l'ouvrage ; le danger serait plus sérieux si les pilots étaient recouverts d'un grillage et d'un plancher.

Lors donc qu'on établit une fondation sur pilotis, il faut veiller à ce que les bois soient recépés au-dessous du niveau que les plus basses eaux peuvent atteindre.

Certaines eaux détruisent les bois. — Si l'eau ordinaire conserve les bois et ne leur enlève pas leur résistance, il ne faut pas oublier d'autre part que certaines eaux peuvent au contraire attaquer les bois et les détruire avec plus ou moins de rapidité, ainsi que le prouvent les lignes suivantes :

Ayant à exécuter les fondations d'un pont destiné à en remplacer un autre trop vieux, établi sur la Gelise, M. Fargue, ingénieur des ponts et chaussées, remarqua que les pieux anciens avaient subi, non seulement une putréfaction, mais une destruction complète de la matière ligneuse ; celle-ci s'était transformée en une matière spongieuse, sans aucune consistance, que les ouvriers coupaient à la pelle.

Or, ces pieux en chêne avaient toujours été absolument à l'abri de l'air ; ce n'est donc point à des alternatives de sécheresse et d'humidité qu'il faut en attribuer la décomposition. Les eaux qui s'échappaient des trous des pieux étaient chargées d'une substance jaunâtre pulvérulente, semblable à un précipité chimique, et d'une odeur infecte. L'analyse a montré que c'était là des eaux d'infiltration appartenant non pas à la rivière, mais aux marais des Landes ; certaines eaux stagnantes renferment une espèce de ferment qui détruit rapidement la substance ligneuse. C'est là sans doute l'origine du fait signalé par M. Fargue.

M. l'ingénieur de Fontanges, ayant à construire un pont sur la rivière d'Epte à Gisors, a trouvé dans les vieilles fondations qui reposaient sur une couche de tourbe des pieux absolument noyés et que l'on pouvait couper à la bêche, bien qu'ils eussent conservé leur forme et leur aspect naturels. Les sulfures de la tourbe étaient sans doute la cause de cette décomposition.

Ajoutons, pour terminer cette digression, qu'on a vu des eaux chargées de sulfate de chaux se décomposer au contact de la matière organique du bois ; le sulfate est réduit à l'état de sulfure, et la matière organique, s'emparant de l'oxygène, se trouve lentement brûlée par suite de cette réaction.

La conservation indéfinie des bois sous l'eau n'est donc pas un fait toujours vrai ; dans certains cas, le sol, par sa composition chimique, peut devenir un agent puissant de destruction.

Sabots et frettes des pieux. — Autrefois on se contentait de tailler en pointe le bout du pieu et de le durcir au feu ; cela suffit à la rigueur quand on se sert de bon bois de chêne et que l'on enfonce les pieux dans un terrain peu résistant en les battant avec un mouton léger. Mais les pieux qui, sur toute leur longueur, sont engagés dans un terrain peu résistant, ne donnent jamais que de médiocres résultats au point de vue de la solidité ; il faut absolument qu'ils pénètrent dans des couches compactes, si l'on veut qu'ils puissent supporter une lourde charge. Dans ces conditions, la pointe ne tarderait pas à s'émousser et à disparaître, si on ne la protégeait par une enveloppe plus dure ; cette enveloppe constitue le sabot, qui est en fer ou en fonte.

En principe, le sabot doit présenter une surface lisse, sans clous saillants, afin de pénétrer facilement dans le terrain.

Il en existe de plusieurs formes :

La figure 8, planche XI, représente le plus ancien et le plus connu ; il se compose de quatre lames de fer forgé, soudées à leur partie inférieure

FONDATIONS

avec un culot qui se termine en pointe ; les lames sont fixées à la pointe du pieu par des clous dont la tête est noyée dans le fer. Ces sabots doivent être appliqués à chaud, parce que le fer, en se refroidissant, se resserre et l'on obtient une adhérence parfaite. Le pieu n'est pas absolument pointu, il se termine par une surface plane qui s'applique contre la cuvette intérieure du sabot.

Malgré toutes ces précautions, le sabot en fer forgé n'est jamais bien solidement fixé au pilot, et il se déforme souvent lorsqu'on doit traverser un terrain dur.

On lui a substitué un sabot en fonte que représente la figure 7, planche 11 (coupe suivant l'axe du pieu); le profil extérieur du sabot est celui d'un triangle équilatéral, ayant pour base le diamètre du pieu; on le fond dans un moule au milieu duquel pénètre une tige de fer barbelée, que l'on engage dans l'axe du pieu et qui, à cause de sa forme, ne peut revenir en arrière.

Le sabot le plus estimé est celui du système Camuzat que l'on voit sur la figure 56 : c'est une feuille de tôle épaisse, coupée sur plan en forme de secteur circulaire, et qui vient s'enrouler sur la pointe du pieu ; la

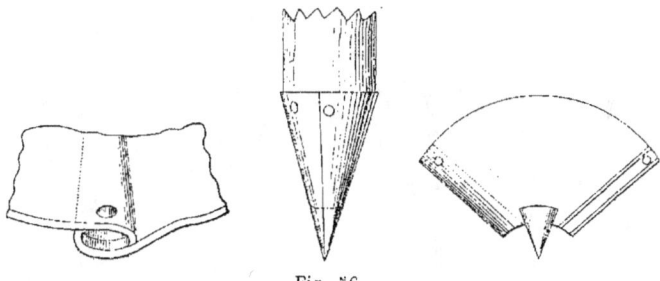

Fig. 56.

couture est établie par une sorte d'agrafe formée par la feuille de tôle elle-même; de longs clous à tête plate fixent le sabot au pieu; au-dessus de la pointe et à l'intérieur du cône ou plutôt du tronc de cône en tôle on place un culot en fer ou en fonte pour renforcer cette pointe.

L'avantage de ce sabot est qu'il enveloppe la pointe entière du pieu et serre les fibres du bois de manière à en maintenir le faisceau; les déviations et déformations sont plus rares avec lui qu'avec les vieux sabots à trois ou à quatre branches.

Voici les poids et les prix des sabots de ce système :

DIAMÈTRE DES PIEUX		POIDS DU SABOT	PRIX
N° 1	0m18 à 0m25	3 kilogrammes.	2 fr. 40
N° 2	0m20 à 0m35	5 —	4 fr. »
N° 3	0m25 à 0m40	7 —	5 fr. 60
Palplanches.	0m25 à 0m35	2,50 —	2 fr. »

Il s'agit de sabots en tôle agrafée avec culot en fer forgé soudé à la tôle ; le constructeur en fait d'autres qu'il compte à 0^{fr}65 au lieu de 0^{fr}80 le kilogramme et dont le culot est simplement en fonte. Les sabots de palplanche sont aussi à forme conique sur plan elliptique.

On a, paraît-il, obtenu également des résultats satisfaisants avec des sabots composés de deux fers plats placés de manière à composer quatre branches que l'on cloue sur la pointe du pieu ; ces fers sont noyés dans le culot pyramidal en fonte et la liaison obtenue au moment du coulage de la fonte est satisfaisante. Le poids de ces sabots, système Défontaine, est de 3, 4, 5, 6, 7, 8 kilogrammes pour les dimensions de pieux croissant de 3 en 3 centimètres à partir de 0^{m}16 ; pour des palplanches de 0^{m}06 sur 0^{m}20, 0^{m}10 sur 0^{m}25, 0^{m}15 sur 0^{m}30, le poids des sabots est de 2, 3, 4 kilogrammes ; le prix est de 0^{fr}45 le kilogramme.

Il va sans dire que *les sabots doivent toujours adhérer parfaitement au bois et être strictement placés dans l'axe général du pieu pour éviter toute déviation.*

Enture des pieux. — Quelquefois il faut trouver des pieux qui atteignent jusqu'à 20 mètres de longueur ; de pareilles pièces de bois seraient

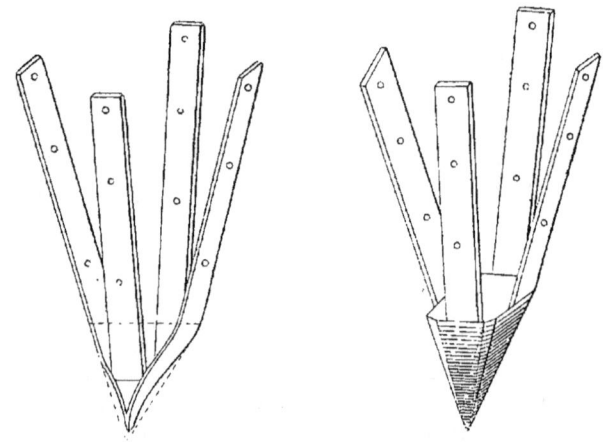

Fig. 57.

fort coûteuses d'un seul morceau : on peut les composer de deux morceaux placés dans le prolongement l'un de l'autre et réunis par une enture, comme le montre la figure 58 : un goujon en fer pénètre également dans l'axe de chacune des pièces, qui sont entourées aux environs du joint par un manchon en tôle rivée.

Le pieu et la pièce additionnelle sont coupés carrément et frettés ; l'un d'eux est armé d'une plaque horizontale en tôle, et le système est consolidé au moyen d'un manchon formé de quatre plaques de tôle fixées par deux cornières; la hauteur du manchon est de 0m70. On enfonce des clous dans chaque pièce au travers de trous ménagés à cet effet.

Cette enture, adoptée par M. Lechalas pour les ponts de Nantes, a donné d'excellents résultats; sans elle, il eût fallu recourir à des sonnettes d'une hauteur démesurée.

Cependant, il est bien entendu qu'il faut éviter les entures toutes les fois qu'on le peut sans grand supplément de dépense, car le choc continu du mouton doit toujours parvenir à créer un jeu dans l'assemblage le mieux fait.

Frettes. — Sous le choc du mouton la tête du pieu s'écrase et s'exfolie; les fibres se disjoignent et la rupture arrive. Il faut donc maintenir par un anneau solide la liaison de toutes les fibres longitudinales et on emploie à cet effet un anneau en fer forgé qu'on appelle frette qui a 0m06 à 0m10 de hauteur et 2 à 4

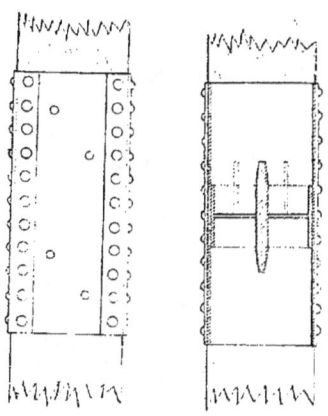

Fig. 58.

centimètres d'épaisseur suivant les cas. La frette, légèrement évasée vers le bas, est passée à chaud dans une entaille annulaire ménagée à la tête du pieu. Il importe que le pieu déborde un peu au-dessus de la frette afin que le mouton frappe sur le bois et non sur le fer; sans cette précaution la frette serait mise rapidement hors d'usage.

La frette est enlevée quand le battage est terminé et peut être réemployée.

THÉORIE MÉCANIQUE DU BATTAGE DES PIEUX

Lorsque deux corps marchant dans le même sens, ayant respectivement pour masse m et m' et pour vitesse v et v', viennent à se choquer, ils se déforment et se pénètrent plus ou moins, la vitesse de l'un augmente et celle de l'autre diminue jusqu'à ce que les deux corps en contact aient pris une vitesse commune V qui affecte la masse $m + m'$. C'est la valeur finale de cette vitesse V que nous voulons calculer tout d'abord.

Rappelons le théorème fondamental des quantités de mouvement :

« Dans un système matériel en mouvement, l'accroissement de la somme des quantités de mouvement des divers points du système, projetées sur un axe donné, est égal à la somme des impulsions de toutes les forces qui sollicitent le système pendant l'intervalle considéré, ces impulsions étant projetées sur l'axe donné. »

Les masses mobiles étant animées de vitesses constantes, c'est-à-dire de mouvements uniformes, c'est qu'il n'y a point de forces extérieures appliquées au système, et par conséquent pas d'impulsions correspondant à ces forces.

D'un autre côté, les forces intérieures au système sont des actions et des réactions constamment égales deux à deux et directement opposées; la somme de leurs projections ou des projections de leurs impulsions sur un axe quelconque est donc constamment nulle.

Ainsi la somme des impulsions de toutes les forces sollicitant le système est nulle, et il en est de même, par conséquent, de l'accroissement de la somme des quantités de mouvement, accroissement égal à :

$$(m + m')V - mv - m'v'$$

d'où résulte l'équation :

$$(1) \qquad V = \frac{mv + m'v'}{m + m'}$$

Ce qui nous intéresse le plus dans le choc, au point de vue pratique, c'est la perte de force vive et par suite de travail.

La force vive disparue représente le travail absorbé par les déformations, les échauffements et les vibrations de toutes natures que le choc a produites.

La force vive initiale du système était. . . $mv^2 + m'v'^2$
La force vive finale est. . . . . $(m + m')V^2$

La perte T de force vive est donc :

$$T = mv^2 + m'v'^2 - (m + m')V^2,$$

qui, si l'on remplace V par sa valeur (1), peut s'écrire :

$$(2) \qquad T = mv^2 + m'v'^2 - (m + m')\left(\frac{mv + m'v'}{m + m'}\right)^2 = \frac{mm'(v - v')^2}{m + m'}$$

Cette quantité est toujours positive et il y a toujours perte de force vive.

Quand il s'agit d'un mouton de masse m frappant un pieu de masse m', la vitesse v' est nulle et la perte de force vive T devient

$$(3) \qquad mv^2 \frac{m'}{m + m'}$$

ou :

$$mv^2 \cdot \frac{1}{\frac{m}{m'} + 1}$$

Pour un pieu de masse donnée m', il y a donc *avantage à augmenter la masse, c'est-à-dire le poids, du mouton*, puisque la fraction de la force vive mv^2, qui est absorbée, se trouve diminuée. Ce résultat théorique est confirmé par la pratique courante des ouvriers qui se servent de marteaux ou de masses.

La fraction $\frac{m'}{m + m'}$ de la force vive mv^2 du mouton étant absorbée, c'est la fraction complémentaire $\dfrac{m}{m+m'}$ de cette force vive qui est utilisée pour l'enfoncement du pieu.

Cette notion va nous permettre d'établir l'équation du battage :

Soit : e l'enfoncement du pieu sous un coup de mouton,
  P le poids du mouton,
  Q le poids du pieu,
  H la hauteur de chûte du mouton,
  R la résistance totale à l'enfoncement du pieu, résistance due au frottement latéral du terrain ;

Le travail utilisable produit par le mouton P tombant d'une hauteur H est PH ; cette quantité est ce qu'on appelle l'énergie, elle est égale à la demi-force vive. Mais le travail utilisé est réduit par le choc, ainsi que nous venons de le voir, dans la proportion $\dfrac{m}{m+m'}$ ou $\dfrac{P}{P+Q}$; le travail utilisé est donc $PH\dfrac{P}{P+Q}$.

Il sert à vaincre la résistance R et à lui imprimer un déplacement e, c'est-à-dire à surmonter un travail résistant Re. L'égalité du travail moteur et du travail résistant conduit à l'équation :

$$(4) \qquad Re = PH\dfrac{P}{P+Q};$$

tout est connu dans cette équation, car on a soin de noter l'enfoncement qui se produit à la suite d'une volée de dix coups de mouton, et l'on prend pour valeur de e le dixième de cet enfoncement.

On peut donc tirer de l'équation (4) la valeur de R, c'est-à-dire la charge que l'on peut imposer au pieu de manière à équilibrer sa résistance à l'enfoncement.

Sous l'influence de cette charge, le pieu sera en équilibre, c'est-à-dire que l'augmentation la plus faible du poids qui lui est imposé déterminera l'enfoncement.

Ce n'est évidemment pas ce résultat limite que l'on veut réaliser dans la pratique ; on veut au contraire arriver à une sécurité absolue. A cet effet, on affecte la valeur théorique de R d'un *coefficient de sécurité ;* ce coefficient est un sixième, comme pour la résistance des métaux.

Valeur pratique de la charge à imposer à un pieu. — D'après cela il faut calculer la charge R à imposer à un pieu, dans la pratique courante, par la formule :

$$(5) \qquad R = \dfrac{P.H}{6e} \cdot \dfrac{P}{P+Q}$$

Exemple : Quel poids peut-on faire porter à un pieu de 0^m30 d'équarrissage et de 8 mètres de long, qui s'enfonce de 0^m003 sous le coup d'un mouton de 600 kilogrammes tombant de 2 mètres de hauteur?

La densité des bois étant d'environ 800 kilogrammes, le poids du pieu dont il s'agit sera de 576 kilogrammes, soit 600 kilogrammes avec la frette et le sabot. Donc :

$$P = 600 \qquad H = 2 \qquad e = 0,003 \qquad Q = 600 ;$$

il en résulte :

$$R = 33333 \text{ kilogrammes.}$$

Le pieu pourra donc porter 33 tonnes, ce qui correspond à 37 kilogrammes par centimètre carré de section.

On a tort lorsque l'on calcule la charge des pieux à tant de kilogrammes par centimètre carré; on s'expose ainsi à de graves mécomptes et il faut faire entrer dans le calcul de la charge la valeur de l'enfoncement final produit par un coup de mouton.

Cette valeur est ce qu'on appelle le *refus;* dans l'exemple précédent, le refus était de 0^m03 sous une volée de dix coups d'un mouton de 600 kilogrammes tombant de 2 mètres de hauteur.

Dans la plupart des ouvrages, on indique pour la résistance des pieux une charge pratique variant de 40 à 80 kilogrammes par centimètre carré; si l'on se borne à 40 kilogrammes, on ne court généralement pas grand risque.

La résistance à l'écrasement par centimètre carré est donnée par le tableau ci-après pour les bois d'un usage courant :

Chêne de France................	380 à 700 kilogr.
Sapin	460 à 538 —
Pin rouge....................	379 à 528 —
Hêtre........................	540 à 650 —
Orme........................	725
Peuplier.....................	220 à 360 —
Noyer.......................	425 à 500 —

Avec le coefficient de sécurité $\frac{1}{6}$, on peut faire porter :

Au chêne, une charge de 60 à 116 kilogrammes par centimètre carré.
Au sapin,   —   de 76 à 90   —   —
Au hêtre,   —   de 90 à 108   —   —

Charge maxima par centimètre carré. — Les chiffres qui précèdent donnent la charge maxima à imposer à un pieu par centimètre carré de section.

D'après la formule (5), la valeur de R pourrait croître indéfiniment à mesure que l'enfoncement *e* diminuerait; il n'en est rien. La valeur de

R, tirée de considérations dynamiques, est évidemment limitée par la résistance statique du bois à l'écrasement.

On ne doit donc adopter les résultats fournis par la formule (5) qu'autant qu'ils sont inférieurs au sixième de la charge qu'il faudrait imposer au pieu considéré pour le rompre par écrasement.

Ainsi, supposons que, dans l'exemple cité plus haut, il s'agisse de bois de chêne, se rompant par écrasement sous une charge de 480 kilogrammes par centimètre carré, on ne devra pas lui faire porter plus de 80 kilogrammes par centimètre carré, afin de demeurer dans les limites de sécurité admises, ce qui, pour la section entière, donne une résistance totale de 72,000 kilogrammes ou 72 tonnes. Cette résistance totale correspondra à un refus de 0^{m}0015 par coup de mouton; il serait inutile d'aller au delà; on risquerait du reste de briser le pieu, car, lorsque l'enfoncement tend à s'annuler, toute la force vive est employée à produire des déformations et des ruptures.

Dans ce cas, la charge du pieu pourra atteindre au plus 72 tonnes et devra nécessairement être moindre si le refus est supérieur à un millimètre et demi.

Règle à suivre pour le battage. — *Le refus à obtenir dans le battage d'un pieu doit donc être fixé d'après la charge que le pieu doit porter, et ce refus se calcule par la formule :*

$$(6) \quad e = \frac{PH}{6R} \frac{P}{P+Q}$$

Les ingénieurs hollandais, si experts en matière de construction sur pilotis, suivent strictement cette règle et classent les pieux par catégories de résistance suivant le refus. Ainsi, au port d'Amsterdam, d'après M. l'inspecteur général Desnoyers, on range dans la première catégorie les pieux qui, ne pénétrant que de 11 centimètres sous les dix derniers coups d'un mouton pesant 800 kilogrammes et tombant de 4 mètres de hauteur, étaient admis pour pouvoir porter 34 tonnes; ceux de la dernière catégorie, pénétrant de 0^{m}77 dans les mêmes conditions, n'étaient comptés que pour supporter cinq tonnes.

Théorie du battage des pieux, d'après Rankine. — La théorie que nous venons d'exposer s'appuie sur des données simples et plausibles et conduit à des résultats pratiques très satisfaisants. Nous donnerons, cependant, pour compléter cette étude, la formule présentée par Rankine.

Appelons F la pression variable que le mouton exerce sur le pieu depuis l'instant où le mouton arrive en contact avec la tête du pieu jusqu'à celui où commence l'enfoncement de ce dernier. L'intervalle considéré est très court; la pression F, d'abord nulle, va croissant jusqu'à ce qu'elle atteigne R, valeur du frottement latéral du pieu ou de sa résistance à l'enfoncement; quand F est égal à R, l'enfoncement commence; avant ce moment, la force F était employée à comprimer le pieu. La valeur moyenne de F est $\frac{R}{2}$.

La distance sur laquelle cette force F s'exerce est la compression totale subie par le pieu, compression qu'il faut évaluer; appelant S la section du pieu, E le coefficient d'élasticité longitudinale du bois qui le forme, et L sa longueur, la compression totale maxima par la force F est $\frac{RL}{ES}$, puisque le maximum de F est égal à R.

Mais Rankine fait remarquer que le pieu, par suite du frottement latéral qu'il subit, n'est pas libre de se comprimer sur toute sa longueur; en conséquence, cet auteur admet que la compression porte seulement sur la moitié de la longueur, ce qui en réduit la valeur totale à $\frac{RL}{2ES}$, et le travail dû à cette compression est égal à $\frac{R^2 L}{4 ES}$;

à ce travail résistant, il faut ajouter le travail R e produit par le frottement du pieu pendant l'enfoncement.

D'autre part, le travail moteur est P H. Égalant le travail moteur et les travaux résistants, nous arrivons à la formule :

$$(7) \quad PH = Re + \frac{R^2 L}{4 ES}$$

Le refus e étant connu, la résolution de cette équation, qui est du second degré, donnera la valeur de R; il y a une racine négative étrangère à la question.

Appliquons cette formule à l'exemple qui nous a servi plus haut; le coefficient d'élasticité du chêne est approximativement égal à 10^9, donc :

$$P = 600 \quad H = 2 \quad e = 0{,}003 \quad L = 8 \quad S = 0^{mq}09 \quad E = 10^9,$$

et l'équation du deuxième degré s'écrit :

$$2 R^2 + 3 R \cdot 10^4 - 12 \cdot 10^9 = 0;$$

elle a pour racine positive 70,000.

Le pieu dont il s'agit est capable de porter 70,000 kilogrammes; mais, avec le coefficient de sécurité $\frac{1}{6}$, cette charge tombe à 11,666 kilogram.; valeur beaucoup trop faible dans la pratique.

La formule de Rankine conduit donc à des résultats peu admissibles elle a le tort de reposer sur cette hypothèse que la compression du bois s'exerce sur la moitié du pieu. Or, pourquoi ne serait-elle pas limitée à $\frac{1}{4}$, à $\frac{1}{8}$ de la longueur? Dans ce cas R s'élèverait à 95,000 et 130,000 kilogrammes. Et même, si le pieu est complètement enfoncé dans le sol et que la compression s'exerce sur une fraction très faible de la longueur, R peut s'approcher de 400,000 kilogrammes. Qui nous dit que cela n'arrivera pas?

FONDATIONS 141

Nous engageons donc le lecteur à s'en tenir à notre formule plus simple et moins hypothétique, qui peut lui inspirer toute sécurité dans la pratique.

En Angleterre, on fait supporter aux pieux battus en terrain ordinaire de 70 à 140 kilogrammes par centimètre carré, ce qui laisse supposer qu'on n'a pas recours à la formule donnée par Rankine et qu'on se contente de prendre à peu près le sixième de la résistance à l'écrasement.

PROCÉDÉS DE BATTAGE DES PIEUX

L'effort à faire pour supporter un ouvrage est généralement vertical, aussi les pieux sont-ils presque toujours battus verticalement. Dans certains cas cependant, notamment pour les murs de quai et murs de soutènement, l'effort est oblique, et il faut battre des pieux inclinés, nous verrons comment on procède à cette opération ; il peut même arriver exceptionnellement que l'on ait à battre des pieux horizontaux ; dans ce cas on les enfonce au moyen d'une grosse pièce de bois, suspendue horizontalement par des cordages, et que l'on balance comme le bélier des anciens.

Occupons-nous des pieux verticaux : lorsqu'ils sont de faibles dimensions, on peut les enfoncer avec des masses en bois ou en fer, manœuvrées à bras; on a recours quelquefois au mail à deux ou à trois manches dont nous avons déjà parlé.

Le plus souvent, pour obtenir une forte percussion, on se sert de sonnettes ; la sonnette est un échafaudage analogue à la chèvre, disposé de manière à ce qu'on puisse soulever à une certaine hauteur une grosse masse de fer, appelée mouton; on la laisse ensuite retomber sur la tête du pieu et, par la percussion, elle produit un enfoncement plus ou moins considérable suivant la dureté du terrain et suivant la grandeur du frottement que subit le pieu latéralement.

Le travail produit par la chute du mouton n'est pas transformé tout entier en effet utile ; une grande portion se trouve absorbée par les trépidations transmises au sol, et aussi par les dégradations que supporte la tête du pieu. Cette tête serait bien vite broyée et déformée, si l'on n'avait soin de l'entourer d'une frette ou cercle en fer plat, que l'on enlève après le battage et qui sert pour un autre pilot. On comprend que cette frette maintient le parallélisme des fibres et s'oppose à la désagrégation.

Les palplanches, qui ont des dimensions plus faibles que celles des pieux, ne sont pas toujours garnies d'un sabot et d'une frette. Lorsqu'on a à construire une enceinte, on la compose de pieux espacés par exemple d'un mètre, et entre eux on bat des palplanches.

On peut simplement juxtaposer les palplanches par leur tranche, mais alors il est rare qu'elles restent accolées, parce qu'elles dévient de la verticale pendant le battage, et il faut les guider au moyen de deux cours de moises. Une bonne méthode est d'assembler les pieux et les palplanches à grain d'orge ; chaque palplanche porte sur une tranche un double biseau saillant et sur l'autre un double biseau rentrant, de sorte que ces pièces de bois s'assemblent l'une à l'autre comme par des rainures. On bat à la fois toutes les palplanches formant un même panneau, c'est-à-dire remplissant l'espace qui s'étend entre deux pieux ; de la sorte elles ne se désunissent pas, descendent régulièrement et l'on obtient une enceinte continue.

Sonnettes. — On distingue quatre classes de sonnettes :
1° La sonnette à tiraudes, manœuvrée à bras d'hommes ;
2° La sonnette à déclic ordinaire, manœuvrée par l'intermédiaire de treuils et de cabestans ;
3° La sonnette à vapeur, qui peut être, soit une sorte de marteau-pilon soulevé directement par la vapeur, soit une sonnette à déclic mise en mouvement par une locomobile ;
4° La sonnette balistique, dont le mouton est soulevé par l'explosion d'une cartouche chargée de poudre.

1° Sonnette à tiraudes. — La sonnette à tiraudes, le plus ordinairement employée, est représentée en élévation par la figure 1, en plan par la figure 2, et les figures 3 et 4, planche XI, donnent un détail.

Elle se compose de deux jumelles b, le long desquelles glisse le mouton ; le mouton est guidé par deux oreilles qui se meuvent dans l'intervalle entre les jumelles et qui sont maintenues dans leur position par deux clefs horizontales en bois glissant le long de la face postérieure des jumelles ; on voit que le mouton ne peut s'écarter de la verticale de son centre de gravité. Les deux jumelles reposent sur une semelle a sur laquelle s'assemble la queue f et deux contrefiches (g) ; à la partie supérieure, les jumelles enserrent un arcboutant (c) garni d'échelons et s'assemblant à la base avec la queue f ; dans la face antérieure, les jumelles sont maintenues verticales par deux contrefiches symétriques qui viennent s'assembler aux extrémités de la semelle (a) ; chaque semelle est reliée à sa contrefiche par des pièces horizontales ou épars en plus ou moins grand nombre.

Telle est la charpente essentielle d'une sonnette.

Le mouton (h) est soulevé par un cordage qui passe sur une poulie de grand diamètre et se termine par une boucle, à laquelle on attache les petites cordes ou tiraudes. Sur la droite de la figure 1, on voit un treuil sur lequel s'enroule un cordage, qui vient passer sur une petite poulie en tête de l'arcboutant ; ce cordage et ce treuil servent à saisir et à soulever le pieu et à l'amener verticalement au-dessus du point qu'il doit occuper ; c'est ce qu'on appelle la mise en fiche du pieu.

Le pieu mis en fiche, il faut placer le mouton bien d'aplomb au-dessus ; pour cela, on fait subir de petits déplacements à l'appareil tout entier, en se servant de leviers qui s'engagent sous les extrémités de la queue et de la semelle, entaillées à mi-bois pour cet objet. Le maître charpentier, qu'on appelle l'enrimeur, vérifie avec le fil à plomb la direction du pieu et des jumelles.

FONDATIONS

Cela fait, on soulève un peu le mouton au-dessus de la tête du pieu, et on le laisse retomber ; ce petit coup sert à engager le pieu dans le sol. Si la direction est bonne, les ouvriers saisissent les tiraudes, et se mettent à sonner en cadence ; ils procèdent généralement par volées non interrompues de trente coups. Après chaque volée, il y a une pause pendant laquelle l'enrimeur vérifie la direction. Pour corriger cette direction, l'enrimeur se sert d'un levier qu'il passe entre le pieu et les jumelles, et c'est en prenant un point d'appui sur celles-ci qu'il peut imprimer au pieu de petits mouvements latéraux, pendant que le mouton le chasse longitudinalement.

Le pieu est maintenu à une certaine distance des jumelles au moyen d'une double équerre (mn) dont la queue est prise dans l'intervalle qui sépare les jumelles ; il ne peut du reste s'écarter en avant parce qu'il est maintenu par un cordage horizontal, qu'un enfant, monté sur un épars, serre au moyen d'un bâton faisant un nœud de garot (fig. 3 et 4).

Il arrive un moment où le pieu n'entre que d'une faible quantité par volée de trente coups. Le refus est la pénétration du pieu pour une volée ; on dit par exemple que le pieu est battu au refus de un centimètre, de trois ou de quatre millimètres.

La longueur de fiche ou simplement la fiche est la quantité dont le pieu pénètre dans le sol.

Sur un chantier important, lorsqu'on a à battre un grand nombre de pieux, il est indispensable de tenir un carnet de pilotage ; pour chaque pieu, on inscrit son numéro, sa fiche et son refus, et l'on reporte ces indications sur les dessins.

L'impossibilité de mettre un grand nombre d'ouvriers à la manœuvre des tiraudes, sans que ces ouvriers se gênent réciproquement, ne permet point d'adopter avec la sonnette précédente un mouton dont le poids dépasse 400 kilogrammes ; c'est la limite supérieure.

La course du mouton est égale à la plus grande distance que puisse parcourir la main de l'homme pendant qu'il exerce une traction ; elle ne dépasse guère 1^{m}50 et peut exceptionnellement atteindre 2 mètres.

Au pont de Neuilly un mouton de 600 à 700 livres était manœuvré par 24 ou 28 hommes qui l'élevaient à 4 pieds et demi de hauteur, vingt-cinq ou trente fois de suite dans une minute. Ces hommes se reposaient ensuite alternativement autant de temps. On se servait exceptionnellement de moutons de 1,200 livres tirés par 48 hommes ; en douze heures de travail journalier chaque sonnette battait trois ou quatre pilotis dans le sable et le gravier avec une fiche variant de 8 pieds à 13 pieds six pouces. On voit qu'un pareil procédé serait aujourd'hui d'une dépense excessive ; on ne peut y recourir qu'accidentellement lorsqu'on a deux ou trois pieux à enfoncer.

2° Sonnettes à déclic. — Lorsque l'on doit exercer un effort énergique pour enfoncer des pieux à longue fiche dans un terrain dur, il est avantageux de recourir aux sonnettes à déclic. Quelquefois on commence le battage des pilots avec l'appareil à tiraudes, et on l'achève avec l'appareil à déclic.

Perronet se servit, pour les fondations du pont de Neuilly, de la sonnette représentée par les figures 5 et 6, planche XI : elle se compose d'un mouton pesant jusqu'à 900 kilogrammes, qui glisse verticalement entre deux jumelles; on le soulève par une corde s'enroulant sur un treuil dont la manivelle est remplacée par une grande poulie à gorge; sur cette poulie s'enroule un câble auquel on attelle un cheval. Le mouton étant au bas de sa course, on fait avancer le cheval, le mouton s'élève, la corde (v) se tend peu à peu et finit par abaisser le crochet (p); le mouton n'étant plus soutenu tombe sur le pilot, le conducteur détèle son cheval avec lequel il revient près du treuil; pendant ce temps-là un manœuvre fait tourner la grande poulie à gorge pour enrouler le câble à nouveau, et l'on recommence une seconde opération. Il est évident que l'on règle la hauteur de chute d'après la longueur de la corde (v). Au grand treuil est accolé un petit treuil à barres destiné à la mise en fiche des pilots.

Il est rare aujourd'hui que l'on emploie des chevaux comme moteurs; on a recours à des hommes qui virent au cabestan, et plus simplement encore on se sert d'un treuil à engrenages mu par des manivelles.

Pour la fondation du pont de Libourne (1848) on s'est servi de 12 sonnettes à déclic du type représenté par les figures 10 à 13, planche XI. Un treuil à cabestan servait à la mise en fiche et le treuil à manivelles servait au battage.

Le système de déclic, que nous venons de décrire, est très simple; il n'a que l'inconvénient de donner un choc au mouton lors de l'échappement.

La figure 9 représente un autre système : le déclic à tenailles. Le crochet du mouton se trouve saisi par les deux petites branches d'une tenaille; si l'on rapproche les deux grandes branches, les deux petites s'écarteront et laisseront tomber le mouton; ce mouvement est produit automatiquement à la hauteur voulue au moyen d'une traverse horizontale percée d'une ouverture dans laquelle s'engagent les branches supérieures des tenailles qui sont alors forcées de se rapprocher.

Ce système est à rejeter, comme presque tous les systèmes automatiques; ils offrent un inconvénient sérieux, que nous définirons d'une manière banale par ces mots : avec eux, le mouton s'échappe sans crier gare. Il faut toujours préférer les déclics que l'enrimeur fait partir lui-même au moment voulu, au moyen d'une petite corde : outre la sécurité que l'on trouve par ce moyen, on a l'avantage de régler à volonté la hauteur de chute, ce qui est très utile et presque indispensable surtout au commencement du battage.

Les accidents dus à des déclics mal construits, laissant échapper le mouton à un moment inopportun, sont assez fréquents pour que certains constructeurs préfèrent recourir à un *débrayage* du treuil et laisser tomber le cordage avec le mouton; de la sorte, on use rapidement les cordages et c'est une dépense sérieuse.

Le déclic à crochet a été perfectionné d'une manière ingénieuse par M. Bernadeau, conducteur des ponts et chaussées; il est représenté par la figure 59, il se compose d'un crochet en fer attaché au câble du treuil et soulevant le mouton par son anneau; à ce crochet est associée une fourrure (a) en bois et fer, qui glisse entre les jumelles verticales; à

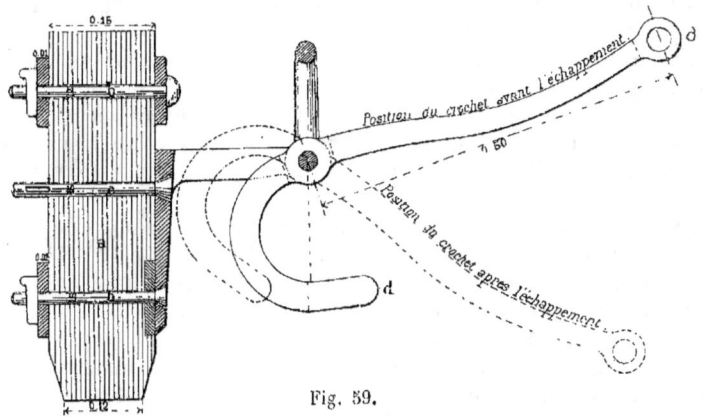

Fig. 59.

la longue tige du crochet en (d), s'attache une cordelle que l'enrimeur manœuvre directement, ou à laquelle il laisse une longueur voulue égale

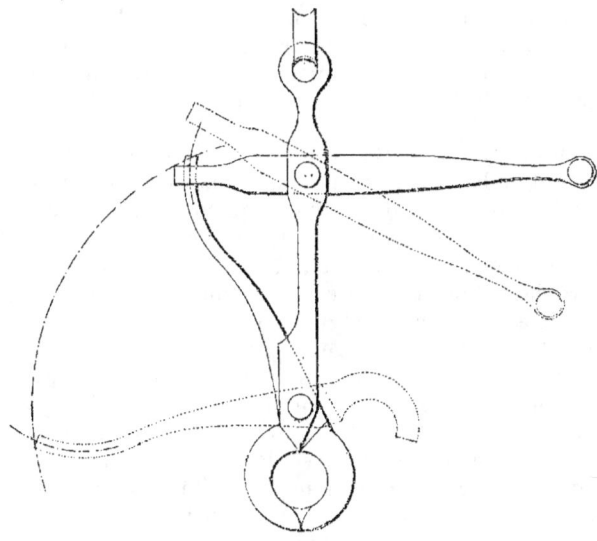

Fig. 60.

à la hauteur de chute; quoi qu'il en soit, une fois la corde tendue, le crochet se dégage sans secousse, le mouton descend; on débraye le câble du treuil, qui est entraîné par le déclic dont le poids est calculé en conséquence, le déclic descend avec sa fourrure, et le crochet guidé vient se placer en face de l'anneau du mouton.

La figure 60 représente un autre système de déclic; c'est une tenaille dont une branche est mobile et reliée à un système d'échappement; la figure peint aux yeux la manœuvre de cet appareil.

Les moutons manœuvrés par les sonnettes à déclic pèsent de 500 à 900 kilogrammes. Dans une sonnette perfectionnée, on doit tendre à augmenter la masse en diminuant la hauteur de chute; en effet, nous avons vu plus haut que, dans le choc, la proportion de travail perdu en vibrations et déformations est d'autant moindre que la masse du marteau ou du mouton est plus forte.

Les sonnettes à déclics sont des appareils plus puissants que les sonnettes à tiraudes; elles arrivent vite à une hauteur de 12 à 14 mètres et exigent une construction soignée, afin d'être absolument solides. Le battage des pieux donne lieu à de fréquents accidents et il est du devoir de l'ingénieur d'en surveiller tous les détails.

Le pieu est soulevé et mis en place à l'aide du treuil même de la sonnette, et, quand il arrive à la fin de l'enfoncement, on interpose entre le mouton et lui un *faux pieu*, en bois dur et sain, cerclé à chaque bout d'une frette solide.

Il est impossible de préciser la valeur du battage d'un pieu; cela dépend de bien des circonstances et aussi de la quantité de pieux à battre.

On paye en général 4 francs le mètre courant de fiche de pieu en terrain ordinaire, et 8 francs le mètre carré de fiche d'un panneau de palplanches. Quand il n'y a que quelques pieux à battre, on ajoute 40 ou 50 francs pour l'installation de l'atelier de battage.

Résultats pratiques de battage; carnet de battage. — Il faut toujours tenir un carnet de battage sur lequel on consigne pour chaque pieu sa longueur, sabot compris, son diamètre au milieu, le nombre d'heures du battage, le nombre de volées de trente coups (tiraudes) ou de dix coups (déclic), l'enfoncement total du pieu et l'enfoncement sous les dernières volées. Nous conseillerions même de noter l'enfoncement sous une volée à des périodes régulières.

L'examen du carnet de battage permet donc de suivre l'opération et même de reconnaître les accidents survenus à certains pieux.

Tous les pieux de la fondation portent un numéro d'ordre.

Voici le résultat du battage de 135 pieux, de 6^m19 de fiche moyenne, dont le battage a été commencé avec la sonnette à tiraudes et terminé avec la sonnette à déclic. La fiche moyenne était pour 4^m68 dans le sable pur siliceux, et pour 1^m35 dans la marne à bélemnites.

L'équipage de la sonnette à tiraudes comprenait 18 hommes, renard et enrimeurs compris, et le mouton pesait 340 kilogrammes; chaque homme soulevait 20 kilogrammes. La sonnette à déclic était servie par 10 hommes et son mouton pesait 540 kilogrammes.

FONDATIONS

Battage avec la sonnette à tiraudes.

Nombre des volées par pieu.............................	20
Enfoncement dans le sol : par volée de 30 coups.........	0^m216
— — par pieu.................	4^m30
Temps employé au battage : par volée de 30 coups........	6′30″
— — par pieu................	$2^h9'$
Enfoncement sous la dernière volée......................	0^m06

Battage avec la sonnette à déclic.

Enfoncement sous la première volée de cette sonnette......	0^m234
Nombre des volées par pieu..............................	18
Enfoncement moyen : par volée de 10 coups..............	0^m095
— — par pieu.................	1^m73
Temps employé au battage : par volée de 10 coups........	24′
— — par pieu................	$7^h16'$
Enfoncement sous la dernière volée pour 4^m37 de chûte.....	0^m041

Le temps passé au bardage et à la mise en fiche d'un pieu a été de $1^h15'$ savoir : mise en fiche, 25 minutes; déplacement de la sonnette d'un pieu à l'autre, distance 1^m50, 45 minutes; bardage du pieu, 5 minutes.

Résultats pratiques sur le battage des pilotis au pont de Kuilenburg. — Les ingénieurs hollandais ont fait connaître, et M. Desnoyers a reproduit les résultats pratiques recueillis sur le battage des pieux, au pont de Kuilenburg, dans un terrain composé d'un sable très ferme quoiqu'un peu mêlé d'argile :

1° Battage de 1,186 pieux en sapin équarri de 5 mètres de longueur et de 0^m15 à 0^m30 de côté, moutons de 400 à 515 kilogrammes, hauteur de chute 1^m30 ;

Enfoncement total par pieu..............................	4^m27
Enfoncement total par cent coups.......................	0^m74
Temps employé pour le battage des pieux................	$1^h47'$
Nombre de coups par pieu...............................	718
— par minute.............................	7

2° Battage de 208 pieux de sapin équarri, de 7 mètres de longueur, de 0^m25 à 0^m30 d'équarrissage; une sonnette ordinaire, avec mouton de 488 kilogrammes tombant de 1^m30, donnait à la fin du battage un enfoncement de 0^m005 à 0^m04 par volée de 30 coups, et battait un pieu par jour; on lui substitua une sonnette à vapeur avec locomobile de 10 chevaux, mouton de 1,200 kilogrammes tombant de 0^m60, et battant 1 coup à la seconde; on a battu 198 pieux avec cet appareil;

Nombre moyen de pieux battus par jour.................	4,6
Maximum obtenu par jour..............................	9
Enfoncement moyen par coup à une profondeur de 6^m60....	0^m002

3° Battage, avec 2 sonnettes à vapeur, de 258 pieux en sapin équarri, de 14 mètres de longueur et 0^{m}30 à 0^{m}35 d'équarrissage ;

Nombre de pieux battus en moyenne par jour et par sonnette...	3,6
— maximum.....................	8
Temps employé en moyenne pour le battage d'un pieu......	0^{h}57
Enfoncement moyen par coup dans le dernier mètre de fiche...	0^{m}0036

4° Battage de 182 palplanches de 5 mètres de longueur, 0^{m}30 de largeur et 0^{m}10 d'épaisseur, avec sonnette ordinaire à mouton pesant 370 kilogrammes, tombant de 1^{m}20 ; la fiche des palplanches était de 3^{m}50 et le mètre courant de fiche est revenu pour battage à 1^{f}40.

Battage de panneaux enfoncés d'un seul coup par un mouton de trois tonnes. — Pour la fondation des quais de Glascow on s'est servi, en 1864, du procédé suivant (*fig.* 21 à 24, pl. XIV) :

La fondation sur pilotis se composait de fermes de trois pieux moisés de 0^{m}30 d'équarrissage. L'espace libre entre les pieux de face de chaque ferme est de 1^{m}22 et, pour s'opposer aux affouillements, on voulait remplir cet espace par un panneau vertical de pieux jointifs. A cet effet, les pieux d'un même panneau, pieux de 0^{m}30 d'équarrissage et de 11 mètres de longueur, étaient réunis les uns aux autres par des griffes en fer, enfermés à leur pied dans un sabot commun et à leur tête dans une seule frette en fer.

On se servait pour enfoncer ces panneaux d'un mouton spécial de 1^{m}20 de large, 1^{m}50 de haut et 0^{m}30 d'épais, du poids d'environ trois tonnes.

Il est évident que l'on ne peut recourir à un pareil outillage spécial que pour des opérations considérables.

Forage des trous de pieux avant battage. — Au pont de Saint-Pierre-de-Gaubert, dont nous décrirons les fondations effectuées par béton immergé dans des enceintes, on employa d'abord des pieux avec sabot en fonte, système Camusat, qu'on remplaça bientôt par les sabots en forte tôle du même constructeur, avec rivure sur une arête, dont l'emploi est bien plus avantageux (*fig.* 12 et 13, pl. VIII).

Pour les palplanches on se servit de sabots à quatre branches soudées à leur partie inférieure pour former la pointe entrant dans le sol ; ces branches sont assujetties au bois à l'aide de clous à tête fraisée (*fig.* 11, pl. VIII). Le battage s'est effectué à l'aide de sonnettes à déclic avec un refus de 0^{m}03 par volée de dix coups sous le choc d'un mouton pesant 600 kilogrammes tombant d'une hauteur de 5 mètres. On a cherché à obtenir un refus plus faible, mais on a constaté alors, en arrachant quelques pieux, qu'ils étaient détériorés ou brisés.

Une grande partie des pieux, dit M. l'ingénieur Regnauld, furent battus directement. Ils s'engageaient alors dans une couche de gravier qui variait de 2 à 4 mètres. Mais en rivière on trouva presque aussitôt le

FONDATIONS

tuf et on éprouva quelques difficultés dans leur enfoncement. On reconnut bientôt qu'il était nécessaire de forer l'emplacement de ces pieux.

Le foret dont on se servit se composait d'une longue pièce de bois percée de trous horizontaux et terminée par un trépan en fonte, avec arêtes en acier (fig. 9 et 10, pl. VIII).

L'assemblage se faisait à l'aide d'une tige en fer solidement fixée au trépan et s'engageant dans un trou percé dans l'axe de la pièce de bois. Cet assemblage était consolidé par trois frettes en fer.

Pour opérer, on amenait le foret à la place que devait occuper le pieu; on faisait reposer le mouton de la sonnette sur la tête du foret et, à l'aide de barres introduites dans les trous de la pièce de bois, on produisait un mouvement de rotation qui permettait au trépan de creuser la place du pied.

On allait ordinairement jusqu'à une profondeur de 0^m80 et cette opération durait en moyenne 5 heures.

Nous avons décrit un système analogue employé par M. l'ingénieur en chef Lanteirès, au pont de Montauban, en vue de faire pénétrer dans le tuf les pieux des bâtardeaux.

Sonnette pour pieux inclinés. — Pour le battage des pieux inclinés, la modification principale à faire subir aux sonnettes est de guider le mouton d'une manière plus parfaite et de le soutenir sur un plan incliné : quelquefois le mouton repose sur le plan incliné des coulisses par l'intermédiaire de deux petits rouleaux en fonte; il vaut mieux le faire glisser sur une pièce de bois graissée, et le guider dans sa marche par des échancrures latérales embrassant deux pièces de bois parallèles; les modifications à apporter à la charpente se conçoivent d'elles-mêmes.

Les figures 19 et 20, planche XIV, représentent la disposition générale d'une sonnette destinée au battage d'une file de pieux inclinés. Cette sonnette, à treuil et à déclic, est portée par un chariot roulant sur un pont de service; elle a servi au port de Greenock pour le battage des pieux de la digue du large.

Sonnette montée sur bateaux. — Pour le battage des pieux en rivière on monte assez souvent des sonnettes sur bateaux, soit à l'avant d'un seul bateau, soit entre deux bateaux accouplés, ce qui est bien préférable.

Il faut assujettir solidement les bateaux afin d'en rendre les oscillations inoffensives.

Le mouton, que la sonnette saisit et abandonne alternativement, constitue une charge que l'on ajoute ou que l'on enlève au bateau, de là pour ce dernier des déplacements du centre de gravité, et des oscillations très accusées. Un mouton de 600 kilogrammes qui manœuvre sur le flanc d'un bateau de 20 mètres de long et de 5 mètres de large donne des oscillations dont l'amplitude au bordage atteint presque un centimètre; si ces oscillations ne sont pas détruites dans l'intervalle des deux coups successifs, elles s'ajouteront et pourront s'amplifier dans une proportion notable.

Il importe donc de monter les sonnettes sur de grands bateaux et de les fixer solidement de manière à éteindre les oscillations.

3° Sonnettes à vapeur. — A. *Sonnettes à déclic mues par locomobile.* — M. Janvier a décrit dans les *Annales des ponts et chaussées*, de 1846, la sonnette à vapeur employée par lui au port de Toulon, et représentée par les figures de la planche XII.

Elle se compose d'un mouton, du poids de 800 kilogrammes, maintenu par deux échancrures latérales entre deux coulisses verticales reliées à la face antérieure de la chèvre ; celle-ci, qui a la forme ordinaire, repose sur un châssis (*a*), monté sur huit roues de wagon, qui transportent l'appareil sur deux rails parallèles à la file de pieux. Le mouton est suspendu à sa chaîne au moyen d'un déclic à tenailles, qui s'ouvre lorsque les grandes branches des tenailles s'engagent dans la cheminée LL. Cette cheminée est simplement posée sur deux boulons qui traversent es coulisses verticales, de sorte qu'elle peut suivre le mouton dans son mouvement d'ascension; elle pèse 50 à 60 kilogrammes. Sur le châssis principal repose un contre-châssis formé de deux longuerines (*b*), réunies par des traverses $e\ e'\ e''$; le contre-châssis supporte le treuil moteur, avec son arbre A et le tambour en bois T, qui reçoit par l'intermédiaire d'une courroie l'impulsion d'une locomobile de cinq chevaux soigneusement calée sur la plate-forme et munie d'un appareil à changement de marche, comme les locomotives. Le contre-châssis rencontre les pièces de bois qui forment la base de la sonnette ; aux points de rencontre, les pièces du contre-châssis sont entaillées, mais on a soin de laisser à chaque entaille un jeu de $0^m 10$, afin de pouvoir, au moyen de leviers, communiquer à la sonnette de petits mouvements qui n'affecteront ni le treuil ni la locomobile. Le treuil comprend deux tambours, l'un inférieur t', sur lequel s'enroule la corde de la mise en fiche, l'autre supérieur t, sur lequel s'enroule la corde du mouton; la fourchette f permet de mettre le pignon moteur en contact avec la roue t' ou avec la roue t. Une autre fourchette F, dont la figure 3 montre le détail, sert à embrayer le treuil avec l'arbre moteur A, ou à le débrayer.

Le manche du levier F est réuni par une petite chaîne à la cheminée L, et un manœuvre le tient dans sa main.

Voici le détail d'une opération :

1° *Mise en fiche.* — L'enrimeur attache le pilot; un manœuvre, qui tient le levier f, embraye le pignon avec le tambour t', et un autre manœuvre, qui tient le levier F, embraye le treuil avec l'arbre moteur A; le mécanicien est à son poste, tenant en main le levier de changement de marche. L'enrimeur commande : En avant! le mécanicien donne la vapeur, et le pilot est enlevé jusqu'à ce que l'enrimeur crie : Stop! La machine s'arrête, l'enrimeur place le pieu, commande : En arrière ! et le pieu descend à sa place.

2° *Battage.* — On manœuvre f de manière à engrener avec le tam-

FONDATIONS

bour t, on fait un tour en avant pour dégager le mouton et enlever la cheville qui le soutient, on donne un petit coup pour achever la mise en fiche, puis on commence le vrai battage. Quand le mouton est arrivé au haut de sa course, il s'engage dans la cheminée L, qu'il soulève un peu; mais celle-ci, par son poids, force les tenailles à s'ouvrir et à lâcher le mouton, qui tombe. Au moment où la cheminée est soulevée, elle tire la chaîne l, qui la rattache au levier F; le manœuvre qui tient ce levier dans sa main, sent la pression et est averti qu'il faut débrayer immédiatement, ce qu'il fait; de la sorte on évite un choc. La cheminée, qui est lourde, retombe sur ses supports, et avec elle le déclic qui continue à descendre jusque sur le mouton, en entraînant le cordage du treuil, qui se déroule.

Pour déplacer l'appareil entier sur ses rails, on a un cordage qui le fixe en avant à un pieu situé dans le sens du mouvement à produire; ce cordage passe sur deux poulies de renvoi, fait deux tours sur le tambour t', et un manœuvre l'enroule sur le châssis; en embrayant le tambour t' avec l'arbre moteur, on produit le mouvement de progression.

M. Janvier, dans son mémoire, conclut comme il suit:

« Il nous reste à faire apprécier l'économie que procure l'application que nous venons de décrire :

« La journée de travail d'une sonnette à déclic manœuvrée à bras, par des hommes libres (et non par des forçats, comme à Toulon), coûte 21 francs, ainsi répartis :

Deux gabiers à 3 francs....................	6 fr. »
Six manœuvres à 2 fr. 50..................	15 »
Total.............	21 fr. »

« La journée de la même sonnette, manœuvrée par la vapeur, coûte 27 francs, ainsi répartis :

Un mécanicien........................	3 fr. 50
Un chauffeur.........................	2 50
Deux gabiers........................	6 »
Deux manœuvres......................	5 »
Un porteur d'eau douce, un quart de journée........	0 50
Bois à brûler provenant de déchet de pilotage.......	6 50
Huile et matières grasses.................	0 50
Intérêt et amortissement du capital de la machine supposée durer 10 ans....................	2 50
Frais de construction du châssis..............	0 50
Le châssis et ses accessoires coûtent 600 francs.	
Total.............	27 fr. 50

« Dans l'un ni dans l'autre cas je ne considère l'usure de la sonnette. D'un autre côté, il résulte d'un relevé fait pendant 30 jours de travail, qu'une sonnette manœuvrée à bras a placé 57 pilots, tandis que tout à côté, dans le même terrain et dans des circonstances identiques, une sonnette semblable, manœuvrée à la vapeur, en a placé 192.

« On verra facilement que les nombres ci-dessus établissent le résultat suivant :

« Le battage d'un pilot à bras coûtant 11f05, le battage du même pilot par la vapeur coûte 4f23.

« Pendant que la sonnette à bras place 1,00 pilot, la sonnette à vapeur en place 3,37.

« La sonnette à bras donne par heure 16 à 18 coups, et la sonnette à vapeur en donne 100 à 110. »

L'installation que nous venons de décrire est particulièrement commode lorsque l'on doit battre une longue file de pieux.

Sonnette du pont de Kehl. — Lorsqu'il faut battre les pieux dans l'eau, on monte la sonnette sur un ponton, ou sur deux bateaux couplés, comme l'ont fait au pont de Kehl, sur le Rhin, MM. les ingénieurs Vuigner et Fleur-Saint-Denis.

Les figures 1 à 3, planche XIII, représentent les dispositions adoptées pour ce magnifique ouvrage.

Il y avait à vaincre des difficultés sérieuses, car le courant du Rhin est extrêmement rapide, et il régnait au-dessous de l'étiage, en plusieurs endroits, une profondeur de 8 à 9 mètres d'eau. On a battu beaucoup de pieux d'une longueur de 25 mètres, et l'on comprend qu'il fallait pour cela de puissants appareils.

Deux bateaux longs sont réunis par une charpente qui supporte la sonnette, mobile sur des galets; sur l'élévation longitudinale on voit en (d) la chaudière qu'alimente le chauffeur ; cette chaudière envoie par un tube sa vapeur à la machine (c), dont un mécanicien manœuvre le levier d'embrayage et de débrayage ; en (b) est un charpentier qui garrotte le pieu, et en (a) un manœuvre qui accroche à l'anneau du mouton le crochet du déclic. Le mouton, qui pesait 1,100 kilogrammes, avait une chute qui allait jusqu'à 6 mètres, et battait 3 ou 4 coups par minute.

Les deux exemples précédents, ceux de Toulon et de Kehl, ne sont pas d'une application générale, car le premier suppose une locomobile pourvue d'un appareil de changement de marche, ce qu'on ne rencontre guère dans la pratique, et le second suppose une petite machine à vapeur séparée de sa chaudière, ce qu'on ne trouve guère non plus. Pour les fondations des ponts de Nantes, M. l'ingénieur Lechalas employa une locomobile ordinaire, sans changement de marche.

Sonnette des ponts de Nantes. — Une sonnette à déclic Bernadeau est montée sur une plate-forme mobile sur des rails : le treuil à deux tambours est mis en mouvement par la courroie d'une locomobile montée sur une autre plate-forme ; on n'a pas besoin de déplacer la locomobile aussi souvent que la sonnette, il suffit de modifier la longueur de la courroie. L'arbre moteur porte un pignon, qui se meut dans le sens de l'axe longitudinal de l'arbre et que l'on manœuvre au moyen d'un levier en fourchette, de manière à l'engrener soit avec le tambour de mise en fiche, soit avec le tambour de battage. Un frein sert à modérer la descente du déclic lors du battage. Supposez le mouton au bas de sa course, on met en marche, il s'élève, la cordelle du déclic se tend peu à peu, le mouton se décroche à la hauteur voulue et tombe ; au commencement de la chute, on débraye ; le déclic, qui est très lourd, redescend sur le mouton en faisant tourner le treuil, et pendant ce temps la locomobile marche toujours. On embraye de nouveau et l'opération recommence.

Suivant M. Lechalas, il faut, pour marcher rondement avec un mouton de 600 kilogrammes, une machine de 4 chevaux.

« Les prix de revient par mètre de fiche ont été :

« Sonnettes ordinaires : échafaudages, 0^{f}80 ; main-d'œuvre et location du matériel, 8^{f}30. Total : 9^{f}10.

« Sonnettes à vapeur : échafaudages, 0^{f}80 ; charbon de terre, 0^{f}70 ; main-d'œuvre, 4^{f}36. Total : 5^{f}86. Il faudrait ajouter un prix de location pour la sonnette et les transmissions.

« L'appareil des transmissions a coûté 2,150 francs ; mais nous avons payé trop cher, comme il arrive toujours lorsqu'on est très pressé. On pourrait faire construire d'autres appareils semblables pour 1,500 fr.

« Les sonnettes à bras battaient 60 coups à l'heure. Avec une locomobile de 4 chevaux et un mouton de 800 kilogrammes, on peut battre 250 à 350 coups à l'heure. »

Sonnette de la ligne de Busigny à Hirson. — La machine à piloter employée à la ligne de Busigny à Hirson, machine achetée en Hollande par l'entrepreneur, comprenait un chariot roulant portant la chaudière et le treuil, plus deux grandes bigues tenues au moyen de tambours et portant la poulie sur laquelle s'enroule le câble très long auquel s'attache le mouton. « Au moyen d'un embrayage et d'un débrayage en sens inverse, dit M. l'ingénieur en chef Menche de Loisne, le câble est successivement enroulé et déroulé sur le treuil. L'avantage consiste dans le très facile déplacement du mouton. On agit sur les bigues au moyen de pinces et l'on peut battre plusieurs pieux sans déplacer la machine proprement dite. Mais dans l'espèce l'inconvénient résidait dans l'usure des câbles qui, soumis à chaque coup de mouton à une tension brusque et à un relâchement immédiat, se détérioraient assez rapidement. En outre, il fallait pour guider le pieu, qui est ordinairement guidé entre les jumelles de la sonnette, 8 hommes, ce qui augmentait le prix du battage qui n'est cependant ressorti qu'à 4^{f}36 par mètre courant de fiche. »

Sonnette mue par une locomobile employée au Pont-au-Change, à Paris. — Pour le battage des pieux de fondation du Pont-au-Change, à Paris, on s'est servi d'une sonnette dont le treuil était mû par une locomobile.

La courroie de la locomobile agissait sur une poulie d'un mètre de diamètre, dont l'arbre portait un pignon de 0^{m}20 de diamètre engrenant avec une roue dentée d'un mètre dont l'arbre portait un tambour de 0^{m}40 : c'est sur ce tambour que s'enroule le câble du mouton. La vitesse de la courroie motrice se trouvait donc réduite pour le câble dans le rapport de 100 à 8.

Au moment où le déclic décrochait le mouton, le mécanicien désembrayait le treuil à l'aide d'un levier et le cordage, entraîné par le poids du déclic, se déroulait du tambour et descendait le long de la sonnette pour ressaisir le mouton.

Celui-ci pesait 750 kilogrammes. On enfonçait des pieux de 0m30 d'équarrissage, de 6 mètres de longueur et on leur donnait 2m15 à 2m30 de fiche.

Le rendement était de sept pieux un quart par jour. Il fallait cinq ouvriers : un chauffeur à 4 fr. 60, trois hommes de peine à 10 fr., et un charpentier à 5 fr. La consommation du charbon était de 5 fr. 80 par jour et la dépense de graissage 1 fr.

D'où une dépense totale de 26 fr. 40 par jour ou de 3 fr. 65 par pieu. L'économie réalisée a été de 2 fr. 15 par pieu.

Sonnette double à vapeur du port de Gravelines. — M. l'ingénieur Jacquet, sous la direction de M. l'ingénieur en chef Plocq, a installé au port de Gravelines, dans des conditions particulières, une sonnette à vapeur destinée au battage de deux lignes parallèles de pieux en orme de 0m30 d'équarrissage et de 4m50 de fiche. L'écartement uniforme des pieux permettait d'accoupler ensemble deux sonnettes et de les animer par un moteur unique.

La sonnette double comprend :

1° Le socle, formé d'un cadre en bois d'orme de 0m30 d'équarrissage, large de 4m80 et long de 7m80, solidement assemblé et renforcé aux angles par des aisseliers. Sous le cadre sont fixées deux plates-formes en fer sur lesquelles portent les rouleaux de translation de l'appareil qu'un treuil fait mouvoir ;

2° La face qui porte les coulisseaux des deux moutons, reliés au sommet et à la base par un chapeau et une semelle, celle-ci solidement assujettie au châssis formant socle ; une croix de Saint-André, des tirants et des entretoises en bois grossièrement équarri, consolident le tout ; les coulisseaux sont seuls parfaitement dressés et portent des glissières en fer à T ;

3° Le chevalet, formé de quatre mats en sapin brut inclinés les uns vers les autres, reposant sur le socle et contreventés par des moises et des croix de Saint-André ; le chevalet porte un plancher très résistant, à 2 mètres au-dessus des hautes mers, plancher qui reçoit la machine motrice d'une puissance nominale de six chevaux, machine verticale avec arbre supérieur qui, par une courroie, transmet son mouvement à la poulie des sonnettes.

Chaque sonnette est munie d'une chaîne Galle sans fin, portant de 3m53 en 3m53 une broche saillante destinée à élever le mouton. Cette chaîne est actionnée par une roue dentée en fer, actionnée elle-même par une roue intermédiaire et par un pignon calé sur l'arbre de la poulie à courroie ; cet arbre porte en même temps le frein, capable d'arrêter le mouton à un moment quelconque et se manœuvrant facilement soit du plancher, soit de la base de l'appareil.

Les deux sonnettes ont un mouvement alternatif ; un des moutons monte pendant que l'autre tombe ou est au repos, ce qui régularise l'effort de la machine.

Les moutons en bois de chêne fretté de fer, avec culot en fonte et tête en acier, ont 2^{m}71 de hauteur totale et pèsent 642 kilogrammes.

Le déclic, en acier fondu, se compose d'une embase carrée par laquelle il est lié au mouton, et d'une tête soutenue par des nervures. La tête est évidée et sert d'enveloppe à une griffe et à un sabot, l'un et l'autre également en acier fondu, et tous deux mobiles autour de deux axes en fer forgé traversant la tête du déclic. La griffe fait saillie en dehors de la tête du mouton quand elle est retombée par son propre poids dans sa position horizontale. C'est entre ses dents que passe la chaîne Galle de la sonnette. Elle peut aussi se relever presque verticalement ; mais ce mouvement vertical ne lui est possible que lorsque la tête du sabot s'est échappée de sa queue.

Le déplacement du sabot destiné à caler la griffe est amené par le jeu d'une pièce en fer forgé, à laquelle on donne le nom de lunette.

Cette lunette a pour effet, quand elle s'abaisse, d'empêcher la chaîne Galle d'enlever le mouton. Quand, au contraire, on enlève la lunette, la première broche saillante de la chaîne Galle, qui vient à passer, rencontre la griffe, et le mouton est entraîné.

Enfin, si en un point quelconque de sa course ascensionnelle, le mouton élevé par la chaîne rencontre la lunette, le mouton détaché de la chaîne retombe par son propre poids.

On peut, par ce moyen, faire déclencher le mouton au point correspondant à la hauteur de chute qu'on désire lui donner.

Les pieux sont armés de sabots Camuzat et de frettes de 0^{m}08 de largeur sur 0^{m}025 d'épaisseur.

La sonnette double employait ordinairement une quinzaine d'hommes, et le temps nécessaire pour arriver au battage de deux pieux était de 35 minutes.

Pendant une marée, on a constamment battu au minimum 10 pieux avec une fiche de 3^{m}57, moyennant une dépense totale de 48 fr. 65, ce qui fait 4 fr. 87 par pieu, ou 1 fr. 40 par mètre courant de fiche, ou encore 15 fr. 14 par mètre cube de bois en fiche.

Cette différence considérable en faveur du battage à la vapeur par rapport au battage à bras, a donné, pour les 346 pieux battus aux jetées de Gravelines une économie d'au moins 12,000 francs.

B. Sonnette à vapeur du pont de Tarascon, pilon à vapeur Nasmyth.

— C'est au pont de Tarascon qu'a été employée en France la première sonnette à vapeur ; l'appareil, acheté en Angleterre, coûtait environ 40,000 francs ; il a été remanié et perfectionné par M. l'ingénieur Collet-Meygret et a donné d'excellents résultats ; mais il n'a plus guère qu'un intérêt historique et est aujourd'hui remplacé par des engins plus simples et beaucoup moins coûteux.

On avait à battre, au pont de Tarascon, plus de 2,000 pieux à 15 mèt. de profondeur ; on a commencé l'opération avec des sonnettes à déclic sur les points où la longueur de fiche était minima ; mais, d'après les

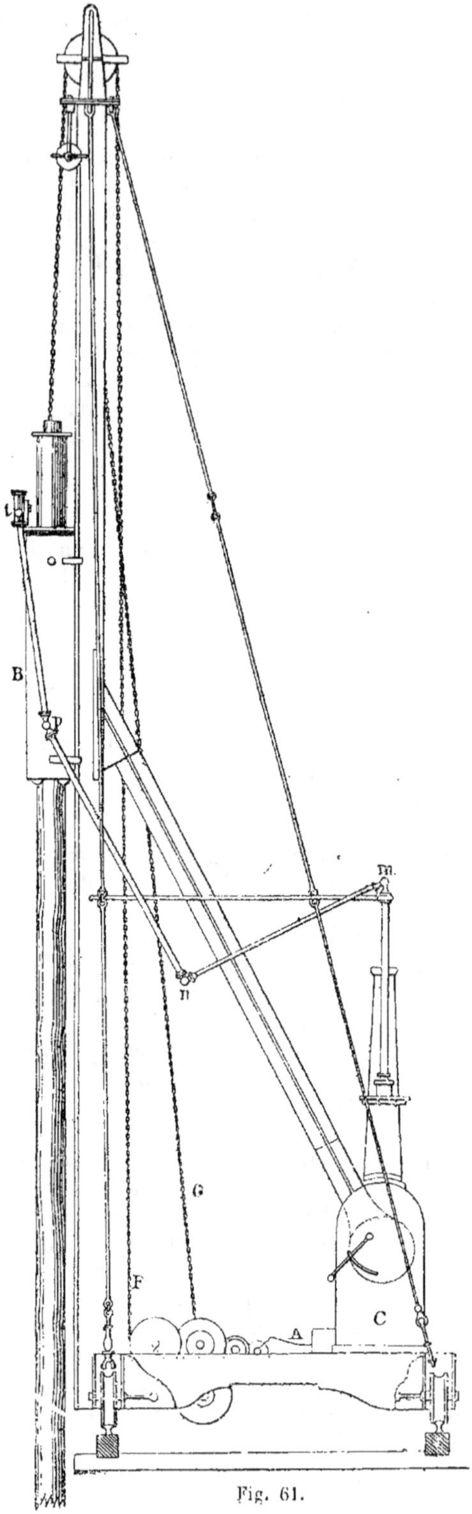

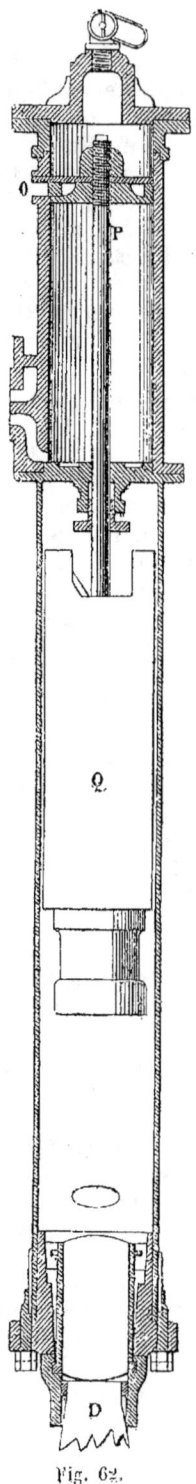

Fig. 61.

Fig. 62.

circonstances du battage, on reconnut que les pieux devaient se briser dans le sol, et, en effet, tous les pieux d'une palée, affouillée par une crue subite, avaient perdu leur sabot et étaient cassés à 4 mètres de profondeur. Dans ces conditions, les sonnettes à déclic étaient évidemment insuffisantes et on eut recours à la sonnette à vapeur, figure 60.

« L'appareil du pilon à vapeur posé sur la tête du pieu pesait 4 000 kilogrammes; son mouton, du poids de 1 500 kilogrammes, battait de 80 à 100 coups par minute avec une chute de 98 centimètres; le pieu se trouvait ainsi continuellement ébranlé et pénétrait de 8 à 10 mètres dans un terrain où les sonnettes à déclic les plus puissantes ne pouvaient pas lui donner plus de 5 mètres de fiche. Dans ces circonstances, le battage d'un pieu s'exécutait en une dizaine de minutes, c'est-à-dire en trois ou quatre fois moins de temps que n'en exigeait la mise en fiche. Où le battage au déclic coûtait 35 à 40 francs par pieu, le battage à la vapeur est revenu de 15 à 17 francs, y compris les réparations de l'appareil.

La machine, portée sur une plate-forme mobile sur deux rails parallèles à la ligne de pieux à battre, est posée sur un échafaudage ou sur un bateau.

Les parties principales de l'appareil sont les suivantes :

1° Une petite machine à vapeur A destinée à faire fonctionner successivement, selon les besoins, ou le treuil sur lequel s'enroule la chaîne qui supporte le pilon à vapeur, ou un tambour sur lequel s'enroule la chaîne servant à soutenir le pieu à mettre en fiche, ou enfin à faire avancer sur ses rails, dans un sens ou dans l'autre, l'ensemble du mécanisme; cette machine est cachée par le bâti et on n'aperçoit que les roues qu'elle fait mouvoir ;

2° Le pilon à vapeur proprement dit B, suspendu à l'aide d'une chaîne passant sur la poulie placée au haut de la bigue, et assujetti à glisser le long de cette bigue par quatre brides à crochets fixées sur la boîte en tôle où se meut le mouton et embrassant les bords de fortes bandes de tôles boulonnées sur cette pièce de bois.

Cette petite machine auxiliaire et le pilon sont alimentés par une même chaudière à vapeur C.

La vapeur est introduite dans le cylindre du pilon par un tuyau en fonte $m\ n\ p\ t$ de 6 centimètres de diamètre intérieur, articulé à l'aide de genouillères, de manière à suivre, en se développant plus ou moins, le cylindre dans toutes ses positions, depuis le sommet jusqu'au bas de la bigue.

Dans la première machine, le mouton frappait directement sur la tête du pieu, et ne tardait pas à l'écraser. On était obligé de le recéper et de remettre une frette, ce qui entraînait une perte de temps considérable. L'emploi d'un faux pieu D a fait disparaître cet inconvénient. Le faux pieu en bois de frêne transmettait parfaitement les chocs et s'usait fort peu, car on a pu battre 80 pieux sans le remplacer.

Ainsi que le montre la disposition du tiroir et du cylindre, la vapeur ne peut être introduite que sous le piston P; elle sert à soulever le mouton Q, qui redescend par son propre poids, en entraînant le piston, aussitôt que l'échappement de la vapeur peut avoir lieu dans l'air extérieur.

Les ouvertures O pratiquées à la partie supérieure du cylindre servent à laisser sortir l'air lorsque le piston remonte et à le laisser rentrer lorsqu'il descend.

La capacité fermée de toutes parts, ménagée au-dessus de ces ouvertures, forme un matelas d'air qui empêche le piston de venir, en vertu de sa vitesse acquise, frapper le fond supérieur du cylindre.

Le tiroir et le mécanisme de distribution appliqués à ce genre de machine à vapeur présentent des dispositions spéciales utiles à signaler.

Le tiroir est fixé, d'une part, à sa tige de mouvement, qui traverse la boîte à étoupes de la partie inférieure de la chambre de distribution, et, d'autre part, à la tige d'une espèce de piston plongeur glissant dans la boîte à étoupes placée à la partie supérieure de cette même chambre de distribution.

La pression de la vapeur, en agissant sur ce piston, tend constamment à le soulever et à ramener le tiroir dans la position où il fait communiquer le cylindre avec la chaudière, et non pas avec le tuyau d'échappement.

Le tiroir est donc ainsi constamment sollicité de bas en haut, comme il le serait par un ressort puissant; le mécanisme de distribution n'a d'autre fonction que de faire agir ou de supprimer l'action de cette force en temps opportun; à cet effet, le corps du mouton, en remontant, avant d'arriver à la limite supérieure de sa course, rencontre la grande branche d'un levier coudé dont la petite branche s'engage dans l'œil de la tige directrice du tiroir. La grande branche de ce levier, ainsi poussée de bas en haut, produit naturellement sur l'extrémité de la petite branche un mouvement de haut en bas qui amène le tiroir dans le même sens. Pendant ce mouvement, un doigt porté par le mécanisme que l'on voit au bas de la boîte en tôle, près de la tête du mouton, et constamment poussé par un ressort qui le presse contre la tige directrice du tiroir, vient s'appuyer contre un talon venu de forge sur cette tige. Ce doigt ou taquet s'oppose au relèvement de la tige du tiroir et du tiroir lui-même; de sorte que l'échappement de la vapeur a lieu aussi longtemps qu'un nouvel effort ne vient pas enlever le doigt de la position qu'il a prise, au moment de l'abaissement du tiroir, par l'action du premier levier dont on a parlé.

Mais aussitôt que la communication du cylindre avec l'ouverture d'échappement a été établie, comme on vient de le dire, le mouton retombe par son propre poids en entraînant le piston avec lui. Dans sa chute, il presse, par un levier logé dans l'intérieur de sa masse, sur le grand côté d'une espèce de parallélogramme faisant saillie dans l'intérieur de la caisse en tôle, et qui porte le doigt qui retenait la tige directrice du tiroir dont on a déjà parlé.

Cette pression, ou plutôt ce choc, produit l'échappement du doigt ou taquet de retenue; le tiroir se trouve libre alors d'obéir à la pression de la vapeur qui tend à le relever; la lumière d'échappement de vapeur se trouve fermée, et celle d'introduction ouverte de nouveau. Le piston remonte en soutenant le mouton, et la succession de mouvements que l'on vient de décrire peut se produire de nouveau.

Si, par une cause accidentelle, le déclenchement du doigt d'arrêt ne fonctionne pas au moment de la chute du tiroir, il suffit, pour produire le même effet, de tirer une corde ou une chaîne attachée au levier de ce mécanisme.

L'extrémité inférieure de la tige directrice du tiroir porte un piston engagé dans une capacité alésée, dont l'air fait matelas, pour amortir les chocs qui résulteraient, dans le mécanisme, du mouvement rapide d'ascension du tiroir, lorsque la vapeur agit tout à coup pour le faire remonter.

Il est maintenant facile de comprendre la manœuvre du battage d'un pieu à l'aide du pilon à vapeur, placé sur un bateau ou ponton flottant.

Après avoir amarré le bateau à l'emplacement du battage, au moyen de cordes enroulées sur deux treuils et sur un cabestan, on relève jusqu'au sommet de la bigue la caisse en tôle qui renferme le pilon en faisant fonctionner le treuil de la grande chaîne F. On procède alors à la mise en place du pieu à battre, en le hissant au moyen de la petite chaîne G et du treuil correspondant, et en le maintenant verticalement le long de la bigue à l'aide de cordes, comme on le ferait pour une sonnette ordinaire. Lorsque le pieu est en place et que sa pointe repose sur le sol, on laisse descendre sur sa tête le pilon à vapeur. Ce mouvement décharge le bateau du côté du pilon ; pour rétablir l'équilibre, on rapproche du bord opposé deux wagons chargés de lest disposés à cet effet. On donne alors, avec précaution, quelques coups de mouton pour faire prendre fiche au pieu, et aussitôt qu'il présente une stabilité suffisante, on le dégage des amarres qui le maintenaient vertical et on bat jusqu'au refus, le plus activement possible.

En moyenne, la mise en fiche a exigé une heure ; un enfoncement de 9 mètres exigeait trente volées de cinquante coups, ou quinze cents coups du mouton. La durée d'une volée est de 1^m2^s5, soit $1^s,25$ par coup. Le refus était fixé à 2 ou 3 centimètres.

Les pieux battus au pilon ont traversé, en moyenne, une couche de gravier plus épaisse de 3 mètres au moins que les pieux battus au déclic, et on a vu que ceux-ci étaient presque toujours brisés, tandis que les pieux battus au pilon n'ont éprouvé que de rares accidents. A ces avantages s'ajoute une grande économie.

La dépense quotidienne d'une sonnette à déclic, au pont de Tarascon, était, en effet, en moyenne, la suivante :

Un marin...................................	4 fr. »
Un charpentier enrimeur, chef d'atelier...............	5 »
Huit manœuvres de choix......................	24 »
Faux frais, cordages, graisse....................	2 »
Dépense quotidienne........	35 fr. »

Le battage des pieux à la sonnette a été payé de 40 à 45 francs. A cette somme il faut ajouter 10 francs pour détérioration des appareils ce qui porte la dépense d'un pieu battu au déclic de 50 à 55 francs.

La dépense du battage d'un pieu à la vapeur s'établit, au contraire de la manière suivante, en moyenne :

Un mécanicien.	5 fr.	»
Un chauffeur.	3	»
Un charpentier curimeur.	4	50
Deux marins.	8	»
Deux aides-marins.	6	50
Quatre manœuvres ordinaires.	10	»
Salaires.	37 fr.	»
Combustible de mise en train, extinction et temps perdu pendant une journée de dix heures, 450 kilogrammes à 3 francs	13	»
0 k. 60 par volée de 50 coups, soit par 8 pieux ou 240 volées, moins de 150 kilogrammes.	4	50
Réparations, 6 fr. 18 cent. par pieu, soit pour 8 pieux	49	44
Faux frais, huile, etc.	4	»
Dépense quotidienne.	107 fr.	94
Soit par pieu.	13 fr.	50
On peut tenir compte de la moins-value de l'appareil, qui a été vendu 25,000 francs, en ajoutant par pieu.	21	50
Dépense totale.	35 fr.	»

C. Sonnette à vapeur, système Lacour. — M. Lacour a construit une sonnette à vapeur très simple, beaucoup moins coûteuse que la sonnette Nasmyth, et cette sonnette nous paraît avoir donné partout des résultats satisfaisants.

C'est le mouton qui fait lui-même office de cylindre à vapeur, comme le montre la figure 64. Ce mouton en fonte A peut osciller verticalement dans la rainure comprise entre deux poutres verticales jumelles ; il est guidé par ces poutres et est maintenu contre elles par les oreilles D. Le mouton est creux et l'on voit à l'intérieur le piston e dont la tige f s'appuie sur la tête du pieu P ; un robinet g, placé au sommet du mouton, permet de mettre la cavité au-dessus du piston en communication soit avec le conduit k qui amène de la vapeur à 6 atmosphères fournie par une chaudière verticale montée sur la sonnette même, soit avec le conduit h qui débouche librement dans l'atmosphère.

Le piston e fait donc corps avec le pieu et le suit pendant l'opération ; le robinet g est manœuvré, de la plate-forme de la sonnette, à l'aide d'une chaînette agissant sur un levier à contrepoids ; quand on en tire la chaîne, c'est le conduit k qui s'ouvre et la vapeur arrive ; quand on lâche la chaîne, le robinet tourne sous l'action du contrepoids, c'est le conduit h qui s'ouvre et la vapeur du cylindre s'échappe dans l'atmosphère. Dans le premier cas, la pression de la vapeur agit sur le piston fixe et sur le fond supérieur de la cavité du mouton, celui-ci s'élève, et, quand on

FONDATIONS   161

juge la hauteur d'ascension suffisante, on lâche la chaînette, la vapeur s'échappe et le mouton retombe par son propre poids.

On règle donc à volonté et la vitesse du battage et la hauteur de chute, qui est limitée toutefois à la hauteur du cylindre B ; à l'origine de l'opération, on procède par petits coups pour commencer le battage ; puis,

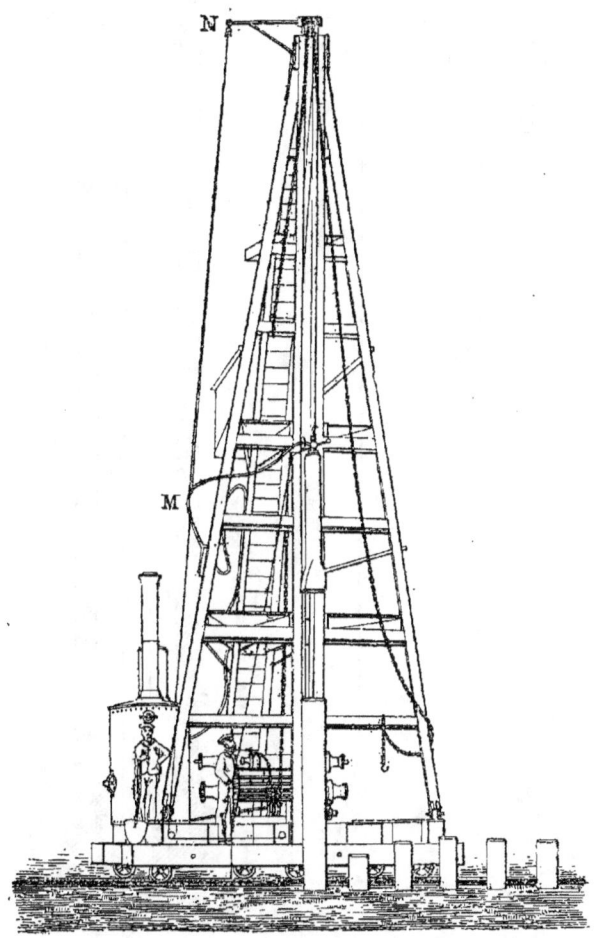

Fig. 63.

quand la fiche est devenue suffisante et que la direction est assurée, on frappe à coups plus rapides et on augmente la chute.

La figure 63 représente la disposition générale de la sonnette ; elle est montée sur quatre roues et peut se mouvoir sur deux rails parallèles à la ligne de pieux à battre, le mouvement de progression étant donné soit par un petit treuil à vapeur, soit par un treuil à bras. La sonnette

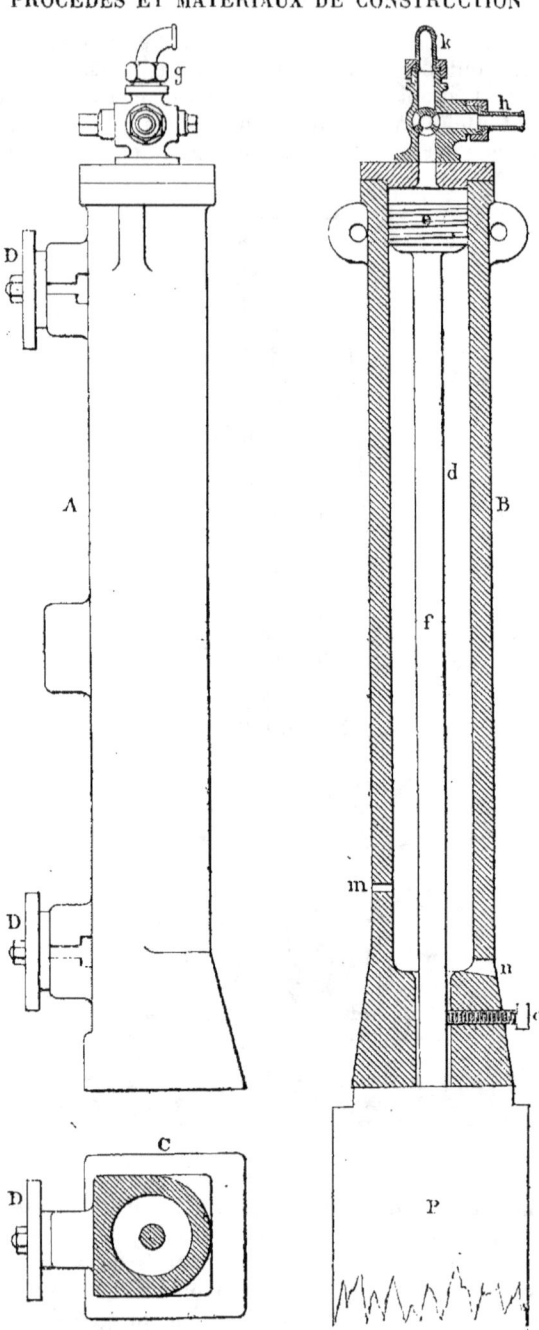

Fig. 64.

porte une chaudière tubulaire verticale, susceptible de monter rapidement en pression; la vapeur est conduite au cylindre par un tuyau formé d'un bout de tube vertical en cuivre prolongé par un tube flexible dont la longueur est réglée par la hauteur maxima à laquelle doit s'élever le mouton. Le tube flexible M est soutenu en son milieu par une corde qui va passer sur la poulie N au sommet de la bigue, redescend à la base de la sonnette, passe sur deux poulies portées par cette base, puis remonte pour venir s'attacher au mouton mobile; par cette disposition, le point d'attache M de la corde et du tuyau flexible suit le mouvement du piston. Le tuyau flexible est soumis à des chocs perpétuels, et s'use très rapidement s'il n'est point de parfaite qualité; c'est le point faible du système; son diamètre intérieur est de 0^m035, et son épaisseur de 0^m010, il est composé de toile et de caoutchouc.

Quand le mouton ne fonctionne pas, on le soulève au moyen d'une chaîne manœuvrée par un treuil à bras; cette même chaîne sert au levage des pieux; le mouton peut, du reste, être maintenu en place à toute hauteur, pourvu que l'on serre suffisamment les boulons des oreilles-guides; on peut encore le soutenir sur un taquet de retenue comme on le fait dans les sonnettes ordinaires.

Il se produit toujours un certain jeu entre le piston et le cylindre et il y a perte de vapeur; mais cet effet n'a pas grand inconvénient, il se traduit par une consommation supplémentaire de quelques kilogrammes de charbon; c'est peu de chose sur la dépense totale. Une condensation de vapeur assez abondante se produit, surtout au commencement du battage, quand le mouton est froid; l'eau condensée s'écoule par le trou m, qui sert en même temps d'*avertisseur* en livrant passage à un jet de vapeur lorsque le cylindre est en haut de sa course; le trou n sert à la purge et à l'admission de l'air pendant le mouvement ascensionnel; la rentrée de l'air pendant la descente du mouton se fait également par ces deux trous et par le jeu au pourtour de la tige.

Il est facile de donner à l'appareil un mouvement automatique en attachant le levier du robinet de vapeur à une chaînette reliée au pieu par l'autre extrémité, et l'on arriverait ainsi à battre 80 ou 100 coups à la minute. Mais à ce procédé inconscient on préfère la manœuvre du levier à la main, qui permet de régler le battage suivant la marche du pieu. De la sorte, on ne dépasse guère le nombre de 50 coups à la minute.

C'est un spectacle fort intéressant que de voir le mouton obéir instantanément à la volonté du mécanicien et faire sa besogne comme un outil intelligent.

L'appareil Lacour est avantageux dès qu'il s'agit d'enfoncer un nombre important de pieux; il fait de trois à cinq fois plus de travail que les sonnettes à déclic et le fait économiquement. Aussi est-il employé avec succès sur un grand nombre de chantiers; au port de Dunkerque notamment, les expériences comparatives auxquelles il a été procédé l'ont fait reconnaître supérieur aux autres systèmes, et les ingénieurs ont acheté douze sonnettes Lacour de 13 mètres de hauteur avec mouton de 1,200 kilogrammes et chaudière de 17 m^2 de surface de chauffe.

Le mouton peut à la rigueur être adapté à toute sonnette, mais il est préférable de se procurer l'appareil complet avec tous ses accessoires chaudière, treuils, chaînes, échelles, planchers, ferrures, etc... Les prix sont les suivants :

HAUTEUR DE SONNETTE.	POIDS DU MOUTON.	PRIX DE L'APPAREIL COMPLET.
8 mètres.	300 kilogrammes.	3,000 francs.
10 —	580 —	4,600 —
13 —	600 —	7,000 —
13 —	900 —	8,000 —
13 —	1,000 —	8,500 —
13 —	1,200 —	9,200 —
13 —	1,400 —	10,500 —

Il ne faut pas oublier que le mouton lourd, lorsque les pieux peuvent le supporter, est bien préférable; si on cherche à enfoncer un pieu qui résiste en se servant d'un mouton léger dont on force la hauteur de chute, il y a bien des chances pour que le pieu se brise dans le sol sans qu'on s'en aperçoive; le bois se fend et se déforme. Cet inconvénient n'arrive pas avec le mouton lourd à faible chute qui se rapproche davantage de la sonnette parfaite, c'est-à-dire de celle qui agirait uniquement par pression sans choc, comme une presse hydraulique.

Sonnette Riggenbach. — De la sonnette Lacour il faut rapprocher la sonnette employée sur le chemin de fer central suisse par M. l'ingénieur Riggenbach; elle a servi à battre la quantité considérable de pieux qui portent la fondation de la gare de Bienne.

La sonnette est suspendue à un wagonnet roulant sur un échafaudage provisoire installé au-dessus des lignes de pieux projetées et elle est guidée verticalement par deux longuerines également suspendues.

Le mécanisme du battage n'est autre qu'un cylindre à vapeur avec son piston; le piston est fixe, le cylindre est mobile et constitue le mouton. Des mâchoires horizontales, mobiles le long des longurines verticales du châssis, serrent la tête du pieu et rendent celui-ci solidaire de l'appareil.

La vapeur est introduite par la tige du piston dans une cavité ménagée à l'intérieur du piston et communiquant librement avec la partie haute du cylindre; la vapeur presse donc le fond supérieur du cylindre et celui-ci s'élève, guidé par des oreilles latérales; quand il a monté de la moitié de sa hauteur, des lumières ménagées dans le fût cylindrique s'ouvrent, la vapeur s'échappe dans l'atmosphère, le mouton-cylindre monte encore un peu en vertu de la vitesse acquise, puis retombe. Au bout de la tige creuse du piston est une soupape de prise de vapeur qui s'ouvre et se ferme automatiquement au moment voulu. Cette soupape est placée dans une petite chambre de vapeur alimentée par un tuyau flexible; celui-ci n'a donc pas à suivre le piston dans ses oscillations rapides; il n'a qu'à descendre lentement avec l'appareil entier au fur et à mesure de l'enfoncement du pieu.

Le diamètre du cylindre employé à Bienne était de 0ᵐ24, sa course de 0ᵐ24, son poids de 450 kilogrammes ; il battait 200 coups à la minute et enfonçait avec facilité et rapidité des pieux de 3ᵐ30 de long et de 0ᵐ24 de diamètre. Avec le temps nécessaire au déplacement de l'appareil, il fallait un quart d'heure pour une opération et on enfonçait 40 pieux par jour.

4° **Sonnette mue par la poudre à canon ou sonnette balistique.** — Dans la sonnette balistique, le mouton est le projectile d'un canon qui coiffe la tête d'un pieu. La déflagration d'une cartouche lance le mouton en l'air ; le recul du canon commence l'enfoncement du pieu et le choc du mouton qui retombe agit à son tour.

L'idée de recourir à la force explosive de la poudre comme force motrice est ancienne ; elle a été mise en avant pour la première fois en 1678, par l'abbé de Hautefeuille, qui indique plusieurs machines susceptibles de travailler par l'explosion de la poudre. Cette force particulière convient évidemment à la manœuvre de la sonnette ; l'usage en a été rendu pratique par les ingénieurs américains et notamment par M. Shaw, figures 1 à 18, planche XIV.

Le canon A est en acier, du poids de 450 kilogrammes ; l'âme a 0ᵐ19 de diamètre, 0ᵐ09 d'épaisseur et 0ᵐ72 de hauteur ; elle est lisse avec un léger évasement à la bouche pour faciliter l'entrée du piston qui forme la partie inférieure du mouton. Il présente en dessous une cavité B qui emboîte la tête du pieu. Il est renforcé par des oreilles qui embrassent la branche antérieure de deux fers en U placés en regard l'un de l'autre et formant le montant vertical de la sonnette.

Le mouton C, en fonte, du poids de 970 kilogrammes, est armé d'un piston sur lequel sont engagées à la base plusieurs bagues en acier D, découpées à l'intérieur comme un cuir embouti, de manière à former ressort contre les parois de l'âme du canon. L'emploi de ces bagues a constitué un grand perfectionnement, car le canon s'échauffe et se dilate pendant le travail beaucoup plus que le piston, et un jeu ne tarde pas à s'établir, qui fait perdre le bénéfice de l'explosion.

Le mouton possède, comme le canon, des nervures latérales embrassant une branche des deux fers en U qui constituent le montant de la sonnette.

Au sommet de ce montant, une poulie reçoit une chaîne manœuvrée par un treuil à bras ou à vapeur, chaîne qui sert à soulever et à soutenir le canon quand on change de pieu. Sous cette poulie se trouve un piston en fer qui peut s'engager dans une cavité cylindrique E existant au sommet du mouton ; cette disposition a pour but de limiter l'ascension du mouton, surtout au commencement du battage d'un long pieu ; le piston fixe, en s'engageant dans la cavité, y comprime l'air, et la compression absorbe la force vive en excès.

Le mouton en lui-même peut être arrêté et maintenu à une hauteur quelconque par un frein logé entre les deux branches des fers en U formant les montants verticaux ; ce frein est une cornière verticale mobile autour de petites bielles à axe horizontal, qui tournent d'un certain angle par l'action d'un levier à main; lorsqu'on manœuvre ce levier, la cornière verticale du frein vient s'appuyer sur une face des oreilles du mouton, tandis que l'autre face est appliquée sur la branche du fer en U; l'oreille du mouton se trouve donc pressée entre deux lames de fer et, en appuyant sur le levier, on détermine un frottement suffisant pour arrêter le mouton.

L'oreille du canon est un peu moins épaisse que celle du mouton, de sorte qu'on peut immobiliser celui-ci indépendamment du canon et remonter le canon avec la poulie et la chaîne.

La manœuvre s'opère comme il suit : le pieu étant mis en fiche, on le coiffe avec le canon; le mouton étant maintenu à l'aide du frein, un homme jette une cartouche dans le canon, un autre desserre le frein, le mouton tombe, comprime l'air et l'enfoncement du pieu commence; la chaleur que développe la compression de l'air finit par enflammer la cartouche, l'explosion se produit, le mouton remonte et la pression due au recul poursuit l'enfoncement du pieu. Le mouton qui remonte est saisi à nouveau et arrêté par le frein pour que le chargeur ait le temps d'introduire une autre cartouche.

On a imaginé un système de chargement automatique et rapide, à l'aide d'un tiroir cylindrique avançant comme un bras au-dessus du canon pour y déposer une cartouche et reculant ensuite. Ce système ne s'est pas propagé, parce qu'il faut se garder d'une trop grande rapidité dans le battage, l'échauffement du canon pouvant devenir tel que la cartouche s'enflamme d'elle-même aussitôt jetée dans le canon.

Il nous semble que, pour éviter le danger auquel on expose le chargeur en lui faisant introduire directement les cartouches dans l'âme du canon, il serait facile de monter sur celui-ci un tube incliné disposé pour recevoir les cartouches et les diriger dans l'âme où elles tomberaient librement.

Les cartouches employées, chargées avec de la poudre de mine, pèsent 30 à 45 grammes; elles ont 0^m03 de diamètre et sont recouvertes d'un enduit de paraffine et de plombagine. Une cartouche de 30 grammes donne une ascension du mouton de 4 à 5 mètres.

Le grand avantage du système est que le choc est remplacé par une compression graduelle, de sorte qu'il ne se produit ni déformation du pieu, ni écrasement de la tête ou de la pointe, si bien que l'on peut supprimer la frette et même le sabot dans les terrains de résistance moyenne.

La force vive perdue est beaucoup moindre et, toutes choses égales d'ailleurs, la sonnette balistique détermine un enfoncement bien supérieur à celui que donne le système ordinaire; l'expérience a montré que cet enfoncement était de 4 à 8 fois plus grand.

Si la vitesse du battage ne devait être modérée par la crainte de l'échauffement, on pourrait donner un coup de mouton de 5 mètres de hauteur en deux secondes, alors que la sonnette à vapeur exige au moins dix secondes.

La consommation de poudre pour enfoncement de pieux de 0^m25 de diamètre moyen à une profondeur de 8 à 9 mètres a été en général de

1ᵏᵍ5 à 2 kilogrammes. Bien que la poudre de mine soit chère en France (2 fr. 50 le kilogramme), on voit que la dépense de poudre pour l'enfoncement d'un pieu n'est pas considérable, mais les dépenses accessoires et les frais d'amortissement sont relativement élevés.

La sonnette balistique, qui a reçu de nombreuses applications en Amérique, paraît donc capable de rendre de bons services en certaines circonstances; elle est plus simple et sans doute moins sujette à réparations qu'une sonnette à vapeur.

Son grand inconvénient est l'échauffement rapide du canon; pour y parer, il faut battre à coups espacés et n'employer que de petites cartouches, ce qui exclut le battage dans les terrains résistants qui exigeraient un mouton très lourd et une grande hauteur de chute. Il est vrai qu'on pourrait chercher à installer autour du canon une circulation d'eau froide, ce qui parfois pourrait se faire économiquement.

Emploi de l'eau comprimée pour l'enfoncement des pieux. — En 1854, M. l'ingénieur Brunlees fonda les viaducs de Kent et de Leven sur des pieux creux en fonte, qu'il enfonça dans le sable au moyen d'un jet d'eau comprimée amené par un tuyau intérieur et débouchant sous le pieu de manière à désagréger et à entraîner le sable. Le même procédé lui servit à enfoncer des pieux en bois en accolant au pieu le tuyau d'amenée de l'eau comprimée.

Ce système a été repris dans ces dernières années par plusieurs ingénieurs français qui ne paraissent pas en avoir eu connaissance antérieurement et qui ont été satisfaits des résultats obtenus.

Application au port de Calais. — Frappés de la difficulté qu'on éprouve à enfoncer des pieux dans le sable fin et humide des plages de la Manche et de la mer du Nord, de la dépense élevée et de la longue durée qu'entraîne cette opération, MM. Stœklin, ingénieur en chef, et Vétillart, ingénieur ordinaire de Calais, ont cherché à perfectionner le système de battage.

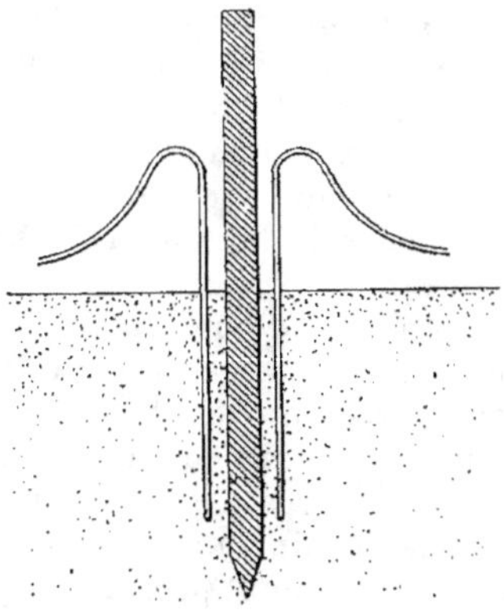

Guidés par ce fait que l'air comprimé s'échappant par le fond des colonnes de fondation et remontant autour d'elles diminue beaucoup le frottement et facilite singulièrement l'enfoncement, ces ingénieurs ont pensé à produire le même effet par une injection d'eau comprimée.

Ils se sont servi d'abord de petites pompes à un homme dont la lance en fer s'enfonçait dans le sable en se tenant

Fig. 65.

à 0ᵐ20 ou 0ᵐ30 au-dessous de la pointe du pieu à enfoncer; il y avait une de ces pompes de chaque côté d'un pieu. Le résultat fut excellent; il fallait avoir soin seulement d'enfoncer les lances verticalement et de les remuer continuellement pour les empêcher d'être étreintes par le sable. Plus tard, on eut recours à des pompes à deux hommes avec manivelles et volant.

Il a été réalisé avec ce système une économie considérable de temps et d'argent.

« Ce système présente en outre l'avantage de faciliter beaucoup la mise en fiche en permettant de préparer à l'avance, sur 0^m50 à 0^m60 de hauteur, la poche dans laquelle doit se loger le pieu, et de permettre le fonçage de panneaux plus étanches. »

L'arrachage des pieux et palplanches, déviés ou fendus, s'effectue avec la plus grande facilité dans le nouveau système.

A notre avis, on peut se demander si la désagrégation du sol, qui facilite singulièrement l'enfoncement des pieux, ne crée pas un danger pour l'avenir en facilitant également l'affouillement et le déchaussement des pilotis. Ce danger est peut-être chimérique pour les terrains de sable pur qui reprennent très rapidement leur consistance première ; il ne nous paraît pas l'être, sauf expérience contraire, pour des sols argileux ou vaseux.

« Ce système, disait M. l'ingénieur Plocq, a l'avantage de faciliter considérablement les battages dans les terrains de sable ; mais il y a peut-être lieu de n'en pas pousser trop bas l'application sous le corps d'une écluse ou le long des files de pieux et palplanches contre lesquelles doivent s'appuyer les massifs de fondation. »

Application au port de Honfleur. — Les bancs de la baie de la Seine se composent de feuillets alternatifs de sable et de vase, dans lesquels le battage des pieux offre de grandes difficultés. Ayant à battre des pieux de 10^m50 de longueur pour le prolongement de la jetée ouest du port de Honfleur, M. l'ingénieur Widmer eut l'idée de pratiquer, à l'aide d'un jet d'eau comprimée, un avant-trou sur l'emplacement du pieu à battre.

L'eau était donnée par une petite pompe centrifuge et par une conduite en caoutchouc arrivait à une lance en cuivre analogue à celle des pompes à incendie.

« Le tuyau de caoutchouc, armé de la lance, était présenté normalement au sol, dans lequel il s'enfonçait aisément jusqu'à 6 ou 7 mètres de profondeur.

« Au bout d'une dizaine de minutes on le retirait lentement ; on descendait le pieu, que l'on avait eu soin de tenir tout paré, suspendu à la sonnette au moyen de palans. Sous l'action de son poids, augmenté de celui du mouton qu'on amenait sur sa tête, le pieu pénétrait dans le sol de 4 à 5 mètres. Si l'on avait soin de commencer immédiatement le battage, le terrain ameubli sur une certaine épaisseur par le jet de la pompe, livrait facilement passage au pieu. Dans ces conditions, la durée de l'enfoncement total du pilot peut être réduite de moitié. »

Le même procédé fut appliqué en 1878 au battage d'une ligne de palplanches de 5^m50 de longueur. Il fallait, pour battre ces palplanches par le mode ordinaire, 42 minutes, et encore beaucoup d'entre elles se fendaient ou se déversaient.

FONDATIONS

On prépara pour ces palplanches des trous creusés à l'eau comprimée à l'aide d'une lance en tôle galvanisée de 3 mètres de longueur. Cette lance descend de toute sa longueur en trois ou quatre minutes; on l'enlève vivement et on présente la palplanche qui, sous le poids seul du mouton, s'enfonce de 2^m50 et les premiers coups de mouton, donnés avec une petite volée, produisent encore un enfoncement de 1^m50. La durée totale de l'opération est réduite à vingt minutes, il n'y a plus de palplanches brisées et déversées.

M. Widmer a montré, par expériences comparatives, que la résistance des pilotis était la même, quelle que fût la méthode suivie.

Nous croyons cette conclusion parfaitement exacte pour les vases sablonneuses de la baie de Seine; un trou ouvert dans ces vases à basse mer est fermé à la marée suivante et le sol y a repris toute sa consistance.

Mais, nous pensons que la conclusion ne doit être étendue qu'avec une certaine prudence à d'autres terrains.

OPÉRATIONS ACCESSOIRES AU BATTAGE

Arrachage des pieux. — Il arrive souvent que des pieux se brisent pendant le battage ou qu'ils prennent une mauvaise direction qu'on ne peut rectifier avec le mouton, et l'on se voit forcé de les arracher.

Le procédé le plus ordinaire consiste à les ébranler énergiquement par des secousses répétées qu'on leur transmet au moyen d'un grand levier en bois; l'adhérence latérale du pieu avec le sol finit par disparaître, parce que le trou s'agrandit, et l'on n'a bientôt plus à vaincre que le poids du pieu pour le soulever.

La figure 9, planche XIII, représente un système de grand levier manœuvré par des tiraudes et établi sur terre ferme; lorsqu'on a à enlever des pieux battus dans l'eau, il est facile d'installer sur un bateau un levier analogue; il est peu coûteux et facile à confectionner partout. Le mode d'attache de la chaîne de traction avec la tête du pieu est variable : le plus simple consiste à traverser le bois par une cheville en fer, dont les extrémités dépassent et sont engagées dans les dernières mailles de la chaîne (*fig.* 6). Les figures 4 à 8, planche XIII, représentent des systèmes qui consistent à saisir la tête du pieu au moyen de colliers ovales en fer, simples ou doubles; par la traction, ces colliers broient les fibres du bois, pénètrent un peu dans le pieu et ne peuvent pas se dégager tant que dure la traction.

Un autre système d'arrachage consiste à se servir de verins en bois ou en fer; on ne procède plus par secousses, mais par efforts continus. On voit sur les figures 10 et 11, planche XIII, deux vérins en bois, mus au moyen de bras de cabestan; dans le premier, les bras de cabestan sont fixés à la vis et s'élèvent avec elle; dans le second, les bras sont engagés dans une lanterne qui forme l'écrou fixe de la vis mobile.

Recepage des pieux. — Lorsqu'on a établi une file ou une enceinte de pieux et palplanches, il est en général nécessaire de les déraser de manière que toutes les têtes se trouvent dans un même plan horizontal ; cette opération constitue le recepage.

Lorsque les pieux sont hors de l'eau, le recepage est facile et il n'y a qu'à se servir de scies ordinaires.

Il n'en est pas de même lorsqu'il s'agit de receper les pieux sous l'eau à une profondeur quelquefois considérable.

Un des plus anciens appareils destinés à cet usage est la scie de Decessart que représentent les figures 1 et 2, planche XV ; c'est quelque chose de très compliqué que nous ne pouvons décrire que d'une manière sommaire, à titre de curiosité. Sur la figure 1, coupe verticale en long, on voit trois tiges verticales : celle du milieu est une tringle verticale sur laquelle agit le chef de chantier pour appliquer le plan horizontal de la scie sur la tête des pieux déjà dérasés ; celles qui se trouvent de chaque côté portent latéralement des crémaillères et servent à soulever ou à abaisser le plan horizontal de la scie de manière à le placer à la hauteur voulue. En dehors de ces tiges, on trouve, de chaque côté, une glissière inclinée qui retient un bouton de manivelle fixé à une tige à laquelle des ouvriers impriment un mouvement de va-et-vient ; ce mouvement de va-et-vient se communique par des leviers articulés, situés dans un plan vertical, à un autre système de leviers situés dans un plan horizontal, et ces derniers le transmettent à la scie ; les lignes ponctuées font bien comprendre ce qui se passe. Tout l'appareil repose sur un chariot de support qui permet de faire aller la scie d'un pieu à un autre. Tout ingénieux qu'il est, cet appareil ne saurait être aujourd'hui d'aucun usage.

Aux fondations du pont de Bordeaux, M. Vauvilliers fit usage d'une scie circulaire horizontale mue par un arbre vertical, qui recevait lui-même son mouvement d'un cabestan ; l'appareil est soutenu par un châssis métallique qui ne masque que la moitié du cercle de la scie, de manière à permettre à l'autre moitié d'attaquer le pieu : l'axe vertical doit être formé de deux parties qui s'assemblent à coulisse de telle sorte qu'on puisse l'allonger ou le raccourcir, c'est-à-dire abaisser ou élever la scie circulaire.

On en est venu, plus tard, à des appareils plus simples : avec les précédents on obtenait une tête de pieu mathématiquement horizontale ; supposez un triangle isocèle, dont la base est horizontale et formée d'une lame de scie ; le plan du triangle est vertical et peut prendre un mouvement de va-et-vient autour d'un axe horizontal, qui lui est perpendiculaire et qui passe par son sommet ; l'enveloppe de la scie dans son mouvement sera un cylindre et la tête du pieu sera découpée suivant la même surface ; ce ne sera donc pas un plan horizontal, mais elle en diffère bien peu, si l'on a soin de placer à une assez grande hauteur l'axe de rotation. La solution revient en somme à substituer au plan tangent à la surface décrite par la scie cette surface elle-même, et cette solution est excellente en pratique. Le mouvement de va-et-vient est communiqué à l'appareil au moyen de deux cordelles ou de deux perches qui s'attachent aux sommets de la base du triangle et qui se prolongent en dehors de l'eau.

Les figures 3 et 4, planche XV, représentent, en élévation de face et en élévation latérale, la scie oscillante employée par M. l'ingénieur Beaudemoulin pour les fondations du pont de Tours.

La figure 4, planche IX, est le dessin d'une petite scie oscillante employée par M. l'ingénieur de Lagrené à la fondation de barrages sur la haute Seine; elle est manœuvrée par quatre hommes et a servi pour de petites profondeurs qui n'ont pas dépassé 1^m40; il était facile de modifier à volonté le niveau de la scie, il suffisait de placer la cheville formant axe d'oscillation dans un des trous que l'on voit figurés sur le montant vertical de la charpente.

Au pont de Saint-Pierre de Gaubert, M. l'ingénieur Regnault employa pour le recepage sous l'eau la scie oscillante représentée par la figure 8, planche VIII. On l'attachait au pieu par sa partie supérieure, tout en la laissant mobile autour de son point d'attache. Un homme maintenait la scie contre le pieu et six manœuvres la faisaient mouvoir à l'aide de deux tringles en fer, attachées à ses extrémités. On se servait pour cette opération d'un bateau qu'on plaçait tangentiellement au pieu. L'emploi de cette scie produisit de bons résultats. Le recepage d'un pieu durait un quart d'heure, et l'on obtenait des surfaces parfaitement nettes.

Aux nouveaux quais de Rouen, une scie à mouvement alternatif, construite par MM. Perdriel frères, de Nantes, a permis de déraser, à 1 centimètre près, les têtes de 56 pieux correspondant à un même caisson; manœuvrée par une équipe de cinq hommes, elle a recepé 12 à 15 pieux par jour.

Lunettes plongeantes. — Un instrument fort utile pour les travaux hydrauliques, auquel on n'a peut-être pas assez souvent recours, c'est la lunette plongeante. Il en est de plusieurs formes : rappelons que dans une lunette on appelle objectif le verre ou la lentille qui touche l'objet, et oculaire le verre que l'observateur approche de son œil.

M. Vouret, conducteur des ponts et chaussées, inventa, vers 1835, une lunette à oculaire, destinée à montrer le fond de l'eau : c'est un tube conique, parfaitement étanche, dont le petit bout porte un oculaire; le gros bout est renflé de manière à former une sorte de cloche; supposez que l'on plonge l'appareil dans l'eau verticalement, le tube étant ouvert par le bas, l'eau tendra à s'élever à l'intérieur, mais elle ne peut le faire qu'en comprimant l'air confiné qui suit la loi de Mariotte; son volume varie en raison inverse de la pression. C'est précisément pour obtenir une diminution notable du volume intérieur et en même temps une faible ascension de l'eau dans le tube qu'on lui donne la forme renflée vers le bas. Pour être étanche, cet appareil demande à être bien solidement construit; il est lourd et peu maniable, et il y a toujours une couche d'eau assez considérable interposée entre l'air et l'objet; cette couche d'eau diminue beaucoup la netteté de la vision.

Au pont de Tours, M. Beaudemoulin obtint d'excellents résultats avec une lunette sans oculaire et munie d'un objectif en verre plan (il est préférable, lorsqu'on peut le faire, d'adopter pour objectif une lentille biconcave). Les figures 5 et 6, planche XV, représentent une de ces lunettes de petite dimension qui est très commode et très maniable; on l'enfonce dans l'eau en exerçant un certain effort, l'eau ne pénètre point à l'intérieur, puisque l'objectif fait fonction d'obturateur; on peut donc approcher de l'objet aussi près qu'on le veut. Pour éviter toute filtration de l'eau, il faut veiller à ce que la lentille soit soigneusement encastrée dans les parois du tube. Jusqu'à 2 mètres de profondeur, même en eau trouble, on distingue jusqu'au moindre grain de sable sans s'assujettir à placer l'œil tout près de l'orifice; à 5 mètres de profondeur, on est forcé de placer l'objectif sur le corps à examiner et d'approcher l'œil de l'oculaire.

« Une lunette à verre plan mastiqué, dit M. Beaudemoulin, en 1841, de 2 mètres à 2^{m}50 de longueur, coûte 8 francs; les bords du verre doivent être dépolis pour faire prendre le mastic.

« Avec un verre enchâssé dans un appareil étanche en étain, elle coûte 10 francs. Enfin, avec un objectif biconcave, elle peut revenir à 12 francs. »

On s'est servi aussi de lunettes à réflexion, destinées à montrer non pas le fond d'une rivière, mais par exemple les parois verticales d'une pile de pont; ces lunettes, fermées au fond, portent à la base sur une de leurs faces une glace, en face de laquelle, à l'intérieur, on trouve une surface polie inclinée à 45 degrés pour renvoyer l'image à l'œil de l'observateur. Cette complication est inutile, car il est facile d'incliner plus ou moins la lunette à objectif; du reste, avec celle à réflexion, on ne peut guère voir qu'à 0^{m}30 en avant de la glace.

Du moisage des pieux. — Quand on a établi une enceinte de pieux, on a, en général, à réunir les têtes de tous ces pieux par des pièces de bois longitudinales et transversales, et, d'ordinaire, ce sont des moises que l'on emploie. Si la tête des pieux est hors de l'eau, ou tout au moins à l'étiage, il est facile d'établir ce grillage par les méthodes ordinaires, on peut même ne pas se servir de moises et prendre des pièces simples qui s'assemblent à tenon et mortaise sur la tête des pieux.

Lorsqu'on a recours à des moises, il y a, dans tous les cas, certaines précautions à prendre. Il n'arrive jamais que les pieux soient exactement battus suivant la ligne droite prévue, il faut donc, pour les recouvrir exactement, commencer par relever en plan leur position respective : dans l'axe de chaque pieu, on perce un petit trou de tarière, dans lequel on plante une fiche en fer; le long de deux des fiches on applique une règle, et l'on prend, par rapport à cette règle, les ordonnées et les abscisses de toutes les autres fiches : on a de la sorte la position relative de tous les pieux, que l'on peut reporter sur l'étalon. C'est là que l'on arrête la forme définitive, plus ou moins régulière, soit des chapeaux destinés à recouvrir les pieux, soit des moises destinées à les embrasser.

Les moises, avons-nous dit, se composent de deux pièces parallèles qui embrassent les pieux, par un assemblage généralement à mi-bois, et qui sont distantes entre elles d'un intervalle un peu supérieur à la largeur des palplanches, dont elles servent à guider la marche ; lorsqu'elles sont assemblées, on les rapproche au moyen de forts boulons qui traversent à la fois les deux moises et le tenon ménagé sur la tête du pieu, et on exerce un serrage énergique.

Lorsqu'il s'agit de moiser sous l'eau, on peut réunir les moises par des boulons situés en dehors de l'emplacement des pieux, puis on engage le système dans les pieux à la partie supérieure et on le force à descendre à frottement dur, en le frappant tantôt à un endroit, tantôt à l'autre, par l'intermédiaire d'un chasse-pieu.

Si l'on veut obtenir un moisage parfait, on opère autrement : les pieux étant recepés sous l'eau, on ne peut chercher à les réunir aux moises par des boulons horizontaux ; il faut venir poser ces moises sur la tête des pieux, et alors on maintient l'écartement des deux moises par des taquets en bois, dont l'axe est dans le prolongement de celui des pieux ; les taquets et les moises sont serrés ensemble par des boulons horizontaux, et ce chapeau complexe est réuni à la ligne des pieux au moyen de chevilles en fer barbelées, engagées d'un bout dans un taquet et d'autre bout dans le pieu correspondant, suivant l'axe vertical.

Pour relever le plan de l'enceinte, on vient appliquer sur la tête de chaque pieu un tube en fer-blanc, terminé par un entonnoir qui embrasse le pieu ; le tube est vertical ; à l'intérieur, on descend une longue tarière et on perce un trou dans l'axe du pieu ; dans le trou on implante une tige en fer qui dépasse le niveau de l'eau, et de la position relative de toutes les tiges on déduit le plan de l'enceinte ; on peut alors préparer exactement les moises et leurs taquets, que l'on perce de trous verticaux correspondant aux tiges ; les taquets s'engagent dans les tiges et la charpente descend à sa place. Avec des pinces, on engage les chevilles barbelées dans les trous des taquets, et, avec un chasse-pieu, on les fait pénétrer dans les pilots. L'opération est alors terminée ; il faut avoir soin de conserver la frette des pilots, sans quoi les tarières les feraient éclater. M. l'ingénieur de Lagrené a appliqué ce système avec succès à la fondation des barrages de la haute Seine, dans des profondeurs d'eau qui atteignaient jusqu'à 2 mètres. Il a reconnu qu'on pouvait évaluer à environ 60 francs par mètre cube de bois employé le prix de la main-d'œuvre de ce genre de moisage.

EXEMPLES DE FONDATIONS SUR PILOTIS

Les fondations sur pilotis donnent lieu à l'emploi de trois procédés différents :

1° On peut poser sur les pilotis un grillage et un plancher en bois, placé à peu près au niveau de l'étiage, et sur ce plancher on élève la maçonnerie de l'édifice ;

2° On peut enchâsser et noyer dans le béton la tête des pieux de manière à les rendre solidaires, et c'est la surface du béton, convenablement dressée, qui reçoit la maçonnerie supérieure et en transmet le poids aux pilotis ;

3° Enfin on peut échouer sur les pieux recépés à la même hauteur, au-dessous de l'étiage, un caisson étanche dans lequel on épuise ensuite pour maçonner à sec.

Nous donnerons quelques exemples de chacun de ces trois procédés.

1° Fondation sur pilotis et grillages. — *A. Pont de Staines sur la Tamise.* — Les piles et culées du pont de Staines sur la Tamise sont fondées sur des pieux de 0^{m}46 de diamètre espacés de 1^{m}52 d'axe en axe. Ils sont coiffés de chapeaux de 0^{m}46 d'équarrissage portant un plancher de 0^{m}15 d'épaisseur.

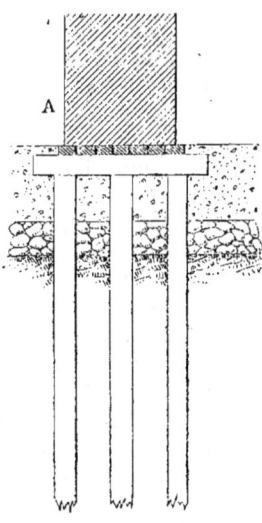

Fig. 66.

Cette fondation est entourée par une file de palplanches moisées ; ces palplanches ont 3^{m}80 de long, 0^{m}36 de large et 0^{m}23 d'épaisseur. Les moises ont 0^{m}46 sur 0^{m}23 et sont solidement reliées aux pieux par des boulons.

B. Pilotis et plancher de fondation d'un pont sur le canal de l'Escaut. — La ligne de Busigny à Somain traverse le canal de l'Escaut par un pont métallique à deux travées de 10^{m}25 d'ouverture. Le sol est tourbeux et la fondation est établie sur pieux de 15 mètres de long et 0^{m}30 d'équarrissage, recépés au niveau du plafond du canal ; la pile et les culées sont fondées sur trois files de pieux et les murs de soutènement des chemins de halage du canal sont fondés sur deux files. A est le profil en travers de la pile et B celui du mur de halage. Pour la pile, les pieux, espacés de 0^{m}75 d'axe en axe dans le sens transversal et de 1 mètre dans l'autre sens, sont coiffés de traversines de 0^{m}30 d'équarrissage ; et sur les traversines est cloué un plancher longitudinal formé de madriers de 0^{m}20 sur 0^{m}10.

La figure 68 donne le détail à grande échelle de l'assemblage des trois éléments ; la traversine coiffe le pieu qui la pénètre par un tenon droit de 0^{m}10 de haut, 0^{m}20 de large et 0^{m}10 d'épaisseur ; les madriers du plancher assemblés à trait

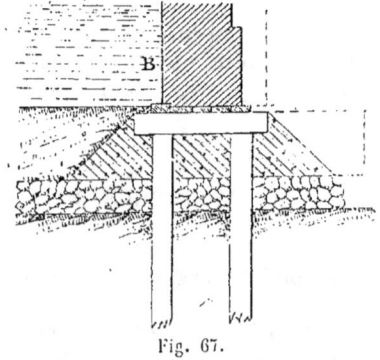

Fig. 67.

FONDATIONS 175

de Jupiter simple sont cloués sur la traversine par de forts clous à tête noyée.

Tous les pieux sont ainsi rendus solidaires et de plus ils sont pris dans une couche générale de béton ayant une épaisseur de 1 mètre sous

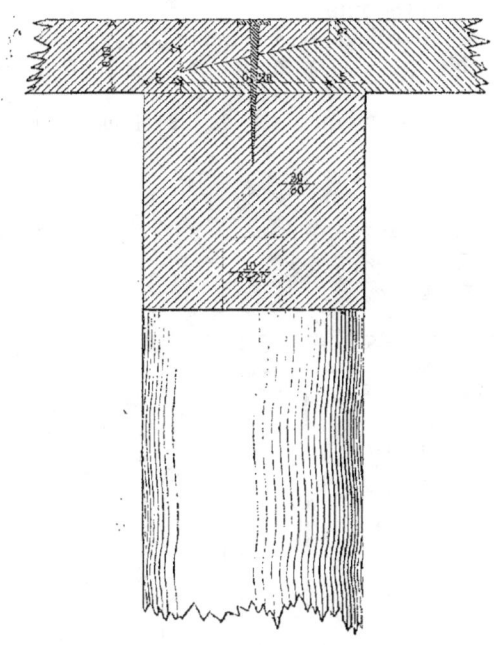

Fig. 68.

le plancher. La présence de celui-ci était nécessaire, parce qu'il devait supporter de la maçonnerie de briques; on le supprimerait si on pouvait constituer la base des piles avec quelques assises de forts libages.

La figure 69 représente la *fondation sur grillage des piles du viaduc du Mans* sur la Sarthe.

C. Pilotis et grillages du viaduc de Paludate. — Le viaduc de Paludate, qui fait suite au grand pont de Bordeaux, est établi sur un sol d'alluvions de grande épaisseur, formé de couches alternatives d'argile et de sable fin plus ou moins ébouleux, de glaise mélangée de sable; le tuf ne se rencontrait qu'à 20 mètres au-dessous du niveau moyen de la mer.

Les palées voisines de la Garonne sont fondées sur pilotis et les autres sur grillage. En vue de tassements possibles, le viaduc est formé de poutres droites indépendantes et les travées n'ont, du reste, que 7m20 d'ouverture.

Les palées à pilotis reposent sur deux lignes de neuf pieux chacune espacées de 1m40; les pieux, espacés de 1m275 dans chaque ligne, ont un diamètre minimum de 0ᵐ25 et une longueur de 8ᵐ50 à 10 mètres; ils sont moisés deux à deux et reliés transversalement par des chapeaux de 0ᵐ30 d'équarrissage supportant un plancher de 0ᵐ20 d'épaisseur. Le tout est donc solidaire; chaque pieu, en pin des Landes, est exposé à porter au maximum 18 tonnes.

Pour les palées à grillage, on répandait au fond de la fouille une couche de gros sable que l'on pilonnait et sur laquelle le grillage était posé.

Chaque grillage se compose : 1° de longrines de 0ᵐ30 d'équarrissage

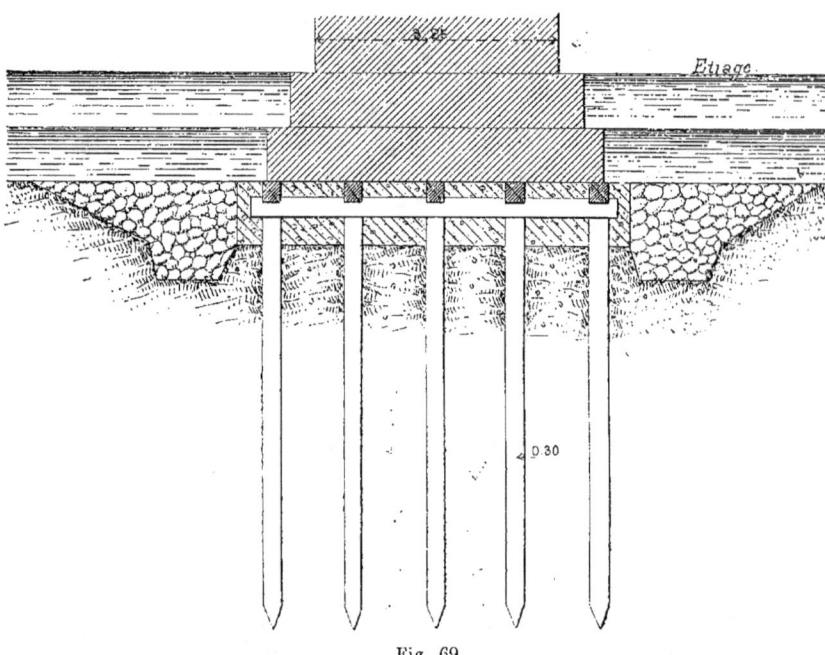

Fig. 69.

entaillées de 0ᵐ05; 2° de traversines de 0ᵐ25 d'équarrissage entaillées de 0ᵐ10, de sorte que l'épaisseur totale est de 0ᵐ40 et la saillie des traversines sur les longrines 0ᵐ10. Les longrines qui sont en deux pièces sont assemblées à mi-bois et chevillées, le joint est consolidé par deux couvre-joints latéraux avec chevilles en acacia.

Les intervalles entre les traversines sont remblayés en sable fin pilonné au niveau des longrines, et sur le tout repose un plancher de 0ᵐ10 destiné à recevoir la maçonnerie de fondation. Au fur et à mesure que cette maçonnerie s'élevait, on remblayait autour avec du gros sable pilonné avec soin par couches de 0ᵐ20. La hauteur du massif de maçonnerie enfoui dans le sol est d'environ 1ᵐ80.

La charge répartie à la base d'une de ces fondations sur grillage est de 0ᵏ71 par centimètre carré. Ce chiffre est très réduit, si l'on remarque qu'un camion chargé passant sur un pavé de 0ᵐ22 donne une pression qui dépasse souvent 2 kilogrammes par centimètre carré.

D. Fondation d'une pile du pont des Arts, à Paris. — Le pont des Arts, réservé au passage des piétons, est formé d'arcs en fer de 23ᵐ70 d'ouverture reposant sur des piles en maçonnerie. Les piles, qui ont 2 mètres de largeur à la base, se prolongent par deux assises de libages de 0ᵐ45 de hauteur, surmontant un grillage porté par trois files de pieux (*fig.* 69); ces pieux, de 0ᵐ30 de diamètre, sont espacés de 1ᵐ40 d'axe en axe dans les deux sens; chaque file longitudinale est coiffée

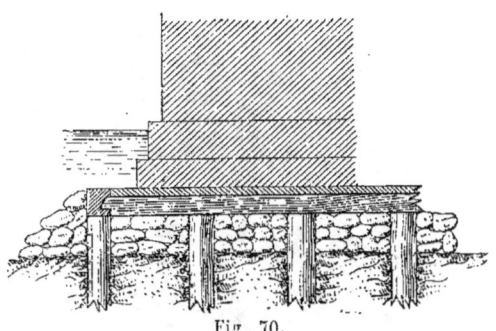

Fig. 70.

d'un chapeau et chaque file transversale extrême d'une traverse de 0ᵐ35 de hauteur; les pièces longitudinales s'assemblent dans ces traverses et le tout forme le cadre qui supporte un plancher en madriers de 0ᵐ10. La tête des pieux est perdue dans un enrochement solide; la vase ne tarde point à boucher tous les vides et à donner un massif compacte.

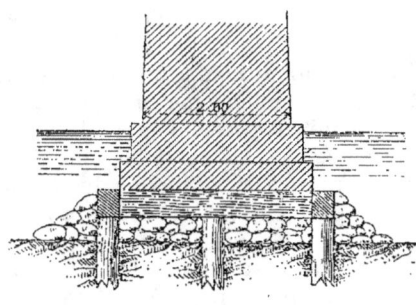

Fig. 71.

E. Fondation d'un mur de quai sur la Tamise. — La figure 71 représente la fondation d'un mur de quai sur le bord de la Tamise à Londres. Ce mur est établi dans la tourbe et la vase et il importait de le disposer de telle sorte qu'il résistât efficacement à la poussée des remblais fluides; il est à profil courbe vers la rivière et relié par des tirants et des ancres à des pieux inclinés battus en arrière.

La maçonnerie repose sur un plancher porté par quatre files de pieux de 0ᵐ30 de diamètre; la file extrême est inclinée au 1/4, la suivante au 1/12 et les deux files internes sont verticales; les pieux sont coiffés d'une traverse qui reçoit les madriers du plancher.

On conçoit sans peine que l'inclinaison des pieux produit un arc-boutement très favorable à la résistance au renversement. Les Anglais ne reculent pas comme nous devant la sujétion du battage des pieux inclinés; cette sujétion n'est du reste pas bien grande et il est facile d'établir à peu de frais des sonnettes inclinées, qu'elles soient à bras ou

F. Fondations sur pilotis et grillage dans les terrains vaseux. — Sur la ligne de Nantes à Châteaulin, qui nous a déjà fourni plusieurs exemples, on a fondé plusieurs ouvrages sur des pilotis supportant un grillage, et on a eu beaucoup de peine à conjurer les mouvements des maçonneries :

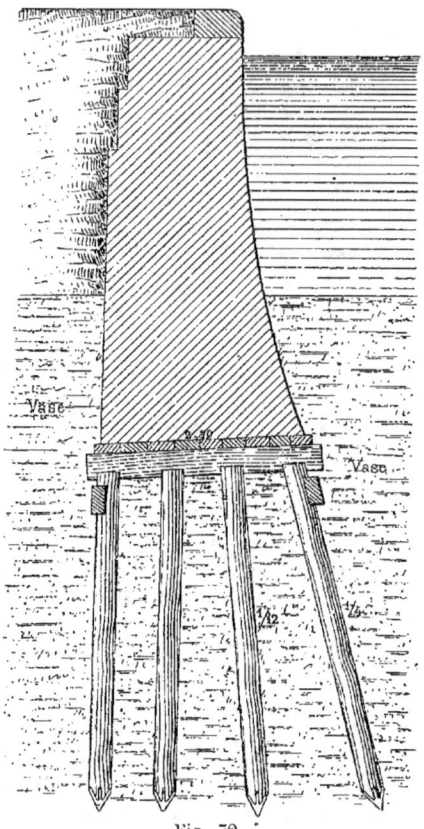

Fig. 72.

« On sait, dit M. Croizette-Desnoyers, que dans les terrains vaseux, même lorsque les pieux pénètrent jusqu'au solide, les fondations ordinaires sur pilotis manquent complètement de stabilité, parce que les remblais apportés derrière les culées font chasser la vase, qui presse alors contre les pieux et tend à les déverser ; si les remblais ne sont pas conduits très régulièrement contre les deux culées à la fois, l'ouvrage entier s'incline du côté le plus chargé ; si cette précaution est prise, les culées tendent à se rapprocher l'une de l'autre ; enfin, même lorsqu'on évite des déformations, des ruptures de matériaux ou des accidents plus graves encore, le pont reste dans un état d'équilibre inquiétant. Au contraire, si d'avance, en effectuant le remblai à l'emplacement de l'ouvrage, on a produit sur le terrain inférieur toute la compression qu'il doit recevoir plus tard, les pieux battus, en partie dans le remblai enfoui, en partie dans le terrain inférieur comprimé, possèdent une grande fixité et n'ont pas d'ailleurs, plus tard, à supporter de poussées latérales, puisque les remblais effectués dès l'origine contre l'emplacement des culées ont déjà produit tout leur effet.

« Ce procédé, qui améliore beaucoup les conditions de solidité des fondations sur pilotis, en conserve en même temps presque toute l'économie, car le chargement en remblais, dont une grande partie est reprise et utilisée plus tard, n'augmente évidemment pas beaucoup la dépense totale.

« Ce mode très simple serait d'un succès infaillible, si le terrain inférieur prenait toujours, avant la construction de l'ouvrage, tout le tassement qu'il est susceptible d'acquérir. Malheureusement, il n'en est pas ainsi, et le procédé a besoin d'être complété dans certains cas par des précautions supplémentaires. »

Un premier exemple du mode de fondation que vient de décrire M. Croizette-Desnoyers, est un petit pont construit sur le Brivet. Les figures 1 à 8, planche XVI, représentent les fondations de ce pont dans tous ses détails. Le terrain est formé d'une couche de tourbe recouvrant une couche épaisse de vase; le tout est très compressible, comme on le reconnaît en comparant le volume de remblai enfoui au volume de vase soulevé latéralement en bourrelet. On a donc comprimé le sol, à l'emplacement du pont, en lui imposant le même remblai qu'aux parties voisines; puis on a enlevé l'excédant de terre, on a creusé l'emplacement des pilotis jusqu'à 1^{m}25 au-dessous du niveau moyen de la mer, on a battu les pieux qu'on a réunis par des chapeaux et des moises supportant un plancher, sur lequel on a élevé les culées. Pour empêcher tout rapprochement des culées, on a réuni par quatre cours de moises les files de pieux limitant intérieurement chaque culée, et ces moises sont elles-mêmes croisées par une lierne, les remblais ont été élevés en même temps et avec la même vitesse en arrière de chaque culée.

Les figures 9 à 19, planche XVI, représentent les fondations du pont sur l'Oust, dont la disposition est remarquable et intéressante. L'ouvrage a été établi dans une dérivation à l'abri du courant de la rivière; après de grandes difficultés, on a pu surcharger l'emplacement avec un remblai considérable qu'on a ensuite enlevé; on a commencé alors la fouille des culées jusqu'au niveau de la plate-forme de fondation; mais à mesure qu'on fouillait, la vase remontait par l'effet de la sous-pression, et l'on n'avançait pas; peu à peu cependant, les remblais voisins ont descendu et ont pris la place de la vase qu'ils chassaient, le mouvement s'est arrêté et on a pu achever la fouille; les pieux battus ont été recouverts d'une plate-forme analogue à celle que nous avons vue plus haut pour le pont sur le Brivet. Malgré toutes ces précautions, les premiers pieux battus à la culée, rive droite, avaient chassé sous la pression du remblai, et leur tête s'était avancée vers les piles de 2 mètres; on résolut, pour s'opposer à ce mouvement, d'augmenter la force du contreventement; à 1^{m}50 au-dessous du premier cadre horizontal, on en établit un autre identique et les panneaux verticaux, formés par les pièces homologues de ces deux cadres, furent garnis de croix de Saint-André, de manière à former de véritables fermes en charpente. Elles suffisaient seules pour résister à la poussée; mais on a craint que plus tard elles ne vinssent à disparaître, et on a coulé du béton dans cette sorte de caisson à claire-voie; le béton a le temps de durcir et un jour il pourra suppléer avec avantage la charpente qui disparaîtrait.

Les travaux que nous venons de décrire ont bien réussi et ont fait grand honneur à l'ingénieur qui les a exécutés; mais ils montrent que les fondations sur pilotis dans les terrains vaseux exigent de grandes précautions pour ne pas devenir dangereuses. Les pieux abondonnés à eux-mêmes y obéissent au moindre effort latéral et se déversent; il faut disposer des contreventements solides pour résister à cette tendance.

2° **Fondations sur pilotis et massifs de béton.** — A. *Fondations du pont de la Bidassoa.* — La ligne de Bayonne à Irun traverse la Bidassoa par un pont en maçonnerie à cinq arches de 20 mètres d'ouverture.

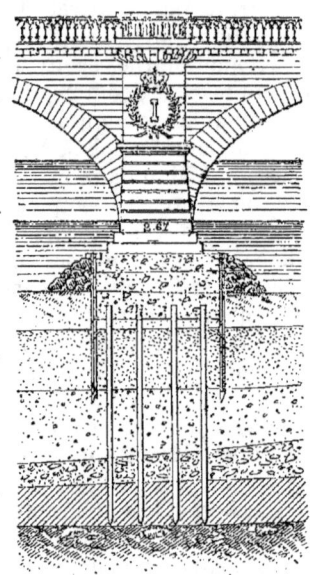

Fig. 73.

Le fond de la rivière est un sable mêlé de vase et de gravier jusqu'à une profondeur moyenne d'environ 7 mètres; alors on trouve la marne solide. Les piles et culées ont été fondées sur pilotis.

Les pieux ayant été enfoncés au refus, on a battu autour de l'emplacement de la pile une enceinte de pieux et palplanches jointifs, enceinte rectangulaire terminée par deux trapèzes, forme correspondant à celle des piles dont la section est un rectangle terminé par deux demi-cercles. Dans l'enceinte on a immergé un massif de béton enchâssant la tête des pieux, et c'est sur ce massif que reposent les libages du socle.

Chaque pile a exigé 140 mètres de béton. Les pieux de fondation sont battus en quinconce sur sept rangs dont les axes sont espacés de 0^m30; dans chaque file l'espacement est de 1 mètre. Il y a ainsi dans chaque pile 84 pieux de 0^m25 d'équarrissage, soit 4 pieux par mètre carré, avec une fiche de 8 mètres.

Il n'y a pour l'enceinte de chaque pile que huit pieux avec palplanches de 0^m08 d'épaisseur; le tout est maintenu par un cours de moises horizontales de 0^m20 d'équarrissage, suivant tout le pourtour de l'enceinte. Celle-ci descend à 6 mètres au-dessous des moises.

Le battage des pieux a été précédé du dragage à gueule-bée de la vase à l'emplacement des piles.

B. *Fondation d'un pont en plein cintre de 24 mètres d'ouverture.* — La figure 73 indique la disposition adoptée pour les pilotis soutenant la culée d'un passage inférieur pour chemin de fer, voûte en plein cintre de 25 mètres de diamètre. Les pieux, de 14 mètres de longueur et de 0^m30 d'équarrissage, sont enfoncés dans un terrain d'argile molle, de tourbe et de marne, et leur pointe pénètre d'environ 3 mètres dans un calcaire tendre. Les pieux, plantés par lignes, sont espacés entre eux de 0^m80 d'axe en axe dans les deux sens, de sorte que, pour une largeur de pont de 8 mètres entre les têtes, il existe à chaque culée 88 pieux.

La tête de ce faisceau de pilotis pénètre de 1 mètre dans le massif de béton de fondation qui a 2 mètres de hauteur totale.

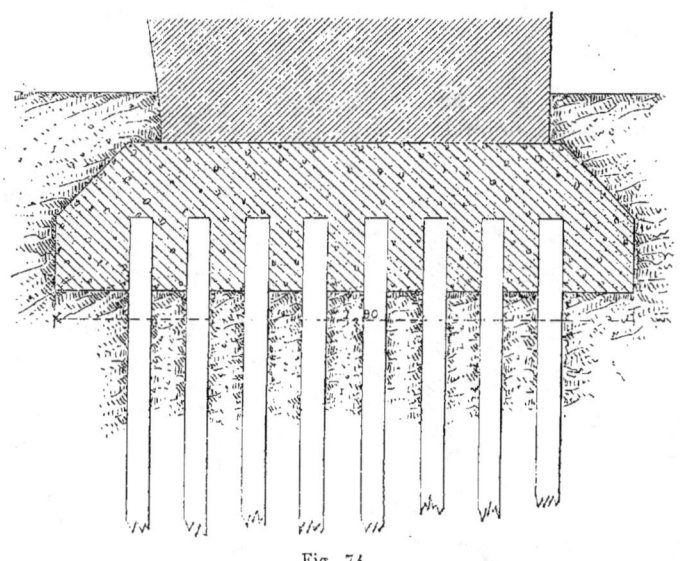

Fig. 74.

La charge fixée est de 23 à 25 tonnes par pieu, soit 26 à 30 kilogrammes par centimètre carré de section pour chaque pieu. Le bois employé est du sapin.

C. Fondation d'un pont sur l'Adour. — Le pont de Lanne, sur l'Adour, compte sept arches de 24 mètres d'ouverture. Les piles reposent sur des couches de béton coulé dans des enceintes de pieux et palplanches et d'une épaisseur de 2^{m}50. Ce béton porte lui-même sur des pilotis qui s'engagent de 0^{m}50 dans sa masse. Les pieux sont disposés par files perpendiculaires à l'axe du pont, espacées de 0^{m}80 d'axe en axe ; les pieux sont espacés de 1 mètre dans une même file ; leur diamètre moyen est de 0^{m}30, leur longueur de 6 mètres ; pour les pieux d'enceinte la longueur a été portée à 10 mètres et ces pieux ont été recepés au niveau du dessus du béton. Il y a 80 pieux par pile supportant 35^{k}37 par centimètre carré de section.

Le béton est arasé à 0^{m}12 sous l'étiage. Un socle faisant saillie de 0^{m}30 sur le nu des maçonneries rachète le niveau des naissances. Le béton, composé de pierre calcaire cassée et de mortier de chaux hydraulique d'Echoisy, a été coulé sous l'eau après dragage.

La fondation achevée, on a construit autour de chaque pile un bâtardeau à l'aide de vannages cloués sur des montants munis de goujons qui pénétraient dans le massif ; ces bâtardeaux avaient 2 mètres de hauteur à cause des marées. Pour empêcher l'eau de mer de les détruire avant leur prise, on a posé au fond de chacun d'eux une buse en ciment de 0^m15 de diamètre. A marée montante, l'enceinte se remplissait sans se délaver, puis elle se vidait à marée descendante. On bouchait alors la buse à l'aide d'un mandrin en bois calibré et enveloppé d'étoupe et l'on pouvait maintenir l'intérieur à sec à l'aide d'une pompe d'épuisement.

D. Fondations de l'écluse du canal Saint-Louis. — Le canal Saint-Louis, qui établit une communication directe entre la partie profonde du Rhône et la mer, est creusé dans une terre d'alluvion formée d'un mélange de sable fin et d'argile.

Les têtes de l'écluse, ses bajoyers et ses murs en retour ont été fondés sur pilotis; le radier du sas est fondé directement sur le sol. La figure 75 donne la coupe d'un bajoyer avec l'amorce du sas.

Les pieux, en bois de sapin écorcé, ont 0^m30 de diamètre moyen et 12 mètres de longueur; ils sont espacés de 1^m15 d'axe en axe. Ils sont coiffés, sans grillage, d'un massif de béton qui a 1^m50 d'épaisseur pour les têtes et 1 mètre seulement pour les bajoyers du sas.

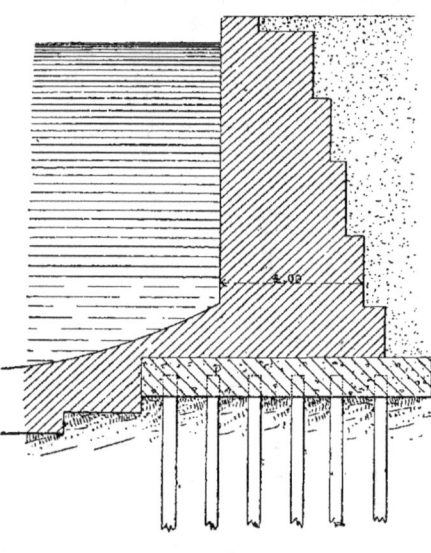

Fig. 75.

L'écluse et ses murs ont été construits à sec à l'abri d'un bâtardeau; ce bâtardeau était simplement formé par le terrain naturel que l'on avait laissé intact le long du Rhône sur une largeur de quelques mètres. Un bâtardeau semblable séparait les fouilles de l'écluse de celles du bassin, afin qu'en cas de rupture du bâtardeau du Rhône le bassin ne fût pas envahi par les eaux.

E. Fondation du viaduc de Comelle. — Les piles du viaduc de Comelle, ligne de Paris à Chantilly, sont fondées sur un sable tourbeux d'épaisseur indéfinie, et ont donné lieu à de grandes difficultés et à des craintes.

Elles reposent sur des pieux de 10 mètres de longueur moyenne, de 0^m30 d'équarrissage, correspondant chacun à une surface horizontale de 2/3 de mètre carré.

Autour des pieux, on a établi une enceinte légère de pieux et palplanches, on a enlevé le sol naturel jusqu'à 3 mètres de profondeur, et le vide a été rempli avec un bon béton hydraulique. Enfin, la tête des pieux a été enchâssée dans une maçonnerie de ciment élevée jusqu'au sol naturel.

Les terrains sablonneux sont très dangereux, sous le rapport du battage des pilotis; après avoir battu un pieu jusqu'au refus, on s'imagine qu'il est solide et ne s'enfoncera plus; or, si on vient recommencer le battage quelque temps après, on est tout étonné d'obtenir très facilement un nouvel enfoncement, parfois considérable. Ainsi, au viaduc de Comelle, après un premier refus, le rebattage a souvent donné un nouvel enfoncement de plus d'un mètre. On comprend que de pareilles circonstances inspirent des craintes sérieuses.

C'est pourquoi M. Mantion, au viaduc de Comelle, a en quelque sorte

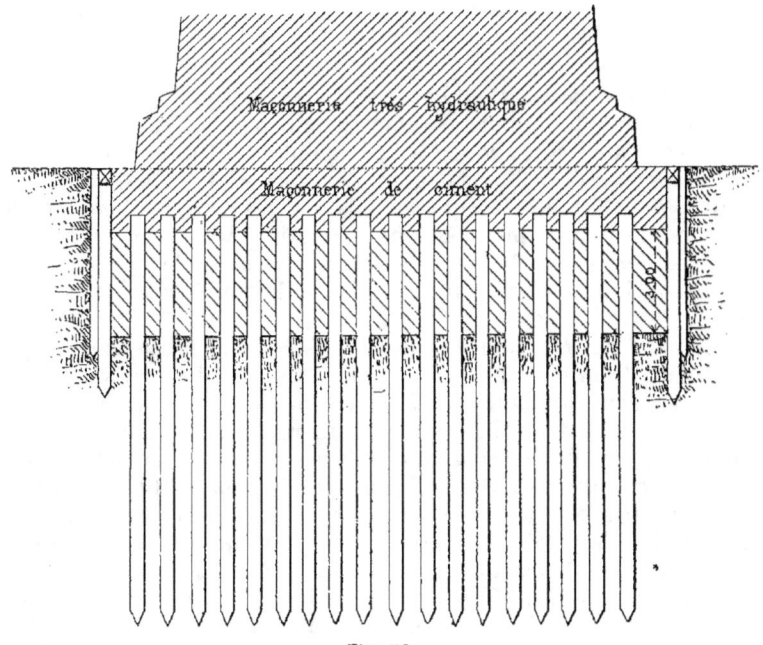

Fig. 76.

adopté une double fondation : d'une part, les pieux qui, s'ils portaient seuls la construction, seraient chargés à 22 ou 23 tonnes par pieu; d'autre part, le massif de béton qui, s'il travaillait seul, supporterait à sa base 3 à $3^{kg}25$ par centimètre carré.

Avant de livrer le viaduc à l'exploitation, on l'a chargé d'une couche de ballast d'un mètre d'épaisseur, et on l'a abandonné pendant plusieurs semaines sous cette charge, qui a produit quelques centimètres de tassement.

Depuis lors, aucune fissure ne s'est produite, mais les tassements observés montrent assez la nécessité des précautions prises et justifient l'emploi d'une double fondation.

Variations dans la résistance à l'enfoncement des pieux dans certains terrains. — L'exemple du viaduc de Comelle nous montre à quelles variations peut être exposée la résistance à l'enfoncement des pieux dans certains terrains de vases ou de sables fins et humides.

A un moment donné, un pieu refuse tout enfoncement, et cependant, quand on recommence le battage quelques jours après, il descend de plusieurs centimètres sous la première volée; l'eau comprimée dans le sol environnant a probablement eu le temps de s'échapper, et l'incompressibilité de la masse a disparu avec elle. D'autres fois, on voit des pieux qui s'enfoncent moins sous les premières volées que sous les suivantes; c'est que l'adhérence latérale du terrain agit plus énergiquement dès l'abord et se trouve détruite après un certain temps de battage.

F. Fondation d'un mur de quai, au Havre. — Voici la description du mode de fondation du môle du nouvel avant-port du Havre. Le mur de ce môle est fondé sur pilotis; les pieux ont 4 à 9 mètres de longueur avec un diamètre de 0^m30. La hauteur des murs est de 10^m50, non compris la couche de béton de 1^m50 qui coiffe la tête des pieux; la ligne de pieux vers la mer est battue inclinée dans le prolongement même du parement et la base de l'assise de béton est elle-même normale au parement du mur, disposition évidemment favorable à la résistance au renversement.

« Ces murs ont été fondés en fouille blindée. Les terrassements généraux ayant atteint la cote 3^m15 au-dessus du zéro du port, on a ouvert sur l'emplacement du mur une tranchée dont les parois, à peu près verticales, étaient maintenues au moyen d'un revêtement en madriers, avec fermes en charpente, composées d'étais horizontaux et de montants verticaux. Dès qu'on fut parvenu en moyenne à la cote 3^m10 au-dessous du zéro, on a battu les pieux et construit le mur. Les bois employés à l'étaiement des fouilles étaient enlevés au fur et à mesure de l'avancement des maçonneries; leur cube était d'environ 2^m85 par mètre courant ».

La composition du mortier employé à la confection des bétons est de 400 kilogrammes de Portland pour 1 mètre de sable. Les épuisements généraux s'effectuaient au moyen de trois appareils comprenant chacun deux locomobiles et deux pompes.

G. Fondation du pont Hutcheson, à Glascow. — Autour de chaque pile on a constitué d'abord une enceinte de bâtardeaux : chaque bâtardeau comprenait deux files de pieux de 7^m32 de long, enfoncés de 4^m88 sous l'étiage, reliés par deux cours de moises entre lesquelles on battait des palplanches jointives de 6^m40 de long et de 0^m11 d'épaisseur. Entre les deux files de pieux, espacées de 0^m91, le terrain était ensuite dragué jusqu'à 2^m74 sous l'étiage, puis le vide était rempli avec de l'argile damée et corroyée jusqu'au sommet des palplanches.

Dans l'enceinte formée par les bâtardeaux, on a dragué le terrain naturel jusqu'à 3^m05 sous l'étiage; puis on a battu dans le fond des pieux de 0^m23 d'équarrissage, de 5^m15 de long, espacés de 0^m84 d'axe en axe;

ces pieux étaient enfoncés au refus de 0^m023 par volée de 10 coups d'un mouton de 254 kilogrammes tombant de 9 mètres de hauteur.

Les pieux ayant été recépés de niveau au fond de la fouille, on a déblayé le sol de 0^m50 entre les têtes de ces pieux, qui ont été reliées ensuite par des moises et des longrines boulonnées. Le vide entre les têtes des pieux a été rempli d'un bon béton damé par couches de 0^m15 d'épaisseur.

Sur la plate-forme obtenue on a posé une assise maçonnée de pierre de taille, qui a reçu la maçonnerie des piles.

Ces précautions étaient nécessaires vu la mauvaise nature du sol, composé de sable mouvant ; encore a-t-il fallu, pour quelques piles, conserver la file intérieure de pieux jointifs du bâtardeau d'enceinte.

H. Fondation sur pilotis du viaduc du Point-du-Jour. — Le pont-viaduc du Point-du-Jour sert au passage du chemin de fer de ceinture sur la Seine à Paris.

« Le système de fondation a dû varier suivant la nature du sol. La culée et l'arrière-culée, rive droite, ont été fondées sur pilotis ; les pieux ont, en moyenne, 8 mètres de longueur : ils atteignent la craie solide après avoir traversé des bancs d'argile mêlée de tourbe et de vase. Ces pieux en chêne ont 0^m30 d'équarrissage ; ils sont espacés de 1^m05 en moyenne et supportent chacun 28 tonnes. Il n'y a pas de grillage, mais la solidarité des pieux est établie au moyen d'une forte couche de béton hydraulique posée à sec sans épuisement.

La culée et l'arrière-culée ont été fondées sur le gravier au moyen d'un massif de béton posé à sec dans une enceinte de pieux et de palplanches jointives. Par suite de la nature perméable du sol, l'emploi de pompes a été nécessaire pour épuiser les eaux d'infiltration.

I. Fondation du pont sur la Meuse, à Rotterdam. — La largeur de la Meuse, à l'emplacement de ce pont, est de 370 mètres, l'amplitude moyenne de la marée, 1^m27, la profondeur maxima atteint 14 mètres, et le lit est formé de vases plus ou moins compactes jusqu'à 20 mètres de profondeur.

Les culées et les piles voisines de la rive gauche ont été fondées sur pilotis, les autres dans des caissons par l'air comprimé.

La figure 77 donne la coupe et l'élévation d'une pile fondée sur pilotis. Les pieux de fondation sont espacés entre axes de 0^m75 dans un sens et de 0^m80 dans l'autre ; ils sont battus dans une enceinte de pieux jointifs recépés à 0^m14 au-dessous de la basse mer moyenne, et cette enceinte enveloppe un massif de béton de 3^m50 de hauteur qui coiffe la tête de tous les pilotis sur une hauteur de 0^m70 ; tous les pilotis sont ainsi rendus solidaires et les effets de déversement ne sont pas à craindre.

Le lit du fleuve, au pourtour de l'enceinte, est recouvert de plates-formes en fascines, sur lesquelles reposent les enrochements ; la pile est donc parfaitement protégée contre les affouillements, et il suffit de surveiller les enrochements pour les nourrir et les renforcer au cas où quelque tassement viendrait à se produire. Généralement, la vase ne tarde pas à cimenter entre eux les blocs de l'enrochement et à en faire un massif inébranlable.

Pour les culées, les pieux de fondation sont recepés plus haut, la hauteur du massif de béton qui les coiffe a été réduite, mais ce massif sur-

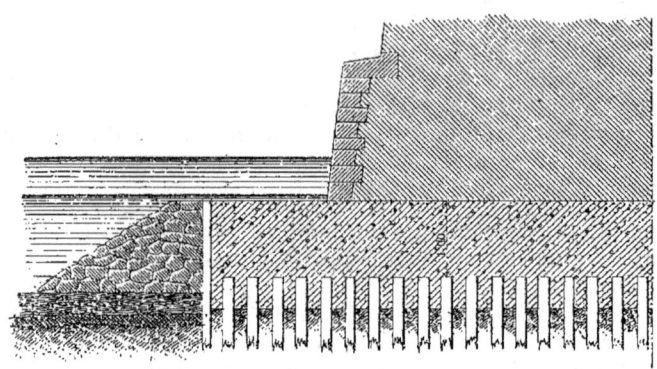

Fig. 77.

monte un massif de sable de 2 mètres de hauteur remplissant l'enceinte. C'est un sable pur, incompressible, qui remplace des assises de vase peu résistante et qui ne peut être entraîné car il est maintenu par l'enceinte, entourée elle-même par le terrain naturel.

K. *Fondations des piles du pont de Mœrdyck, sur le Hollandsch-Diep; recepage à grande profondeur.* — Dix des treize piles du grand pont construit sur le Hollandsch-Diep, près Mœrdyck, sont fondées sur pilotis.

Comme le montre la figure 78, les dispositions adoptées diffèrent peu de celles du pont de Rotterdam; l'espacement des pieux d'axe en axe est de 1 mètre dans un sens et 0^m94 dans l'autre. Le terrain du fond est un sable assez résistant, un peu mêlé d'argile ou de vase; il est recouvert d'un massif de béton immergé dans l'enceinte de pieux jointifs et coiffant les pilotis de fondation sur 0^m70 de hauteur. Le massif de béton a 5^m50 de hauteur; les pilotis sont recepés à 5^m30 sous la basse mer moyenne et l'enceinte à 0^m70 sous le même niveau.

« Le recepage, dit M. Desnoyers, était effectué au moyen d'une scie circulaire à vapeur qui donnait d'excellents résultats. Nous en avons vu exécuter, à Amsterdam, à 7 mètres de profondeur, au moyen d'une simple scie à bras, dont on était également très satisfait.

Ces *profondeurs de recepage dépassent de beaucoup celles qui sont usitées en France*, et elles méritent d'autant plus d'attirer l'attention que c'est en faisant descendre ainsi très bas le dessous des massifs de béton que l'on peut donner aux fondations sur pilotis des garanties suffisantes contre les chances de déversement qui motivent la principale objection à ce système. »

On a employé par pile 178 pieux de 18 mètres de longueur en pin ou sapin du Nord, ronds ou équarris, à volonté. Les pieux ronds devaient avoir 0^m32 de diamètre au milieu et 0^m23 à la pointe ; les pieux équarris 0^m28 de côté au milieu et 0^m20 à la pointe.

La fondation de chaque pile était enveloppée d'une enceinte de pieux jointifs débités à la scie, ayant 14 mètres de longueur et pénétrant à 11^m30 sous la basse mer moyenne. Ils étaient assemblés à languettes et

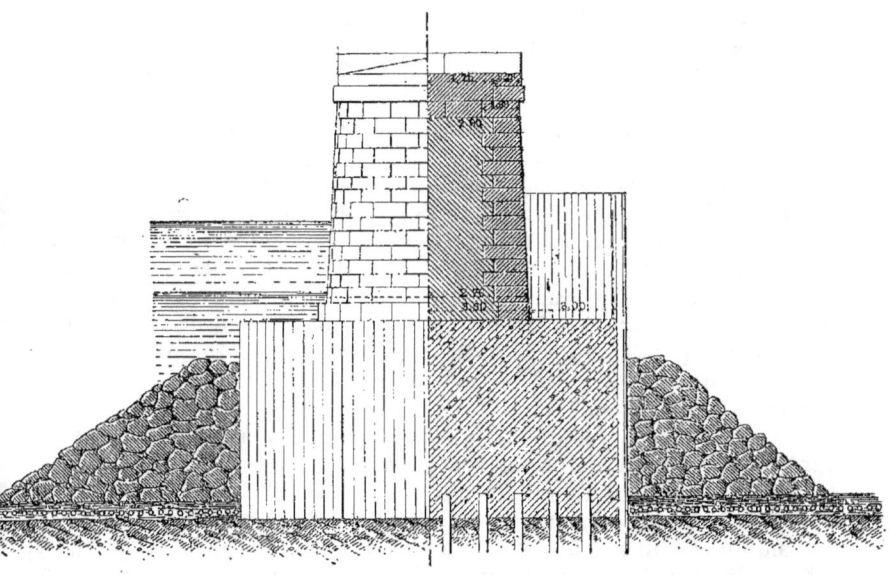

Fig. 78.

devaient rester jointifs jusqu'à 7^m30 sous la basse mer ; au delà, ils pouvaient être arrondis ou démaigris ; leurs dimensions étaient de 0^m25 sur 0^m25, la largeur était portée à 0^m35 pour les pieux d'angle.

La partie de l'enceinte dépassant le béton formait un bâtardeau à peu près étanche, à l'intérieur duquel on épuisait sans peine pour poser à sec la maçonnerie en pierre de taille constituant le socle de la pile.

Le développement de l'enceinte d'une pile est de 51^m40. Chaque pile est entourée d'enrochements immergés sur plates-formes en fascines ; la superficie de ces plates-formes atteint 2,500 mètres pour chaque pile.

3° Fondations par caissons foncés sur pilotis. — A. *Ponts d'Austerlitz, d'Iéna, de Rouen.*

— L'inventeur de ce système est l'ingénieur Lamandé, à qui l'on doit les ponts d'Austerlitz et d'Iéna à Paris et le pont de pierre à Rouen. Il en a rendu compte en 1838, dans un mémoire dont nous reproduisons les paragraphes ci-après :

« C'est presque toujours par leurs fondations qu'ont péri les constructions hydrauliques dont la durée ne s'est pas prolongée jusqu'à nos jours. Leur destruction a été produite par des inégalités de tassement dans leurs points d'appui, qui, ne posant pas sur un terrain assez ferme ou sur une base assez bien consolidée par des travaux d'art, n'ont opposé qu'une résistance insuffisante au poids des masses dont ils étaient chargés, soit encore par des affouillements creusés par la rapidité du courant des eaux au milieu desquelles ces ouvrages étaient placés, ou par des infiltrations dues à la colonne d'eau qu'ils étaient destinés à soutenir.

« En considérant les ruines qui nous restent des temples, des palais et autres monuments antiques bâtis sur le sol, si nous en exceptons ceux qui ont été renversés par quelque grande catastrophe, telle qu'un tremblement de terre, on remarque que le plus souvent leurs fondations sont intactes et ont conservé leur niveau et leur aplomb : ce qui nous indique qu'ils ont été détruits ou par la main de l'homme, ou parce que l'on a négligé de les entretenir et que le temps, après avoir corrodé les parements des maçonneries, a attaqué les parties extérieures de l'édifice et a ouvert des brèches par lesquelles les eaux de pluie, la gelée et les autres causes destructives ont porté successivement la dégradation jusque dans l'intérieur. Si, d'un autre côté, l'on examine attentivement les ruines de la plupart des constructions hydrauliques, l'on aperçoit des déplacements dans leurs bases, lesquels attestent que leur destruction ne peut être attribuée qu'à l'imperfection des méthodes qui furent employées pour les fonder, et à l'une des causes que nous avons énoncées dans le paragraphe précédent.

« Il est incontestable que les moyens de fondation doivent varier suivant les localités, la nature du sol, la hauteur habituelle et les crues extraordinaires des eaux du fleuve ou de la baie dans lesquels on a à construire, et enfin, suivant la résistance que l'édifice doit opposer, soit à la pression de l'eau, soit à la rapidité du courant, soit au choc des vagues. Il doit donc être bien reconnu qu'il n'y a pas de méthode qui puisse recevoir une application générale, pas plus qu'il n'y a, en médecine, de remède universel ou panacée. Cependant il n'est pas rare de voir des constructeurs qui, encouragés par un premier succès, proposent de nouvelles applications du procédé qui leur a réussi dans un cas spécial, sans avoir auparavant assez considéré les différences résultant des circonstances dont je viens de parler.

« Lorsqu'on a à fonder dans un terrain d'une nature tendre et compressible, mais qui est homogène, l'ouvrage en maçonnerie peut être établi sur un simple grillage avec plate-forme en charpente, posé sur le sol après qu'il a été bien dressé et nivelé. L'on encaisse cette fondation par des files de pieux et de palplanches jointives, et les premières assises sont posées par retraites, de manière à donner à la base un large empatement et à répartir la pression sur une grande surface. Les travaux s'exécutent dans une enceinte entourée de bâtardeaux, élevés, si l'on est dans un port maritime, au-dessus du niveau des hautes mers de vives eaux, et si l'on fonde dans une rivière, au-dessus du niveau de ses crues ordinaires. L'intérieur de l'enceinte est mis et maintenu à sec avec des machines à épuiser.

« Cependant il est rare que l'on rencontre un terrain assez complétement homogène pour qu'il n'y ait pas à craindre quelques inégalités de tassement, lesquelles pourraient, si elles dépassaient une certaine limite, altérer la solidité des ouvrages. Par ce motif, et pour éviter ainsi les dangers des infiltrations qui pourraient avoir lieu sous le radier des écluses, l'administration s'est déterminée, malgré l'augmentation de dépense, à adopter pour les écluses plus récemment construites au Havre ainsi qu'à Dieppe, en 1806, et dans les ports de Fécamp et de Saint-Valery, depuis 1830, le mode de fondation sur pilotis. Ce mode est celui qui a été presque généralement employé pour fonder les grands ponts construits en France pendant le siècle précédent, notamment par le célèbre Perronet, qui, dans son dernier projet, celui du pont Louis XVI, eut pour collaborateur notre savant ingénieur, M. le baron de Prony.

« Les fondations sur pilotis sont, quand on ne peut pas s'établir immédiatement sur le roc, celles qui, dans le plus grand nombre de cas, offrent les plus sûres garanties pour la solidité et la durée d'une grande construction hydraulique, parce que l'on peut d'avance les soumettre à un calcul rigoureux, dans lequel il n'y aura aucune donnée incertaine. En effet, on connaît, par de nombreuses expériences, la résistance des bois chargés dans le sens de la longueur de leurs fibres.

« Toutefois il est bien essentiel de reconnaître d'avance, par des sondes, la nature des différentes couches du sol dans lequel on enfonce les pilots, jusqu'au delà de la plus grande profondeur à laquelle ils doivent pénétrer dans ce sol; car il arrive fréquemment que, par l'effet de la pression latérale exercée par le terrain, un pieu s'arrête sans pouvoir être enfoncé plus profondément, avant que sa pointe ait atteint une couche suffisamment résistante. Si l'on négligeait d'opérer ces sondages préalables, on s'exposerait à des tassements, comme il s'en est manifesté à une pile du pont d'Orléans pendant sa construction, et à l'une de celles du pont de Tours.

« Quelquefois encore ces sondes serviront à constater que, jusqu'à une profondeur plus grande que celle à laquelle les pieux peuvent être enfoncés, l'on ne rencontre pas le terrain ferme. C'est alors qu'il faudra s'attacher à maintenir cette résistance latérale dont j'ai parlé et à l'augmenter par des enrochements, jetés tant entre les pilots qu'extérieurement à l'enceinte dans laquelle ils sont placés. Le poids de ces enrochements, en même temps qu'il comprime le terrain et le préserve des affouillements, exerce contre les faces de chaque pieu une pression qui, ajoutée à celle du sol, tend à accroître la résistance. Ce moyen a été appliqué par M. Deschamps pour consolider les fondations du pont de Bordeaux, établi sur un fond vaseux d'une épaisseur presque indéfinie.

« Après le battage des pilots, on les recèpe dans un plan horizontal, pour placer ensuite la plate-forme en charpente destinée à recevoir la première assise de fondation. Cette opération de recépage, quand on doit fonder au-dessous de l'étiage, se fait, soit en travaillant dans une enceinte entourée de bâtardeaux, et que l'on a mise à sec au moyen d'épuisements; soit en employant une machine qui serve à scier les pieux sous l'eau. Dans ce dernier cas, l'on évite la dépense, souvent excessive, des bâtardeaux et des épuisements, et l'on échoue sur les têtes des pilots, après qu'ils ont été recepés de niveau, un caisson dans lequel on pose les premières assises, jusqu'à ce que la maçonnerie soit élevée à la hauteur des eaux ordinaires. Le premier ouvrage important auquel ce mode de fondation ait été appliqué, en France, est le pont de Saumur, construit par M. de Cessart en 1756. Malgré le succès complet qu'il obtint, ce système fut rarement employé pour la fondation des grands ponts, jusqu'à l'époque à laquelle furent en même temps construits à Paris le pont des Arts, par M. Dillon, et le pont d'Austerlitz, dont je fus chargé. Je crus devoir proposer de faire une nouvelle application de ce système, parce que je trouvai qu'il en résultait une économie notable. On trouve (*fig.* 1, pl. XVII) une coupe indiquant le mode de fondation d'une des piles du pont d'Austerlitz. On voit sur la même planche (*fig.* 3) le dessin d'une des piles du pont d'Iéna. J'avais à travailler dans la même localité, dans des circonstances tout à fait analogues : il n'y avait donc aucun motif pour ne pas fonder ce dernier pont en suivant les mêmes procédés qui m'avaient si bien réussi pour la fondation du premier. Les détails de construction du caisson sont exprimés (*fig.* 4 à 7, pl. XVII) j'ai apporté à l'ancien système de charpente quelques perfectionnements. J'ai diminué beaucoup l'équarrissage des principales pièces. J'ai rendu moins compliqués les moyens d'assemblage des bords avec le fond du caisson, et plus faciles la pose et le déplacement de ces bords. Je crois enfin être parvenu à réduire ce système de fondation à sa plus simple expression.

« L'emplacement de chacune des piles du pont d'Iéna a été entouré par une enceinte de pieux et de palplanches jointives. Dans cet encaissement, ayant 6 mètres de largeur, on a battu d'autres pieux espacés de 1^m16 de milieu en milieu. L'intervalle a été rempli en béton, qui a été arasé de niveau à quelques centimètres plus bas que le plan du recepage des pieux.

Sur ces pieux recepés dans l'eau, à 1^m65 au-dessous du plus bas étiage, on a échoué le caisson.

« L'enceinte a été garantie des affouillements par des enrochements en moellons.

« Une décision du directeur général des ponts et chaussées, du 3 septembre 1810, prescrivait, pour la fondation des piles du pont en pierre qu'il s'agissait alors de construire sur la Seine à Rouen, un mode à peu près analogue à celui qui avait été adopté pour fonder les piles des ponts d'Austerlitz et d'Iéna. Mais, lorsque je fus envoyé à Rouen, en 1812, pour prendre la direction de ce pont, je reconnus que les moyens d'exécution, employés avec succès aux ponts que je venais de construire à Paris, ne pouvaient pas être appliqués à celui de Rouen sans de grandes modifications.

« En effet, la profondeur de l'eau, dans l'emplacement des piles sur les deux bras de la Seine, est à Rouen de 8^m70 au-dessous du plus bas étiage. La marée monte d'environ 2 mètres. Ainsi, à l'époque des plus basses eaux, la profondeur de l'eau est de 10^m70. A Paris elle n'est, au plus, que de 4^m50. Les sondes que je fis faire m'apprirent que le fond du lit du fleuve est un terrain peu résistant et qu'il fallait donner aux pieux plus de 15 mètres de longueur pour pouvoir atteindre un banc marneux qui présentât une dureté suffisante. En me rendant compte de la plus grande profondeur à laquelle il me serait possible, au moyen d'une machine à scier dans l'eau, d'opérer avec une précision parfaite le recepage des pilots, je trouvai qu'il restait encore, à partir du plan de recepage jusqu'au fond du lit du fleuve, une hauteur de 5^m60.

« Cela posé, pour défendre l'enceinte de la fondation par de simples enrochements, en ne leur supposant qu'un talus de 45 degrés, on aurait beaucoup diminué la section du fleuve. Or ce n'est qu'en anticipant sur son lit que les ports qui bordent ses deux rives ont été formés. Il n'est pas même présumable que des enrochements se fussent maintenus avec un talus incliné à 45 degrés; car le courant de la marée montante et descendante, qui, lorsque les vents soufflent de l'ouest, a une rapidité très forte, aurait régalé, en amont et en aval de l'emplacement du pont, les blocs que l'on aurait jetés pour former la partie supérieure de ces enrochements. Je jugeai donc nécessaire d'appeler l'attention du Conseil général des ponts et chaussées sur les inconvénients que je viens d'énoncer, et j'obtins que la décision précitée fût modifiée. Sur l'avis de ce Conseil, l'administration adopta le nouveau projet de fondation que je proposai, et qui consistait à construire autour des pieux de la pile une crèche basse, formée d'un second rang de pieux jointifs (*fig.* 2, pl. XVII), saillant de 2^m50 au plus, au-dessus du fond du lit, et à remplir l'intérieur de cette crèche en béton. Par ce moyen je rendais, d'une manière factice, aux pieux d'enceinte de la pile la profondeur de fiche qui leur manquait, à cause de la grande distance qu'il y avait entre la plate-forme du caisson et le fond du lit de la Seine. Diminuant très peu la section de ce fleuve, je n'avais plus d'affouillements à craindre; et les têtes des pieux de cette seconde ligne d'enceinte se trouvant à 6 mètres au-dessous du plan des plus basses eaux, la crèche était à l'abri de toute atteinte de la part des glaces et du courant.

« A mesure que les années augmenteront la consistance du béton, le système que j'ai proposé acquerra plus de solidité. Une fondation ainsi établie devrait donc être considérée comme indestructible, si elle était bien exécutée.

« L'une des difficultés d'exécution était de poser avec exactitude, sous l'eau et à une aussi grande profondeur, le châssis en charpente formé par les ventrières et ceinture de la crèche. Voici comment j'ai procédé à cette opération.

« On a commencé par déterminer d'une manière précise, par des repères tracés sur les chapeaux du pont de service, la direction et la distance, rapportées à l'axe de la pile, des files de pieux jointifs formant la double enceinte. Ces pieux ont été mis successivement en fiche dans l'ordre suivant, savoir : le pieu du milieu de chaque file, les pieux extrêmes, deux autres pieux intermédiaires et les deux pieux d'avant-bec et d'arrière-bec. Après que ces douze pieux de chaque enceinte ont été enfoncés à la profondeur qui avait été déterminée par des sondes, l'on a présenté le châssis formant la double ceinture de ventrière; et l'on a enfoncé le châssis ABCD (*fig.* 2), en appuyant dessus avec des poteaux de pression disposés de manière à régler le mouvement. Puis, en battant à la fois avec plusieurs sonnettes à déclic, manœuvrées simultanément et avec une précision égale à celle d'un exercice militaire, ou agissant isolément sur les points où l'on rencontrait plus de résistance, on a fait descendre par degrés tout le système, en maintenant sa position horizontale, jusqu'à ce qu'il reposât sur des tasseaux qui avaient été placés d'avance sur une des faces de chacun des pieux régulateurs.

« Lorsque le battage des pieux jointifs des deux lignes d'enceinte a été achevé, l'intérieur de la crèche a été dragué jusqu'à 1^{m}30 de profondeur moyenne et rempli en maçonnerie de béton.

« Le dragage a été ensuite opéré dans l'intérieur de l'encaissement avant de battre les pieux de fondation destinés à recevoir le fond du caisson, et dont les intervalles ont été également remplis en béton.

« Je fus rappelé à Paris en 1815, et les travaux du pont de Rouen furent, à cette époque, pendant quelque temps suspendus. Ils ont été plus tard repris et achevés par M. Drapier, sous la direction de M. Mallet, puis de M. Letellier. Ces ingénieurs ont fondé les piles qui restaient à construire et sans aucun changement, par le procédé que je viens de décrire et que j'avais appliqué avec un succès complet à la première pile de ce pont. »

B. *Pont de Libourne.*—Le pont de Libourne (*fig.* 1 à 4, pl. XVIII), sur la Dordogne, pour le passage du chemin de fer de Tours à Bordeaux, comprend neuf arches de 20 mètres fondées sur pilotis et caissons foncés. Les pieux descendent jusqu'à 12 et 13 mètres de profondeur dans la vase et le sable; ils ont 0^{m}30 d'équarrissage et sont espacés de 0^{m}70 d'axe en axe. On les a recepés sous l'étiage au moyen d'une scie circulaire. Ils portent un grillage et un plancher qui a reçu le caisson sans fond; ce caisson, très robuste, était évasé à la base afin de permettre d'établir à sec un soc en saillie pour la pile. Cette forme compliquée de caisson ne nous paraît pas à imiter. Il est probable que, si l'on avait à refaire le pont de Libourne, on augmenterait l'ouverture des arches et on établirait les fondations d'une manière plus économique avec des caissons à l'air comprimé.

C. *Pont de Vernon-sur-Seine.* — Les piles du pont de Vernon, sur la Seine, ont été fondées à l'aide de caissons étanches échoués sur pilotis. M. l'ingénieur Picquenot a inséré, dans les *Annales des ponts et chaussées* de 1874, une description de ce travail et nous donnons, d'après lui, les renseignements ci-après (*fig* 5 et 6, pl. XVIII).

Le système de fondation est une combinaison mixte de pilotis et de caisson; les pieux, de 0^{m}30 sur 0^{m}30, ne supportent pas plus de 30 tonnes l'un; ils sont entretoisés par de forts enrochements et reliés à leur partie supérieure par une couche de bon béton de 1^{m}50 d'épaisseur coulé dans un caisson et par un grillage placé à sec et arasé à 0^{m}50 au-dessous de l'étiage. Le grillage supporte une plate-forme en mortier de ciment de 0^{m}30 d'épaisseur sur laquelle repose la première assise du socle au niveau même de l'étiage.

Chaque pile contient 104 pieux; ils ont été battus à l'aide d'une machine à vapeur, à raison de 8 à 10 par jour.

Les caissons sans fond et à parois étanches, figure 6, ont une hauteur de 3 mètres; ils comprennent trois cours de moises de 0^m14 sur 0^m20 et 0^m07 sur 0^m20, régulièrement espacés. Les parois ont une inclinaison totale de 0^m15; elles sont formées de deux couches de madriers de 0^m05, l'une à joints verticaux, l'autre à joints horizontaux, et fixées l'une sur l'autre. Les angles des caisses sont consolidés par des feuilles de tôle de 0^m005 sur 0^m03 sauf un intervalle de 0^m10 réservé au-dessus des moises du milieu pour permettre le recepage. Des entretoises transversales de 0^m25 sur 0^m27 maintiennent l'écartement des moises dans les plans supérieurs et inférieurs du caisson. Les parois sont contre-buttées en leur milieu par des liens pendants de 0^m16 sur 0^m16 et soigneusement calfatées.

Les caissons ont été montés sur les échafaudages ayant servi au battage des pilotis et ensuite mis en place à l'aide de six sonnettes soulagées par des poulies de retour.

Après l'écrasement des enrochements avec un mouton de 100 kilogrammes et le calage du caisson avec des enrochements extérieurs et des liens d'attache aux pieux de fondation, le béton a été immergé en une seule couche de l'amont à l'aval.

Trois semaines ou un mois après l'immersion, l'enceinte était épuisée pour le recepage des pilotis, la pose du grillage, le remplissage à sec des cases entre les longrines et les traversines et la confection de la plate-forme en béton de ciment.

Les voies d'eau étaient aveuglées dès qu'elles se produisaient avec des gâchées de ciment. Les épuisements s'opéraient avec trois fortes pompes Letestu.

Quand les maçonneries étaient sorties de l'eau, la partie supérieure du caisson était recepée un peu au-dessus des moises médianes; on avait renoncé à exécuter le caisson avec la partie supérieure mobile, ce qui eût été beaucoup plus facile pour le recepage, de crainte de se rendre difficilement maître des épuisements.

La fondation d'une pile au-dessus du socle est revenue à 26,400 francs. Il est à remarquer que dans les conditions où se présentaient ces fondations, fond de marne à 7^m50 sous l'étiage supportant une couche de graviers de 3 à 4 mètres, on pouvait employer d'autres systèmes de fondation, tels que caissons descendus jusqu'au solide avec béton immergé, enceinte de pieux et palplanches, air comprimé. Il est probable qu'aujourd'hui l'emploi de l'air comprimé donnerait des résultats économiques, ce qui n'était pas possible en 1860.

A notre avis, il eût été préférable de substituer à la couche de béton de ciment posée sur le grillage une assise de forts libages; on eût été plus certain d'être à l'abri des dégradations futures.

2° PIEUX MÉTALLIQUES ET PIEUX A VIS

La plupart des pieux à vis sont entièrement métalliques, cependant il convient de distinguer les pieux métalliques proprement dits, d'une forme plus ou moins voisine de celle des pieux ordinaires, et les pieux à vis dont le corps n'est pas nécessairement en métal.

1° **Pieux métalliques**. — *A. Pieux en fer double T de la digue du large à Glascow.* — Une des digues de Glascow, d'environ 20 mètres de largeur, se compose de deux murs formant quai, l'un sur le bassin, l'autre sur la Clyde, entre lesquels on a remblayé avec des terres mêlées de pierres. On a commencé par draguer à l'emplacement de chaque mur une tranchée nivelée à 5^{m}18 sous l'altitude de basse mer, puis on a établi un pont de service; cela a permis de battre, suivant le parement extérieur des murs, des pieux en fer distants de 2^{m}13 d'axe en axe et arrasés un peu au-dessus du niveau de basse mer. Ces pieux, d'environ 8 mètres de longueur, sont à section transversale double T dont l'âme a une dimension totale de 0^{m}30 et l'aile une largeur de 0^{m}23. Les pieux des deux parements de la digue se correspondent, ce qui permet de les relier par des tirants en fer traversant tout le massif, tirants en fer forgé de 0^{m}065 de diamètre composés de deux parties réunies par un tendeur à clavettes.

Entre les rainures des pieux consécutifs on descend des dalles en granit, destinées à former sous l'eau le parement extérieur du mur; ces dalles forment avec des enrochements coulés au centre de la digue un coffrage dans lequel on immerge le béton de fondation.

Observation générale sur les pieux métalliques. — Les pieux en fer nous paraissent susceptibles de rendre en bien des cas de sérieux services et peut-être n'en fait-on pas un usage assez fréquent; on y sera nécessairement amené par le prix croissant des bois durs de gros échantillons. Cependant, il ne faut pas oublier que le fer s'oxyde rapidement et qu'on ne sait ce qu'il deviendra avec le temps, tandis que le bois immergé se conserve presque indéfiniment. Il existe bien des préservatifs contre l'oxydation, mais l'usage n'en est pas répandu et on ne connaît pas la durée de leur efficacité.

L'expérience faite jusqu'à ce jour semble montrer toutefois que la durée des pieux métalliques sera plus longue qu'on ne l'avait supposé d'abord; les ouvrages fondés par ce système, dont le plus ancien remonte à 1833, se sont bien maintenus.

« Dès lors, dit M. l'ingénieur Radoult de Lafosse, il est naturel de rechercher si l'emploi de pieux métalliques ne pourrait pas être tenté avec succès pour l'établissement des ponts sur les rivières à fond mobile. » Ainsi des pieux métalliques creux, de 0^{m}15 à 0^{m}20 de diamètre intérieur formés de tubes en tôles de 0^{m}004 d'épaisseur assemblés par manchons filetés, ont pu être enfoncés dans le lit de l'Allier avec une régularité parfaite jusqu'à 15 mètres sous l'étiage, profondeur plus que suffisante pour obtenir un bon encastrement. « Aussitôt l'enfoncement terminé, dit M. Radoult de Lafosse, le vide intérieur serait rempli aussi exactement que possible par des pieux en chêne ou en sapin parfaitement calibrés. On obtiendrait ainsi une véritable fondation sur pieux en bois protégés par une enveloppe métallique résistante et descendus à une profondeur qu'il serait dans tout autre système absolument impossible de leur faire atteindre. » L'enfoncement d'un pieu en tôle, de 0^{m}15 à 0^{m}30, dans le lit de l'Allier à 10 mètres de profondeur sous l'étiage, exige l'emploi, pendant sept jours, de cinq manœuvres et d'un chef sondeur.

Le système que nous venons de décrire ne paraît pas avoir reçu beaucoup d'application; on lui a généralement préféré les pieux creux de grand diamètre, 0^{m}80 à 1 mètre, que l'on remplit de béton. Toutefois, il faut remarquer que, si l'on fait abstraction de l'enveloppe, les pieux en béton doivent à charge égale avoir une section dix fois plus grande que celle des pieux en bois, le béton ne devant être chargé que de 5 kilogrammes par centimètre carré, tandis que le bois peut recevoir 50 à 60 kilogrammes.

Ces calculs ne présentent pas une exactitude suffisante, car on est toujours dans l'incertitude de la part de charge qui revient au frottement latéral des pieux dans le terrain; grâce à ce frottement, la charge verticale portée par la tête d'un pieu n'est pas transmise à sa base; souvent le terrain ne la supporterait pas sans dépression, elle est équilibrée par le frottement latéral et diminue à mesure que l'on descend dans le terrain.

B. Pieux creux en fonte enfoncés avec l'aide de l'eau comprimée, viaducs de Kent et de Leven. — M. James Brunless s'est servi, pour supporter les viaducs de Kent et Leven, de longs pieux en fonte enfoncés à l'aide de l'eau comprimée; sa méthode, simple et économique, peut rendre des services en plus d'un cas. Elle est représentée par les figures 79, 80, 81, et M. l'ingénieur Bergeron en a donné la description suivante au Congrès du génie civil en 1878 :

« En 1854, l'auteur était ingénieur d'une ligne de chemin de fer qui devait traverser la baie de Morcombe dans le nord de l'Angleterre, où, en sus d'une digue à la mer, il a fallu construire des viaducs traversant l'embouchure des deux rivières de Kent et de Leven, ayant chacun 1,500 pieds (450 mètres) de long; et c'est pendant qu'il en faisait l'étude que l'idée lui est venue d'essayer le système dont il est ici question.

« La couche géologique du sol à l'embouchure de ces rivières se compose de débris de roches calcaires, de coquillages en poudre et de mollusques vivants, sur une épaisseur qui varie de 7 à 9 pieds (2^{m}10 à 2^{m}70). Au-dessous de ces dépôts, se trouve une couche d'une formation beaucoup plus ancienne où les coquillages sont en partie décomposés et où le terrain prend un aspect marneux. La décomposition s'accroît avec la profondeur et, de 50 à 60 pieds (15 à 18 mètres) au-dessous de la surface du sol, la sonde a amené du sable aussi fin que de la poussière.

« Quand ce sable est sec, il est soulevé par le vent, et quand il est mouillé, il forme des bancs de sables mouvants. L'épaisseur de cette couche n'a pas été mesurée; des sondages suffisamment nombreux et profonds furent néanmoins opérés et permirent de reconnaître qu'il n'était pas nécessaire de descendre plus profondément pour asseoir une bonne fondation.

« Sur la couche de sable, à l'abri de l'action de la marée et du courant des rivières, on a pu faire reposer la fondation des viaducs. On se livra d'abord à une série d'expériences dans le but de déterminer les

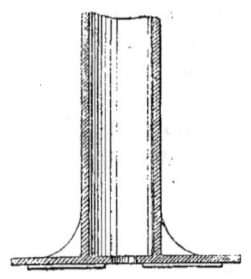

Fig. 79.

dimensions et la forme des pieux les plus convenables pour une fondation permanente. Le résultat moyen de ces expériences a démontré que la résistance du sable à la compression était égale à 5 tonnes par pied carré ; et comme chaque pieu devait avoir à supporter une charge d'environ 20 tonnes, on résolut de mettre à la base de chaque pieu un disque de 2 pieds 6 pouces de diamètre, présentant ainsi une surface de 4 pieds 86 centimètres carrés à la base du pieu.

« Le problème à résoudre consistait à trouver un moyen d'enfoncer ces pieux dans le sable, et, à la suite de beaucoup de réflexions, l'auteur a adopté un système qui a été appliqué avec le plus grand succès et qu'il a eu occasion d'employer plus tard à des travaux du même genre, avec non moins de succès. Le travail devant être exécuté dans une anse exposée au courant de la marée, il fallait s'établir sur des chevalets ou sur des pontons. Plusieurs tentatives eurent lieu pour s'échafauder sur le fond, mais sans résultat ; par suite de la nature mobile du sol, il fallut recourir à l'emploi des pontons, qui fut définitivement adopté.

« Chaque ponton contenait une petite machine à vapeur de deux chevaux de force, une pompe foulante et une sonnette ordinaire dont on se sert pour enfoncer des pieux.

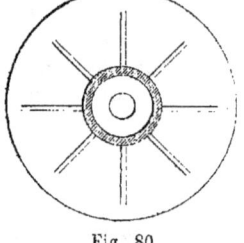

Fig. 80.

« A la marée basse, on amenait, au moyen de cordes attachées à des ancres, les pontons contre la jetée et, quoiqu'on ait eu quelque embarras à les maintenir en place, en raison de la force des courants, on est cependant parvenu à les utiliser avec une facilité relativement convenable.

« Le pieu en fonte creuse ayant été mis en position et attaché par des cordes au sommet de la poutre glissière de la sonnette, il était guidé dans le bas par une embrasse fixée sur le côté du bateau. Un tuyau en fer de 2 pouces (5 centimètres) de diamètre passait dans l'intérieur du pieu sur toute sa longueur et traversait le disque de la base par un trou ménagé à cet effet au milieu. Le haut de ce petit tuyau était mis en communication par un tube flexible avec la pompe foulante. Un jet d'eau était projeté dans l'intérieur du petit tuyau et allait désagréger et soulever le sable qui était au-dessous ; le pieu descendait alors avec une très grande facilité. On a observé que plus la couche de terrain devenait compacte, plus le pieu éprouvait de résistance à descendre. Pour y remédier, on fit venir de fonte des nervures avec tranchants à la surface inférieure du disque.

« En soumettant le pieu à des mouvements alternatifs de rotation, le sous-sol se trouvait désagrégé et les parcelles qui en provenaient étaient facilement entraînées par l'eau de la pompe. Les pieux ont été généralement enfoncés à une profondeur de 20 pieds (6 mètres) au-dessous de la basse mer, et, sur chaque ponton, on a pu enfoncer deux pieux dans la durée d'une marée basse. Une demi-heure après l'opération, le sable venait s'accumuler à l'entour du pieu et le maintenait en position. A la marée suivante, il s'élevait à son premier niveau et le pieu se trouvait fixé d'une manière invariable.

« L'opération était bien simplifiée en suspendant le pieu au moyen de chaînes, le long de la glissière de la sonnette, et en le maintenant un peu soulevé au-dessus du fond. Sans cette précaution, les pieux s'enfonçaient d'une manière inégale ; ils descendaient quelquefois si avant dans le sable, que le tuyau agitateur se bouchait et la pompe n'avait plus d'effet.

« Pour consolider la couche de sable sur laquelle devait reposer le pieu, on frappait celui-ci de quelques coups secs d'un mouton très lourd qui le faisaient descendre de 2 pouces (5 centimètres).

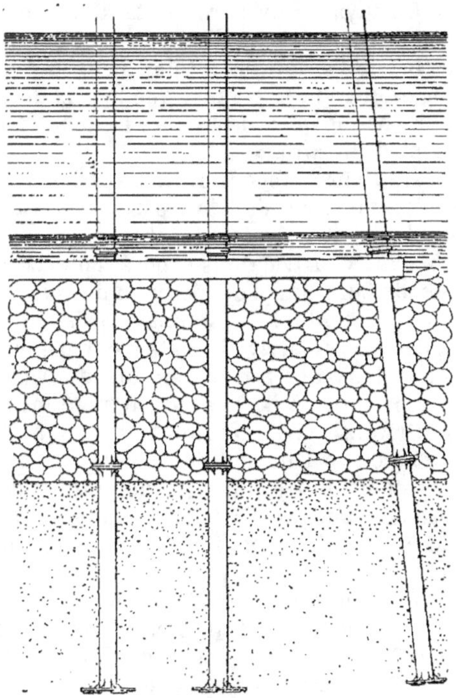

« On n'éprouva pas de difficulté pour arracher un

Fig. 81.

de ces pieux quand cela était nécessaire. En y refoulant de nouveau de l'eau, le sable devenait fluide et le pieu était facilement retiré.

« Un certain nombre de pieux en bois, formés par l'assemblage de pièces de bois de 14 pouces (35 centimètres) carrés, ont été également enfoncés par ce procédé. Le pieu se terminait par un sabot en fonte de 2 pieds 6 pouces (75 centimètres) de diamètre, et le tuyau de la pompe, appliqué le long et sur le côté du pieu en bois, traversait ensuite le disque de fonte qu'on avait percé.

« Plus de 600 pieux servant à la fondation des deux viaducs ont été enfoncés avec une dépense de 2 sh. 6 d. (3 fr. 10 cent.) par pied courant (10 fr. 30 cent. par mètre).

« En 1860, l'auteur eut à construire à Southport, dans le Lancashire, une jetée d'environ un mille (1,600 mètres) de long, et, dans ce cas également, les pieux furent enfoncés par le moyen de jets d'eau. On ne fit cependant pas usage de pontons, parce que la plage de sable se trouvait à sec à la marée basse sur presque toute la longueur de la jetée, et une modification importante fut faite au système employé à la baie de Morcombe par l'emploi de l'eau à une pression de 50 livres par pouce (plus de 3 atmosphères 1/2), prise dans la conduite d'alimentation de la ville, au lieu d'eau refoulée par une pompe et une machine à vapeur.

« Un tuyau provisoire, partant de la conduite principale et qui s'allongeait à proportion de l'avancement des travaux, servait à amener l'eau destinée à l'enfoncement des pieux. L'économie résultant de cette modification a été si grande, que le prix de revient de l'enfoncement a été pour chaque pieu de 4 pence et demi (1 fr. 50 cent. par mètre courant) par pied linéaire.

« L'auteur a reconnu par expérience que la méthode d'enfoncer les pieux qu'il vient de décrire renferme à un haut degré les éléments de simplicité et d'économie. Il la regarde comme particulièrement applicable aux constructions exposées à l'action des marées, où il est avantageux de faire usage de pieux ou de colonnes métalliques d'un petit diamètre présentant la moindre résistance aux effets des vents et des vagues. Il en arrive à cette conclusion, par suite de sa longue expérience dans des travaux en lit de rivière ou sur des plages de la mer, que, partout où il s'agit de fondations sur du sable, aucun moyen ne peut rivaliser avec celui de la pression d'eau, qui vient d'être décrit.

« Là où se trouvent des dépôts d'alluvion, il a reconnu que les pieux à vis doivent être employés de préférence, et quand le sous-sol se compose de couches d'argiles mélangées à des galets, il a fait usage avec succès de pieux en fonte avec un bout pointu ou taillé comme un trépan.

« Son but a toujours été d'obtenir une base supportant directement ses constructions, et il préfère pour cela des assemblages groupés de pieux à vis ou à disques, à des cylindres de grandes dimensions, dans lesquels la résistance à l'enfoncement résulte, dans une grande proportion, de la surface de frottement qu'ils présentent.

Il regarde ces grands tubes comme éminemment applicables dans des circonstances où il faut se mettre à l'abri des affouillements, en les faisant descendre à des profondeurs de 70 à 100 pieds (21 à 30 mètres), comme cela s'est fait dans la traversée de quelques grandes rivières de l'Inde. »

C. Gros pilotis de 1 mètre et 1^m20 de diamètre, en bois ou en fer. — La Compagnie de Fives-Lille, qui a construit le pont sur le Liimfjord pour le chemin de fer du Danemark, s'est servi pour constituer l'échafaudage destiné au fonçage de chacune des piles, de 6 gros pilotis de 1^m20 de diamètre, formés de pièces de bois assemblées avec des boulons (*fig.* 81), et laissant au milieu un vide de 0^m30 destiné à faciliter la descente du pilot dans la couche de vase qui règne jusqu'à une profondeur de 35 mètres sous la basse mer.

FONDATIONS

La partie inférieure du pilot, sur toute la longueur d'enfoncement dans la vase, était en outre revêtue de madriers de 0ᵐ10 d'épaisseur, réunis par des frettes en fer. Ces pilots, terminés carrément par le bas, ont été enfoncés au moyen de vérins installés sur un échafaudage supporté par deux bateaux accouplés; ces bateaux étaient chargés d'un lest en briques d'environ 50,000 kilogrammes, poids supérieur à l'effort qui devait déterminer la pression nécessaire à l'enfoncement.

Les pilots étaient réunis à leur sommet par des poutres en fer, sur lesquelles étaient installés les vérins pour l'immersion des caissons et les

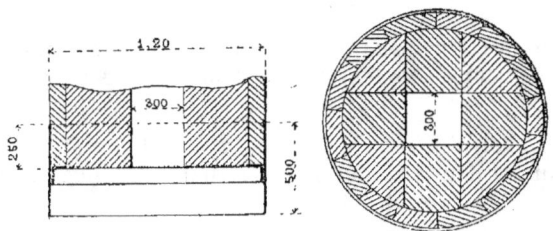

Fig. 82.

appareils de levage. Ils étaient, en outre, contreventés par des tendeurs dont les extrémités inférieures étaient fixées à des colliers en fer placés autour des pilots au fond de l'eau.

Le pont comporte une partie tournante à pivot central; lorsque cette partie tournante est ouverte, ses extrémités sont calées sur deux pattes d'oie constituées chacune par quatre pilotis tubulaires en fer de 1ᵐ20 de diamètre, remplis de béton. Ces pilots sont composés de viroles de 4 mètres de hauteur, en tôle de 0ᵐ012. Ils sont terminés à la partie inférieure par une virole coupante, dont le plafond porte un tube intérieur de 0ᵐ30 de diamètre destiné à faciliter la descente du pilot. La surface annulaire de compression est égale à celle des pilotis en bois, ce qui a permis d'utiliser le même matériel pour l'enfoncement.

Les pilots tubulaires des pattes d'oie pénètrent à 25 mètres de profondeur environ.

Ils sont réunis à la partie supérieure par une ceinture en fer et par des entretoises en fer à U. Ces entretoises, placées en grande partie sous l'eau, ont été descendues dans des glissières à queue d'aronde fixées préalablement sur les tubes, et ensuite clavetées par des ouvriers travaillant en scaphandre.

Chacune des pattes d'oie porte un plancher sur lequel est établie une guérite surmontée du fanal qui signale l'ouverture ou la fermeture du pont pendant la nuit.

2° Pieux à vis. — Les pieux à vis rendent de grands services pour les fondations et pour les ouvrages à la mer dans les terrains mouvants de grandes profondeurs, tels que les vases et les sables.

C'est vers 1840 que M. Alexandre Mitchell, de Belfast, les inventa ; ils se propagèrent rapidement dans les travaux maritimes ; on ne tarda pas, sur les plages sablonneuses et vaseuses, à les substituer aux corps morts de toute dimension, auxquels on a l'habitude de fixer par des chaînes les bouées de balisage et d'amarrage, et l'on en obtint d'excellents résultats sous le rapport de l'économie et de la solidité. C'est sur des pieux à vis qu'on établit aussi quelques phares en des endroits où l'on eût été forcé de mettre des feux flottants bien plus coûteux et bien moins sûrs ; le phare de Walde, dans le Pas-de-Calais, repose sur des pieux à vis.

« Les vis à terrains, employées pour corps morts et pour sabots de pieux, présentent deux types :

« 1° Pour les terrains peu résistants, la vis est cylindrique, elle fait au plus un tour et demi, son filet a sur le noyau une très grande saillie (*fig.* 14, pl. XIX) ;

« 2° Pour les terrains plus résistants, la vis est conique, elle fait jusqu'à trois tours et demi ; le filet, moins saillant, diminue successivement de largeur (*fig.* 15 et 16, pl. XIX) ;

« 3° Pour les terrains durs, ce sont des tarières (la figure 13 représente la vis d'un pieu employé sur un récif madréporique).

« Les vis coniques ont au plus 0^m76 de diamètre, les vis cylindriques 1^m22.

« La grandeur des vis est limitée par la force nécessaire pour l'enfoncement du pieu ou du corps mort.

« Cette force est appliquée à des hauteurs successives sur le pieu. »

C'est généralement avec un cabestan, dont l'axe est le pieu lui-même, que l'on exécute l'opération du vissage.

Lorsqu'on doit établir un ouvrage pesant sur pieux à vis, on peut déterminer la dimension de ceux-ci par une expérience préalable ; on enfonce dans le terrain une vis d'un diamètre connu et d'une surface connue, puis on la surcharge jusqu'à ce qu'elle commence à s'enfoncer ; on déduit de l'expérience le poids auquel peut résister 1 mètre carré de surface de vis, et, par suite, on en déduit aussi les dimensions et le nombre des pieux à employer.

Pour les ponts et jetées, on se sert surtout de pieux creux en fonte terminés par une vis en fer. Ces pieux ont été précieux pour exécuter de grands travaux dans les colonies lointaines (les Indes, l'isthme de Panama, Java, etc.). Soit un grand viaduc à construire, on le monte tout entier en Europe, on numérote les pièces et on les expédie par vaisseaux ; quelques ouvriers intelligents suffisent pour le montage sur place.

Les pieux à vis ont servi à fonder des ponts, des viaducs, des jetées et des digues, des maisons et bâtiments de toutes espèces ; on en a fait des poteaux de télégraphe, des poteaux de clôture. Ils ont été très utiles pour des travaux à exécuter près de constructions menaçant ruine. Avec des pieux ordinaires, on produit des ébranlements du sol très dangereux ; les pieux à vis n'ont pas ces inconvénients, on les place sans secousse et sur eux l'on vient appuyer le cintre ou les étais nécessaires à supporter la construction en péril; ils ont encore l'avantage de pouvoir être déplacés facilement après l'emploi et réutilisés autre part.

Les figures 9 et 10 de la planche XIX indiquent le procédé suivi pour la mise en place des pieux à vis qui composent la jetée de Courtown (Irlande), construite en 1847 avec pieux en fer de $0^m 127$ de diamètre, munis de chapeaux et de vis en fonte. On coinçait sur la tête du pieu un cabestan à 8 barres amarrées ensemble et entaillées à leur bout extérieur; cela constituait une roue de 12 mètres de diamètre, sur laquelle on enroulait un câble sans fin halé par plusieurs hommes.

A Portland, on a enfoncé, par le même procédé, des pieux en pin du Canada, de $0^m 38$ de diamètre, dont la vis est conique, a $0^m 76$ de diamètre et est reliée à un sabot en fonte.

Pieux à vis du phare de Walde. — Le phare de Walde est établi, à l'est de Calais, sur la pointe d'un banc de sable qui ne découvre qu'en vive eau. Le sable, étant éminemment affouillable, ne pouvait recevoir un édifice en maçonnerie, et l'on a construit un phare tout en fer; le plancher de la chambre est à 14 mètres au-dessus du banc de sable, et est soutenu par sept pieux en fer forgé, de $0^m 152$ de diamètre, vissés dans le sable. Le pieu central est vertical; les six autres, sur plan hexagone régulier, sont inclinés à 1 de base pour 4 de hauteur.

Les figures 2 à 5, planche XIX, représentent : les vis A des pieux définitifs, les vis B des pieds des bigues de montage, et les vis C des tiges d'amarrage; ces vis sont des hélices en fonte; les premières sont larges, à grand empattement, les secondes sont relativement étroites, parce qu'elles n'ont à résister qu'à des poids; les dernières, au contraire, sont larges, parce qu'elles doivent résister à des efforts d'arrachement, sans qu'il soit nécessaire de les faire pénétrer profondément dans le sol.

La partie intéressante de l'opération est le vissage des pieux (*fig.* 1, pl. XIX). Sur la figure, le pieu central est déjà vissé, et on procède à l'enfoncement d'un pieu incliné, qui a été mis en place à l'aide d'une bigue à trois pieds.

La rotation destinée à produire l'enfoncement s'obtient à l'aide d'un cabestan à huit bras, fixé sur le pieu par des coins de tension. La tête de ce cabestan se compose de deux plaques de fer jumelles, de $0^m 90$ de diamètre, au centre desquelles se trouve un trou de $0^m 25$. Ces deux plaques, distantes de $0^m 10$, comprennent entre elles huit coins en bois boulonnés, disposés de manière à laisser entre eux des intervalles pour passer les bouts des barres. Les barres sont en frêne; leur extrémité extérieure est entaillée pour recevoir le câble de traction, et elle est munie d'un collier avec une lame de renfort en fer, destiné à prévenir l'écartement des fibres ligneuses, par l'effet de la tension du câble. Sur ce collier sont attachées des chaînes qui maintiennent l'écartement des barres pendant le vissage. Il y a deux jeux de barres, l'un de $2^m 55$, et l'autre, de $3^m 25$ de long. Le câble de traction est un câble sans fin, mû par un treuil à deux vitesses ; un homme guide le câble et enroule de nouveau le brin qui revient pendant que le brin moteur se déroule. Le vissage s'effectuait par une escouade de douze hommes ; les huit ou dix premiers tours avaient lieu en poussant les barres, comme au cabestan ordinaire ; il fallait ensuite avoir recours au treuil et au câble sans fin, comme le montre la figure. On remarque une pièce horizontale tendue entre le pieu central et le pieu incliné qu'on enfonce, elle entoure les deux pieux avec des colliers et empêche toute déviation du pieu incliné. Jusqu'à 3 ou 3^{m}20 de profondeur, la résistance de l'hélice augmentait peu ; en arrivant à cette profondeur, il fallait placer le jeu de barres de 3^{m}55 et on parvenait alors à obtenir 4^{m}75 de fiche.

Après le vissage des pieux, on a posé les colliers et les tirants qui entretoisent les pieux entre eux ; à l'aide de vis de rappel, on a corrigé les petites défectuosités de montage.

Le phare ainsi fondé a parfaitement résisté aux plus grosses mers ; le régime du banc de sable n'a subi aucune modification ; il s'est formé seulement dans le sable une petite cuvette de quelques centimètres de profondeur, au pied de chacun des pieux.

Les figures 6 à 8, planche XIX, indiquent le mode de construction de la jetée de la Delaware, jetée portée par des pieux à vis ; c'est un système presque identique à celui de Port-Saïd, canal de Suez.

Observations sur les pieux à vis. — Les fondations sur pieux à vis, formant palées, ont le grand avantage de laisser un libre passage aux lames, aux courants et aux alluvions ; on n'a donc pas à redouter les chocs, les affouillements ou les atterrissements. Cependant, il ne faut pas oublier que, même autour d'un pieu de petit diamètre, il se produit toujours un affouillement plus ou moins sensible, et qu'il convient de le protéger par quelques enrochements.

Les pieux à vis ont été précieux pour l'étaiement d'un pont en pierre menaçant ruine, qui n'aurait pas résisté aux ébranlements produits par les sonnettes. Des pieux à vis ont pu être enfoncés rapidement et sans secousses, et recevoir des cintres.

Ils pénètrent sans difficulté dans les terrains d'alluvion et se frayent un chemin entre les pierres et les galets ; ils peuvent même percer des assises poreuses, comme les bancs de coraux, mais il est impossible de les faire pénétrer dans le roc et les calcaires compacts : « Il faut même admettre, dit M. Radoult de Lafosse, qu'ils traverseraient très difficilement les couches de gravier qui forment le lit de l'Allier. La puissance qu'il est possible d'appliquer aux tiges des pieux métalliques serait très probablement insuffisante pour provoquer la rotation de la vis dans le gravier, au delà de 4 mètres de profondeur ; et, en cherchant à augmenter cette puissance, on courrait risque de n'obtenir que la torsion du pieu. Dans tous les cas, la vis ne pénétrerait pas dans le banc de marne. Telle est, du moins, l'opinion de constructeurs spéciaux auxquels nous avons cru devoir soumettre la question de l'emploi de pieux métalliques à vis dans le lit de l'Allier, et tout nous porte à croire que cette opinion est parfaitement fondée. »

FONDATIONS

Nous le pensons également, toutefois, nous ne saurions en faire l'objet d'une affirmation absolue, et, à notre avis, des expériences suivies, exécutées avec divers types, permettraient seules de trancher la question.

3° PILIERS EN MAÇONNERIE

Les colonnes ou piliers en maçonnerie, qui vont chercher profondément dans le sol les couches résistantes pour leur transmettre la charge de l'édifice qu'ils supportent et assurer la solidité de cet édifice, peuvent être établis suivant deux procédés distincts. Dans certains cas, il est possible de creuser à la mode ordinaire le puits qui doit les recevoir, c'est-à-dire de descendre par fouille directe dans le sol en blindant et étrésillonnant les parois au fur et à mesure de l'enfoncement; la fouille terminée, on la remplit de maçonnerie et la colonne est faite. Mais, le plus souvent, le terrain est trop peu consistant pour que ce procédé soit applicable et l'on construit sur un rouet établi à la surface du sol une colonne creuse de section circulaire ou rectangulaire; le rouet qui porte la maçonnerie est armé d'un couteau vertical et la colonne s'enfonce sous son propre poids; pour déterminer l'enfoncement, on déblaye à l'intérieur en dégageant le couteau, et, quand le solide est atteint, on remplit le vide central avec du sable pur ou du béton; la colonne creuse en maçonnerie est allongée progressivement à mesure qu'elle s'enfonce. On comprend que ce procédé comporte plusieurs variantes suivant qu'on peut travailler à sec dans la colonne ou qu'il faut épuiser ou draguer, suivant qu'on a recours ou non à des enveloppes en métal.

Il nous a paru peu utile d'établir une classification entre ces divers procédés similaires et nous nous contenterons de décrire diverses applications du système.

Piles tubulaires du viaduc de l'Osse (tubes en fonte). — Le viaduc de l'Osse, ligne d'Agen à Tarbes, de 250 mètres de longueur, avec tablier en pente de 0,025, compte six doubles piles tubulaires en fonte de 1^m70 de diamètre, remplies de béton. Ce massif intérieur leur donne une stabilité et une inertie bien propres à résister à l'action du vent et aux vibrations moléculaires que le passage des trains développe dans les poutres.

Ces colonnes sont formées d'anneaux successifs, parfaitement boulonnés entre eux, de manière à en faire un cylindre unique qui descend, en s'encastrant à sa base, dans le terrain solide, et qui reçoit à sa partie supérieure le poids des demi-travées contiguës par l'intermédiaire de plaques de fondation munies de glissières et de rouleaux de friction.

Vu l'inclinaison du tablier, la composante horizontale du poids du tablier et des trains produit sur les piles une tendance au déversement qui rend nécessaire l'encastrement des piles et l'adoption de dispositions de nature à assurer dans celles-ci une égale répartition des pressions.

Les tubes en fonte, dont les anneaux sont fortement boulonnés entre eux, étant remplis de béton, forment une colonne qui pénètre dans le terrain solide, aussi profondément qu'il est nécessaire et qui constitue ainsi une sorte de pieu cylindrique encastré par une de ses extrémités.

Cette disposition a paru aux auteurs du projet, MM. Regnauld et Boutillier, bien meilleure que celle des piles métalliques évidées, composées d'arbalétriers pyramidant entretoisés par des croix de Saint-André.

« La section constante, disent-ils, est éminemment propre à résister d'une manière sûre à toute force horizontale, soit qu'elle agisse dans la direction du pont lorsqu'elle provient de l'inclinaison du tablier, soit qu'elle agisse obliquement à l'axe lorsqu'elle est provoquée par l'action du vent ou le mouvement de lacet.

« Enfin le béton qui remplit les colonnes leur donne une stabilité et une inertie très propres à résister à l'action du vent. Si, au lieu d'être ainsi disposées, les piles étaient formées d'arbalétriers métalliques et croisillonnés, leur about, implanté dans une maçonnerie, ne pourrait en assurer l'encastrement que d'une manière imparfaite. Ces pièces seraient soumises à un travail considérable et même dangereux, parce que, dans certaines circonstances, tout l'effort pourrait se reporter sur une file d'arbalétriers, au lieu de se répartir uniformément sur toutes les piles. »

Le prix du mètre courant de hauteur de pile métallique tubulaire a été de 1,369 fr. 45.

Fondation du viaduc du Point-du-Jour; *puits blindés.* — Le viaduc construit pour le chemin de fer de Ceinture de Paris au Point-du-Jour a été fondé par la méthode des piliers isolés, que nous avons décrite sommairement, et dont suit le détail, que nous empruntons au mémoire de MM. les ingénieurs Bassompierre-Sewrin et de Villiers du Terrage :

« Les fondations de cet ouvrage ont présenté d'assez grandes difficultés. Les douze premières piles ont pu être établies sur un banc de gravier qui constitue le plateau du Point-du-Jour, mais les piles suivantes devaient être fondées dans une prairie submersible qui s'étend depuis le coteau jusqu'aux berges de la Seine ; or, des sondages multipliés ont fait reconnaître, sur une épaisseur de 7^{m}50, un terrain d'alluvions récentes, avec couches alternantes d'argile, vase et tourbe. On rencontre ensuite une couche d'environ 1 mètre d'épaisseur de gros gravier roulé, provenant de l'érosion, par les courants diluviens, des bancs supérieurs de la craie et reposant directement sur la craie compacte. Le dessus de ce banc de gravier, pris comme sol de fondation, est à une profondeur de 7^{m}72 au-dessous du terrain naturel et de 2^{m}89 au-dessous de l'étiage. Les piles devaient avoir une hauteur totale de 20^{m}50 jusqu'à la naissance des voûtes, et, à moins de leur donner des dimensions horizontales excessives, il devenait indispensable de les contreventer par des arceaux en maçonnerie, vers le milieu de leur hauteur. Après avoir étudié diverses combinaisons, nous avons adopté (*fig.* 83) la solution consistant à supprimer les fondations des piles de rang impair, à partir de la treizième. Ces fondations sont remplacées par des voûtes ogivales construites en maçonnerie de meulière brute hourdée en mortier de ciment de Portland et constituant pour le viaduc un véritable étage inférieur en contre-bas du niveau des chaussées. Cette combinaison, sans augmenter la dépense, a permis une exécution plus rapide, en diminuant l'importance des travaux les plus difficiles. La pression par centimètre carré est de 5^k3 sur le béton et de 4^k8 sur le sol de fondation.

Malgré leur profondeur, les fondations des piles ont pu être établies à sec. Les parois des fouilles, descendues verticalement, étaient soutenues par des blindages jointifs, convenablement étayés, et l'eau ne paraissait qu'au moment où le banc de gravier était mis à découvert. Les

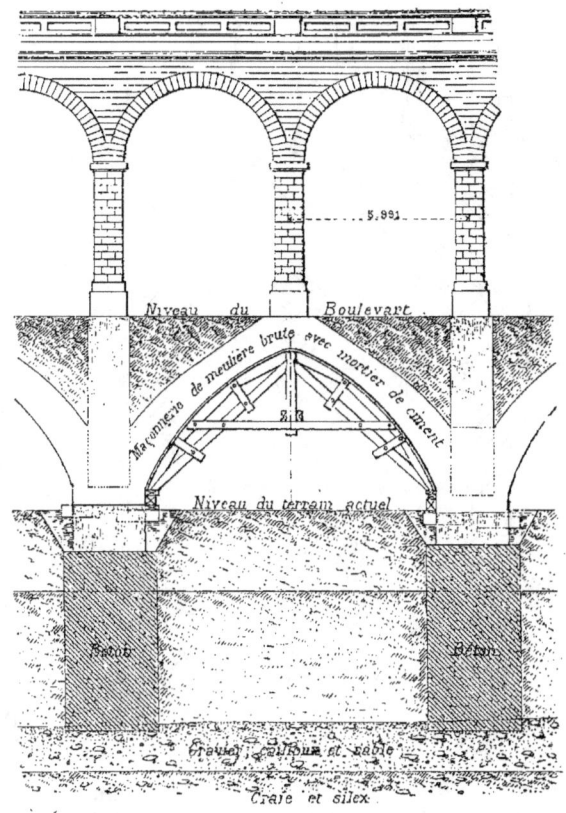

Fig. 83.

épuisements n'ont présenté d'importance que pour la pile la plus rapprochée de la rivière, et encore, après la pose de la première couche de béton, le bétonnage a pu se continuer à sec sans aucune difficulté. »

Fondation d'une maison sur puits remplis de béton. — Le système des fondations sur puits ou piliers isolés ne s'applique pas seulement aux grands édifices; il convient également à des maisons ordinaires. — Nous citerons une maison de la rue Rochechouart, à Paris, qui repose sur 42 puits bétonnés.

Ces puits sont disposés par lignes correspondant au mur de façade et aux murs de refend; on en trouve un à chaque angle et sous chaque chaîne verticale.

Les puits traversent des terrains rapportés et descendent jusqu'au rocher, de sorte que la pénétration dans le sol de la maison à cinq étages plus un rez-de-chaussée est égale à son élévation.

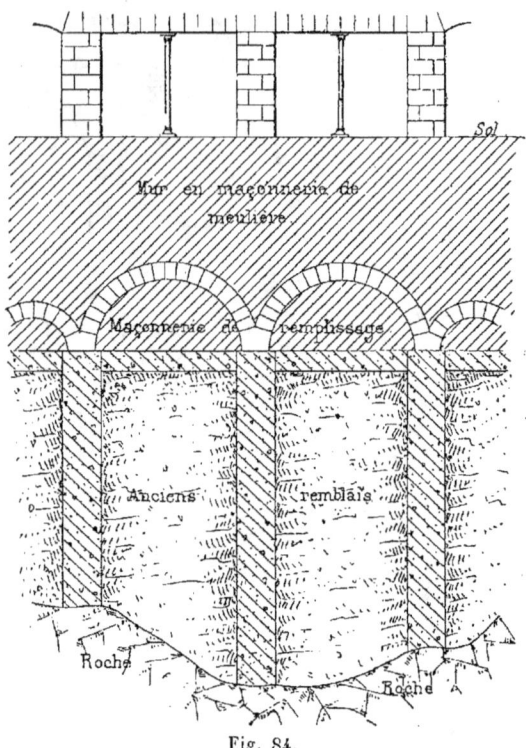

Fig. 84.

Les puits descendent à une profondeur variable comprise entre 7^m90 et 14^m25; ils sont réunis par des arcs de décharge en meulière qui portent les murs de l'édifice.

Le sol des caves est à 5^m18 sous la rue et cette hauteur comprend le sous-sol et les caves.

Le diamètre moyen des puits est de 1^m50; leur longueur totale est de 252 mètres. La fouille en est revenue à 6 fr. 50 le mètre cube, et le béton à 25 francs.

Fondations du pont sur la Vilaine, à Redon. — « Le chemin de fer de Nantes à Lorient, dit M. l'inspecteur général Desnoyers, traverse la Vilaine à l'entrée même de la ville de Redon, tout à fait à l'extrémité de la vallée, et le rocher se relève si rapidement que, d'une profondeur de 15 à 16 mètres au-dessous du terrain sur la rive droite, il vient se montrer en affleurements sur la rive gauche à quelques mètres seulement du bord proprement dit.

« La culée de la rive gauche a été fondée dans un bâtardeau par épuisements, sans aucune difficulté. Mais, pour la rive droite, il fallait aller chercher la roche à 15 et 16 mètres de profondeur; la proximité de la rivière rendait impraticable la compression du sol à l'aide de remblais, et il était bien évident *a priori* qu'une fondation sur pilotis, faite sans cette précaution, aurait été poussée vers la rivière quand on serait venu appuyer des terrassements derrière la culée. Il fallait donc employer un autre procédé; et comme le terrain était bien étanche, nous nous sommes décidé à pratiquer dans la vase six puits blindés comme ceux qu'on emploie pour les souterrains, à établir dans ces puits de solides massifs en maçonnerie reposant sur le rocher et à relier ces massifs entre eux à leurs sommets par de petites voûtes, de manière

FONDATIONS 207

à compléter ainsi la base nécessaire pour la culée et les murs en retour. »

On a d'abord exécuté sur tout l'emplacement de la fondation une fouille de 3 mètres de profondeur, ce qui diminuait d'autant la hauteur des puits. Au pourtour de chaque puits et avant d'en commencer la fouille, on a battu des pieux directeurs. Contre ces pieux on a appuyé des cadres horizontaux vigoureusement étrésillonnés, et derrière ces cadres, à mesure que l'on descendait, on glissait des madriers verticaux

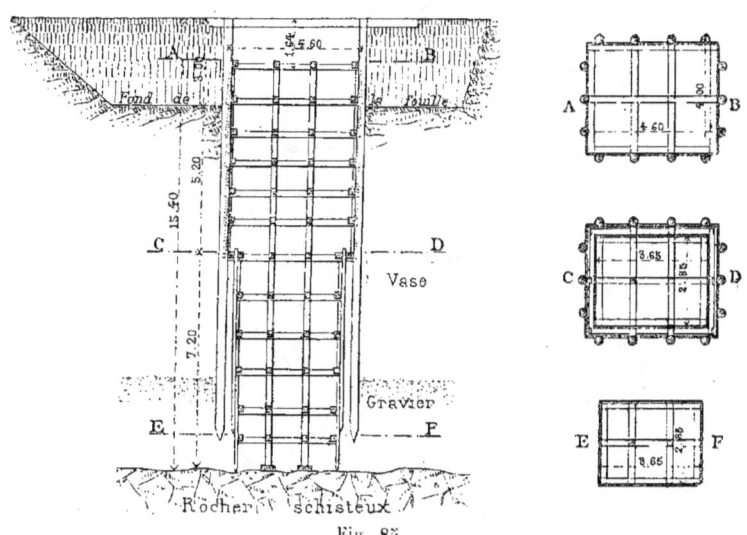

Fig. 85.

pour soutenir la vase; à 5 mètres environ au-dessous du fond de la fouille générale, la sous-pression était tellement forte que la vase remontait dans le puits; avant de poursuivre la fouille, on a battu à l'intérieur du puits une enceinte de palplanches jointives, puis on a continué en appuyant les cadres horizontaux contre ces palplanches au lieu de les appuyer contre les pieux directeurs.

Le puits achevé, on l'a rempli à sec de maçonnerie de béton sur une hauteur de 6 mètres environ; à ce niveau, on a commencé la maçonnerie ordinaire avec chaux hydraulique renforcée par un peu de ciment de Portland.

Le prix de revient de ce travail, exécuté vers 1860, a été de 86 francs le mètre cube, et de 68 francs seulement si on le rapporte à la base entière de la fondation.

Fondation de la jetée et des quais de Saint-Nazaire.

— La jetée Nord de Saint-Nazaire et les murs adjacents à l'écluse, fondés par un fond de vase de 6 à 12 mètres d'épaisseur, « ont été établis au moyen de puits carrés de 6 mètres de côté, distants les uns des autres de 1m50, et dont la maçonnerie était élevée à la surface sur une plate-forme en madriers de 8 centimètres d'épaisseur. Ces puits ont été coulés par l'action de leur propre poids, aidée par l'extraction des vases à l'intérieur et sous les plates-formes : on les faisait ainsi descendre jusqu'au rocher ; on nettoyait alors la surface de ce dernier et on garnissait les vides en maçonnerie de moellons avec mortier de ciment. On a rempli

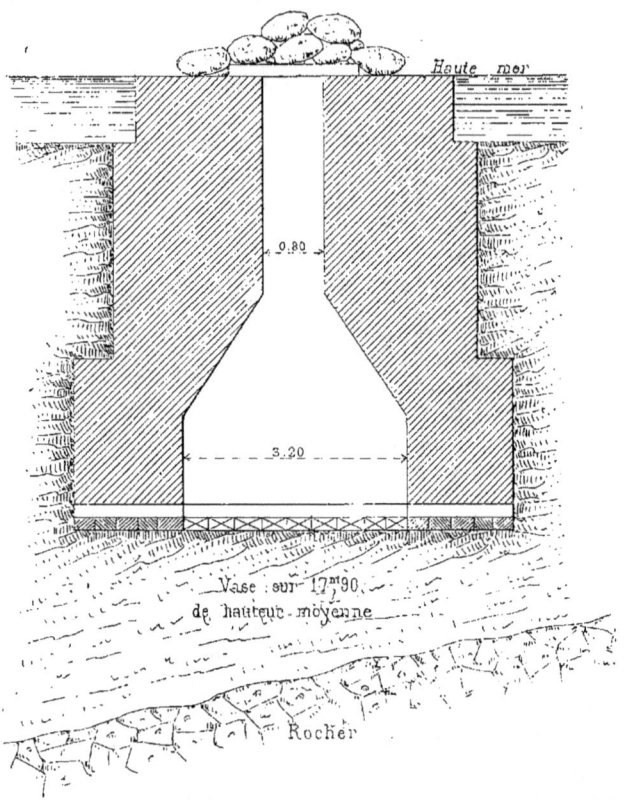

Fig. 86.

ultérieurement l'intérieur des puits en maçonnerie de moellons ordinaires ; mais cette mesure n'a pas été générale : quelques puits sont restés vides. Il importe de remarquer qu'on n'a pas pu couler deux puits consécutifs ; quand on l'essayait, ils étaient appelés l'un vers l'autre, et le travail devenait extrêmement difficile. On s'est décidé à couler d'abord les puits à une distance de 9 mètres et à n'exécuter les puits intermédiaires qu'après le complet achèvement des premiers. On exécutait en entier avec mortier de ciment de Vassy la maçonnerie sur le premier mètre de hauteur des puits ; ce mortier n'était ensuite employé que

FONDATIONS 209

pour défendre les dernières assises exécutées lorsque arrivait la marée ; à ce moment, on recouvrait l'orifice d'un plateau en bois chargé de pierres et luté avec de l'argile, pour empêcher la mer de pénétrer, comme le montre la représentation d'un puits en construction. Les intervalles des puits étaient ensuite remplis en maçonnerie exécutée à l'abri d'un vannage. » (M. Leferme, ingénieur.)

Les fondations des murs du *bassin de Penhouet* ont été exécutées par le même procédé : puits de 11 mètres sur 5 coulés en place, avec vide intérieur de 5 mètres sur 2, remplis ensuite de maçonnerie et reliés par des voûtes en plein-cintre de 6 mètres de diamètre. Le havage s'exécute à l'air libre et sans difficulté, sauf quand on est parvenu au rocher ; celui-ci est très incliné et le puits, qui le touche par un angle ou par un côté, se trouve en porte-à-faux si considérable qu'on ne peut le soutenir définitivement ni se contenter de circonscrire par un blindage le prisme de vase inférieur. Dans ces conditions, on s'est décidé à attaquer le rocher pour le déraser et y encastrer le puits. A cet effet, le puits touchant par un de ses côtés, on bat de gros pieux de 0^m40 à

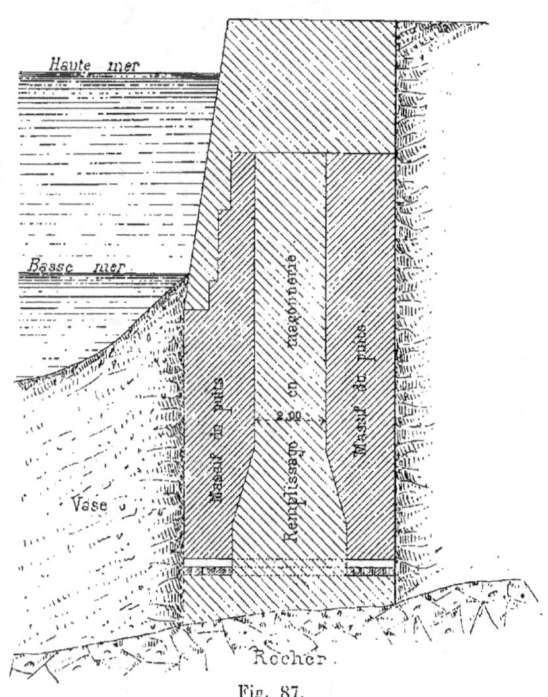

Fig. 87.

0^m50 d'équarrissage le long du côté opposé, on les recèpe à 1^m50 au-dessus de la base du puits et avec des vérins hydrauliques on les ramène sous un fort palâtre encastré dans la maçonnerie. On fouille la vase sur 1^m50 de hauteur, on enlève le rocher à la pioche et à la mine, en soutenant le puits par des billots en bois ; l'opération terminée, on fait partir au centre de chaque billot une cartouche de 50 grammes de dynamite ; les billots s'écrasent et aussi les pieux et le palâtre, et le massif descend verticalement et régulièrement. On recommence ensuite la même opération. Malgré les éboulements extérieurs et le siphonnement continuel des vases dans les puits, le travail s'est exécuté dans des conditions assez économiques. Pour 35,000 mètres de fondation exécutée en régie, le prix de revient s'établit comme suit :

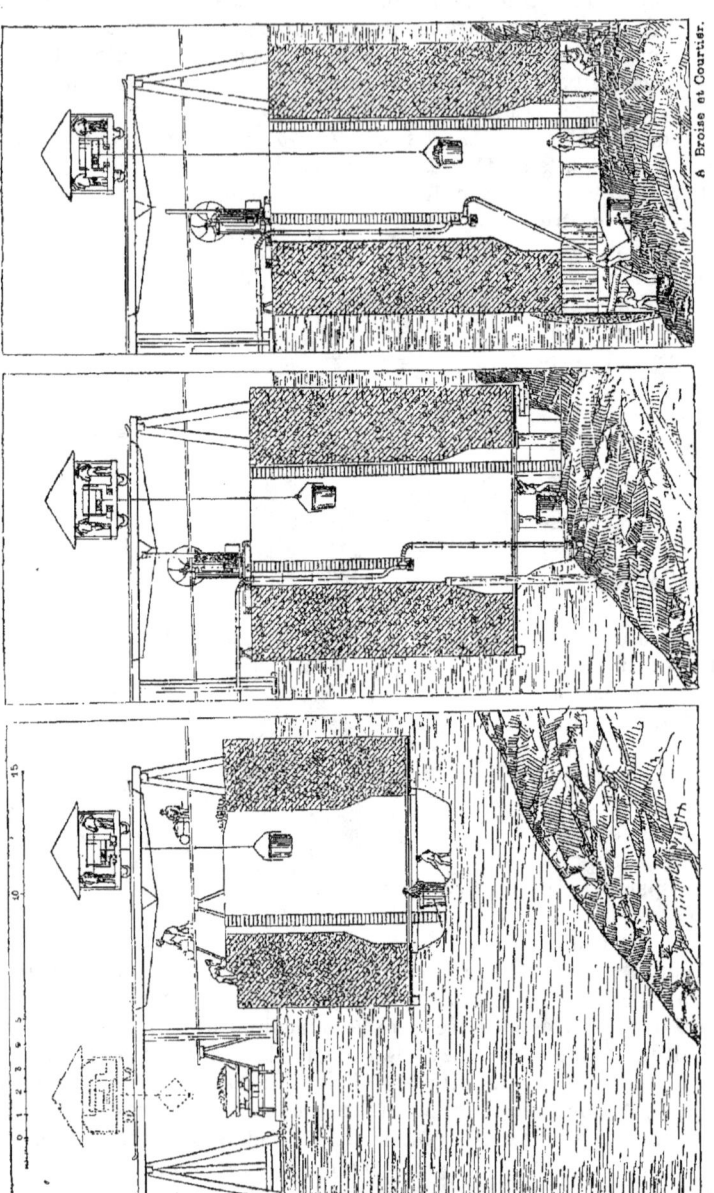

Fig. 88. Fig. 89. Fig. 90.

	FR.
Maçonnerie : 1° Matériaux. — Moellons avec mortier de ciment à 400 kilogrammes pour le puits et mortier à un tiers de chaux hydraulique pour le remplissage...	19 »
— 2° Façon, toutes sujétions et pertes de temps comprises...........	10 »
Machines élévatoires des déblais....................................	3 »
Main-d'œuvre des déblais (on extrait à peu près trois fois le cube de la pile à cause des rentrées et des siphonnements).....................	14 »
Transport des déblais à un kilomètre................................	4 50
Épuisements...	3 »
Bois pour plate-formes, pieux, étais................................	2 »
Service général...	1 50
Prix total du mètre cube...........	57 »

Ce prix est inférieur à celui de la plupart des fondations tubulaires.

Fondations par havage du bassin à flot de Bordeaux.
— Le bassin à flot de Bordeaux est établi sur la rive gauche de la Garonne avec laquelle il communique par des écluses. Les procédés suivis pour la construction de ce grand ouvrage sont décrits dans diverses notices présentées, aux expositions de 1873, 1878 et 1880, par MM. les ingénieurs Joly, Regnault, de la Roche-Tolay et Boutan.

Le terrain naturel présente, après une mince couche de terre végétale, une couche de vase argileuse bleuâtre descendant jusqu'à 12 et 14 mètres sous la surface du sol et reposant sur un banc de sable graveleux aquifère, lequel forme une excellente assiette de fondation. Ce banc de sable est parcouru par un courant souterrain assez puissant, s'écoulant vers la Garonne et influencé par la marée jusqu'à 300 ou 400 mètres de la berge ; par suite de la sous-pression, la vase argileuse imprégnée d'eau devient très fluente, mais, après assèchement, elle présente une consistance satisfaisante.

Pour établir la fondation des ouvrages dans un pareil terrain, on a fait enfoncer jusqu'au sable, sous leur propre poids, des blocs en maçonnerie d'une épaisseur de 6 mètres et d'une longueur variant entre 16 et 35 mètres ; ces blocs, exécutés en maçonnerie de moellon avec mortier de Portland à la base et mortier de chaux du Theil à la partie supérieure, sont évidés par un ou plusieurs puits verticaux, suivant leur longueur ; c'est par les puits que l'on élève les déblais effectués sous les blocs et, à mesure que le déblai augmente, le bloc descend ; figures 4 et 5, planche XX.

Les blocs successifs, placés à 0^m50 l'un de l'autre, sont élevés dans une fouille préalablement descendue à 3 mètres au-dessous du sol ; on ne leur donne d'abord qu'une hauteur de 5 mètres correspondant à une charge de 1^k30 par centimètre carré, limite de la résistance du terrain vaseux qui nous occupe.

L'opération qui consiste à déblayer sous les blocs, analogue au travail d'avancement des galeries de mine, a pris, comme ce travail, le nom de *havage*.

Il y a deux périodes dans le havage :

« *Première période*. — Sous la charge de 1ᵏ30 par centimètre carré, le terrain sur lequel le bloc est établi se boursoufle à l'intérieur et à l'extérieur du bloc, qui s'enfonce légèrement pendant le temps que la maçonnerie met à durcir. Il faut le soutenir par des étais du côté vers lequel il tend à s'incliner. Le moment d'engager l'opération étant venu, on installe sur la face supérieure du bloc les appareils destinés à remonter les terres extraites du fond des puits ; ce matériel consiste en bennes de tôle de la capacité de 100 litres ; en bigues supportant les poulies de hissage ; et en treuils agissant sur les cordes des poulies. Deux hommes descendent au fond de chaque puits, l'un fouille au milieu, l'autre remplit la benne, que deux autres ouvriers remontent à l'aide du treuil ; un cinquième verse la terre dans une brouette au fur et à mesure qu'elle arrive, et la jette dans un wagon conduit à proximité. L'opération continue ainsi ; la terre qui subit la pression du massif reflue à l'intérieur du bloc d'où elle est enlevée par la benne, et le bloc descend pour prendre sa place. Bientôt la face supérieure du bloc arrive au niveau du sol sur lequel il avait été élevé. On ajoute alors une nouvelle hauteur de maçonnerie qu'on fait enfoncer de la même manière, jusqu'à ce que l'irruption de la nappe d'eau souterraine oblige à prendre d'autres dispositions.

« *Deuxième période*. — Cette irruption a lieu lorsque le dessous du bloc n'est plus séparé que par 2 mètres environ d'épaisseur de vase du banc de gravier aquifère inférieur, ce qui arrive généralement vers la cote — 5 mètres. On installe alors à l'intérieur du puits une pompe centrifuge mue par une locomobile à vapeur placée à proximité. Cette dernière machine est en même temps utilisée à la manœuvre des treuils qui remontent les terres fouillées au fond des puits. Le bloc est ainsi conduit jusqu'au sable, où on le fait pénétrer d'une profondeur de 80 centimètres. »

La descente des blocs est loin de s'effectuer toujours aussi facilement que nous venons de l'expliquer ; bien des blocs se déversent, et il faut les redresser soit par des étais, soit en poussant la fouille plus activement sur un des côtés.

Quand le havage est terminé, on remplit les puits avec du béton de chaux du Teil immergé jusqu'au niveau des eaux ; le reste est comblé avec de la maçonnerie ordinaire reliée par des arrachements au massif du bloc.

La fondation sur blocs n'a été d'abord appliquée qu'aux bajoyers de l'écluse. Plus tard, lorsqu'on fut certain de l'efficacité du procédé, on l'étendit aux murs de quai, que l'on fondait primitivement sur cinq lignes de pieux espacés de 1ᵐ15 dans un sens et de 1ᵐ50 dans l'autre, battus à la vapeur avec un mouton de 1,000 kilogrammes et pénétrant de 3 mètres dans le sable aquifère ; la tête des pilotis était noyée sur 0ᵐ80 de hauteur dans la maçonnerie ordinaire au mortier de Portland.

Ensuite on composa les murs de quai de voûtes en plein-cintre de

FONDATIONS 213

8 mètres de diamètre ayant pour piles des blocs de 3 mètres de largeur. Ce système a, paraît-il, été plus économique que celui des pilotis.

La figure 4, planche XX, représente la première période du havage ; la fouille se fait à peu près à sec, vu l'imperméabilité relative de la vase fluente ; des chèvres à treuils enlèvent les déblais dans des bennes

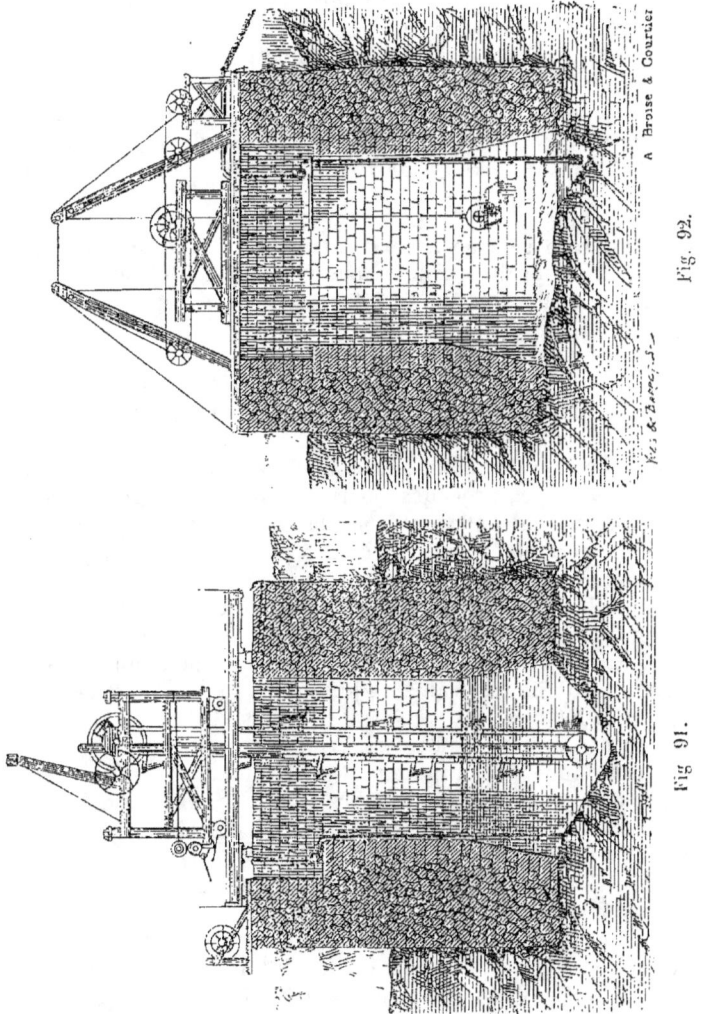

Fig. 92.

Fig. 91.

qui se déchargent dans des brouettes, lesquelles vont se décharger dans des wagons.

La figure 2, même planche, représente la seconde période du havage, alors qu'il est nécessaire de recourir aux épuisements ; ces épuisements se font par une pompe rotative qu'actionne une locomobile de 24 chevaux ; le dessin n'indique que la courroie de transmission de cette locomobile placée en dehors de la fouille sur le terrain solide.

Au lieu de procéder par épuisement dans cette seconde période, on a aussi procédé par dragages sous l'eau : on installe alors dans le puits une drague à godets montée sur une élinde verticale et actionnée par une locomobile de 6 chevaux.

L'emploi de la drague a été plus avantageux que celui des épuisements. Il n'a fallu en moyenne que 110 heures pour foncer, avec la drague, des blocs dont le fonçage par épuisement exigeait un mois.

La dépense n'a été que de 7^{f}35 par mètre cube de déplacement à l'aide de la drague, tandis qu'elle s'était élevée à 11^{f}95 avec l'autre système.

Fondation par havage du bassin à flot de Rochefort.

— Les murs de quai du troisième bassin à flot de Rochefort sont portés par des voûtes à plein-cintre de 9^{m}20 d'ouverture reposant sur des piles de 8 mètres de profondeur et de 5 mètres de largeur ; il y a quelques piles-culées de dimensions plus grandes.

Les piles sont constituées avec des puits descendus par havage dans un sol inconsistant d'alluvions marines, recouvrant sur 15 à 28 mètres de hauteur le terrain solide.

M. l'ingénieur de Franchimont a donné la description des procédés suivis pour le havage, procédés que représentent les figures 1 à 3, planche XX. On commence par ouvrir sur la ligne du quai projeté une fouille de 3^{m}60 de profondeur avec talus de 2^{m}5 pour 1 ; cette fouille est descendue jusqu'au zéro du nivellement général de la France.

Au fond de la fouille on élève sur une hauteur de 3 mètres la maçonnerie du puits formée de moellons bruts et de mortier au ciment de Portland à raison de 350 kilogrammes de ciment pour un mètre cube de sable. Au bout d'une quinzaine de jours, quand la maçonnerie est dure, on procède au havage.

Vu le peu de consistance du terrain, il importait de ne pas lui faire porter les échafaudages et apparaux. C'est le puits lui-même qui les porte, à l'exception du générateur à vapeur placé en dehors de la fouille et desservant trois puits à la fois ; c'est un générateur de 22 mètres carrés de surface de chauffe.

Il envoie sa vapeur au treuil B qui monte et descend les bennes et à un ou plusieurs pulsomètres chargés de l'épuisement. Les filtrations sont peu abondantes tant qu'on reste dans les alluvions vaseuses ; elles deviennent considérables quand on atteint les couches de sable et de gravier qui, dans les terrains d'alluvion, sont toujours interposées entre la vase ou la tourbe et le rocher.

Les bennes se déchargent dans des wagonnets roulant sur une passerelle I ; deux toitures en tôle ondulée abritent et protègent le treuil ainsi que les ouvriers travaillant dans le puits.

L'échafaudage suivrait le puits dans son mouvement de descente et se disloquerait s'il n'était supporté par quatre vis calantes que l'on manœuvre de manière à maintenir les passerelles I et k horizontales ; les tuyaux de vapeur sont flexibles afin de se prêter aux déformations.

Ce système a donné d'excellents résultats, alors qu'il avait fallu abandonner les charpentes fixes établies sur le terrain en dehors des puits ; ces charpentes se trouvaient vite déversées et disloquées par les mouvements du sol.

Le fonctionnement des pulsomètres, cet appareil si commode dans des travaux de ce genre, a cependant laissé à désirer quand la profondeur des puits dépassait 20 mètres ; l'eau est sableuse, les crépines s'engorgent, les clapets s'avarient par les coups de bélier, et il faut avoir des pulsomètres de rechange.

Le prix moyen payé pour le déblai mesuré par le volume même du puits est de 12f46 le mètre cube, rabais déduit. Ce prix comprend les épuisements et même les frais exceptionnels qu'exigent certains puits, dans lesquels se produit un tel siphonnement de vase qu'il faut recourir à l'air comprimé pour les terminer, ainsi que nous l'expliquerons plus loin.

Fondation de murs de quai au Havre (*neuvième bassin à flot*). — A la darse ouest du neuvième bassin à flot du Havre, M. l'ingénieur Widmer a fondé 850 mètres de quai sur des puits descendus par havage dans un sol homogène de glaise moyennement compacte. Ces puits descendent à environ 8 mètres de profondeur dans le sol que la pleine mer recouvre sur une hauteur de 2 à 4 mètres.

Les blocs ont 10 mètres de long, 6m70 de large et 8 mètres de haut ; ils sont espacés de 1 mètre et ont été enfoncés en deux séries comprenant l'une les numéros pairs, l'autre les numéros impairs.

Le vide central est de 5m60 sur 2m30 ; il s'évase sur 2m50 à la base, de manière à donner au fond un rectangle de 6m60 sur 3m30.

Les maçonneries, hourdées avec un mortier à 400 kilogrammes de Portland par mètre cube de sable, étaient d'abord exécutées sur 4m50 de haut ; au bout de trente jours, on déblayait à l'intérieur, on enfonçait le bloc de sa hauteur, et au-dessus on élevait les maçonneries à hauteur définitive ; après un repos de vingt jours, on venait déblayer à nouveau et achever l'enfoncement. Le vide intérieur était rempli de béton. On a ainsi exécuté 84 puits avec 45,000 mètres de maçonnerie. L'expérience ayant montré le peu d'utilité du rouet inférieur en charpente, on l'a supprimé et on s'est contenté d'élever la maçonnerie sur de simples planches.

Les blocs n'ont pas été construits sur la surface même de la plage, car ils se seraient déversés et fendus avant d'avoir fait prise ; on les a fait reposer sur la couche solide de glaise, à 1 mètre de profondeur.

Les épuisements à la charge de l'entrepreneur, effectués dans la première période, avec des pompes Letestu à bras, ont exigé ensuite des pompes rotatives à vapeur qui ont permis d'activer le travail.

Les déblais ont été faits à bras d'hommes ; le produit en était enlevé par des bennes de 60 litres, mues par de petits treuils à vapeur.

Il s'est produit pendant le fonçage des affouillements latéraux autour des blocs, représentant 45 p. 100 du cube géométrique des blocs; on les a limités avec de la paille, des fascines et des sacs à terre.

Le prix payé à l'entrepreneur était de 19 fr. 40 par mètre cube; M. Widmer estime le prix de revient à 13 fr. 40.

Fondation de murs de quai à Glascow. — MM. les ingénieurs Poulet et Luneau ont rendu compte, en 1876, du procédé suivi à Glasgow pour la fondation du *plantation-quay;* ce quai est établi sur un terrain constitué entièrement par du sable, et on voulait l'enraciner à 4^m20 sous le fond du port, soit à 10^m20 sous le niveau de basse mer. On eut recours à des puits en briques ou en béton de ciment (*fig.* 1 à 5, pl. XXI).

Chaque puits est armé d'un couteau cylindrique en fonte de 0^m914 de hauteur et de 3^m80 de diamètre; c'est le diamètre extérieur des puits; ce couteau se retourne horizontalement pour former un anneau de 0^m45 de largeur. Sur l'anneau on élève des assises de briques sur une hauteur de 0^m80, assises posées en encorbellement jusqu'à ce que le diamètre du vide soit réduit à 2^m36; un cercle supérieur de fer plat était relié par des boulons à l'anneau du couteau, de manière à rendre le tout solidaire.

Sur cette base on pose des anneaux en béton de Portland, de 0^m75 de hauteur, faits à l'avance, pesant chacun 10 tonnes et empilés jusqu'à ce que le cylindre ait atteint une hauteur de 8 mètres.

L'édifice de chaque puits est ainsi construit à l'aide d'une grue roulante à vapeur dans une tranchée creusée jusqu'au niveau de basse mer à l'emplacement du quai futur; une louve à trois branches rend facile la mise en place des anneaux successifs. La masse descend peu à peu par son poids qui s'élève jusqu'à 85 tonnes, et l'enfoncement définitif est obtenu par une surcharge en anneaux de fonte de même diamètre que le puits, surcharge qui s'est élevée jusqu'à 370 tonnes par puits.

En même temps, le mouvement de descente est favorisé par un dragage à l'intérieur du puits; ce dragage s'effectue par une mâchoire octogonale qui fonctionne comme la drague Priestman; on connaît la manœuvre de cet appareil sur laquelle nous n'avons pas à insister.

Lorsque le puits est à la profondeur voulue, on le remplit sur 1^m70 avec un béton de Portland maigre et sur le reste de la hauteur avec du gravier.

Le procédé que nous venons de décrire est, en réalité, assez compliqué; il serait coûteux en France surtout à cause de la nécessité de se procurer pour la surcharge plusieurs centaines de tonnes de fonte qu'il faut revendre après l'opération.

Fondation de puits dans le sable des Landes. — Une grande cause d'insalubrité pour les habitants des Landes était de se servir comme boisson d'une eau superficielle corrompue par la fermentation des débris organiques; M. l'ingénieur Chambrelent porta remède à ce fâcheux état de choses en établissant des puits qui allaient chercher de l'eau pure, naturellement filtrée, à quelques mètres au-dessous du sol, au milieu d'un sable blanc aquifère (*fig.* 7, pl. XXI).

Ces puits ont été descendus sur rouet en fonte et peuvent constituer un système de fondation pour des constructions ordinaires; ils ont 1 mètre de diamètre sur 0^{m}30 d'épaisseur et la maçonnerie est construite progressivement sur le rouet qui est armé d'un couteau annulaire vertical. L'enfoncement est obtenu par la surcharge de la maçonnerie; le sable est aspiré par épuisement ou dragué à sec par un homme placé au fond de la colonne.

Celle-ci parvenue à la profondeur voulue, on a rempli le fond avec des pierrailles et l'eau remonte librement à l'intérieur.

Si l'on voulait se servir d'un puits de ce genre comme pilier de fondation, on le remplirait de béton lorsqu'il aurait atteint la couche solide; le couteau vertical du rouet devrait dans ce cas être placé à l'extérieur et non à l'intérieur du rouet, afin que la fouille sous le rouet pendant le mouvement de descente soit plus facile. La disposition adoptée pour les puits des Landes avait pour objet d'empêcher l'introduction du sable dans l'intérieur de la colonne.

Pompe Christ pour enlever le gravier. — Il existe un appareil simple qui peut rendre des services lorsqu'il s'agit de creuser des puits de ce genre; c'est la pompe Christ, dont voici la description :

Un puits étant ouvert jusqu'à la nappe aquifère, on y descend une cuve sans fond, en bois cerclé de fer; cette cuve est tronc conique, la grande base est au fond et elle est garnie d'un tranchant en tôle. La base supérieure porte les ouvriers et une surcharge aussi forte que possible.

Les ouvriers manœuvrent la pompe Christ, cylindre en tôle de 1^{m}10 de hauteur et de 0^{m}20 de diamètre, garni à sa base d'un cercle aciéré bien tranchant; vient au-dessus une soupape s'ouvrant de bas en haut, puis un piston formé d'une sorte de poire en bois garnie de cuir. Ce piston se manœuvre par une tige verticale, tandis qu'une longue perche à bout ferré maintient l'appareil au fond de l'eau.

La tige du piston est manœuvrée par trois hommes; les graviers et le sable sont aspirés avec de l'eau qui retombe à travers les petits orifices de la soupape; le piston, en redescendant, achève l'expulsion de l'eau; il aspire ensuite une nouvelle quantité de gravier; quand le cylindre est plein, on le remonte et on le vide dans un seau.

On aspire ainsi des cailloux plus gros que le poing; l'aspiration se fait bien surtout dans le gravier; dans le sable pur il faut réduire le diamètre de la pompe.

On est arrivé à extraire, avec cet appareil simple, 1 mètre cube de déblai par jour, avec une dépense bien moindre que si l'on avait opéré par épuisement.

Construction d'un puits à Chicago. — M. l'inspecteur général Malézieux, dans son rapport de mission en Amérique, donne le dessin (*fig.* 6, pl. XXI) et la description des procédés suivis pour le fonçage d'un puisard à Chicago. Ce puisard, de 9^m47 de diamètre intérieur, devait descendre à 7 ou 8 mètres de profondeur, à travers un sable bouillant, jusqu'à l'argile compacte et solide sur laquelle on voulait élever le massif de fondation d'une machine pour le service des eaux.

La tour est légèrement conique; elle est en maçonnerie de briques et ciment, recouverte d'un enduit lissé à l'intérieur comme à l'extérieur; elle est recouverte d'un chapeau annulaire en chêne de 0^m14 d'épaisseur et armée à sa base d'un anneau en fonte avec couteau de 0^m76 de hauteur.

Elle est consolidée par des cercles en fer espacés de 0^m90 et par des boulons verticaux de 0^m037 de diamètre, reliant la base et le chapeau et distants entre eux de 1 mètre environ.

Cette tour fut construite sur le sol et descendit par son poids au fur et à mesure qu'on fouilla à l'intérieur. Lorsqu'on fut arrivé au niveau de la nappe souterraine, on installa sur la tour une drague à godets, avec sa locomobile, le tout monté sur plaque tournante, de telle sorte que la drague pût agir dans toutes les directions.

L'enfoncement journalier dans le sable ne fut parfois que de 0^m08.

Quand le couteau eut atteint l'argile bleue compacte, on put facilement épuiser à l'intérieur, sans craindre de pomper le sable et de produire des excavations au pourtour de la colonne, et on acheva la fouille à sec.

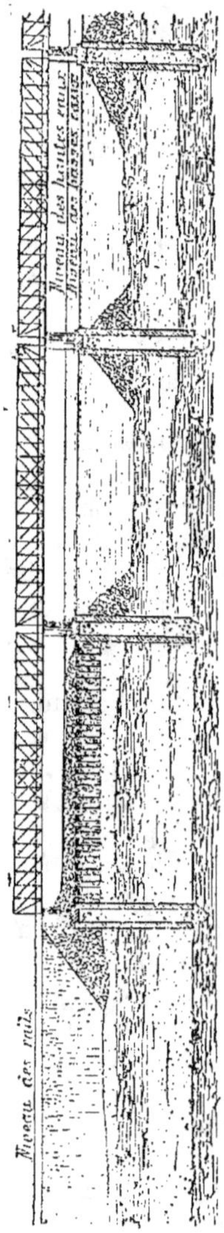

Pont de l'Impératrice sur le Sutlej

(*Inde anglaise*). — Ce pont comprend 16 travées de 79^m20 d'ouverture et chaque pile repose sur trois puits ou colonnes creuses descendant à une profondeur moyenne de 33^m50.

La description de cet important travail se trouve dans un mémoire présenté par M. J. Richard Bell à la Société des ingénieurs civils de Londres; ce mémoire a été analysé par M. l'ingénieur Monjean dans la *Revue générale des chemins de fer*, où nous avons puisé nos renseignements et les dessins qui les accompagnent.

Chaque puits a 5^m70 de diamètre extérieur et une épaisseur annulaire de 1^m63, ce qui donne un vide central de 2^m44 de diamètre.

Les trois puits d'une pile présentent à leur partie supérieure un chapiteau en encorbellement; les trois chapiteaux réunis reproduisent en plan

Fig. 93.

la forme d'une pile ordinaire à becs arrondis et supportant un massif de maçonnerie avec plinthe.

Un puits repose à sa base sur une couronne en bois de 0^m91 de large et de 1^m07 de haut, armée d'un couteau en fer de 0^m02 d'épaisseur. Le tube cylindrique se termine donc par un cône de 3^m66 de haut. Les di-

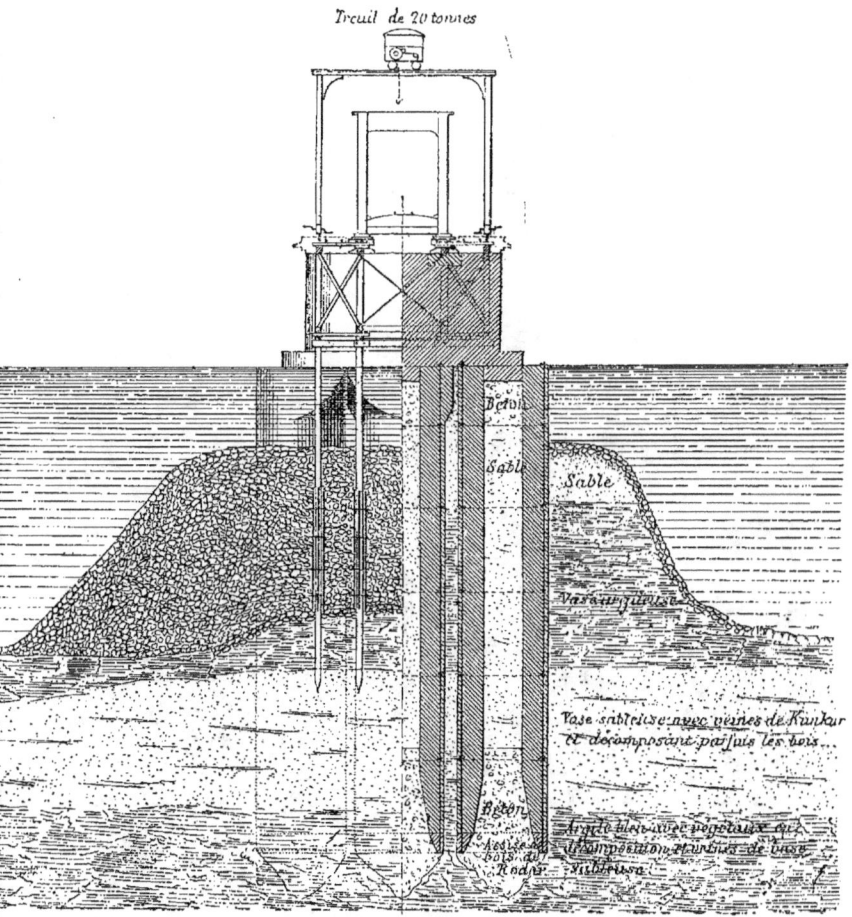

Fig. 94.

verses assises de l'anneau sont reliées par 12 boulons de 0^m04 de diamètre, allant de la base au sommet et assemblés par bouts successifs.

Le dragage a été descendu sous la couronne à une profondeur variant de 0^m60 à 4^m60; le vide est rempli par du béton hydraulique jusqu'à 6 mètres au-dessus de la couronne; le remplissage a été terminé avec du sable fin que surmonte un bouchon en béton et briques de 3^m63 de hauteur.

On traversait une vase sableuse rendue corrosive par la présence de certains sels ; aussi ne se servait-on à ce passage que de briques vitrifiées à la surface. Ce terrain décomposait les bois ; c'est une circonstance exceptionnelle que nous avons eu déjà l'occasion de signaler.

Chaque pile est protégée par un anneau d'enrochement de 2,200^{mc}. La construction d'un puits durait 35 jours et s'effectuait en trois assises.

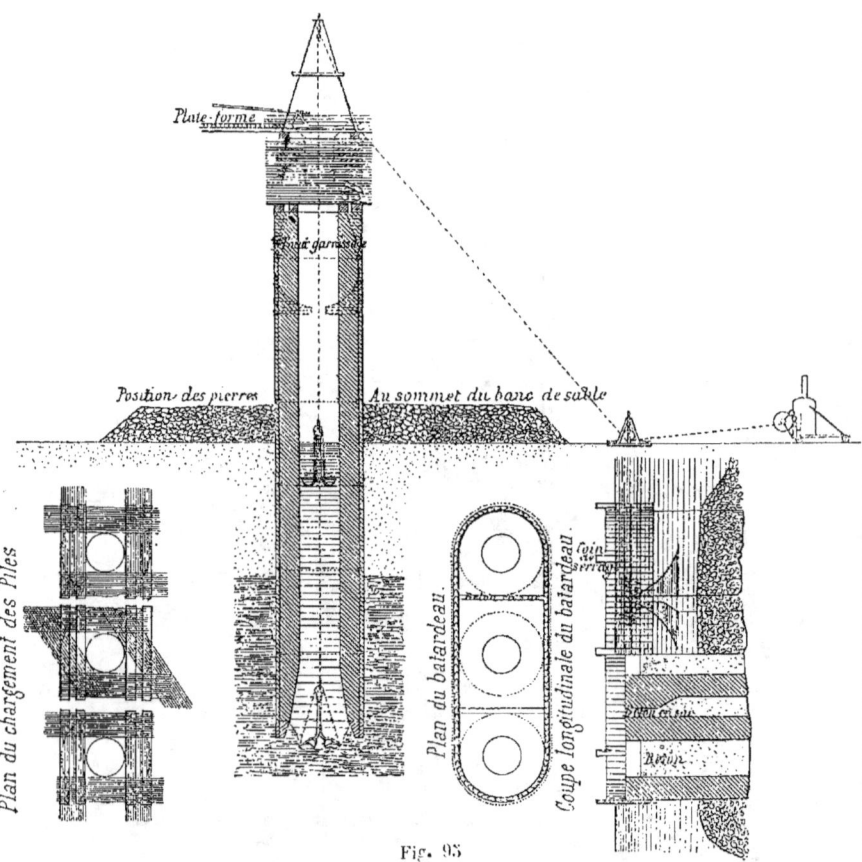

Fig. 95

L'enfoncement était déterminé par une surcharge de rails de 7^{m}30 de longueur, posés à la tête du puits sur un plancher de madriers.

La première assise des puits, de 4^{m}60 de hauteur, s'enfonçait d'elle-même ; la seconde de 5^{m}50, la troisième de 11 mètres, et la quatrième de 12^{m}50, exigeaient des charges respectives de 150, 350 et 800 à 1,000 tonnes.

Comme on ne pouvait guère charger que 30 tonnes par jour, on comprend que l'opération était longue et pénible. Elle ne devait, du reste, pas être sans danger, car une charge ainsi placée au sommet d'une co-

FONDATIONS 221

lonne de 30 mètres doit infailliblement tendre à produire des déversements. Aussi ne put-on jamais terminer une pile en une saison.

La fouille dans le puits s'opéra avec l'excavateur Gatmell; c'est un instrument rentrant dans le type général dont nous avons déjà décrit plusieurs variétés. Les deux cuillers se présentent verticalement par leur tranche, pénètrent dans le sol, et se remplissent par un mouvement de rotation d'un quart de tour; puis on les soulève pleines. Pour fouiller latéralement sous la couronne de base, on a recours à l'excavateur dont la figure 98 suffit à faire comprendre le fonctionnement.

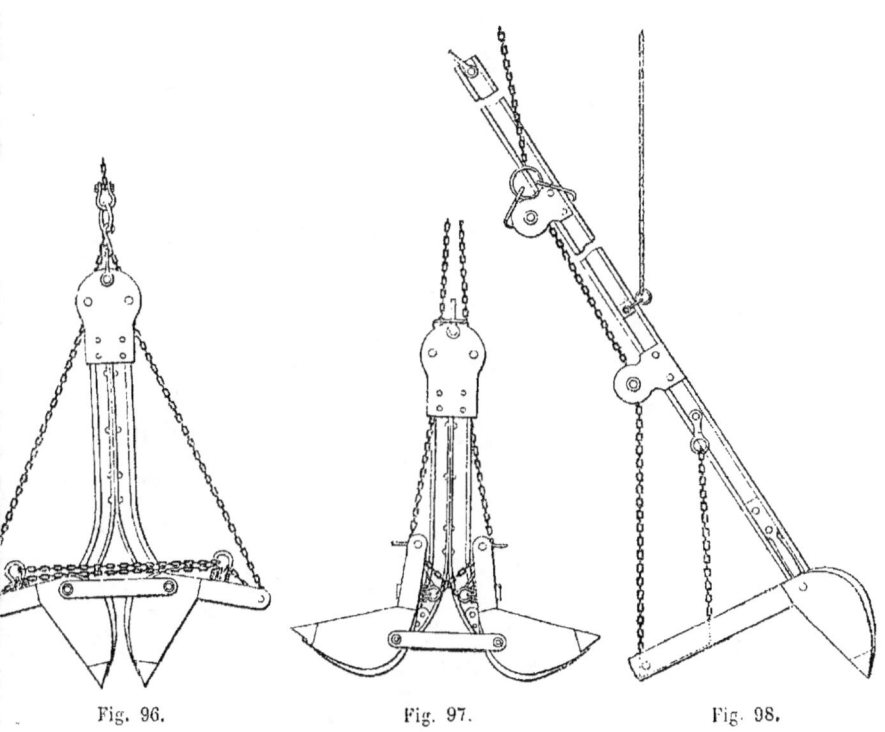

Fig. 96.   Fig. 97.   Fig. 98.

On a parfois passé vingt jours à retirer un excavateur brisé et demeuré dans la vase.

« Les puits dans l'argile furent très longs à foncer : l'un des puits du milieu d'une pile dans l'argile, arrivé à la profondeur de 30 mètres et chargé de 1,000 tonnes de rails et de 1,700 tonnes de maçonnerie, n'enfonça que de 2^m10 en deux mois. Les affouillements étaient très dangereux ; dans certains cas, la vase se précipitait par le dessous du puits jusqu'à une hauteur de 18 mètres en engloutissant tous les outils. Le seul remède consistait à tenir le puits plein d'eau, mais la pression de cette eau durcissait le fond du puits et rendait le travail des excavateurs très pénible. »

Cette circonstance semble indiquer qu'il était impossible d'opérer par épuisement, même en traversant les vases et argiles imperméables. Dans ces conditions, il semble qu'un caisson unique descendu par l'air comprimé eût été préférable.

CHAPITRE IV

FONDATIONS SUR MASSIFS IMMERGÉS

Le système des fondations sur massifs immergés est, à la fois, l'un des plus simples et l'un des plus complexes, l'un des plus simples en ce sens qu'il s'est naturellement présenté à l'esprit des premiers ingénieurs lorsqu'ils ont abordé la construction des ponts, l'un des plus complexes au contraire parce que c'est à lui qu'on a recours lorsque les autres procédés sont inapplicables, lorsque par exemple il faut établir des digues maritimes dans de grandes profondeurs.

Le système des fondations sur massifs immergés est d'un ordre inférieur et cela pour une raison capitale : c'est qu'il ne permet pas de reconnaître par la vue ni de toucher le sol sur lequel on se pose ; de là bien des erreurs. — Il ne permet pas non plus de contrôler le mode d'agrégation des matériaux ni la prise des mortiers.

Beaucoup de constructeurs pensent avoir donné pour support à leurs ouvrages des massifs monolithes de béton immergé ; en réalité bien peu de ces massifs sont homogènes et compacts ; il n'en est guère qui ne présentent quelques parties délavées, sans cohésion. — Il est vrai que ces massifs deviennent alors une sorte d'enrochement ordinaire et, comme ils sont enfermés dans de solides enceintes, que de plus ils exercent une faible poussée latérale, ils constituent en somme une fondation suffisamment solide qui ne deviendra dangereuse que le jour où l'enceinte disparaîtra.

Pour ces motifs, il semble que l'ancien engouement pour les massifs de béton immergé, en ce qui touche du moins la fondation des ouvrages importants, a beaucoup diminué ; c'est avec raison que les ingénieurs tendent à abandonner ce système avec lequel on a rarement une sécurité complète parce qu'on ne voit pas ce que l'on fait.

Nous étudierons successivement trois genres de fondations sur massifs immergés, qui sont :

1° Fondations sur enrochements ou sur blocs artificiels ;
2° Fondations sur plates-formes en fascinages ;
3° Fondations sur massifs de béton immergés dans des enceintes ;
4° Fondations sur massifs de béton immergés dans des caissons.

1° FONDATIONS SUR ENROCHEMENTS OU SUR BLOCS ARTIFICIELS

Les anciens constructeurs ne disposaient pas des moyens puissants que nous possédons aujourd'hui pour travailler à de grandes profondeurs sous l'eau ; ils furent amenés naturellement à créer pour leurs constructions hydrauliques une base artificielle à l'aide de blocs de rochers immergés à l'emplacement voulu de manière à former au sein des eaux un îlot solide.

Avec le temps, les matériaux ainsi entassés finissent par prendre un talus d'équilibre ; la masse résiste aux courants et aux tempêtes, les vides se comblent par les alluvions, tous les blocs se cimentent et forment un ensemble d'une cohésion comparable à celle de beaucoup de bétons immergés.

L'inconvénient du système est d'occuper une large surface, car les talus de l'équilibre sont voisins de l'horizontale. — Aussi ne convient-il guère pour les travaux en rivière, car il rétrécit outre mesure la section d'écoulement et par suite crée des remous et des affouillements invincibles.

La fondation sur massifs d'enrochements a donc été pratiquée surtout pour les ouvrages à la mer, pour les digues et les jetées de nos grands ports. Elle a trouvé également quelques applications lorsqu'il s'est agi de fonder des ouvrages au milieu de lacs ou d'étangs profonds.

En somme, elle constitue un procédé spécial aux travaux maritimes dont on trouve la description détaillée dans notre *Traité de navigation* ; il nous suffira d'en indiquer ici les traits généraux.

On se servit d'abord des blocs naturels, grands et petits, fournis par l'exploitation des carrières, puis on eut recours à des blocs artificiels de forme régulière et d'un volume considérable. Généralement, les blocs artificiels n'ont pas été employés seuls ; ils ont servi d'enveloppe protectrice à un noyau de matériaux naturels beaucoup plus petits ; grâce à cette enveloppe, le noyau a pu recevoir des talus raides et cette combinaison a permis de construire économiquement des œuvres colossales comme la digue de Marseille.

La *digue de Cherbourg*, commencée en 1780 et terminée en 1854, a été construite avec un mélange de blocs naturels de toute grosseur ; ces blocs, longtemps remaniés par la mer, finirent par prendre la forme

FONDATIONS 225

d'équilibre suivante : talus voisin de 1 sur 1 depuis le fond de la mer jusqu'à 5 ou 6 mètres au-dessous du niveau des basses mers et à partir de là, talus de $\frac{1}{10}$ du côté du large.

On voit immédiatement que ce profil entraîne une largeur considérable qui atteint près de 100 mètres pour une profondeur de 14 mètres sous les plus basses mers.

Le trapèze d'enrochement naturel était sans cesse bouleversé par les tempêtes à sa partie supérieure, et ne donnait pas à la muraille supé-

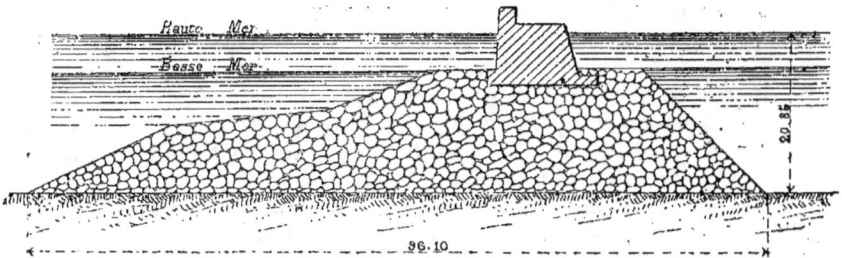

Fig. 99.

rieure de la digue et aux batteries qu'elle porte, une sécurité suffisante ; il fallut protéger le pied de cette muraille du côté du large, par des blocs assez volumineux pour résister à la violence des plus grosses mers, et la muraille elle-même fut enracinée dans le massif d'enrochement par une assise de béton de 0m80 de hauteur.

Les gros blocs naturels, d'abord employés pour protéger la risberme, furent ensuite remplacés par des blocs artificiels en béton construits sur place. Les plus volumineux atteignirent un cube de 20 mètres au moins et pesaient plus de 30 tonnes. Les musoirs sont protégés par des anneaux de ces blocs.

A *Holyhead*, les procédés suivis pour la construction de la digue sont à peu près semblables à ceux qu'on a suivis à Cherbourg ; mais on a poussé plus loin encore le principe de laisser à la mer seule le soin de donner aux massifs d'enrochement leur talus d'équilibre ; à Cherbourg, on réservait pour la surface les plus grosses pierres afin de pouvoir réduire la section de l'ouvrage, et par suite le cube immergé ; à Holyhead, on n'avait pas la même préoccupation d'économie, parce que la digue était reliée par une voie ferrée aux carrières du rivage ; on déversait pêle-mêle les matériaux tout venants, gros et petits, on obtint de la sorte un massif compacte et peu susceptible de tassement à l'intérieur, mais la surface en demeurait mobile et pouvait être modifiée par la tempête, ainsi que le serait une plage à galets. La marche suivie à Holyhead ne paraît donc pas rationnelle.

Le système suivi pour les digues de *Marseille* est infiniment plus logique ; en voici la description empruntée aux notices présentées par le ministère des travaux publics à l'Exposition de Melbourne en 1880 :

« Une idée principale paraît avoir guidé les auteurs des grandes digues de Cherbourg, Plymouth, Holyhead, la Delaware : c'est celle d'employer simultanément tous les produits des carrières, en laissant à la mer le soin de former le talus sur lequel ils pouvaient tenir.

« A côté de cette idée principale, on en voit naître une autre, c'est celle de réserver de gros matériaux pour recouvrir le talus extérieur de la masse formant le corps de la jetée : c'est ainsi qu'à Cherbourg on dispose sur ce talus une couche de gros blocs de 1^m25 d'épaisseur en moyenne, que l'on descend jusqu'à environ 5 mètres au-dessous des plus basses mers, limite extrême, dans cette localité, de l'action puissante des vagues. Toutefois, ces blocs ne semblent pas présenter toute la sécurité désirable dans les parties les plus exposées de la digue et dans celles qu'il importe de préserver de toute avarie; on les recouvre à leur tour de blocs artificiels de 20 mètres cubes.

« C'est ainsi qu'à Plymouth le talus extérieur est perreyé au moyen de blocs de 0^m80 d'épaisseur, ayant 1^m20 de long sur 1 mètre de large, dont les joints sont garnis avec du ciment Parker.

« A la Delaware, on emploie, pour la défense des talus, des blocs de 4,000 à 5,000 kilogrammes rangés régulièrement et placés en boutisses.

« Des dispositions analogues sont suivies à Holyhead.

« La digue d'Alger est projetée dans un tout autre système. L'auteur s'est imposé de n'employer que des blocs d'une dimension telle qu'ils ne pussent, dans aucun cas, être remués par les vagues : ce qu'il a jugé possible, puisque l'action des vagues est proportionnelle à la surface choquée, tandis que la résistance du bloc croît comme son cube. Il a, par suite, exécuté cette digue exclusivement au moyen de blocs artificiels d'abord de 10 mètres et ensuite de 15 mètres cubes.

« L'expérience a démontré que, tandis que dans le système des digues de Cherbourg, Plymouth, Holyhead, Delaware, le talus extérieur variait, suivant la situation de l'ouvrage, entre 5 et 10 pour 1 dans la zone d'action de la mer, zone qui se faisait sentir jusqu'à environ 5 mètres au-dessous des plus basses mers, le talus de la digue d'Alger se tenait sous une inclinaison d'environ $1\frac{1}{4}$ pour 1.

« La digue de Marseille a été construite en s'appuyant sur la double expérience de Cherbourg et d'Alger. D'une part, on a pris à la digue d'Alger ses grands blocs artificiels pour les opposer directement à l'action puissante des lames; d'autre part, on a pris à la digue de Cherbourg ses blocs naturels de toutes dimensions, c'est-à-dire tous les produits des carrières, pour en faire le corps de la digue. Les premiers ont servi de revêtement aux seconds, et l'emploi des uns et des autres s'est fait simultanément, de manière à ne pas laisser les blocs naturels exposés aux puissants effets des lames. Cette action devenant assez faible à 5 mètres au-dessous des basses mers, on a fini par limiter à 6 mètres au-dessous de ce niveau l'emploi des blocs artificiels.

« Dans un double but de solidité et d'économie, au lieu d'employer, comme dans les digues déjà citées, les produits des carrières tels que l'exploitation les fournit, en mélangeant les gros et les petits matériaux, dans la digue de Marseille on a fait occuper aux blocs naturels différentes positions suivant leurs dimensions. Au point de vue économique, les petits matériaux n'ont pas été mélangés avec les gros, afin de conserver le plus de vide possible. Au point de vue de la solidité, on a disposé les gros blocs de manière à leur faire envelopper les petits.

« Ces idées rationnelles ont été pleinement confirmées par l'expérience ; en effet, la partie de la digue extérieure qui couvre le bassin de

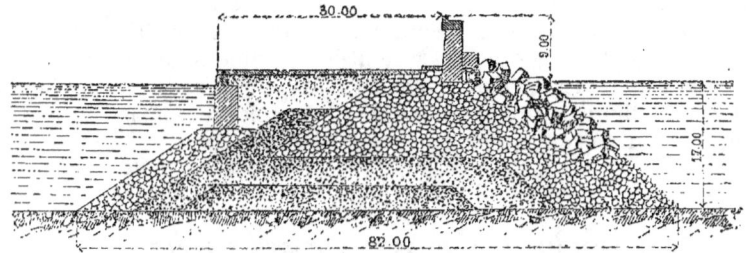

Fig. 100.

la Joliette a été commencée en 1845 ; celle qui abrite le bassin de la Gare Maritime date de vingt ans, et enfin celle du bassin National est terminée depuis cinq ans. Or toutes ces parties de la digue sont aujourd'hui en bon état de conservation. Si donc, il y a trente-six ans, lors de la présentation du système, on pouvait dire qu'il fallait être réservé dans l'appréciation de son efficacité, qu'il fallait laisser au temps le soin de prononcer sur sa valeur, il ne saurait plus en être de même aujourd'hui : le temps a prononcé, il a établi la bonté du système dont l'emploi doit nécessairement se généraliser par suite des économies notables qu'il réalise. »

Crèches en charpente remplies d'enrochements, ou crib-works. — Pour les ouvrages en rivière, jetées, digues, murs de quai, fondation de petits ponts, les ingénieurs américains font un usage fréquent de crèches en bois remplies d'enrochements ; ce sont les *crib-works*.

M. Malézieux cite le coffrage-type des ports du lac Michigan ; chaque coffre a environ 9 mètres de long, 6 mètres de large et 5 mètres de haut ; il n'est formé que de bois de 0^m30 d'équarrissage ; les parois sont formées avec ces pièces de bois empilées horizontalement et reliées par des boulons ; il y a des cloisons transversales et longitudinales présentant moitié vide et moitié plein ; les assemblages se font à queue d'hironde. Le vide ainsi formé est rempli avec des enrochements.

En immergeant des coffres à la suite les uns des autres, on établit une jetée ou un quai dont il est facile d'augmenter rapidement la longueur suivant les besoins. Les navires accostent facilement un coffrage de ce genre.

C'est une construction simple et rapide, qui peut supporter sans danger quelques déformations.

Mais si elle est applicable en des pays où le bois est à bon marché et le moellon rare, elle ne conviendrait généralement pas en France, où l'on n'a du reste pas le goût des édifices ayant une apparence provisoire.

Cependant le système méritait d'être signalé, parce qu'il peut recevoir, même en France, quelques applications et est susceptible de rendre dans nos colonies les plus sérieux services. Il a le mérite d'une grande simplicité et n'exige que des procédés élémentaires de construction.

Un coffrage de ce genre peut être utilisé comme fondation d'ouvrages ordinaires; un massif d'enrochements emprisonné dans une pareille enceinte peut donner autant de sécurité que bien des massifs de béton immergé, qui ne sont qu'un amas de cailloux délavés.

2° FONDATIONS SUR PLATES-FORMES EN FASCINAGES

Les fondations sur fascinages sont appliquées à un grand nombre d'ouvrages, et spécialement aux digues, dans la Hollande et dans les Flandres; le système a trouvé et peut trouver encore quelques applications en France; c'est pourquoi nous avons cru devoir en donner une étude sommaire.

Dans la constitution des fascinages entrent les éléments suivants:

1° Les *piquets*, de 1 à 3 mètres de longueur, dont le diamètre est $\frac{1}{25}$ de la longueur. On préfère le chêne, le saule et le noisetier. Pour les revêtements, le saule est excellent, car il reprend racine et constitue une végétation favorable à la défense. Le piquet doit être droit et sans nœuds; le bout est affûté sur une longueur triple du diamètre.

2° Les *fascines*, formées d'une réunion de branches fines entourées par des harts.

La fascine de Hollande est formée de branches de saule en pleine croissance, de 3 à 3^{m}50 de long, réunies par deux harts, l'une à 0^{m}22 du gros bout, l'autre à 0^{m}60 plus haut; la circonférence de la première est de 0^{m}50 et celle de la seconde de 0^{m}40. On a de la sorte une fascine bien flexible; pour la confection des plates-formes à immerger par surcharge, on prépare de plus fortes fascines dans lesquelles on laisse de grosses branches.

3° Les *clayons*, longues branches de bois flexibles (chêne, charme, saule, noisetier). Les clayons destinés à être tressés sur des files de piquets, servent à confectionner les tunnages et clayonnages; nous avons décrit ce travail en traitant de la consolidation des tranchées (p. 280 du tome Ier).

4° Les *saucissons*, fagots cylindriques formés de fascines que l'on relie tous les 0^{m}10 avec des harts. De fortes harts supplémentaires, tordue

FONDATIONS

avec un bâton, sont placées tous les 0m75. Le saucisson doit être très flexible afin de se prêter aux ondulations du terrain. On l'emploie pour constituer le grillage des plates-formes à échouer sous lest.

Confection d'une plate-forme de fondation. — La figure 101 représente le système généralement adopté pour la confection des plates-formes de fondation en fascinages.

Ces plates-formes se construisent sur la rive, à un niveau intermédiaire entre la haute et la basse mer, de telle sorte qu'on puisse les mettre à flot à mer montante après achèvement et les conduire à l'emplacement voulu. Elles comprennent :

1° Un cadre à mailles carrés à 0m90 à 1 mètre d'axe en axe, formé de saucissons superposés dans deux directions normales M et N et reliés à leurs points d'intersection par des cordes goudronnées dont les bouts sont relevés sur un piquet afin de relier plus tard le cadre supérieur à ce cadre inférieur;

2° Une première couche de fascines P reposant sur les saucissons inférieurs et affleurant les saucissons supérieurs du cadre;

3° Une seconde couche de fascines Q perpendiculaires à la précédente;

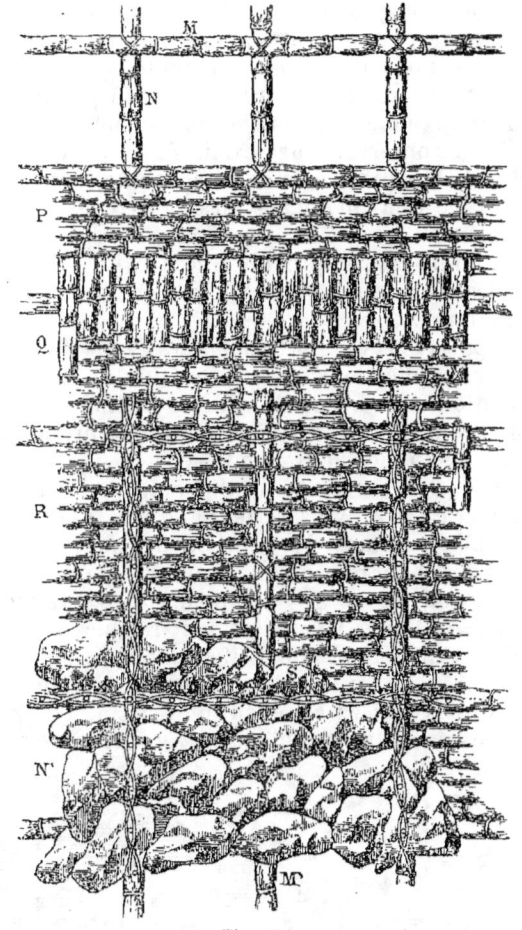

Fig. 101.

4° Une ou plusieurs autres assises de fascines R alternativement perpendiculaires entre elles;

5° Un cadre de saucissons M' et N' semblable au cadre inférieur et qui lui correspond, de sorte que l'on peut avec les cordes goudronnées, réservées à cet effet, ligaturer ensemble les joints situés sur une même verticale et rendre solidaires toutes les assises du massif ainsi que les deux cadres.

Sur les saucissons M' et N' du cadre supérieur, on plante des piquets et on établit des clayonnages S, qui forment ainsi sur la plate-forme en fascines des cases à base carrée de 0^m,50 de hauteur; c'est dans ces cases que l'on jette les moellons ou le gravier destiné à produire l'immersion lorsque la plate-forme est en place.

Le chargement doit se faire avec régularité pour que le mouvement de descente soit uniforme sur toute l'étendue de la plate-forme; en eaux calmes, on remplit les cases avec du gravier ou de la terre et on a recours aux moellons pour les immersions en eaux agitées.

Pour conserver leur flexibilité, les plates-formes ne doivent pas avoir plus de 1 mètre d'épaisseur; celle que représente la figure 97 a environ 0^{m}50, ce qui fait qu'avec les cases elle occupe une hauteur totale de 1 mètre.

L'immersion se produit avec un lest de 350 kilogrammes environ par mètre carré; la surcharge supplémentaire empêche tous mouvements ultérieurs.

Nous avons indiqué dans notre *Traité d'hydraulique agricole* les importantes applications qui ont été faites de ce système de plates-formes à la création des digues de polders et aux travaux de défense des côtes. M. Croizette-Desnoyers en cite plusieurs autres dans sa notice sur les travaux publics de Hollande.

Les jetées de Hoek van Holland, nouveau débouché de la Meuse dans la mer du Nord à l'aval de Rotterdam, se composent de cinq à six assises de plates-formes de 1 mètre d'épaisseur totale, immergées à joints croisés; la largeur à la base atteint 38 mètres et tombe à 26 mètres pour la seconde assise. Il y a donc un large empattement favorable à la résistance et toutes les assises sont rendues solidaires par cinq rangées de pieux qui clouent le massif au sol dans lequel les pieux pénètrent de 4 à 5 mètres. La largeur d'empattement au musoir atteint 54 mètres.

Nous avons vu comment on avait pu en Hollande conjurer les tassements de certains remblais en recouvrant le sol d'une plate-forme en dos

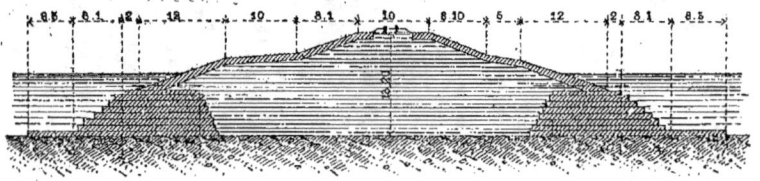

Fig. 102.

d'âne, répartissant la pression sur une grande surface et s'opposant au déplacement latéral des vases ou des tourbes emprisonnées; cette plate-forme porte le remblai en sable des dunes. D'autrefois on a constitué des remblais sur des terrains mobiles ou affouillables ou recouverts par les eaux

FONDATIONS 231

en créant deux murailles parallèles formées de plusieurs plates-formes superposées et en remplissant avec des terres l'intervalle compris entre elles. Ce système a notamment servi à créer les levées par lesquelles la ligne de Breda à Rotterdam accède au pont de Moerdyck (fig. 102).

« Quand on se rend bien compte de ce mode de construction, dit M. Desnoyers, quand on voit avec quel soin il est appliqué, on est complètement rassuré sur la solidité des ouvrages. Sans doute des affaissements pourront se produire, mais ils seront faibles et lents, car tous les interstices des fascines ainsi que des pieux qui les recouvrent et des enrochements ont été très promptement remplis de sable ; ces affaissements ainsi limités à de faibles proportions seront sans inconvénient ; on en sera quitte pour recharger les jetées quand ce sera nécessaire et relever leurs couronnements en pierres. D'un autre côté, l'action des tarets ne pourra s'exercer sur des bois enveloppés et, quand on examine les enrochements, on est frappé de voir combien ils ont été promptement reliés et agglutinés entre eux par le sable et les mollusques.

« On a donc obtenu d'excellents résultats en Hollande avec les plates-formes en fascinages ; il est vrai que la pierre est rare et coûteuse, tandis que le menu bois y est abondant.

« L'emploi de plates-formes en fascines pour recevoir les enrochements sur les rivières à fond mobile paraît susceptible d'être imité en France. L'exemple des barrages hollandais montre combien ces plates-formes peuvent se courber et s'abaisser à leurs extrémités, sans que leur partie centrale change de niveau ; il en résulte que celles qui seraient placées autour des piles de ponts auraient pour effet d'éloigner les affouillements de ces piles et d'empêcher leurs enceintes d'être déchaussées ; le résultat produit serait le même au pied d'un mur de quai, d'une digue ou d'un barrage. La dépense serait peu considérable, et, par suite, la précaution mérite d'être recommandée lorsque de grands affouillements sont à craindre.

« L'emploi des massifs en plates-formes superposées serait moins fréquent dans notre pays où la pierre est généralement si abondante. Cependant on pourrait quelquefois y avoir recours avec avantage, non seulement pour travaux sur les côtes, mais encore à l'intérieur du pays pour fermer des brèches pendant les grandes crues, construire des barrages provisoires ou enfin maintenir dans certains cas le pied des grands remblais. »

3° FONDATIONS SUR MASSIFS DE BÉTON IMMERGÉS DANS DES ENCEINTES

Fondation d'un mur de quai au canal Saint-Louis. — Le mur de quai construit sur les bords du Rhône à l'embouchure du canal Saint-Louis est fondé sur un massif de béton immergé entre deux files de pieux et palplanches jointifs (fig. 103), espacés de 4m38; le massif de béton descend de 1 mètre au moins dans le sol sableux naturel, dragué à cet effet. A mesure que le béton s'élevait dans l'enceinte, on élevait les enrochements du côté du fleuve et le remblai du côté du quai afin de maintenir l'écartement des deux parois.

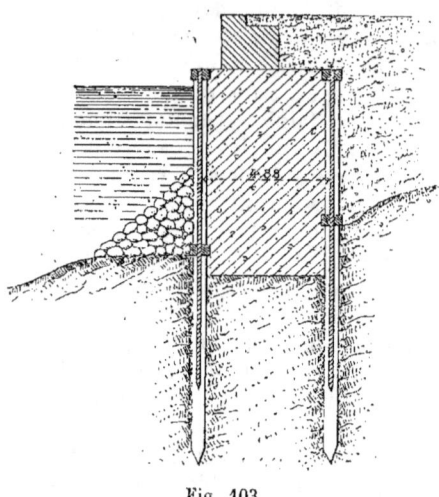

Fig. 103.

Béton immergé dans une enceinte de pieux et palplanches au viaduc de Javel. — A la pile n° 2 du viaduc de Javel, à Paris, on a trouvé, à 3m75 sous l'étiage, une lentille argileuse recouverte d'un sable fin qui coulait à travers les joints des palplanches. On ne put arriver à établir une enceinte jointive par les blindages et étrésillonnements ordinaires et on eut recours au moyen suivant:

« Un encoffrement ayant 12m40 de longueur sur 4m30 de largeur, composé de six pieux, dont quatre d'angle, reliés solidement par deux cours de moises a été construit au-dessus de la fouille et fixé exactement dans son emplacement définitif. Les panneaux de palplanches à grain d'orge préparés à l'avance ont été alors présentés et mis en fiche. Le battage a été effectué au moyen de six sonnettes agissant alternativement sur les six pieux pour faire descendre l'ossature, puis sur les palplanches pour compléter l'encoffrement, pendant ce temps le sable était dragué à la main dans l'intérieur de la fouille pour faciliter l'enfoncement des palplanches. Cette opération s'est poursuivie sans difficulté et l'enceinte de la fouille formant un véritable caisson fortement étayé à l'intérieur a pu être descendue de 4m95 en 27 jours. »

Fondation du pont d'Albi, sur le Tarn. — Les piles sont établies sur des massifs de béton arrasés à 0m34 sous l'étiage. La fondation de chaque pile consiste en un massif de béton reposant à une profondeur de 6 à 7 mètres au-dessous de l'étiage, sur le tuf marneux qui forme le fond de la rivière. Ce massif est enfermé dans une enceinte en charpente, composée de pieux battus dans des trous forés à l'avance dans le tuf, et de vannages formés de madriers horizontaux et de montants verticaux. Ces vannages, assemblés à terre et découpés dans leur partie inférieure, de manière à épouser parfaitement le profil du tuf reconnu au moyen de sondages très rapprochés, étaient guidés, pendant leur immersion, par des colliers embrassant les pieux, et se plaçaient debout à l'intérieur de la ligne des pieux, sur laquelle la pression du béton les faisait ensuite appliquer parfaitement. Les pieux des deux grandes

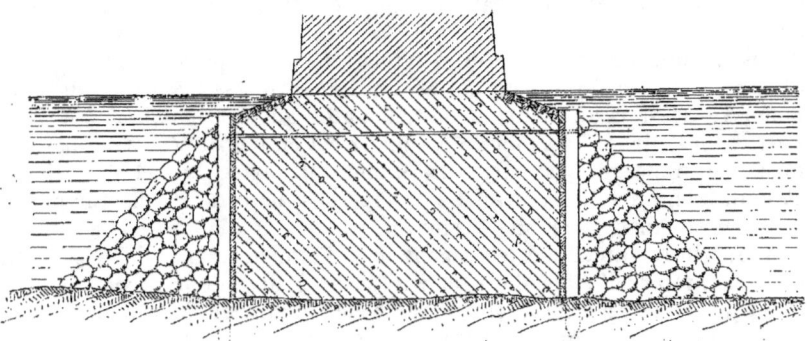

Fig. 104.

lignes sont d'ailleurs reliés de deux en deux, près de leur sommet, par des tirants en fer qui s'opposaient, pendant le coulage du béton, à l'écartement des deux lignes opposées. Des enrochements, en blocs de 1.000 kilogrammes au minimum, déposés autour des piles, défendent le tuf contre les affouillements.

Fondations du viaduc de Tarascon. — Le viaduc de Tarascon traverse le Rhône par sept travées en fonte de 62 mètres d'ouverture. Le lit du fleuve présente à cet endroit un fond de gravier et de sable indéfini éminemment affouillable; les affouillements peuvent descendre en temps de crue jusqu'à 14 mètres de profondeur sous la surface des eaux.

Le système de fondation, pour ainsi dire commandé par la nature du sol, a consisté à asseoir les piles sur des massifs de béton immergé dans des enceintes (pl. XXII).

Eu égard à l'impossibilité de battre des pieux jointifs, il fallait s'ingénier à trouver un moyen de préparer l'enceinte sans effectuer un dragage excessif; le dragage préalable à gueule-bée était inadmissible à cause de la mobilité du fond et de la faible inclinaison des talus naturels que prenait le gravier; ces talus étaient de 6 à 10 de base pour 1 de hauteur.

« Le système adopté, après plusieurs essais, par M. l'ingénieur Collet-Meygret, a donné les résultats les plus satisfaisants : il a consisté à exécuter autour de l'enceinte à bétonner un encrèchement en dalles d'enrochement, régulières et régulièrement posées entre deux enceintes distantes de 3^m20 et formées de pieux espacés de 1 mètre à 1^m50. Ainsi réduit, le pilotage de chaque pile s'est composé de 195 pieux (pl. XXII).

« Le dragage de l'emplacement des piles a été exécuté au moyen d'une machine locomobile de 20 chevaux, mettant en mouvement l'arbre supérieur d'une échelle de godets divisée en deux parties à coulisse, permettant son allongement et son raccourcissement. On a ainsi dragué chaque enceinte en douze à quinze jours, en élevant les matières depuis 7 jusqu'à 15 mètres de hauteur. Le prix du mètre cube dragué, y compris les manœuvres et réparations de ces énormes engins, n'a pas atteint 3 francs. »

Les enceintes proprement dites d'une pile se composent de 130 pieux. Chaque pieu a 25 à 35 centimètres de diamètre et 12^m8 à 15^m3 de longueur au-dessous du plancher des enceintes qui est établi à 2^m80 au-dessus de l'étiage. Le sabot de ces pieux est en fer; il pèse 25 kilogrammes. Le moisage des enceintes d'une pile exige $31^{mc}32$ de bois et 570 kilogrammes de ferrures. Le battage des pieux a été effectué par la sonnette à vapeur, système Nasmyth.

Avant de commencer le dragage dans l'emplacement d'une pile, on enroche l'intervalle des deux enceintes de pieux, dont il vient d'être parlé, en blocs réguliers, afin d'empêcher le gravier de s'ébouler dans l'enceinte, et on recouvre de vannages en bois le périmètre extérieur de l'enceinte intérieure, pour soustraire à l'action du courant l'emplacement de la pile.

L'enrochement régulier se compose de quatre assises de dalles en pierre de taille de Beaucaire, équarries et non taillées, placées sur deux rangs dans chaque assise (*fig.* 4, pl. XXII) et échouées sous l'eau avec tout le soin nécessaire pour former une véritable muraille en pierres sèches, dont les joints verticaux ne sont pas croisés et ont en moyenne 10 centimètres de vide. A l'exception des blocs placés dans les pans coupés, dans les avant et les arrière-becs, pour en compléter la longueur, toutes ces dalles sont semblables : elles ont 3 mètres de long, 1^m20 de large, 70 centimètres de haut, et pèsent environ 5,500 kilogrammes. Au passage des pieux destinés à porter le pont de service, les blocs sont échoués de champ au lieu de l'être à plat. L'assise inférieure du dallage a été échouée directement sur le fond du Rhône, lorsque ce fond se trouvait, au moins, à 3 mètres au-dessous de l'étiage, et lorsqu'il ne présentait pas d'inclinaison bien prononcée. Mais s'il y avait moins de profondeur, et si le sol était trop incliné pour offrir aux dalles une assiette solide, on faisait un dragage spécial de l'intervalle des deux enceintes pour en abaisser le sol jusqu'à 3 mètres au-dessous de l'étiage ou le niveler. Ce dragage s'effectuait avec des dragues à élindes verticales, mues à bras et roulant sur les moises des enceintes. On plaçait les vannages aussitôt après le dragage avec une chèvre volante.

Immédiatement après cette dernière opération, on procédait à l'échouage des blocs. Chaque drague, conduite par un charpentier, huit manœuvres aux manivelles et un pour diriger le couloir, produisait $1^{mc}800$ par heure de travail ; les frais de réparation s'élevaient à 3 fr. 75 par jour.

Le pont de service ne pouvait s'établir qu'après les opérations de dragage, quand elles étaient nécessaires.

L'échouage de chaque bloc s'exécutait au moyen de deux treuils supportant le bloc à chacune de ses extrémités, par l'intermédiaire d'une louve en fer, dont la tige ayant 5 mètres de long, restait visible au-dessus de l'eau. Les blocs étaient présentés et relevés jusqu'à ce que leur position fût reconnue tout à fait satisfaisante. On frappait alors sur la tige de la louve et on pouvait retirer la clavette, à l'aide de la corde qui lui était attachée. Cette opération délicate s'est exécutée avec une grande régularité ; le mètre cube du bloc a coûté, en moyenne, 6 francs pour toutes opérations de bardage et échouage.

L'atelier d'échouage des blocs se compose d'un marin, d'un aide-charpentier et de huit manœuvres employés aux treuils. Cet atelier pouvait amener en bateau et couler cinq blocs par jour, en moyenne.

Dans les points où la profondeur excédait 4^m50, au-dessous de l'étiage, on ajoutait une cinquième et même une sixième assise de blocs. En moyenne chaque pile a exigé l'emploi de cent quatre-vingts blocs, cubant 368 mètres.

Le revêtement en vannages de l'enceinte intérieure se faisait en panneaux de bois de démolition de 5 à 8 centimètres d'épaisseur, de 2 à 4 mètres de longueur, et descendant à 4^m50 sous les moises, soit à 3 mètres sous l'étiage. Ce revêtement a 74 mètres de développement ; sa surface moyenne est de 340 mètres carrés, et il emploie 3 mètres cubes de bois par pile. Un charpentier faisait par jour 1 mètre courant de ces vannages. Une brigade de quatre charpentiers en posait 4 mètres courants par jour ; mais on était obligé de leur adjoindre des aides pour la pose des derniers panneaux des becs de piles, qui présentaient plus de difficulté que ceux des autres parties.

Coulage du béton. — Les installations préparatoires dont on vient de parler étant terminées, on a procédé au dragage de l'emplacement des piles, et aussitôt après son achèvement, on s'est occupé du coulage du béton.

Les figures 1 et 2, planche XXII, indiquent les dispositions adoptées pour cette partie du travail. Le coulage était exécuté avec dix ou douze caisses demi-cylindriques, s'ouvrant autour de leur diamètre et cubant chacune $1^{mc}300$. Ces caisses étaient descendues à l'aide de treuils en fonte manœuvrés chacun par quatre hommes. Le coulage du béton a eu lieu en deux couches, de 4 mètres d'épaisseur chacune, en procédant de l'amont à l'aval. Un surveillant constamment occupé à sonder vérifiait la marche de l'opération et s'assurait qu'il ne se formait pas de poches dans la masse. Le courant entraînait la laitance. Lorsqu'on arrivait à la fin de l'opération, près de l'ouverture ménagée pour l'entrée des bateaux, on fermait cette ouverture par un vannage, et, à dater de ce moment, la laitance était enlevée par une pompe.

Lorsque le niveau du béton était arrivé à 10 centimètres au-dessus de la hauteur fixée pour la naissance des maçonneries, on procédait à la construction d'un bâtardeau en béton d'un mètre d'épaisseur, élevé à l'intérieur de l'enceinte de la pile. Quinze jours après son achèvement, on pouvait épuiser cette cuvette et y commencer la maçonnerie de la pile, qui était élevée jusqu'à l'encorbellement, puis abandonnée trois mois à elle-même, pour laisser au béton et aux mortiers le temps de durcir.

Quand les travaux de coulage de béton ont été interrompus par une crue, on a fait nettoyer la surface du béton par des ouvriers armés de scaphandres, avant de reprendre le travail.

Le mètre cube du béton employé contient :

>150 kilogrammes de chaux du Theil,
>0ᵐᶜ50 de sable dans le mortier,
>0ᵐᶜ65 de gravier un peu sableux.

On a employé, en moyenne, pour chaque pile, 2,300 mètres cubes de béton, mesuré dans les caisses de coulage. Le volume effectif de la fondation étant de 2,270 mètres cubes, on voit que les pertes causées par la laitance, etc., ne se sont élevées qu'à 30 mètres cubes par pile.

Le coulage était poursuivi nuit et jour avec la plus grande activité possible. On coulait en moyenne 135 mètres cubes le jour et 65 mètres cubes la nuit, soit 200 mètres cubes par vingt-quatre heures ; on est allé jusqu'à 280 mètres cubes dans les meilleures périodes de l'opération. L'éclairage a coûté de 45 centimes à 1 fr. 20 par mètre cube coulé.

Les tonneaux à mortier, conduits par un cheval et servis par un conducteur, deux chargeurs et un nombre suffisant de manœuvres pour approcher les matériaux, ont donné 1ᵐᶜ60 de mortier par heure de travail. Les machines à béton du système Saint-Léger, servies par un manœuvre chargé du mouvement des palettes, par trois chargeurs et un nombre suffisant de manœuvres pour approcher les matériaux, donnaient 3ᵐᶜ7 par heure de travail.

Les fondations du viaduc de Tarascon ont exigé l'emploi de 20,000 mètres cubes de béton, qui ont été fabriqués exclusivement avec de la chaux hydraulique du Theil. La consommation de chaux a été de 150 kilogrammes de chaux hydraulique pesée vive par mètre cube de béton, tandis que la consommation habituelle est de 230 à 240 kilogrammes de chaux par mètre cube de béton. Cette économie est due exclusivement au blutage de la chaux éteinte, exécuté au travers d'une toile métallique numéro 40, opération précieuse pour la sécurité de la confection des mortiers.

Fondation des ponts de Cé. — Le système adopté pour la fondation des ponts de Cé sur la Loire consiste à asseoir les piles sur un massif de béton coulé dans une enceinte de pieux et palplanches, enceinte défendue par des enrochements.

Le lit de la Loire, en ce point, est formé d'une couche de sable affouillable superposée à une argile compacte, appelée *jale*, reposant elle-même sur le rocher qui se trouve à 10 ou 11 mètres sous l'étiage.

On trouva la jale recouverte de débris végétaux et d'anciens moellons d'enrochement ; on en conclut que les affouillements ne l'attaquaient pas ; de plus, on reconnut, par expérience directe, qu'elle ne se déformait pas sous l'effort de poutres verticales chargées de 9 kilogrammes par centimètre carré; il n'y avait donc rien à craindre en lui faisant porter le pont qui donnait à peine une charge de 4^k50 par centimètre carré.

Le sable lui-même n'était pas affouillé à plus de 3^m50 sous l'étiage; aussi quelques piles furent-elles assises simplement sur le sable, à 5 mètres sous l'étiage.

Les faits démontrèrent la justesse de ces prévisions; il n'y eut pas de tassements et les affouillements firent seulement descendre les enrochements, que l'on dut recharger.

Les enceintes, composées de pieux et palplanches, battus jusqu'à 7 ou 8 mètres sous l'étiage, avaient 17 mètres de long sur 6 mètres de large; il importe de ne point chercher à réduire ces dimensions : pour l'avoir fait, quelques ingénieurs se sont créé de grands ennuis et ont éprouvé de graves accidents; il faut, en effet, disposer d'un large espace pour établir, dans la partie haute de l'enceinte, le bâtardeau en béton à l'abri duquel on épuisera pour poser à sec les assises de la pile; si l'espace est insuffisant, le bâtardeau est difficilement étanche, il faut épuiser sans cesse et l'on délave le béton de fondation; ce béton est, du reste, toujours délavé au contact des parois de l'enceinte, et à ce point de vue il convient que les parois soient éloignées du socle de la pile, afin que celle-ci trouve une assiette solide. Il est à remarquer encore que les pieux et palplanches ne sont pas mathématiquement implantés, qu'il peut y avoir dans la position des lignes de l'enceinte une erreur de quelques centimètres, et qu'il convient de réserver une certaine marge à cette erreur possible.

Le battage des pieux et palplanches, commencé à la tiraude, s'achevait avec la sonnette à déclic. Lorsque la face amont et les deux faces latérales de l'enceinte étaient à peu près battues, on faisait entrer dans cette enceinte incomplète une drague à vapeur qui effectuait le gros de la fouille; au fur et à mesure de l'approfondissement, on versait des enrochements à l'amont. Le dragage effectué, on fermait rapidement l'enceinte et on venait achever la fouille à l'intérieur avec des dragues à main.

Il est à peu près certain qu'aujourd'hui, si l'on disposait d'une drague à vapeur puissante, on aurait avantage à draguer rapidement à gueule-bée à l'emplacement de chaque pile, et à ne battre l'enceinte qu'après ce dragage préalable.

Quoi qu'il en soit, la fouille était arrêtée à 5 mètres sous l'étiage, puis on coulait du béton dans l'enceinte jusqu'à 0^m35 au-dessous de l'étiage; on établissait le bâtardeau en béton destiné à constituer l'auge dans laquelle devaient être posées à secs les premières assises de la pile. Lorsque ce bâtardeau avait fait prise, on épuisait sans difficulté.

Fondations du pont de Plessis-lès-Tours. — Le système suivi pour les fondations du pont de Plessis-lès-Tours est identique à celui que nous venons de décrire et à celui qui a été adopté pour le pont de Chalonnes.

Les piles sont établies sur des massifs de béton immergés dans des enceintes de pieux et palplanches jointifs. L'enceinte est maintenue par deux cours de moises et est recepée après l'opération au niveau du cours inférieur, placé un peu au-dessous de l'étiage.

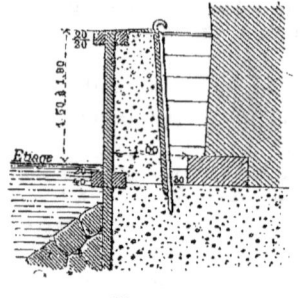

Fig. 105.

Un bâtardeau en béton, s'élevant de 1m50 à 1m80 au-dessus de l'étiage, permet d'établir à sec la maçonnerie des piles. La largeur à la base de la pile est de 5m55 et, comme la pile avec son socle mesure 3m15, il reste tour autour du socle une largeur libre de 1m20, suffisante pour l'établissement du bâtardeau et pour l'installation des appareils d'épuisement.

La paroi interne du bâtardeau est formée de planches horizontales maintenues par des barres de fer verticales enfoncées par le bas dans le béton et réunies par le haut aux moises supérieures de l'enceinte.

Fondations du pont de Chalonnes. — Le pont construit à Chalonnes, sur la Loire, pour le passage de la ligne d'Angers à Niort, comporte 17 grandes arches de 30 mètres d'ouverture.

Voici la description des fondations, extraite des notices présentées à l'exposition universelle de 1867 :

« Le fond de la Loire, à l'emplacement du pont, est formé de sable plus ou moins mêlé de galets à la partie basse et reposant sur des schistes et grès du terrain houiller. Sur la première moitié du lit, la surface moyenne du rocher se maintient presque horizontale, à des profondeurs de 3m75 à 4m65 au-dessous de l'étiage ; mais à partir du milieu de la rivière, cette surface s'abaisse rapidement et les dernières piles ont dû être fondées à une grande profondeur, qui atteint

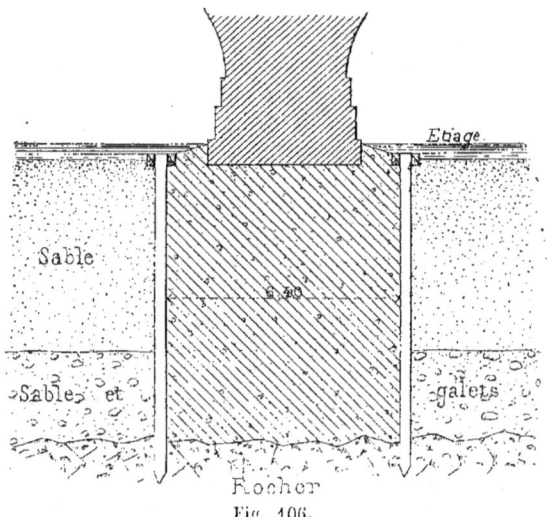

Fig. 106.

jusqu'à 8m73 à la seizième pile. Cette disposition du terrain a conduit à employer deux modes de fondation distincts : la première partie, comprenant la culée rive droite et les huit premières piles, a été fondée par épuisements dans des bâtardeaux; la seconde partie, comprenant les huit dernières piles et la culée rive gauche, a été fondée sur béton immergé dans des enceintes de pieux jointifs.

Les fondations par épuisements ont en général été exécutées très facilement, parce que les graviers qui recouvraient le rocher dans cette partie du lit étaient agglutinés et formaient par eux-mêmes un terrain étanche, au-dessus duquel les bâtardeaux nécessitaient peu de hauteur : la huitième pile seule a présenté quelques difficultés, parce que le terrain inférieur était plus perméable et la profondeur plus grande. La partie des fondations faite avec béton immergé a demandé plus de temps et a coûté beaucoup plus cher, à cause de la grande profondeur des fouilles : les massifs de fondation présentant 14^m70 de longueur sur 6^m50 de largeur, soit 95^m55 de superficie, sont contenus dans des enceintes formées de pieux principaux de 0^m30 sur 0^m30, espacés de 1^m50 environ d'axe en axe, et de pieux intermédiaires de 0^m25 sur 0^m25 remplissant les intervalles des premiers; l'enceinte est contre-butée par de forts enrochements. Le massif se compose de béton avec pierre cassée et mortier hydraulique formé de 0^m50 de chaux hydraulique en poudre de Doué ou de Paviers et de 0^m90 de sable. De petits bâtardeaux, appuyés contre la partie supérieure des enceintes au-dessus des massifs, ont permis de poser facilement à sec le socle et les premières assises de chaque pile. La dépense de fondation de la seizième pile, établie à 8^m73 au-dessous de l'étiage, soit 10 mètres environ au-dessous des eaux moyennes, est résumée ainsi :

	FR.
Dragages (8,805 mètres cubes)	20,623
Enceintes (43,40 de développement)	17,421
Béton (884 mètres cubes)	14,798
Enrochements (2,200 mètres cubes)	12,276
Dépenses diverses	5,482
Total	70,000

Le prix par mètre superficiel de massif, fondé à cette grande profondeur de 10 mètres au-dessous des eaux moyennes, s'est donc élevé à 739 francs et le prix par mètre cube est par suite de 74 francs environ. Le mètre linéaire d'enceinte a coûté 402 francs. »

Ce sont les dragages préliminaires à l'emplacement des enceintes qui entrent pour beaucoup dans la dépense, ainsi que les enrochements.

L'emploi de l'air comprimé donnerait certainement aujourd'hui une solution plus simple et plus économique.

Fondations du pont de Saint-Pierre-de-Gaubert. — Les fondations du pont de Saint-Pierre-de-Gaubert, sur la Garonne, ont été établies sur un tuf argilo-sableux qui forme le fond du lit de la Garonne et que l'on a rencontré à une profondeur variant de 0^m29 à 3^m09 sous l'étiage.

Elles sont formées par des massifs de béton; pour les piles en rivière ces massifs ont été coulés dans des enceintes de pieux et palplanches; pour les autres piles et les culées, ils ont été posés à sec au moyen d'épuisements très considérables.

Chaque enceinte, contenant treize pieux, huit en amont, cinq en aval, avait une forme rectangulaire, terminée en amont par un triangle, en aval par un quadrilatère (*fig.* 107).

Cette inégale répartition des pieux était nécessitée par la résistance qu'on devait opposer au courant du fleuve, et par l'emploi de quelques-uns de ces pieux pour le pont de service.

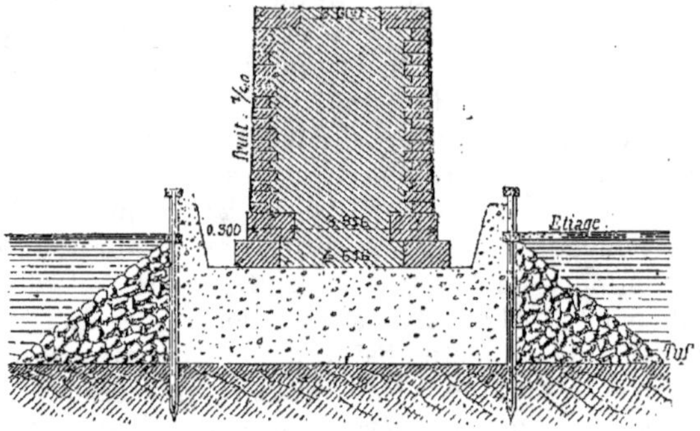

Ces enceintes de pieux et palplanches étaient maintenues par deux rangs de moises, servant à diriger les palplanches pendant le battage, et placés, le premier au niveau de l'étiage, le second à un mètre au-dessus. L'ouvrage terminé, les pieux et palplanches ont été recépés au niveau du rang de moises inférieur.

Fig. 107.

Des enrochements de moellons ont été jetés autour de ces enceintes pour les maintenir et empêcher les affouillements.

Le socle de la pile était posé à sec par épuisement dans la cuve formée par les murettes en béton appliquées contre les parois de l'enceinte. Ces murettes s'élevaient jusqu'à 0^m30 au-dessus de l'étiage. On piochait la surface supérieure du béton afin de préparer une surface plane qui recevait la première assise de libage.

Les piles terminées et l'enceinte recépée au niveau de l'étiage, on a comblé le vide existant entre ce libage et le bord des enceintes par un pavage présentant une surface inclinée dont la partie supérieure touche la pile, favorisant ainsi l'écoulement des eaux.

Les pieux employés pour les enceintes étaient en bois de pin des Landes de 0^m30 de diamètre, avec une longueur moyenne de 7 mètres.

Les palplanches des enceintes étaient en bois de pin de 0^m12 d'épaisseur, bien dressées pour rester au battage aussi jointives que possible.

Fondations de murs de quais, à Paris. — La figure 108 représente le profil en travers du mur de quai du port Saint-Bernard, à Paris. Ce mur est fondé sur massif de béton immergé dans une enceinte; d'ordinaire, l'enceinte est formée par deux files parallèles de pieux et palplanches jointifs; mais, dans le cas actuel, on a supprimé la file intérieure, parce que le sol était assez résistant pour pouvoir se tenir

FONDATIONS   241

sous une inclinaison voisine de la verticale. Le moisage de la file de
pieux et palplanches s'opère sous
l'eau par la méthode que nous avons
précédemment indiquée.

On remarquera que le parement
de la maçonnerie du mur s'avance
jusqu'à l'aplomb de la file de pieux ;
cette disposition est avantageuse en
ce sens que, les moises étant recepées au-dessus du fond de la rivière,
il importe d'éviter toute saillie susceptible d'endommager la coque des
bateaux ; elle serait dangereuse s'il
s'agissait d'un ouvrage important
comme une pile de pont, car le béton voisin de la paroi est toujours
plus ou moins délavé et offre moins
de résistance que celui de l'intérieur,
de sorte que la maçonnerie supérieure risque de se trouver légèrement en porte-à-faux.

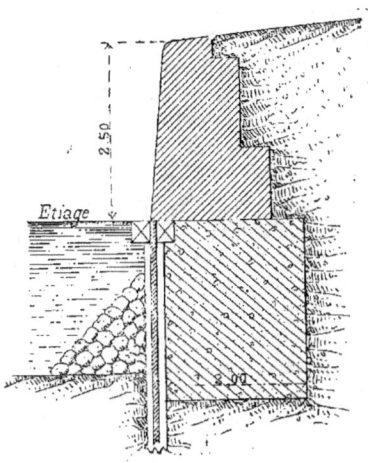

Fig. 108.

Nous pensons donc qu'on fera bien, en général, d'augmenter l'empattement du massif de béton, de manière à placer la maçonnerie supérieure en retrait du cours de moises.

Il y a à cette disposition un autre avantage, c'est que l'on peut, en arrière de la file de pieux et palplanches non recepée, établir, à l'aide d'un vannage auxiliaire, un bâtardeau en glaise ou en béton ; de même, en dedans de la file interne de pieux on établit, comme le montre la figure 109, un bâtardeau en béton, qui sera plus

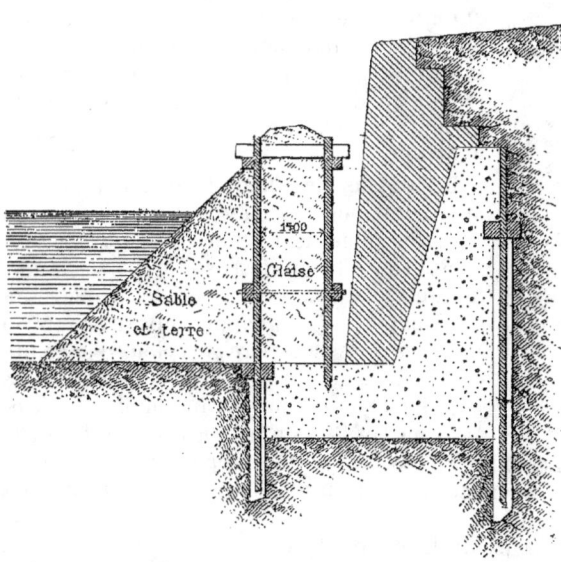

Fig. 109.

tard incorporé à la maçonnerie du mur. Les deux bâtardeaux et le
massif intérieur de béton forment ainsi une auge étanche dont il est

16

facile de mettre l'intérieur à sec pour y construire librement la maçonnerie du mur.

C'est le procédé suivi fréquemment pour la fondation des écluses et des barrages; dans une enceinte de pieux et palplanches jointifs, on drague jusqu'à la profondeur voulue, puis avec du béton immergé on construit, dans cette enceinte, une auge ou cuve générale, à l'intérieur de laquelle on épuise quand la prise du béton est complète, et on achève la construction à sec.

C'est le procédé qui convient également pour la fondation des bâtiments ordinaires dans des terrains humides ou traversés par des nappes d'eau; la cuve en béton constitue un sous-sol étanche, comme à l'Opéra de Paris.

Fondations du pont de Kuilenburg. — Le pont sur le Lek, à Kuilenburg, comprend une travée de 150 mètres, une autre de 80 m. et sept de 57 mètres; il y a six piles de 4 mètres d'épaisseur, une de 5 mètres et une de 7.

Les sondages, poursuivis jusqu'à 25 mètres de profondeur, avaient montré qu'à une profondeur de 1 à 3 mètres au-dessous du sol, on rencontrait un sable très ferme, quoiqu'un peu mêlé d'argile sur quelques points; les ingénieurs hollandais jugèrent inutile de recourir à des pilotis et eurent recours à des massifs de béton immergés dans des enceintes et reposant sur ce sable résistant.

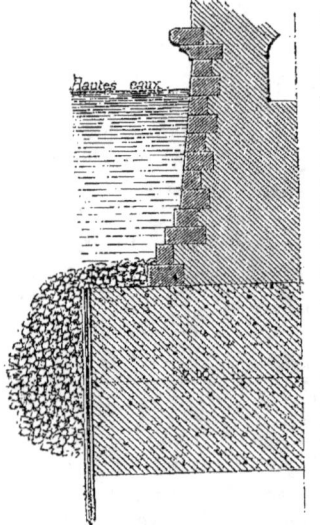

Fig. 110.

Le dessus des massifs de béton a été arasé un peu au-dessous du sol naturel pour les piles de rive et pour les piles en rivière à 0^{m}30 au-dessus des basses eaux; la hauteur du massif varie de 3 mètres à 3^{m}34 pour les piles de rive; elle atteint 6^{m}50 pour les piles en rivière; les pieux d'enceinte descendent de 2 à 4 mètres au-dessous des massifs. Nous donnons au chapitre « Pilotis » les résultats pratiques recueillis sur le battage de ces pieux. Les piles en rivière sont protégées par des enrochements simples; la résistance du terrain dispensait de recourir à des plates-formes en fascinages.

En supposant les charges uniformément réparties sur les bases, la pression maxima sur le béton variait, suivant les piles, de 1^{k}82 à 3^{k}03 par centimètre carré, et la pression maxima sur le sol de fondation de 2^{k}43 à 3^{k}19. Ces pressions sont très modérées.

On a employé pour les fondations deux sortes de béton, l'une pour massif immergé, l'autre pour massif établi à l'air libre :

FONDATIONS

	N° 1	N° 2
Chaux hydraulique de Tournay.	10 parties.	6 parties.
Trass.	3 —	7 —
Sable.	6 —	5 —
Briques cassées.	12 —	17 —
Gravier fin.	6 —	» —
	37 parties.	35 parties.

4° FONDATIONS SUR MASSIFS DE BÉTON IMMERGÉS DANS DES CAISSONS

C'est à l'ingénieur Beaudemoulin que l'on doit les premiers projets de caissons sans fond qui sont de deux sortes : 1° caissons étanches, à l'intérieur desquels on épuise pour maçonner à sec. Nous les avons décrits précédemment; 2° caissons non étanches à l'intérieur desquels on immerge du béton, sauf à épuiser dans la partie haute. C'est de ces derniers que nous allons nous occuper; M. l'inspecteur général Desnoyers les a décrits dans un mémoire dont voici quelques extraits :

Caissons employés en 1845 sur le Cher et sur la Vienne. — La première application de ces caissons a été faite par M. Morandière pour les fondations du pont sur le Cher, dans la campagne de 1845; en 1846, ils ont été employés de nouveau pour les travaux du pont sur la Vienne.

Le fond de ces rivières est formé de rocher calcaire recouvert de sable et de gravier : sur le Cher, la couche de gravier est assez considérable ; sur la Vienne, au contraire, elle est très faible et ne dépasse pas 0^{m}60. La profondeur du rocher au-dessous de l'étiage à l'emplacement des piles variait de 1^{m}80 à 2^{m}16 pour le pont sur le Cher, et de 2^{m}75 à 3^{m}66 pour le pont sur la Vienne.

Le principe des caissons employés sur ces deux rivières est le même que celui des caissons sans fond qui ont été utilisés pour les fondations du pont de Souillac, mais les dispositions sont essentiellement différentes.

Les caissons ont pour but de remplacer les pilotages, palplanches et vannages destinés à maintenir le béton employé pour les fondations : ces divers travaux manquent en général d'exactitude, souvent de solidité, et, en outre, lorsque le fond est en rocher dur comme sur les rivières précitées, ils exigent des forages longs et dispendieux. L'emploi des caissons dispense de ces forages, donne une enveloppe solide que l'on ajuste à l'air avec toute la précision désirable, et enfin présente surtout l'avantage d'une grande rapidité d'exécution.

Description générale. — Ces caissons, représentés par les figures 1 à 4, planche XXIII, ont une base rectangulaire, des parois inclinées suivant un fruit d'un cinquième, et sont formés de montants espacés d'environ 2 mètres d'axe en axe, reliés entre eux par trois cours de moises horizontales doubles entre lesquelles, après l'immersion, on fait glisser de palplanches de 0^m05 d'épaisseur, qui achèvent de former l'enveloppe. Les dimensions du caisson sont calculées de manière que le béton qu'il doit renfermer présente de tous côtés une saillie de 0^m80 sur le parement du socle, ou de 1 mètre sur la base réelle de la pile ; par suite, su la Vienne, les dimensions au niveau du bas du socle étaient de 13^m28 de longueur, sur 4^m68 de largeur. Les parois s'élèvent à 1 mètre au-dessus de l'étiage, afin de permettre de travailler aux fondations avec une hauteur d'eau ordinaire ; de plus, entre les deux cours de moises supérieures, on établit à l'intérieur un bordage calfaté avec soin et destiné à former bâtardeau, afin que l'on puisse épuiser au-dessus du béton pour poser le socle et construire les premières assises en maçonnerie de la pile.

Construction et immersion. — Pendant que l'on construisait un caisson sur le chantier, on préparait et mettait entièrement à nu le rocher à l'emplacement de la pile par un dragage à gueule-bée. Le caisson assemblé une première fois sur le chantier était ensuite démonté et transporté pièce à pièce sur deux forts bateaux établis de part et d'autre de l'emplacement de la fondation et sur lesquels étaient disposées six grandes chèvres, au moyen desquelles on faisait successivement la mise au levage et l'immersion du caisson. Dès que l'on avait assemblé les montants et les deux cours de moises inférieures, on mesurait par des sondes la profondeur exacte du rocher à l'aplomb de chacun des montants, on recepait suivant cette profondeur les montants d'abord laissés un peu longs à cet effet, puis, avant de compléter la charpente, on immergeait jusqu'à la seconde moise la partie déjà assemblée ; la partie plongeant dans l'eau servait dès ce moment à alléger notablement le caisson ; on posait le dernier cours de moises, puis on construisait et calfatait avec soin le bordage de la partie supérieure. On achevait ensuite d'immerger le caisson jusqu'à ce que les montants vinssent porter sur le rocher ; et comme, vers la fin de l'opération, il avait perdu la plus grande partie de son poids, il devenait facile de le diriger et de le placer de telle sorte que les axes du caisson tracés sur la moise supérieure vinssent coïncider exactement avec les lignes qui établissaient le tracé des axes du pont et de la pile. Dès qu'il était bien en place, on se hâtait de glisser les palplanches, on les battait à la masse pour les bien assurer sur le rocher, et on les fixait ensuite définitivement sur la moise supérieure au moyen de coins en bois. Lorsque la pose des palplanches était terminée, on faisait autour du caisson un léger enrochement ayant pour but de le maintenir exactement dans la position qui lui avait été donnée. Aussitôt après on commençait le bétonnage.

Au lieu de placer les palplanches jointives, on avait eu soin de laisser entre elles des intervalles de 0^m05 ainsi que l'indique le dessin : on maintenait ces intervalles dans la pose en clouant préalablement de petits tasseaux contre la tranche des palplanches ; les vides avaient un but très essentiel, celui de permettre l'écoulement des laitances vaseuses qui se produisent dans l'immersion du béton ; dans le même but encore, comme pendant le bétonnage la majeure partie des laitances était dirigée vers l'aval, on ne plaçait pas immédiatement toutes les palplanches de ce côté, et on laissait provisoirement une ouverture assez grande pour que le balayage pût être complet. Les vides de 0^{m}05 laissés entre les palplanches étaient encore très utiles pour permettre au béton de se relier avec les parois beaucoup mieux qu'il ne l'aurait fait si elles avaient présenté une surface lisse, et par suite pour diminuer les filtrations qui devaient tendre à s'établir lorsque l'on épuiserait dans la partie supérieure pour la pose des socles.

Bétonnage. — Le béton était immergé suivant les procédés décrits depuis longtemps par M. Beaudemoulin, au moyen de caisses prismatiques que l'on faisait basculer auprès du fond, et le massif était toujours conduit de l'amont à l'aval, de manière à présenter à l'action du batillage un talus roide sur lequel glissaient les laitances vaseuses ; des ouvriers pressaient constamment le béton sans choc, mais avec force, au moyen de dames plates ; ils devaient surtout s'attacher à l'appuyer avec soin contre les parois. Enfin, d'autres ouvriers, avec un large balai en bouleau, nettoyaient constamment le sol de la fondation au pied du talus et entraînaient les vases au dehors du caisson, à mesure qu'elles se formaient ; sur la Vienne, comme il y a fort peu de gravier, les laitances étaient entraînées par l'eau à l'aval ; lorque la couche de gravier est considérable, il est essentiel d'établir à l'aval du caisson un puisard d'où l'on extrait les vases à la drague, afin de les empêcher de revenir dans l'enceinte.

A mesure que le bétonnage avançait, on avait soin d'élever l'enrochement extérieur, afin de contre-buter la poussée du béton ; mais néanmoins, comme l'enveloppe est par elle-même très solide, l'enrochement peut toujours être fait assez léger.

Pose du socle et des pieds droits. — Lorsque l'immersion du béton était terminée, on le laissait prendre une consistance convenable pendant quelques jours, et ensuite on épuisait dans la partie supérieure pour commencer les maçonneries. Sur la Vienne, les épuisements ont été très variables ; pour la première et la quatrième pile, il y en eut fort peu ; pour la deuxième et la troisième, ils ont été assez considérables, ce qui a tenu soit à ce que le béton n'avait pas été suffisamment pressé contre les parois, soit à ce que, les caissons ayant été établis un peu trop haut, il ne restait pas assez d'épaisseur du béton entre le bas du bordage et la surface de la fondation. Dans les deux premières piles, on avait établi, à l'intérieur du caisson, de petits bâtardeaux en béton, maintenus à l'intérieur par de légers vannages appuyés sur des fiches en fer ; mais ce travail ne paraît pas nécessaire en général, ne remédie pas suffisamment aux inconvénients signalés, puisque la deuxième pile, quoique ayant un bâtardeau, est une de celles qui ont donné le plus d'épuisements, et enfin a le désavantage de gêner pour la pose du socle. Pour ne pas avoir de filtrations, il faut surtout insister avec soin sur la compression du béton, et, en outre, on aurait probablement une bonne garantie en baissant un peu le niveau de la moise intermédiaire et, par suite, celle du bas du bordage, par rapport au socle. Au reste, ces épuisements ne sont jamais bien dispendieux, parce qu'il faut très peu de temps pour élever la pile jusqu'au niveau des moises supérieures : ils sont d'ailleurs, évidemment, toujours plus faibles dans les caissons qu'avec tout autre système d'enceinte.

La faculté de pouvoir épuiser dans la partie supérieure des caissons est encore utile pour la pose des semelles des cintres, et, par suite, il convient de conserver les caissons dans leur entier jusqu'à la construction des voûtes. Lorsque cette construction est opérée, on recèpe les parties supérieures au bas du socle.

Durée d'exécution. — Les fondations faites par le procédé qui vient d'être décrit offrent une grande rapidité d'exécution, parce que toute la préparation du bois peut être faite d'avance sur le chantier, et parce que, pour une même pile, le travail des mêmes ouvriers et l'emploi des mêmes machines ne durent que très peu de temps, ce qui permet de les reporter successivement de cette pile sur les autres. Ainsi, par exemple, pendant que l'on élève les maçonneries d'une première pile on fait le bétonnage de la deuxième, on assemble sur les bateaux et on met en place le caisson de la troisième, et enfin on prépare sur le chantier le caisson de la quatrième. Sur la Vienne, on a, en général, employé huit jours à assembler sur bateaux, faire le bordage et mettre en place un caisson, et également huit jours à le remplir de béton; de sorte qu'en quinze jours la fondation proprement dite d'une pile était faite; on n'arriverait certainement pas au même résultat avec des enceintes battues de pieux et palplanches, surtout lorsque, comme sur la Vienne, on n'aurait pu faire tenir les pieux qu'au moyen de forages dans le rocher. Lorsque le béton a pris corps, il faut ensuite quatre ou cinq jours pour élever la pile jusqu'au haut du caisson. En résumé, les fondations du pont sur la Vienne, comprenant quatre piles et deux culées, ont été faites dans la campagne de 1846, bien que l'approbation du projet n'ait été notifiée à l'entrepreneur que le 27 juillet, et que cet entrepreneur n'eût à sa disposition qu'un matériel très faible et des ouvriers peu nombreux.

En outre des avantages qu'il présente pour la promptitude de l'exécution, l'emploi des caissons permet aussi de réaliser une économie très notable.

Caisson du pont-viaduc du Point-du-Jour. — Le chemin de fer de ceinture de Paris traverse la Seine, à Paris, sur un grand pont viaduc à deux étages, construit par MM. les ingénieurs Bassompierre et de Villiers du Terrage, qui ont décrit les fondations comme il suit :

« Le système de fondation a dû varier suivant la nature du sol. La culée et l'arrière-culée, rive droite, ont été fondées sur pilotis; les pieux ont, en moyenne, 8 mètres de longueur; ils atteignent la craie solide après avoir traversé les bancs d'argile mêlés de tourbe et de vase que nous avons décrits ci-dessus à propos du viaduc du pont du Point-du-Jour. Ces pieux en chêne ont 0^m30 d'équarrissage ; ils sont espacés de 1^m05 en moyenne et supportent chacun 28 tonnes. Il n'y a pas de grillage, mais la solidarité des pieux est établie au moyen d'une forte couche de béton hydraulique posée à sec sans épuisements.

« La culée et l'arrière-culée de la rive gauche ont été fondées sur le gravier au moyen d'un massif de béton posé à sec dans une enceinte de pieux et de palplanches jointives. Par suite de la nature perméable du sol, l'emploi de pompes a été nécessaire pour épuiser les eaux d'infiltration.

« La fondation de chacune des piles en rivière est formée d'un massif de béton hydraulique coulé dans un caisson sans fond en charpente. Les caissons reposent sur le banc de craie préalablement mis à nu par le dragage des couches sablonneuses ou vaseuses qui se rencontrent dans le lit du fleuve. En même temps que le banc s'abaisse vers la rive gauche, la partie supérieure de la craie s'y présente beaucoup moins compacte que sur la rive droite. Elle a dû être enlevée par les dragues, notamment à l'emplacement de la pile 4 (*fig.* 7, 8 et 9, pl. XXIV).

« Les caissons étaient formés de poteaux en chêne de 0^m15 d'équarrissage, reliés par quatre cours de moises. L'enceinte était complétée par des palplanches en sapin, destinées à maintenir le béton. Enfin, un bordage horizontal en planches jointives fixées au moyen de tire-fond à la partie supérieure des poteaux formait bâtardeau, pour permettre la construction à sec des premières assises des piles.

« (Les planches du bordage étant placées à l'intérieur du caisson, l'emploi de tire-fond est indispensable, et nous avons dû en ajouter sur quelques points où ils avaient été remplacés à tort par de simples clous insuffisants pour résister à la pression de l'eau pendant les épuisements.)

« Le levage et l'échouage présentaient quelques difficultés par suite de la grande dimension des caissons (39^m94 de longueur sur 8^m93 de largeur et 8 mètres de hauteur). Voici le moyen qui a été employé :

« Les caissons ont été construits sur place, c'est-à-dire, sur l'échafaudage mobile destiné à leur immersion (*fig.* 9). Ce dernier était composé de quatre grands bateaux dit margotats, reliés par des longrines et par un plancher général supportant quatre chevalets. Les grands côtés du caisson, d'abord assemblés sur le plancher, étaient successivement redressés d'une seule pièce et soutenus suivant l'inclinaison nécessaire pendant le levage et l'assemblage des petits côtés. Une fois l'ossature complétée, le bordage était immédiatement fixé et les palplanches trapézoïdales des panneaux d'angle mises en place.

« Le caisson étant alors prêt à immerger, l'échouage se faisait en quelques heures et d'une manière très régulière au moyen des quatre chevalets et de quatre chèvres qui soutenaient les angles du caisson. Enfin les palplanches de l'enceinte réunies en panneaux préparés à l'avance étaient enfoncées par les moyens ordinaires. Pendant ces dernières opérations, le caisson devait être lesté pour éviter les effets de la sous-pression de l'eau.

« La rigidité de ce grand radeau a été fort utile par suite des difficultés résultant des crues fréquentes de la Seine pendant l'automne pluvieux de 1863. Ainsi, la fouille d'une pile ayant été en partie ensablée, nous avons pu déplacer le caisson prêt à immerger et le transporter sur une autre fouille où il avait son emploi immédiat. Cet échafaudage a servi également à l'installation des grues roulantes pour l'immersion du béton. On a évité par ce moyen, à la pile 3, figure 7, la submersion des voies de la grue roulante, incident qui s'était produit à plusieurs reprises aux autres piles, en contrariant fort l'opération du bétonnage. »

Caissons du pont au Change, à Paris. — Les caissons sans fond en charpente, qui ont servi à la fondation des deux piles du pont au Change, comprennent des montants en chêne de 0^{m}16 sur 0^{m}20

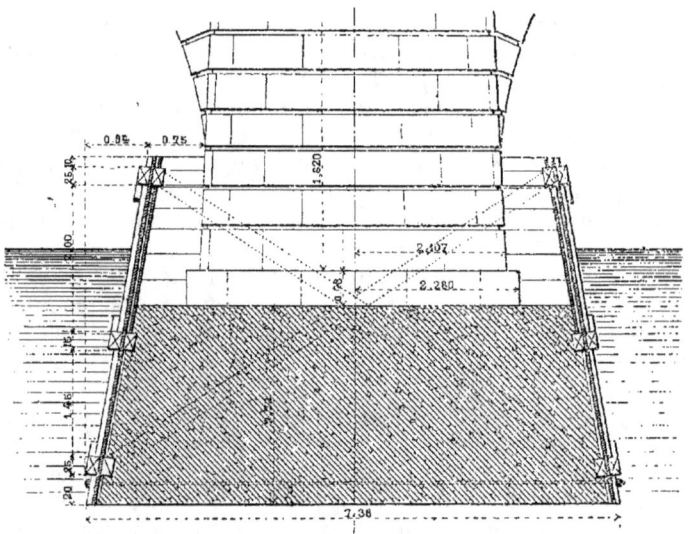

Fig. 111.

d'équarrissage, espacés de 2 mètres d'axe en axe et reliés par trois cours de moises ; entre les deux cours supérieurs et même au-dessus du cours le plus élevé, on a cloué un bordage étanche destiné à former bâtardeau. Généralement on calfate ce bordage comme une paroi de bateau ; à la rigueur, on peut appliquer à l'extérieur une toile goudronnée ou une toile en caoutchouc que la pression de l'eau applique contre les parois du caisson lorsqu'on vient à épuiser à l'intérieur.

Le caisson du pont au Change était étançonné à l'intérieur par quatre croix de Saint-André et par de grands boulons en fer à la base ; les cadres formés par les croix verticales sont occupés à la partie supérieure du caisson par d'autres croix horizontales, de sorte que la rigidité de l'ensemble est assurée.

Le caisson ainsi construit a été mis en place au moyen de chèvres montées sur bateaux ; puis on a glissé entre les cours de moises les palplanches destinées à compléter l'ossature et à former les parois latérales ; on s'opposait au soulèvement du caisson immergé par une surcharge placée sur le plancher supérieur et par des enrochements coulés autour de la base et au-dessus de la moise inférieure.

On pouvait alors couler le béton jusqu'au-dessus du second cours de moises, puis on épuisait dans le coffre supérieur pour poser à sec le socle et les assises basses de la pile. Plus tard, on recepait les parois du caisson au niveau du massif de béton.

On remarquera que les faces du caisson du pont au Change sont inclinées au cinquième.

Il va sans dire que les emplacements des caissons étaient préalablement dragués à gueule-bée jusqu'au solide.

Caissons du pont Sully, à Paris. — La Seine, à l'emplacement du pont Sully, à Paris, coule sur un terrain diluvien, formé de sables fins un peu vaseux, de graviers et de gros sables, recouvrant les marnes chloritées et le calcaire grossier qui apparaît à 5 mètres environ en contre-bas de l'étiage conventionnel.

Les piles ont été descendues jusqu'au calcaire grossier ; elles reposent sur des massifs de béton coulés sous l'eau dans des caisses sans fond. Le béton de fondation est composé de 0^m75 de cailloux et de 0^m50 de mortier de chaux hydraulique ; on s'est servi de la chaux hydraulique artificielle de Bougival.

« L'entrepreneur, dit M. l'ingénieur Brosselin, avait disposé, pour l'immersion du caisson de la rive droite, un échafaudage reposant sur deux bateaux accouplés, auquel le caisson était suspendu. Cet échafaudage, trop faible, a cédé au moment de l'échouage et le caisson a été précipité au fond. On a dû le relever pour le visiter et le placer dans sa véritable position. Il n'avait heureusement éprouvé aucune avarie dans sa chute.

Le béton de fondation a été coulé par couches successives au moyen d'une caisse demi-cylindrique, s'ouvrant par le fond, qui cubait 1^m35.

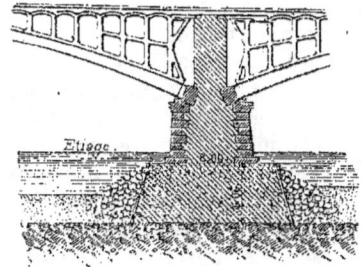

Fig. 112.

On avait eu pour but de diminuer les délavages en employant une caisse de grandes dimensions. Mais cette caisse a présenté, en fait, des inconvénients. Elle ne pouvait pas être approchée assez près des parois inclinées et des moises transversales du caisson, et on a dû dresser à la main, en le poussant avec des dames, le béton dont la surface était irrégulière. Nous pensons que pour un travail de ce genre on ne doit pas se servir de caisses cubant plus de 0^{m}75 à 1 mètre au maximum.

La pose du socle de la pile rive droite a exigé des épuisements assez importants et présenté, par suite, de réelles difficultés. On doit attribuer ces difficultés à deux causes : le béton était trop maigre et on avait commencé les épuisements trop tôt (dix jours après l'achèvement du béton). Les mêmes difficultés ne se sont pas reproduites, en effet, pour la pile rive gauche où on a pris la précaution de faire la couche supérieure en béton plus gras—mélange par parties égales de cailloux et de mortier—et d'attendre vingt jours avant d'épuiser. »

Caissons du pont de Bezons-sur-Seine. — On a reconstruit, en 1871, le pont de Bezons-sur-Seine qu'on avait fait sauter pendant la guerre et dont les piles, construites en 1811, étaient fondées sur un plancher porté par des pilotis et établi un peu au-dessous de l'étiage.

Les planchers ayant été trouvés en mauvais état, on dut les démolir; avec la cloche à plongeur, on enleva les chapeaux des pieux, on découvrit la tête des pieux sur 0^{m}50 de hauteur, et sur cette hauteur on posa, toujours avec l'aide de la cloche, une assise de béton bien arasée, dépassant le pourtour de la fondation et reposant sur les enrochements anciens tassés depuis longtemps.

Pour construire au-dessus de cette assise de béton, on eut recours à un caisson dont on chercha à diminuer le plus possible la partie destinée à rester dans l'eau. A cet effet, le caisson a été formé d'une partie fixe de 1^{m}40 de hauteur et d'une partie mobile se détachant facilement (*fig.* 1 à 6, pl. XXIV).

Le caisson fixe, en chêne, était formé de pièces d'un fort équarrissage bien assemblées. Le caisson mobile était en sapin et simplement cloué sur les moises du caisson fixe. Des queues verticales rendaient les deux caissons solidaires.

On a construit le caisson sur la rive, puis on l'a lancé et amené en place; cela fait, on s'est empressé de l'enrocher du pied, puis on a coulé le béton avec des caisses manœuvrées par des treuils. On se servait de béton gras, 3 de cailloux, pour 2 de mortier.

On devait épuiser jusqu'à 1 mètre environ au-dessous de l'eau, et les caissons étaient, dans ce but, calfatés à la partie supérieure. Néanmoins, les filtrations ont été très abondantes; elles se produisaient le long des parois, entre le bois et le béton, elles exigèrent une pompe à vapeur.

Ce qui montre qu'il faut se préoccuper d'assurer l'étanchéité des caissons sur toute la hauteur et qu'il convient même d'empêcher l'introduction de l'eau sous leur tranche inférieure soit en immergeant un fort bourrelet d'argile, soit en posant au scaphandre des toiles imperméables bien résistantes, maintenues par des moellons; pendant que les pompes fonctionnent, la pression de l'eau extérieure applique ces toiles sur la paroi du caisson.

L'enlèvement du caisson mobile a été très facile; il s'est fait en deux ou trois heures, et les bois de deux des piles ont servi pour les deux autres, d'où une double économie : économie de recepage sous l'eau et économie de bois. Mais il est clair que ce système exige des précautions particulières en vue d'assurer la liaison parfaite des deux parties du caisson et l'imperméabilité de l'assemblage.

La dépense pour une pile s'est élevée à 23,300 francs.

Caissons en tôle du pont de Brême, sur le Weser. — Le pont métallique du chemin de fer de Brême à Oldenbourg est fondé sur massifs de béton immergés dans des caissons en tôle, reposant sur le gravier compacte. Ce système avait été reconnu comme plus économique que celui des pilotis avec bâtardeaux.

Les emplacements des piles ayant été bien déterminés avec des pilotis de repère, on a commencé par draguer jusqu'à 3^m50 sous le zéro du fleuve, et l'on tenait à côté le caisson suspendu entre deux bateaux et tout prêt à être immergé aussitôt après l'achèvement du dragage; condition importante si l'on veut éviter l'apport d'alluvions nouvelles dans la fouille (*fig.* 9 et 10, pl. XXV).

Les caissons des piles en rivière ont 4^m70 sur 20^m85 au niveau du fleuve, et 5 mètres sur 21^m26 à la base, soit 3^m50 plus bas; le fruit des parois est de $\frac{1}{12}$, il y a sur la hauteur trois zones de plaques de tôle de 0^m01 d'épaisseur, rivées à recouvrement étanche et renforcées par des cornières de 75×75 sur 12. A 0^m30 au-dessus de la base, on a rivé une cornière horizontale sous laquelle on a fixé des blocs de chêne de $0^m60 \times 0^m30 \times 0^m15$, espacés de 0^m90, et destinés à empêcher la pénétration inégale de l'arête inférieure du caisson dans le lit du fleuve.

Au-dessus du zéro, on a fixé une quatrième zone en tôle verticale de 1^m16 de hauteur et de 0^m006 d'épaisseur, renforcée par des cornières sur les deux faces; elle est rivée avec joint étanche sur le reste du caisson, et forme bâtardeau. On l'enlève après la construction de la base des piles.

Aujourd'hui, on fixerait cette zone sur le reste du caisson en faisant simplement un joint boulonné avec interposition de feuilles de caoutchouc; le démontage et le réemploi seraient beaucoup plus faciles.

Le poids total d'un caisson était de 27,150 kilogrammes; on le plaçait entre deux bateaux, puis on l'amenait en place et on le descendait à l'aide de chaînes et de moufles.

Les caissons sont protégés par des enrochements; avant de les immerger, on a battu autour des caissons les pieux destinés à porter l'échafaudage pour recevoir les treuils chargés de la manœuvre des caisses d'immersion.

Après avoir coulé une hauteur de 2^m75 de béton de chaux hydraulique artificielle, c'est-à-dire après être parvenu à 0^m75 sous le zéro du fleuve, on abandonna le caisson pendant douze semaines pour donner au béton le temps de faire prise, puis on vint épuiser avec une pompe à bras pour achever la maçonnerie à sec. L'opération n'offrit aucune difficulté et le caisson résista bien à la pression extérieure.

La pression à la base n'atteint que 1^k08 par centimètre carré.

Caisson en tôle du viaduc de Nogent-sur-Marne. — Aux caissons en charpente M. l'ingénieur Pluyette a, le premier, substitué des caissons en tôle, dans lesquels on a fondé les piles du grand pont de Nogent-sur-Marne (1856).

« *Exposé général.* — La tôle, dit il, me paraît pouvoir être utilement employée pour faciliter les fondations sous l'eau. Jusqu'à ce jour on a généralement fait usage de constructions accessoires en charpente; dans certains cas, de caissons foncés ou non foncés, et, le plus souvent, de files de pieux et palplanches destinées à envelopper des massifs de béton. Des bâtardeaux extérieurs en terre avec talus, ou renfermés dans des coffrages en bois, permettent de faire à sec, au-dessus du béton, les maçonneries qui doivent être établies à un niveau inférieur à celui des eaux de la rivière.

« Les conditions dans lesquelles j'ai dû fonder la pile en rivière du pont de Nogent-sur-Marne, pour le chemin de fer de Mulhouse, m'ont conduit à proposer l'emploi d'une enveloppe générale en tôle, au lieu des procédés ordinairement employés et que j'ai sommairement indiqués ci-dessus.

« *Conditions dans lesquelles il fallait fonder.* — Le pont de Nogent-sur-Marne traverse obliquement la vallée; cette obliquité est conservée dans la fondation par rapport au courant.

« L'axe de la pile, parallèle à l'axe des voûtes, fait avec le courant un angle de 23 degrés environ. Le lit de la rivière est très mobile; il se compose d'un sable très fin, mêlé d'une forte proportion de vase, sur 1 mètre d'épaisseur.

« Au-dessous de ce sable est une argile compacte qui forme la surface du sol de la plaine dans laquelle coule la Marne, et au-dessous de l'argile est un mélange d'argile et de sable dans les couches inférieures duquel le sable devient pur. Ces formations occupent environ 1^m50 d'épaisseur.

« Au-dessous de ces couches, à 3 mètres environ sous le niveau du lit de la rivière, est un gravier compacte, très pur, qui constitue le sous-sol général de la vallée.

« C'est sur ce sous-sol parfaitement résistant que sont établies les autres fondations du pont de la Marne et qu'il fallait établir celle de la pile en rivière.

« Il y a 4 mètres d'eau à l'étiage au point où cette pile est établie. Les corrosions naturelles, à peu de distance du pont, ont atteint le gravier, c'est-à-dire 7 mètres environ sous l'étiage.

« *Choix du système de fondations.* — Le pont de Nogent-sur-Marne est composé de quatre arches en maçonnerie de 50 mètres d'ouverture chacune; son élévation au-dessus de l'étiage est de 29 mètres; il est accolé à un viaduc de trente arches de 15 mètres d'ouverture chacune. L'exposé de ces dimensions générales fait ressortir l'importance que devaient prendre les fondations. L'existence d'un sous-sol général parfaitement résistant indiquait qu'il fallait aller le chercher, quelque bas qu'il fût, pour y asseoir toutes les fondations, afin de profiter des résistances égales que présenterait ce sol homogène.

« Mais la nature mobile du terrain composant le lit de la rivière rendait impossible l'application des modes de fondation ordinairement employés. En effet, sans la présence d'une épaisse couche de sable vaseux, il aurait fallu draguer jusqu'au terrain solide, battre les pieux jointifs et couler du béton dans l'enceinte formée par ces batteries. Mais pendant le battage de ces pieux la fouille draguée eût été comblée, et on aurait eu à draguer de nouveau, après le battage, la couche de sable qui aurait été déposée, et il eût fallu le faire avec des dragues à la main.

« Puis, pour établir les maçonneries au-dessous de l'étiage, il eût fallu faire des bâtardeaux ; or, il y a à l'étiage 4 mètres d'eau ; la fouille autour de l'enceinte devait être descendue à 3 mètres sous le fond du lit ; de plus, les bâtardeaux auraient dû s'élever à une certaine hauteur au-dessus de l'étiage pour parer aux crues éventuelles ; il aurait donc fallu faire des bâtardeaux extérieurs dans 8 à 9 mètres d'eau, ou élargir en tous sens le massif de béton sur 6 mètres au moins de hauteur et 2 mètres de largeur pour faire des bâtardeaux intérieurs, ce qui eût représenté 1,800 à 1,900 mètres cubes de béton.

« C'est alors que je proposai d'exécuter une enveloppe générale en tôle destinée à être échouée aussitôt après le dragage de l'emplacement de la pile. Mon but était de substituer à l'enveloppe en charpente, composée de pieux laissant toujours entre eux un intervalle plus ou moins grand, une enveloppe exempte de vides par lesquels pussent passer les matières en suspension, et en même temps assez étanche pour servir de bâtardeaux pendant la construction.

« J'aurais pu obtenir le même résultat au moyen d'une charpente calfatée ; mais les travaux accessoires de charpente étaient déjà considérables et il n'y eût pas eu d'économie d'argent à employer le bois.

« *Système définitif de fondations.* — L'étanchéité de l'enveloppe pouvant être obtenue sur toute sa hauteur, j'ai cru devoir profiter de cette circonstance pour descendre les maçonneries aussi bas que possible au-dessous du niveau de l eau et faire en libages le parement extérieur du massif de la fondation, parce que ces matériaux me paraissaient devoir présenter plus de résistance qu'un parement de béton aux diverses causes de destruction qui se présenteront nécessairement lorsque l'enveloppe extérieure en tôle aura été détruite par l'oxydation, que la présence de l'eau doit produire complètement dans un temps plus ou moins long.

« Ce massif de fondation en maçonnerie ne pouvait cependant pas être établi directement sur le gravier. La fondation fut donc définitivement composée d'un massif de maçonnerie paremente extérieurement en libages reposant sur une couche de béton d'une épaisseur suffisante pour résister à la sous-pression de l'eau pendant la construction de la maçonnerie. L'épaisseur du béton fut de 3 mètres, c'est-à-dire la hauteur du lit de la rivière au-dessus du gravier, de sorte que la maçonnerie est établie au niveau du lit naturel de la rivière à 4 mètres sous l'étiage (Pl. XXV).

« *Description de l'enveloppe en tôle.* — Il résulte de l'adoption du système précédent de fondation que l'enveloppe en tôle est divisée en trois zones : la zone inférieure correspond à la partie bétonnée de la fondation ; elle se compose de tôle mince sur 3 mètres de hauteur. La seconde zone correspond à la partie maçonnée de la fondation; la paroi en tôle doit résister à la pression latérale de l'eau extérieure pendant la construction de la maçonnerie; cette zone a $3^m 50$ de hauteur. Enfin, la zone supérieure est destinée à servir de bâtardeau jusqu'à ce que la maçonnerie ait été élevée au-dessus du niveau de l'eau de la rivière. Cette zone supérieure résiste à des pressions latérales moins fortes que la zone précédente; la tôle est plus mince; elle a $2^m 50$ de hauteur et doit être enlevée lorsque la maçonnerie sera terminée au-dessus du niveau de la rivière; elle est donc provisoire.

« Les figures 1, 2, 3 représentent l'enveloppe et la disposition de la fondation. La surface horizontale, dont le périmètre est formé par la base supérieure de l'enveloppe, est un rectangle de 10 mètres de largeur sur $11^m 75$ de longueur, dans le sens de la longueur de la pile. Aux extrémités des côtés de $11^m 75$ se raccordent les demi-circonférences de 5 mètres de rayon correspondant aux avant et arrière-becs de la pile. L'enveloppe présente un fruit général de 1/15 sur sa hauteur totale, qui est de 9 mètres.

« Chaque zone principale de la partie définitive de l'enveloppe est composée de zones élémentaires ou anneaux superposés dans le sens vertical. Ces anneaux se composent de lames de tôle du commerce, dont la largeur est placée dans le sens vertical, assemblées par des rivets entre elles et à des cornières disposées horizontalement sur le périmètre de l'enveloppe; deux anneaux consécutifs sont réunis par les cours horizontaux de cornières au moyen de rivets. Les cornières horizontales sont extérieures à l'enveloppe. Dans l'intérieur sont des fers à T dont la longueur est dans le sens vertical pour l'assemblage des tirants. La figure 4 représente un tirant dans la zone inférieure correspondant à la partie bétonnée. On voit par cette figure que les cornières horizontales, qui assemblent les zones partielles, ont $0^m 06$ de côté; on les trouve dans le commerce; leur épaisseur est de $0^m 008$ en moyenne sur chaque branche; la tôle assemblée sur ces cornières et formant la paroi de l'enveloppe est également dans le commerce. Cette tôle a 1 mètre de largeur et $0^m 0045$ d'épaisseur dans la partie plane, $0^m 004$ dans la partie courbe correspondante aux avant et arrière-becs. Pour cette partie les tirants sont espacés de $3^m 917$; ce sont des fers quarrés du commerce, de 3 centimètres de côté. Ces tirants restent noyés dans le béton.

« Les figures 5 et 6 représentent les tirants de la partie intermédiaire de l'enveloppe correspondant à la maçonnerie. Ces tirants y restent noyés; ils se composent de fers à T juxtaposés suivant le chapeau du T disposé verticalement; leur espacement est aussi de $3^m 917$. Pour cette partie, les tôles qui composent la paroi de l'enveloppe sont des lames de tôle du commerce coupées en deux parties sur leur hauteur; de sorte que les zones partielles ont 0^{m}50 au lieu de 1 mètre.

« Les cornières horizontales sont des cornières dites bâtardes, dont les branches sont inégales; l'une, de 0^{m}10, est placée contre la paroi de l'enveloppe; l'autre, de 0^{m}20, est placée horizontalement au dehors de l'enveloppe. Ces deux branches ont 0^{m}015 d'épaisseur. A l'intérieur de l'enveloppe des fers à T, dont le plat est contre la paroi, sont placés dans le sens vertical pour l'assemblage des tirants, qui a lieu sur la tige du T. Les tôles qui forment la paroi de l'enveloppe ont 0^{m}010 d'épaisseur dans la partie plane et 0^{m}008 dans les parties courbes. »

Travail de la tôle. — La tôle des parois immédiatement au-dessus du béton eût travaillé à 21 kilogrammes par millimètre carré si les eaux avaient affleuré le bord supérieur du caisson; mais, comme les eaux restèrent à 0^{m}60 plus bas, la tension n'atteignit que 19 kilogrammes. Ce n'en est pas moins un effort énorme, tout à fait inadmissible; les tôles se déformèrent, il fallut étrésillonner à l'intérieur et pousser la maçonnerie avec la plus grande activité. Tous les matériaux étaient, du reste, préparés à l'avance, précisément dans cette intention.

Partie supérieure du caisson formant bâtardeau. — La partie supérieure du caisson destinée à former bâtardeau et à être enlevée après la construction, est formée de panneaux verticaux boulonnés. La tôle a 3^{mm}5 en partie courbe et 4^{mm}5 en partie plane.

Étrésillonnement intérieur. — Les figures 7 et 8 donnent la disposition de l'étrésillonnement intérieur adopté pour empêcher la déformation de la tôle au-dessus du béton immergé. A mesure que la maçonnerie s'élève, on enlève les ventrières horizontales et les étrésillons, et on recèpe les montants verticaux qui seuls sont perdus.

Échouage du caisson. — L'emplacement de la fouille ayant été dragué à gueule-bée, aussitôt le dragage terminé, on amena à la place voulue le caisson préalablement monté entre deux bateaux comme le montrent les figures 9 à 11. Le montage des tôles avait été fait sur un plancher reliant les deux bateaux; puis on avait suspendu par des câbles en fer le caisson à des vérins dont les écrous avaient leur point d'appui sur un échafaudage formé de fermes transversales s'appuyant sur les deux bateaux; huit vérins suffisaient pour porter le caisson qui a été amené en place et échoué en cinq heures.

Après l'échouage, on a procédé au dévasement de la fouille avec des dragues à main, opération très importante qui demande à être exécutée avec beaucoup de soin. Le coulage du béton a suivi immédiatement. Quand le béton eut fait prise, on épuisa avec une pompe Letestu, mue par une locomobile, et la maçonnerie fut posée à sec.

Dépense. — Le poids total de l'enveloppe a été de 70,000 kilogrammes à 0 fr. 40 tout compris, soit 28,000 francs; l'étrésillonnement a coûté

2,500 francs et l'épuisement 1,500 francs. A quoi il faut ajouter le dragage de 2,000 mètres cubes de matière, qui n'a pas coûté moins de 4,000 francs, ce qui donne un total de 36,000 francs, non compris les enrochements.

Le cube de la maçonnerie de fondation est d'environ 1,450 mètres.

Chaque mètre cube de maçonnerie était donc grevé d'une dépense de 25 francs au moins, non compris les enrochements.

Conclusion. — D'après cela, on ferait aujourd'hui le travail aussi économiquement en ayant recours à des caissons à air comprimé.

Du reste, l'exemple des caissons en tôle n'a pas été suivi ; ces caissons sont plus coûteux, plus déformables que les caissons en bois ; le fer immergé s'oxyde et finira par disparaître, tandis que le bois se conserve indéfiniment sous l'eau.

Donc, dans les cas où il conviendrait de recourir à un caisson métallique, il nous semble qu'il y aurait avantage à tous égards à se servir de l'air comprimé.

Caisson métallique du pont sur le Tay. — M. J. Morandière, dans un article inséré à la *Revue générale des Chemins de fer*, a rendu compte des procédés suivis pour la fondation des piles du grand pont sur le Tay, près Dundee. L'un de ces procédés est le suivant :

« Un caisson sans fond, en tôle, ayant 12^m20 de hauteur, de manière à dépasser toujours légèrement le niveau des hautes mers, ayant 7^m20 de long et 4^m20 de large, était construit sur la berge et garni à mi-hauteur d'un revêtement de briques de 0^m38 d'épaisseur. — Il était alors transporté par l'intermédiaire de pontons et descendu jusqu'au fond du lit de la rivière au moyen de presses hydrauliques. L'intérieur du caisson était ensuite dragué à l'aide d'une sorte de pompe à sable spéciale portée sur un ponton et constituée par des cylindres de 1^m50 de diamètre en tôle, cubant 1^m70, dans lesquels on faisait successivement le vide au moyen d'une pompe à vapeur spéciale. Chaque cylindre vide était mis en communication avec le fond de sable au moyen d'un tuyau flexible guidé par un plongeur et aspirant un mélange composé d'environ deux tiers d'eau et un tiers de sable. Deux minutes et demie environ suffisaient pour remplir un récipient et le total des matériaux enlevés chaque jour s'élevait en moyenne à 100 tonnes.

« Une fois le dragage fait, on coulait un massif de béton sur lequel on amenait une pile creuse, en briques, construite sur la berge. La base de cette pile était alors encastrée de 1^m20 environ dans un lit de béton, et le milieu était rempli de béton. Cette pile ayant 6^m10 de longueur sur 3^m05 de largeur dépassait le niveau des basses mers et était continuée, à chaque marée, entièrement en briques jusqu'au niveau des hautes mers ; elle était alors couronnée, sur 1^m30 de hauteur, d'un socle en pierre de taille. »

C'est ce socle qui recevait l'embase des colonnes en fonte composant les hautes piles métalliques.

Le système que nous venons de décrire nous paraît pécher, surtout

FONDATIONS

par le défaut d'empattement; les piles très élevées d'un ouvrage aussi considérable ne présentaient certainement pas une résistance suffisante au déversement, d'autant que le système adopté n'avait pas permis de reconnaître directement le fond et que la solidité d'un massif de béton immergé peut toujours laisser quelques doutes.

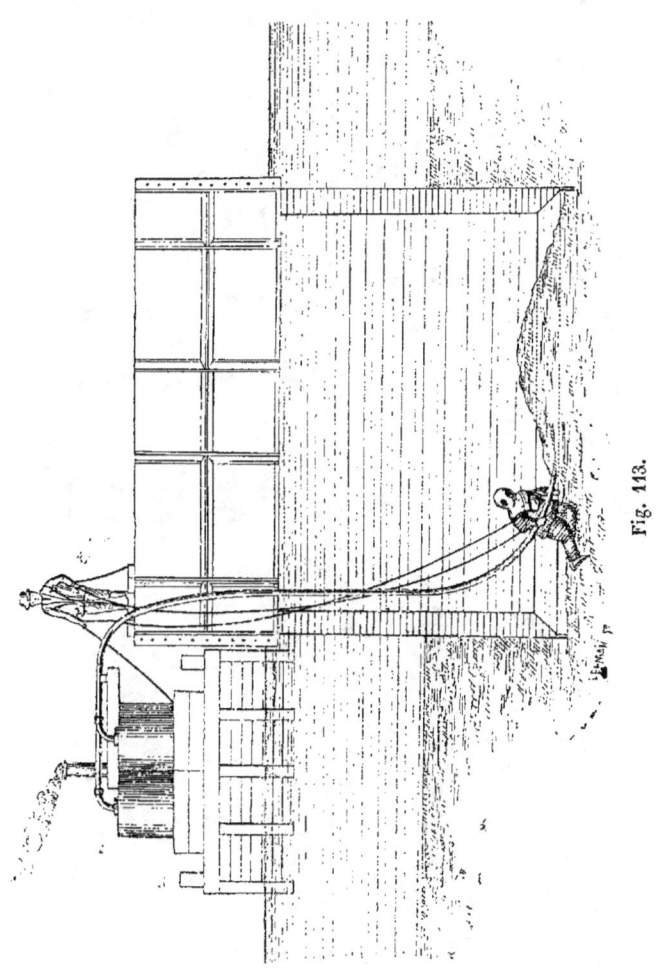

Fig. 113.

Fondation dans des cuvelages en fonte (*Hollande*). — Sur la ligne de Nieuwe-Diep à Amsterdam, les ingénieurs hollandais ont fondé les piles de trois grands ponts tournants sur des massifs établis dans des cuvelages en fonte pénétrant jusqu'au terrain solide.

« Dans chacun des emplacements, dit M. Desnoyers, le sol, au-dessous d'un lit de vase peu épais, se compose d'une série de couches de sable plus ou moins argileux et les sondages indiquaient que vers 12 à 13 mètres de profondeur le sable devenait assez ferme pour qu'on pût y faire

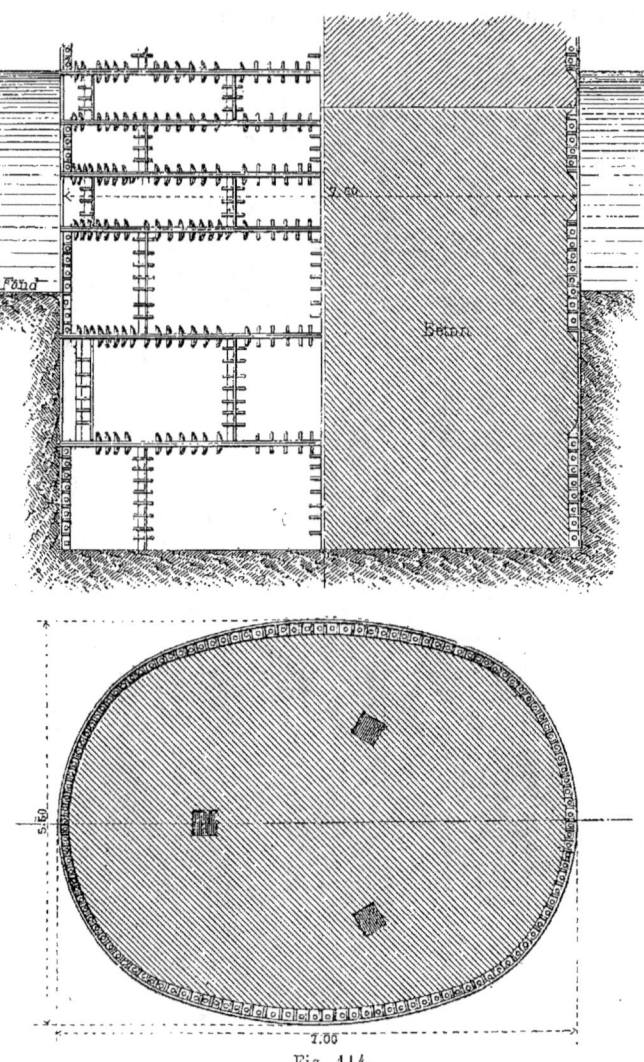

Fig. 114.

reposer une fondation avec sécurité. On pouvait, dans ce cas, se dispenser de fonder sur pilotis, mais il n'était pas facile d'atteindre directement à une semblable profondeur la couche solide. La construction de bâtardeaux, d'une réussite toujours très éventuelle pour de grandes hauteurs, devenait impraticable sur les deux premiers emplacements par suite de la nécessité de maintenir le passage nécessaire pour la navigation. Un dragage en grand aurait nécessité l'enlèvement de cubes énormes par suite du grand développement des talus ; un dragage dans une enceinte de pieux n'était guère possible dans de telles conditions. Enfin, l'emploi de l'air comprimé était regardé avec raison comme trop dispendieux, et M. Van Prehn s'est décidé à adopter pour chaque pile un caisson sans fond, ou cuvelage, construit en fonte, que l'on ferait d'abord reposer sur le sol et que l'on descendrait ensuite peu à peu jusqu'à la couche solide au moyen d'un dragage intérieur. »

La figure 114 donne la disposition d'un cuvelage pour pile devant servir de pivot d'un pont tournant ; le plan est presque circulaire, mais pour les autres piles il affectait la forme d'une ellipse allongée. Chaque cuvelage est formé de zones horizontales boulonnées entre elles par leurs nervures intérieures ; la saillie des nervures augmente avec le rayon de courbure de la partie de paroi considérée, afin que la résistance aux pressions extérieures soit partout la même. L'épaisseur est de 0^m025 pour la zone inférieure et se trouve portée à 0^m10 à l'emplacement de chaque nervure ; la base est en forme de tranchant afin de mieux pénétrer dans le sol. La hauteur des zones est de 1^m50 à la partie basse et 0^m75 à la partie haute.

Autour de l'emplacement de chaque pile on a battu un échafaudage de pieux qui a servi à soutenir le cuvelage, obtenu par l'assemblage des zones successives et retenu par des tiges à crochets saisissant les nervures ; ces tiges terminées par des vis de rappel permettaient de descendre le cuvelage au fur et à mesure du montage des zones jusqu'à ce qu'il ait touché le sol préalablement dérasé. On installa alors à l'intérieur une chaîne à godets à peu près verticale, allongée progressivement ; cette drague travaillait surtout à la partie centrale du cuvelage pour ne pas déterminer d'affaissements brusques sous la tranche, et le mouvement de descente était guidé par les pieux d'échafaudage.

On draguait 6 à 8 mètres cubes par jour et on descendit ainsi à des profondeurs de 12 à 13 mètres sous les basses eaux ; ayant atteint le solide on immergea dans le cuvelage un massif de béton de 6 mètres de hauteur et, lorsqu'il eut fait prise, on épuisa en étançonnant les parois à l'intérieur et on acheva le remplissage avec de la maçonnerie construite à sec.

Au pont d'Alkmaar on rencontra un terrain plus dur et de résistance inégale ; il fallut souvent le morceler à l'avance avec de grands fleurets en fer et, pour déterminer l'enfoncement, on dut surmonter le cuvelage d'une charge de 80 tonnes.

Au pont sur le canal du Nordzee les cuvelages en fonte, bien que renforcés, furent brisés dans une tempête parce qu'on avait négligé de les protéger par des abris en charpente.

Le système est ingénieux et a bien réussi ; mais on peut se demander s'il est plus économique que le système des puits en maçonnerie posés sur rouet et enfoncés par havage intérieur et même que le système des caissons à l'air comprimé ; ce dernier donnerait un travail plus rapide et plus sûr.

PROCÉDÉS D'IMMERSION DU BÉTON

C'est une excellente introduction à l'étude actuelle que de reproduire ici les lignes dans lesquelles Vicat, l'illustre inventeur des chaux hydrauliques artificielles, explique la manière dont on doit immerger le béton :

« De toutes les destinations du béton, l'immersion en eau profonde est celle qui demande le plus de soins et présente le plus de difficultés ; quelques ingénieurs emploient le camion, qui se vide par bascule et verse le béton qu'il contient un peu avant de toucher le fond ; d'autres préfèrent la caisse à soupape, qui s'ouvre en dessous ; la trémie paraît abandonnée. Chacun cite des exemples de succès à l'appui de sa préférence. Il est une considération capitale, qui doit diriger dans le choix des moyens, c'est, en tout état de cause, d'opter pour celui qui maintiendra le béton immergé au plus près possible de sa consistance de fabrication, en le remaniant le moins possible sous l'eau, et en donnant lieu par conséquent à la moindre formation de laitance possible ; tout béton remanié après l'immersion se délave et s'affaiblit proportionnellement.

« Quelque soin que l'on prenne, cependant, il y aura toujours de la chaux séparée du mortier sous forme de bouillie claire, nommée laitance ; et c'est par cette raison que nous avons recommandé d'en forcer un peu la dose en sus de la proportion ordinaire. Cette laitance, lorsqu'il règne un léger courant sur l'enceinte dans laquelle on échoue le béton, est entraînée à mesure qu'elle se forme ; mais dans une enceinte bien close dont l'eau ne peut se renouveler, elle se dépose et finit par s'accumuler à tel point qu'il devient indispensable de s'en débarrasser. Elle ne provient pas seulement de la chaux délayée, mais encore du soulèvement des vases fluides qui, après les dragages, recouvrent le fond sur lequel on bétonne. D'autres causes, lorsqu'on opère en eau de mer, s'ajoutent aux précédentes ; il se précipite une grande quantité de magnésie et de sulfate de chaux à l'état naissant, matières presque gélatineuses et faciles à soulever. En eau douce, les pouzzolanes, lorsqu'on en emploie, donnent lieu aussi à des formations gélatineuses par la combinaison presque immédiate de leurs parties les plus fines avec la chaux. De là une augmentation notable de cette bouillie fluide, qu'il faut enlever.

« Cette opération devient plus ou moins laborieuse, suivant le mode d'immersion adopté ; lorsqu'on procède par couches horizontales, la laitance se dépose uniformément dans les creux résultant des inégalités des surfaces ; à chaque couche nouvelle, la quantité en augmente et surnage, mais pas au point de laisser les couches successives se juxtaposer exactement ; la laitance qui reste engagée entre elles y produit des solutions de continuité très fâcheuses pour l'homogénéité et la résistance uniforme de la masse ; il importe donc, au fur et à mesure que cette laitance se produit, de la balayer hors de l'enceinte, quand c'est possible, ou de la chasser vers un puisard ménagé à cet effet, et de la pomper ; l'opération devient moins difficile, quand le bétonnement, au lieu de se faire par couches horizontales, présente une déclivité vers le puisard.

« En voilà assez pour que tout ingénieur reste juge du parti à prendre ; nous nous prononçons formellement, cependant, surtout pour le cas de bétons très prompts à durcir, contre le procédé qui consiste à déposer les augées sur un même point pour en former une montagne que l'on force à s'élargir circulairement, ou d'arrière en avant, par l'affaissement de sa masse, aidée du poids de nouvelles augées qu'on y dépose et de l'action de la dame ; il n'est pas besoin de démontrer que cette expansion du béton ne peut se faire sans que la masse soit à chaque instant désunie et remaniée, ce qui devient une cause puissante d'affaiblissement pour sa durée future. »

Nous allons maintenant décrire les divers procédés qui ont été employés pour le coulage du béton, et, il nous sera facile ensuite de conclure quels sont les meilleurs, en prenant pour bases les principes posés par Vicat.

Trémies employées au barrage de Saint-Valery-sur-Somme. — Elles sont représentées par les figures 2 et 3, planche IX ; inventées par l'ingénieur Magdelaine, elles furent perfectionnées par M. Mary vers 1830 : la trémie est soutenue par un appontement, qui repose sur deux bateaux plats et sur une série de tonneaux que l'on pouvait immerger plus ou moins, à volonté, de manière à corriger les variations de la nappe d'eau dont le niveau s'exhaussait de 0^m15 à 0^m18 pendant les marées de vive eau. Le béton était versé avec précaution dans les trémies que l'on promenait lentement à l'aide de forts cabestans ; ces trémies formaient des tranches parallèles de 2 mètres de largeur et se mouvaient à recouvrement de 1 mètre sur les parties pleines. Les rouleaux, dont était muni leur orifice inférieur, tout en facilitant le dégorgement et comprimant la surface du béton, permettaient de revenir plusieurs fois sur la même zone, et toujours à recouvrement sur les parties pleines. L'aire générale du béton était formée de deux couches, la couche inférieure de 1 mètre d'épaisseur, et la couche supérieure de 0^m70 ; si on avait fait l'épaisseur totale en une seule couche, il est clair que le béton, ayant à former en pleine eau un talus à 45 degrés de plus de 3 mètres de longueur, eût été complètement délavé.

M. Mary obtint de bons résultats avec les trémies, et à cette époque il les considérait comme préférables aux caisses, particulièrement sur un sol de gravier traversé par de nombreuses sources de fond, car, disait-il, « lorsque l'on se sert d'une caisse qui, pour être facilement manœuvrable, ne doit pas avoir une capacité de plus d'un hectolitre, au moment où l'on opère le versement, le béton s'étend de tous les côtés, et, quelle que soit sa forme au sortir du moule, il ne conserve pas une épaisseur moyenne de plus de 0^m10 à 0^m12. Si sous cette légère couche de béton se trouve placée une source agissant avec une charge de 0^m30 seulement, elle soulèvera et traversera immédiatement le béton, et quand on versera le contenu de la seconde caisse la même chose arrivera aussi facilement que la première fois. Au contraire, quand le coulage se fait avec une trémie, les sources peuvent percer le béton qui forme talus, mais, quand on avance sur le point qui a été traversé par les eaux, le béton se trouve chargé par le poids de toute la matière contenue dans la trémie, les sources sont étouffées et la compression ferme nécessairement les vides que le passage de l'eau a pu faire. »

Cette dernière assertion nous paraît inadmissible ; on ne peut compter sur du béton pour aveugler des sources ; s'il en existe dans une fouille, il faut les recueillir dans des tuyaux verticaux où elles s'élèvent librement à la hauteur hydrostatique.

Le plus grand inconvénient des trémies est d'être coûteuses, encombrantes, difficiles à mouvoir ; aussi ont-elles été généralement abandonnées ; il nous semble cependant qu'on pourrait encore y recourir et qu'elles sont susceptibles de donner un bon service pourvu qu'on les maintienne toujours pleines et que le béton s'en échappe d'une manière lente et régulière. Toutefois, elles ne permettent pas d'éviter un léger délavage de la masse entière du béton, tandis qu'avec les caisses, surtout celles de grandes dimensions, le béton est posé par gros blocs qui ne subissent qu'un délavage superficiel.

Application récente des trémies à un pont sur la Loire. — Les piles du pont construit sur la Loire pour le passage de la ligne de Blois à Romorantin sont fondées sur massifs de béton immergé enchâssant la tête de pieux espacés de 1^{m}20 d'axe en axe.

L'emploi des caisses à immersion était difficile, et M. l'ingénieur Heude a eu recours à une trémie dont il a été satisfait.

C'est un tube carré de 0^{m}40 de côté, en simples planches, descendu verticalement jusqu'au fond de la fouille, et dépassant par son extrémité supérieure la surface de l'eau d'environ 1^{m}50. Il est manœuvré par un treuil à deux mouvements rectangulaires et une chaîne attachée à l'extrémité inférieure du tube permet de le déplacer par une traction oblique.

On remplit la trémie de béton, puis on la soulève pour laisser échapper une partie de ce béton; on la tire latéralement pour la changer de place et on la laisse à nouveau reposer sur le fond; on la remplit avec du béton à la partie supérieure, on la soulève encore, une nouvelle dose de béton s'échappe, et ainsi de suite.

Le béton arrive donc sur le massif sans être délavé, à la condition toutefois que jamais le béton ne descende dans la trémie au-dessous du niveau de l'eau extérieure, sans quoi il serait évidemment délavé.

A la suite d'un déplacement latéral imprimé à la base du tube, celui-ci se replace de lui-même dans la verticale et entraîne le treuil.

La manœuvre est donc facile et s'effectue sans encombre après quelques épreuves.

Cette trémie continue a permis de couler jusqu'à 60 mètres cubes de béton par jour, et on a constaté plus tard, en le mettant à jour, que ce béton était de bonne qualité.

Caisse à immerger le béton employée au port d'Alger en 1837. — Cette caisse a pour section un quart de cercle (*fig.* 1 et 2, pl. XXVI), elle est suspendue par les extrémités à un treuil à manivelle et à frein ; pendant que les cordes (*l'l'*) se déroulent, les cordes (*m'm'*) s'enroulent et leur longueur est calculée d'après la profondeur de l'eau, de manière qu'elles se tendent lorsque la caisse arrive au fond et qu'elles la fassent basculer. Les petites ouvertures (*o'*) ont pour but de laisser écouler l'eau dont la caisse se remplit en montant.

Cette caisse est à grandes dimensions ; elle tient un mètre cube ; on voyait à cela l'avantage de déposer le béton en grandes masses et de le soustraire ainsi au délavage.

Caisse employée à la digue de l'anse de Kerhuon, à Brest. — Cette caisse, d'une disposition ingénieuse, inventée par M. l'ingénieur Petot, est représentée par les figures 3 et 4, planche XXVI. C'est un demi cylindre partagé en deux secteurs rectangulaires mobiles autour de leur centre commun, et maintenus l'un près de l'autre au moyen d'un crochet que montre la figure 4. Vu le mode de suspension, les deux secteurs tendent toujours à se séparer par l'action de la pesanteur, et le crochet les relient. La caisse étant pleine de béton, on la descend jusqu'auprès du fond, on tire la ficelle du crochet, les deux secteurs se séparent et le chargement tombe à l'endroit voulu. On remonte la caisse vide ; quand elle est hors de l'eau, les deux secteurs sont dans la position que représente la figure 3 ; il faut les rapprocher. Pour cela, on remarquera qu'un cordage est fixé à l'axe de rotation des deux secteurs, et vient faire seulement un tour sur le treuil ; il est tenu en main par un ouvrier ; si cet ouvrier exerce une traction sur le cordage auxiliaire, pendant que les cordages principaux ne bougent pas, l'axe de la caisse est soulevé, les deux secteurs s'accolent, et on peut mettre le crochet pour recommencer l'opération. Le cordage auxiliaire sert en outre de frein pour modérer la descente. La capacité de chaque caisse est d'environ 0,40 de mètre cube.

Bateau lisseur employé au pont de Tours. — Au pont de Tours, M. Beaudemoulin fit usage de rouleaux pour unir, comprimer le béton, et lui donner en peu de temps la consistance suffisante pour résister à l'action du courant ; ce sont deux rouleaux en bois de 2 mètres de longueur et de 0^m30 de diamètre, fixés chacun sur des élindes graduées, placées à l'avant et à l'arrière d'un bateau fortement lesté avec des pierres.

Lorsqu'on veut comprimer du béton, c'est toujours par une pression continue qu'il faut agir ; on doit bien se garder de battre la surface avec une dame ou un pilon, parce que l'on fait sortir de la masse la chaux liquide qui s'amasse en bouillie à la surface ; c'est un effet analogue à celui que l'on remarque, lorsque l'on bat avec un morceau de bois la surface d'un sable fin et humide.

Bétonnage au bassin de radoub n° 3 du port de Toulon. — Dans un mémoire inséré aux *Annales des ponts et chaussées*, en 1850, M. l'ingénieur Noël décrit les moyens employés pour la fondation des bassins de radoub du port de Toulon. Il y avait à couler des aires en béton d'une grande étendue.

Les caisses d'immersion (*fig.* 5, pl. XXVI), de 1 mètre cube de capacité, sont en tôle renforcée par des cornières, avec deux volets inférieurs qui s'ouvrent à charnière. Sur un bâti à roulettes est monté le treuil dont on voit la manivelle en (a), avec roue à rochet (d) et frein (f), le tambour en (b), avec une roue dentée que fait mouvoir un pignon monté sur l'arbre des manivelles; (h) est la chaîne de suspension, (l) une chaînette qui soulève le verrou (o), lequel abandonne les bords des volets (n) qui tournent autour de leur charnière et viennent se placer verticalement dans le prolongement des côtés de la caisse. A la descente, les hommes qui sont aux manivelles n'ont qu'à suivre le mouvement que guide un ouvrier placé au frein; quand la caisse touche le fond, on la relève de 0^m15, on tire la chaînette et le béton s'échappe.

Les caisses sont placées sur un grand radeau (*fig.* 1, pl. XXVII) qui occupe l'emplacement de l'aire à construire et qui porte transversalement autant de coupures qu'il y a de caisses; c'est au-dessus de ces coupures que circulent les caisses et leurs bâtis. Le radeau est mobile, de sorte que les caisses ne déposent point toujours leur béton au même endroit. On ne commence pas à faire fonctionner toutes les caisses en même temps; la première seule dépose d'abord une ligne transversale du béton; puis on lui adjoint la seconde, puis la troisième aux deux autres, la quatrième aux trois premières et ainsi de suite. On comprend que de la sorte la surface du massif n'est pas horizontale, mais qu'elle présente un talus de l'amont vers l'aval; sur ce talus, la laitance s'écoule et se rend dans un puisard d'où l'extrait une petite pompe Letestu à un seul cylindre. De cette pompe sortait constamment un courant de laitance « ayant la consistance et l'aspect d'une crème au chocolat ». A l'arrière du radeau, on venait comprimer le béton posé, au moyen de longs pilons sur la tête desquels frappaient des sonnettes : on évitait ainsi un choc direct.

Dans cette opération, ce qui préoccupait le plus, et à juste titre, c'était de se débarrasser de la laitance : la disposition adoptée pour cela était excellente. Dans d'autres cas, au lieu d'un puisard et d'une pompe, on a eu recours pour enlever la laitance à des dragues à main, emmanchées au bout d'une longue perche; ces dragues se composaient d'une sorte de filet conique, dont l'ouverture était maintenue par un cercle de fil de fer (c'est la forme d'un filet à papillons). On s'est servi aussi de balais doux que l'on promenait à la surface des assises de béton; il est facile de confectionner ces balais, qui se composent de brins de paille serrés entre deux planchettes au moyen de boulons; on en obtient toujours de bons résultats au point de vue de la liaison des diverses couches de béton entre elles.

Aux ponts de Nantes, M. l'ingénieur Lechalas fit usage de caisses en tôle analogues à celles du port de Toulon (*fig.* 2, pl. XXVII); formées de tôles planes, renforcées par des cornières, elles sont d'une construction simple; les volets inférieurs s'ouvrent par des verrous à levier que l'on manœuvre d'en haut par une cordelle. Ces caisses cubent 0^m33.

Caisses employées sur la Garonne. — M. l'ingénieur Paul Regnauld, dans son mémoire inséré aux *Annales des Ponts et Chaussées*, en mai 1870, décrit comme il suit les dispositions adoptées par lui pour la pose et l'immersion du béton, au pont de Saint-Pierre de Gaubert sur la Garonne :

« Les deux culées et une partie des piles ont été fondées à sec. On transportait le béton dans des brouettes ; on le versait à la place qu'il devait occuper et on le régalait par couches horizontales de 0^m20 à 0^m25 d'épaisseur, afin de rapprocher les cailloux tendant toujours à s'écarter. En outre, pour rendre au béton son homogénéité, pour faire prendre aux cailloux les positions les plus favorables et pour remplir exactement les vides en répartissant uniformément le mortier dans toute la masse, on avait soin de pilonner, à l'aide de pilons en bois, les couches de béton aussitôt qu'elles étaient établies.

« Cette méthode était employée pour les culées où l'on avait ménagé des rampes permettant le transport du béton à la brouette.

« Pour les piles où le talus des fouilles était de 45°, on construisait une aire en planches, à l'extrémité des fouilles, près du pont de service amont, et on y installait la caisse à béton. Les matériaux, amenés à l'aide de chariots roulants sur le pont de service, étaient jetés dans la bétonnière et arrivaient, à l'état de béton, sur le plancher construit. On le chargeait en brouettes et on le transportait dans les différents points de la fouille où il était disposé en couches, comme dans le cas précédent.

« On réalisait ainsi une économie considérable de temps et de main-d'œuvre.

« Quand on était obligé d'interrompre les couches de béton, on les terminait par des redans afin d'assurer le raccordement des parties interrompues avec celle que l'on établissait le lendemain. On lavait alors la surface du redan sur laquelle on posait le nouveau béton ; les autres surfaces subissaient la même préparation. On parvenait ainsi à relier parfaitement les couches de la veille à celles du jour même.

« Dans les quatre piles en rivière, on fut obligé de couler le béton sous l'eau.

« Cette immersion du béton se faisait de la manière suivante :

« On commençait par recouvrir les enceintes avec un plancher en madriers. Ces madriers étaient posés en travers des enceintes et leurs extrémités reposaient sur les pieux et les moises supérieures. On ménageait, à l'extrémité amont du plancher, une ouverture destinée à introduire le béton ; cette ouverture, qui s'étendait sur toute la largeur de la fondation, pouvait, par une simple transposition de madriers, être changée de place à mesure que s'avançait le coulage du béton.

« Sur ce plancher on établissait un treuil léger, formé d'un arbre d'environ 0^m12 de diamètre, mobile sur un bâti rectangulaire.

« Ce treuil servait au coulage du béton, que l'on plaçait dans des caisses demi-cylindriques, cubant environ 0^m25.

« Ces caisses, représentées sur les figures 3 à 5, planche XXVII, avaient 1 mètre de longueur et 0^m90 de diamètre. Elles étaient formées de deux quarts de cylindre, mobiles autour d'un arbre qui se confondait avec leur axe et pouvant facilement se séparer.

« Aux deux extrémités de cet arbre étaient fixées des tringles en fer qui aboutissaient à un anneau placé dans l'axe transversal de la caisse, et auquel était attachée l'extrémité du câble supportant la caisse et s'enroulant autour du treuil.

« Le poids même des deux quarts de cylindre faisait que ces deux parties s'appliquaient l'une contre l'autre ; on chargeait ainsi la caisse et on égalisait la surface du béton avec le plat de la pelle, de manière à la rendre presque lisse et, par suite, plus propre à s'opposer à la pénétration de l'eau. Puis deux hommes manœuvrant le treuil la descendaient jusqu'à 20 ou 30 centimètres du fond de fouille. Une disposition très commode permettait alors d'ouvrir la caisse en dessous et de couler le béton. Des câbles attachés aux extrémités supérieures des quarts de cylindre se réunissaient à un anneau auquel était fixée l'extrémité d'une corde manœuvrée par le chef de chantier. On voit facilement que, la caisse continuant à descendre quand le chef de chantier tirait sur la corde, les deux parties tournant autour de l'axe horizontal se séparaient et le béton tombait au fond de l'eau ; on remontait alors la caisse et on recommençait l'opération.

« Cette caisse, pouvant s'approcher beaucoup du fond des fouilles, présente l'avantage de diminuer sensiblement le délavement du béton et la formation de la laitance. Il s'en produisait néanmoins une certaine quantité qui était enlevée, au fur et à mesure du coulage, avec des raclettes en bois. Cette laitance était chassée par des ouvertures qu'on avait faites à l'aval des enceintes.

« Pour favoriser encore cet écoulement, on immergeait le béton de l'amont à l'aval. La laitance se rendait sur les parties inférieures où l'on enlevait, à l'aide de dragues à mains, celle que les raclettes n'avaient pas entraînée.

« L'emploi de cette caisse demi-cylindrique, de faible dimension, a présenté un grave inconvénient. La quantité de béton immergée, à chaque descente de la caisse, n'étant que de 0^{m}25, le courant d'eau déterminé dans la pile par les fissures des palplanches, le délavait, entraînant une grande partie de la chaux, et lorsque, les fondations terminées, on creusait dans le béton pour y établir le libage, des renards se déclaraient en différents points.

« On a fait construire des caisses de dimensions beaucoup plus fortes sur le modèle des premières.

« Elles avaient 1^{m}80 de longueur et 1^{m}20 de diamètre.

« Les treuils ne suffisant plus alors pour les mouvoir, on fut obligé de recourir aux grues roulantes établies pour le montage des matériaux.

« Chaque caisse pouvait contenir 1 mètre cube de béton.

« Ces masses énormes de béton étaient difficilement délavées par le courant dans l'intervalle qui séparait deux immersions successives, et la seconde apportait assez de mortier pour réparer la perte qu'avait pu subir la première.

« Ces caisses ont produit d'excellents résultats, et, dans les fouilles faites pour établir le libage, on n'a plus constaté la présence d'aucun renard. »

La caisse de M. Regnauld ressemble beaucoup à celle de M. Petot, que

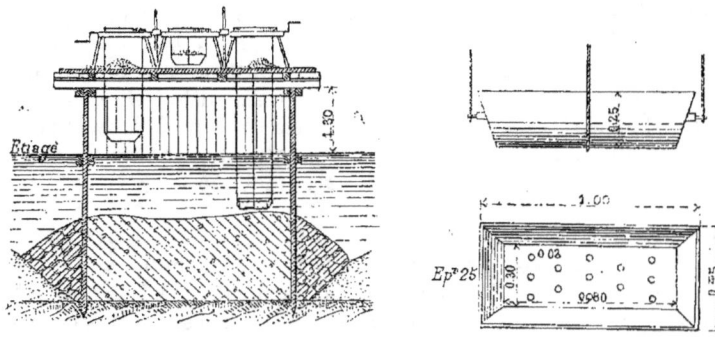

Fig. 115.

nous avons décrite plus haut; mais, dans celle-ci, la disposition des deux cordages est inverse, ce qui complique la manœuvre en nécessitant l'addition d'un verrou. La figure 115 représente la caisse employée au pont de Plessis-lès-Tours.

Caisses employées au pont Sully — « Le béton de fondation des piles du pont Sully a été coulé, dit M. l'ingénieur Brosselin, par couches successives au moyen d'une caisse demi-cylindrique, s'ouvrant par le fond, qui cubait 1^m35. On avait eu pour but de diminuer les délavages en employant une caisse de grande dimension; mais cette caisse a présenté, en fait, des inconvénients. Elle ne pouvait pas être approchée assez près des parois inclinées et des moises transversales du caisson et on a dû dresser à la main, en le poussant avec des dames, le béton dont la surface était irrégulière. Nous pensons que pour un travail de ce genre on ne doit pas se servir de caisses cubant plus de 0^m75 à 1 mètre au maximum. »

« La pose du socle de la pile rive droite a exigé des épuisements assez importants et présenté par suite de réelles difficultés. On doit attribuer ces difficultés à deux causes : le béton était trop maigre et on avait commencé les épuisements trop tôt, 10 jours seulement après l'achèvement du béton. Les mêmes difficultés ne se sont pas reproduites, en effet, pour la pile rive gauche, où on a pris la précaution de faire la couche supérieure en béton plus gras, mélange par parties égales de caillou et de mortier, et d'attendre 20 jours avant d'épuiser. »

Ces inconvénients que vient de signaler M. Brosselin se sont manifestés plus énergiquement encore dans d'autres caissons remplis de béton immergé et nous portent à formuler les observations suivantes : si la forme de caisson à parois inclinées est théoriquement plus logique et plus économique que la forme à parois verticales, en fait elle ne permet pas l'immersion du béton dans les angles ni le long des parois, il reste toujours des vides qui entraînent de grosses difficultés d'épuisement, de plus la difficulté d'assemblage et de construction est beaucoup plus grande. Au contraire le caisson à parois verticales se construit et s'assemble avec plus de précision, l'étanchéité en est plus facile à assurer, le béton immergé y garnit bien les angles et le voisinage des parois ; il a, en outre, l'immense avantage d'être plus large du haut et de se prêter très facilement à l'installation de petits bâtardeaux en béton sur son pourtour si les eaux remontent trop abondamment le long des parois.

Ce sont là de tels avantages qu'on ne les paye point trop cher par le cube supplémentaire de béton immergé qu'entraîne, à base égale, la substitution de la paroi verticale à la paroi inclinée.

Immersion du béton pour la fondation des ouvrages aux ports de Gravelines et de Dunkerque. — Nous avons exposé précédemment la méthode suivie pour effectuer à sec, dans le sable, sur des profondeurs de 8 à 10 mètres, les fouilles pour la fondation des ouvrages des ports de Dunkerque et de Gravelines.

Pour établir l'assise inférieure de béton, d'une hauteur généralement comprise entre 1 et 2 mètres, on laissait remonter l'eau sur une hauteur à peu près égale et l'on procédait par immersion du béton.

Quand le fond d'une fouille est un sol de roche ou d'argile compacte, et que sur ce fond apparaissent des filtrations locales, on peut éviter le délavage du béton en ménageant à la base du massif une série de petits tuyaux ou aqueducs qui recueillent toutes les sources et les conduisent au puisard d'épuisement sans leur permettre de pénétrer à l'intérieur du béton ; mais cet expédient n'est pas applicable dans une fouille à fond de sable pour laquelle les infiltrations ne sont pas localisées en quelques sources mais se produisent à peu près également sur la surface inférieure. On est conduit alors à laisser remonter l'eau dans la fouille et à immerger le béton de telle manière qu'il ne soit pas pénétré par les eaux sous l'influence de la sous-pression.

M. Plocq expose dans son mémoire les précautions prises pour obtenir ce résultat :

« On commençait par constituer un noyau de béton que l'on descendait doucement sur le sol sous l'eau à l'aide de caisses, de trémies ou de gaînes. Le procédé le plus simple et qui a donné les meilleurs résultats consistait à remplir préalablement, près du lieu d'emploi, une gaîne dont le fond était fermé par un clapet à deux battants s'ouvrant de dedans en dehors ; ce clapet était maintenu par une chaîne tendue en dedans et fixée au haut de la gaîne par son extrémité supérieure. Quand la gaîne était remplie de béton, on la descendait dans l'eau jusqu'au sous-sol, puis on la soulevait doucement en larguant la chaîne. Le clapet s'ouvrait sous le poids du béton, qui sortait peu à peu par le bas et se répandait sur le terrain sans chute et sans secousse ; on maintenait la gaîne dans cette position et on la chargeait peu à peu par le haut au fur et à mesure qu'elle se vidait par le bas, de telle sorte que le béton arrivait doucement en place sans délavage. Pendant que le cône de béton ainsi en formation s'élargissait à sa base et que son sommet tendait à monter, on relevait peu à peu la gaîne en l'alimentant toujours régulièrement par le haut en proportion de son débit inférieur, jusqu'à ce que le sommet du noyau arrivât à émerger suivant une étendue superficielle d'environ 1 mètre carré. A partir de ce moment, on enlevait définitivement la gaîne et on commençait l'application du système dit « à talus coulant. »

Le béton était dès lors apporté à pied d'œuvre soit en brouettes, soit en wagons, suivant l'importance et le développement du chantier, versé directement sur le tas émergeant, puis étalé, pilonné et piétiné par des hommes chaussés de bottes de mer et armés de pelles et pilons, avec la précaution bien continue de ne jamais verser le béton sur le talus dans l'eau et de ne jamais le piétiner non plus à fleur ou en dessous du niveau d'eau. Par ce procédé simple et d'une pratique facile, le talus avançait sous l'eau peu à peu, en quelque sorte parallèlement à lui-même, sous l'impulsion des efforts de pilonnage et piétinage supérieurs, exercés d'une façon continue sur les tas de béton frais successivement apportés et versés à la surface supérieure émergeante.

Avec des approvisionnements bien disposés, des appareils de fabrication convenablement placés et en nombre suffisant, et avec des wagons roulant sur des voies ferrées bien organisées et susceptibles d'être facilement déplacées et étendues suivant les besoins et les développements successifs du chantier, on a pu arriver à employer sans difficulté au moins 200 mètres cubes de béton par jour et à réaliser en trois mois le bétonnage d'une fondation d'écluse comprenant au moins 15,000 mètres cubes de béton.

Le béton ainsi mis en œuvre à talus coulant était composé de parties égales, en volumes, de mortier, de briques-roches concassées et de galets de Calais. Les briques-roches et les galets étaient, préalablement à leur emploi, lavés aussi complètement que possible et parfaitement débarrassés, par immersion et agitation dans un courant d'eau pure, de toutes les poussières et portions terreuses qui pouvaient se trouver à leur surface. Le mélange et la manipulation des matières se faisaient à l'aide de gaînes verticales de 8 à 10 mètres de hauteur, dont l'intérieur était garni de plans inclinés disposés à la suite les uns des autres et alternativement en sens contraire, de telle sorte que les matières ne pouvaient descendre que suivant un mouvement contrarié, qui réalisait spontanément leur mélange pendant leur parcours lent et régulier du haut en bas de la gaîne. On est toujours ainsi arrivé facilement à constituer très régulièrement une masse parfaitement homogène, très compacte, grasse et onctueuse, dans laquelle tous les galets et morceaux de briques-roches étaient bien complètement enduits de mortier.

Le mortier qui entrait dans ce béton était composé comme suit :

$0^{mc}800$ de chaux de Tournai du plus petit rendement, dite de troisième qualité, éteinte en poudre et tamisée,
$0^{mc}400$ de trass en poudre,
$0^{mc}250$ de cendre de houille, blutée ou tamisée.

Ce béton ainsi composé et employé dans l'eau, fait prise en quarante-huit heures, et l'on pouvait par suite maçonner dessus quelques jours après son emploi, de telle sorte que les ateliers de maçons, soit de briques, soit de moellons, convenablement installés pour suivre le bétonnage, pouvaient fonctionner en même temps que se poursuivait l'emploi du béton, avec une quinzaine de jours au plus d'avance donnée au bétonnage par rapport à la maçonnerie.

Dans la première période de cette partie du travail des fondations, on avait toujours bien soin que le béton ne fût pas soumis aux efforts de sous-pression qui tendaient à se produire sous l'influence du gonflement des eaux en dehors de l'enceinte, du côté opposé à celui des machines d'épuisement.

On y est toujours parvenu facilement de diverses manières, suivant les circonstances.

Quand la nature des lieux le permettait, c'est-à-dire quand on n'était pas gêné par les limites de largeur du chantier, le procédé le plus simple consistait à tenir en libre communication l'amont et l'aval de la première zone en cours d'emploi, de telle sorte que le massif de béton en formation, s'étendant peu à peu comme un îlot dans une masse d'eau maintenue de niveau de tous côtés, était à l'abri de tout effort de sous-pression, par cela même que le sous-sol était chargé de toutes parts, aux alentours comme au-dessous du massif, tant par la couche d'eau générale que par le béton lui-même. Il en résultait que toute tendance à production de filtrations et de sources artificielles sous le massif était complètement évitée et que le béton faisait prise comme un monolithe parfait sans être délavé ni percé. Ce résultat était d'autant mieux assuré que le mortier était plus onctueux et le béton plus gras, compacte et homogène dans toutes ses parties.

Quand on ne pouvait pas établir une communication libre et spontanée entre l'amont et l'aval de la première zone en cours de mise en œuvre, on maintenait à l'aide d'un épuisement spécial, généralement de peu d'importance, les eaux de l'extérieur de l'enceinte au même niveau que celles de l'intérieur, en élevant le trop plein au-dessus de la surface du massif et le dirigeant à l'aide de conduits en bois ou en métal vers l'intérieur de l'enceinte ou directement vers les puisards des pompes employées à l'épuisement général du chantier ; et l'on arrivait ainsi à exécuter dans d'aussi bonnes conditions le commencement du bétonnage.

Mais ce second mode de procéder présente l'inconvénient d'exiger une dépense d'épuisement supplémentaire ajoutée temporairement à celle des épuisements généraux ; aussi n'y avait-on recours que quand on ne pouvait pas faire autrement.

Après qu'on était ainsi parvenu, avec ces précautions soigneusement pratiquées, à établir sur une longueur de 10 à 15 mètres, suivant l'axe longitudinal de l'ouvrage en construction, et sur toute la largeur de l'assiette des fondations, une première zone de béton qui correspondait généralement au moins au parafouille de la tête d'aval, on se trouvait en fait avoir réalisé un bâtardeau en béton qui était bien soudé au sous-sol, qui avait fait bonne prise, sous lequel on n'avait plus à craindre des effets de sous-pression, de filtration et cheminement d'eau, et qui ne pouvait plus être traversé de bas en haut par des sources artificielles sous l'influence d'une différence de niveau de 0^{m}50 à 1 mètre d'un côté à l'autre de ce massif.

On établissait alors sur le béton, le long de la file de tête de l'enceinte, un petit barrage en maçonnerie d'une épaisseur convenable pour supporter cette charge d'eau; on laissait remonter le niveau à l'extérieur de l'enceinte, et le trop plein, s'écoulant en déversoir, était dirigé vers l'intérieur de l'enceinte à l'aide de conduits en bois ou en métal, que l'on allongeait successivement, de manière que ces eaux tombassent toujours dans le chantier à une bonne distance du talus coulant du béton, soit au moins 10 ou 15 mètres.

L'emploi du béton se continuait dès lors comme on l'avait commencé, par cette première zone; et l'on réalisait ainsi peu à peu le massif général de fondation, sans qu'il fût délavé dans ses couches inférieures, ni percé de bas en haut dans son épaisseur, en même temps que l'on exécutait, avec dix ou quinze jours de retard sur les ateliers de bétonnage, les maçonneries de briques ou de moellons qui devaient recouvrir le béton et recevoir ensuite les dallages ou parements de la surface extérieure du radier.

En opérant ainsi, on ne tardait pas à constater, quelques jours après le commencement de la mise en œuvre, une production de laitance qui tendait à se déposer au pied et un peu en avant du talus du béton. Il importait de l'enlever au fur et à mesure qu'elle se produisait, sans la laisser s'accumuler en un point quelconque du fond d'avancement du massif. On y parvenait sans difficulté en la poussant sous l'eau avec des balais à long manche sur le fond de la fouille, au large du pied du talus du béton; on la maintenait ainsi en suspension dans l'eau et on l'enlevait par aspiration à l'aide de pompes qui fonctionnaient en avant des ateliers de bétonnage, manœuvrées à bras d'hommes, sur des bateaux ou des radeaux.

Cette laitance était déversée dans des bacs que l'on allait vider en dehors de l'enceinte des fortifications, au fur et à mesure qu'ils étaient remplis. »

Choix à faire entre les divers systèmes d'immersion. — Nous voyons, d'après ce qui précède, qu'on a obtenu de bons résultats avec les divers procédés employés pour couler le béton, caisses, gaînes, trémies.

Dans les travaux de peu d'étendue, comme des fondations de piles de pont, on a naturellement recours aux caisses. Quelques ingénieurs ont donné la préférence aux petites caisses d'un hectolitre; les autres préfèrent les grandes caisses d'un mètre cube et davantage. Nous nous rangeons avec ces derniers, car il nous semble que le délavage doit être moindre lorsque le béton est déposé en plus grosses masses.

Les grandes caisses ne sont pas toujours d'un emploi commode dans les petits caissons pour piles et ne permettent pas de bien assurer le remplissage dans les angles.

Quoi qu'il en soit, nous le répétons, tous les procédés paraissent donner des résultats comparables, lorsqu'ils sont appliqués avec méthode et avec précaution.

Il importe de mener l'opération assez vivement et de veiller à se débarrasser des laitances aussi complètement que possible ; une couche de laitance interposée entre deux mises successives détruit toute leur adhérence.

Inconvénients des fondations sur massifs de béton immergés dans un caisson. — Lorsque la fondation doit traverser une grande épaisseur de terrain mobile, de la vase, par exemple, la fondation par béton immergé dans un caisson ne saurait être économique : en effet, il faut draguer à gueule-béc l'emplacement du caisson, la fouille prend des talus très faibles, le cube à draguer est considérable, il s'augmente à chaque crue insignifiante, et l'on ne sait jamais quand l'opération est finie. Il y a bien des chances pour que le béton immergé repose sur une couche de vase plus ou moins haute. Le procédé de fondation par épuisement dans une enceinte est, alors, plus économique et il l'emporte, du reste, à tous autres égards.

Quand la profondeur de vase à traverser est de 3 à 4 mètres seulement, la fondation par béton immergé dans un caisson coûte à peu près aussi cher que la fondation par épuisement dans une enceinte, et, comme elle offre toutes espèces de dangers, il faut encore la rejeter.

Lorsque le rocher se trouve tout près du fond et que l'épaisseur à draguer est très faible, c'est alors seulement que le caisson avec béton immergé devient réellement économique; néanmoins, il donne prise à tant d'aléa, il offre si peu de sécurité que nous n'en conseillerons jamais l'emploi pour un ouvrage important, à moins que l'on n'ait recours à des caissons très vigoureux avec large empattement, et que l'on ne fasse exclusivement usage de béton avec mortier de Portland.

Quelques constructeurs ont pensé qu'il convenait de ne pas faire les parois des caissons pour béton immergé absolument jointives, afin de laisser passer à l'intérieur des caissons un léger courant qui enlève les laitances et afin de pouvoir les chasser à l'extérieur sans les pomper. C'est, à notre avis, une pratique vicieuse, car il est difficile de ménager entre les planches des parois des fentes uniformes ; ces fentes laissent passer le mortier et les cailloux, et un délavage énergique se manifeste au contact des parois; la solidité est compromise. Il vaut mieux s'appliquer à donner aux parois le maximum d'étanchéité.

Les caissons doivent-ils être à parois verticales ou à parois inclinées? — La plupart des ingénieurs donnent du fruit aux parois du caisson; c'est évidemment une disposition qui paraît logique; en fait, elle entraîne de grands inconvénients; l'immersion du béton s'opère mal, et il faut le pousser dans les angles et le long des parois, c'est une opération qui se fait toujours médiocrement; de plus, la largeur disponible se trouve généralement trop faible à la partie haute du caisson, lorsqu'on veut épuiser pour poser à sec le socle des maçonneries et les premières assises, on éprouve alors une certaine difficulté pour établir le long des parois les petits bâtardeaux en béton, dont l'usage est si commode et si simple. Remarquez encore que l'on peut commettre une erreur de quelques centimètres lors de la mise en place du caisson et, si l'on n'a pas un excès de largeur disponible, on arrive avec peine à implanter exactement la pile, on risque de l'asseoir trop près de l'arête du béton. Pour ces motifs, nous recommandons *l'usage des caissons à parois verticales;* ils sont d'une construction très simple, faciles à étancher et à remplir, se prêtent à l'établissement des petits bâtardeaux supérieurs et laissent beaucoup plus de marge pour l'implantation des maçonneries supérieures. Ces avantages, en admettant que l'on conserve les mêmes dimensions à la base, ne s'achètent pas cher; la dépense en charpente est à peu près la même dans les deux cas; on n'a à payer en plus que quelques mètres cubes de béton.

# CHAPITRE V

FONDATIONS PAR L'AIR COMPRIMÉ

HISTORIQUE; CLASSIFICATION DES APPAREILS A AIR COMPRIMÉ

Historique. — Depuis l'antiquité la plus reculée, l'homme s'est préoccupé de la solution de ce problème : « travailler sous l'eau. »

Les plongeurs peuvent le faire, mais ils n'arrivent jamais qu'à un bien mince résultat, et cela se conçoit si l'on réfléchit que les plongeurs capables de séjourner deux ou trois minutes au fond de l'eau sont excessivement rares. Il fallait donc recourir à des moyens artificiels permettant d'entretenir la respiration humaine à une profondeur quelconque.

Lorsqu'on renverse dans l'eau un verre vide, et qu'on cherche à l'enfoncer, l'air confiné ne peut s'échapper, il se comprime de telle sorte qu'il fasse équilibre à la pression de l'eau, et son volume varie conformément à la loi de Mariotte, c'est-à-dire que les volumes sont en raison inverse des pressions. Une atmosphère correspondant à la pression d'une colonne d'eau d'environ 10 mètres de hauteur, lorsque le verre sera descendu à 10 mètres au-dessous du niveau de l'eau, il ne sera plus qu'à moitié plein d'air ; à 20 mètres de profondeur, l'air n'occupera plus que le tiers de son volume primitif.

Au lieu d'un verre, supposez un grand vase, une sorte de baquet renversé, qu'un homme se met sur la tête ; cet homme pourra descendre dans l'eau à une profondeur quelconque, théoriquement, pourvu que le volume du vase ainsi que sa forme soient convenablement calculés.

Substituez au baquet un appareil plus vaste et plus résistant, avec des lentilles de verre enchâssées dans ses parois pour livrer passage à la lumière, et vous aurez une chambre ou cloche, dans laquelle des ouvriers pourront séjourner et travailler.

Afin que l'ascension de l'eau à l'intérieur de la cloche soit peu considérable, on a soin de donner à l'appareil une forme évasée par le bas; de la sorte, les variations de volume sont relativement considérables pour une faible hauteur.

Tel est le principe général des cloches à plongeur de toutes dimensions; ce principe, signalé par Aristote, fut mis en pratique au moyen âge, notamment sur les côtes d'Espagne, et l'on arriva à retirer du fond de la mer des objets précieux engloutis par un naufrage. (On a tenté récemment une opération analogue pour le sauvetage de la riche cargaison des galions de Vigo, qui, depuis des années, repose au fond des eaux.)

Denys Papin, l'inventeur de la machine à vapeur, proposa d'employer l'air comprimé à conserver la flamme et à bâtir sous l'eau dans une cloche à plongeur.

Au XVIIe siècle, sur les côtes d'Écosse, on se servit, au grand étonnement des populations, d'une cloche en bois remplie d'air sous laquelle un homme descendait au fond de la mer; cet homme pouvait à son gré rester dans la cloche, ou se couvrir la tête d'un capuchon rigide, communiquant sans cesse avec la cloche par un tube, et se promener aux environs.

Mais tous ces appareils ne permettaient point un séjour prolongé au fond des eaux; car l'air confiné devient rapidement irrespirable par suite de l'accumulation de l'acide carbonique. Dans une eau courante, une partie de ce gaz carbonique est entraînée par dissolution; néanmoins la proportion en est toujours trop forte, et il est nécessaire de renouveler l'air.

Au XVIIIe siècle, on imagina d'opérer ce renouvellement au moyen de barriques étanches remplies d'air pur et lestées de manière à descendre en face du bord inférieur de la cloche; le plongeur les attirait à lui avec une gaffe, et en les ouvrant, recevait une nouvelle provision d'air.

En 1790, Smeaton substitua à ce système primitif celui des pompes à air qui, par un tuyau flexible, envoient dans la cloche autant d'air frais qu'on le veut, et à la pression nécessaire.

Sauf des modifications de détail, la cloche de Smeaton est encore celle que l'on emploie de nos jours.

Nous n'avons parlé jusqu'ici que des cloches mobiles à l'abri desquelles on peut travailler au fond des eaux, entouré d'une atmosphère d'air comprimé; les grands travaux de fondation n'ont pas été exécutés avec ces appareils, mais à l'aide de tubes ou de caisses métalliques au milieu desquels des ouvriers, plongés dans l'air comprimé, pouvaient creuser le sol et maçonner comme à l'air libre.

C'est vers 1830, à la suite de la construction par Brunel du tunnel sous la Tamise, que l'on vit apparaître les premiers tubes en métal pour la fondation de grands ouvrages.

On eut l'idée d'y faire le vide pour les enfoncer. Supposez un tube ouvert par le bas et recouvert par en haut d'une calotte métallique, et faites le vide à l'intérieur; les matières terreuses sont aspirées de bas en haut, mais en même temps la pression atmosphérique (10 tonnes par mètre carré) presse le tube de haut en bas et le force à s'enfoncer. On enlève la calotte de temps en temps pour vider l'intérieur du tube et draguer les matières soulevées.

Bien que ce système n'ait point donné de mauvais résultats, on semble aujourd'hui l'avoir abandonné; peut-être y reviendra-t-on. Il a un avantage sérieux, c'est que l'aspiration de l'eau désagrège le sol et le soulève en le perçant de nombreux canaux, et les dragages sont d'une exécution facile.

En 1841, M. Triger ayant à percer un puits de mine près de Chalonne, sur la Loire, devait traverser une couche de sable aquifère de plusieurs mètres de hauteur; il parvint à vaincre cette difficulté en constituant la paroi du puits avec un tube métallique fermé par en haut, à l'intérieur duquel on comprimait de l'air; cet air chassait l'eau et faisait équilibre à la pression hydrostatique qui s'exerçait à la base du tube; des ouvriers pouvaient donc travailler à sec au fond du puits et creuser le sol. Une sorte d'écluse posée sur le tuyau, et communiquant à volonté soit avec l'atmosphère, soit avec le réservoir d'air comprimé, permettait aux ouvriers d'entrer dans le puits et d'enlever les déblais sans interrompre le travail.

En 1851, les Anglais eurent l'idée d'employer la méthode ingénieuse de M. Triger à la fondation du pont de Rochester, et Brunel en fit ensuite l'application au pont de Royal Albert.

L'invention était devenue pratique et elle se développa rapidement.

Quelques années après, il parut plus commode de substituer aux tubes à section circulaire des caissons à section rectangulaire de grandes dimensions, que l'on descendait par le même procédé que les tubes. La plus belle application en a été faite au pont de Kehl, sur le Rhin, par deux ingénieurs français : MM. Vuigner et Fleur-Saint-Denis.

Depuis lors, de nombreux perfectionnements de détail sont survenus; les fondations par caissons à air comprimé sont aujourd'hui un travail courant et le système est, dans bien des cas, plus économique que tout autre; il offre, du reste, de tels avantages qu'il ne tardera pas à se généraliser de plus en plus.

Pour en finir avec la série des appareils à air comprimé, il nous reste à citer les scaphandres : le scaphandre est un vêtement imperméable et résistant réuni par un tube flexible à une pompe de compression qui y entretient une provision d'air comprimé; un homme s'introduit dans ce vêtement et peut ainsi se mouvoir et travailler sous l'eau; il va sans dire que le casque, dont sa tête est recouverte, porte des yeux de verre et qu'il peut de la sorte se guider au fond des eaux.

Classification des appareils à air comprimé. — De ces explications résulte une classification simple des appareils à air comprimé :

1° Fondations tubulaires à l'air comprimé.
2° Caissons à l'air comprimé.
3° Cloches et bateaux plongeurs.
4° Scaphandres.

C'est dans cet ordre que nous étudierons les appareils dont il s'agit et nous terminerons notre travail par les deux sections ci-après :

5° Précautions pour éviter les accidents dans l'air comprimé.
6° Appareils de compression.

1° FONDATIONS TUBULAIRES A L'AIR COMPRIMÉ

L'appareil de M. Triger était des plus simples : dans un puits formé d'une série d'anneaux en fonte superposés était logée une écluse cylindrique ou *sas à air* A, avec deux portes M et N s'ouvrant de haut en bas. L'air comprimé produit par une machine soufflante arrivait par le tuyau T jusque dans la chambre inférieure B, mais pouvait aussi être introduit dans le sas A à l'aide du robinet R. Le sas portait à sa partie supérieure un manomètre et une soupape de sûreté.

Dans la position représentée par la figure, l'air comprimé remplit le sas A et la chambre de travail B : on peut avec un seau et un treuil extraire les déblais et les déposer sur le plancher du sas ; l'eau située à la base du puits est refoulée à travers le sol s'il est perméable, et, s'il est imperméable, elle monte par la pression dans le tuyau S pour

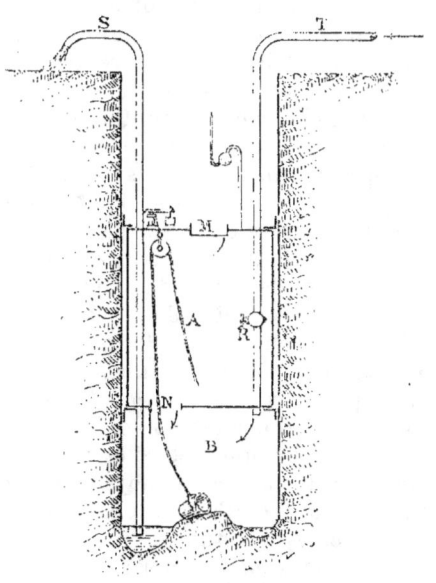

Fig. 116.

s'épancher à l'extérieur. Lorsqu'il s'agit de faire passer à l'extérieur les déblais accumulés dans le sas, on ferme la porte N, on met par un robinet le sas en communication avec l'air libre, la pression atmosphérique s'y établit, la porte M tombe et l'air circule librement du sas à l'extérieur. L'opération inverse permet de rétablir la pression dans le sas et d'ouvrir à nouveau la porte N pour procéder à une nouvelle extraction.

Tel est, sous sa forme simple, l'appareil de M. Triger.

Appareils tubulaires du pont de Rochester (1851). — Chaque pile du pont de Rochester est fondée sur quatorze tubes en fonte, de 2^m135 de diamètre, remplis de maçonnerie.

Un tube est composé d'anneaux en fonte de 2^m745 de hauteur boulonnés les uns au-dessus des autres à l'aide de brides intérieures.

Au moyen d'échafaudages provisoires, établis autour de l'emplacement des piles, on monte sur la verticale voulue une certaine longueur de tube qui s'enfonce par son propre poids jusqu'à ce qu'elle rencontre dans le terrain une résistance assez forte pour l'arrêter. On met assez d'anneaux les uns au-dessus des autres pour que le sommet soit à plusieurs mètres au-dessus de l'eau. On fixe alors sur le dernier anneau, à l'aide de la bride intérieure et d'une série de boulons, l'appareil pneumatique ou écluse à air, dont le fonctionnement est analogue à celui de l'appareil de M. Triger.

Dans les premiers essais, l'eau refoulée par l'air comprimé sortait en passant sous la tranche inférieure du tube. Cette disposition présentait plusieurs inconvénients; quand le terrain était peu perméable, la sortie de l'air avait lieu lentement et le renouvellement s'en faisait avec difficulté; quand, au contraire, le sol était meuble, l'air sortait à la fois par énormes volumes, puis l'eau rentrait brusquement dans le tube et gênait beaucoup les ouvriers. Ces variations de pression produisaient en même temps des éboulements continuels, très nuisibles à la bonne marche du travail. On disposa donc ensuite, pour la sortie de l'eau et de l'air, un tube spécial qui, arrivé au sommet de l'appareil, se retourne en siphon et vient déboucher dans le liquide extérieur. Ce tube plonge à sa partie inférieure dans une crépine destinée à arrêter les corps solides ; lorsque l'eau est descendue au niveau convenable, on règle le robinet du siphon dont on vient de parler de manière à écouler un peu d'air afin d'assurer la ventilation régulière de l'espace où travaillent les ouvriers.

Une échelle en fer et un treuil à manivelle pour l'enlèvement des déblais sont établis dans chaque tube.

Lorsque le tube est rempli d'air comprimé, la sous-pression considérable qu'il éprouve tend à le faire remonter et on doit le charger suffisamment pour que cet effet ne se produise pas. La surcharge était obtenue à Rochester au moyen de deux contre-poids gigantesques suspendus de part et d'autre du tube à une forte poutre armée reposant sur la tête même de ce tube.

Quand on voulait déterminer un enfoncement du tube, on laissait tomber un peu la pression, l'eau rentrait un peu dans le tube, la sous-pression se trouvait diminuée, et l'excédant du poids de l'appareil avec ses contre-poids déterminait un choc brusque, un coup de mouton gigantesque, d'où résultait un enfoncement plus ou moins grand du tube.

Cette description suffit à montrer les graves inconvénients du système : la pression était irrégulière et donnait lieu à des à-coups et à des déversements; il fallait, toutes les fois qu'il s'agissait d'ajouter un anneau, démonter l'écluse et les contre-poids pour les replacer ensuite. D'où une grande lenteur, une dépense considérable et une source de dangers.

On verra plus loin qu'on est arrivé aujourd'hui à supprimer ou à atténuer tous ces inconvénients.

Des fondations furent établies à Lyon et à Mâcon, sur le modèle de celles de Rochester, en substituant au système des contre-poids la charge directe du tube avec des rails et des gueuses en fonte, ce qui ne paraît pas un grand perfectionnement.

Pont de Szegedin, fondations tubulaires (1857). — Chaque pile est formée de deux tubes qui soutiennent des arcs en tôle (*pl.* XXVIII).

Les tubes sont composés d'anneaux en fonte de 3 mètres de diamètre, 1^m815 de haut et 0^m035 d'épaisseur; ils pèsent 5,500 kilogrammes. On a choisi la fonte comme étant plus maniable et donnant des pièces d'une exécution plus facile; elle a l'inconvénient de se briser facilement sous les chocs, et il vaudrait mieux employer des anneaux en tôle à la partie supérieure des tubes que peuvent rencontrer les bateaux ou les glaces.

Le diamètre adopté, 3 mètres, est suffisant pour permettre aux ouvriers de travailler à leur aise; on ne pourrait en adopter un moindre.

L'épaisseur des anneaux est beaucoup trop considérable, vu la charge qu'ils ont à porter : nous ferons remarquer ici qu'à Szegedin on a considéré les tubes comme résistant par leur enveloppe seule; le béton placé à l'intérieur n'est que pour le remplissage, et, dans plusieurs circonstances, les Américains l'ont remplacé par du sable. Étant admis que les tubes supportent seuls les efforts de la superstructure, ils doivent résister, d'une part à la pression verticale (il y a bien plus d'épaisseur qu'il n'en faut pour cela), et d'autre part à la différence des poussées horizontales que peuvent exercer l'une contre l'autre deux travées voisines.

Les anneaux sont réunis l'un à l'autre par des joints formant couronne, ils se composent d'une partie tournée de 40 millimètres de largeur, suivie d'un redan de 25 millimètres de largeur grâce auquel s'emboîtent bien exactement deux anneaux voisins; vient ensuite une bride de 100 millimètres de largeur; les boulons traversent les deux brides voisines qui sont séparées par un intervalle vide de 15 millimètres de hauteur, que l'on bouche avec du mastic, afin d'obtenir un joint étanche.

Voici la composition du mastic employé :

Tournure de fonte	1000	parties en poids.
Sel ammoniac	10	—
Soufre en fleur	2	—
Eau (ce qui est nécessaire pour dissoudre le sel).		

Ce mastic fait prise dans un intervalle de deux à huit jours, suivant qu'il fait chaud ou froid; il se travaille à la lime et se délite à l'humidité.

Nous avons vu plus haut que M. Cézanne ne considérait le béton que comme un remplissage; il ne voulait point lui faire supporter la superstructure, parce qu'il pensait, d'après plusieurs circonstances, que le béton pouvait bien ne pas faire prise dans le fond des tubes.

Le béton emprisonné dans un tube ne communique pas avec l'eau extérieure; il lui est impossible d'en absorber aussi bien que de rejeter l'excès d'humidité qu'il peut contenir. La réaction chimique, de laquelle résulte le durcissement, ne se produit pas et le mortier reste mou; pour en faciliter la prise, il faudrait réserver au centre de la colonne un petit puisard destiné à recevoir l'eau exsudée par le mortier, et on viendrait plus tard le remplir en mortier de ciment. M. Cézanne, à Szegedin, a préféré mélanger au béton des fragments de briques bien secs, destinés à soutirer à la masse son excès d'eau. Cependant ses craintes n'ont pas été justifiées par l'expérience.

Lorsqu'on commence à bétonner au fond du tube, on construit d'abord une assise de 1 mètre en mortier de ciment afin de s'opposer aux sous-pressions que pourrait amener une diminution de pression à l'intérieur. Les sous-pressions se trouvaient notablement réduites à Szegedin, parce qu'on avait comprimé le terrain du fond au moyen d'une batterie de pieux.

Les eaux de la Theiss étaient trop profondes à Szegedin pour qu'on pût monter le tube entier d'un seul coup sur une plate-forme de service, puis le descendre avec les treuils; on assemblait donc la moitié inférieure, que l'on descendait dans l'eau en la soutenant par de longs crochets, puis on achevait le tube et on amenait le tout à reposer sur le fond. La colonne entière pesait 30,000 kilogrammes.

Malgré ce poids considérable, lorsque l'on comprime l'air à l'intérieur et que l'on chasse l'eau, on transforme le tube en un corps flottant dont la tendance au soulèvement ne pourrait être vaincue par le poids de la colonne joint à son frottement latéral. Il est nécessaire de la surcharger, ce que l'on fait au moyen de contre-poids en fonte L, reposant sur des consoles I fixées sur le pourtour extérieur du tube.

Pour bien suivre la marche du fonçage, il faut au préalable expliquer la disposition et le mécanisme du sas à air, ou écluse servant à passer de l'atmosphère dans l'intérieur du tube. Ici, nous laissons la parole à l'auteur :

« La cloche pneumatique (*fig.* 1 et 2, *pl.* XXVIII) est un tambour cylindrique en tôle de même diamètre que la colonne en fonte, ouvert par en bas, fermé par en haut par un fond ou toit. Le bord circulaire inférieur est garni d'une cornière percée de trous correspondant à ceux de la bride supérieure de la colonne. Une bande en caoutchouc étant interposée entre la cloche et la colonne, il suffit, pour faire le joint, de boulonner fortement la bride et la cornière.

« Le toit de la cloche est traversé par deux corps AA à peu près cylindriques, en fonte, dirigés verticalement, engagés des deux tiers de leur hauteur environ dans la cloche et saillant au dehors d'un tiers.

« Ces deux corps cylindriques, semblables et indépendants, forment chacun un sas à air; ils peuvent être fermés en haut par un clapet circulaire C, s'ouvrant vers l'intérieur en tournant autour d'une charnière horizontale; en bas, par une porte rectangulaire verticale B, qui tronque le corps cylindrique parallèlement à ses arêtes et s'ouvre autour d'une charnière verticale de l'intérieur du sas vers l'intérieur de la colonne. La porte et le clapet sont garnis tout autour de bandes de caoutchouc.

Différents tuyaux et robinets D permettent de faire communiquer l'intérieur du sas avec l'intérieur de la cloche ou avec l'atmosphère libre; ces tuyaux peuvent être manœuvrés soit par les hommes placés sous la cloche, sur le plancher intérieur, soit par ceux placés sous le sas, soit enfin par ceux de l'extérieur.

« L'appareil est complété par deux ajutages à soupape EE, auxquels on peut appliquer deux tuyaux de conduite d'air, communiquant avec les pompes; deux valves G pour faire échapper brusquement la pression intérieure; un coude de siphon H présentant vers l'intérieur une amorce munie d'un robinet et vers l'extérieur une amorce simple. Tous ces appareils sont adaptés aux parois cylindriques de la cloche, qui porte en outre des consoles I, sur lesquelles on peut placer des contre-poids en fonte L.

« Ces contre-poids sont des segments en fonte dont la forme s'adapte au contour et aux saillies de la cloche. Ils sont réunis entre eux par paquets de 5,000 kilogrammes. On peut aussi, avec quelques modifications dans la forme des consoles, employer des rails ordinaires.

« Les tuyaux, tant ceux de conduite d'air que du siphon, sont en fer et portent d'un côté un collet, de l'autre un manchon taraudé. Le collet d'un tuyau s'engage dans le manchon de l'autre, et celui-ci pouvant tourner indépendamment du tuyau qui le porte, on peut serrer chaque joint sans démonter la conduite. Quelques raccords en caoutchouc donnent au système la mobilité nécessaire pour suivre les mouvements des bateaux et ceux des colonnes. »

La colonne étant bien guidée, on peut commencer l'opération : pour cela, on met les pompes en marche et on insuffle l'air par les ajutages E ; la pression s'établit peu à peu ; au bout d'une heure on obtient une atmosphère ; lorsqu'on juge la pression suffisante, on ouvre le robinet du siphon, et l'eau s'échappe mélangée d'air.

Le siphon de 0^{m}06 de diamètre enlevait 20 mètres cubes d'eau à l'heure. L'épuisement terminé, les ouvriers pénètrent à l'intérieur et se disposent comme on le voit sur la planche XXVIII ; ajoutez un chauffeur, un chef d'équipe, vous arrivez à un total de neuf hommes nécessaires à la manœuvre.

« Le passage des hommes et celui des seaux se fait de la même manière ; s'il s'agit d'entrer, on met le sas en communication avec l'extérieur, le clapet C s'ouvre, et l'on descend dans le sas ; les hommes du treuil extérieur attachent leurs crochets au clapet C pour le relever et l'appuyer contre les bords de l'ouverture ; on tourne alors le robinet qui met en communication le sas et la colonne, la pression s'établit et l'on peut ouvrir la porte latérale B pour sortir ou pour entrer ; les seaux se présentent devant cette porte B, et là un homme les accroche à la chaîne du treuil intérieur, ou les décroche.

« L'enfoncement du tube se produit par secousses successives comme nous l'allons voir ; supposons que les mineurs, après avoir déblayé quelque temps, soient arrivés au tranchant dont est garnie la base du tube. Ils remontent avec leur matériel et tout le monde sort de la colonne. On ouvre brusquement les valves G et l'air intérieur s'échappe, l'eau dont la pression n'est plus contre-balancée s'élève dans le tube.

« A ce moment, l'appareil n'est plus un corps flottant, mais un corps noyé; la masse de fonte qui forme l'appareil et son contrepoids n'est plus équilibrée; elle pèse de tout son poids sur le tranchant de la base du tube; le sol ne résiste plus et la colonne s'abaisse plus ou moins brusquement, d'une quantité variable avec la nature du terrain. »

A Szegedin, la descente variait d'ordinaire de 1 à 2 mètres; à la première opération, le tube a descendu brusquement de 4^m30 comme s'il menaçait de s'engloutir.

« Le mouvement s'arrête quand la masse d'eau et de sable entraînée à l'intérieur équilibre la pression extérieure, et quand le frottement du tube équilibre son poids. Ce frottement est presque nul dans le sable et le gravier fin, il est énorme dans l'argile. »

Suivant la proportion de sable et d'argile, la descente sera donc plus ou moins rapide.

En tous cas, cette descente se produit si rapidement, et sous l'impulsion de forces si puissantes, qu'il est difficile de la régler et de guider bien exactement la colonne.

Il faut s'attendre après chaque opération à corriger la direction de la colonne; on y arrive par des tâtonnements, en plaçant, tantôt dans un sens, tantôt dans l'autre, des étais qui, lors de la descente, repoussent le tube; on peut encore augmenter la charge d'un côté ou de l'autre, en déplaçant les contrepoids, ou bien engager sous le tranchant du tube des madriers inclinés qui, au moment de l'enfoncement, rejetteront le tube dans le sens voulu.

Lorsque le tube a descendu, on épuise, et l'équipe reprend sa place pour déblayer les matières qui ont pénétré à l'intérieur. La profondeur voulue une fois atteinte, on a installé dans le tube une sonnette, et l'on a battu des pieux qu'on a recépés ensuite : on les a recouverts d'un massif de béton à mortier de ciment, que l'on introduisait avec les seaux et le treuil; puis on a achevé le remplissage en jetant du béton dans le sas; le sas une fois rempli, on fermait le clapet supérieur, on ouvrait la porte latérale, et le béton tombait tout seul.

Lorsqu'on arrive au niveau de la moitié de la hauteur de l'eau, on peut enlever la cloche pneumatique, et, comme le tube est étanche, on bétonne à ciel ouvert.

Prix de revient des fondations tubulaires de Szegedin. (La plupart des fontes et fers venaient d'Angleterre; il y avait d'énormes frais de transport qu'il faudrait ajouter aux chiffres suivants) :

	FR.
Cloche pneumatique et ses accessoires, tuyaux, garnitures, etc., 7,000 kilog. à 2 fr.	14,000
Une pompe à air pesant 1,200 kilog., à 4 francs.	4,800
Contrepoids en fonte brute, 40,000 kilog., à 0 fr. 10.	4,000
Total.	22,800
Installation de vieilles locomotives servant de chaudières à vapeur, sur des pontons. Si l'on avait pris des appareils spéciaux, il eût fallu compter pour cet objet.	11,200
Total.	34,000

Une heure de travail des appareils coûtait 10 fr. 60.

En somme, le prix moyen du mètre courant de fiche pneumatique a été, pour les douze colonnes du pont de Szegedin, de 445 fr. 93, non compris la fourniture et l'entretien des appareils, leur échouage et leur direction.

Pont de Bordeaux, fondations tubulaires (1860). — Les deux poutres métalliques qui constituent le tablier reposent sur deux culées et sur six piles, formées chacune de deux tubes, en tout douze tubes.

Le fond de la Garonne se compose de sable fin, suivi de couches alternantes d'argile, de petit gravier et de sable fin. A 15 mètres au-dessous des basses mers on rencontre une couche de gravier, sur laquelle on fit reposer les tubes en les y engageant sur deux mètres de hauteur.

Les colonnes ont 3^m60 de large et 0^m040 d'épaisseur. On a voulu qu'elles pussent résister aux chocs; car cette épaisseur est beaucoup trop forte, si on ne considère que la charge verticale à supporter.

Les contrepoids employés au pont de Szegedin reposaient directement sur la tête du tube; il y a à cela plusieurs inconvénients : 1° lorsqu'il faut ajouter de nouveaux anneaux pour augmenter la longueur du tube, il est nécessaire de déplacer, non seulement la cloche, mais toute la surcharge, c'est-à-dire une masse considérable; 2° quand on met l'intérieur du tube en communication brusque avec l'atmosphère pour produire la descente, le tube tend naturellement à descendre par son propre poids, et la surcharge, qu'on ne peut ni enlever, ni modérer à volonté, agit de toute sa force pour augmenter la vitesse de l'enfoncement instantané; dans ces conditions, il devient impossible de diriger le tube; 3° enfin, la nécessité d'opérer par enfoncements brusques amène à extraire un cube beaucoup plus considérable que celui du tube, abstraction faite du foisonnement; en effet, l'eau qui rentre violemment par la base amène avec elle des masses considérables de terre et de gravier.

La planche XXIX représente les dispositions générales mises en œuvre pour la fondation d'une pile.

On remarque sur la tête du tube deux poutres horizontales formant une manière de joug, fixé par ses extrémités aux tiges verticales de presses hydrauliques solidement réunies à l'échafaudage. Les presses transmettent leur traction au joug qui appuie sur la colonne; en suivant le manomètre, le mécanicien fait varier à volonté la pression de l'eau, et donne à la surcharge transmise par le joug telle valeur qu'il lui plaît. La direction et le redressage des tubes sont beaucoup plus faciles qu'à Szegedin.

Un tube est formé d'anneaux en fonte dont nous avons donné plus haut les dimensions; un anneau s'assemble au suivant par une bride que serrent les boulons; les surfaces en contact sont tournées; le bord de l'anneau supérieur est en saillie, celui de l'anneau inférieur est en creux, et dans l'angle de ce creux on place un petit cordon en caoutchouc; lorsqu'on rapproche les surfaces, on peut exercer une pression assez forte pour comprimer ce cordon et obtenir un joint étanche.

La chambre d'équilibre, ou sas à air, se trouve dans le corps même de la colonne, à la partie supérieure; on ajuste dans la colonne deux diaphragmes en tôle munis de clapets, et l'espace ainsi formé sert de cloche pneumatique.

L'équipe employée au fonçage se composait de 8 hommes, savoir :

2 mineurs au fond pour charger et accrocher les bennes.

1 ouvrier sur le plancher intermédiaire, pour guider les bennes.

1 ouvrier au treuil.

2 hommes, plus le chef d'équipe, à pousser le chariot roulant et à arrimer les bennes.

1 garde au-dessus de la chambre d'équilibre, pour ouvrir et fermer le sas suivant les signaux.

Le treuil qui sert à monter les bennes était mu par une locomobile extérieure dont l'arbre traversait le tube dans une boîte à étoupe; les bennes pleines s'accumulaient sur de petits chariots dans la chambre d'équilibre. Cette chambre une fois pleine, on la mettait en communication avec l'atmosphère, et on vidait les bennes par une ouverture à clapet qu'elle présentait latéralement.

Lorsqu'il fallait produire un nouvel enfoncement, on laissait baisser la pression intérieure, sans toutefois permettre aux terres de faire irruption violente ; puis, la tige verticale du piston des presses étant complètement tendue, on exerçait à l'intérieur de ces presses, et de haut en bas, une pression variable, qui, transmise au tube, le forçait à descendre de toute la hauteur des tiges. On pouvait alors recommencer une seconde opération.

Ce procédé de la rentrée des terres pour déterminer l'enfoncement du tube en lâchant brusquement la pression est parfois dangereux, car il est difficile de modérer la rentrée dans des terrains fluides, et il arrive que le tube s'incline sous les efforts inégaux qu'il supporte.

On descendait le béton en le faisant tomber, d'abord du pont de service dans la chambre d'équilibre, puis de celle-ci dans le tube, où les ouvriers allaient ensuite le régaler.

Signalons un accident sérieux qui se produisit avant le bétonnage : les quatre tiges verticales des presses se brisèrent, et le tube sauta en l'air à quatre mètres de hauteur.

Cet accident est dû à la cause suivante : le tube était presque plein d'eau; on mit les pompes en pleine pression; l'air fut comprimé presque instantanément à plusieurs atmosphères, et souleva la masse entière.

Voici le détail des prix appliqués aux fondations du pont de Bordeaux:

Pour les six piles, c'est-à-dire pour les douze tubes :

	FR.	C.
Dépense du fonçage proprement dit.	90,254	87
Fourniture de la fonte des anneaux.	361,275	39
Boulons d'assemblage des anneaux.	11,716	43
Cordons de caoutchouc pour rendre les joints étanches	4,950	»
Bétonnage.	60,703	78
Maçonnerie pour le couronnement.	21,662	77
Glissières.	60,752	69
Chapiteaux en fonte des piles.	54,095	79
Pieux et enrochements laissés autour des piles.	25,963	28
Essais des flotteurs pour échouer les tubes.	3,311	60
Total général.	694,686	60
D'où l'on déduit le prix moyen d'un tube, tout compris.	57,890	55

Pont d'Argenteuil; fondations tubulaires. — De 1861 à 1864, la Compagnie des chemins de fer de l'Ouest a exécuté plusieurs ponts à fondations tubulaires, qui ont bien réussi; les plus importants sont ceux d'Argenteuil et d'Orival. Le procédé employé par M. Jullien, directeur de la Compagnie, inspecteur général des ponts et chaussées, est plus simple que les méthodes précédentes, et réalise un grand perfectionnement.

Chaque pile est composée de deux tubes reliés entre eux par des armatures en tôle.

Les figures de la planche XXX font comprendre la marche de la construction.

Chaque tube se compose d'anneaux en fonte de 1 mètre de hauteur, et de 0^{m}035 d'épaisseur; au-dessous de l'étiage, le diamètre des anneaux est de 3^{m}60; au-dessus, il n'est que de 3 mètres; l'anneau du fond a 0^{m}05 d'épaisseur, et sa base est taillée en biseau pour mieux pénétrer dans le sol. Ces anneaux sont assemblés entre eux au moyen de brides horizontales bien rabotées, et l'étanchéité des joints est obtenue en engageant dans une rainure, ménagée dans chaque bride, un cordon en caoutchouc que le serrage des boulons écrase.

Sur la dernière bride repose un tronc de cône formé d'une charpente en fer supportant des madriers, et ce tronc de cône est surmonté d'une cheminée en tôle de 1^{m}10 de diamètre, concentrique au tube. L'espace cylindro-conique réservé à la base de la colonne est la chambre de travail pour les mineurs.

La cheminée verticale, aux parois de laquelle est accolée une échelle en fer, sert de passage aux ouvriers et aux bennes.

La partie annulaire réservée entre la cheminée et la colonne est remplie de béton, au fur et à mesure de la descente, et ce béton remplace les contrepoids hydrauliques ou autres, qui coûtèrent si cher et furent assez peu commodes à Bordeaux et à Szegedin.

L'écluse ou sas à air se compose d'un cylindre en tôle Q, assemblé sur le dernier anneau de fonte, et traversé par un autre cylindre R, concentrique au premier et le dépassant d'une certaine quantité; la partie annulaire, comprise entre ces deux cylindres concentriques, est divisée en deux parties égales par deux cloisons verticales T, et ces deux parties sont éclairées chacune par deux lentilles épaisses (a), enchâssées dans la tôle de la base supérieure; chacune d'elles présente aussi deux portes : l'une U percée dans le cylindre extérieur, et l'autre U' percée dans le cylindre intérieur. Ces portes s'ouvrent pour chaque cylindre de dehors en dedans.

On voit sur l'écluse à air : 1° un manomètre Bourdon V ; 2° une soupape de sûreté W; 3° un tuyau Z par lequel arrive l'air comprimé des pompes; 4° une machine à vapeur (B) de la force d'un cheval. L'arbre horizontal de cette machine traverse le petit cylindre dans une boîte à étoupe, et met en mouvement la poulie N, qui transmet sa puissance à la poulie M, sur laquelle s'enroule le câble des bennes. La courroie de transmission n'est pas tendue, et la machine à vapeur, quoique marchant toujours, n'agit sur M qu'autant qu'un ouvrier serre la courroie par un tendeur à levier O. Remarquons encore un siphon P qui descend au fond du tube et sert à enlever les eaux lorsque les couches du fond ne sont pas assez perméables pour leur livrer passage.

La manœuvre se comprend d'elle-même : trois mineurs sont à la chambre de travail, ils remplissent les bennes ; un ouvrier est au tendeur, et il fait pénétrer les bennes dans un des compartiments par une porte U' ; dans ce compartiment est un ouvrier qui range les déblais. En tout, cinq ouvriers, qui travaillent quatre heures et se reposent huit heures ensuite.

On voit qu'un des compartiments du cylindre Q est toujours inoccupé, et peut servir au passage.

Lorsqu'on est arrivé à la profondeur voulue, on descend du béton par le sas, et on en emplit la chambre de travail; lorsque l'on est arrivé à une hauteur suffisante pour que la sous-pression ne soit plus à craindre, on enlève le sas à air et on continue le remplissage de la cheminée à l'air libre.

Il nous reste à dire comment on monte et comment on dirige les tubes.

A chaque pile est un échafaudage sur lequel se promène une grue roulante et cet échafaudage est relié au pont de service placé à l'amont, par lequel on reçoit les matériaux.

Au-dessous du plancher principal qui porte la grue, on voit un second plancher sur lequel, à l'origine du travail, on dépose l'anneau de fond; sur cet anneau, on construit le cône de la chambre de travail, puis on place quelques-uns des anneaux suivants avec autant d'anneaux de la cheminée ; la partie annulaire est remplie de béton ; puis tout l'appareil est suspendu à quatre vérins en fer, dont les tiges s'accrochent sous l'anneau de fond, et dont les écrous, manœuvrés par des leviers J, reposent sur le plancher supérieur de l'échafaudage; on enlève les pièces de bois qui soutiennent le tube commencé, et celui-ci se trouve suspendu par ses vérins, que l'on allonge à volonté au moyen de nouvelles tiges. On le descend un peu, on assemble de nouveaux anneaux, et l'on place le béton correspondant; on descend de nouveau, et ainsi de suite, jusqu'à ce qu'on ait touché le fond.

A ce moment, on ajuste le sas à air, et l'on commence la fondation à l'air comprimé. A mesure que l'on descend, on ajoute de nouveaux anneaux au-dessous de l'appareil pneumatique.

Le prix de revient a été, par mètre de fiche, sous l'étiage, d'environ 700 francs, non compris les fontes, les maçonneries et le béton.

Le système tubulaire que nous venons de décrire réalisait, avons-nous dit, un grand perfectionnement; grâce à l'ingénieuse idée de constituer la surcharge progressive avec la maçonnerie même de remplissage du tube, on supprime ces presses hydrauliques, ces contrepoids encombrants et dangereux, auxquels on doit attribuer la plupart des accidents survenus dans les fondations précédentes. Il est à remarquer encore que la surcharge de maçonnerie place le centre de gravité de la masse descendante vers la partie basse du tube, tandis qu'au contraire les contrepoids le relevaient et le plaçaient dans une position favorable au déversement.

L'institution de la chambre de travail limite au nécessaire l'espace à remplir d'air comprimé; mais il faut reconnaître qu'elle offre un inconvénient, c'est de loger dans la colonne de maçonnerie des pièces de fer qui, avec le temps, disparaîtront par la rouille et laisseront dans la masse des vides peut-être dangereux. Ces pièces de fer abandonnées représentent, du reste, une dépense inutile, et nous verrons que la tendance constante des constructeurs a été de chercher à les réduire et même à les supprimer.

Jetées tubulaires du port de Bayonne. — Nous avons exposé, dans notre *Traité de navigation maritime*, le système des jetées à claire-voie, adopté pour améliorer l'embouchure de l'Adour, à l'aval de Bayonne. Ces jetées se composent de tubes en fonte, remplis de béton et enfoncés par l'air comprimé, reliés par des moises et un tillac en fer.

Les tubes de 2 mètres de diamètre (*fig.* 3, pl. XXXII) pénètrent jusqu'à 11^m80 sous le niveau de basse mer; chacun d'eux est mis en place à l'aide d'un appareil appelé chariot de fonçage, qui s'avance sur la partie déjà faite de la jetée.

Le chariot, s'appuyant sur deux colonnes déjà foncées, va mettre en fiche la colonne suivante; à cet effet, les anneaux devant la former, anneaux de 1^m25 de hauteur, sont successivement amenés par des wagonnets, saisis au moyen du treuil qui surmonte le chariot, et déposés sur un plancher au-dessus de leur emplacement définitif. Sur ce plancher, on assemble un nombre suffisant d'anneaux pour que le tronçon de colonne, saisi et mis en fiche par le treuil du chariot, dépasse le niveau de basse mer. On continue ensuite d'ajouter des anneaux autant qu'il est possible sans empêcher le fonctionnement du chariot; on met en place les guides de la colonne et on la couronne des anneaux, outils et sas à air. On met le sas en communication avec la machine à comprimer l'air, établie à l'origine du pont de service et reliée au sas par un long tuyau en fonte qui repose sur le plancher du pont et l'opération du fonçage commence. Sous la pression des gueuses en fonte qui lestent le sas, jusqu'à concurrence de 10,000 kilogrammes, l'anneau couteau inférieur pénètre dans le sol d'une quantité variable, puis deux hommes descendus dans l'intérieur de la colonne fouillent au pourtour et chargent des bennes qui, remontées par d'autres hommes placés dans l'écluse à air, sont déchargées au dehors à mesure que le déblai s'opère. La colonne descend, et quand la fiche atteint la profondeur fixée, on commence à la remplir avec du béton à mortier de ciment à prise rapide pour former tampon et empêcher l'introduction de l'eau; on se sert ensuite du mortier Portland. Si la hauteur de colonne qu'il a été possible d'assembler en premier lieu n'est pas suffisante, eu égard au peu de profondeur du sol en contre-bas de la basse mer, on enlève le sas et on ajoute des anneaux en quantité nécessaire. A cet effet, le chantier est approvisionné d'anneaux de différentes hauteurs.

Quand le fonçage est terminé avec la fiche voulue, on enlève définitivement le sas et on le remplace par l'anneau supérieur formant chapiteau.

Dans le sol naturel, sable et gravier, on pourrait, en huit jours, effectuer toutes les opérations relatives au fonçage d'une colonne de 8 mètres de fiche et être prêt pour une nouvelle opération. Mais, comme on avait à traverser des bois et des enrochements d'anciennes jetées, il a fallu 18 jours en moyenne par colonne.

On peut établir comme suit le prix de revient d'une colonne de 11^{m}50 de hauteur, savoir : 7^{m}50 dans le sol, 2 mètres entre le sol et le niveau de basse mer; 2 mètres au-dessus du niveau de basse mer :

18,550 kilogrammes fonte à 0 fr. 28	5,194
540 kilogrammes boulons à 0 fr. 55	297
Béton : 3 mètres cubes à 385 francs	1,155
Plancher et voie	100
Mise en position du chariot, entretien, réparation	125
Fonçage, bétonnage	1,850
Total	8,721

soit 760 francs par mètre courant de fiche ou 242 francs par mètre cube.

Ce prix est évidemment très élevé; il n'augmenterait probablement pas d'une manière sensible au mètre courant, pour un diamètre plus considérable.

Fondations tubulaires des magasins du Printemps, à Paris. — Lors de la reconstruction des magasins du Printemps, à Paris, l'architecte, M. Sédille, s'est posé le problème de donner au sous-sol la plus grande profondeur possible et de supporter la construction entière avec ses huit planchers au moyen de piles en fer transmettant la pression à une fondation solide.

Or, à 5^{m}30 au-dessous de la chaussée et à 0^{m}50 en contre-bas de l'ancien sous-sol, on rencontre la couche argilo-sableuse, traversée par une véritable rivière souterraine, couche dont la présence avait déjà donné lieu à de grandes difficultés lors de la construction de l'Opéra.

FONDATIONS

Établir un radier général sur un pareil terrain n'offrait aucune sécurité.

Il fallait donc aller chercher un point d'appui incompressible à 2^{m}50 en contre-bas de l'ancien sous-sol, sur une assise de sable pur et de cailloux roulés, capable de supporter sans dépression une charge de 6 à 8 kilogrammes par centimètre carré.

Le procédé le plus rapide, le plus certain et le plus économique, parut devoir être d'établir une série de puits foncés à l'aide de l'air comprimé jusqu'à cette assise solide.

La figure 1, planche XXXI, donne le plan général de l'édifice avec l'indication des 65 tubes ou puits de fondation, dont les uns ont 2^{m}50 et les autres 3 mètres de diamètre suivant la charge qui leur incombe.

On s'est servi successivement de deux appareils :

1er *appareil* (*fig.* 2). — Un cylindre de 2 mètres de hauteur, en tôle de 4 millimètres, armé de cornières circulaires et renforcé à sa base par un fer plat de 200 millimètres sur 10 millimètres, formant tranchant, constitue une chambre de travail étanche à air comprimé. Ce cylindre se prolonge par un tronc de cône que surmonte une cheminée cylindrique de 0^{m}70 de diamètre qui porte l'écluse. L'écluse est à trois sas dont un pour les hommes et deux pour les matériaux.

L'ensemble de l'appareil, caisson, écluse, raccord conique, ne pèse que 3,300 kilogrammes, alors que la sous-pression peut s'élever à environ 9,000 kilogrammes. Pour vaincre cet excès de pression, ainsi que la résistance latérale du sol lors de l'enfoncement du tube, on a recours à une surcharge de gueuses en fonte réparties autour du raccordement tronc-conique.

Lorsque le tranchant a pénétré dans le sol résistant, on remplit la colonne de béton de ciment sur une hauteur de 1^{m}40, puis on enlève le raccord et l'écluse; il reste 0^{m}60 de hauteur libre dans le tube; on y établit une assise en pierre de taille de 0^{m}50 de hauteur sur laquelle vient reposer le patin métallique de la pile.

Avec une fondation sur radier général, le même patin aurait dû être relevé de 0^{m}60 au moins et laissé en saillie sur le parquet; on eût eu moins d'espace disponible et un moins bon aménagement.

L'appareil que nous venons de décrire a de graves inconvénients : l'éclusage des déblais et du béton est lent et coûteux; le volume de la chambre de travail n'est pas considérable par rapport à celui de l'écluse et à chaque éclusée il se produit une dépression brusque et dangereuse; enfin il fallait recourir à un lestage artificiel.

2e *appareil* (*fig.* 3). — Sur la base supérieure de la chambre de travail cylindrique se rivent : 1° une sorte d'entonnoir renversé ABCD, et 2° un double tronc de cône ABKLEF. La figure de détail indique comment se fait l'assemblage des trois pièces suivant la circonférence AB; pour assurer l'étanchéité, des lames de caoutchouc sont logées entre les faces adjacentes des cornières.

L'espace ABCDEF, compris entre les deux enveloppes, constitue une grande écluse à air communiquant au sommet avec l'extérieur par la porte GH et à la base avec la chambre de travail par la porte CD. On a indiqué en EF un treuil pour lever les bennes, et, sous la porte supérieure, on peut installer une écluse à béton M.

Pendant toute la durée du fonçage, la porte GH reste fermée et la porte CD ouverte. Le déblai enlevé de la chambre de travail à l'aide des bennes, au lieu d'être porté au dehors par petites éclusées partielles, est versé autour de l'entonnoir dans l'espace ABKL et y forme contrepoids à la sous-pression croissante.

Quand le tube est à la profondeur voulue, on introduit le béton par l'écluse M et on remplit la chambre de travail sur 1^m40 de hauteur, comme nous l'avons expliqué plus haut; puis on démonte toute la partie haute, n'abandonnant que le fût cylindrique à l'intérieur duquel on achève le travail à sec.

Le déblai accumulé en S tombe librement sur le sol et est enlevé à la brouette.

Il faut 24 heures, y compris la manœuvre des appareils, pour foncer et bétonner un tube de 2^m50 de diamètre.

Les travaux ont été exécutés par M. Zchokke, un de nos grands entrepreneurs d'ouvrages à air comprimé.

L'opération nous a paru intéressante à citer, parce qu'elle montre que l'emploi de l'air comprimé, jusqu'à ce jour limité aux travaux publics, peut rendre de grands services même dans les constructions particulières.

Comparaison avec le système des fondations de l'Opéra. — L'Opéra de Paris est fondé sur le même terrain, sable argileux plus ou moins com-

Fig. 117.

pact traversé par une abondante rivière souterraine; il fallait descendre les fondations à 5 mètres au-dessous du niveau de ces eaux et cependant empêcher toute filtration à l'intérieur.

FONDATIONS

Le système adopté par M. Garnier a consisté à construire dans ce sol une double cuve en béton, savoir, une grande cuve extérieure et à l'intérieur une autre plus petite reliée seulement par des supports aux parois et au fond de la grande, de sorte que les infiltrations possibles se réunissent d'abord entre les deux cuves, d'où elles peuvent être extraites.

Les travaux furent conduits comme il suit : une fois la fouille générale descendue au niveau de l'eau, on battit sur le pourtour avec une sonnette à vapeur deux files de pieux espacés de 2 mètres et destinés à former bâtardeau ; les pieux de chaque ligne étaient espacés de 1 mètre l'un de l'autre.

La double enceinte battue, on vint déblayer à l'intérieur en épuisant à l'extérieur de la fouille dans quatre puits ménagés aux quatre angles ; le nombre des pompes à vapeur s'éleva progressivement de 2 à 7 ; au fur et à mesure de la descente, on appliquait sur les deux files de pieux des planches jointives maintenues par des étrésillons. La fouille arrivée à 5 mètres de profondeur, on put établir un massif de béton A constituant mur d'enceinte.

Pendant les épuisements, les puits du quartier virent leur niveau baisser, mais on ne remarqua aucun mouvement dans les constructions.

On passa alors au déblaiement de la partie circonscrite par le bâtardeau, en donnant 1 mètre de profondeur de plus au centre que sur les bords ; on enleva la file intérieure de pieux du bâtardeau et on établit avec du béton le fond B de la grande cuve, qui se trouve avoir à sa partie centrale une surépaisseur de 1 mètre pour mieux résister à la sous-pression. Il fallait épuiser sans cesse, car, au moindre arrêt, la nappe souterraine jaillissait de toutes parts.

Le fond en béton a 1^m20 d'épaisseur sur les bords et 2^m20 au centre. Sur le béton général on applique trois chapes : une de mortier fin de 0^m10 bien tassée et bien unie, une autre de mortier pour bien aplanir la surface, et la dernière, bien lissée, avec mortier de moitié ciment et moitié sable, de 0^m05 d'épaisseur.

On commença alors la plantation des murs et, lorsqu'une assise fut posée, on la relia de tous côtés au fond par des massifs en mortier de ciment à surface concave. Sur le tout, on ajouta encore deux chapes en ciment de 0^m01 d'épaisseur, posées l'une en allant du N au S, l'autre en allant de l'O à l'E.

Les murs furent reliés à leur partie inférieure par des voûtes renversées en mortier de ciment et briques de Bourgogne, destinées à résister à la sous-pression, et à leur partie supérieure par d'autres voûtes ordinaires.

La double cuve terminée, M. Garnier y reconnut des infiltrations : il résolut alors de laisser entrer l'eau à l'intérieur et de l'y laisser séjourner pendant quelques mois jusqu'à prise complète des mortiers. On eut alors tout le temps de rechercher et de réparer les fuites et les irrégularités, de sorte que, finalement, la cuve devint complètement étanche.

L'opération a donc réussi, mais elle a dû être fort coûteuse ; si on devait la recommencer, il est probable qu'on arriverait à des résultats plus certains et plus économiques en ayant recours à de longs caissons à air comprimé.

2° CAISSONS A L'AIR COMPRIMÉ

Après avoir eu recours, pour supporter les piles des grands ponts, à deux ou plusieurs tubes en fonte descendus à l'aide de l'air comprimé, on se demanda s'il ne serait pas possible d'enfoncer d'un seul coup de grands caissons ayant la forme et la section même de la pile. Le système devait être évidemment plus solide et plus économique.

Les premières épreuves sur grande échelle en ont été faites par Brunel au pont de Saltash, et par Fleur-Saint-Denis, en France, au pont de Kehl sur le Rhin; ces premières épreuves furent coûteuses parce que l'expérience faisait défaut. Quelque temps après on appliqua le système d'une manière plus économique au pont de la Voulte, sur le Rhône.

Le procédé modifié servit ensuite aux fondations du pont sur le Scorff, à Lorient, puis à celles du pont de Nantes. Il est entré aujourd'hui dans la pratique courante et a reçu dans ces dernières années de nombreuses applications tant en France qu'à l'étranger.

Plusieurs maisons importantes ont aujourd'hui la spécialité de ces opérations, et l'on peut sans crainte mettre en adjudication les fondations par caissons à air comprimé.

Nous allons donner la description des travaux de ce genre les plus intéressants, soit par leur importance, soit par les perfectionnements réalisés.

Caisson du pont de Saltash (1859). — Le pont de Saltash présente une pile centrale fondée sur le rocher, à travers un banc de 5^m20 d'épaisseur, à une profondeur de 25 mètres au-dessous des hautes mers et de 19^m60 au-dessous des basses mers de vive eau. On eut recours à l'emploi de l'air comprimé dans un caisson en tôle fermé à sa partie supérieure, procédé déjà employé, mais qui n'avait pas encore été appliqué sur une vaste échelle et dans des circonstances aussi difficiles. On chercha d'ailleurs à perfectionner le procédé connu en réduisant l'intervention de l'air comprimé à la phase de l'opération où elle était indispensable pour revenir le plus tôt possible à un système de travaux moins coûteux.

Le caisson se compose de deux parties sensiblement cylindriques; la partie inférieure a 6 mètres de hauteur et 10^m67 de diamètre; la partie supérieure a 11^m29 de diamètre à sa base et 17 mètres de hauteur; celle-ci a permis de construire le parement en maçonnerie à distance de l'enveloppe qui a été enlevée après l'achèvement de la construction. Dans ce but, la partie supérieure était séparée du cylindre inférieur par un joint horizontal et divisée en deux parties demi-cylindriques égales par deux joints verticaux.

FONDATIONS 293

La partie inférieure est recouverte d'un dôme en tôle et divisée en deux par une cloison prismatique concentrique à l'enveloppe extérieure; ces deux enveloppes sont réunies par des cloisons intermédiaires, dirigées suivant des plans passant par l'axe du caisson; chacune est percée à sa partie supérieure d'une ouverture qui permet la libre communication de l'une à l'autre sur toute la circonférence. Les bords des parois en tôle ont été découpés de manière à s'appliquer exactement sur le rocher, dont la forme avait été déterminée d'avance avec la plus grande précision. C'est seulement pour le travail à exécuter dans cet espace annulaire A qu'on a eu recours à l'air comprimé; après avoir enlevé la vase qui l'encombrait au moment de l'échouage, on l'a rempli en maçonnerie de granit et de ciment de Portland, comptant que cette maçonnerie, une fois élevée sur 1m50 à 2 mètres de hauteur et 1m10 d'épaisseur moyenne, formerait un bâtardeau suffisamment étanche pour protéger tous les travaux, et permettrait de travailler comme dans un caisson ordinaire après avoir enlevé le dôme. Ces prévisions ne se sont réalisées que fort incomplètement; quand on a essayé de cesser le travail des pompes à air, la hauteur de maçonnerie indiquée tout à l'heure s'est trouvée insuffisante pour faire équilibre à la pression de l'eau; tout l'ouvrage a été disloqué et il a fallu continuer l'emploi de l'air comprimé jusqu'à 5 mètres de hauteur au-dessus du rocher.

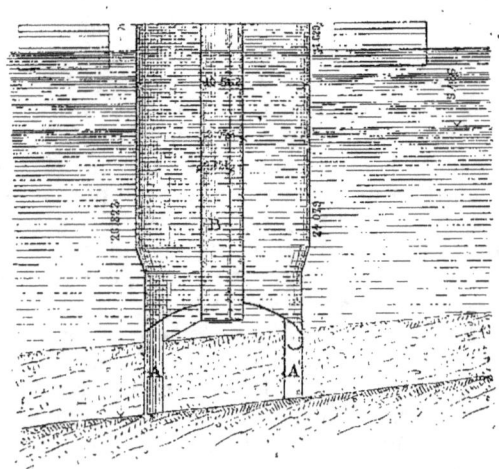

Fig. 118.

Cette chambre à air annulaire est mise en communication avec les pompes foulantes par un cylindre vertical en tôle B, auquel conduit un passage incliné ménagé sous le dôme. C'est par ce cylindre qu'on a introduit les ouvriers, enlevé les déblais et apporté les matériaux; à son sommet était fixée une écluse à air. Ce cylindre, de 1m83 de diamètre, était tangent, par une de ses arêtes, à un autre plus grand, de 3m05 de diamètre, dans lequel il était contenu, et qui aboutissait à la partie centrale du dôme inférieur; il était destiné à faciliter les épuisements dont on parlera plus loin.

Le cylindre supérieur, destiné à supporter dans la seconde période du travail la pression de l'eau extérieure, était consolidé par des fers à T verticaux, par deux étages de diaphragmes annulaires, et par la couverture supérieure horizontale; ses parois étaient liées par des tendeurs aux cylindres intérieurs. Une ventelle, placée à peu près à mi-hauteur et manœuvrée d'en haut par une tige à vis, permettait d'introduire de l'eau dans l'intérieur.

Ce caisson avait été construit sur la rive Est de la rivière, dans la position la plus favorable au lançage, c'est-à-dire, le bord inférieur placé en avant et le passage d'air de la chambre annulaire au petit cylindre central placé à la partie supérieure, position qui devait être maintenue pendant le flottage. Il fallait, en effet, qu'au moment de l'introduction de l'eau dans le cylindre pour le dresser verticalement, l'air contenu dans la chambre annulaire pût s'échapper par les orifices des cloisons et par ce passage qui devait pour cela être immergé en dernier lieu. On devait empêcher tout mouvement de rotation pendant et après le lançage ; dans ce but, six tonnes un quart de lest avaient été placées au-dessus du dôme, dans la partie qui devait rester plongée ; mais en même temps, il était nécessaire, pour opérer le lançage, de modifier le tirant d'eau naturel du caisson ; en effet, il aurait flotté sans charge sous une inclinaison de 1/4 à 1/3, son extrémité inférieure plongeant de 6 ou 7 mètres ; or, les plus grandes marées ne s'élèvent, à Saltash, qu'à 5^m50. On plaça près du sommet 40 tonnes de lest qui réduisirent l'inclinaison à 1/6 et le tirant d'eau à 4^m60. Le cylindre fut lancé le 15 mars 1854, remorqué dans la partie profonde de la rivière et amarré comme un navire.

Pour l'échouer quatre pontons furent fixés par des amarres et des échafaudages destinés à le guider dans son mouvement de descente ; trois de ces pontons ont été placés d'avance, laissant ouvert l'intervalle réservé au caisson ; le quatrième était mouillé à proximité. Quand tout fut préparé, on admit l'eau par la ventelle en laissant descendre les 40 tonnes de lest jusqu'à ce que le caisson eût atteint la position verticale ; son tirant d'eau était alors de 15^m20. On l'amena entre les trois pontons, auquel on réunit le quatrième, et on le conduisit au lieu de l'échouage, fixé de toutes parts par des amarres qu'on pouvait rapidement roidir ou mollir ; alors la ventelle fut rouverte, le caisson descendit et s'enfonça de lui-même jusqu'aux couches de vase plus résistantes précédant le rocher.

On acheva la descente en le chargeant de près de 150 tonnes de lest et en remplissant d'eau avec des pompes la partie supérieure au niveau de la rivière.

Cette opération avait eu lieu le 20 mai 1854 ; elle ne réussit pas du premier coup : le cylindre avait un surplomb de 4^m50 ; on le releva ; ce surplomb fut réduit à 1/25 dans le second échouage, qui eut lieu le 7 juin suivant, et corrigé complètement plus tard en creusant sous les bords inférieurs. La première benne de vase n'a été retirée qu'un mois après ; ce temps a été employé à monter les appareils et à faire un mattage soigné pour rendre les parois étanches. Une quinzaine d'ouvriers étaient employés à la fois dans la chambre annulaire ; ils ne travaillaient pas plus de trois heures consécutives.

Des pompes d'épuisement étaient montées sur l'un des pontons ; leur but était de diminuer la pression à laquelle étaient soumis les ouvriers, surtout à marée haute ; elles épuisaient dans le compartiment central de manière à diminuer la charge de ce côté, et pouvaient produire une différence de niveau de 4 mètres entre l'intérieur et l'extérieur.

La pile centrale a été construite en granit jusqu'à 2 mètres environ au-dessus des plus hautes mers; au-dessus de cette maçonnerie s'élèvent quatre piliers en fonte, solidement liés entre eux, et supportant une arcade qui sert de passage à la voie et de point d'appui à l'extrémité des tubes.

Caissons du pont de Kehl (*fig.* 1 et 2, pl. XXXII; pl. XXXIII; pl. XXXIV. — Tous les détails pratiques sur les dispositions générales et d'exécution de cet ouvrage d'art sont consignés dans le mémoire de MM. Vuigner et Fleur-Saint-Denis; laissons-les exposer comment ils furent conduits à adopter le système des caissons :

« D'après les prescriptions du traité international, les piles extrêmes devaient être exécutées en maçonnerie jusqu'à 2 mètres en contre-bas de l'étiage; les piles intermédiaires devaient être formées de trois tubes en fonte, de 3 mètres de diamètre, et les fondations de ces piles devaient être descendues à 15 mètres au moins en contre-bas des plus basses eaux connues.

« En discutant la question relative aux fondations des piles intermédiaires, nous avons reconnu que l'emploi des tubes en fonte, de 3 mètres de diamètre, pour les fondations et l'élévation des piles intermédiaires, présenterait dans l'espèce des inconvénients très graves.

« Et d'abord, au point de vue de l'ornementation, il nous a paru que les piles intermédiaires, dont on ne verrait en élévation au-dessus des eaux du fleuve que les tubes en fonte de 3 mètres de diamètre, auraient un aspect très maigre et très disgracieux, par rapport aux piles extrêmes construites en maçonnerie et présentant en élévation au-dessus des eaux un massif de 21 mètres de longueur sur 4^m50 de largeur, avec couronnement et corniche en pierre de taille; nous avons pensé qu'il y aurait beaucoup plus d'harmonie dans l'ensemble de l'ouvrage, si les piles intermédiaires étaient construites en élévation dans le même système que les piles extrêmes.

« Nous avons reconnu unanimement aussi, d'un autre côté, que le système tubulaire pourrait présenter, dans l'espèce, de grandes difficultés et qu'il résulterait de son emploi une perte de temps assez considérable.

« Les ingénieurs qui se sont occupés de fondations tubulaires savent, en effet, combien il y a de difficultés à enfoncer des tubes en fonte de 3 mètres de diamètre et combien ces difficultés augmentent selon la nature des terrains à traverser.

« Il arrive parfois que, quel que soit le poids additionnel dont on les charge, et bien que la surface extérieure soit parfaitement lisse, les tubes s'enfoncent à peine, par suite des frottements exercés sur leurs parois par les terrains traversés.

« Dans ces circonstances mêmes, un enfoncement subit de plus de 1 mètre succède quelquefois à un *statu quo* opiniâtre pendant un certain laps de temps.

« Souvent aussi il arrive que les tubes ont des mouvements de soulèvement de plus de 2 mètres, ou qu'en opérant l'enfoncement d'un tube on dérange ceux déjà en place.

« D'un autre côté, l'expérience avait appris que, dans le système de fondation tubulaire, les tubes d'une pile ne pouvaient être enfoncés que successivement; de plus, comme il n'y a pour chaque tube qu'une seule cheminée à air avec une écluse qu'il faut manœuvrer pour chaque passage d'ouvriers ou de matériaux de déblais et de construction, et démonter au fur et à mesure d'addition d'anneaux à la cheminée, il en résulte une perte de temps considérable.

« Nous avons pensé que, si ces difficultés et ces inconvénients avaient eu lieu lorsqu'il s'était agi d'enfoncer des tubes à une profondeur de 10 à 12 mètres dans une eau tranquille comme la Saône, par exemple, *a fortiori* en devait-il être ainsi pour atteindre une profondeur de 15 mètres à 20 mètres dans un fleuve à courant rapide comme le Rhin, sujet à des crues torrentielles, et dont le lit est assez mobile pour qu'il s'y fasse des affouillements de plus de 15 mètres de profondeur.

« Dans l'espèce, il eût fallu plus de deux campagnes pour opérer l'enfoncement des tubes devant composer les piles intermédiaires, attendu que le régime à maintenir dans les eaux du Rhin n'aurait pas permis de travailler aux deux piles en même temps.

« Ces diverses considérations ont dû nous faire rechercher si l'on ne pourrait pas employer, pour les fondations des piles intermédiaires, un autre système plus simple et exigeant moins de temps dans l'exécution.

« M. Fleur-Saint-Denis, ingénieur principal à Strasbourg, avait eu d'abord la pensée d'employer un caisson en tôle fermé sur les parois latérales et à la surface supérieure, garni d'une grande cheminée de service et de deux cheminées à air; de faire exécuter les maçonneries au-dessus de ce caisson au fur et à mesure qu'il s'enfoncerait, et de le remplir de maçonnerie lorsqu'il serait descendu à la hauteur déterminée, le sol devant être déblayé au-dessous et dans l'intérieur du caisson pour déterminer l'enfoncement, et les produits de ces déblais devant être enlevés au moyen de bennes manœuvrées dans la grande cheminée de service.

« On peut résumer comme il suit le caractère et les principaux avantages de ce système de caisson surmonté de chambres à air et de cheminées de service, sur lequel on maçonne à sec au fur et à mesure de son nfoncement :

« Dans le système de fondations tubulaires, il est nécessaire, pour empêcher les tubes de se soulever, lorsqu'ils sont à une assez grande profondeur, de les charger de très forts contrepoids qu'il faut enlever ensuite. Cet inconvénient n'existe pas dans le système nouveau, puisque la maçonnerie, exécutée au-dessus du caisson au fur et à mesure qu'il s'enfonce, forme naturellement cette surcharge, qui devient permanente et utile.

« Par suite de l'exécution de ces maçonneries, pendant la descente du caisson, la pile est fondée dans les meilleures conditions de solidité possibles, lorsque le caisson est descendu à la profondeur voulue.

« La grande cheminée de service, qui traverse le caisson, étant disposée pour que les eaux s'y maintiennent au niveau du fleuve, on peut y opérer incessamment et sans éclusage l'enlèvement des produits de dragage.

« L'objection la plus grave à faire au système, c'était la difficulté de diriger à volonté, et de prévenir contre toutes les chances possibles de déversement, de dislocation et de rupture, des caissons en tôle d'aussi grandes dimensions, surtout l'une de ces dimensions dépassant de beaucoup les deux autres; en admettant toutefois le système, il parut possible d'en conserver les principaux avantages et d'en faire disparaître les inconvénients, en divisant le caisson en plusieurs parties indépendantes et isolées.

« En conséquence, il fut entendu que l'on proposerait définitivement le mode des fondations consistant, en résumé, dans l'enfoncement simultané, pour chacune de ces piles, de trois caissons en tôle juxtaposés, dont la descente pût être dirigée de telle sorte qu'elle fût la même régulièrement pour tous les caissons d'une pile, chaque caisson devant être garni de deux chambres à air avec leur cheminée, et d'une grande cheminée centrale de service, et des caissons en bois devant être superposés aux caissons en fer, au fur et à mesure de leur enfoncement dans le sol.

« Pour les fondations des piles extrêmes, on adopta le système admis pour les piles intermédiaires en accolant quatre caissons au lieu de trois. »

Pour suivre facilement les explications ci-après, il est nécessaire de se reporter aux planches.

La planche XXXII donne une coupe verticale sur le grand axe d'un caisson; c'est donc une coupe suivant un plan parallèle à l'axe longitudinal du pont.

La planche XXXIII est une coupe de la pile culée, faite par un plan vertical parallèle au cours du fleuve.

La planche XXXIV représente une cheminée à air et la coupe d'une pile en voie d'achèvement.

A 12 mètres environ à l'amont du pont définitif, on a établi un pont provisoire de service, formé de poutres américaines en bois; ce pont portait deux voies ferrées qui se prolongeaient jusqu'aux vastes chantiers ménagés sur la rive gauche du fleuve. De la sorte, on obtenait une grande rapidité dans l'approvisionnement et la distribution des matériaux.

Il eût été impossible d'immerger les caissons dans le courant rapide du Rhin, aussi a-t-il fallu entourer l'emplacement de chaque pile d'une enceinte de pieux et palplanches jointifs de manière à déposer les caissons dans une eau tranquille.

Au-dessus de chaque pile on a établi un immense hangar en charpente permettant de mettre les machines et les travailleurs à l'abri des intempéries. Ce hangar est à deux étages : l'étage supérieur est au niveau du pont de service, et il supporte une grue roulante qui va chercher les matériaux dans les wagons pour les conduire en place; au-dessous de cette plate-forme, on trouve un second plancher sur lequel on fait descendre les matériaux au moyen de trappes; c'est à cet étage que l'on procède à l'exécution des maçonneries.

Les caissons représentés sur les planches XXXII et XXXIII ont servi à la construction de la pile-culée de la rive française. Chaque caisson a 5^m80 de long, sur 7 mètres de large et 3^m67 de haut, et est composé de feuilles de tôle de 0^m008 d'épaisseur et de 0^m90 de largeur maxima, fortement assemblées les unes aux autres et renforcées par des contre-forts verticaux, des ceintures horizontales et de doubles cornières aux angles.

La calotte est soutenue par un réseau de poutres transversales et longitudinales ; dans ce réseau est réservé l'emplacement des deux cheminées à section circulaire qui sont surmontées de chambres à air, et de la grande cheminée centrale à section elliptique dans laquelle se meut la drague qui enlève les déblais.

A la base de la grande cheminée est un plancher volant en bois, sur lequel se tiennent deux ouvriers qui attaquent le sol, le désagrègent et poussent les détritus sous la cheminée centrale, où ils sont enlevés par les godets.

Pour se rendre compte de l'effort auquel étaient soumis les caissons, il faut remarquer qu'ils ont à supporter la pression de l'air extérieur, le poids des maçonneries superposées, et la pression latérale du gravier ; une partie de cette pression est équilibrée par la pression de l'air comprimé à l'intérieur. Chaque caisson pesait 34,500 kilogrammes.

Pour la pile-culée, les quatre caissons ont été juxtaposés sur la plate-forme inférieure de l'échafaudage, juste au-dessus de l'emplacement qu'ils devaient occuper ; chacun d'eux est soutenu aux quatre angles par des vérins, ou tiges de fer terminées à la partie supérieure par une vis qui s'engage dans un écrou fixe ; l'écrou fixe repose sur la plate-forme supérieure, et en le faisant tourner on fait descendre ou monter la vis, et l'angle du caisson suit le mouvement ; on allonge la tige du vérin au fur et à mesure de la descente, en ajoutant de nouvelles barres de fer d'une hauteur égale à celle de la vis.

La grande cheminée centrale traverse le caisson auquel elle est fixée ; elle le dépasse à la partie inférieure de 0^m30 environ afin de pénétrer dans l'eau du puisard creusé par la drague ; elle le dépasse aussi de 0^m60 à la partie supérieure et on la prolonge au moyen d'anneaux en tôle de 2 mètres de hauteur et de 0^m008 d'épaisseur. Nous l'avons déjà dit, cette cheminée communique à la partie supérieure avec l'atmosphère, l'eau s'y élève donc jusqu'au niveau du fleuve, et la chaîne à godets fonctionne dans ce tube comme elle le ferait en pleine eau.

De chaque côté de la cheminée centrale, on remarque une cheminée plus petite qui est surmontée d'une chambre à air ; cette cheminée fait corps à la partie inférieure avec le plafond du caisson, qu'elle dépasse de 0^m60 par en haut, et de 0^m30 par en bas, et on l'allonge à volonté au moyen d'anneaux en tôle de 2 mètres de hauteur ; chaque anneau porte sept échelons, et l'ensemble de ces échelons constitue une échelle verticale par laquelle les ouvriers montent et descendent.

« Chacune de ces cheminées était surmontée d'une chambre ou sas à air, d'une hauteur totale de 4^m10, dont 3^m30 avec un diamètre de 2 mètres hors œuvre, et 0^m80 formant une partie conique pour pouvoir être raccordée avec les anneaux; les sas avaient été construits avec des tôles de 0^m012 d'épaisseur, et ils pesaient chacun 6,000 kilog. environ.

« La chambre à air proprement dite n'avait qu'une hauteur de 3 mèt. entre son plafond et son plancher, qui étaient garnis chacun d'un trou d'homme de 0^m50 de diamètre, placé, celui du plafond sur le côté, et celui du plancher inférieur au milieu de la cheminée.

« Ces trous d'homme étaient garnis de clapets, qui étaient alternativement ouverts ou fermés, comme les portes d'une écluse.

« Chaque chambre à air était munie, sur le côté opposé au trou d'homme du plafond, d'un treuil qui servait à descendre dans les caissons les outils, madriers et autres objets ou matériaux nécessaires à l'exécution des travaux.

« L'air était introduit dans la partie conique, au-dessous du plancher des chambres à air, au moyen d'une tubulure armée intérieurement d'un clapet de sûreté, que l'air lancé par les machines ouvrait à chaque émission et qui se refermait de lui-même, de telle sorte que l'air ne pouvait pas sortir des chambres et des caissons, en cas de rupture des tuyaux d'amenée.

« Chaque chambre à air était garnie de prises d'air et de télégaphes nécessaires pour assurer le service.

« Ces cheminées latérales étaient composées de viroles de 2 mètres de longueur, assemblées intérieurement par des boulons et formant des joints étanches à l'air. Un clapet était placé à leur partie supérieure, afin d'enlever les écluses sans que l'air comprimé pût avoir une issue, et, en conséquence, sans déterminer d'interruption dans l'exécution des travaux. A la partie inférieure des cheminées latérales, se trouvait un autre clapet de sûreté, qui n'était manœuvré que lors des changements des chambres à air, d'une cheminée à l'autre.

« L'écluse à air d'une cheminée était enlevée chaque fois que les caissons étaient descendus de 4 mètres; on la reportait alors sur l'autre cheminée, préalablement allongée de deux viroles, et ainsi de suite successivement. »

Au-dessus des caissons en tôle, on élevait, au fur et à mesure de l'enfoncement, des caissons en bois, formés de cadres horizontaux en charpente, avec tirants en fer, sur lesquels s'appuyait une enveloppe de madriers jointifs. A partir d'une certaine hauteur, on reconnut l'inutilité de la paroi extérieure, et on se contenta d'élever la maçonnerie au-dessus des parties déjà exécutées.

Le produit des dragages tombait, par des coulottes en tôle, dans les caisses des bateaux marie-salope, qui, une fois pleins, se rendaient sous la grue établie sur le rivage pour être déchargés.

Les machines soufflantes étaient mises en marche par deux machines Cail de 16 chevaux établies sur un bateau, par deux machines Flaud de 10 chevaux établies sur un autre bateau, et par une machine Cavé de 25 chevaux établie sur un autre bateau; c'était là une force considérable, bien supérieure à celle dont on avait besoin en temps ordinaire; mais on avait voulu pouvoir, à un moment donné, parer à tous les accidents. Le tuyautage était en cuivre et toutes les tubulures étaient fermées par des robinets vannes; des tuyaux en caoutchouc mettaient les écluses en communication avec les conduites principales.

La moyenne du fonçage a été de 0ᵐ33 par journée de seize heures de travail effectif.

Une fois les caissons parvenus à la profondeur définitive, on remplit la chambre inférieure et les cheminées avec du béton de ciment; cette opération est conduite, comme on le voit, sur la figure 3, planche XXXIV; toutes les viroles des cheminées, qui ne font pas corps avec le caisson, sont déboulonnées par des scaphandres et enlevées; la paroi du cylindre restant est formée avec des briques. La figure 3, planche XXXIV, montre la marche successive du travail; on remplit d'abord la chambre inférieure, en faisant descendre à travers le sas du béton que les ouvriers répandent de toutes parts : plus tard, on remplit les vides des cheminées en immergeant du béton: à partir d'une certaine hauteur, on peut même épuiser et travailler à sec.

Voici, pour terminer, un aperçu des prix et des dépenses :

Dragage à opérer à l'intérieur des caissons, 27 francs le mètre cube (dans le système tubulaire, ce prix s'est élevé jusqu'à 100 francs).

Grands caissons de fondation en tôle, prix de revient.	0 fr. 82 le kilog.
Chambres à air, prix de revient.	1 05 —
Viroles des cheminées, prix de revient.	0 85 —
Les dépenses relatives aux travaux de fondation et maçonnerie en élévation de la pile-culée française, ont atteint	760,000 fr.
Les dépenses relatives aux travaux de fondation et maçonnerie en élévation d'une pile intermédiaire.	500,000 —
Prix total des fondations et des maçonneries en élévation.	5,250,000 —
Le tablier et la superstructure en général ont coûté.	1,750,000 —
Total.	8,000,000 fr.

Caissons du pont de la Voulte (1860). — Le pont de la Voulte, construit sur le Rhône pour l'embranchement de Privas, comporte cinq arches en fonte de 55 mètres d'ouverture. Les piles ont été fondées par des procédés qui présentent la plus grande analogie avec ceux du pont de Kehl. Cependant, chaque pile est contenue dans un seul caisson de 12 mètres de long et de 5 mètres de large.

Ce caisson en tôle est divisé en deux parties par un plancher horizontal.

« La partie inférieure forme la chambre de travail où sont exécutés les déblais dans une atmosphère d'air comprimé; les parois de cette chambre supportent tout le poids de la construction supérieure pendant l'opération du fonçage, et le reportent par l'intermédiaire d'une feuille de tôle coupante sur le terrain. En dégradant celui-ci peu à peu sur les bords, on détermine l'enfoncement progressif du caisson. Le plancher et les parois sont consolidés et reliés énergiquement par des armatures en tôle, comprenant huit solives transversales et deux solives longitudinales en forme de double T, de 0ᵐ45 de hauteur, qui se replient en équerre le long des parois et se terminent inférieurement en biseau.

« La partie supérieure constitue un bâtardeau à l'abri duquel on a pu exécuter à l'air libre les maçonneries de la pile en réglant l'activité du chantier, de manière que le poids de la maçonnerie exécutée produisît un enfoncement régulier du caisson.

« Sur le plancher, s'élèvent trois tubes verticaux, le tube central de 2 mètres de diamètre, dans lequel l'eau s'élève librement, a servi à l'enlèvement des déblais pendant la période du fonçage ; une drague à bottes dont l'élinde était placée dans l'axe de ce tube a été montée au sommet ; son arbre de couche portait sur un bâtis en bois reposant sur le rebord supérieur du caisson, et descendant avec lui ; il était mené par une machine locomobile de la force de huit chevaux ; les déblais, arrivés à la partie supérieure de la drague, tombaient dans les glissoires par l'intermédiaire d'une cuiller manœuvrée à la main ; ces glissoires les envoyaient dans des chalands qui les emportaient au loin.

« Les deux autres tubes surmontés de sas à air établissaient la communication de la chambre de travail avec l'extérieur.

« La régularité du mouvement de descente du caisson était assurée au moyen de huit vérins montés sur la plate-forme supérieure de l'échafaudage, trois de chaque côté et un à chaque extrémité du caisson. Ces vérins retiennent le caisson par des chaînes verticales attachées à son bord supérieur.

« Le caisson étant descendu au niveau convenable et les déblais étant terminés, une autre période commence. La drague est démontée, un sas à air est fixé sur le sommet du tube central, et l'on procède au remplissage en maçonnerie de la chambre de travail.

« Dans les dernières piles, les intervalles compris entre les solives de la chambre de travail ont été préalablement garnis en maçonnerie de briques et ciment avant de commencer l'opération de fonçage du caisson. Cette opération a donné de très bons résultats en augmentant la rigidité des parois de cette chambre, ainsi que le poids nécessaire pour déterminer la descente du caisson. Quand le remplissage de la chambre a été terminé, on a démonté et enlevé les trois tubes, on a rempli en maçonnerie les puits qu'ils occupaient et achevé la construction de la pile à l'abri de la hausse du caisson que l'on a aussi démontée ensuite.

« Le poids des fers et tôles d'un caisson de pile était de 39,000 kilogrammes pour une profondeur de 10 mètres au-dessous de l'étiage, y compris la hausse mobile de 2ᵐ50 de hauteur formant bâtardeau pour la pose du socle et des premières assises.

« Ce système de fondations a parfaitement réussi au pont de la Voulte et a permis d'exécuter cet ouvrage avec célérité et économie. En effet, le battage des pieux du premier échafaudage a été entrepris en mars 1860, et le pont a été terminé en octobre 1861, soit en tout dix-huit mois, bien que les travaux des échafaudages aient été souvent contrariés et retardés par de nombreuses crues du Rhône.

« L'enfoncement dans le gravier a été en moyenne de 0ᵐ60 par vingt-quatre-heures, mais il atteignait 1 mètre dans les parties les plus faciles.

« L'une des piles, la plus voisine de la rive droite a dû être établie sur un éboulis de la colline oxfordienne qui borde le Rhône de ce côté : cet éboulis était composé de poches marneuses, entre des blocs de calcaire compact de grande dimension. On a jugé nécessaire, pour avoir toute garantie, de descendre la fondation de cette pile de 2 mètres environ dans cet éboulis, ce qui a pu se faire avec un peu plus de temps, mais avec un plein succès.

« Les fondations ont été exécutées par la Société des usines Cail et Ce à raison de 60,000 fr. pour chacune des piles et de 62,500 fr. pour la culée, y compris la maçonnerie jusqu'au niveau de l'étiage, et ce prix n'a été un peu dépassé dans le règlement définitif que parce qu'on a dû tenir compte des avaries occasionnées par les crues du Rhône et des difficultés exceptionnelles éprouvées par les causes indiquées ci-dessus dans les fondations de l'une des piles. »

Caissons du pont de Lorient sur le Scorff et du pont de Nantes sur la Loire. — Le pont sur le Scorff, à Lorient, présentait de sérieuses difficultés de fondation ; une des piles devait être descendue sur le rocher à 21 mètres au-dessous des hautes mers, en traversant une couche de 14 mètres de vase fluide.

M. l'inspecteur général Desnoyers a décrit ce travail dans son remarquable mémoire que nous avons déjà cité plusieurs fois. On avait eu d'abord l'intention de former chaque pile avec deux tubes, réunis à la partie supérieure par une voûte supportant une pile en maçonnerie. Comme l'eau de la mer corrode rapidement le fer, il ne faut pas compter sur la durée des tubes, et le parement du remplissage devait être exécuté en maçonnerie résistante, ce qui compliquait beaucoup le travail.

M. Ernest Gouin, entrepreneur du viaduc, demanda à remplacer les deux tubes par un caisson occupant tout l'espace de la pile, et la Compagnie d'Orléans s'empressa d'accepter cette proposition avantageuse pour elle comme pour le constructeur.

Le système employé présente avec celui du pont de Kehl quelques différences d'exécution : la principale est de s'appliquer à des surfaces de fondation beaucoup plus restreintes, ce qui permet d'enlever les déblais par des sas à air sans avoir besoin de recourir à la complication des norias. Pour chaque pile, on emploie un seul caisson, ce qui facilite beaucoup la manœuvre.

Les figures 119 et 120 donnent une idée de l'ensemble des travaux et de la disposition des chantiers pour la construction des deux piles principales du viaduc du Scorff.

Le caisson proprement dit ou chambre de travail est construit sur la rive, on l'amène en place en le faisant flotter, et sur le plafond de cette chambre on élève la maçonnerie de manière à obtenir la surcharge nécessaire à l'enfoncement ; cette maçonnerie est enveloppée dans un bâtardeau en tôle qui prolonge la chambre de travail, et que l'on élève peu à peu.

La section horizontale du caisson est celle qu'on veut donner à la pile, c'est-à-dire un rectangle terminé par deux demi-cercles.

A l'amont et à l'aval, on remarque deux cheminées cylindriques voisines l'une de l'autre et surmontées d'une écluse commune.

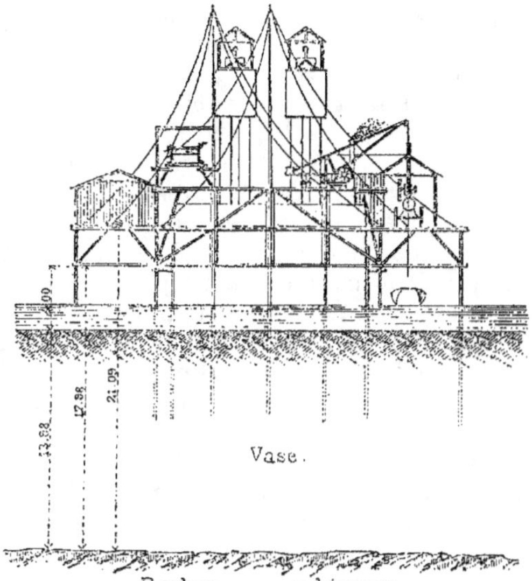

Il s'est présenté dans ce travail une difficulté particulière, produite par le phénomène des marées; l'équilibre était difficile à établir, puisqu'il fallait résister à une sous-pression variable, et le poids de maçonnerie, nécessaire au moment de la haute mer, devenait beaucoup trop fort à basse mer; il en résultait une pression considérable sur la tranche inférieure du caisson, et cela pouvait amener des déversements. On pourrait bien parer à cet inconvénient en modifiant la pression intérieure de l'air; mais cette pression doit toujours être assez forte pour que l'eau ne pénètre pas dans la chambre de travail, et pour cette raison elle ne peut guère varier. On est donc forcé de prendre des précautions spéciales pour guider et soutenir l'appareil.

Fig. 119.

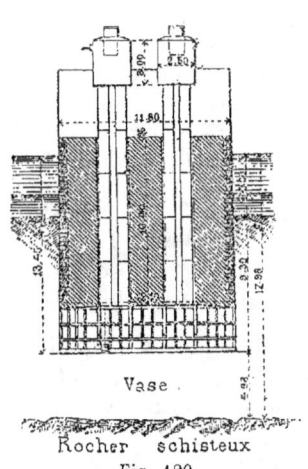

Fig. 120.

M. Gouin a perfectionné depuis les caissons et les sas à air qu'il avait employés au viaduc du Scorff, et ceux dont il s'est servi aux fondations des ponts de Nantes méritent d'être signalés.

Le caisson est représenté par les figures 1 à 3, pl. XL; il comprend trois anneaux horizontaux en tôle dont les épaisseurs sont, à partir du bas, 0^{m}012, 0^{m}010 et 0^{m}008; ces anneaux sont appliqués sur des cadres horizontaux fortement entretoisés; le plafond qui doit supporter une masse énorme de maçonnerie est soutenu par quatre poutres longitudinales à double T, et celles-ci sont elles-mêmes renforcées par des écharpes inclinées qui vont chercher leurs points d'appui sur les cadres de la chambre de travail; le plafond est en outre entretoisé par des poutrelles transversales. Sur l'axe de la pile, à chaque bout du caisson, on trouve deux cheminées cylindriques accouplées à la partie supérieure par le sas qu'elles supportent.

Les détails de ce sas sont donnés dans les figures 4 à 7; sa section horizontale est irrégulière; elle est oblongue et porte latéralement deux renflements G et G', qui sont deux sas particuliers pouvant communiquer par les portes g', g' avec la partie dans laquelle débouchent les deux cheminées; à cette partie est accolé un autre sas H dont la section horizontale a la forme d'un croissant, celui-ci sert au passage des ouvriers, qui y pénètrent de l'extérieur par la porte h, et en sortent par la porte h' pour se rendre aux cheminées. Enfin il existe un quatrième sas K, qui a la forme d'une boîte prismatique dont la grande dimension est horizontale; cette boîte communique avec la chambre des cheminées au moyen de la porte k, et elle débouche à l'extérieur par la porte k'; dans cette boîte est un petit chariot qui roule sur deux rails, lesquels se prolongent à l'extérieur au delà de la porte k'.

Au sommet de la chambre des cheminées est une grande poulie J, sur laquelle s'enroule une corde qui à chaque bout porte une benne; chaque benne se meut dans l'axe d'une des cheminées, et l'une monte pendant que l'autre descend.

Quand une benne pleine arrive en haut, on comprime l'air dans le sas K, la porte k peut s'ouvrir et l'on vide la benne dans le petit chariot; on met alors le sas K en communication avec l'air extérieur, la porte k, que l'on a refermée, ne peut s'ouvrir puisqu'elle est appuyée par la pression qui s'exerce de haut en bas, mais on peut ouvrir la porte k', faire sortir le chariot et le vider au dehors.

Veut-on maintenant envoyer du béton dans la chambre de travail, on met les sas G et G' en communication avec l'air extérieur, et l'on peut alors ouvrir les portes g, g qui sont à la partie supérieure de l'appareil; on remplit les sas de béton; puis on les met en communication avec l'air comprimé, les portes g se ferment et les portes g' s'ouvrent; le béton tombe dans les bennes qui le descendent à la chambre de travail.

On voit combien tout ce mécanisme est simple, et, en effet, il a parfaitement réussi.

Les fondations du viaduc du Scorff sont revenues à 2,900 francs par mètre carré de la section horizontale supérieure de la pile, et le prix du mètre cube est revenu à 162 francs. Ces prix sont très élevés, mais il faut dire qu'on se trouvait dans des circonstances particulièrement difficiles.

A Nantes, où l'on se trouvait dans de bien meilleures conditions, et où il y avait à fonder de nombreuses piles, ce qui permettait d'utiliser plusieurs fois le matériel, le mètre carré de la section horizontale supérieure des piles est revenu à 1,550 francs environ, pour une profondeur de 17 mètres au lieu de 18 mètres que l'on avait au viaduc du Scorff, et le mètre cube de fondation est revenu à 92 francs.

Caisson du pont de Vichy, sur l'Allier (1869). — Les caissons en tôle, employés pour la fondation des piles du pont de Vichy, sur l'Allier, ont en plan la forme d'un rectangle terminé par deux demi-cercles; leur longueur totale est de 10^{m}40 et leur largeur de 3^{m}96. Ce sont donc des appareils de petite dimension.

« La chambre de travail, dit M. l'ingénieur Radoult de Lafosse, est formée d'une paroi verticale en tôle de 7 millimètres d'épaisseur et d'un plafond d'épaisseur égale relié à des poutrelles extérieures rigides dont l'espacement d'axe en axe varie de 0^{m}98 à 1^{m}14. Ces poutrelles sont posées transversalement au droit de contrefiches verticales placées à l'intérieur de la chambre, qui servent à relier le plafond aux parois du pourtour et qui occupent toute la hauteur verticale de la chambre, soit 2^{m}20. Les poutrelles et les contrefiches sont en tôle de 6 millimètres bordées de cornières de 5 à 7 centimètres de côté. Enfin des entretoises placées à la base et à la partie médiane de la chambre de travail maintiennent l'écartement des parois opposées.

« L'enveloppe supérieure du caisson est particulièrement destinée à protéger les maçonneries fraîches contre le contact immédiat du sol pendant la descente. Elle est formée de tôles de 4 millimètres d'épaisseur rivées et renforcées horizontalement par des couvre-joints et des cornières. »

Sur le plancher s'élèvent deux cheminées ayant 0^{m}84 de diamètre qui servent à établir la communication entre l'extérieur et la chambre de travail au moyen de sas à air.

La maison Cail s'est servi, pour l'extraction des déblais, d'un appareil ingénieux ayant quelque ressemblance avec un tiroir de machine à vapeur (*fig.* 121) :

« Cet appareil se compose d'un tiroir *e* qui reçoit à chacune de ses extrémités un seau destiné à contenir les déblais de la chambre de travail. Le tiroir est enfermé dans une caisse en fonte *d* qui pénètre en partie dans le sas à air. Une plaque de friction *f* formant joint sert à établir alternativement la communication de chaque extrémité du tiroir avec l'air extérieur et avec l'air comprimé. Le mouvement de va-et-vient est donné au tiroir au moyen de brancards *g* reliés par une poignée *l*. Le tiroir repose sur deux rails *j* sur lesquels il roule au moyen de galets *h* et d'entretoises *i*. Ajoutons que l'amplitude de chaque oscillation est limitée par des taquets d'arrêt *m* et qu'une vis de pression *n* sert à régler le frottement du tiroir sur la plaque *f*. »

Cet appareil a fonctionné avec la plus grande régularité; il a permis de réduire dans une proportion très considérable le nombre des éclusées et d'obtenir une économie notable. Il a, du reste, été perfectionné depuis; la manœuvre se fait avec une roue dentée et une crémaillère, la manœuvre des seaux et le montage des déblais s'effectuent à l'air comprimé.

Les caissons étaient montés sur des échafaudages, à l'emplacement des piles; une fois le montage terminé, ils étaient suspendus par des chaînes verticales à quatre vérins installés sur la plate-forme supérieure de l'échafaudage; ils étaient, en outre, guidés dans leur mouvement de descente par les cadres intérieurs de l'échafaudage entre lesquels ils glissaient à frottement doux. Pendant le fonçage, les maçonneries étaient élevées progressivement dans la partie supérieure du caisson formant bâtardeau, de manière à produire un enfoncement régulier. Tout le pourtour de ces maçonneries était effectué en maçonnerie de moellons bruts afin de constituer une enveloppe plus résistante pour l'avenir, si les parois métalliques venaient un jour à disparaître par oxydation.

La descente de tous les caissons a été arrêtée à sept mètres sous l'étiage.

Des expériences faites sur les mortiers ont montré que, contrairement à la crainte émise par M. Cézanne au pont de Szégedin, les mortiers employés dans l'air comprimé ne présentent aucune infériorité par rapport à ceux employés à l'air.

Ces expériences ont été répétées en Amérique et ont conduit à la même conclusion ; afin de faciliter la prise, quelques ingénieurs ménageaient dans le béton des tubes verticaux où l'eau s'élevait librement. Cette précaution fut bientôt reconnue inutile.

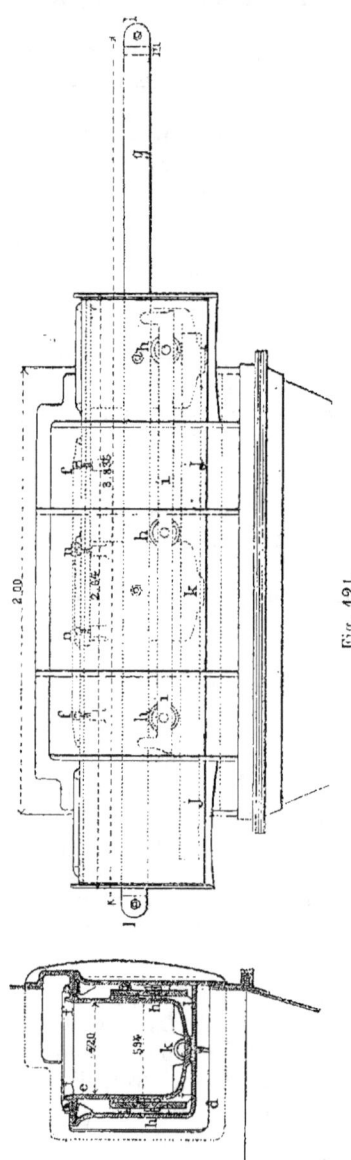

Fig. 121.

La fondation d'une pile à 8 mètres sous l'étiage a été payée à forfait 32,000 francs, avec moins-value de 1,500 francs par mètre d'enfoncement en moins et plus-value de 2,200 francs par mètre en plus. Ces prix comprenaient, outre les fournitures et main-d'œuvre, la maçonnerie jusqu'à la base supérieure du caisson.

Le prix total de la maçonnerie de fondation ressort, d'après les attachements tenus, à 112 fr. 50 le mètre cube, en comptant à 1/5 la dépréciation du matériel, évalué 100,000 francs.

M. Radoult de Lafosse a montré, par une étude comparative, que le système à l'air comprimé avait été, dans l'espèce, au moins aussi économique et beaucoup plus certain que tout autre système : radier général, béton immergé dans des caissons en charpente, fondations par épuisement. Il en conclut que, « sur une rivière dont le fond, quoique mobile, offre de très grandes difficultés pour l'enfoncement des pieux et se laisse difficilement entamer par les dragues, il y a le plus souvent avantage à adopter le système de fondation par caissons à air comprimé, même lorsque les fondations ne doivent pas être descendues à une grande profondeur. »

Nous partageons absolument son avis, même sans les restrictions qu'il y apporte; cet avis est aujourd'hui d'autant plus fondé que, depuis quinze ans, le prix des travaux à l'air comprimé a beaucoup diminué.

Caissons du pont de Saint-Louis, sur le Mississipi. — Après avoir longtemps exactement copié nos fondations tubulaires, les Américains en sont venus à adopter des caissons de dimensions colossales. Les premiers sont ceux du pont de Saint-Louis, sur le Mississipi.

M. Malézieux, dans son Rapport de mission en Amérique, et M. Lavoinne, dans un Mémoire inséré aux *Annales des ponts et chaussées* de 1877, ont donné d'intéressants détails sur ce grand travail.

Le fleuve, à l'emplacement du pont, présente une largeur de 500 mètres, avec un débit de 6,000 mètres cubes en eaux moyennes ; il charrie des quantités considérables de sable, et ses variations de niveau ont 13 mètres d'amplitude.

Le lit est recouvert d'une couche de sable affouillable sur toute

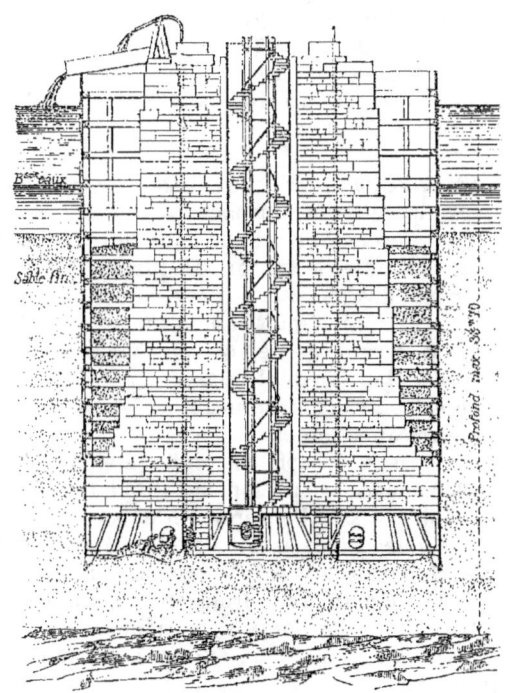

Fig. 122.

sa hauteur, surmontant le rocher qui se trouve à une profondeur de 4 à 33 mètres au-dessous des hautes eaux. Il était nécessaire de fonder sur le rocher les piles et les culées. A l'exception de la culée de l'ouest, tout fut fondé à l'air comprimé, et on descendit à des profondeurs inusitées jusque-là, atteignant jusqu'à 35 mètres au-dessous du plan d'eau.

Voici, d'après le portefeuille de l'École des ponts et chaussées, la description sommaire des caissons :

1° *Pile de l'est.* — Le caisson en tôle est de forme hexagonale; il a 18^{m}50 de largeur sur 25 mètres de longueur, et est divisé en trois compartiments de 6 mètres de largeur par des cloisons formées de fortes pièces de bois superposées. La chambre de travail, haute de 2^{m}75, communique avec la partie supérieure du caisson par sept puits, et les écluses à air sont placées à la partie inférieure des tubes au lieu d'être à leur sommet. Cette nouvelle disposition offre un double avantage : elle dispense de démonter l'écluse à chaque allongement du puits, et réduit à la capacité de la chambre de travail l'espace à remplir d'air comprimé.

Les parois verticales du caisson étaient prolongées vers le haut par une chemise en tôle à joints étanches s'élevant au-dessus des dernières assises et les mettant à l'abri de l'accès de l'eau.

C'est au fonçage de ce caisson que paraît avoir été employée pour la première fois la pompe à sable où l'aspiration est produite par un jet d'eau sous pression. (Nous avons donné au chapitre *Dragages* la description de cet appareil.)

Le fonçage a duré 133 jours, et le remplissage en béton de la chambre de travail 53 jours.

2° *Culée de l'est.* — Le caisson se distingue de ceux des piles par quelques dispositions nouvelles.

La différence principale consiste dans la substitution du bois au fer pour le fond et les parois. Le plafond de la chambre de travail est constitué par des pièces de chêne superposées sur une épaisseur totale de 1^{m}50, qui s'appuient à la fois sur deux cloisons intérieures et sur deux murs d'enceinte également en charpente, dont les parements surplombent vers l'intérieur. Les murs d'enceinte ont une épaisseur de 0^{m}45 à la base et de 2^{m}60 au sommet; les murs de refend 1 mètre à la base et 3 mètres au sommet.

Le caisson en bois est rendu étanche par un revêtement en tôle de 0^{m}01 d'épaisseur enveloppant les plafonds et les murs, et se prolongeant en contre-bas de l'enceinte en bois avec une surépaisseur qui le rendait plus rigide et plus apte à pénétrer dans le sable. Le même revêtement se prolongeait aussi verticalement au-dessus du caisson sur une hauteur de 3^{m}60 de manière à protéger les premières assises de la maçonnerie.

Le nombre des puits a été réduit à trois, dont un aboutit à une double écluse à air, et les deux autres à des écluses à air simples, mais plus grandes.

La chambre de travail n'a été remplie en béton que sur son pourtour. Pour la partie centrale, on se contenta de sable qu'on introduisait par les tuyaux d'extraction et qu'on tassait avec soin ; on termina le remplissage en bourrant du béton entre ce sable et le plafond. Après quoi, les écluses à air et les puits furent démontés et les vides comblés par de la maçonnerie.

Le fonçage a duré 115 jours.

FONDATIONS

Caissons du pont de Brooklin. — Le pont suspendu entre Brooklin et New-York est à trois travées; celle du milieu a 486 mètres d'ouverture. Les piles s'élèvent à plus de 80 mètres au-dessus de la surface de l'eau; la pile de New-York a 107^m97 de hauteur totale et comme la pression à la base a été limitée à 6^k5 par centimètre carré, cette base est un rectangle de 52 mètres sur 31 mètres.

Les piles ont été fondées dans d'immenses caissons à air comprimé; M. Malézieux a donné la description de ce travail dans son Rapport de mission et dans un Mémoire inséré aux *Annales des ponts et chaussées* de 1874, mémoire où nous avons puisé les renseignements qui vont suivre.

L'ingénieur, M. Rœbling, voulut substituer au caisson en tôle un caisson en charpente, qu'il considérait comme plus facile à lancer, à conduire en place et à immerger, puisqu'un caisson de ce genre flotte naturellement.

Le plafond de ce caisson en charpente était composé de cinq cours de poutres jointives, d'un pied d'équarissage, se croisant à angle droit et réunis par des boulons en fer. Ces poutres, qu'on aurait peine à trouver en France, sont en pin jaune (yellow-pine); ce bois fournit couramment des pièces de 0^m40 d'équarissage et de 15 mètres de long; il pèse environ 800 kilogrammes par mètre cube, et ne coûte guère, là-bas, que 35 francs. Le prix serait triplé en France par le trans-

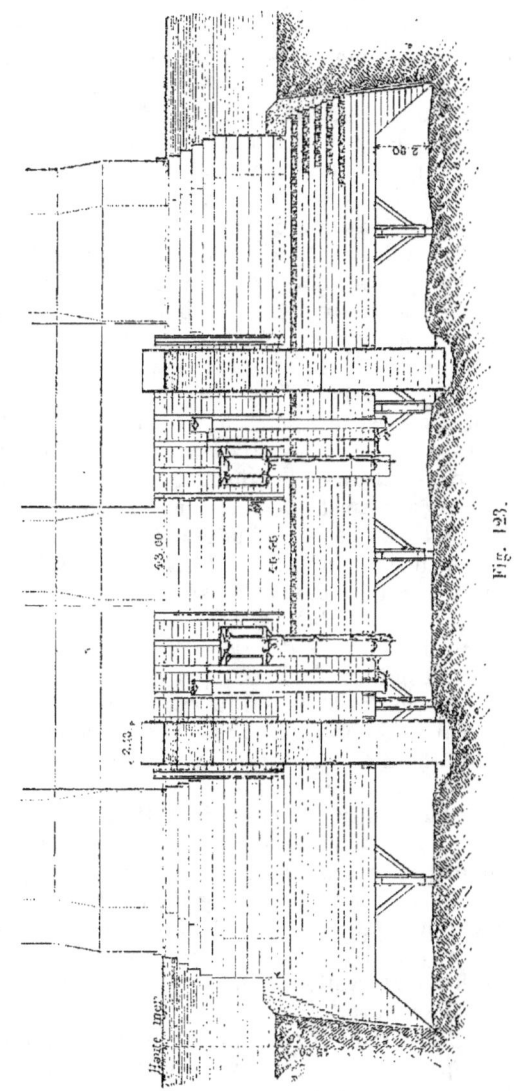

Fig. 123.

port et nous doutons, pour ce motif, que les caissons en charpente puissent être économiques chez nous.

La chambre de travail a 2ᵐ90 de hauteur; ses parois sont également formées de pièces de bois juxtaposées; à l'intérieur elles présentent un talus à 45° et un fruit de 1/10 à l'extérieur. Le massif extérieur est limité à une série de redans. Avec cette disposition, il ne faut pas compter, comme on peut le faire avec des parois verticales, sur l'adhérence extérieure du terrain pour modérer la descente du caisson. M. Rœbling a compté pour régler la descente sur cinq cloisons transversales en bois, de 0ᵐ60 d'épaisseur, établies dans la chambre de travail, et son caisson n'était même pas suspendu par des vérins. Il est vrai qu'il avait à traverser un terrain d'une certaine compacité et non pas un sol fluent de vase ou de sable.

La difficulté était de rendre les parois en bois étanches pour l'air comprimé; sous une pression de plus de 2 atmosphères, l'air devait traverser le tissu même du bois. On intercala entre deux assises de poutres une feuille de fer-blanc comprise entre deux feuilles de papier goudronné, et à l'intérieur de la chambre de travail tous les parements furent recouverts d'un vernis.

Chaque caisson a, en chiffre rond, 31 mètres sur 52 mètres, et la chambre de travail est divisée en cinq compartiments, ce qui a facilité la descente et aussi le lançage.

Le lançage s'est effectué sur des glissières correspondant aux deux parois latérales et aux cinq cloisons, et le caisson fut remorqué à son emplacement qu'on entoura d'une enceinte de pieux de garde et qui avait été préalablement dérasé par des dragages.

Le caisson en place, on en consolida le plafond (qui devait porter une tour en maçonnerie de 100 mètres de haut) à l'aide de douze nouvelles assises de pièces de bois équarries, laissant entre elles des joints de quelques centimètres qui furent remplis avec du béton. Sur la plate-forme ainsi obtenue, on posa les premières assises de maçonnerie.

Le plafond du caisson offrait six ouvertures sur une ligne perpendiculaire à la direction du pont.

Les deux puits extrêmes, de 2ᵐ13 sur 1ᵐ98, étaient à fermeture hydraulique, comme au pont de Kehl, mais, au lieu d'y loger une chaîne à godets, on y avait installé une drague à mâchoires Morris et Cumings, qui pouvait enlever des cubes de 1ᵐ10 toutes les quatre minutes.

Les deux puits médians, munis de sas à air, servaient au passage des ouvriers; les sas étaient immédiatement au-dessus du plafond de la chambre de travail et, pour pénétrer dans celle-ci, on n'avait que 5 mètres à descendre.

Les deux puits intermédiaires servaient à l'introduction des matériaux de remplissage, on les éleva jusqu'au niveau supérieur des maçonneries afin de pouvoir y amener les matériaux à la brouette; ces puits, munis en haut et en bas de portes à charnière horizontale, formaient de grands sas à air comprimé; la porte supérieure ouverte, on les remplissait de matériaux, puis on fermait cette porte, on introduisait l'air comprimé, on ouvrait la porte du bas et les matériaux tombaient dans la chambre de travail. Pendant la descente, on rencontra de gros blocs isolés, que l'on morcela à la mine; l'usage de la mine fut sans danger; lors des explosions, les ouvriers se mettaient à l'abri dans une des chambres formées par les cloisons.

Quand un bloc se rencontrait sous le tranchant du caisson ou sous une cloison, on y perçait un trou pour introduire une louve, et avec des treuils et des palans on l'attirait dans la chambre de travail pour le morceler.

Dans le terrain pierreux qu'on avait à déblayer, la drague à mâchoires donna lieu à bien des inconvénients; en tombant, elle tassait à nouveau le terrain désagrégé par les ouvriers et ne mordait plus; le moindre caillou engagé dans les dents empêchait une fermeture hermétique et la matière soulevée retombait en grande partie. Malgré ces imperfections, les ingénieurs américains estiment qu'une chaîne à godets eût encore donné de moins bons résultats.

Pendant les premiers temps du fonctionnement à l'air comprimé, la pression suivait les oscillations de la marée. La diminution de pression était accompagnée d'un brouillard intense, qu'on avait beaucoup de peine à dissiper; pendant la marée montante, au contraire, l'atmosphère restait claire. Lorsque le caisson fut enfoncé dans le terrain imperméable, l'influence des marées ne se fit plus sentir, mais le règlement de la hauteur d'eau dans les puits des dragues donna lieu à de fréquentes difficultés, soit que l'eau tendit à déborder dans la chambre de travail, soit que l'air comprimé de la chambre s'échappât dans les puits en refoulant l'eau y contenue.

L'air comprimé était fourni par six pompes à double effet installées sur la rive à 100 mètres du caisson; il était amené par une conduite en fonte de 0^m15 terminée par des tubes en caoutchouc.

L'enfoncement et le remplissage des caissons donnèrent lieu à divers incidents ci-après résumés :

Un jour, l'eau des puits de dragage avait brusquement jailli en colonne sous la poussée de l'air comprimé, entraînant de la vase et des pierres qui retombèrent au loin, et le caisson s'abaissa brusquement de 0^m25 sans se déformer; la pression sur certains points des tasseaux en bois de pin engagés sous le bord coupant du caisson a dû s'élever à plus de 90 kilogrammes par centimètre carré.

A mesure que le caisson descendait, l'excès de son poids sur la souspression de l'air comprimé augmentait et l'on pouvait craindre de voir s'effondrer le plafond de la chambre de travail, aussi crut-on prudent de le consolider à l'aide d'étais prenant leur point d'appui sur le sol de la chambre par l'intermédiaire de cales et de coins; les craquements de ces cales indiquaient les points où la pression venait à se concentrer et qu'il fallait soulager.

L'éclairage de la chambre de travail s'obtint au moyen de 60 becs de gaz ordinaire; ce gaz a l'inconvénient d'échauffer et de vicier l'air, mais il ne donne pas, comme les chandelles et l'huile, une fumée insupportable. On améliore beaucoup l'éclairage en recouvrant de peinture blanche toutes les parois de la chambre. Il est probable qu'aujourd'hui, dans une construction de cette importance, on aurait recours à la lumière électrique.

Un grand danger pour un caisson en bois est la chance d'incendie; on eut beaucoup de peine pour éteindre, à Brooklin, un commencement d'incendie qui avait déjà pénétré profondément dans le plafond de la chambre de travail.

Quand le caisson fut arrivé à 0^{m}90 du niveau fixé, on crut prudent de construire, pour supporter le plafond, 72 piliers de briques de 2 mètres carrés de section régulièrement espacés.

Un jour, un des puits d'introduction des matériaux sauta par suite d'une fausse manœuvre, la porte inférieure ayant été ouverte avant la fermeture de la porte supérieure; les pierres et le gravier furent entraînés par un énorme jet d'air. En même temps l'eau rentrait dans la chambre de travail; les ouvriers affolés, perdus dans l'obscurité, arrêtés par les obstacles n'auraient certainement pas pu gagner tous les sas à air si l'ingénieur n'avait eu la présence d'esprit de fermer le tube du puits dans lequel l'explosion s'était produite; en quelques instants, la pression primitive fut rétablie dans la chambre de travail.

On commença ensuite le bétonnage à raison de 75 mètres cubes par journée de seize heures; on se servait de béton avec ciment à prise rapide. La partie centrale du caisson ne fut pas déblayée aussi profondément que le pourtour; on lui laissa 1 mètre de revanche et on gagna ainsi beaucoup de temps. On commençait par former, sur le pourtour du caisson des murs en béton d'un mètre d'épaisseur, maintenus à l'intérieur par des panneaux verticaux. La couche supérieure était bourrée sous le toit avec un outil plat en fer et faisait l'objet d'une surveillance spéciale.

Quand les pompes à air comprimé cessèrent de fonctionner, des sources de fond se firent jour et s'élevèrent dans les puits; la pression hydrostatique une fois établie le délavage des mortiers n'était plus à craindre.

A la pile de New-York, les écluses pour les ouvriers étaient placées en leur milieu au niveau du plafond et descendaient ainsi de 1^{m}22 dans la chambre de travail. La distance à parcourir de cette chambre à l'air extérieur était donc réduite au minimum, grand avantage; mais M. Rœbling fait remarquer que les écluses ainsi placées ont l'inconvénient d'être obscures et sont exposées à être submergées par des fuites venant du haut.

Un appareil de chauffage à la vapeur fut installé dans chaque sas afin de protéger les ouvriers contre le refroidissement brusque dû à la détente de l'air comprimé lorsqu'ils reviennent à l'atmosphère libre.

A cette pile, côté de New-York, on rencontra une assise puissante de sable fin qui fut extraite non à la drague, mais par des tuyaux avec l'air comprimé. On avait à cet effet disposé, dans le plafond, 58 tuyaux de 0^{m}09 de diamètre. A une profondeur de 18 mètres, le sable dégorgea pendant une demi-heure par un tuyau à raison de 0^{mc}37 par minute et quatorze ouvriers étaient occupés à le déblayer à la sortie.

« Divers procédés, dit M. Malézieux, furent essayés pour l'introduction du sable dans les tuyaux; on s'arrêta à celui-ci : un tuyau de tôle,

FONDATIONS

muni d'un robinet, était fixé verticalement de façon que, communiquant par le haut avec une des ouvertures du plafond, il descendit à un pied du sol. On amassait le sable en forme de cône autour de cette extrémité inférieure ; un ouvrier était chargé d'ouvrir ou fermer le robinet. A mesure que la pression augmenta, l'orifice d'entrée fut successivement réduit à 76 et 51 millimètres, le même cube s'enlevant alors avec une moindre perte d'air. »

« La vitesse d'entraînement était, dit-on, effrayante. Du gravier, des pierres furent parfois lancés à plus de 30 mètres au-dessus du caisson. Il importait de prévenir ces projections et de dévier à angle droit le courant des matières entraînées. Des coudes en fer et en fonte de 38 millimètres d'epaisseur, qu'on employa d'abord, étaient généralement coupés par le sable en une heure ou deux, parfois en quelques minutes. Alors, on pratiqua une ouverture dans le coude et on plaça au-dessous un couvercle susceptible d'être retourné, déplacé, remplacé ; il était formé d'une fonte très résistante ; ces couvercles ne duraient pourtant que deux jours au plus. On remplaça finalement les coudes métalliques par d'épaisses dalles de granite recevant et renvoyant le jet des matières dans une direction convenable. »

Caissons du pont de Collonges. — En même temps que les ingénieurs américains réalisaient l'important perfectionnement qui con-

Fig. 124.

siste à rapprocher le plus possible les écluses de la chambre de travail, les ingénieurs français entraient dans la même voie ; MM. Collet-Meygret et Sadi-Carnot appliquaient le même système aux fondations du pont de Collonges, sur le Rhône. Ce pont comporte une seule arche en plein cintre de 40 mètres d'ouverture.

Le caisson, de 11m50 de longueur, avait 10 mètres de largeur du côté des terres et 7m50 du côté du Rhône.

La hauteur sous plafond dans la chambre de travail était de 2 mètres.

« Les dispositions du caisson diffèrent de celles qui avaient été jusque-là adoptées :

« La chambre de travail seule renfermait de l'air comprimé, et toutes les manœuvres pour l'extraction des déblais ou la descente des matériaux étaient faites à l'air libre. Les sas à air étaient fixes, en contre-bas du plafond de la chambre de travail, et installés de telle sorte que le passage des bennes fût sans effet appréciable sur la tension de l'air.

Fig. 125.

« La chambre de travail, construite en forte tôle de 0m009, avait ses parois renforcées par des armatures ; des consoles, supportant le plafond, le mettaient en état de résister à une surcharge de 1,500 tonnes.

« Au-dessus, une simple chemise en tôle de 0m004 séparait de l'eau la maçonnerie élevée à l'air libre.

« Le plafond était traversé, vers son milieu, par un puits rectangulaire de 2m85 sur 1m15, subdivisé lui-même, par des cloisons transversales, en trois cheminées ouvertes à l'air libre.

« La cheminée centrale contenait les échelles et le tuyau d'amenée de l'air comprimé.

« Les deux cheminées latérales servaient au passage des bennes montantes et descendantes, dont un homme dirigeait les mouvements à l'entrée et à la sortie de la chambre de travail.

« Chaque benne, pour entrer ou sortir, traversait un coffret cubique formant sas de 0ᵐ85 de côté, par le jeu d'un tiroir et d'une porte-clapet.

« Au fond de la cheminée centrale, entre les deux coffrets des bennes, était ménagé un palier où se tenait l'ouvrier chargé de décrocher et d'accrocher; le même ouvrier commandait la manœuvre des robinets. De ce palier on pouvait descendre, par une porte verticale de 0ᵐ50 de largeur sur 0ᵐ90 de hauteur, dans une petite chambre formant écluse pour le passage des hommes et ouvrant, par une seconde porte verticale de 0ᵐ50 sur 1ᵐ40, dans la chambre de travail.

« Le plancher de cette écluse était seulement à 0ᵐ40 au-dessus du niveau des fouilles.

« Les parois du puits, n'ayant à supporter aucune pression, étaient formées de feuilles de tôle de 0ᵐ005 à 0ᵐ007, et simplement préservées contre le choc des bennes par un coffrage en planches de sapin.

« Tout le système des sas et des cheminées pouvait d'ailleurs être enlevé dès que l'air comprimé n'aurait plus à refouler les eaux, c'est-à-dire au moment où le fonçage serait achevé et la chambre maçonnée intérieurement.

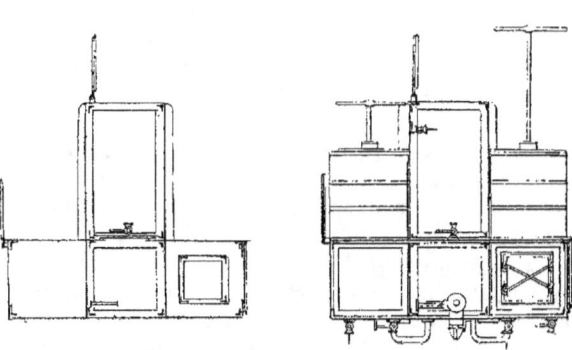

Fig. 126.

Les dispositions qui viennent d'être décrites présentaient les avantages suivants :

« 1° Le nombre des ouvriers placés dans l'air comprimé était réduit au minimum.

« 2° Les hommes, dans la chambre de travail, éprouvaient un sentiment de grande sécurité, parce que l'issue était rapprochée et la communication toujours facile avec l'ouvrier occupant le fond du puits à air libre.

« 3° L'introduction ou la sortie des matériaux ne produisait pas de changement sensible dans la pression.

« 4° La surface des parois à surveiller, pour éviter les fuites d'air comprimé, était aussi faible que possible.

« 5° La fixité de l'écluse à air permettait de réaliser une grande économie de temps. Sans interrompre le travail, on allongeait la cheminée au fur et à mesure de l'enfoncement du caisson, de façon à tenir toujours le sommet au-dessus du niveau des crues.

« 6° La dépense était notablement réduite par la substitution de tôles minces, pour la cheminée rectangulaire, aux tôles qui auraient eu à résister à la pression de l'air comprimé ; enfin, on consommait peu d'air dans le passage des matériaux et des outils.

« Le système indiqué dans cette note a donné des résultats satisfaisants ; le caisson a été descendu, sans accident, à 6 mètres en contrebas de l'étiage du Rhône, soit à 8 ou 9 mètres au-dessous des eaux moyennes et à 12 ou 14 mètres au-dessous des grandes crues.

« La descente du caisson, le déblai, le fonçage, les travaux de maçonnerie dans la chambre de travail et au-dessus du plafond jusqu'à l'étiage, ont duré deux mois et ont été terminés le 4 juillet 1870.

« Le chantier se composait de soixante-trois hommes ; trente-deux d'entre eux, employés dans la chambre de travail, étaient divisés en deux escouades se relayant de six en six heures.

« Le mètre cube de déblai, dans la chambre de travail, a coûté en moyenne 23 fr. 50.

« La main-d'œuvre pour la maçonnerie de remplissage est revenue à 16 francs par mètre cube.

« La fondation complète de la culée gauche du pont de Collonges, jusqu'au niveau de l'étiage, a été exécutée pour la somme totale de 80,000 francs. » (Extrait des *Notices* présentées par le Ministre des travaux publics à l'Exposition de Melbourne en 1880.)

Caisson du bâtardeau du bassin de Brest. — Pour allonger l'ancien bassin de radoub du port de Brest, il fallait isoler par un bâtardeau le ravin dans lequel il était construit. Un bâtardeau ordinaire n'ayant pas réussi, les ingénieurs du port étudièrent un caisson bâtardeau à air comprimé dont l'exécution fut confiée à MM. Castor et Hersent, sous la direction de M. l'ingénieur Rousseau.

Le caisson, de 27 mètres de longueur sur 8^m50 de largeur, devait être relié à ses deux extrémités soit aux maçonneries déjà faites, soit au rocher naturel. A sa base se trouvait une grande chambre de travail, consolidée par des armatures intérieures et notamment par deux arcs en tôle la divisant en trois compartiments. Chacun d'eux portait sa cheminée avec sas à air.

Au-dessus de cette première chambre de travail s'en trouvait une seconde, de 21 mètres de longueur, destinée à faciliter le démontage de la partie du caisson qui devait être enlevée à la fin des travaux pour dégager l'entrée du bassin. La partie inférieure devait être abandonnée pour former mur de garde en avant du bassin.

Au-dessus de la seconde chambre de travail venait un compartiment à air libre, qu'on pouvait rendre étanche quand on le voulait et dans lequel il était possible de travailler à la marée et par épuisements. A chacune de ses extrémités, on avait ménagé trois grandes rainures de 1 mètre carré de section, descendant jusqu'au plafond de la chambre inférieure et destinées à recevoir du béton immergé pour assurer le raccordement latéral du bâtardeau soit avec le rocher, soit avec les anciennes maçonneries.

Après avoir vérifié l'étanchéité du caisson et l'avoir lesté avec de la maçonnerie, on le mit à flot et on vint l'échouer à la place voulue.

La tranche du caisson étant supérieure à la basse mer, on put commencer le fonçage en travaillant à marée basse sans air comprimé. C'est une circonstance dont nous ne nous expliquons pas le motif ; on se demande pourquoi on n'avait pas à l'avance dragué par les procédés ordinaires l'emplacement du bâtardeau.

Le fonçage s'effectuant dans la vase, marcha du reste très vite ; il fallait avoir soin seulement de proportionner la charge de maçonnerie à l'enfoncement, afin d'éviter un soulèvement brusque à haute mer.

Lorsqu'on eut atteint le rocher, l'extraction s'en effectua sans aucune difficulté en ayant recours à des mines de 200 à 500 grammes de poudre ; on faisait partir quatre ou cinq de ces mines à la fois sans que les ouvriers prissent d'autre précaution que de se mettre à l'abri derrière les étais. La partie la plus difficile du travail consistait à ouvrir à la mine une rigole pour le passage de la tranche du caisson.

Vu la charge énorme de maçonnerie superposée, il eût été dangereux de la laisser porter tout entière sur la tranche du caisson. Aussi soutint-on, comme nous l'avons vu faire à Brooklin, le plafond de la chambre de travail par des étais reposant sur le rocher et serrés à leur partie supérieure contre le plafond au moyen de coins et de semelles en bois. « L'inspection de ces étais faisait voir très facilement quels étaient ceux qui serraient le plus ; on voyait en effet les semelles de bois et les coins se réduire, par écrasement, à la moitié et même au tiers de leur épaisseur. On faisait alors successivement tomber ces étais après en avoir placé d'autres à côté. Le poids du caisson se reportait ainsi successivement des étais les plus chargés sur ceux qui l'étaient un peu moins et le mouvement de descente pouvait être réglé de la façon la plus parfaite. »

On arriva ainsi à descendre le caisson jusqu'à 7^m50 au-dessous de zéro. On rencontra de nombreuses pièces de bois qu'il fallait couper et débiter pour les extraire.

L'air comprimé renfermé dans un caisson se renouvelle sans cesse par le jeu des pompes, et il se produit une émission sous la tranche de la chambre de travail ; mais cette émission est intermittente et se traduit par des bouillonnements extérieurs. Ce phénomène est analogue à celui qui se produit lorsque les soupapes d'une chaudière à vapeur viennent à cracher. A chaque émission succède une chute brusque de pression dans la chambre de travail ; l'eau remonte de 0^m30 à 0^m40 et il se forme un brouillard épais qui dure plusieurs minutes.

A Brest, on a remédié à cet inconvénient par un tuyau d'échappement de l'air muni d'un robinet à son débouché dans la chambre de travail. Quand le niveau de l'eau touchait presque la tranche du caisson et qu'une émission d'air comprimé allait se produire, un ouvrier tournait le robinet et l'air comprimé en excès s'échappait avec une certaine lenteur.

On se demande si cet effet ne pourrait pas être obtenu à l'aide d'un flotteur automatique.

On arriva à extraire, pendant le fonçage, 1,220 mètres de vase et pierrailles, 790 mètres de rocher, 1,750 kilogrammes de fer et fonte et 103 mètres de bois.

Le caisson étant à la profondeur voulue, il fallait le raccorder latéralement. On avait ménagé dans la chambre de travail, au bas des rainures, des orifices pour produire des lâchures d'air comprimé dont le bouillonnement devait nettoyer et dégager les rainures ; mais il se trouva que ces rainures renfermaient non seulement de la vase, mais encore des blocs de rochers, et il fallut recourir au scaphandre pour les retirer.

Les rainures furent ensuite remplies avec du béton immergé, mais ce béton fut délavé sur un des côtés par des bouillonnements de l'air comprimé s'échappant de la chambre de travail ; lorsqu'on voulut épuiser, une voie d'eau se fit jour ; on l'emprisonna dans un tuyau en fonte où elle s'éleva librement au niveau extérieur des eaux, et on fit autour du tuyau une bonne maçonnerie de ciment qui, n'étant pas délavée, fit rapidement prise.

Avec ces précautions, le bâtardeau arriva à ne laisser passer que 10 mètres cubes d'eau à l'heure ; la tolérance accordée à l'entrepreneur par son marché était de 180 mètres cubes.

Les travaux de construction et de démolition du bâtardeau ont été exécutés à forfait au prix de 380,000 francs.

Caisson du pont sur le Liimfjord. — La compagnie de Fives-Lille a obtenu au concours, en 1874, la construction d'un pont sur le Liimfjord pour le chemin de fer du Danemark.

Le Liimfjord est un bras de mer traversant la péninsule du Jutland, peu sensible à l'influence des marées, mais dont le fond est constitué par une couche de vase, de profondeur à peu près uniforme, atteignant jusqu'à 35 mètres au-dessous du niveau de la mer. Cette vase, d'une consistance variable, renferme beaucoup de végétaux en décomposition, qui ont parfois donné lieu à des dégagements de gaz ammoniacaux et même de gaz explosifs.

Les premiers ont gêné surtout par leur action sur les yeux des ouvriers ; les seconds ont donné lieu à un accident très grave pendant le fonçage de la pile n° 5 : à la profondeur d'environ 33 mètres, le tube central a été arraché par une explosion, et, sous les pressions accumulées de l'air et des gaz, projeté, avec le sas qui le surmontait, à une dizaine de mètres de hauteur ; il a fallu adopter les lampes de mineur pour l'achèvement du fonçage.

Les sept piles ont été descendues au moyen de l'air comprimé à 34 mètres environ de profondeur au-dessous du niveau de la mer. Chaque pile était munie d'un caisson de 3^m07 de hauteur, de 12^m50 de long et de 5 mètres de large ; l'enveloppe et le plafond étaient établis en tôle de 0^m012 et le plafond renforcé par des poutres en tôle et cornières de 0^m60 de hauteur, espacées de 1^m25. Un tube central de 2 mètres de diamètre reliait le caisson avec le sas à air placé à la partie supérieure. Il contenait les échelles et servait au passage des bennes. Chaque tube était formé de viroles en tôle de 0^m010 d'épaisseur et de 2 mètres de hauteur, que l'on ajoutait successivement.

Les caissons étaient prolongés par des hausses en tôle de 2 mètres de hauteur, formant coffrage pour contenir la maçonnerie. L'épaisseur des tôles de ces hausses était de 0^m005 pour les quatre premières et de 0^m004

pour les autres. Les joints étaient rivés. La maçonnerie de remplissage des piles était de briques avec mortier de ciment de Portland.

Lorsque les caissons étaient descendus à la profondeur nécessaire, on remplissait de béton la chambre de travail ainsi que le tube, dont on n'abandonnait que les deux ou trois viroles inférieures ; les autres étaient démontées et enlevées.

Pendant la descente, chaque caisson était soutenu par quatre vérins.

La pression de l'air étant devenue considérable (3 atmosphères 8 dixièmes) à cause de la profondeur qu'il fallait atteindre, on a dû prolonger le temps nécessaire à l'éclusage des ouvriers ; aussi le sas à air a été muni de deux chambres d'équilibre.

Le sas lui-même était constitué par un tube de 2 mètres de diamètre sur 3 mètres de hauteur, boulonné sur le tube central. Les chambres d'équilibre étaient reliées au sas par les cadres des portes de communication, et cet assemblage était consolidé à l'aide de deux ceintures en fer plat. Ces chambres avaient 1^m60 de diamètre et 2^m52 de hauteur.

Les bennes étaient soulevées par un treuil double avec arrêts automatiques, fixé sous le plafond du sas ; ce treuil était mis en mouvement par une machine à vapeur placée au-dessus ; l'arbre de transmission traversait un presse-étoupe.

Les déblais étaient éclusés au moyen de deux caisses rectangulaires, pénétrant latéralement dans la partie inférieure du sas.

L'extraction du sable et de la vase a été commencée avec la *pompe à sable* que nous avons décrite et dans laquelle un jet d'eau comprimée aspire le sable et la vase comme la vapeur aspire l'eau dans l'injecteur Giffard.

L'eau est amenée par un tuyau de 0^m064 aboutissant dans une chapelle en bronze, et débouche à travers un ajutage tronc-conique terminé par un orifice annulaire de 0^m003 d'ouverture. Le tuyau de refoulement présente un diamètre de 0^m089, réduit dans le bas à 0^m071 : le tuyau d'aspiration, de 0^m077 de diamètre, se termine en haut par un cône de 0^m064 d'ouverture qui pénètre dans l'embouchure évasée du tuyau de refoulement. L'extrémité inférieure du tuyau d'aspiration plonge dans une cuvette vers laquelle les ouvriers dirigent le sable.

Avec une pression de quatre atmosphères, la quantité de sable entraînée variait de 5 à 10 p. 100 de l'eau dépensée. La pompe à sable n'a pu être employée que pour la vase liquide ; on a dû y renoncer pour les vases plus compactes et faire la plus grande partie du fonçage à l'aide des bennes.

Caisson bâtardeau du port d'Anvers. — A la suite du concours ouvert par le gouvernement belge pour l'amélioration du port d'Anvers, la soumission de MM. Couvreux et Hersent fut acceptée, et ce sont ces habiles constructeurs français qui exécutent les travaux.

Le mur de quai longeant l'Escaut a été construit à l'aide de caissons-bâtardeaux à air comprimé ; M. Hersent a donné la description de cet intéressant travail dans un mémoire auquel nous avons emprunté les détails qui vont suivre.

Ce mur, construit en briques, sauf un revêtement en moellon piqué depuis 1 mètre au-dessous des basses mers jusqu'au couronnement, a au-dessus du massif de fondation une hauteur de 14^m35, dont 8 mètres au-dessous de la basse mer. Le fruit extérieur est indiqué sur le profil en travers, figure 3, planche XXXV ; du côté des terres, le mur est élevé verticalement jusqu'au niveau de basse mer ; au-dessus de ce niveau, on avait d'abord adopté une série de voûtes, puis, vu les difficultés d'exécution, on est revenu au système simple des redans.

Le massif de fondation a une largeur uniforme de 9 mètres et est descendu à une profondeur variant de 2^m50 à 5 mètres au-dessous du sol ; des sondages permettent de préciser en chaque point cette profondeur et de donner à chaque caisson la hauteur correspondant à l'enfoncement qu'il doit prendre.

On ne doit pas oublier que le mur du quai devait être établi en grande partie dans le fleuve à 100 mètres de la rive, dans des profondeurs d'eau variant de 8 à 12 mètres à basse mer et de 14 à 18 mètres à haute mer, dans un courant dont la vitesse atteint jusqu'à 1^m90 par seconde et avec des marées dont l'oscillation va jusqu'à 6 mètres ; il fallait donc un mode de fondation spécial et un outillage nouveau.

« La longueur du quai est divisée en tronçons de 25 mètres à poser l'un au bout de l'autre, lesquels sont construits sur des caissons métalliques, qui servent à faire la fouille du sol et à conduire la maçonnerie à la place qu'elle doit occuper.

« La construction d'un tronçon de mur de 25 mètres de long comporte, en dehors de la maçonnerie qui est la chose définitive, l'emploi de trois appareils provisoires.

« 1° Le caisson qui reste au fond de l'eau sous la maçonnerie ;
« 2° Le bâtardeau mobile ⎫
« 3° L'échafaudage flottant ⎬ qui sont des outils.

« Le caisson a 25 mètres de longueur, 9 mètres de largeur et une hauteur variant de 2^m60 à 6 mètres, suivant la profondeur qu'il doit atteindre (*fig.* 1 et 2, Pl. XXXV).

« La partie inférieure qui constitue la chambre de travail, pour le déblai à faire au fond du fleuve, a 1^m90 de hauteur ; le plafond est formé d'une tôle de 6 millimètres, sur laquelle sont assemblées des poutres transversales espacées de mètre en mètre ; au-dessous, il y a des consoles qui servent à fixer les parois verticales ; cinq ouvertures donnent passage à autant de cheminées verticales, dont une grande au centre, pour l'écluse à air, servant d'accès pour les ouvriers dans la chambre de travail, et quatre autres pour l'introduction, par éclusées, du béton qui doit remplir finalement cette chambre.

« La construction des caissons est faite sur des chantiers au nord de l'Escaut ; on les immerge en les faisant glisser sur un plan incliné, à marée basse, et le flot permet de les conduire jusqu'à destination près de la place qu'ils doivent occuper.

« La partie supérieure est munie d'une cornière percée très exactement comme le bas du bâtardeau.

« Le bâtardeau mobile destiné à surmonter les caissons pour permettre

FONDATIONS

la construction de la maçonnerie au-dessus du plafond, est tout en fer, il a en plan les mêmes dimensions que le caisson de fondation, de manière à pouvoir s'adapter exactement dessus.

« Sa hauteur est de 14 mètres, et il pèse environ 160 tonnes. L'épaisseur de ses parois est de 0^m50, ce qui lui donne pour dimensions intérieures 24 mètres de long sur 8 mètres de large.

« Cette épaisseur de 0^m50 est occupée, à la partie inférieure, par une galerie de 1^m50 de hauteur qui règne sur tout le pourtour et qui sert pour boulonner et déboulonner; cette chambre d'assemblage est complètement étanche, de manière à permettre l'emploi de l'air comprimé, sa base est percée de trous, correspondant à ceux de la cornière supérieure du caisson.

« Quatre cheminées surmontées de sas à air, permettent aux ouvriers de descendre dans cette galerie.

« Du dessus du plafond de ladite chambre d'assemblage partent vingt-six grandes poutres verticales, qui forment, avec les cheminées, l'ossature du bâtardeau, destinée à donner de la rigidité à la tôle et de la résistance contre la pression de l'eau.

« Entre ces poutres se trouvent des cadres horizontaux à 0^m50 les uns des autres. Tout cet ensemble maintient la tôle qui a des épaisseurs variant, suivant la hauteur où elle se trouve, de 6 à 12 millimètres.

« Cette caisse sans fond est rendue rigide à la partie supérieure par 12 grandes poutres parallèles aux petits côtés et entretoisées entre elles. A la partie inférieure, c'est le caisson, sur lequel elle est boulonnée, qui lui sert de contreventement.

« Le bâtardeau avec les divers accessoires qui y sont accrochés, les écluses à air, pour les hommes, pour le béton, etc..., pèse environ 200 tonnes et est supporté par un échafaudage flottant.

« Cet échafaudage est porté par deux bateaux ou flotteurs, de 26 mètres de longueur et 5 mètres de largeur, espacés l'un de l'autre de 10 mètres et supportant six fermes de 12 mètres de hauteur qui les rendent solidaires l'un de l'autre; les deux fermes extrêmes sont entretoisées sur toute la hauteur, de sorte qu'on a une cage métallique dans laquelle se trouve le bâtardeau qu'on peut lever et transporter.

« Le levage et la descente du bâtardeau s'opèrent au moyen de douze palans à cinq brins chacun, dont l'attache supérieure se trouve au bout de chaque ferme et de chaque côté; les attaches du bâtardeau sont placées en regard de celles de l'échafaudage.

« Les 12 palans sont actionnés par autant de treuils à noix montés sur une transmission qui entraîne avec exactitude les chaînes calibrées. Une machine à vapeur communique un mouvement identique à tous les treuils, de sorte que le poids de 200 tonnes du bâtardeau, peut être soulevé de 10 à 12 mètres en une heure sans difficulté. Chaque palan lève 16 à 17 tonnes, ce qui n'est pas excessif.

« Pour compenser les petites inégalités des chaînes on a cru nécessaire d'ajouter, à l'extrémité supérieure de chaque palan, un ressort à 5 disques en caoutchouc, lequel régularise complètement la charge à porter par chaque palan.

« Sur les pontons de l'échafaudage flottant se trouvent toutes les machines et engins accessoires. D'un côté, la machine à vapeur des treuils, de la force de vingt-cinq chevaux, mettant aussi en mouvement deux machines soufflantes, qui peuvent fournir chacune 300 mètres cubes d'air à l'heure ; deux grues pour l'élévation des matériaux et leur introduction dans le bâtardeau.

« De l'autre côté, une machine semblable met en mouvement les broyeurs à mortier et les grues qui les desservent ; il s'y trouve en outre la pompe aspirante et refoulante servant à distribuer l'eau aux éjecteurs pour l'expulsion des déblais de la chambre de travail ; de cette façon, tous les ouvrages demandant de la force sont exécutés mécaniquement et rendent plus facile et moins long tout le reste de la besogne.

« Pour construire un tronçon de mur de quai, on amène l'échafaudage flottant supportant le bâtardeau, à la place que doit occuper le mur ; il est solidement maintenu par 12 treuils sur lesquels s'enroulent 12 chaînes de 25 millimètres, attachées à un nombre égal d'ancres de 500 kilogrammes chacune.

« Le dessous du bâtardeau est de 0^m70 environ au-dessus du niveau de l'eau, on remorque le caisson, depuis le chantier de construction jusqu'auprès de l'échafaudage et on l'introduit sous le bâtardeau pendant l'étale de marée basse ou de marée haute. On pose un caoutchouc sur le caisson pour faire le joint et on met les trous en face les uns des autres, puis on introduit de l'air comprimé dans la chambre de travail pour mettre le caisson et le bâtardeau en contact ; on peut alors placer et serrer les 360 boulons qui établissent le joint.

« Le serrage a lieu dans la galerie d'assemblage qui sert surtout pour le démontage ; l'écrou est placé dans le caisson et reste dans la maçonnerie après le déboulonnage, tandis que le boulon peut servir à nouveau.

« Après cette opération préalable on pose le béton sur le plafond jusqu'au niveau supérieur des poutres et on commence la construction en maçonnerie, en ayant soin d'élever davantage les extrémités pour appuyer les tôles, on pose des étais transversaux, qui soutiennent les parois longitudinales et qui sont remontés au fur et à mesure de l'avancement des maçonneries, afin de ne pas fatiguer le métal.

« Afin de compenser la différence de charge qui résulte du retrait du mur par rapport au parement extérieur du caisson, on remplit l'intervalle qui existe entre la maçonnerie et le bâtardeau, avec du sable, ce qui rétablit l'équilibre et ramène tout l'appareil dans la position verticale.

« Les maçonneries sont continuées ainsi dans cet appareil flottant jusqu'à ce que le caisson touche terre à marée basse.

« Au moyen de treuils et de chaînes fixées aux ancres on met alors le tronçon de quai en ligne et à sa place, en se servant quelquefois de l'air comprimé pour le soulager. On vérifie la position au moyen d'instruments placés à terre, après quoi on lâche la pression et on laisse entrer l'eau dans le bâtardeau à marée basse, de façon que le volume de 1,500 mètres cubes environ ne sorte plus de l'endroit qu'il doit occuper.

« Quelquefois les caissons prennent des positions plus ou moins inclinées, par suite des remous de courants de fond, qui produisent des tas de sable; on profite alors de la première marée basse qui se présente pour descendre dans la chambre de travail, au moyen de l'air comprimé, régler au plus vite le terrain, et on continue jusqu'à ce que le caisson soit suffisamment chargé, pour ne plus se relever à marée haute, quand on introduit de nouveau l'air comprimé sous le plafond, pour faire le déblai du sable et opérer le nettoyage.

« Le procédé employé consiste à délayer les déblais dans une caisse rectangulaire, d'une contenance de 150 litres environ, avec de l'eau envoyée en pression par une pompe placée extérieurement.

« Les hommes jettent avec la pelle le déblai dans cette caisse, le courant d'eau qui arrive le délaie, et l'évacuation est réglée par l'ouverture d'un robinet placé à l'extrémité du tuyau d'extraction, de 10 centimètres de diamètre, qui traverse la muraille du caisson et qui conduit dehors le déblai délayé, à l'état presque liquide, en un point situé à 1 mètre environ au-dessus du sol.

« Un petit excès de pression dans la chambre de travail suffit pour déterminer l'entraînement.

« Quand le caisson est arrivé sur le sol résistant et reconnu bon pour la fondation, on procède alors au remplissage de la chambre de travail, par l'introduction du béton, qui s'effectue au moyen de quatre cheminées spéciales à écluses.

« On forme des couches successives de béton en commençant par le pourtour et en finissant par la cheminée centrale, en ayant soin de le pilonner et de le pousser sous le plafond pour ne laisser aucun vide. On ferme successivement les cheminées jusqu'à celle du milieu, par laquelle on termine, puis on déboulonne toutes les cheminées, pour pouvoir les enlever avec le bâtardeau; le joint étant à emboîtement et leur point d'attache placé sur le bâtardeau, elles s'enlèvent avec celui-ci, sans autre travail préparatoire que le déboulonnage.

« Quand la maçonnerie est terminée dessous et dessus jusqu'au niveau de basse mer et un peu au-dessus, on enlève le bâtardeau pour une autre opération, le reste des maçonneries est fait à l'air libre à basse marée.

« Pour le démontage du bâtardeau, on envoie de l'air comprimé dans la galerie d'assemblage à la partie inférieure; quatre hommes descendent alors dans les galeries et opèrent le déboulonnage en 6 heures; les palans sont amarrés au bâtardeau, on procède à l'enlèvement et, à marée haute, le bâtardeau peut passer par-dessus la construction restée sur le sol, et se trouve tout préparé pour prendre un nouveau caisson.

« Les premiers tronçons du mur ont été construits en 40 et 35 jours; maintenant le travail se fait assez régulièrement en 25 jours, ce qui fait qu'un mètre courant de quai est fondé par jour et par chacun des appareils qui sont au nombre de trois.

« Après l'enlèvement du bâtardeau mobile et de l'échafaudage, on doit remplir l'espace qu'occupaient les cheminées et former le joint entre deux tronçons successifs.

« Pour la partie inférieure il n'y a rien à faire, car les caissons sont presque juxtaposés, mais pour la partie médiane, il y a un intervalle d'un mètre environ, dû à la place qu'occupaient les bâtardeaux. On place deux panneaux en bois dans des rainures ménagées dans la maçonnerie : on charge ces panneaux avec des pierres pour les empêcher de se relever et on remplit l'intervalle en y coulant du béton à l'aide de caisses s'ouvrant par le fond.

« Des rainures verticales, au nombre de trois, sont construites pour assurer la solidarité du béton avec les murs, en interrompant la partie droite des maçonneries (*fig.* 4, pl. XXXV).

« Les évidements laissés par les cheminées sont remplis de la même façon. Le mur est ensuite élevé en pierres et en briques sans solution de continuité, avec sujétion de marée pour la partie inférieure.

« Derrière le mur ainsi construit, il faut mettre du remblai pour former le terre-plein des quais. Avant de procéder à cette opération, on pose au pied du mur du côté de terre, et particulièrement au droit des joints, un remblai spécial de terre de schorre (argile d'alluvion). Cette terre se tasse peu à peu et forme une masse compacte qui empêche les mouvements de l'eau en filtration de l'avant à l'arrière du mur de quai.

Cette précaution spéciale est surtout nécessaire dans les terrains de sable ou de vase presque mobile, elle a une grande importance, et s'emploie généralement en Hollande et en Belgique.

Le mur de quai fondé est à 100 mètres environ de la rive actuelle; on a remblayé l'espace qui le sépare de la rive ancienne par des remblais de sable, provenant d'emprunts, ou de dragages dans le lit du fleuve.

La face vers le fleuve est revêtue de poteaux de garde en bois, pour permettre l'accostage des navires; d'échelles et de crochets à canots, pour qu'à toute heure de la marée, il soit accessible aux embarcations les plus petites comme les plus grandes; sur le quai il y a des canons d'amarre, espacés de vingt en vingt mètres. »

Caisson de la darse de Missiessy, à Toulon. — Le sol du port de Toulon comporte une profondeur de 10 à 12 mètres d'alluvion surmontant un terrain résistant connu sous le nom de saffre, sorte de conglomérat de cailloux, de sable et d'argile. Ce terrain, d'une grande porosité, est criblé de sources et on ne peut songer à y établir une fondation par épuisements.

On avait la ressource de fonder sur béton immergé, mais on a bien des chances pour ne pas obtenir l'étanchéité avec un pareil procédé, et comme il s'agissait de construire des bassins de radoub, il fallait réaliser une fondation bien étanche. On s'arrêta au système suivant :

1° Draguer l'emplacement du bassin jusqu'à atteindre le fond solide; cette opération fut effectuée à l'aide de dragues puissantes dont nous avons donné la description dans une autre partie de cet ouvrage;

2° Amener à l'emplacement préparé un vaste caisson métallique, exécuter à l'intérieur la maçonnerie du bassin pour déterminer l'enfoncement progressif de la masse entière, ménager à la base du caisson des chambres de travail à air comprimé permettant de visiter le fond lorsque le caisson serait descendu jusque-là, de le nettoyer, d'en faire disparaître les irrégularités; de créer en un mot une fondation immuable.

M. Hersent fut chargé de réaliser ce programme qu'il avait proposé; il a rendu compte de l'opération dans un mémoire dont nous extrayons les renseignements qui vont suivre (*fig.* 5 à 9, pl. 35).

« Le travail consistait à mettre en place, à 19^{m}30 de profondeur, au moyen d'un caisson métallique, un massif de 40,000 mètres cubes de maçonnerie présentant à l'intérieur un vide suffisant pour recevoir les nouveaux bâtiments. Ce vide qui constitue la forme proprement dite devait avoir une longueur de 127 mètres, une largeur au niveau des quais de 35^{m}55 et au niveau du radier de 23^{m}80. L'écluse d'entrée devait avoir 25 mètres de largeur et le seuil devait être à 9^{m}40 au-dessous du niveau des basses mers.

« Pendant qu'on creusait l'emplacement définitif du caisson, on s'occupait de sa construction et de sa mise à l'eau, ce qui fut l'objet de réflexions sérieuses ; car on pouvait craindre des déformations en construisant le caisson à terre et en le mettant à l'eau par glissement.

« On s'est arrêté à l'idée de l'établir dans un bassin provisoire creusé à proximité de la darse Missiessy et de l'en faire sortir par sa propre flottaison après avoir mis ce bassin en communication avec la darse.

« Après avoir creusé une excavation jusqu'à 2^{m}30 au-dessous du niveau de haute mer sur une surface de 7,000^{m2}, on rencontra un sol assez léger laissant passer l'eau. On dut, pour assainir la surface, faire un grand rigolage pour l'écoulement des eaux et établir une pompe débitant environ 200 mètres cubes à l'heure pour tenir la fouille à sec.

« Avant le montage des poutres du caisson, on a fait un grand calage en vieilles traverses de chemin de fer posées à plat sur le sol et supportant des tasseaux réglés à hauteur pour répartir les charges sur une grande surface.

« Une grue sur voie latérale permettait de prendre les fers sur les wagons et de les poser à terre, une autre grue, faisant le service du montage, les reprenait pour les mettre en place.

« Le montage du caisson commença le 26 octobre 1877 et fut fini le 19 juillet 1878, après 287 jours de travail.

« La mise à flot et la sortie du bassin présenta quelques difficultés à cause du peu de profondeur et de la hauteur qu'avait prise le calage des poutres sur le sol et le réglage des niveaux.

« Après la fin du montage du caisson, on laissa l'eau du bassin s'élever au niveau de la mer pendant qu'on travaillait à réduire le terre-plein qui séparait le bout du bassin de la Darse, et avec une pompe on éleva le niveau de l'eau dans le bassin au-dessus de celui de la mer, de façon à faire flotter le caisson. Pour permettre d'enlever les tasseaux sur le pourtour du tranchant et sous les cloisons intérieures, on déplaça le caisson longitudinalement de 2 mètres environ, de sorte que les cales qui étaient restées attachées au fer purent être facilement dégagées. — On gagna ainsi une hauteur de 0^{m}20 à 0^{m}25 pour la sortie du caisson, mais cela ne fut pas tout à fait suffisant. Les cheminées étant fermées en dessous, on mit des robinets aux cheminées d'écluse et on organisa sur le caisson même une conduite d'air avec un compresseur et une machine. Au moment de la marée haute qui est d'environ 0^{m}50 à Toulon, on introduisit sous le plafond un certain volume d'air qui souleva le caisson et lui permit de flotter pour la sortie du bassin de construction.

« L'installation du halage pour la sortie du caisson a été organisée par les soins des mouvements du port; des cabestans, disposés convenablement, ont permis d'amener facilement à sa place d'immersion ce bateau d'une forme nouvelle et d'une dimension inusitée, dont nous allons indiquer le mode de construction.

« Le caisson métallique pour l'exécution d'un bassin de radoub fut construit de manière à envelopper toute la maçonnerie du bassin, et à la protéger contre le contact immédiat de l'eau, pendant toute la durée de la construction.

« La longueur totale du caisson est de 144 mètres, sa largeur de 41 mètres, sauf la partie postérieure qui est à pans coupés sur une longueur de 8 mètres; la hauteur totale est de 19 mètres.

« Le caisson est divisé dans la hauteur en deux parties principales distinctes :

« 1° La partie inférieure au plafond, qui a pour but de former les chambres nécessaires à l'emploi de l'air comprimé pour permettre de nettoyer exactement le fond de la fouille après le dragage. La surface totale du bassin est divisée dans le sens de sa longueur en dix-huit compartiments séparés les uns des autres par une cloison transversale étanche.

« 2° La partie supérieure au plafond qui forme une immense capacité d'une seule pièce, dans laquelle on construit à l'abri de l'eau les maçonneries du radier et des bajoyers du bassin de radoub, et ce sont ces maçonneries mêmes qui font la charge nécessaire pour l'enfoncement.

« Dans sa construction, le caisson métallique est, en outre, divisé en trois parties assez distinctes à cause de leur importance et de leurs fonctions relatives, ce sont le caisson proprement dit, les hausses et le bâtardeau.

« Le caisson proprement dit forme toute la base de l'ouvrage, sur 7 mètres de hauteur, il contient les pièces rigides extérieures et intérieures, il forme la partie la plus importante de l'ouvrage et est construit tout d'une pièce.

« Il est composé :

« 1° Comme éléments d'isolement de l'eau : de la muraille extérieure en tôle et d'un plafond sur toute sa surface;

« 2° Comme élément de résistance : d'une grande poutre verticale à double paroi faisant tout le pourtour; les parois extérieures étant pleines, celle de l'intérieur est à claire-voie pour être complètement enveloppée dans la maçonnerie.

« De dix-sept poutres transversales entretoisant les poutres extérieures.

« De deux poutres intermédiaires longitudinales entretoisant les poutres transversales sur toute leur hauteur;

« De poutrelles du plafond raidissant la tôle sur toute sa surface ;

« De consoles sous le plafond pour transmettre aux parois verticales les efforts de la partie supérieure, et pour assurer la position rectiligne des parois inférieures qui forment le couteau.

« La disposition des murailles de la partie inférieure des poutres transversales au-dessous du plafond forme les chambres de 1^{m}90 de hauteur nécessaires pour l'emploi de l'air comprimé.

« La poutre extérieure qui forme le cadre d'assemblage, offre une grande résistance longitudinale, tant à cause de la dimension des fers de la base, formant tranchant, qu'à cause des plates-bandes longitudinales de la partie supérieure et de l'entretoisement des deux parois. Les poutres transversales forment la charpente intérieure du caisson, et réunissent les deux grandes parois. Les poutres longitudinales intermédiaires ont pour but principal de fortifier les poutres transversales en les réunissant au tiers de leur longueur, et d'atténuer dans une certaine mesure la charge de roulement du service des matériaux pendant la construction. Les poutrelles du plafond sont des solives dont le travail est presque nul quand elles sont enveloppées de maçonnerie, leur principale fonction est de soutenir la tôle qui est l'élément de la flottaison, et de permettre la confection des maçonneries qui les enveloppent.

« Les hausses sont la continuation des parois extérieures pour isoler la maçonnerie du contact immédiat de l'eau. Afin de permettre la pose de parois métalliques aussi considérables, il a été indispensable de construire au-dessus des poutres transversales de grandes consoles en fer sur toute la hauteur, lesquelles servent d'attache à de petites membrures horizontales sur lesquelles sont attachées les tôles.

« Les hausses en tôle étanches sont construites sur les deux grands côtés, à l'arrière et aussi en retour à l'avant, mais de manière à laisser libre l'entrée future du bassin. Cette partie de l'avant est isolée de la mer d'une manière spéciale par un bâtardeau métallique.

« Ce bâtardeau, qui est destiné à permettre l'ouverture du bassin après l'achèvement de la construction entière des maçonneries, est construit dans le genre des bateaux-portes, qui sont affectés à la fermeture des bassins eux-mêmes, avec des dispositions spéciales que nécessitent le montage et le démontage.

« L'énorme charge d'eau à laquelle il est destiné à résister à la fin de l'opération et la nécessité d'un montage partiel, ont amené à le diviser en grandes tranches dont les éléments de résistance sont de grandes poutres horizontales.

« Des aiguilles verticales, espacées de mètre en mètre, transmettent aux parois la part de résistance qui leur est afférente, on a ainsi utilisé à la résistance le seuil des maçonneries, et on a obtenu une construction notablement plus légère que celle des bateaux-portes ordinaires.

« Le revêtement est à double paroi, pour permettre la flottaison au moment du démontage, et la régularité de la charge pendant l'immersion. Sur les deux côtés et au fond, on a ménagé une galerie, pour défaire les écrous des boulons de montage qui servent à faire l'assemblage avec les hausses du caisson.

« Le montage du bâtardeau à double paroi a été fait par parties successives comme les hausses. La partie inférieure contenant la galerie de boulonnage, a été posée tout d'une pièce sur les consoles du caisson et boulonnée; au-dessus, on a monté les aiguilles verticales jusqu'à la première poutre et mis le bordage en place, puis la première poutre, la deuxième partie des aiguilles, le bordage de cette deuxième poutre, la deuxième poutre et enfin le complément de la hauteur.

« Le joint entre le bâtardeau et le caisson a été fait avec des planches de bois de peuplier grisard de 0^m03 d'épaisseur, enveloppées de feutre pour permettre aux têtes de rivets et aux inégalités de surface de la paroi métallique de pénétrer dans le bois.

« L'assujettissement primitif est établi par des boulons de 0^m025 espacés de 0^m25 en 0^m25, qui seront démontés de l'intérieur du bâtardeau.

« Pour se rendre compte de la flexion des poutres du bâtardeau à mesure de l'enfoncement et par conséquent de l'augmentation de charge, on a tendu un fil de fer des deux extrémités et observé la flexion au milieu, le maximum a atteint 0^m003 pour la poutre principale, qui a 26 mètres de portée, et 0^m002 pour la poutre supérieure.

« La partie inférieure du caisson, sur 7 mètres de hauteur, pèse 1,850 tonnes.

« Les hausses, le montage des consoles et du bâtardeau ont été faits sur place.

« Le poids total des fers entrés dans la construction d'un bassin de radoub est d'environ 2,500 tonnes; mais la dernière tôle du haut et le bâtardeau, pesant ensemble 160 tonnes, seront retirés. Ces quantités donnent 430 kilogrammes de métal employé par mètre carré de surface, dont 400 kilogrammes resteront définitivement en place après l'enlèvement du bâtardeau.

« Pendant la durée de la construction des maçonneries, le caisson a été maintenu en place au moyen de fortes chaînes, et on a posé sur ses bords trois passerelles qui tenaient à terre et l'empêchaient de remuer sensiblement.

« L'une de ces passerelles donne passage à la voie de fer, pour le service des maçonneries. Les deux autres avaient pour but de s'opposer à l'oscillation qu'aurait pu causer l'action du mistral sur une aussi grande surface.

« Pour satisfaire aux exigences de la rapidité d'exécution, on a dû installer un service régulier de machines et d'appareils, pour le transport des matériaux et la fabrication du béton et du mortier.

« Sur toute la longueur du caisson et suivant l'axe, on a installé un pont provisoire en bois, qui a permis de poser deux voies de fer parallèles venant de terre. La passerelle qui établissait la communication reposait d'un côté sur le caisson, de l'autre sur une palée avec support mobile. On faisait des relevages successifs au fur et à mesure de l'enfoncement du caisson, de sorte qu'on a eu d'abord une rampe entre la terre et le bord du caisson, puis une pente pour descendre dans le caisson.

« Une machine à changement de marche actionnait un treuil à gros tambour sur lequel s'enroulait un câble sans fin et flottant, permettant de tirer les wagons sur la rampe et de les retenir sur la pente.

« Le béton a été fabriqué dans le caisson au moyen des boîtes à plans inclinés successifs opposés, et transporté en place avec des volets à manches, qui se chargent sur l'épaule.

« Le mortier a été fait avec trois manèges à roues métalliques mues à la vapeur, et la machine motrice élevait l'eau en abondance pour l'arrosage des moellons et du caillou à béton.

« Les pierres de taille ont été préparées d'avance et empilées sur le chantier avec une grue roulante.

« Elles ont été reprises par le même moyen au moment de l'emploi et amenées par wagonnets sur les bajoyers du bassin de radoub. On les a reprises avec une autre grue roulante, qui a permis de les descendre juste à leur place de pose, sans aucune autre manœuvre.

« Dans les calculs de résistance faits à l'avance on avait admis que les bajoyers seraient élevés successivement au niveau de l'eau et un peu au-dessus et qu'on leur donnerait la résistance nécessaire pour contre-balancer la poussée de l'eau tout au pourtour, enfin, que le reste de la surface sur le plafond serait uniformément chargée de maçonneries.

« Sans faire d'appréciation exacte, on avait bien admis qu'il y aurait lieu à une recherche pour équilibrer les charges sur la longueur totale à cause des différences de forme des bouts et surtout de l'inégalité de charges qui résulte du mur circulaire au bout à pans coupés et de la présence du bâtardeau à l'autre extrémité.

« Le caisson ayant pris à la mise à flot une toute petite flexion longitudinale vers les deux bouts, on s'est proposé pour problème de ne pas déranger son équilibre en construisant la maçonnerie et de répartir les charges d'une façon uniforme sur toute la surface afin d'atténuer ainsi les efforts qui causent les flexions longitudinales et transversales. — Cette disposition a permis à la maçonnerie d'absorber les pressions latérales qui se sont produites et dont le centre d'action est au tiers de la hauteur d'immersion.

« En suivant pour la confection de la maçonnerie un ordre déterminé d'avance, qui réglait la quantité des surcharges à mettre au milieu des poutres pour équilibrer le poids des bajoyers, le caisson métallique n'a plus eu à supporter de grands efforts, il a été le moule dans lequel on a construit la maçonnerie équilibrée en elle-même. Toutefois on doit reconnaître que l'ossature rigide en fer a puissamment servi à atténuer les différences de répartition des charges, qui se sont produites et qu'on ne saurait la faire disparaître ni même essayer d'en diminuer l'importance sans crainte de danger.

« D'après la coupe (fig. 5, pl. XXXV), pour une immersion à 3^m83 du plafond et 5^m73 du tranchant, on a déjà une épaisseur de maçonnerie sur le plafond, de 0^m80, les poutres transversales et longitudinales sont enveloppées d'une maçonnerie de 2 mètres de hauteur sur 2 mètres de largeur, le pourtour est maçonné à travers la double paroi métallique sur 1 mètre d'épaisseur jusqu'au haut de la poutre du pourtour.

« Ces maçonneries ont été exécutées par hauteurs de 0^m30 pour tout ce qui est sur le plafond et de 0ᵐ50 pour ce qui est au pourtour et en observant les flexions pour une répartition aussi exacte que possible.

« Les flexions transversales pour cette partie du chargement sont nulles, mais les flexions longitudinales ont eu quelque importance. La dilatation de la partie supérieure des grandes poutres longitudinales est très sensible et produit, selon les écarts de température, des flexions de 4 à 6 centimètres de midi à minuit ou du soir au matin.

« D'après la deuxième coupe qui correspond à une immersion de 6ᵐ12 du plafond et 8ᵐ02 du tranchant, la maçonnerie du pourtour a été élevée, les poutres longitudinales et transversales sont presque complètement enveloppées de maçonneries; les contreforts contre la paroi verticale sont commencés ainsi que l'entretoisement du pied. La maçonnerie du compartiment central fut élevée pour équilibrer transversalement la charge des murs de paroi.

« Cette maçonnerie en béton est confectionnée, à la partie inférieure, avec du mortier de ciment à prise lente, de la fabrique Lafarge, au Theil (Ardèche), sur 1ᵐ60 d'épaisseur et a été exécutée sur toute la surface du caisson.

« La troisième coupe correspond à une immersion de 10ᵐ35 du plafond et 12ᵐ25 du tranchant. La maçonnerie du pourtour a été élevée et les poutres sont complètement enveloppées; les contreforts sont élevés et déjà on a pu faire un peu de maçonnerie au fond des puits d'évidement. Les pressions latérales ont acquis une grande importance, mais leur centre se trouvant à 3ᵐ46 du plafond, on se rend très bien compte qu'elles passent à travers la maçonnerie déjà rigide qui enveloppe les poutres en fer, et que les poutres elles-mêmes pourraient supporter une grande partie de ces pressions, car elles sont complètement encastrées dans la maçonnerie.

« A cette profondeur, les flexions transversales sont nulles et celles longitudinales peu importantes; ce sont des indices qui servent pour la direction des maçonneries et la répartition des charges.

« La quatrième coupe représente la situation des maçonneries au moment où le tranchant touche le sol avec 16ᵐ35 d'immersion du plafond et 18ᵐ25 du tranchant. Les murs du pourtour sont élevés jusqu'au-dessus du niveau de l'eau, des contreforts élevés de façon à résister à la poussée de l'eau, par leur propre poids; l'entretoisement du bas des contreforts, bien butté contre la maçonnerie des poutres, contribue à la résistance générale. Le radier a 5ᵐ10 d'épaisseur au milieu et les côtés sont évidés afin que leur poids et celui des murs de rive ne fasse qu'équilibrer celui de la partie centrale et du lest qu'on a dû y apporter. Les flexions transversales sont encore à peu près nulles et celles longitudinales insignifiantes.

« On doit faire remarquer ici que, pour les deux extrémités, on a dû faire de plus grands évidements dans le radier pour équilibrer les charges des parois. Le centre des pressions extérieures passe encore à l'intérieur de la maçonnerie du radier, ce qui est un excellent résultat.

« Pour observer exactement les flexions, on a posé, dès l'origine, sur chaque poutre transversale, 4 nivelettes en fer creux, avec réglage à vis pour les voyants de diverses couleurs, lesquelles ont permis de niveler en long et en travers. En outre, on a tracé à l'extérieur une ligne parallèle au tranchant et on l'a relevée de mètre en mètre; chaque jour on a fait quatre observations qui ont servi d'indice pour guider le chargement à faire d'un bout ou de l'autre, à tribord, à bâbord, etc.

« Les lignes du haut des consoles des supports des hausses métalliques ont peu varié, et les flexions qu'elles indiquent sont une augmentation de celles des poutres.

« En résumé la construction de la maçonnerie a été aussi bien équilibrée que possible pour atténuer le travail du fer, sans que cette maçonnerie ait elle-même travaillé autrement que d'une manière normale. Les quelques parties qu'on a dû démolir justifient qu'elle est très bonne et très bien liée, quoiqu'elle ait été faite par petites épaisseurs superposées ou accolées.

« Avant de pouvoir travailler au nettoyage du sol, on a dû asseoir le caisson sur le fond de la fouille, de façon à ce qu'il ne se déformât pas et qu'il ne se relevât plus. Cette opération fut très simple; mais comme on avait émis des craintes de divers côtés, on prit de grandes précautions et on procéda avec la lenteur du sage.

« Lorsqu'à la suite du chargement, le caisson toucha le sol, on s'en aperçut à l'oscillation de la mer qui est à Toulon, de 25 à 40 centimètres deux fois par jour et d'une façon régulière.

« Ces oscillations sont sensiblement modifiées par l'action du vent, qui retient l'eau ou qui la pousse dans la rade de Toulon; il en résulte que les oscillations maxima ou minima peuvent être de 1 mètre environ. On les a minutieusement observées à Toulon pour se rendre compte des efforts auxquels la tranche du caisson pourrait être soumise, puisque 1 mètre de déplacement représente 5,800 tonnes à supporter par le tranchant extérieur des caissons et les parois transversales dont la longueur cumulée est de 1,053 mètres, soit par mètre courant de paroi verticale, 5,500 kilogrammes, ce qui serait insignifiant si la répartition était uniforme.

« La fouille avait été aussi bien et aussi exactement draguée que possible, les sondages n'avaient pas révélé de grandes différences; mais le caisson avait amené une partie des cales sur lesquelles il avait été monté; le sol du fond est très inégal de dureté, certaines parties sont des poudingues très résistants, d'autres du safre moyennement résistant, et enfin d'autres parties sont les couches d'argile interposées dans ce sol manquant d'homogénéité.

« Au lest permanent destiné à annuler les oscillations possibles, on dut encore ajouter l'équivalent du déplacement à faire dans les chambres où l'on introduit l'air comprimé, en prenant des précautions pour que cet air comprimé ne se répande pas partout sous le caisson, et ne le soulève.

« Après l'examen de toutes ces hypothèses, on résolut de sortir du caisson tous les débris de matériaux de façon à l'alléger un peu, et après on fit tout au pourtour un remblai de safre d'environ 0^{m}50 de hauteur, que l'oscillation de la marée tassa et fit entrer sous le tranchant;

un plongeur surveilla ce travail au fond de l'eau et fit passer une partie du safre sous le tranchant en le poussant avec ses pieds. On eut ainsi un petit matelas de matériaux rapportés qui se laissa pénétrer en face des parties dures et qui prit de la résistance dans les autres parties. En même temps qu'on relevait le sol à l'extérieur, les poutres extérieures purent prendre une charge plus grande et les poutres transversales furent relativement allégées.

« Après cette préparation, on chargea de nouveau le caisson avec de la maçonnerie jusqu'à toucher le sol et ensuite jusqu'à ce qu'on ait surchargé de 3,000 tonnes environ à la hauteur des eaux moyennes du moment, pour permettre de visiter quatre chambres à la fois, et de n'avoir pas de soulèvement à redouter par l'effet de la marée.

« Dans cette situation, le caisson s'inclina un peu vers Castigneau de 4 centimètres environ, mais il n'y eut pas de torsion. Le caisson était posé sur le sol et on put visiter le fond.

« Les écluses d'air étaient posées pour tous les compartiments, mais on résolut de commencer le travail de quatre compartiments d'abord : le deuxième, le dix-septième, puis le septième et le douzième, pour qu'après leur remplissage on eût un calage provisoire donnant toute tranquillité pour supporter de nouvelles charges et éloigner les chances de soulèvement.

« Lorsque le compartiment deuxième était déjà nettoyé et rempli de béton et le dix-septième très avancé, on travaillait au nettoyage des compartiments septième et douzième. Quoiqu'on eût pris la précaution de purger l'air comprimé qui pénétrait dans les compartiments voisins, il arriva que le 13 septembre 1879, vers 5 heures, l'après-midi, le caisson se souleva du côté de Toulon, d'environ 10 à 12 centimètres. M. le directeur Raoulx était présent. On ouvrit les robinets de décharge d'air et le caisson se rassit à sa place. On put apporter du lest sur les compartiments remplis, et depuis lors rien n'a plus bougé.

« Ce soulèvement s'est fait avec un chargement d'environ 100,000 tonnes. Il est probable que c'est la plus grosse charge qui ait jamais été soulevée.

« Après le remplissage des quatre premiers compartiments, on augmenta notablement le lest à l'intérieur du bassin, et le travail se régularisa. On travailla en même temps à la préparation d'un compartiment, au nettoyage d'un autre et au bétonnage du troisième, et toujours en chevauchant dans l'ordre établi d'abord pour le remplissage complet de tous les dix-huit compartiments inférieurs.

« Le nettoyage du fond consistait à extraire les vases argileuses et sableuses résultant du dragage, il y en avait une épaisseur de 0^m60 à 0^m80 environ sur le sol naturel, à l'état liquide à la partie supérieure, plus consistante au fond.

« Cette vase demi-liquide a été jetée dehors au moyen d'un siphon marchant sous la pression de l'air comprimé ; la vase plus consistante était ramollie pour être manipulée par le même moyen.

« Le caisson ayant été posé sur un cordon de safre tout autour, les murailles transversales avaient rencontré quelques traverses de bois, déposées sur le sol et quelques parties du sol ayant présenté de la résistance, il en est résulté que le sol nettoyé a été presque partout 0m10 à 0m20 plus bas que le tranchant du caisson, et qu'en raison de cette disposition, on a pu délayer très convenablement la vase du fond et la faire sortir au siphon.

« Le siphon employé à cet usage est un tuyau de 70 millimètres de diamètre mi-partie métallique, mi-partie en caoutchouc, pour atteindre tous les endroits du caisson, et facile à monter et à démonter. Son fonctionnement est basé sur l'équilibre de la colonne d'eau vaseuse et d'air comprimé à l'intérieur du tuyau et de la pression d'air comprimé sur la surface liquide dans laquelle on puise la vase par l'orifice inférieur.

« L'air comprimé destiné à alléger la colonne est introduit à 2 mètres de hauteur au-dessus du fond par un petit trou de 3 millimètres de diamètre. Cette disposition permettait le nettoyage d'un compartiment de 328 mètres de surface en deux jours environ, avec deux compresseurs d'air et deux siphons.

« Le nettoyage était suivi du commencement du remplissage fait en pierre sèche rangée à la main sur le fond pour éviter de mettre le béton dans l'eau; cette couche de 0m30 environ de moellon posé à sec sortait de l'eau, de telle façon que le béton posé dessus pouvait pénétrer dans les interstices et en faisait une maçonnerie.

« Enfin, chaque compartiment a été rempli de béton fabriqué en dehors et introduit pour la plus grande partie par les deux écluses à béton spécialement disposées à cet effet de chaque côté. A l'intérieur, le béton a été posé par couches successives en commençant par les deux bouts, puis les côtés, et toujours en bourrant le béton sous le plafond à mesure qu'on se rapprochait des orifices d'introduction. Les portes des bétonnières ont été fermées de l'intérieur et l'achèvement du remplissage a été fait avec du béton introduit par l'écluse centrale.

« Les deux écluses à béton ont permis d'entrer 100 mètres cubes de béton dans un jour.

« La fermeture des cheminées centrales a été faite avec un grand soin, après que le remplissage du fond a été terminé, et rendue efficace par du béton jeté du haut en bas; on a nivelé le béton à 1 mètre environ au-dessus du plafond, et on l'a recouvert d'une couche de 0m10 de mortier de Portland, sur lequel on a posé un tampon en bois sec, autour duquel on a entré autant de coins en bois qu'il a été possible d'en mettre, puis on a recouvert le tampon d'une couche de 0m10 de mortier de Portland et 0m50 de béton, après quoi, on a tenu l'air comprimé environ vingt-quatre heures pour amener une première prise du mortier et laisser le temps nécessaire au bois pour se gonfler. On a pu démonter les cheminées et attendre la certitude de l'épreuve de la fermeture.

« Toutes les cheminées sont exactement fermées et les bassins *n'ont pas une goutte d'eau à l'intérieur.*

« Les opérations successives du nettoyage, du remplissage et de la fermeture des cheminées a duré en tout trois mois, et pendant ce temps, on a sorti environ 5,000 mètres cubes de vase et entré et mis en place 12,000 mètres cubes environ de moellon et de béton.

« L'installation pour l'air comprimé a été très satisfaisante, plus importante que le nécessaire. On a pu satisfaire largement à tous les besoins. Dix compresseurs ont suffi et environ 200 chevaux de force motrice, ce qui laissait des éléments de rechange très larges ; les compresseurs de notre nouveau modèle ont donné d'excellents résultats en fournissant beaucoup d'air frais.

« Après que le caisson fut bien assis sur le sol, après la fermeture des orifices de l'air comprimé et du remplissage inférieur, on s'occupa de l'achèvement des maçonneries à l'intérieur, pour le radier, les puisards des pompes, les banquettes et les bajoyers de l'écluse. Deux grandes grues roulantes, permirent de manutentionner sans avaries et promptement toutes les pierres de taille. On put ainsi terminer le premier bassin avant le délai de quatre années, qui avait été accordé à l'entreprise. »

Jonction de caissons juxtaposés. — Pour constituer les barrages du port de Saint-Malo-Saint-Servan, M. l'ingénieur en chef Mengin a dû foncer 32 caissons de 17 à 25 mètres de longueur, qu'il a fallu relier par des jonctions étanches (*fig.* 5 et 6, pl. XXXVI).

A l'origine, on avait supposé que les caissons seraient terminés carrément et qu'on battrait des pieux entre les abouts successifs ; on eût dragué, puis coulé du béton entre ces lignes de pieux. Ce procédé n'eût pas été efficace.

L'entrepreneur, M. Zschokke, proposa de ménager dans les abouts des caissons des rainures à section rectangulaire, de telle sorte que les rainures correspondantes de deux caissons juxtaposés formassent un puits dans lequel on pourrait descendre une petite cloche à air comprimé permettant d'enlever le sable et la vase, et de les remplacer par de la maçonnerie. Nous avons déjà vu ce système des rainures appliqué aux murs du quai d'Anvers.

Les caissons de Saint-Malo ont 6^m30 de large et portent au bout une rainure de 3^m20 sur 1^m50 ; avec le jeu d'environ 0^m40 entre deux caissons consécutifs, cela fait un puits de 3^m20 sur 3^m40, permettant l'emploi d'une cloche de 2^m80 de côté. Encore faut-il, avec de pareilles dimensions, que la position des caissons soit bien exacte.

Il convient de garnir latéralement les espaces vides entre les caissons et même d'y battre des pieux, afin d'éviter l'entraînement du terrain latéral, entraînement qui se produit à la moindre lâchure d'air comprimé lorsqu'on est en présence de vase ou de sable. Il faut encore avoir soin de ne pas encombrer le sol, à l'avance, de blocs d'enrochements, car la rencontre de ces blocs par le tranchant du caisson donne lieu à de grandes difficultés.

Lors du remplissage en béton, on pousse ce béton sous la tranche de la cloche pour le faire adhérer aux parois du puits ; il importe que ce béton ne soit pas délavé, ce qui arriverait s'il se produisait sous la tranche de la cloche des émissions brusques d'air comprimé. A cet effet, il faut régler le plus exactement possible la vitesse de la machine de compression, disposer sur les parois de la cloche plusieurs robinets d'éva-

FONDATIONS

cuation que l'on ouvre dès que l'on voit que l'air comprimé va s'échapper sous la tranche; il est bon de tenir la tranche un peu au-dessous de la masse de béton qu'on refoule à l'extérieur.

Le béton doit être très gras et ne pas prendre trop vite, ce à quoi on est exposé dans l'air comprimé où il fait très chaud. A Saint-Malo, le béton de ciment prenait trop vite et il fallait piocher les tas déposés pour les refouler sous la tranche de la cloche; on a obtenu de bons résultats avec le béton à chaux du Theil, 400 kilogrammes de chaux par mètre cube de mortier, et volumes égaux de mortier et de cailloux.

Avec toutes ces précautions on est arrivé à de bons résultats.

M. Zschokke pense que, pour améliorer l'adhérence du béton et de la tôle, il serait bon de s'abstenir de peindre les tôles.

Caisson du viaduc du val Saint-Léger. — Le viaduc du val Saint-Léger, près Saint-Germain-en-Laye, est destiné au passage du chemin de fer de Grande-Ceinture. Il fallait en descendre les trois piles à des profondeurs de 27 à 32 mètres dans le sol.

On avait songé d'abord à effectuer la fouille par puits blindés et on procéda à l'exécution d'un *puits d'essai* qui coûta 15,000 francs. Le blindage de ce puits était formé de cadres horizontaux de 2^{m}90 de côté avec pièces de 0,20 d'équarrissage, réunis par des liernes verticales et supportant des planches de 0^{m}03 enfoncées à la masse. Quand on arriva dans les sables glaiseux fluents, on dut arrêter la fouille parce que ces sables siphonnaient à l'intérieur, et on enfonça dans le puits un tube en tôle de 0^{m}01 d'épaisseur, 1 mètre de diamètre et 3 mètres de long; l'enfoncement s'obtenait en se servant de rails verticaux comme de moutons.

Dans ce premier tube, on en enfonça un second de diamètre un peu moindre et de 3^{m}20 de longueur, qui arriva jusqu'à l'argile plastique; dès lors, l'eau n'arrivait plus, la fouille était facile, et on n'avait qu'à poser au fur et à mesure de la descente un cuvelage maintenu par des cercles de fer clavetés.

Cette expérience montra qu'on ne pouvait espérer le succès avec des puits blindés et on résolut de recourir à des caissons en tôle identiques à ceux qui servent pour les fondations à air comprimé, sauf à ne recourir à l'air comprimé que si l'abondance des eaux l'exigeait.

M. Hersent entreprit le travail à raison de 80 fr. le mètre cube de maçonnerie jusqu'au niveau du sol, tout compris.

Il proposa de réduire à 1/40 le fruit des massifs prévu à 1/20, sauf à compenser l'augmentation de cube par des évidements intérieurs; sa proposition fut adoptée et avec raison, car les caissons ne furent pas tous posés à leur place exacte, et avec le fruit de 1/20, on n'eût pas obtenu à la surface du sol le jeu suffisant pour l'implantation des fûts des piles. M. Hersent craignait, du reste, qu'avec un fruit trop accusé la résistance latérale du terrain ne fût pas assez forte pour régler la descente des caissons avec leur massif énorme de maçonnerie.

Les caissons, représentés par les figures 1 à 4, planche XXXVI, ont au niveau du couteau 12 mètres de long sur 6^{m}60 de large et toutes leurs parois latérales sont au fruit de 1/20. La hauteur sous plafond de la chambre de travail est de 2 mètres et cette chambre est raidie par deux arcs transversaux et par des contrefiches verticales en forme de triangle. Entre les contrefiches on avait, pour augmenter la raideur, construit en meulière et ciment de petites voûtes verticales, figure 7, et de même les intervalles entre les poutres du plafond avaient été remplis avec du béton, dans lequel on avait ajouté 100 kilogrammes de Portland par mètre cube de mortier.

Le plafond était percé de deux cheminées de 1^m05 de diamètre, au sommet desquelles on adaptait des sas ordinaires lorsqu'il était besoin de recourir à l'air comprimé; c'est par ces cheminées que se faisait, à l'aide de bennes et de treuils, l'extraction des déblais lorsque le fonçage se faisait à l'air libre.

On commença par la pile n° 2 qui paraissait devoir être la plus facile. On monta le caisson dans une fouille préparée à l'emplacement voulu, puis on commença le fonçage. Pour cette pile on put se passer de l'air comprimé; l'eau rencontrée au passage des sables fluents fut enlevée par les bennes et montée en même temps que le déblai. On se servait de bennes cylindriques en tôle de 0^m75 de hauteur de 0^m75 de diamètre pesant vides 125 kilogrammes et cubant 0^m33; elles étaient tirées par un treuil qu'actionnait une locomobile, reçues en haut sur un wagonnet plat et leur contenu demi-liquide était déversé dans un couloir aboutissant à des wagons. On arriva à extraire 200 bennes par vingt-quatre heures.

A la traversée des sables glaiseux, le caisson éprouva des descentes brusques; les sables siphonnaient dans la chambre de travail et on ne pouvait guère effectuer le déblai qu'à l'aplomb des cheminées. Quand on eut atteint la glaise imperméable, le travail fut beaucoup plus facile et on arriva à obtenir un enfoncement de 0^m33 par jour, et de 0^m40 en moyenne. A la fin de l'opération, on s'aperçut que les parois et les arcs de la chambre de travail se déformaient et menaçaient de se rompre, et on se hâta d'achever l'opération; cette déformation ne peut s'expliquer que par la poussée extraordinaire due au gonflement des argiles qui, vu le fruit des parois du caisson, se sont trouvées imbibées par les eaux descendant des sables fluents dont elles étaient surmontées. L'expérience fut mise à profit pour les autres caissons dont on renforça les armatures.

La maçonnerie au-dessus de la chambre de travail était exécutée à l'abri d'une chemise en tôle mince de 0^m002, maintenue horizontalement par des cadres légers en cornière de 50,50 sur 5 et verticalement par des croix de Saint-André. Cette chemise en tôle, fort peu coûteuse, est extrêmement utile d'abord pour guider les maçons et surtout pour régulariser la descente; si le parement des maçonneries portait directement sur le terrain, le frottement serait beaucoup plus considérable, la maçonnerie pourrait se trouver arrêtée à une certaine hauteur dans son mouvement de descente et la partie haute se détacherait de la partie basse. C'est ce qui est arrivé, en effet, à l'une des piles où l'on avait cru pouvoir se passer de la chemise en tôle; un enduit en ciment bien lissé ne peut la remplacer et il vaut beaucoup mieux en faire la dépense, du reste minime, que de s'exposer à un accident coûteux.

FONDATIONS

Le mouvement de descente du caisson était suivi à l'aide de deux fils à plomb pendus à la charpente extérieure suivant l'axe normal des cheminées.

Le fond de la chambre de travail fut garni d'un radier général en béton composé d'un mètre de caillou pour 0^m60 de mortier ; le mortier était lui-même composé de 1,450 kilogrammes de Portland pour 3 mètres de sable.

L'ensemble des travaux de fondation des trois piles dura en tout une année et revint à 4,845 francs par mètre courant de profondeur de fondation.

M. l'ingénieur Geoffroy a rendu compte de cet important travail dans un mémoire inséré aux *Annales des ponts et chaussées* de 1882, mémoire où nous avons puisé les renseignements qui précèdent.

Caisson du pont sur le Tay. — Les quatorze premières piles du grand pont sur le Tay, qui s'est écroulé en 1879 sous le passage d'un express, ont été fondées par l'air comprimé.

Les piles sont portées par deux colonnes qu'on enfonça d'abord séparément ; pour les dernières piles, on résolut de les rendre solidaires en les faisant poser par la base sur un caisson unique. « Cette double colonne, dit M. l'ingénieur J. Morandière, était transportée en place au moyen de chalands portant en même temps des presses hydrauliques qui servaient pour la descente de cette sorte de caisson, revêtu de briques intérieurement jusqu'à une hauteur correspondant à celle des basses mers. Au-dessus se trouvaient trois anneaux de fonte supportant les chambres d'équilibre. Le tout pesait environ 140 tonnes. Deux équipes de six hommes travaillaient à la fois au fond du caisson.

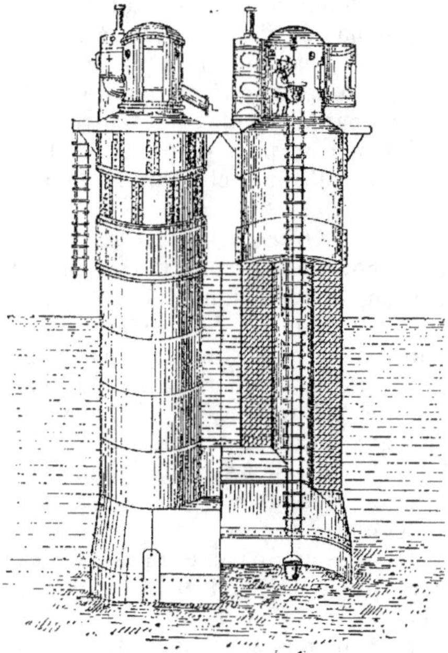

« Lorsque la pile était descendue à la profondeur voulue, les anneaux de fonte étaient remplacés par une sorte de bâtardeau en tôle, s'élevant à 1^m80 au-dessus des hautes mers, et on complétait la maçonnerie.

Fig. 127.

« La quinzième pile avait été aussi fondée par ce procédé ; mais, comme le rocher disparaissait en plongeant sous la mer, la pile s'inclina et il fallut la démolir pour la remplacer par une autre bâtie sur pilotis. En même temps, on se décida à faire des piles métalliques à partir des hautes mers. »

C'est précisément à ces piles métalliques qu'on attribue la chute de l'ouvrage; construites d'une manière défectueuse, avec un empattement beaucoup trop faible qui s'explique par la difficulté des fondations, elles furent soumises, pendant un ouragan, à des oscillations violentes et la résistance du métal fut dépassée. La pression maxima, enregistrée par les anémomètres, le jour de l'accident, s'est élevée à 409 kilogrammes par mètre carré de surface directement exposée au vent.

Caisson bâtardeau divisible et mobile. — Jusqu'à présent, nous avons vu les fondations à l'air comprimé appliquées à de grandes profondeurs; elles constituent, en effet, un système coûteux et l'obligation d'abandonner dans la maçonnerie les fers de la chambre de travail, crée même un certain danger, puisqu'il enlève aux massifs leur homogénéité. Si ces fers se trouvaient presque au niveau de l'eau, ils laisseraient dans la maçonnerie, lorsqu'ils auraient disparu par la rouille, des vides dangereux pour la solidité future. Il fallait donc, pour appliquer les fondations à l'air comprimé aux petites profondeurs, trouver un système de caisson mobile à l'abri duquel on put établir les maçonneries sous l'eau, et qu'on put enlever ensuite afin de l'utiliser pour un autre travail. Ce système, qui donne à la fois économie et sécurité, a été combiné par M. Montagnier, entrepreneur, à qui l'on doit l'établissement de plus de cent piles de ponts fondées à l'air comprimé, sans compter les travaux d'écluse et de murs de quai.

1° *Pont de Garrit.* — C'est au pont de Garrit, sur la Dordogne (ligne de Saint-Denis au Buisson), que le caisson mobile a reçu sa première application sérieuse, dont M. l'ingénieur Liébeaux a rendu compte dans un Mémoire inséré aux *Annales des ponts et chaussées* de 1881. Il avait, auparavant, appliqué la fondation par caisson ordinaire à l'air comprimé au pont du Pech, sur la même ligne, pour des profondeurs d'eau peu supérieures à 4 mètres, et cela avait permis d'effectuer le travail en une campagne, au prix de 150 francs le mètre cube de maçonnerie, alors qu'avec un caisson sans fond, en charpente, on eût dépensé 20 francs de moins seulement par mètre cube sans pouvoir terminer en une campagne.

« Le caisson divisible, dit M. Liébeaux, a été inventé par M. Montagnier, qui voulait arriver à l'emploi économique de l'air comprimé pour les faibles profondeurs.

« En principe, son appareil est très simple; il consiste en une vaste cloche de 5 mètres de hauteur environ, dans laquelle on comprime l'air et sous laquelle on travaille à l'enlèvement du gravier, à l'encastrement et à la construction de la pile.

« Quand les maçonneries sont hors d'eau, elles servent de point d'appui pour soulever la cloche, qu'on peut enlever d'un seul coup.

« L'idée première était de faire tout le travail à l'air comprimé, mais, en discutant avec M. Montagnier, nous avons reconnu d'un commun accord qu'il pourrait en être autrement.

« En demandant à l'administration supérieure l'autorisation d'employer le caisson divisible, nous nous exprimions ainsi qu'il suit : « Avec ce
« caisson on pourrait même, si on le voulait, faire les maçonneries à
« l'air libre. Il suffirait pour cela de faire l'encastrement à l'air comprimé
« et d'enlever le plafond après avoir fait autour du caisson un bourrelet
« d'argile, et à l'intérieur un petit puisard pour recueillir les eaux d'in-
« filtration. On n'enlèverait le plafond qu'après s'être bien assuré que les
« filtrations n'ont que peu d'importance, sinon on ferait les maçonneries
« à l'air comprimé ».

« A la suite de l'approbation de l'administration supérieure, le caisson divisible a été employé et il a parfaitement réussi ».

Les dessins du caisson, donnés par M. Liébeaux, sont représentés par les figures 1 à 5 de la planche XXXVII.

Le caisson a la forme générale de la pile à fonder qu'il enveloppe, en s'en tenant à 1^{m}50 de distance. C'est, comme on le voit, une grande marge pour corriger les erreurs de position, et pour établir le long de la tranche du caisson des bourrelets d'argile ou de béton.

Le caisson se compose de fragments verticaux en tôle de 2 mètres de large, qui s'assemblent les uns aux autres par cornières et boulons ; on interpose dans le joint, pour le rendre étanche, une feuille de caoutchouc de 0^{m}01 d'épaisseur.

Le caisson est recouvert d'un toit très résistant, consolidé par des poutres de 0^{m}60 de hauteur, et démontable en panneaux, comme le corps du caisson. Il porte trois écluses, deux circulaires et une elliptique, pour le passage des gros matériaux. Sous le toit, on voit deux rangées de hublots qui éclairent l'intérieur.

Le caisson est suspendu entre deux bateaux (*fig. 4*), à l'aide de vérins de 10,000 kilogrammes de puissance, et amené lentement à la place voulue ; il va sans dire que la dimension des bateaux est réglée eu égard au tirant d'eau qu'ils peuvent prendre, d'après le poids total du caisson.

Ce dernier est immergé en plaçant sur le toit une surcharge de gueuses de fonte, qui s'est élevée, au Garrit, jusqu'à 130,000 kilogrammes.

Cette surcharge artificielle est évidemment le point faible de l'opération, et il serait désirable, à notre avis, qu'on trouvât un système plus simple d'immersion ; peut-être serait-il possible de surmonter le caisson de hausses en tôle formant, sur le toit, un réservoir à eau, qu'il serait facile de remplir en peu de temps avec une pompe et que l'on viderait par des robinets. Ce procédé permettrait de régler, pour ainsi dire à volonté, les mouvements de descente et de relèvement du caisson.

Le caisson descendu à la profondeur voulue, on a donc construit dans l'air comprimé l'encastrement de la pile et la première assise, et on s'est proposé de poursuivre la construction à l'air libre.

Pour obtenir l'étanchéité, on avait inséré entre la tranche du caisson et le rocher une série continue de planches en bois dur ; on pensait que, sous la surcharge, la tranche du caisson pénétrerait dans le bois et donnerait une fermeture hermétique. Cela ne suffit pas absolument, et on dut poser à l'intérieur du caisson un bourrelet de béton, comme le montre la figure 5.

Le tuyau de la pompe d'épuisement pénétrait dans le caisson par un orifice latéral analogue au trou de hublot, et la même locomobile qui avait servi à actionner la machine soufflante activait la pompe.

Une pompe à bras aurait presque suffi.

La maçonnerie fut donc exécutée à l'air libre; on se contentait d'enlever les panneaux extrêmes de la toiture du caisson.

Pendant le travail, le caisson submergé par une crue rapide résista parfaitement et ne fut pas déplacé.

M. Montagnier a construit les piles à forfait et le prix de revient s'est élevé à 318 francs le mètre cube de maçonnerie.

« Ce prix de revient, dit M. Liébeaux, est très élevé et il est certain que des fondations par épuisement dans des caissons en charpente auraient coûté moins cher; mais il fallait gagner du temps et travailler avant la saison des basses eaux.

« Cette élévation du prix de revient par mètre cube tient évidemment au peu de profondeur des fondations. Des fondations de 4 mètres de profondeur, par exemple, n'auraient pas coûté beaucoup plus comme frais généraux et le prix de revient fût tombé à 150 francs.

De plus, il s'est agi de faire fabriquer un outil nouveau qui pourra resservir et dont l'emploi sera, par suite, beaucoup moins coûteux maintenant. »

C'est, en effet, ce qui est arrivé et, au pont de Mareuil, le prix est tombé à 95 francs le mètre cube.

Le caisson bâtardeau que nous venons de décrire est, en somme, une cloche à plongeurs de grandes dimensions et de forme spéciale.

2° *Démolition d'un mur de quai à Honfleur.* — Il s'agissait de démolir un mur de quai de 4 mètres d'épaisseur descendant à 5 ou 6 mètres sous l'eau. L'opération fut confiée, par MM. les ingénieurs du Calvados, à M. Montagnier, qui l'exécuta avec son caisson mobile du pont du Garrit (figures 1 et 2, planche XXXVIII).

On commença par pratiquer avec le caisson des tranchées transversales dans le mur.

Ce travail présentait quelques difficultés lorsqu'il s'agissait d'enlever la maçonnerie sous la tranche du caisson, mais, par contre, dit M. Montagnier, la partie qui se trouvait au centre se démolissait comme si l'opération s'était faite en plein air.

« Le maniement de ce caisson s'est fait au moyen d'un échafaudage fixe établi sur pieux, comme l'indique la planche XXXVIII, et sa descente s'est opérée au moyen de vérins à tige, pouvant porter 15,000 kilogr. chacun. Une fois reposant sur les murs, le caisson a été chargé artificiellement avec de la fonte et de la pierre pour avoir un poids équilibrant la colonne d'eau déplacée au fur et à mesure de la descente du caisson.

« Après achèvement de la démolition, on a procédé au relevage du caisson en employant de nouveau les vérins à tige fixés sur l'échafaudage, en utilisant, de plus, la sous-pression de l'air comprimé et en le déchargeant à mesure qu'il montait.

« L'opération du levage terminée, on faisait glisser le caisson sur les rails, jusqu'à une autre place et on procédait à une nouvelle caissonnée.

« Quant à la démolition du radier en béton de 2^m50 d'épaisseur, elle a été faite au moyen d'un caisson mobile, ayant 20 mètres de surface.

« Ce caisson a été conduit en place flottant et ensuite chargé de fonte et de pierre jusqu'à concurrence du poids nécessaire pour équilibrer la colonne d'eau à déplacer. L'eau refoulée au moyen du compresseur, on a commencé la démolition du béton, partie par partie, en laissant très peu d'espace entre les portions démolies et celles en démolition; de sorte que le peu de béton qui restait entre chaque caissonnée a été nécessairement enlevé de l'intérieur, sans qu'il ait été nécessaire d'y revenir avec le caisson ou un scaphandre. Ce moyen d'exécution peut être avantageusement employé aux dérochements et autres travaux analogues.

« Ce même petit caisson a été utilisé pour obturer, avec de la maçonnerie, un aqueduc servant autrefois à la chasse des bassins et qui a été coupé en démolissant les murs de quai.

« Pour faciliter les travaux de l'écluse de communication, on a établi, en avant de l'angle du bassin Est, un bâtardeau permettant de travailler à une certaine profondeur sous la tenue des eaux. L'aqueduc ci-dessus étant constamment en communication avec les autres bassins du port, nous avons été obligés de l'obturer, afin de pouvoir travailler à sec du côté du bassin en construction.

« Nous avons donc foncé ce petit caisson dans le milieu de l'aqueduc, en démolissant la voûte et les pieds-droits sur 0^m60 environ et le radier sur une profondeur de 0^m45, afin d'obtenir une parfaite soudure entre les nouvelles et les anciennes maçonneries.

« Lorsque le caisson fut arrivé à fond, c'est-à-dire à 6^m75 en contrebas du mur de quai, nous avons commencé les maçonneries de raccordement avec parement en brique. Ces maçonneries ont été exécutées sans incorporation de fers. A mesure qu'elles s'élevaient, on montait le caisson avec des vérins à tête de 15 à 20,000 kilogr. de force chacun et aidés par la sous-pression de l'air comprimé.

« Le levage fait par petites parties a parfaitement réussi, malgré des frottements considérables.

« Les résultats très satisfaisants obtenus dans l'opération ci-dessus, prouvent que l'on peut appliquer très avantageusement le caisson mobile à des raccordements de maçonneries et à une quantité d'autres travaux hydrauliques ne nécessitant pas une aussi grande étanchéité, par exemple des murs de quai, barrages, radiers d'écluse, réfections de maçonnerie et autres travaux analogues. »

3° *Culées et piles du pont de Mareuil sur la Dordogne.* — Le pont de Mareuil, sur la Dordogne, construit par MM. les ingénieurs Lanteirès et Couvrat-Desvergnes, comporte six piles et deux culées qui ont été toutes fondées par caissons mobiles à l'air comprimé sans aucune incorporation de fer dans les maçonneries.

M. Montagnier, qui a exécuté le travail au prix de 95 francs le mètre cube de maçonnerie, en a rendu compte dans une notice d'où nous avons extrait les renseignements suivants :

Les deux culées ont été exécutées avec un caisson de 128 mètres de surface. Ce caisson, chargé progressivement, a été descendu jusqu'au rocher, puis remonté au fur et à mesure de l'avancement de la maçonnerie jusqu'à 0^{m}20 au-dessus de l'étiage; la maçonnerie était couronnée par une assise de libage de 0^{m}40 de hauteur et un socle en pierre de taille de 0^{m}50. Le relevage du caisson s'opérait en enlevant la charge progressivement à l'aide de vérins à tête de 15,000 à 20,000 kilogrammes de force; on n'avait, du reste, à vaincre que l'excès de la charge sur la poussée de l'air comprimé.

On se servait de trois écluses de diverses grandeurs ; au milieu d'un caisson était une grande écluse permettant l'introduction de blocs de 1 mètre sur 0^{m}80 et 0^{m}60.

Les piles ont été exécutées, comme les culées, avec un caisson mobile, de 95 mètres carrés de surface.

Le caisson était monté sur un échafaudage flottant, porté par deux bateaux; puis il était descendu par des vérins à tige. Le relevage s'effectuait à l'aide de ces mêmes vérins à tige, aidés par la sous-pression de l'air comprimé et par huit vérins à tête placés dans le caisson.

Les piles ont été ainsi descendues de 3^{m}50 à 6 mètres en contre-bas de l'étiage avec un encastrement variant de 0^{m}50 à 2^{m}50, selon que le rocher était compact ou fissuré.

« Par ce système de fondation, dit M. Montagnier, les maçonneries étant faites à l'intérieur du caisson, on est obligé de donner, à ce dernier des dimensions un peu plus grandes que celles des caissons ordinaires restant incorporés dans la maçonnerie.

« L'extraction des déblais étant plus importante, il en résulte une dépense plus forte qui se trouve largement compensée par le fait que les caissons, pouvant servir à plusieurs fondations, deviennent de véritables outils et réalisent une sérieuse économie, surtout pour des travaux dont le cube est important.

« En ce qui concerne la construction des caissons mobiles, il est indispensable de donner aux poutres supportant le plafond de la chambre de travail, la force théoriquement nécessaire pour qu'elles puissent supporter toute la charge équilibrant le poids de la colonne d'eau à déplacer par le caisson. Quant aux tôles des parois et du diaphragme, quoique moins exposées, il faut leur donner plus de force qu'aux caissons ordinaires, parce qu'elles sont également appelées à recevoir la pression latérale et celle de la charge artificielle, aucune partie n'étant maçonnée. »

On comprend bien que le caisson mobile fonctionne d'une manière satisfaisante lorsqu'il agit comme cloche à plongeur, mais on se demande si le frottement latéral n'est pas un obstacle au relèvement lorsque ce caisson est engagé de plusieurs mètres dans le sol.

A ce sujet, il est intéressant de connaître la valeur du frottement, afin de se rendre compte à l'avance de la traction nécessaire pour le vaincre. M. Montagnier a réuni dans le tableau ci-après les résultats de ses expériences sur le frottement pendant le fonçage et sur le frottement pendant l'arrachage; ces expériences ont porté sur 150 cas pour le fonçage et sur 25 cas pour l'arrachage. Le tableau donne les chiffres relatifs à un sol de gravier de grosseur ordinaire et à un sable fin vaseux.

TABLEAU DES FROTTEMENTS SUR LES PAROIS LATÉRALES DU CAISSON
Pendant le fonçage et l'arrachage.
LES MACHINES A AIR COMPRIMÉ ÉTANT EN FONCTIONNEMENT

PROFONDEUR d'encastrement DANS LE SOL.	FROTTEMENT DANS LE GRAVIER		FROTTEMENT DANS LE SABLE fin, argileux et fluide.	
	PENDANT LE FONÇAGE	PENDANT L'ARRACHAGE.	PENDANT LE FONÇAGE	PENDANT L'ARRACHAGE
	Kilogr. par m² de surface latérale encastrée.	Kilogr. par m² de surface latérale encastrée.	Kilogr. par m² de surface latérale encastrée.	Kilogr. par m² de surface latérale encastrée.
Mètres.	Kilogr.	Kilogr.	Kilogr.	Kilogr.
1	96	60	60	40
2	155	70	86	50
3	208	86	103	62
4	302	108	151	91
5	417	146	210	127
6	553	190	280	170
7	710	240	361	220
8	889	296	453	277
9	1089	358	556	341
10	1310	426	670	412

Nous ferons remarquer que ces chiffres sont très inférieurs à ceux que donnent les ingénieurs allemands et M. Séjourné, dans sa notice sur le pont de Marmande, que nous examinerons tout à l'heure. Les résultats donnés par M. Montagnier ne *s'appliquent évidemment qu'à des terrains sans consistance*, vase molle ou sable fluent.

Il est facile de déduire de ce tableau la valeur approximative de la surcharge à imposer à un caisson pour vaincre les frottements à la descente ou de la traction à opérer pour vaincre les frottements à l'arrachage. Comme il ne s'agit que de chiffres moyens, il y a dans chaque cas une correction pratique à opérer par tâtonnement.

Il va sans dire que l'on doit toujours maintenir en outre sur le caisson la charge équilibrant la colonne d'eau déplacée par l'air comprimé. Il ne faudrait pas compter pour cet équilibre sur le frottement latéral qui peut presque s'annuler à un moment donné, s'il arrive par exemple qu'un flux d'air comprimé s'échappe sous la tranche du caisson et vienne dégager les matières terreuses adhérant aux parois extérieures.

Un caisson en mouvement est, du reste, une sorte de balance; s'il descend trop vite, il faut diminuer la charge qu'il porte; s'il descend trop lentement, il faut augmenter cette charge; le plus souvent, l'excès de résistance à la descente n'est que momentané, on ne procède pas par une augmentation de charge, mais par une légère diminution de pression de l'air comprimé; supposez un caisson de 100 mètres carrés de base, si la pression baisse de telle sorte qu'une colonne d'eau de 0^m10 de hauteur rentre dans la chambre, c'est une surcharge brusque de 10 mètres cubes d'eau ou de 10,000 kilogrammes qu'on impose au caisson, et cette surcharge agit comme le choc d'un mouton pour enfoncer l'appareil.

Le relevage s'opère à l'aide de vérins à tige fixés à la charpente extérieure ou de vérins à tête placés dans le caisson; il faut régler le mouvement de tous ces vérins de manière à obtenir partout un mouvement ascensionnel égal et une répartition uniforme des tensions. L'opération est assez délicate, et on arriverait plus sûrement à l'uniformité avec un jeu de vérins hydrauliques actionnés par un seul accumulateur.

Au sujet du pont de Mareuil, M. Montagnier estime que l'adoption du caisson mobile a donné par mètre cube de maçonnerie une économie d'environ 30 francs sur le prix qui serait résulté de l'adoption de caissons ordinaires avec abandon des fers dans les maçonneries.

Il signale dans sa notice un accident bizarre survenu à la fondation de la pile n° 2, et qu'il est utile de rapporter à titre d'enseignement (*fig.* 3, 4 et 5, pl. XXXVIII). On pensait, d'après les sondages, établir la fondation à 2^m70 sous l'étiage; lorsqu'on parvint à cette profondeur, on trouva le rocher calcaire parsemé de failles. On en voulut reconnaître l'importance, et des sondages effectués avec la barre à mines démontrèrent l'existence d'assez grands vides sous-jacents. On fonça donc plus bas et on traversa un rocher très dur, quoique rempli de vides, de manière à atteindre la cote 4^m27 sous l'étiage. Là, on sonda de nouveau, mais la barre à mines, après avoir traversé un rocher de 1^m40 d'épaisseur, tomba tout d'un coup sous son propre poids de 1^m50 à 1^m60. Des sondages effectués sur toute la surface démontrèrent l'existence d'une cavité considérable.

Peut-être le rocher supérieur, s'il n'avait pas été entamé, eût-il fait voûte et eût-il supporté sans dépression la pile superposée; mais il est clair qu'on n'en pouvait répondre et qu'il valait mieux boucher les cavités. A cet effet, on pratiqua des trous d'homme pour y pénétrer, et des scaphandres y descendirent; les pompes des scaphandres fonctionnaient dans la chambre du caisson; le fond de cette chambre était à 5 mètres sous l'eau et les scaphandres travaillaient à 2^m50 en contre-bas.

Après avoir nettoyé la cavité et enlevé le limon qui s'y trouvait, ils la remplirent avec des sacs de béton de ciment, ayant 0^m28 de longueur sur 0^m18 de diamètre. Ces sacs forment des espèces de moellons, et le mortier suintant à travers la toile, peut les souder les uns aux autres et en faire une maçonnerie compacte.

Quoiqu'il en soit, il est probable que, si on avait connu à l'avance l'existence de la poche, on eût préféré prendre ses mesures pour descendre le caisson jusqu'au rocher solide.

4° Reconstruction du déversoir du barrage du Coudray. — Le caisson mobile a été également appliqué par M. Montagnier, sous la direction de M. l'ingénieur Lavollée, à la reconstruction du barrage du Coudray, sur la Seine. Les figures 6 et 7 de la planche XXXVII, font comprendre la marche suivie pour cette opération; ces figures, ainsi que les renseignements qui vont suivre, sont empruntés au mémoire de M. Lavollée.

Le barrage devait être reconstruit sans entraver le service de la navigation, et sans trop réduire la largeur réservée à l'écoulement des eaux. On l'a donc exécuté en quatre caissonnées : le caisson descendu à la profondeur voulue, on a effectué les premières assises de maçonnerie dans l'air comprimé, puis le toit de la chambre de travail a été enlevé, la tranche inférieure du caisson garnie d'un bourrelet étanche, et la maçonnerie a été achevée à l'air libre.

Le caisson avait une largeur de 7^m80, une longueur de 20 mètres et une hauteur de 6^m08; il était muni de trois écluses, dont une grande pour l'introduction des pierres de taille.

La profondeur maxima de la fondation sous l'eau a été de 6 mètres.

« Le caisson, dit M. Lavollée, avait une forme rectangulaire, et ses quatre parois étaient constituées par des poutres verticales en fer double T, reliées par des entretoises horizontales et par un bordé en tôle. Au milieu de la hauteur se trouvait un plancher mobile dont les poutres horizontales étaient boulonnées sur des consoles fixées au revêtement vertical du caisson. Les semelles inférieures de ces poutres étaient, du reste, réunies par des pièces de tôle, boulonnées l'une à l'autre, et laissant passer, par des orifices ménagés à cet effet, les cheminées des écluses à air. Le plancher séparait le caisson en deux parties : l'une inférieure, qui était la chambre de travail A, avait 2^m60 de hauteur sous poutre, l'autre supérieure, qui formait bâtardeau pendant le fonçage et était consolidée par des fermes en fer cornières. Tous les boulons assemblant les diverses pièces entre elles, et avec l'ossature principale, étaient disposés de telle sorte, qu'on pût enlever les écrous de l'intérieur de la chambre. Enfin, des colliers solidement attachés à l'extérieur des entretoises verticales de la carcasse, permettaient de soulever ou de soutenir le caisson, à l'aide de tiges terminées par des vérins qui reposaient sur un échafaudage établi le long des parois longitudinales. »

Le poids du caisson seul était de 82,000 kilogrammes, et s'élevait à 120,000 avec les cheminées et les écluses.

A l'emplacement de la caissonnée, on établit d'abord un échafaudage, et sur un plancher porté par cet échafaudage, on monta le caisson à l'emplacement voulu. Le caisson monté est soulevé par les vérins supérieurs, on enlève le plancher, on descend le caisson et on le munit de ses écluses.

La position bien repérée, on charge avec du sable et des gueuses en fonte le plancher métallique intermédiaire pour appuyer le couteau contre le sol et empêcher le soulèvement et on met en marche les machines soufflantes (compresseur à deux cylindres de 0^m25 de diamètre).

L'air comprimé s'échappait par les nombreux joints d'assemblage ; on essaya de les mastiquer avec de l'argile, mais ce fut insuffisant et on dut recourir au mastic Serbat.

L'eau une fois chassée, une équipe de douze ouvriers commença le déblai, et on augmentait la charge artificielle au fur et à mesure de l'enfoncement ; on parvint ainsi en 24 jours à une profondeur de 5^m81 sous l'eau, à 0^m20 plus bas que le couteau.

La charge d'eau déplacée était de 876 tonnes, équilibrée par :

Poids du caisson complet	120 tonnes.
Sable	180 —
Gueuses en fonte	350 —
Poids de l'eau introduite au-dessus du plancher jusqu'au niveau du fleuve	312 —
	962 —

A quoi s'ajoute le frottement latéral du caisson ; comme il s'agit d'un terrain de sable ou de gravier, M. Montagnier n'évalue ce frottement qu'à 150 kilogrammes par mètre carré, ce qui donne pour le caisson 28 tonnes seulement. La résistance totale au soulèvement était donc de 990 tonnes, soit un excès de 114 tonnes sur la force ascendante ; cet excès n'a rien de trop, car il faut pouvoir parer à des ascensions brusques de l'eau du fleuve ainsi qu'aux augmentations de tension de l'air comprimé.

La valeur du frottement fixée à 150 kilogrammes paraît bien faible ; elle ne peut être admise que pour un terrain parfaitement mobile et bien refouillé sur le pourtour extérieur du couteau pendant l'enfoncement, de telle sorte qu'on puisse le comparer à une sorte de vase demi-fluide ; dès que le caisson est enserré dans un terrain compact, la résistance par mètre carré devient dix et vingt fois plus forte, ainsi que nous le verrons plus loin en traitant du pont de Marmande ; cette résistance est même le principal obstacle à la généralisation de l'emploi du caisson amovible. Nous reconnaissons cependant qu'en ayant soin de déblayer et de désagréger le terrain en dehors du couteau pendant la descente du caisson, on doit atténuer dans une grande proportion l'intensité du frottement.

Le caisson parvenu à la cote de fondation, on reconnut qu'on se trouvait en présence d'un terrain solide, mais non homogène ni imperméable, car il était traversé de bancs de gravier et de sable ; on ne pouvait donc appliquer le procédé du pont du Garrit : élever la maçonnerie sur une hauteur de 1^m30, bourrer ensuite avec de la glaise et du béton l'intervalle entre cette maçonnerie et le caisson, de manière à former un bâtardeau étanche permettant d'enlever le plancher et de travailler à l'air libre ; ce bâtardeau n'eût pas résisté à la sous-pression, et on dut adopter un autre système consistant à construire toute la maçonnerie dans l'air comprimé en soulevant le caisson au fur et à mesure de l'élévation du massif.

L'arrachage était obtenu au moyen de vérins, de la force de 15 tonnes chacun, reposant dans la chambre de travail sur la maçonnerie bien prise et appuyés par la tête sur des madriers interposés entre cette tête et le plancher métallique. Le relevage était en outre facilité par la tension de l'air comprimé et par l'effort des vérins supérieurs ; cependant, comme les pieux de l'échafaudage auxquels ces vérins transmettaient leur effort n'avaient qu'une faible fiche, on ne pouvait leur imposer un effort d'arrachement considérable.

On commençait évidemment par enlever le lest d'une manière progressive, en essayant de temps en temps de donner un tour de vis aux vérins afin d'éviter une ascension brusque.

Le caisson a été soulevé presque tous les jours de quantités variant entre 0^m20 et 0^m30. Le relevage a duré huit jours pour une ascension totale de 3^m66 imprimée au caisson.

« Les opérations de soulèvement, dit M. Lavollée, ont marché avec beaucoup de régularité et sans accident. Une seule alerte s'est manifestée par suite d'un déchargement trop rapide. Le caisson s'est mis en mouvement de lui-même ; mais il a été arrêté immédiatement par une ouverture des soupapes qui a fait baisser la pression intérieure. Le nombre des vérins mis en jeu pendant les différentes manœuvres a été de 20, pouvant développer une force totale de 300 tonnes. »

La première caissonnée terminée, on a ripé le caisson à l'emplacement de la seconde caissonnée ; le ripage a duré huit jours ; le caisson était suspendu alternativement à une moitié des vérins pendant qu'on faisait avancer l'autre moitié de 0^{m}50 à 0^{m}60 sur l'échafaudage.

A la seconde caissonnée, on a voulu employer un système mixte et construire d'abord un massif inférieur de 1^{m}60 de hauteur présentant un empattement en dehors du caisson, de telle sorte que le couteau pût après un premier soulèvement venir reposer sur la face supérieure de ce massif. Il fallut donc maçonner en dehors du couteau en engageant sous sa tranche des moellons enveloppés d'un mortier de ciment gras et abondant. Si le système avait réussi, il eût permis d'effectuer directement la soudure des massifs entre eux ; malheureusement, le courant rapide de la rivière et les bouillonnements de l'air comprimé qui s'échappe toujours sous la tranche malgré le soin apporté au règlement des soupapes délavèrent en grande partie les maçonneries ainsi exécutées.

Le caisson étant monté sur la plate-forme du massif, on effectua au pourtour un bâtardeau en béton de ciment de 0^{m}20 d'épaisseur, engagé sous le couteau grâce à un relèvement spécial du caisson de 0^{m}10 ; puis on éleva le parement de la maçonnerie, et on bourra sur le bourrelet de béton de l'argile chargée de gueuses de fonte.

On put alors démonter le plancher et poursuivre le travail à l'air libre ; l'enceinte du bâtardeau était presque à sec et une pompe à bras, fonctionnant d'une manière intermittente, suffisait à enlever le produit des suintements.

La durée moyenne de l'une des quatre caissonnées du barrage du Coudray a été de 80 jours.

Le déversoir du barrage d'Evry a été exécuté également par M. Montagnier, mais avec caissons non mobiles restant en partie incorporés dans la maçonnerie ; le travail a marché plus rapidement, on a gagné dix jours par caissonnée et le cube de maçonnerie effectué par 24 heures a été presque double.

Le raccordement des caissonnées successives s'est fait de la manière suivante :

Il s'agissait d'abord de raccorder un caisson avec une pile. « Un plongeur a pu enlever toutes les terres emprisonnées entre la fondation de la pile et la paroi contiguë du caisson, puis remplir le vide au moyen de béton après qu'on eut fermé les deux extrémités par un panneau de palplanches. Ce béton, composé de deux parties de pierres cassées à l'anneau de 0^m02 et de deux parties de mortier de ciment, était mis dans des sacs ouverts et vidés au fond de l'eau. Le béton était d'ailleurs pressé contre le caisson et les maçonneries et fortement damé. Pendant qu'il faisait prise, on a entouré les deux piles avec des vannages serrés contre les parements extérieurs des maçonneries, étanchés à l'étoupe et appuyés au pied par un bourrelet en argile. Au bout d'une quinzaine de jours, on a installé le tuyau d'une pompe sur la risberme formée par la fondation de l'ancienne pile primitive et on a tenté l'épuisement. Cette opération a parfaitement réussi et aucun suintement n'a été constaté. »

Les massifs de maçonnerie étant arasés à 2^m20 en contre-bas du fleuve, le mètre cube de maçonnerie est approximativement revenu, au Coudray, à 148 francs, et à Evry à 109 francs. La différence de prix au détriment du caisson amovible tient surtout à l'augmentation dans la durée des travaux et aux manœuvres spéciales exigées par la charge artificielle, le démontage du plafond, le soulèvement et le ripage du caisson.

« Cependant, il ne faudrait pas en conclure que le caisson mobile donne toujours une augmentation de dépense et de temps, car on se trouvait, au Coudray, en présence d'un caisson de dimensions exceptionnelles, et il a fallu recourir à des précautions spéciales et à des tâtonnements; le chantier du Coudray comportait donc une expérience plutôt qu'une opération normale; du reste, si l'on avait rempli les caissons tout entiers en maçonnerie, l'écart de dépense par mètre cube eût presque disparu, les frais généraux restant les mêmes.

« L'emploi du caisson bâtardeau, conclut M. Lavollée, offre le grand avantage de ne laisser aucune tôle dans l'ouvrage et surtout de supprimer le remplissage si difficile de la chambre de travail. Il n'entraîne aucune dislocation des maçonneries pendant le fonçage et constitue un procédé très perfectionné qui nous paraît appelé à rendre les plus grands services dans l'exécution des travaux publics.

« Enfin la comparaison des dépenses faites à différents barrages de la haute Seine montre qu'on peut, en substituant au système des bâtardeaux les caissons foncés à l'air comprimé, réaliser une économie sur les procédés ordinaires et supprimer tous les aléas que comportent la stabilité et l'étanchéité des enceintes fermées par des bâtardeaux. »

Caissons du pont de Marmande. — La plupart des piles du pont de Marmande ont été fondées à l'air comprimé avec caissons dont la chambre de travail n'était pas recouverte d'un plafond en tôle comme dans les caissons ordinaires, mais était constituée par une voûte ogivale en maçonnerie reposant sur un rouet en charpente établi à la base du caisson.

Ce système avait déjà reçu en Allemagne plusieurs applications; il a été modifié par M. l'ingénieur Séjourné, qui en a fait usage à Marmande et qui a rendu compte de cet important travail, dans un mémoire inséré aux *Annales des ponts et chaussées* de 1883, mémoire où nous avons puisé les renseignements qui vont suivre.

La fondation était à descendre à une profondeur de 9 à 10 mètres au-dessous des eaux moyennes, en un point où la Garonne a une allure presque torrentielle et présente un lit des plus affouillables. L'emploi de caissons à air comprimé était donc bien justifié.

Les figures 5 à 9 de la planche XXXIX montrent les dispositions adoptées pour la fondation d'une pile du pont de Marmande. Le caisson repose sur un rouet de plan ovale, dont la courbe est une anse de panier; cette forme ovale a dispensé d'entretoiser le rouet, ce qu'on avait été forcé de faire pour les culées fondées sur plan rectangulaire.

« Le rouet, dit M. Séjourné, se compose d'une tôle verticale de 15 millimètres, de 0^{m}40 de hauteur, dont la partie inférieure, formant tranchant, est renforcée par une tôle de 10 millimètres; le plateau horizontal est formé d'une tôle de 10 millimètres sur 0^{m}30 assemblée à la tôle verticale par une cornière de $\frac{80,80}{10}$ et raidie à son bord intérieur par une cornière de $\frac{70,70}{10}$. Ce plateau est soutenu tous les 0^{m}808 par des consoles composées d'une âme triangulaire pleine de 10 millimètres assemblée au plateau et au couteau par deux cornières de $\frac{70,70}{10}$.

« Sur le plateau et solidement réunies avec lui par deux files de boulons de 0^{m}02, sont établies trois couronnes de madriers de chêne de 0^{m}09 d'épaisseur, posées par bout avec des largeurs croissantes de 0^{m}37, 0^{m}43, 0^{m}50. Entre la couronne inférieure et le rouet est placée une épaisse couche d'étoupe; le tout est goudronné et calfaté avec avec le plus grand soin. »

C'est le rouet ainsi constitué qui reçoit la retombée de la voûte formant chambre de travail. Cette voûte est engendrée par un arc de cercle vertical de 8^{m}95 de rayon, de sorte que sa coupe transversale est une ogive et sa coupe longitudinale deux arcs de cercle verticaux reliés par une courbe elliptique formant arc de cloître.

La voûte a 0^{m}52 d'épaisseur à la naissance et 0^{m}30 à la clef; sa hauteur maxima est de 3^{m}60. Les retombées sont maçonnées en briques et la partie haute en moellons; le tout est à mortier de Portland.

Seize tirants en fer rond rendent solidaires le rouet et le massif de maçonnerie. L'amorce de cheminée est rivée à un plateau en tôle de

8 millimètres, de 2m30 de diamètre placé à 1 mètre au-dessus de l'extrados de la voûte.

Le caisson étant mis en place avec sa chambre de travail, sa cheminée et son écluse, on comprimait l'air et la descente s'effectuait comme avec un caisson ordinaire, la surcharge progressive étant obtenue par la maçonnerie superposée.

On remarque que le caisson était dépourvu de hausses en tôle et que la maçonnerie frottait directement sur le terrain ; nous avons signalé précédemment les inconvénients de cette méthode qui entraîne fréquemment un décollement de maçonneries. Bien qu'on eût adopté au pont de Marmande un fruit de 0m01, un décollement se produisit à l'une des piles ; pour les autres, on prit la précaution de recouvrir latéralement les maçonneries d'un enduit lisse au ciment de Portland et l'accident ne se renouvela pas.

L'enduit au ciment ne coûte guère que 2 fr. 30 le mètre carré, tandis que le mètre carré de hausses en tôle de 3 millimètres pèse 34 kilogrammes et coûte 17 francs.

La suppression des hausses réalise donc une certaine économie ; cependant elle offre de sérieux inconvénients et nous pensons qu'il ne *convient pas de la recommander pour tous les terrains ;* si le sol à traverser n'est pas homogène et s'il présente des assises de résistance variable, on a toujours à redouter des à-coup dans le mouvement de descente, et la présence de la hausse peut éviter un accident et une dépense considérable.

Nous avons omis de signaler un grand avantage que présente la substitution de la voûte ogivale à l'ancienne chambre de travail à plafond horizontal, c'est que le remplissage de la voûte avec du béton s'effectue très facilement et qu'on est à peu près certain de ne laisser aucun vide dans le massif, de même qu'on n'y abandonne aucun fer. Le béton est pilonné sous la voûte par couches horizontales de 0m30 à 0m40 et le remplissage final ne demande qu'un peu de soin.

Le remplissage en béton paraît toujours préférable au remplissage en maçonnerie de briques ou de moellons, car il peut être effectué par un ouvrier quelconque, tandis qu'on trouve difficilement de bons maçons consentant à descendre dans l'air comprimé.

Il est à remarquer que, pour assurer le remplissage du vide, on peut terminer l'opération par un coulis de mortier de ciment.

Frottements à vaincre. — D'après M. Schmoll d'Eisenwerth, le frottement par mètre carré de hausse dans le gravier et le sable, pour quatre ponts construits sur le Danube, a été dans le premier cas de 2,233 kilogrammes, dans le second 1,274 à 3,879 kilogrammes, dans le troisième 1,743 à 2,636, dans le quatrième 1,866 à 2,705 ; il a varié avec la forme de la section et avec la profondeur. Les profondeurs d'encastrement étaient respectivement de 6m9, 3m6 à 7m5, 3m5 à 12 mètres et 4m9 à 12m30. A Marmande, où la profondeur d'encastrement variait de 4m9 à 7m1, la pression a été au maximum de 5,220 kilogrammes par mètre carré et au minimum de 2,350 kilogrammes.

On voit que ces résultats présentent une augmentation considérable sur ceux qu'indique M. Montagnier. Dans des sables et graviers compacts il est donc prudent de compter sur un frottement de 4,000 kilogrammes par mètre carré.

Dépenses. — Voici résumées en chiffres ronds les dépenses faites pour la fondation d'une pile sur rouet :

	FR.	C.
Fers.	7	»
Bois (rouet et cintre).	1	60
Maçonneries.	28	30
Fonçages.	12	50
Dépenses diverses.	1	»
Matériel, installation et frais généraux.	12	»
Total par mètre cube de maçonnerie sous l'étiage.	62	40

Le prix de revient pour les piles fondées avec caissons ordinaires est de 7 à 8 francs plus élevé. Le prix des fers augmente la dépense d'au moins 10 francs, mais les maçonneries sont un peu moins coûteuses.

Poids des caissons ordinaires. — D'après M. Séjourné, le poids d'une chambre de travail du type ordinaire des caissons métalliques, compté depuis le tranchant jusqu'au niveau des ailes supérieures du poutrage, pour une hauteur de 2 mètres sous plafond, est très approximativement donné en kilogrammes par la formule

$$280\,P + 130\,S,$$

dans laquelle P désigne le périmètre et S la surface du caisson.

Le poids à compter par mètre carré au-dessus du plafond, pour les hausses et leur contreventement est de 34 kilogrammes par mètre carré, avec tôles de 3 millimètres.

Pour les fondations sur rouet, le poids du fer ne dépend que du périmètre et est donné, pour les rouets ovales, par la formule

$$575 + 150\,P,$$

et pour les rouets rectangulaires, par la formule

$$2\,700 + 227\,P.$$

En résumé, le mode de construction employé au pont de Marmande a donné de bons résultats ; il a démontré que les voûtes en maçonnerie de briques et mortier de Portland, bien rejointoyées, étaient suffisamment imperméables à l'air comprimé, même avec des épaisseurs modérées, et que l'on pouvait, sans accident, faire jouer des mines dans ces chambres de travail d'un nouveau genre.

Galeries souterraines fondées par l'air comprimé. — Pour terminer ce qui a trait aux fondations par caissons à l'air comprimé, nous citerons deux applications curieuses qui ont été faites de ce système pour la fondation d'un égout à Grenoble et d'une galerie souterraine au port d'Anvers.

1° *Fondation d'un égout à Grenoble.* — C'est à M. l'ingénieur Margot que l'on doit cette application déjà ancienne.

Lors des crues de l'Isère, les eaux de cette rivière faisaient irruption dans la ville, notamment en remontant dans les égouts et venant se déverser dans les rues par les bouches sous trottoirs. A la suite de l'inondation de 1859, on entreprit de porter remède à cet état de choses.

La mesure principale qu'on adopta fut de détourner l'égout collecteur qui débouchait le long d'un quai de la ville, et de reporter son débouché suffisamment en aval, pour qu'il eût la pente nécessaire à l'écoulement sans qu'on eût à craindre le reflux de la rivière.

Il s'agissait de creuser cet égout dans une plaine d'alluvions sableuses fournies par le torrent du Drac, et dans laquelle on rencontre la nappe d'eau à 1 mètre de profondeur; les épuisements sont pour ainsi dire impossibles.

On résolut de construire l'égout en allant de l'aval à l'amont; on exécutait donc la fouille, puis on bâtissait les piédroits et la partie du radier qui les supporte (*fig.* 8, pl. XL), en laissant vide le milieu du radier qui formait ainsi un canal dont on maintenait les parois avec deux files de palplanches. Les eaux s'écoulaient par ce canal et l'on put sans encombre exécuter complètement ce travail.

On se mit alors à combler le radier avec du béton à mortier de ciment, faisant une prise très rapide, et immergé dans le vide après qu'on avait enlevé les palplanches.

Cette opération ne réussit pas, et des sources nombreuses, qu'on ne put étancher, se manifestèrent à la soudure de la nouvelle maçonnerie et de l'ancienne, et, comme on allait de l'aval à l'amont, on résolut de poursuivre le travail de la partie aval par le procédé suivant que représente la figure 10, planche XL : on enlevait les palplanches, on dégradait la partie de maçonnerie délavée, on immergeait deux files de demi-tuyaux en ciment reposant par leur tranche sur le sol inférieur, et au-dessus de ces tuyaux on achevait le remplissage en coulant du béton à mortier de ciment. On obtient de la sorte un drainage énergique, les sous-pressions sont annulées, et la maçonnerie a tout le temps de faire prise.

En effet, le procédé donna de bons résultats; mais restait à réparer la partie amont qui se trouvait précisément dans la ville, et qu'on avait voûtée pour ne point gêner trop longtemps la circulation.

Pour cette réparation, M. Margot eut l'idée de recourir à l'air comprimé; il s'agissait d'obtenir à l'intérieur de l'égout une pression suffisante pour équilibrer la sous-pression de l'eau, il suffisait pour cela d'avoir, outre la pression atmosphérique, un excédant de pression représenté par une colonne de 0^m15 à 0^m20 de mercure, ou par une colonne d'eau de 2^m04 à 2^m72 de hauteur, ce qui revient en somme à avoir dans l'égout une pression totale d'environ 1 atmosphère 1/4.

La figure 10 donne la coupe longitudinale des dispositions adoptées :

l'égout est partagé en sections de 30 mètres de longueur par des murs transversaux de 0ᵐ40 d'épaisseur ; au-dessus d'un regard d'égout on a placé un sas à air en tôle, de forme cylindrique, et muni de deux portes dont les bords sont garnis de caoutchouc ; l'une de ces portes est percée dans la base inférieure du cylindre, l'autre vers la paroi latérale. Un système de robinets permet de mettre le sas en communication avec l'air extérieur ou avec l'air comprimé ; l'opération est facile, et peut s'exécuter rapidement vu la faible différence des pressions.

Le sas est surchargé avec des gueuses en fonte qui résistent à la sous-pression, facile à calculer.

L'air est envoyé dans l'égout par des machines soufflantes que font mouvoir deux locomobiles de sept chevaux.

La première fois qu'on voulut élever la pression dans l'égout, on ne put obtenir qu'un excédant de 0ᵐ01 à 0ᵐ02 de mercure, pression qu'indiquait le manomètre ; en effet, les maçonneries des piédroits étaient très perméables et l'on pouvait entendre le sifflement de l'air qui les traversait.

Pour obtenir une étanchéité parfaite, on recouvrit la surface interne de l'égout d'un enduit en ciment de 0ᵐ015 d'épaisseur ; on arriva alors à élever facilement la pression intérieure de manière à obtenir une différence de niveau de 0ᵐ20, dans les deux branches du manomètre à air libre, et les ouvriers achevèrent à sec la maçonnerie du radier ; une fois la prise achevée, il n'y avait plus rien à craindre, et l'on pouvait entamer une partie nouvelle.

Il va sans dire que la chambre de travail doit être munie d'une soupape de sûreté, qui se lève lorsque la pression dépasse la grandeur voulue.

Remarquons encore que, lorsqu'on passe d'une section à l'autre, il est inutile de déplacer les hangars, les locomobiles et les pompes à air ; il suffit de déplacer le sas et d'allonger le tuyau d'amenée de l'air comprimé. L'air comprimé peut, en effet, être envoyé à de grandes distances sans perdre beaucoup de sa pression.

2° *Construction d'une galerie au port d'Anvers.* — On voulait, au port d'Anvers, réunir les cales de radoub avec le puisard des machines au moyen d'une galerie souterraine traversant des couches de sable à 8ᵐ30 en contre-bas du niveau des eaux du bassin.

MM. Couvreux et Hersent proposèrent d'effectuer ce travail à l'air comprimé moyennant un prix à forfait de 75,000 francs.

M. Hersent a rendu compte de l'opération dans les termes suivants :

« La galerie de jonction aboutit au puits actuel des machines d'épuisement, et on a dû faire, entre ce point et les nouveaux bassins, un puits intermédiaire assez éloigné des constructions pour servir de point de départ à la galerie à construire au moyen de l'air comprimé, et dans lequel il sera possible d'amener les eaux des nouveaux bassins par une conduite pouvant être construite dans une tranchée épuisée à l'air libre.

« Ce puits, qui a 3ᵐ70 de diamètre extérieur et 2ᵐ50 intérieur, a été descendu mi-partie à l'air libre, mi-partie à l'air comprimé jusqu'à 12ᵐ25 de profondeur, après quoi le fond a été fermé par un radier en maçonnerie.

« La partie supérieure du puits a été recouverte d'un plateau métallique fermant exactement et a été surmontée d'une écluse à air, disposée pour l'extraction des déblais et pour l'introduction des pièces de fonte destinées à la construction de la galerie.

« Pour le fonçage du puits on a traversé les couches suivantes :

1° Sur 3^{m}50 d'épaisseur, terrains divers rapportés secs ;
2° — 2^{m}50 — terres végétales et tourbes mouillées ;
3° — 2^{m}75 — sable argileux verdâtre, coquilleux, très mouillé ;
4° — 3^{m}50 — sable très fin, verdâtre, boulant.

« L'orifice pour le départ de la galerie avait été préparé d'avance dans l'enveloppe en tôle du puits, on n'a eu qu'à déboulonner un plateau métallique, pour commencer le travail de la galerie.

« La galerie est construite en fonte par anneaux de 0^{m}50 de longueur ;

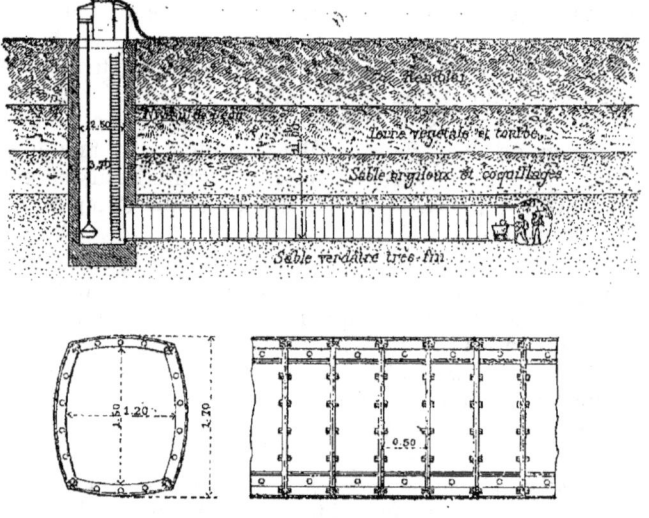

Fig. 128.

elle mesure en dedans des nervures 1^{m}50 de hauteur et 1^{m}20 de largeur, et extérieurement 1^{m}75 de hauteur et 1^{m}50 de largeur, chaque anneau est composé de quatre pièces de fonte à nervures pour être boulonnées ensemble et aux parties adjacentes, les joints sont faits avec de la corde goudronnée comprimée dans les joints par le serrage.

« Le déblai de l'avancement a été fait jusqu'à permettre de poser un anneau métallique, en soutenant l'eau et la terre au moyen de l'air comprimé, et en prenant la précaution que la tension de l'air ne dépasse pas ce qui était rigoureusement utile, afin de ne pas créer des fuites à la partie supérieure, cette tension de l'air a toujours été égale à la différence de niveau entre le dessus de la galerie et le niveau de l'eau dans le bassin à flot de Kattendyk, qui est tout près. La partie inférieure du front de la galerie a toujours donné un peu d'eau, qui est sortie avec le déblai. Sitôt un anneau mis en place et boulonné, on le garnissait soigneusement de sable tout autour et, par précaution, on mettait un peu d'argile à la partie supérieure pour mieux fermer les petits orifices par lesquels l'air comprimé aurait pu s'échapper.

« Le déblai a été amené dans le puits au moyen d'une petite voie établie dans la galerie, laquelle permettait aussi d'amener les morceaux de fonte à l'avancement; une seule écluse à air a suffi pour toutes les évacuations du déblai et l'introduction des pièces de fonte.

« La galerie est droite sur 50 mètres de longueur, puis une courbe et un petit bout droit l'amènent au puits des pompes. On a vérifié la direction en enfonçant dans le sol, au moyen d'une injection d'eau comprimée, des petits tubes en fer qui formaient ainsi des jalons dans la galerie.

« Après le démontage du plateau supérieur du puits, la galerie a été bien étanche et on a constaté que le travail avait été bien exécuté, c'est probablement la première galerie exécutée au moyen de l'air comprimé. »

D'après cette dernière phrase, M. Hersent n'avait pas eu connaissance des travaux de fondation d'égout exécutés à Grenoble ; ces travaux, déjà anciens, paraissent, en effet, avoir passé inaperçus.

De ces deux exemples résulte la conclusion que *l'air comprimé peut servir à creuser non seulement des puits verticaux, mais encore des galeries inclinées ou horizontales, telles que galeries d'égout et tunnels.*

Les applications de cette espèce sont encore assez rares, mais ne manqueront pas de se développer dans l'avenir.

Danger de rencontrer des gaz explosifs. — Il est bon d'attirer l'attention des ingénieurs sur un ennemi qu'on ne s'attend pas à rencontrer dans ces travaux de galeries souterraines. Le terrain dégage parfois dans ces galeries des gaz explosifs et inflammables, susceptibles d'amener les accidents les plus graves. Il faut prévoir cette circonstance dans les terrains vaseux et elle s'est manifestée dans d'autres cas encore. Deux accidents de ce genre se sont produits d'une manière tout à fait imprévue, l'un au tunnel du lac à Chicago, l'autre dans un souterrain du canal de l'Aisne à l'Oise.

Tunnel sous la rivière d'Hudson. — Les ingénieurs américains ont tenté une application gigantesque de l'air comprimé pour la construction du tunnel sous la rivière d'Hudson, tunnel destiné à relier à New-York les chemins de fer aboutissant à New-Jersey. La largeur du fleuve est de 1,600 mètres ; le lit est entièrement recouvert d'une vase reposant sur du gros sable et du gravier. C'est particulièrement dans cette vase que le double tunnel est établi.

On a commencé par foncer sur la rive un puits circulaire en briques et dans ce puits aboutissent les deux tunnels, dont les axes sont espacés de 9 mètres ; leur section libre, de 5^m50 de haut sur 4^m90 de large, est presque circulaire. Chaque tunnel est formé d'un tube en feuilles de

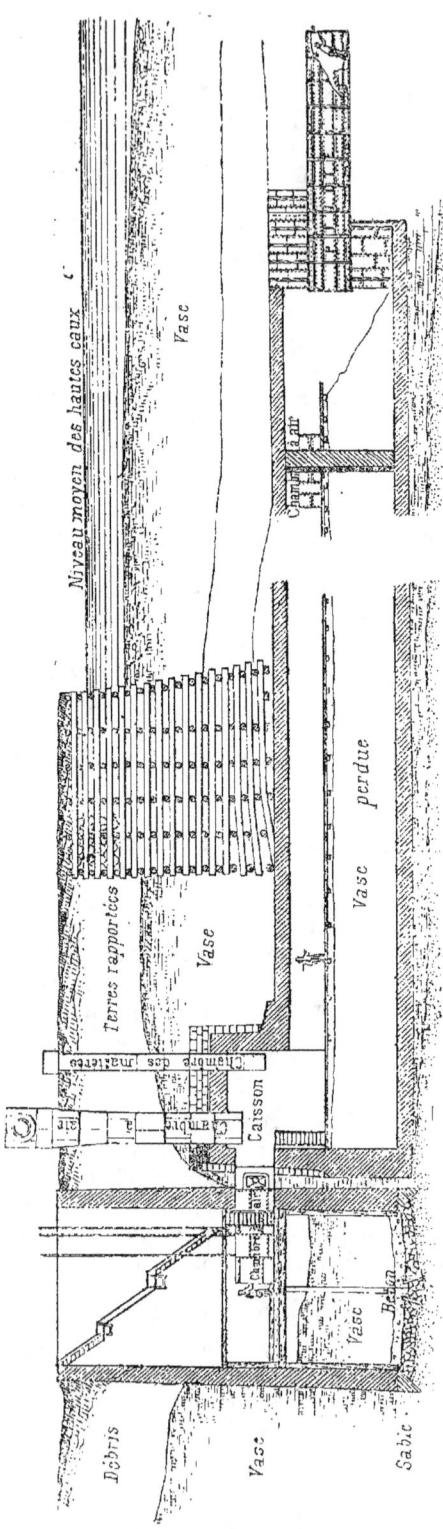

Fig. 129.

tôle de 0m006 armées de nervures intérieures assemblées par des boulons; ce tube est revêtu intérieurement d'un anneau en maçonnerie de briques de 0m60 d'épaisseur. Il faut dire que la vase comprimée que l'on traverse, lorsqu'elle n'est pas délayée par les courants, est tenace et consistante.

L'attaque du front de taille s'opère à l'aide d'un tube *pilote*, formé de viroles en tôle de 1m67 de diamètre, qui se boulonnent successivement les unes sur les autres à l'aide de nervures intérieures; l'attaque dans ce petit tube est à 9 mètres en avant de l'attaque à section entière; pour celle-ci, les tôles de l'enveloppe du tunnel sont boulonnées également au fur et à mesure de l'avancement et le tube central sert d'appui aux étais qui soutiennent le secteur.

A l'origine, la communication de l'air extérieur à l'air comprimé s'établissait par une chambre à air muraillée dans la paroi du puits; quand la longueur du tunnel s'augmenta, il fallut la diviser par des cloisons imperméables; ces cloisons sont en maçonnerie de briques de 0m22, elles sont soutenues par des poutres en fer encastrées dans la maçonnerie du tunnel. Au sommet, elles portent deux chambres à air dont une, suffisante pour recevoir tous les ouvriers de l'avancement, est toujours ouverte afin que l'on puisse s'échapper immédiatement en cas d'invasion des eaux ou de la vase.

Quand la longueur devint plus considérable encore, on posa une seconde cloison à 85 mètres en avant de la première, et l'accroissement de pression de l'air comprimé se trouvait réalisé par gradation en deux éclusées successives.

Nous ignorons la situation actuelle de ces travaux; en août 1882, le bouclier de tête céda et le tunnel fut envahi par les eaux et la vase. On se proposait de poursuivre le tunnel dans les parties profondes de la rivière au moyen de caissons foncés ou de caissons mobiles permettant de l'exécuter par sections raccordées. (Renseignements extraits de la *Revue générale des chemins de fer*.)

Puits de fondation foncés par l'air comprimé, port de Rochefort. — Nous avons décrit précédemment le système de fondation par havage dans des puits, adopté pour les murs du bassin à flot du port de commerce de Rochefort.

Dans certains de ces puits, il se produisait des siphonnements de vase qu'on ne pouvait déblayer, car ils se renouvelaient sans cesse et produisaient au dehors des déchirements du sol et des fondrières; les épuisements devenaient, du reste, très pénibles dans ce cas, et le procédé de fouille à l'air libre n'était plus applicable.

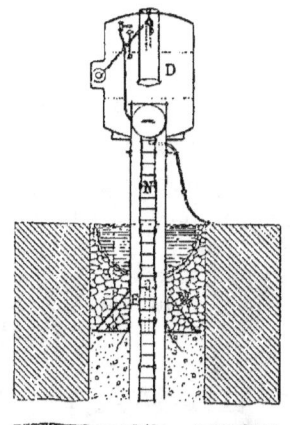

La vase ne s'élevait ainsi par siphonnement qu'à 4 où 5 mètres au-dessus de la base du puits; afin de se réserver la facilité de recourir au travail dans l'air comprimé, on ménageait dans tous les puits, à 5 mètres au-dessus du fond, une cavité M propre à recevoir une retombée de voûte.

On construisait cette voûte, lorsque la nécessité de recourir à l'air comprimé était reconnue. La voûte est en maçonnerie de ciment de Portland; elle a 1 mètre d'épaisseur; elle est recouverte d'un enduit en ciment, ainsi que toutes les parois de la chambre de travail, car, à défaut de cette précaution, la maçonnerie de briques ne présente pas une étanchéité suffisante à l'air comprimé.

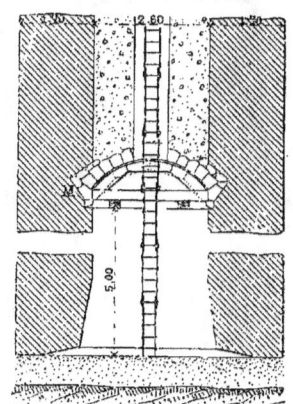

Fig. 130.

Au sommet de la voûte, on a ménagé un vide circulaire de 0^m 70 de diamètre, dans lequel on engage un moule cylindrique en bois, recouvert de tôle; autour de ce moule, que l'on relève peu à peu, on pilonne du béton jusque vers le sommet du puits. Là, on met une amorce E de cheminée en tôle qui porte le sas à air D. La partie supérieure du puits est laissée vide, et forme une cuvette hémisphérique qui permet de dégager facilement la cheminée, lorsque le travail est achevé ; cette cuvette est remplie d'eau, afin d'augmenter la charge et de s'assurer de l'étanchéité.

Avec le secours de l'air comprimé, on put facilement enlever la vase qui avait pénétré par siphonnement dans la partie basse du puits ; la pression de l'air permit même de descendre la fouille à plus d'un mètre de profondeur au-dessous du puits, sans qu'il se produisît ni éboulements, ni déperdition d'air ; cette fouille fut remplie de béton coulé en sous-œuvre, et on acheva ensuite le remplissage du puits. On n'abandonnait dans la masse que l'amorce du tube en tôle.

Cet exemple montre bien que l'on peut compter sur l'étanchéité de la maçonnerie au mortier de ciment bien lissée à la surface, et que l'on peut, sans crainte, constituer les parois d'une chambre de travail avec de la maçonnerie de ce genre.

3° CLOCHES ET BATEAUX PLONGEURS

Dans l'historique placé en tête de ce chapitre, nous avons exposé le principe de la cloche à plongeur, et nous avons dit que Smeaton lui avait donné, en 1790, la forme générale qu'elle a conservée jusqu'à ces derniers temps.

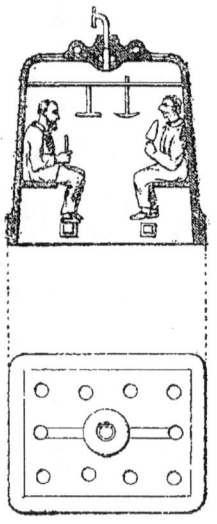

Fig. 131.

On pouvait voir encore, il y a quelques années, dans les bassins du Havre, une cloche à plongeur en fonte, montée à l'avant d'un bateau et suspendue par des chaînes qui s'enroulent sur un treuil ; cette cloche porte sur sa face supérieure des lentilles épaisses que la lumière traverse. Au-dessous de la cloche, près de la flottaison, est un tablier à charnière sur lequel viennent se placer les ouvriers ; une fois qu'ils sont là, on descend la cloche qui vient les recouvrir, et à l'intérieur de laquelle ils peuvent s'asseoir ; on laisse tomber le tablier qui devient vertical, et la cloche peut descendre librement jusqu'au fond de l'eau. La manœuvre est assez simple et réussit bien. Trois ou quatre ouvriers peuvent prendre place à l'intérieur ; ils sont éclairés par les lentilles, et si cela ne suffit pas, par de la bougie ; la chandelle brûle très vite dans l'air comprimé, et répand une odeur méphitique.

Il faut remarquer que l'effort à exercer par les chaînes de suspension varie brusquement, lorsque la cloche passe de l'air dans l'eau ; c'est un inconvénient pour la manœuvre du treuil ; on y remédie en faisant équilibre avec des contrepoids à la différence du poids de la cloche dans l'air et de son poids dans l'eau.

Quelquefois la cloche est de forme parallélipipédique, mais quelquefois elle présente à l'avant une partie arrondie, comme l'avant-bec d'une pile de pont ; cette disposition a pour but de permettre d'approcher facilement des murs de quai et de leurs angles pour les visiter. Mais il y a dans ce cas une précaution à prendre : la cloche n'a plus une forme symétrique, et lorsqu'elle pénètre dans l'eau, le centre de gravité du liquide déplacé ne coïncide pas avec le centre de gravité de la cloche ; or il faut, d'après les lois du mouvement des corps flottants, que ces deux centres de gravité se placent sur une même verticale, afin qu'il y ait équilibre ; la cloche va donc se déplacer, et, pour que son rebord inférieur soit horizontal dans l'eau, il devra avoir dans l'air une certaine inclinaison que l'on calculera et que l'on produira au moyen des chaînes de suspension.

Si l'on veut éviter cette complication, il sera beaucoup plus simple de rendre à la cloche sa forme symétrique, en reproduisant à l'arrière la partie arrondie qu'on installe à l'avant.

Bateau sous-marin de Coulomb et de M. de la Gournerie. — Pour manœuvrer une cloche à plongeur, il est nécessaire d'avoir des appontements fixes ou des bateaux qui tiennent beaucoup de place ; la cloche est du reste difficile à maintenir et même dangereuse au milieu d'un courant rapide. Elle peut prendre une inclinaison notable, et l'on s'est vu quelquefois forcé de la protéger contre la violence des eaux par des écrans métalliques.

En outre, une cloche à plongeur, à cause des apparaux qu'elle exige, ne peut jamais prendre de grandes dimensions, et ne permet point, par conséquent, d'aller vite en besogne.

C'est pour parer à ces inconvénients, que M. de la Gournerie, ingénieur des ponts et chaussées, chargé de déraser une roche de granit qui encombrait la passe du port du Croisic, eut l'idée de construire un bateau que nous allons décrire, et qui avait été déjà proposé par Coulomb en 1773 pour l'extraction de rochers qu'on rencontrait en Seine, près de Quillebœuf.

M. de la Gournerie a fait subir au projet de Coulomb plusieurs modifications qui l'ont rendu vraiment pratique, et il donne à son appareil le nom de bateau à air.

« L'appareil employé au Croisic consiste, dit-il, dans un bateau au milieu duquel se trouve une cloche ou chambre de travail, fermée dans la partie haute et ouverte dans le bas.

« On fait sortir le bateau du port au commencement du jusant, avant que le courant ait acquis une grande vitesse ; on le conduit dans la passe près des rochers à déblayer, et on le tient à l'écart de manière à ce qu'il ne gêne pas le passage des navires. Lorsque les rochers ne sont recouverts que d'une hauteur d'eau de 2^m25 à peu près, on amène le bateau à l'endroit où l'on veut travailler, on l'amarre fortement, et on le coule sur le rocher en le chargeant de lest. Les ouvriers entrent dans la chambre de travail par une ouverture qui est réservée dans le plafond et que l'on ferme ensuite avec soin. On comprime alors l'air intérieur au moyen de pompes; on fait ainsi baisser graduellement l'eau dans la chambre, et on finit par l'en expulser entièrement.

« Les ouvriers qui s'étaient tenus jusque-là sur un grillage intermédiaire, descendent sur le rocher, battent des mines, divisent les blocs et retirent les fragments sans être gênés par l'eau. Pendant le travail, les pompes continuent de fonctionner pour la rénovation de l'air intérieur. Le bateau est remis à flot et enlevé dès que la mer a recouvert les rochers de plus de 2 mètres, c'est-à-dire au moment où les navires ont besoin de trouver le chenal libre pour leurs mouvements.

« La figure 1, pl. XLI, donne une élévation latérale du bateau, et la figure 2, une coupe longitudinale.

« La hauteur de la chambre de travail a été calculée (à l'aide de la formule de Laplace qui donne la variation diurne de la mer) de manière qu'on pût avoir, en morte eau comme en vive eau, des séances de travail suffisamment longues.

« Cette chambre de travail est divisée en deux parties inégales par un grillage formant plafond; ce plafond est à 2^m15 au-dessus du fond; et, comme on commence à travailler dans une profondeur d'eau de 2^m25, il en résulte que le grillage est recouvert d'une couche d'eau de 0^m10, qui ne gêne pas trop les ouvriers. La partie supérieure sert de chambre d'attente et est munie de sièges; elle porte en outre des oculaires, ou lentilles en verre, enchâssés dans la calotte et destinés à laisser passer un peu de jour. La chambre d'attente sert à recevoir les ouvriers au commencement de l'opération, avant que l'eau ne soit refoulée, et à la fin, lorsqu'on laisse rentrer l'eau; elle a une hauteur de 1^m30.

« La section horizontale du bateau est de 3 mètres sur 3^m60; on pourrait l'augmenter, et employer un plus grand nombre d'ouvriers, si l'on n'avait pas affaire à de violents courants, au milieu desquels il est difficile de diriger et de maintenir l'appareil.

« Une machine à vapeur, donnant un effet utile de deux chevaux, était plus que suffisante pour faire mouvoir les pompes à air. Le refoulement complet de l'eau se produisait en huit minutes, ce qui est important, car il est nécessaire de travailler le plus longtemps possible à chaque marée.

« Lorsque le bateau repose sur un rocher, l'évacuation de l'eau est toujours facile; mais, lorsqu'il repose sur un fond de vase ou de sable, le rebord s'y engage, et l'eau ne peut plus sortir; il est nécessaire, dans ce cas, de ménager de petites vannes sur les parois latérales du bateau.

« Le conducteur des travaux à l'intérieur se tenait dans la chambre d'attente, et les ouvriers travaillaient au fond; on pouvait y placer neuf hommes manœuvrant des pics, ou seize hommes creusant des mines au fleuret; en tout seize personnes au maximum.

« Pour le travail de nuit, on employait quatre lampes à niveau constant, donnant une grande clarté.

« Les ouvriers et les lampes concourent à produire de l'acide carbonique; en prenant pour base les données expérimentales exactes, et la quantité d'air envoyée par les pompes dans l'appareil, on reconnaît que la proportion d'acide carbonique dans l'air confiné varie de 14 à 19 dix-millièmes dans les séances de jour, et de 33 à 40 dix-millièmes dans les séances de nuit. Or, la proportion de gaz carbonique que l'on trouve dans les salles de spectacles, dans les amphithéâtres, atteint quelquefois 90 à 100 dix-millièmes, et on y séjourne à la rigueur, sans être trop incommodé.

« Pour échouer le bateau, et pour le maintenir dans sa position, il faut lui imposer un lest qui équilibre le poids de l'eau déplacée et la pression que l'air comprimé exerce sur le plafond de la chambre de travail, pression qui va jusqu'à 25 tonnes.

« Le lest comprend deux parties : une partie fixe, nécessaire à la stabilité de l'appareil, et composée de vieux fers disposés au fond de deux renflements de chaque côté de la chambre à air; et une partie variable, que l'on obtient en introduisant plus ou moins d'eau de mer dans l'appareil. Il faut, dit M. de la Gournerie, que le lest variable puisse être mis et enlevé en quelques minutes, et qu'il soit facile de le répartir uniformément, de manière que le bateau s'enfonce carrément sous son poids et vienne s'appuyer solidement sur le rocher.

« Nous avons satisfait à ces conditions en employant pour lest variable l'eau de la mer, que nous admettons par de larges soupapes quand nous voulons échouer le bateau, et que nous épuisons à la fin du travail, à l'aide de la machine à vapeur qui servait, quelques instants auparavant, à refouler de l'air. »

Il faut remarquer cependant que ce lest liquide peut avoir des inconvénients dans certains cas : si le bateau s'incline un peu, l'eau se porte du côté incliné, et tend à le déverser davantage encore. Si l'on devait opérer à une profondeur de quelques mètres, avec un appareil de grandes dimensions, il faudrait partager par des cloisons la chambre dans laquelle on introduit l'eau, et la transformer en plusieurs réservoirs indépendants.

Inutile de dire que l'appareil est construit en tôle avec cornières en fer, afin de présenter toute la résistance désirable.

Au Croisic, l'extraction de chaque mètre cube de rocher est revenue à environ 30 francs, non compris ce qu'il faut compter pour l'achat et l'amortissement de l'appareil.

Cloche à plongeur appelée Nautilus. — En 1858, on a pu voir fonctionner sur la Seine, à Paris, une cloche à plongeur d'invention nouvelle, à laquelle on avait donné, à cause de sa ressemblance avec le nautile marin, le nom de nautilus.

Le nautilus est représenté par les figures 3 et 4, planche XLI; il a été décrit sommairement dans la chronique des *Annales des ponts et chaussées* du mois de février 1858 :

« Le nautilus se compose essentiellement d'une capacité plus ou moins grande dans laquelle se placent les ouvriers, entourée d'autres capacités plus petites dans lesquelles on peut, à volonté, faire pénétrer de l'eau ou de l'air. On comprend dès lors que cet appareil peut flotter à la surface de l'eau ou descendre à la profondeur nécessaire, selon que ce volume d'air est plus ou moins considérable.

« Un tuyau flexible solidement construit, comme celui des scaphandres, met l'appareil en communication avec un réservoir d'air comprimé placé à bord d'un ponton ordinaire. Une machine à vapeur de six chevaux, installée sur le même ponton, met en jeu la pompe foulante qui alimente ce réservoir d'air comprimé.

« Le mouvement de la machine est extrêmement simple. Un grand trou d'homme placé à sa partie supérieure permet d'y pénétrer facilement, comme dans la cale d'un navire ordinaire, lorsqu'elle flotte à la surface de l'eau. On ferme cette ouverture aussitôt que les hommes, les matériaux et les outils sont entrés dans la machine. A l'aide de robinets dont la disposition est facile à concevoir, le conducteur du nautilus, placé à l'intérieur, fait aussitôt pénétrer assez d'eau dans les chambres à air pour que la machine s'immerge. La marche du manomètre lui indique à chaque instant la profondeur à laquelle il se trouve et lui permet de régler la vitesse de la descente en augmentant ou en diminuant le volume d'eau des chambres à air.

« Lorsque l'appareil est arrivé au fond de l'eau, on fait pénétrer dans la chambre de travail de l'air à une pression précisément égale à celle qui répond à la profondeur à laquelle on se trouve, ce qu'un second manomètre permet facilement de reconnaître. On peut alors, sans craindre de voir l'eau pénétrer dans la cloche, enlever la partie mobile du plancher qui forme le fond de l'appareil, et travailler sur le sol comme on le ferait à la surface de la terre.

« Le nautilus n'est point suspendu à son ponton, comme les cloches à plongeur ordinaires; il ne communique avec lui que par le tuyau flexible, tenu toujours très long, pour laisser à la cloche toute liberté de mouvement. La rupture de ce tuyau flexible ne compromettrait en rien, d'ailleurs, la sûreté des travailleurs. En enlevant, avec une petite pompe à main, une partie de l'eau formant lest, l'appareil reviendrait de lui-même flotter à la surface.

« Le nautilus est retenu par trois ou quatre cordes fixées à de petites ancres, ou à d'autres points fixes. Ces cordes traversent des boîtes à étoupes d'une forme spéciale et viennent s'enrouler sur de petits treuils placés dans la chambre de travail, de sorte que les ouvriers peuvent eux-mêmes se transporter dans toutes les directions nécessaires.

« Une des propriétés les plus utiles du nautilus est la possibilité de l'employer comme grue pour transporter des fardeaux au fond de l'eau.

« Cette manœuvre est extrêmement facile; on attache l'objet à une forte chaîne réunie à l'appareil; puis on fait sortir des chambres à air un volume d'eau suffisant pour faire flotter l'ensemble du système. Une disposition fort ingénieuse permet de soulever la cloche et son fardeau seulement de la quantité voulue et de l'empêcher de remonter à la surface.

« Quand il suffit de soulever la cloche de quelques centimètres, les ouvriers marchent sur le sol et poussent facilement l'appareil dans la direction voulue. Si l'on se maintenait à une certaine hauteur au-dessus du fond, on se halerait de l'intérieur de la chambre de travail à l'aide des cordes d'amarres.

« La machine actuelle peut soulever ainsi un poids de six tonnes et demie, mais rien ne serait plus simple que de lui donner plus de puissance. A l'aide de cette machine, on peut donc exécuter à toute profondeur sous l'eau les travaux d'appareillage de maçonnerie les plus délicats. Rien ne serait plus facile, par exemple, que de faire des jetées à la mer, en blocs artificiels jointifs, maçonnés et rejointoyés entre eux, qui exigeraient un cube bien moins fort que nos jetées à blocs perdus et seraient beaucoup moins altérables qu'eux par l'action de l'eau salée.

« Un grand nombre de dispositions les plus ingénieuses sont réunies dans le même appareil pour lui permettre d'exécuter les différents travaux que réclame l'art de l'ingénieur.

« Nous n'en citerons ici qu'une seule :

« C'est une petite machine à piston et à cylindre fonctionnant à l'intérieur de la chambre de travail par l'air comprimé. Ce moteur peut être employé à tous les travaux de force à exécuter sous l'eau, et, en particulier, à forer les trous de mines qu'il creuse avec une grande facilité.

« Le moteur du ponton, sans autre transmission de mouvement qu'un tuyau flexible, envoie ainsi, presque sans perte, une partie de sa force au fond de l'eau, comme on le ferait à terre avec la courroie d'une locomobile. »

Le nautilus est un appareil curieux et ingénieux; il n'a pas passé dans la pratique; il doit présenter en effet une certaine instabilité et ne paraît guère se prêter à un travail courant et à une sécurité absolue.

Nous ne parlerons que pour mémoire de divers bateaux sous-marins, qui sont plutôt des engins de guerre que des appareils destinés aux travaux publics. Ils sont presque tous basés sur le même principe : avoir une capacité fermée dans laquelle on comprime de l'air; à cette capacité sont accolés des réservoirs où l'on peut introduire à volonté l'eau extérieure, ou au contraire la refouler par l'air comprimé. On a donc un lest variable, et l'appareil devient un flotteur que l'on peut maintenir à telle profondeur que l'on voudra. Donnez-lui une forme allongée comme celle d'un poisson, munissez-le de gouvernails et d'une hélice que fait mouvoir l'air comprimé, vous aurez un engin susceptible de se mouvoir sous l'eau, et d'arriver, invisible, sous la coque d'un gros navire de guerre.

Bateau cloche du service de la Seine. — Le bateau cloche du service de la navigation de la Seine a été construit surtout en vue des réparations à faire aux radiers des barrages; il évite les bâtardeaux et les chômages et permet de travailler en plein courant, la vitesse de l'eau atteignant jusqu'à 2 mètres.

L'appareil doit donc être beaucoup plus robuste que les cloches anciennes destinées à descendre en eau calme.

Il se compose d'un bateau en fer de 32 mètres de long sur 7^m30 de large, percé vers les deux tiers de sa longueur d'un puits octogonal renfermant un tube indépendant du bateau; c'est ce tube qui constitue, à proprement parler, la cloche à plongeur. Il est représenté en coupes verticale et horizontale par les figures 132 et 133, et voici la description de l'appareil et de son fonctionnement, extraite des notices présentées par le ministère des travaux publics à l'Exposition de 1878 :

« Ce tube monte et descend librement dans le puits, le long duquel il est guidé par des coulisses. Il est formé de deux cylindres concentriques, dont les diamètres sont respectivement de 5m20 et de 1m90.

« L'intervalle compris entre les deux parois est divisé en comparti-

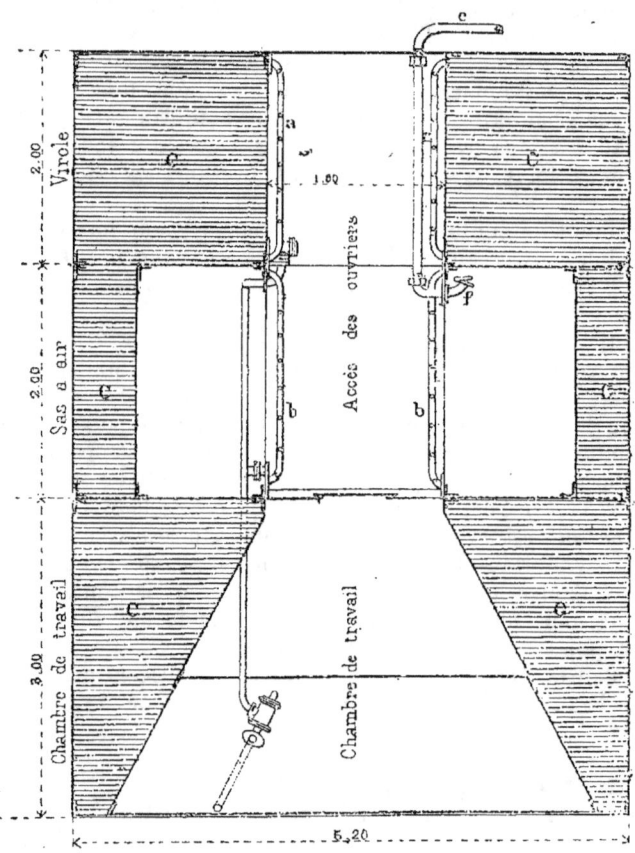

Fig. 132.

ments étanches c, c, dans lesquels un jeu de robinets permet à volonté d'introduire l'eau ou de la remplacer par de l'air comprimé, de manière à régler l'équilibre de l'appareil et sa profondeur d'immersion.

« Le tube central sert de cheminée d'accès pour les hommes et les matériaux.

« L'écluse à air se trouve immédiatement au-dessus de la chambre de travail et fait corps avec elle. La cloche ainsi composée a 5 mètres de hauteur et permet de descendre à 4m50 de profondeur. Elle répond à la presque totalité des exigences de la pratique sur la Seine.

« Pour arriver à de plus grandes profondeurs, il suffit d'assembler au-dessus de l'écluse à air une ou deux viroles de chacune 2 mètres de hauteur.

« Ces viroles peuvent être embarquées à bord et mises en place à l'aide de bigues dont les pieds sont articulés sur des sabots fixés au pont.

« *Éclairage de la chambre de travail.* — La chambre de travail est directement éclairée par des hublots *m* ménagés dans la partie du pla-

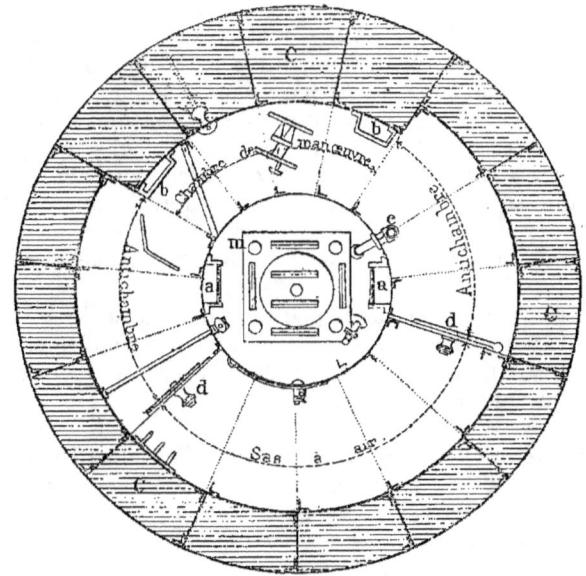

Fig. 133.

fond qui répond au cylindre central. D'autres hublots, disposés au pourtour du plafond de la virole supérieure, éclairent l'écluse et les deux vestibules contigus qui communiquent avec la chambre. En fait, même par un temps brumeux, on peut se passer de tout éclairage artificiel, ce qui contribue à assainir notablement l'atmosphère où les ouvriers travaillent.

« *Accès de la chambre de travail.* — L'écluse à air débouche directement, d'une part, à l'air libre dans le puits central, et d'autre part, à l'air comprimé dans deux vestibules symétriques, dont l'un est plus spécialement destiné à l'accès des matériaux et l'autre à celui des hommes.

« De chacun de ces paliers descend une échelle en fer *b* qui conduit au bas du tube, de sorte qu'en cas de panique les ouvriers auraient deux voies pour s'échapper. Dans le cas même où ils seraient gagnés par l'eau et où la retraite par le puits central leur serait coupée, ils pourraient, en desserrant deux écrous, trouver une issue par le large hublot qui éclaire l'écluse.

« *Plancher de travail.* — Les parois verticales de la chambre de travail, évasées en cône, sont garnies de huit cornières disposées en forme de nervures suivant les génératrices du cône. Ces nervures présentent une série d'encoches où l'on peut encastrer, à diverses hauteurs, des traverses sur lesquelles on appuie un plancher combiné suivant les convenances du travail.

« *Grue pour les matériaux.* — Les matériaux lourds sont introduits dans le puits central par une grue montée sur le pont du bateau, à côté du tube. Cette grue ne pouvant faire saillie de plus de 4 mètres au-dessus de la ligne de flottaison, à cause de certains ponts fixes, et devant cependant s'adapter à toutes les hauteurs de la cloche, qui peut, selon les cas, affleurer le niveau du pont ou le dépasser de près de 4 à 5 mètres, on a été conduit à la disposer de manière à la faire monter ou descendre le long d'une crémaillère. De plus, elle peut évoluer pour prendre les matériaux dans un chaland accosté au bateau cloche et les amener ensuite dans le tube.

« Ces matériaux, déposés sur le plancher qui ferme le puits central, sont introduits dans l'écluse à l'aide de palans convenablement disposés, puis dans le vestibule de droite, où ils sont saisis par un treuil et descendus jusqu'au fond de la chambre de travail.

« *Capacité de la chambre de travail.* — Cette chambre a 3 mètres de hauteur sur une partie de sa surface, 5 mètres sur le reste. Son diamètre inférieur est égal au diamètre même du tube extérieur, soit 5^m20. Elle offre ainsi une surface de 21 mètres carrés, dans laquelle dix ouvriers peuvent travailler à l'aise.

« *Correspondance.* — La correspondance s'établit très simplement par un gros robinet à boisseau, qu'on peut manœuvrer du dedans aussi bien que du dehors et qui fonctionne comme une écluse à air. On va en outre ajouter à ce moyen simple et commode la correspondance à l'aide d'un tuyau acoustique terminé par une membrane vibrante, sorte de téléphone simplifié, analogue à ceux que M. Rouquayrol-Denayrouse adapte à ses scaphandres.

« *Manœuvre de la cloche.* — Ainsi qu'il est dit plus haut, la cloche est indépendante du bateau et porte en elle-même ses conditions d'équilibre. C'est là ce qui la distingue nettement de la cloche Cavé, qui a rendu de très grands services sur la Seine, mais ne permettait pas d'atteindre des profondeurs supérieures à 3^m50 ; du bateau de M. de la Gournerie, employé avec succès au Croisic ; de la cloche Nillus, du

Havre... Au contraire, par son principe, elle se rapproche du Nautilus, qui nous est arrivé d'Amérique et ne s'est pas acclimaté en France.

« L'immersion et l'émersion du tube s'opèrent par des manœuvres très simples, exclusivement fondées, comme on va le voir, sur l'emploi de l'air comprimé et de l'eau.

« Le bateau est muni de deux soutes latérales qui contiennent ensemble 60 mètres cubes et peuvent se remplir par l'ouverture de robinets de communication avec la rivière. Quand ces soutes sont pleines, le tirant d'eau du bateau passe de 0^{m}80 à 1^{m}20, ce qui constitue un jeu utile pour franchir, soit, en hautes eaux, des ponts trop bas, soit, en étiage, des hauts-fonds.

« Ces soutes sont reliées par deux tuyaux, l'un supérieur, qui équilibre la pression de l'air atmosphérique, l'autre inférieur, qui fait communiquer entre elles leurs réserves d'eau. Pour éviter les brusques déplacements de ce lest hydraulique, dans le cas de vent par exemple, et prévenir ainsi les inconvénients de l'inclinaison qui pourrait en résulter pour le bateau, on a muni le tuyau inférieur d'un robinet. Enfin, un éjecteur de cale permet de remplir chacune des soutes avec l'eau de l'autre, ou de la vider directement à l'extérieur, de manière à rétablir l'équilibre du bateau si la fermeture du robinet avait été tardive.

« C'est l'eau des soutes qui sert de lest pour l'immersion de la cloche. A cet effet, cette eau est refoulée, par l'air comprimé, dans un tuyau qui l'emprunte à la soute et la déverse dans la virole supérieure du tube.

« En une demi-heure, cette virole est remplie, et la cloche descend. Si on veut la faire émerger, il suffit d'ouvrir le robinet qui met les compartiments de la chambre de travail en communication avec la rivière. On peut même hâter l'évacuation en recourant à l'air comprimé, et le tube remonte avec une parfaite régularité.

« On le voit, la cloche est, à une échelle très amplifiée, une sorte de vessie natatoire, dont les manœuvres se réduisent simplement au jeu d'un robinet pour l'introduction ou l'évacuation de l'eau.

« *Verrous et vérins.* — Quand la cloche est réglée pour travailler avec quelque continuité à une profondeur déterminée, on peut la rendre solidaire avec le bateau en la calant au moyen de forts verrous. De plus, s'il est nécessaire, par exemple au passage de certains hauts-fonds, de supprimer toute saillie du tube sur le fond du bateau, on peut relever la cloche et la suspendre à l'aide de chaînes supportées par des vérins qui sont disposés dans quatre angles du puits octogonal.

« *Tuyaux d'air et d'eau.* — Les tuyaux destinés à conduire l'air et l'eau dans la cloche, et qui sont comme les veines ou les nerfs de son organisme, sont constitués, sur une partie de leur trajet, par du caoutchouc muni de spirales en fil de fer, et présentent, dans cette partie qui peut être enroulée sur le pont, assez de « mou » pour suivre les variations du tube. Le tuyau d'amenée de l'air comprimé est représenté en e, et f est sa soupape.

« Les détails et le mécanisme de la cloche étant connus, il suffira de quelques mots pour achever la description de l'appareil.

« *Pompe et machine*. — Une machine à vapeur de 20 chevaux, à détente et à échappement libre, commande une pompe capable de refouler par heure 414 mètres cubes d'air à la pression effective d'une atmosphère. Le diamètre du piston à vapeur a 0^{m}30 ; celui du piston à air, 0^{m}45. Ces deux pistons sont montés sur la même tige et ont 0^{m}35 de course. Le nombre de tours par minute est au maximum de 80 à pleine pression, et au minimum de 50 avec la détente au dixième.

« La chaudière est tubulaire ; elle contient trente-deux tubes de 2^{m}70 de longueur et présente une surface totale de chauffe de 20 mètres carrés.

« *Treuils*. — Les manœuvres d'amarrage, de touage et de papillonnage s'effectuent à l'aide de cinq treuils groupés à l'extrémité du bateau opposée à celle qui renferme le tube.

« Ces treuils peuvent être actionnés soit à la main, soit par une machine à deux cylindres placée dans l'entre-pont et alimentée de vapeur par la chaudière de la pompe à air.

« Quatre autres treuils à la main commandent des chaînes amarrées au pied et à la tête du tube et destinées à le raidir contre l'action des courants rapides.

« *Cabine du capitaine*. — Des pièces proprement aménagées à l'avant du bateau servent de logement au capitaine.

« *Manomètres ; soupapes*. — Des manomètres, des soupapes de sûreté des tubes indicateurs de niveau, des flotteurs, sont disposés sur tous les organes où leur emploi est nécessaire pour assurer la sécurité du travail ou renseigner les surveillants sur la marche de l'appareil. Chaque robinet porte une légende qui indique son jeu et le sens de sa manœuvre.

« Pour l'agencement de ces divers détails, on a mis à profit les renseignements fournis par l'étude des appareils à fondations tubulaires, dont le mode de travail présente plus d'une analogie avec celui du bateau-cloche.

« *Fondations tubulaires ; emploi du bateau-cloche pour les ponts, les quais*. — Le bateau-cloche pourrait même se substituer avec avantage, dans certains cas, aux appareils à fondations tubulaires et simplifier la construction des ponts et peut-être même des quais. En effet, il se prêterait très bien à la construction directe de deux ou plusieurs colonnes isolées et voisines, de 3 à 4 mètres de diamètre, maçonnées et parementées, sans cuvelage ni enceinte. Ces colonnes, reliées hors de l'eau par de petites voûtes de 1^{m}50 à 2 mètres d'ouverture, constitueraient les supports de l'ouvrage.

« *Emploi du bateau pour les barrages*. — En dehors de cette application que l'avenir lui réserve sans doute, le bateau-cloche a été construit en vue de réparer les barrages quand ils sont couchés en hautes eaux, c'est-à-dire au milieu de courants d'une grande vitesse. C'est une condition très dure pour l'appareil, mais très avantageuse à la navigation, à laquelle elle épargnera bien des chômages.

« *Bateau-cloche pour écluses*. — Par sa disposition, ce bateau-cloche ne peut se plier au travail dans les écluses. En effet, ce travail s'opère en eau calme et profonde ; il comporte la visite et la réparation des radiers, des murs, des encoignures, des chardonnets. Les exigences sont donc tout autres que celles de travail en plein courant et ne peuvent être satisfaites par le même engin. Aussi l'administration a-t-elle décidé en principe l'établissement d'un second bateau qui portera à une extrémité une cloche de dimensions réduites, pour visiter les radiers, les buscs et les angles, et à l'autre extrémité une caisse ouverte sur le devant et par le haut, avec joints étanches sur les côtés, pour visiter et réparer les parois verticales. »

Cloche avec tube à mouvement télescopique.

— La figure 134 représente, d'après la chronique des *Annales des ponts et chaussées* de 1878, l'appareil employé à la fondation des bassins de radoub de Pola (Autriche) ; il devait servir à enlever la dernière couche de vase, à niveler le fond et à remplir les fissures du rocher, puis à démolir le bâtardeau d'enceinte et à en enlever les débris.

L'appareil pneumatique construit par M. Van Heider, « se compose d'une cloche A, terminée à sa partie supérieure par un tube métallique B, qui s'élève jusqu'au-dessus du niveau de l'eau, où il s'ouvre à l'atmosphère par un sas à air C. Une machine à vapeur comprime de l'air dans cette enceinte ; une autre machine est destinée à élever les déblais du fond, que l'on déversait dans des bateaux porteurs à clapet E, qui allaient les rejeter au loin.

« Comme il était nécessaire de s'approcher du pied des murs du quai, la cloche, contrairement à ce qui avait été fait dans des circonstances semblables, était placée à une extrémité du ponton qui la supportait. Des caisses à eau a servaient de lest et de contrepoids pour résister à la poussée considérable produite par le déplacement d'un grand volume d'eau correspondant à la cloche et au tube.

Le tube est composé de parties glissant l'une dans l'autre, tube télescopique, de manière à permettre d'atteindre toutes les profondeurs comprises entre 4 et 12 mètres.

« La cloche proprement dite, chambre de travail, a 3 mètres de largeur, 6 mètres de longueur et 3^m70 de hauteur ; les tubes ont respectivement 1 mètre, 1^m40 et 1^m60 de diamètre. Un treuil à vapeur spécial, agissant par l'intermédiaire d'une chaîne, permet de relever plus ou moins la cloche.

« Le ponton auquel est fixé l'appareil pneumatique est en bois ; sa longueur est de 26^m10, sa largeur de 5^m20, son tirant d'eau de 2^m10.

« L'appareil a répondu entièrement aux besoins pour lesquels il avait été construit. Il a servi à l'enlèvement de 3,000 mètres cubes de vase de consistance diverse, de 2,900 mètres cubes de roches; on a introduit, d'autre part, par le sas à air, 4,000 mètres cubes de ciment, qui ont servi à remplir les fissures du sol et à le niveler.

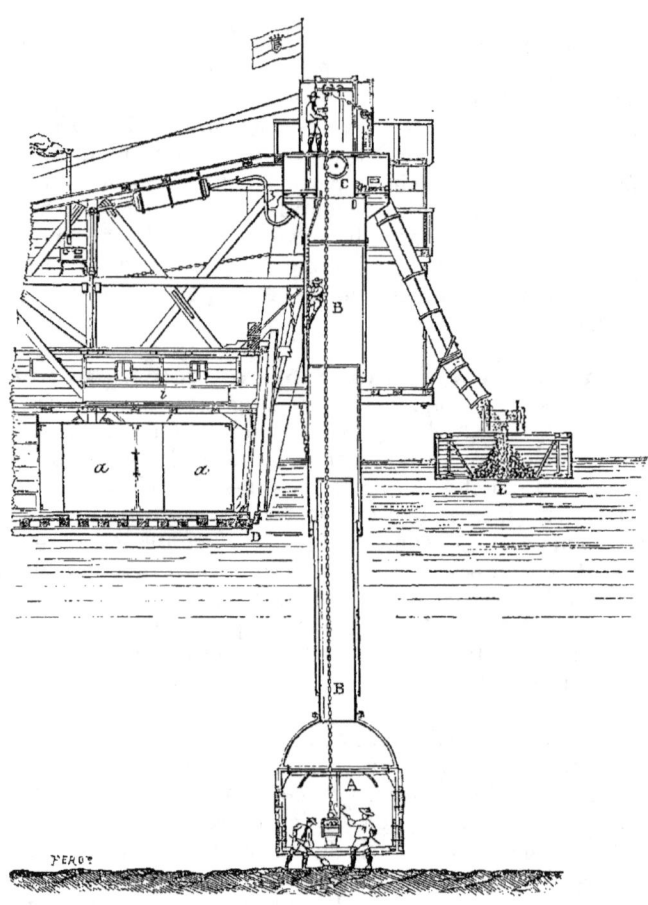

Fig. 134.

« Les conditions de travail paraissent avoir été satisfaisantes; pendant les chaudes journées d'été, les tuyaux d'arrivée de l'air comprimé furent placés dans des tubes où circulait un courant d'eau de mer. Par ce moyen, on put maintenir à 32 degrés centigrades la température du sas à air, et à 28 degrés celle de la cloche ».

L'appareil n'est évidemment combiné que pour travailler en eau tranquille, tandis que la cloche de la Seine ne redoute pas les courants.

FONDATIONS

Cloche à dérochement du port de Brest. — Nous avons exposé dans la première partie de cet ouvrage, comment on avait fait sauter des écueils à l'aide de galeries rayonnantes percées dans la masse rocheuse elle-même; ce procédé, appliqué sur une grande échelle, en Amérique, pendant ces dernières années, avait pris naissance en France, en 1864, au port de Brest.

En 1878, à ce même port, on a eu recours à une cloche à air comprimé pour enlever l'écueil que formait la roche la Rose, dans le chenal de la Penfeld. L'entreprise, qui comportait l'extraction de 17 à 18,000 mètres cubes de rocher massif, a été confiée à M. Hersent, qui l'a exécutée en deux ans, et qui a rendu compte de cet important travail dans une note à laquelle nous empruntons les renseignements qui vont suivre :

« Pénétré de la nécessité de créer un outil nouveau pour permettre de faire des travaux de dérochement sous l'eau, j'ai recherché la forme et les conditions d'exécution pour réunir la solidité, la sécurité des travailleurs à un prix de revient qui permette d'entreprendre, sans arrière-pensée, nombre de travaux utiles restés en souffrance, faute de moyens pratiques.

« L'étude de la cloche remonte à 1866, et fut faite avec la collaboration de M. Castor, pendant que nous faisions les dragages de roches à l'avant-port de Boulogne-sur-Mer.

« La cloche construite en vue du dérasement complet de la roche « La Rose » au port de Brest, diffère peu de la première étude, au moins comme principe; j'ai pu, avec cette cloche, exécuter du dérochement de pierres dures et massives, schistes mêlés de quartz, de granit, etc., avec les prix au mètre cube mesuré sur profil de 62 fr. 50 et 10 francs pour la vase et les autres terrains non rocheux; c'est là un premier résultat que je considère comme très important, parce qu'il est un grand progrès sur ce qui avait été fait jusqu'à présent, et qu'il consacre la valeur de l'outil employé.

« *Description de la cloche de Brest (fig. 1 à 4, pl. XXXIX).* — La cloche plongeante est une grande caisse en fer de 8 mètres de largeur sur 10 mètres de longueur, haute de 7 mètres, divisée dans sa hauteur par un diaphragme hermétique AA, qui fait de la partie inférieure une chambre séparée, spéciale pour le travail, et de la partie supérieure un ballon destiné à soulever le tout pour le déplacement et le transport.

« Au milieu du diaphragme, et traversant la partie supérieure, il y a une tour circulaire B qui s'élève au-dessus du flotteur, jusqu'au-dessus du niveau ordinaire de l'eau de haute mer, et terminée à sa partie supérieure par une plate-forme qui sert à recevoir les travailleurs et les agrès nécessaires aux diverses manutentions.

« L'intérieur de la tour est muni d'un escalier qui facilite l'accès du haut en bas et *vice versa*. Au bas de la tour sont les écluses pour l'introduction des hommes et des choses, de l'air libre à l'air comprimé.

« Deux cheminées spéciales C traversent toute la cloche de bas en haut, pour laisser passage aux déblais.

« Sur la plate-forme supérieure, au-dessus des cheminées spéciales, sont installées les écluses D pour le déblai avec les treuils d'élévation et les autres accessoires. Les sas à déblai E sont au-dessous de la plate-forme supérieure, et déversent les produits de l'extraction sur un plancher. La chambre de travail a 2 mètres de hauteur sous le plafond, l'eau en est expulsée par de l'air comprimé. — L'éclairage y est fait avec des bougies de stéarine ou mieux avec l'électricité, procédé Jablockoff, qui fournit une excellente lumière permettant de désagréger le rocher comme on le ferait dehors.

« Les écluses de communication sont installées à la partie inférieure de la tour centrale, et on y accède du haut par un escalier tournant qui en rend l'accès commode ; il y a 3 écluses, dont 2 grandes pouvant contenir 15 ouvriers chacune, et une petite au milieu pour permettre la visite sans passer par les grandes écluses, qui sont constamment ouvertes du côté où sont les travailleurs.

« Pour bien asseoir la cloche sur le sol et permettre de travailler à dérocher, on dégage sous le tranchant tout au pourtour d'abord, puis on pratique des trous de mine comme dans une carrière ; on charge les mines avec des cartouches de fulmi-coton, de préférence aux autres explosifs, parce que le fulmi-coton fait beaucoup moins de fumée que la poudre et ne dégage pas de gaz nitreux comme la dynamite.

« Pour le tirage de la mine, les hommes montent dans l'écluse et prennent ordinairement la précaution de mettre une fascine sur la charge ; on peut même tirer des petits pétards tout près du tranchant, sans inconvénient.

« Lors de l'échouage de la cloche sur le sol, il arrive souvent que le sol n'est pas horizontal et qu'on doit faire un joint provisoire pour faciliter le refoulement de l'eau par l'air comprimé ; ce joint est ordinairement fait avec des sacs de sable et de l'argile grasse corroyée, et permet d'asseoir plus vite la cloche sur le sol.

« Le tirage des mines dérange quelquefois ce joint, un peu de terre grasse suffit pour le rétablir en peu de temps.

« La position de l'écluse à la partie inférieure se recommande ici en ce sens que le travail de montée et de descente se fait sensiblement comme dehors et que l'installation le permet.

« Nous croyons même que l'obligation de monter l'escalier après la sortie de l'air comprimé a exercé sur les ouvriers une action salutaire, et écarté une partie des congestions que l'on contracte souvent à la sortie de l'écluse ; cette petite gymnastique remet les fonctions en équilibre et nous n'avons eu que fort peu d'indispositions chez les ouvriers occupés à Brest et à Cherbourg, quoiqu'il y en ait là qui travaillent régulièrement depuis plus de deux ans dans l'air comprimé, 10 heures par jour.

« Les déblais sont élevés à la partie supérieure par deux cheminées spéciales, au-dessus desquelles il y a aussi deux écluses spéciales pour les sorties du dehors ; l'écluse à déblais est composée d'un grand cylindre de 1^m90 de diamètre et 2 mètres de hauteur, dans lequel il y a une éclusette pour l'entrée des hommes ; à la partie supérieure, il y a un treuil à embrayage par frictions, mis en mouvement du dehors, au moyen duquel un ouvrier peut enlever les bennes chargées à la partie inférieure.

« Ces déblais sont versés dans des éclusettes à déblais, placées au-dessous de la chambre principale, ce qui évite la fatigue pour l'ouvrir dans l'air comprimé.

« Les éclusettes se ferment de l'intérieur et ouvrent au dehors; quand elles sont pleines, un signal suffit pour que l'ouvrier du dehors ouvre le robinet pour l'expulsion de l'air comprimé, et se rende compte que l'éclusette est bien fermée à l'intérieur, avant d'ouvrir la porte qui laisse sortir le contenu (0^m40 ou environ, 0^m25 massif à chaque fois); chaque écluse est munie de deux éclusettes, de sorte que le travail de montage peut être continu.

« Les écluses d'extraction avec leurs treuils, permettent de sortir autant de déblais que le travail inférieur en peut produire, c'est-à-dire 40 à 50 mètres cubes environ par 24 heures.

« Dans la première cloche construite, j'avais imaginé de faire une écluse continue pour l'extraction des déblais; dans ce but, j'ai fait des cheminées en acier bien calibrées, et fait circuler une chaîne sans fin, munie de plateaux garnis fermant hermétiquement sur lesquels on déposait le déblai en bas, pour le recevoir à l'extérieur en haut; après l'essai, on a craint de voir quelques accidents se produire et on y a renoncé; cette idée sera à reprendre dans d'autres circonstances, surtout lorsqu'on aura moins de hauteur de cheminées.

« *Dispositions générales*. — Dans l'exécution du travail de dérochement, on procède par coiffements successifs, et par arrasements horizontaux; la hauteur qu'on préfère est 1 mètre à 1^m30 qu'on creuse comme un fonçage, puis on va plus loin faire un autre trou à la même profondeur, en laissant entre les deux un espace qui sera couvert par une troisième position qui n'aura que deux côtés à couper sous le tranchant, pour faire descendre la cloche et effectuer le déblai.

« Après avoir fait une rainure sur la longueur du dérochement, on en fait une autre en laissant entre les deux, un espace un peu plus petit que la largeur de la cloche, pour le prendre après coup et l'amener au niveau exact du dérasement; de cette façon, on est sûr que le dérasement est exact et qu'il ne reste rien au-dessus du fond qui a été déroché.

« *Air comprimé*. — L'air comprimé est fourni à la cloche, au moyen d'un compresseur installé à terre et mis en mouvement par une machine de 20 chevaux. La conduite d'air flotte sur l'eau et est composée de parties alternatives de tuyaux en caoutchouc ou en fer pour suivre les oscillations de la marée; un seul compresseur à 2 cylindres, avec rafraîchisseur, suffit à l'alimentation de la cloche en temps ordinaire. Pour refouler l'eau plus vite et pour compenser les pertes, on emploie deux compresseurs pour la première période.

« *Prix de revient*. — Les premières expériences faites à Brest ont démontré qu'à raison du prix de 62 fr. 50 environ, ce travail pouvait être exécuté sans danger de perte pour l'entreprise, quand tout est bien organisé et que l'on est parvenu à régulariser la marche de tout l'ensemble.

« A raison de la situation spéciale du travail au milieu de l'eau, qui oblige à un service de transport, qui coûte et prend du temps ;

« A raison des machines à entretenir pour l'air comprimé et l'élévation, qui pèsent sur la production ;

« A raison des dépenses d'appareil et d'entretien, de frais généraux très importants, et enfin du prix plus élevé de la main-d'œuvre, dans l'air comprimé, ce travail sera toujours d'un prix élevé ; mais comme ce prix ne s'applique qu'à l'objet qu'on touche, nous croyons qu'il est *relativement bon marché* et que, tant au point de vue de la possibilité de faire un travail difficile sous l'eau que pour la dépense, l'outil nouveau a justifié son utilité, et prendra sa place dans l'arsenal des travaux maritimes, où il rendra de grands services.

« *Utilisation générale de la cloche.* — La cloche, qui a fait ses débuts par le dérochement de la roche « La Rose » à Brest, n'est pas seulement un outil spécial à la démolition du rocher, elle peut aussi être un instrument de construction et son emploi peut permettre de nettoyer le sol sous l'eau, d'y exécuter des maçonneries, poser du béton, poser et sceller des anneaux, préparer la base pour poser des blocs, et mille choses dont l'utilité ne peut pas encore venir à notre imagination.

« C'est l'outil qui permet d'exécuter des fondations sous l'eau, sans y laisser le fer des caissons, ce qui n'empêchera pas que, pour quelque temps encore, on fera des caissons en fer à noyer avec la maçonnerie dans le sol. »

Observations sur la cloche à dérochement. — Le *caisson-bâtardeau* que nous avons décrit précédemment fonctionne comme la cloche de Brest ; il est même destiné à pénétrer dans le sol jusqu'à ce qu'on rencontre une assise solide pour y asseoir des fondations ; mais, dans un gravier compact, le frottement latéral est tellement élevé que l'arrachage du caisson est difficile. Il nous semble que, dans ce cas, il conviendrait de le composer de deux parties superposées, l'une qu'on abandonnerait dans le sol où elle aurait pénétré et l'autre qui seule constituerait le véritable caisson mobile, outil susceptible d'être employé indéfiniment et qui n'exige, pour être remis à flot, aucun effort d'arrachage.

Nous ferons remarquer en outre qu'en matière de dérochement il pourrait y avoir avantage à creuser d'abord une rainure par le procédé ordinaire, puis à riper l'appareil pour le faire agir à côté de la rainure sur les parties saillantes ; les débris rocheux pourraient être poussés dans la rainure par les ouvriers travaillant sous la cloche, et on n'aurait plus qu'à draguer ces débris en eau libre au lieu de les faire passer par les sas à air comprimé. Cette méthode conduirait sans doute dans certains cas à une économie notable.

4° LES SCAPHANDRES

Le scaphandre (*homme bateau*) est un appareil à l'aide duquel un homme peut travailler sous l'eau ; cet appareil comprend un vêtement imperméable et un casque métallique avec oculaires en verre ; le plongeur s'introduit dans ce vêtement à l'intérieur duquel on refoule de l'air comprimé.

Le plongeur reçoit ainsi l'air nécessaire à la respiration et cependant il est entouré de toutes parts par l'élément liquide au milieu duquel les mains et les bras peuvent exécuter leurs fonctions ordinaires.

C'est au port de Cette, en 1856, que M. l'ingénieur en chef Régy a employé les premiers scaphandres dont l'usage s'est depuis fort répandu dans les travaux de navigation maritime et fluviale et qui rendent aussi de grands services pour la visite des navires à flot, pour le relèvement des navires et épaves submergés, pour l'inspection de tous les appareils placés au fond des eaux.

Voici la description de l'appareil employé à Cette, il n'a subi depuis que des modifications de détail.

Ce scaphandre avait été acheté en 1856, à M. Sièbe, fabricant à Londres, et revenait à environ 4,000 francs y compris la pompe à air, les accessoires, deux vêtements en caoutchouc, le casque en cuivre, etc.

L'appareil proprement dit se compose d'un vêtement en caoutchouc, formant veste et pantalon ; il enveloppe complètement les pieds, mais les mains sont libres et les manches se trouvent serrées au poignet par des bracelets élastiques qui s'opposent à l'entrée de l'eau. Le collet de ce vêtement est en cuir et s'applique sous une cuirasse qui repose sur les épaules du plongeur par l'intermédiaire de coussins. Cette cuirasse se termine à la partie supérieure par un pas de vis, sur lequel s'assemble le casque ; les pas de vis sont interrompus tous les 45° et un 1/8 de tour suffit pour l'opération ; le casque s'engage dans la cuirasse par un mouvement de baïonnette, et on l'arrête au moyen d'une clavette. On comprend sans peine combien la solidité de cet assemblage est nécessaire, car, s'il venait à se défaire, le plongeur courrait grand risque de se noyer.

Le casque en cuivre enveloppe la tête ; il porte en face des yeux deux oculaires ou grosses lentilles protégées par un treillis métallique ; si par hasard ces lentilles venaient à se briser, l'ouvrier pourrait boucher le trou au moyen d'un secteur qui tourne à volonté, ou d'un opercule qui glisse entre deux rainures. En face de la bouche, est une sorte de volet métallique que le scaphandre peut ouvrir pour respirer lorsqu'il est hors de l'eau.

L'air nécessaire à la respiration arrive de la pompe, qui est sur un ponton, par un tuyau flexible qui débouche dans le casque en face de la nuque ; cet air comprimé se répand entre le corps et le vêtement, et fait équilibre à la pression extérieure. Cette couche d'air interposée est fort utile, en ce sens qu'elle protège le corps contre un refroidissement prolongé, qui peut être dangereux. D'autres appareils, beaucoup plus

Fig. 135.

simples que celui qui nous occupe, ont le désavantage de permettre un refroidissement rapide de l'ouvrier.

L'air en excès s'échappe par une petite soupape, qui s'ouvre du dedans au dehors, aussitôt que la pression intérieure dépasse celle du liquide ambiant; les bulles d'air montent à la surface, et le bouillonnement de l'eau indique la position du plongeur.

Si l'on prenait l'appareil tel que nous venons de le décrire, le plongeur aurait de la peine à se tenir sur ses pieds et il ne pourrait s'enfoncer dans l'eau à cause de la poussée produite par le volume d'eau déplacé. Aussi, lui applique-t-on sur la poitrine une grosse lame de plomb, et sous les pieds deux semelles de plomb.

Le costume est complété par une ceinture, dans laquelle est passé un poignard, qui nous paraît un ornement peu utile.

Le plongeur peut correspondre avec les ouvriers qui sont sur le bateau au moyen d'une corde, qu'il tire un certain nombre de fois suivant ce qu'il désire; on peut faire aboutir la corde au marteau d'un timbre.

Le scaphandre est attaché par la ceinture à des cordages qui servent à le faire monter ou descendre.

L'appareil le plus répandu ajourd'hui paraît être le *scaphandre Denayrouse*. La figure 135 représente le type n° 1 pour travaux hydrauliques dans les ports et rivières; pour la marine et les travaux en eau profonde on a recours au type n° 2, dans lequel l'air comprimé est fourni par une machine à trois cylindres mue par des manivelles à volant; pour les petites profondeurs auxquelles s'applique le type n° 1, la pompe à deux corps et à balancier suffit.

Le vêtement imperméable est d'un seul morceau; le plongeur y pénètre par la collerette dont on écarte les bords en tirant sur le tissu élastique; il passe ses mains dans les manchettes élastiques, puis on fait le joint complet en mettant les bracelets.

Le coussin qui doit supporter le casque est introduit dans l'intérieur de l'habit et placé directement sur les épaules du plongeur. Le col de l'habit est alors rabattu, et dans les orifices qu'il porte on engage les boulons de la collerette de cuivre, sur le rebord de laquelle vient à son tour se boulonner le casque de manière à former un joint étanche. Le tuyau d'amenée de l'air comprimé passe dans un anneau fixé à la ceinture du plongeur et à sa gauche, et le raccord qui le termine se visse sur une douille à l'arrière du casque.

Le plongeur est, en outre, lié à une corde de sûreté, et un tube acoustique aboutissant au sommet du casque lui permet de correspondre avec l'extérieur et inversement.

Avant de le laisser descendre dans l'eau, on met les pompes en marche pour reconnaître si tout fonctionne bien, et le plongeur s'assure lui-même que toutes les parties de son appareil sont solidement fixées. Il refait la même expérience lorsqu'il est à un pied sous l'eau. Pour se plonger complètement, il a dû appuyer avec sa tête sur le bouton qui commande la soupape d'évacuation de l'air comprimé; il a fait sortir ainsi l'air en excès qui ballonnait l'appareil; celui-ci se dégonfle et la poussée de l'eau déplacée ne s'oppose plus au mouvement de descente. Avec la main il peut à l'extérieur pousser la tige de la soupape et la fermer pour arrêter l'évacuation de l'air.

La soupape est, du reste, automatique à l'aide d'un ressort à boudin, dont on règle le serrage de telle sorte que le gonflement ne soit ni trop faible ni excessif; dans le premier cas l'habit plaquerait au corps, et dans le second la poussée ascensionnelle serait trop forte.

La notice de M. Denayrouse donne les instructions suivantes pour le travail au fond de l'eau :

« Arrivé à destination (surtout si la profondeur à atteindre est considérable), le plongeur aura quelquefois besoin de régler à nouveau, et alors une fois pour toutes, la tension du ressort de sa soupape.

« Il pourra également à ce moment donner aussi, une fois pour toutes, aux pompeurs, des ordres sur la quantité d'air qu'il désire recevoir, et faire régler le rhythme des mouvements de la pompe, selon sa consommation.

« Rappelons encore ici, avant de donner les instructions relatives à l'appareil acoustique, que cette réglementation de l'intensité du courant d'air peut être faite directement par le plongeur à l'aide de la tige de nos soupapes, mais nous l'engageons à réserver plus spécialement cet avantage aux cas suivants :

« 1° Si le plongeur a à se baisser sur le fond, il n'aura qu'à ouvrir sa soupape avec la tête ; son habit adhérera alors à son corps, et il pourra, sans aucun effort, se coucher, s'agenouiller ou se pencher dans tous les sens avec la plus grande facilité.

« 2° Si, actuellement placé dans l'une des positions précédentes, il désire reprendre la position verticale, il appuiera la main sur la tige extérieure et, sans avoir à faire aucun autre mouvement, il se redressera de lui-même sur ses jambes, automatiquement.

« 3° Si le plongeur, pour une raison quelconque, veut remonter à la surface rapidement et sans le secours ni de la corde de sûreté, ni d'aucun autre moyen mécanique d'ascension, il n'a qu'à maintenir la main appuyée sur la tige extérieure de la soupape ; son habit s'emplira alors rapidement de tout l'air envoyé par la pompe, se gonflera, et sans faire aucun mouvement il gagnera la surface en un temps qui peut être évalué à cinq secondes pour une profondeur de vingt mètres d'eau. Le volume d'eau qu'il déplace pendant la montée, augmentant à mesure qu'il approche de la surface, il peut à son gré diminuer la rapidité de son ascension en laissant échapper durant le trajet une petite partie de son air.

« Grâce à cette disposition organique, le plongeur devient un ludion qui peut descendre ou monter du seul fait de sa volonté. »

L'appareil acoustique n'est pas un simple tube à air ouvert aux deux extrémités ; s'il en était ainsi, il laisserait échapper d'une manière continue l'air du scaphandre. Le tube est rivé à une tubulure du casque et cette tubulure est fermée par une plaque métallique que la voix fait vibrer, soit qu'elle vienne du pavillon extérieur, soit qu'elle vienne du scaphandre lui-même : les vibrations sont transmises dans les deux sens et la conversation est relativement facile ; il faut avoir soin d'articuler nettement et fortement à l'embouchure du pavillon.

On fait aussi avec la corde de sûreté quelques signes convenus. Quand le plongeur est au fond, les pompeurs doivent observer constamment le manomètre pour maintenir juste la pression que le plongeur a réglée et déclarée convenable.

La corde de sauvetage et les tuyaux doivent être maintenus constamment dans un état de tension assez grand, en laissant toutefois au plongeur la liberté de ses mouvements.

Dans le type n° 1, la pompe à air est légère et peu coûteuse : les pistons à joints hydrauliques conjurent l'échauffement, et, comme il n'est fait usage ni de graisse ni d'huile, l'air envoyé au plongeur ne prend pas d'odeur désagréable. Les tuyaux d'air résistent à une pression de 15 atmosphères, 150 mètres d'eau ; on n'est donc pas exposé à les voir se crever et on supprime la cause la plus fréquente de la mort des scaphandriers. L'air n'est pas envoyé directement par la pompe au plongeur, mais par l'intermédiaire d'un réservoir à air ; de la sorte, le plongeur n'entend plus tous les coups de piston et n'est plus soumis aux continuelles variations de pression qu'entraîne le fonctionnement de la pompe. La résistance des verres du casque étant au moins égale à celle de la paroi métallique, les grillages qui obscurcissent la vue deviennent superflus ; le casque est, du reste, boulonné, et non plus fixé par un assemblage à baïonnette, cet assemblage ayant donné lieu à des accidents graves. Les habits sont composés d'une feuille de caoutchouc pur interposée entre deux étoffes de coton croisées et tannées.

Le type n° 2 convient surtout aux pêcheries maritimes pour des profondeurs de 45 à 50 mètres ; la pompe à trois corps est placée dans une bâche pleine d'eau, et l'air se trouve ainsi rafraîchi.

Pour le service des ponts et chaussées, M. Denayrouse vend un scaphandre complet du type n° 1, mais avec pompe à trois corps, 3,200 fr., et le même avec pompe à deux corps et à balancier, 1,800 fr. Ces prix ne comprennent ni l'emballage, ni le transport, ni les tuyaux acoustiques, qui se payent 10 fr. le mètre.

En location, le prix est de 100 fr. par jour avec un plongeur et un agent et de 50 fr. sans ce personnel.

Appareils Galibert, Rouquayrol, etc. — On a imaginé plusieurs appareils de scaphandre plus simples que celui que nous venons de décrire : on se contente d'avoir un vêtement imperméable serré au-dessous du mollet, au poignet et au cou, de façon à empêcher l'eau de pénétrer entre le vêtement et le corps. Le nez est pincé par un ressort, et la bouche est couverte par un petit masque au milieu duquel aboutissent deux tubes, l'un pour aspirer l'air et l'autre pour le rejeter. Chaque tube se termine par une soupape ; l'une des soupapes s'ouvre vers la bouche et l'autre en sens contraire ; à l'autre bout, les tuyaux débouchent dans l'atmosphère. Quelquefois même on a supprimé les soupapes, et c'est la langue qui ferme et qui ouvre alternativement les deux tubes ; avec un peu de pratique, l'ouvrier s'habitue à cet exercice.

Mais ces appareils sont plutôt faits pour permettre de travailler et de séjourner dans une atmosphère asphyxiante ; sous l'eau, ils ont l'inconvénient de refroidir rapidement le plongeur et à une certaine profondeur, il faudrait avoir des tubes plus résistants que les tubes flexibles en caoutchouc, afin qu'ils pussent résister à la pression de l'eau.

Disons, à ce propos, qu'il faut se méfier des tubes en caoutchouc vulcanisé, qui quelquefois abandonnent encore du sulfure de carbone, dont la vapeur est des plus dangereuses.

La figure 136 représente l'appareil Galibert, qui, à la rigueur, peut servir à plonger, mais qui convient plutôt pour pénétrer dans un milieu irrespirable, par exemple dans une cave où a éclaté un incendie. L'ouvrier porte sur le dos une outre en peau légère, que l'on remplit d'air avec un soufflet; deux tuyaux en partent pour arriver à la bouche; le tuyau d'aspiration part du bas du réservoir, et le tuyau d'expiration aboutit dans le haut. Le nez est fermé par une pince. La provision d'air, qui est de 80 litres, suffit pour une demi-heure.

Fig. 136.

Citons encore l'appareil Rouquayrol, qui ressemble au précédent, mais qui est plus complexe et qui permet au plongeur de recevoir toujours de l'air à la même pression que le liquide ambiant, de sorte que la pression est la même à l'intérieur et à l'extérieur du corps. Le réservoir est en tôle, divisé en deux compartiments superposés qui communiquent par une soupape s'ouvrant de haut en bas; dans le compartiment inférieur A on comprime de l'air à une pression supérieure à celles que le plongeur rencontrera; le compartiment supérieur B, dans lequel le tuyau d'aspiration prend naissance est fermé par un couvercle à soufflet, et à ce couvercle est fixée une tige qui porte la soupape placée entre les deux compartiments. Si le couvercle s'abaisse, la tige en fait autant, la soupape s'ouvre, et l'air comprimé pénètre dans le compartiment du haut. Cela posé, la succion du plongeur fait baisser la pression de B, et la pression que le liquide exerce sur le couvercle peut alors vaincre la pression que l'air confiné en A exerce sur la petite section de la soupape; le couvercle s'abaisse donc et avec lui la soupape, qui laisse pénétrer l'air comprimé dans le compartiment supérieur, jusqu'à ce que l'équilibre s'établisse de part et d'autre du couvercle, et alors la soupape se ferme; la pression vient-elle à baisser de nouveau en B, l'opération recommence.

Cet appareil a été perfectionné par M. Denayrouse, qui l'appelle régulateur de plonge et qui l'applique parfois à une courte visite ou à une prompte réparation d'appareils fonctionnant sous l'eau.

L'air comprimé est introduit par le tuyau D dans le réservoir cylindrique horizontal A, où il peut atteindre une pression de plusieurs atmosphères; au-dessus est la chambre B, à couvercle flexible; ce couvercle porte la tige de la soupape S; l'air de la chambre B s'en va dans le casque du plongeur par le tuyau C. La tentative qu'on avait faite de supprimer le casque n'a pas donné de bons résultats.

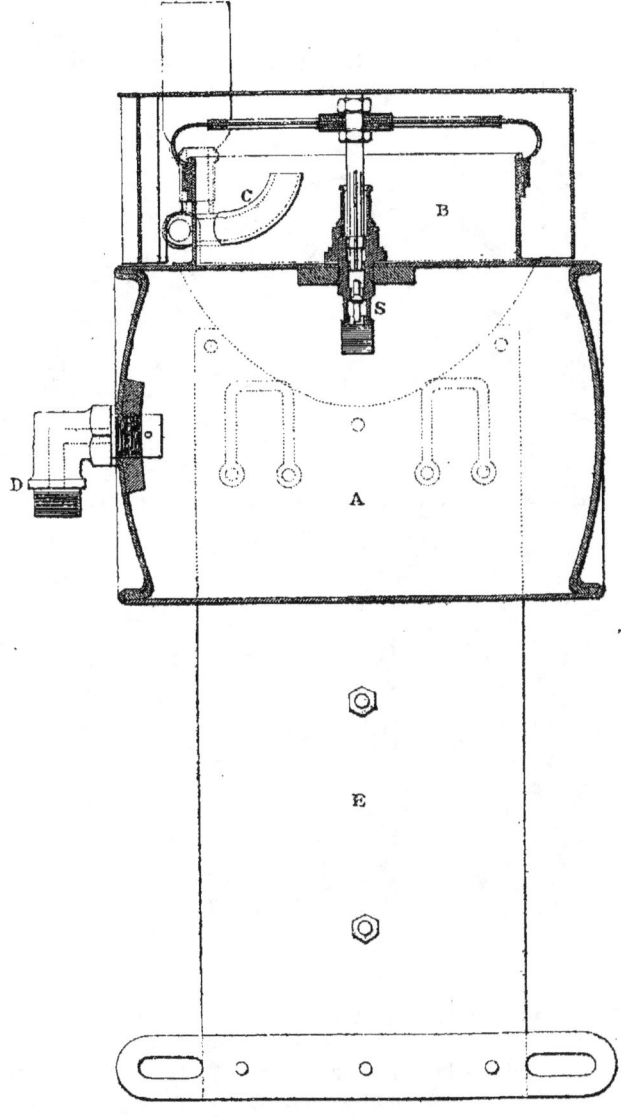

Fig. 137.

Quand la pression tombe dans B, le couvercle s'abaisse, ouvre la soupape S et l'air comprimé du réservoir pénètre à nouveau dans la chambre;

le plongeur est toujours dans une atmosphère à la même pression que le liquide qui l'entoure.

L'appareil entier est monté sur un cuir qui se fixe solidement sur le dos du scaphandre.

Application des scaphandres. — Le travail le plus important et de plus longue haleine qui ait été exécuté avec les scaphandres, est la reprise en sous-œuvre des fondations des murs de quai du port de Cette.

Fig. 138.

Ces murs étaient fondés sur massifs de béton non maintenus dans une enceinte; soit coulage défectueux, soit emploi de mauvaise chaux, soit défaut d'enlèvement des laitances, ce béton fut vite attaqué, de sorte que les murs supérieurs se trouvaient en surplomb sur la fondation, comme le montre la figure 138.

Il est à remarquer, du reste, que le système employé pour cette fondation était absolument défectueux et ne serait plus accepté par aucun ingénieur; comme nous l'avons dit déjà, on n'est jamais certain de la bonne qualité des bétons immergés, on peut même affirmer qu'il existe presque toujours dans la masse des parties délavées et des défauts de soudure; lorsque le massif est enfermé dans le sol ou dans une enceinte, il n'y a rien à craindre, car un tas de cailloux, dans ces conditions, est lui-même peu compressible, mais si le massif est à nu au milieu de l'eau, il y a de grandes chances pour qu'il se désagrège.

Quoi qu'il en soit, il fallait, à Cette, reconstituer la fondation, et on s'est servi de scaphandres pour accoler à ce qui restait de l'ancien béton un nouveau massif en béton de ciment avec parement en moellons maçonnés eux-mêmes au mortier de ciment.

La réparation s'effectuait, comme le montre la figure 138, par petites sections; on limitait une certaine longueur de mur au moyen de deux parois latérales formées de lames de tôle, glissant par deux oreilles le long de deux tiges en fer inclinées comme le parement à reconstruire. Le scaphandre recevait de petites caisses de béton qu'il vidait dans le coffre ainsi obtenu, et qu'il renvoyait une fois qu'elles étaient vides.

Il commençait par poser le parement en moellons; les plongeurs travaillaient sous l'eau pendant quatre heures consécutives, et l'ouvrier qui sortait de l'eau était employé à tenir la corde de sauvetage et la corde de signaux de celui qui prenait sa place.

Tous frais compris, le mètre cube de reconstruction de maçonnerie sous l'eau est revenu environ à 180 francs.

Aux ponts de Nantes, on avait besoin d'enlever d'énormes débris d'anciennes piles écroulées, et pour diviser les masses on plaçait sous l'eau, dans les anfractuosités des pierres, des charges de poudre de 4 kilogrammes. Ces mines en éclatant disloquaient les blocs, et on enlevait les morceaux avec des griffes en fer. Les mines et les griffes étaient mises en place par des scaphandres, qui travaillaient sous l'eau quatre heures par jour, et, le reste du temps, servaient de manœuvres. Ils gagnaient 5 francs par jour; un ouvrier quelconque s'habituait rapidement à cette besogne spéciale, et l'on n'avait que l'embarras du choix.

Dans le chenal du port de Fécamp, on s'est livré en 1861 à une opération analogue. Les griffes, destinées à accrocher les blocs de rocher et à les tirer de l'eau, furent mises en place tantôt par des plongeurs ordinaires, tantôt par des scaphandres, et le prix d'extraction du mètre cube fut bien moins élevé avec ces derniers qu'avec les premiers.

Au port de commerce de Brest, pour dresser convenablement les surfaces supérieures des enrochements et régler les talus de la risberme perreyée, on a eu recours à des scaphandres.

« Pour les guider dans leur travail, on commence à disposer des gabarits formés de pièces de bois ferrées, assemblées entre elles au fond de l'eau et dressées de manière à ce que le plongeur puisse régler ses surfaces au moyen d'une simple verge rectiligne promenée sur les cadres.

« Les scaphandres employés sont des scaphandres Cabirol, qui ont donné d'excellents résultats. Deux ateliers travaillent simultanément, et chacun d'eux a maintenu, presque continuellement, pendant plusieurs années, deux plongeurs en travail. Chaque plongeur reste environ deux heures sous l'eau, et, le plus souvent, il fait une seconde station dans la même journée. Un des ateliers est monté sur un chaland, et l'autre sur un petit navire réduit à l'état de ponton; mais chacun de ces bateaux est couvert et présente un petit bureau, ainsi qu'une chambre chauffée pour les plongeurs sortant de l'eau. Chaque homme, outre sa paye ordinaire, reçoit un salaire supplémentaire de 0 fr. 04 par minute passée sous l'eau; quelquefois, mais exceptionnellement et à de rares intervalles,

Fig. 139.

dans des moments pressés, le travail a été continué pendant la nuit au moyen d'une lampe sous-marine qui, dans les nuits sombres, pouvait éclairer suffisamment à 5 et 6 mètres de rayon Ce travail, qui s'est fait en régie et avec beaucoup de soin, n'a donné lieu à aucun accident. »

Au pont de Vernon, on payait aux scaphandriers 3 francs par heure de travail sous l'eau, 50 centimes par heure au dehors, plus une bouteille de vin par jour. Chaque ouvrier travaillait cinq heures par jour et coûtait 18 fr. 50.

On a eu plusieurs fois recours au scaphandre pour la fondation des tours-balises, notamment pour la tour-balise de Lavezzi, dans les bouches de Bonifacio. Il a été rendu compte de ce travail dans les notices présentées à l'Exposition de Melbourne, en 1880, et c'est à ces notices que nous empruntons la figure de la page précédente et les renseignements ci-après :

Après avoir fait nettoyer et déraser le rocher, par le plongeur, on détermina aussi exactement que possible le centre des fondations, et on y scella, avec du ciment pur, un axe formé d'une barre en fer galvanisé de 0^m06 de diamètre, puis le coulage du béton commença : « Il était descendu dans des seaux au plongeur, qui les vidait en les retournant, et qui tassait la matière en la serrant contre le tas le plus rapproché. Douze vides furent ménagés dans le massif à l'aide de tubes en fonte de 0^m60 de hauteur, qui s'emboîtaient de 0^m15 les uns dans les autres, et que l'on plaça successivement, au fur et à mesure de l'avancement des fondations ».

« Dès que l'on eut ainsi atteint le point le plus élevé du rocher et réglé la fondation suivant une surface à peu près plane, on se servit d'un panneau mobile de 0^m60 de hauteur, ayant en plan un développement de 1/5 de circonférence Ce panneau, inventé par M l'ingénieur Martin, pour la construction des balises du Var, rendit les plus grands services en opposant au courant un obstacle sérieux, en empêchant le délavage ou l'enlèvement du béton, et en permettant de donner à la fondation une forme très régulière. »

Le béton était formé de volumes égaux de pierre cassée et de mortier, et le mortier était très riche : 2 de ciment pour 1 de sable. Extérieurement on employait même au lieu de béton du mortier de ciment pur, en vue d'un durcissement très rapide.

Bien souvent, la mer obligea de suspendre le travail, et il en résulta des faux frais considérables. On a cependant coulé environ 1 mètre cube de béton par heure de travail effectif.

Les trous ménagés dans le massif avaient pour but de livrer passage à des trépans chargés de forer des trous dans le rocher au-dessous du béton; lorsque ces trous étaient parvenus à la profondeur voulue, on y descendait un goujon en fer galvanisé ayant, à 0^m01 près, le diamètre du trou, et dont la longueur était double de la profondeur de ce trou; le tube était ensuite rempli de ciment pur très liquide.

C'est ainsi qu'on a relié plus fortement au rocher le massif cylindrique de béton de 6^m50 de diamètre, qui porte la tour-balise en maçonnerie. La fondation seule a coûté 43,000 francs.

Il nous semble que, si l'état de la mer le permettait, ce que nous ignorons, il eût été préférable de constituer le parement du massif cylindrique avec une maçonnerie de moellons; les moellons, qu'on pouvait descendre au plongeur aussi bien que des seaux de béton, eussent donné une enveloppe plus résistante et moins attaquable; nous reconnaissons cependant que toutes les précautions ont été prises pour obtenir un parement dur et lisse.

Observation générale sur l'emploi du scaphandre. — On voit par ces exemples combien le scaphandre est un appareil précieux. Il rend les plus grands services pour la visite et la réparation des ouvrages submergés, et même pour la construction d'ouvrages spéciaux. Mais il faut reconnaître cependant que ce n'est pas, à vrai dire, un engin de construction : il entraîne trop de dépense, et, de plus, il ne permet pour ainsi dire aucun contrôle, aucune surveillance, et il faut, en bien des cas, s'en rapporter à la conscience d'un homme qui travaille dans des conditions particulièrement difficiles. Donc, toutes les fois qu'on pourra se servir d'une cloche à plongeur ou d'un caisson, il ne conviendra pas d'employer le scaphandre.

Lampes sous-marines. — Un accessoire utile, et parfois indispensable, du scaphandre, est la lampe sous-marine qui permet de travailler dans les eaux troubles, dans les puits et dans les espaces obscurs.

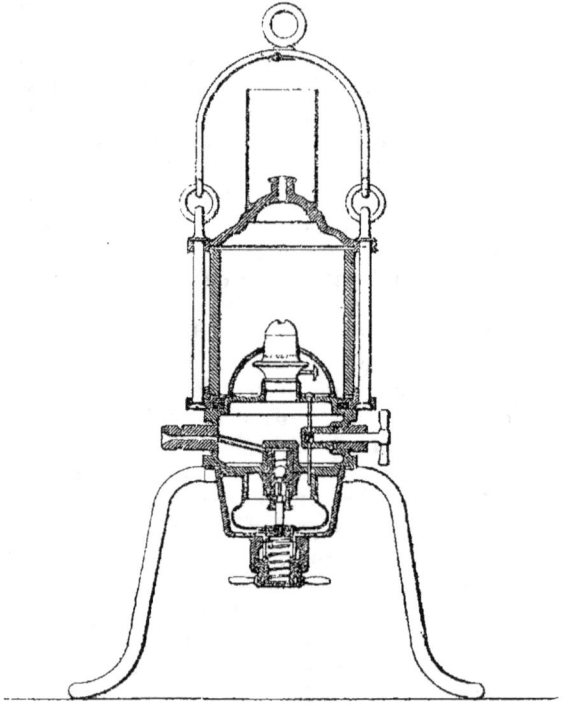

Fig. 140.

Longtemps cette lampe fut médiocre et d'un emploi difficile, car on ne parvenait pas à la rendre étanche. La société Denayrouse en a construit des types perfectionnés qui donnent un bon service. L'air comprimé n'arrive pas directement dans la capacité qui entoure le brûleur; il n'y parvient que par l'intermédiaire d'un régulateur à soupape, analogue à celui que nous avons décrit plus haut; la soupape du régulateur ne s'ouvre que lorsque la pression de l'air communiquant avec la flamme tend à baisser, et la flamme se trouve alimentée par un air à pression constante. Les gaz de la combustion s'échappent par un petit orifice supérieur et viennent bouillonner à la surface des eaux.

Le petit appareil coûte 400 francs et le grand 500 francs.

Ces appareils rendent des services pour les travaux et les visites dans des cavités obscures et dans des eaux troubles; cependant la lumière éblouit parfois et fatigue les ouvriers, et il est bon de recourir à des verres divergents. La lumière électrique a été appliquée aux lampes sous-marines et parviendra certainement à fournir d'excellents résultats.

Résumé des perfectionnements successifs de l'art des fondations par l'air comprimé. — L'invention de M. Triger date de quarante ans à peine; elle s'est perfectionnée rapidement, et ce procédé exceptionnel de fondation est si bien entré dans la pratique courante, qu'on ne craint plus d'y recourir même pour des travaux ordinaires, car il donne à la fois rapidité, sécurité et économie.

La première application des fondations tubulaires à l'air comprimé fut faite en 1851, au pont de Rochester; chaque pile repose sur quatorze tubes en fonte de 2^m13 de diamètre.

A Szegedin, en 1857, chaque pile est assise sur deux tubes en fonte de 3 mètres de diamètre. Jusqu'alors, la surcharge nécessaire à l'enfoncement s'obtient par des rails, des gueuses en fonte entassées au sommet des tubes, ce qui place beaucoup trop haut le centre de gravité de la masse entière; aussi est-il difficile d'obtenir un mouvement de descente régulier et de s'opposer aux déversements.

Aux ponts de Bordeaux et d'Argenteuil, de 1860 à 1864, le diamètre des deux tubes de chaque pile est porté à 3^m60; la surcharge nécessaire à l'enfoncement est obtenue à Bordeaux par des presses hydrauliques agissant par traction sur un joug recouvrant la tête du tube; à Argenteuil, un grand progrès est réalisé, une chambre de travail tronc-conique est ménagée à la base du tube, une cheminée de 1 mètre environ de diamètre la surmonte, et l'espace annulaire compris entre cette cheminée et le tube est rempli de maçonnerie construite à l'air libre, au fur et à mesure de la descente, de sorte que la surcharge est ainsi obtenue de la manière la plus simple par le massif définitif lui-même.

Depuis 1860, les tubes ont presque disparu, nous ne les retrouvons guère que dans des travaux spéciaux, comme les jetées à claire-voie du port de Bayonne et les fondations des Magasins du Printemps, à Paris.

Les tubes sont supplantés, et avec raison, par les caissons embrassant la surface entière de fondation, et il est évident que le nouveau système réalise une grande économie et donne une exécution beaucoup plus rapide. Le premier caisson est employé par Brunel, au pont de Saltash, en 1859; c'est un grand cylindre de 11 mètres de diamètre avec cheminée centrale et chambre de travail à la base. Mais c'est au pont de Kehl, en 1859, que Fleur-Saint-Denis donne au système des caissons sa forme définitive : à la base, une chambre de travail avec trois puits, l'un à air comprimé pour la circulation des hommes et des matériaux, les deux autres à fermeture hydraulique, contenant chacun une drague ou noria chargée d'extraire les déblais; sur le plafond de la chambre de travail, la maçonnerie s'élève progressivement de manière à donner la surcharge voulue pour l'enfoncement.

En 1861, le pont de la Voulte est fondé par un procédé presque identique à celui du pont de Kehl, et ce procédé est encore appliqué, à peu près à la même époque, aux ponts de Lorient et de Nantes; là, l'extraction des déblais se fait par le sas et, vu les faibles dimensions des caissons, on juge inutile de recourir aux cheminées spéciales avec norias; les caissons ont, en plan, la forme des piles, c'est-à-dire qu'ils sont terminés par des demi-cercles.

Il convient de signaler le perfectionnement apporté à l'extraction des déblais lors de la construction du pont de Vichy (1869); on eut recours à un appareil fonctionnant comme le tiroir d'une machine à vapeur, boîte ou cavité communiquant alternativement avec l'intérieur du tube et avec l'air extérieur.

En 1870, nous trouvons les grands caissons du pont de Saint-Louis en Amérique, caissons de 18^m50 sur 25 mètres, descendus à 35 mètres de profondeur sous l'eau, de sorte que l'on travaillait dans la chambre inférieure à plus de quatre atmosphères. Les sables à déblayer sont projetés au dehors par la pompe à sable; ce système perfectionné a été employé en 1874 au pont sur le Liimfjord, dont les caissons pénètrent également à 35 mètres de profondeur.

Les ingénieurs américains adoptent pour le pont de Brooklyn un immense caisson en charpente de 31 mètres sur 52 mètres; ils arrivent à obtenir des chambres étanches avec parois en bois, mais ce système ne saurait être économique en France; le massif superposé au plafond de la chambre de travail est lui-même contenu dans des parois en planches; l'extraction des déblais s'effectue au moyen de dragues à mâchoires fonctionnant dans des chambres spéciales à fermeture hydraulique.

Un grand perfectionnement est réalisé au pont de Brooklyn: l'écluse à air est placée sur le plafond même de la chambre de travail, ce qui réduit au minimum la distance à parcourir pour passer de l'air comprimé à l'air extérieur; on gagne beaucoup de temps, la fatigue et la dépense se trouvent considérablement réduites.

Cet avantage considérable est, à la même époque, obtenu en France au pont de Collonges; l'écluse y est engagée dans le plafond même de la chambre de travail et fait saillie sur ce plafond.

Depuis 1870, nous voyons se développer les caissons-bâtardeaux, qui deviennent des outils transportables et non des appareils destinés à l'exécution d'un seul travail; ces caissons-bâtardeaux doivent être rangés parmi les cloches à plongeurs.

Le caisson-bâtardeau du port d'Anvers a 25 mètres de long sur 9 mètres de large; il est mixte et comprend une partie inférieure qu'on abandonne dans le massif de fondation, et une partie supérieure qui constitue l'outil transportable.

Ce système mixte paraît applicable dans beaucoup de cas, notamment lorsqu'il s'agit d'enraciner une fondation dans un terrain résistant, car alors le frottement est considérable et l'arrachement du caisson est difficile à opérer.

Au contraire, lorsque la fondation doit descendre soit dans l'eau, soit dans la vase ou le sable sans consistance, le caisson-bâtardeau amovible nous paraît appelé à rendre de grands services, car un appareil d'un type donné pourra servir à un nombre indéfini de fondations.

Un grand avantage de ces caissons amovibles est qu'ils ne laissent point de pièces métalliques dans le massif, pièces exposées à disparaître par la rouille et à donner naissance à des cavités au sein des maçonneries.

Cet inconvénient de l'abandon des pièces en métal dans la maçonnerie est évité dans le nouveau système pratiqué en Allemagne et inauguré en France au pont de Marmande, système qui consiste dans l'adoption d'une chambre de travail ogivale formée de maçonnerie de briques et ciment, reposant sur un rouet en charpente avec couteau en acier ; le remplissage de la chambre de travail est ainsi facilité, et c'est un point important en cette matière ; et l'adhérence des maçonneries superposées est certaine, tandis qu'elle est fort précaire lorsqu'il s'agit de parois métalliques. L'expérience a prouvé que la maçonnerie de briques et ciment était suffisamment imperméable.

La question de savoir si la maçonnerie superposée à la chambre de travail doit être enveloppée d'une hausse en tôle ou en bois, ou simplement construite avec un parement bien lisse, cette question n'est pas encore tranchée ; la suppression des hausses donne une certaine économie; d'autre part, l'absence des hausses expose à des déchirements du massif pendant le mouvement de descente lorsque l'on rencontre des terrains à grand frottement. Cette dernière crainte doit disparaître lorsqu'on n'a que de la vase ou du sable à traverser et que l'on donne aux parements du massif un léger fruit.

Nous rappellerons en terminant que l'air comprimé est susceptible de rendre de grands services non seulement pour l'établissement des puits ou des fondations verticales, mais encore pour la construction de galeries horizontales ou inclinées ; nous l'avons prouvé par les exemples d'une galerie d'égout établie à Grenoble et d'une autre à Anvers.

Les lignes qui précèdent donnent un aperçu des progrès réalisés par l'art des fondations à l'air comprimé ; le temps est passé où il fallait traiter de gré à gré avec les hommes spéciaux ; il existe aujourd'hui, pour les travaux de ce genre, assez d'entrepreneurs capables, et l'on peut sans crainte procéder par ajudication. L'air comprimé donne tant de sécurité à l'ingénieur qu'on l'applique de plus en plus, même aux plus petites profondeurs, et qu'il parviendra à supplanter tous les autres systèmes, et cela avec d'autant plus de raison qu'il finira par être le plus économique, car l'outillage existant s'amortit de jour en jour.

Prix de revient de quelques fondations à l'air comprimé. — En décrivant chaque travail, nous avons, autant que possible, donné les dépenses qu'il a entraînées ; il est intéressant de réunir tous ces chiffres, et c'est ce que nous avons essayé de faire dans le tableau ci-après.

DATES de CONSTRUCTION	DÉSIGNATION DES OUVRAGES	NATURE DES TERRAINS TRAVERSÉS	SYSTÈME DE FONDATION ADOPTÉ	PROFONDEUR DE PÉNÉTRATION (Mètres.)	DÉPENSE par mètre cube DE MAÇONNERIE (Francs.)
1864	Pont de Bordeaux.	Sable fin et vaseux avec couches d'argile et de gravier.	Tubes en fonte de 3m60 de diamètre.	Hauteur totale moyenne du tube, 23m50.	240
1862	Pont d'Argenteuil.	Sables, argiles, graviers, marnes et argiles.	Tubes en fonte de 3m60 de diamètre.	Hauteur moyenne : 27m58 Sous l'étiage : 15 mètres.	204
1875	Jetée de Bayonne.	Vase et sable.	Tubes de 2 m. de diamètre.	9m50 sous l'eau.	242
1859	Pont de Kehl.	Graviers.	Caissons de 125 m. carrés.	20 mètres sous l'étiage.	221
1864	Pont de Nantes.	Sable argileux et gravier.	Caissons de 33 m. carrés.	12 à 19 mèt. sous l'étiage.	106
1869	Pont de Vichy, sur l'Allier.	Graviers, galets, marne.	Caissons de 38 m. carrés.	6 à 7 mètres sous l'étiage.	116
1870	Pont de Collonges (Savoie).	Gravier, sable, galets, marne.	Caissons de 108 m. carrés.	6 mètres sous l'étiage.	123
1878	Pont d'Epinay-sur-Seine.	Argile sableuse.	Caissons de 63 et 107 m. c.	6 à 8m60 sous l'étiage.	96
1880	Pont de Cahors.	Sable, vase.	Caissons de 95 m. carrés.	3m60 à 8m50 sous l'étiage.	89

FONDATIONS

1881	Pont de Nantes.	Sable, argile dure, gravier.	Caissons de 92 et 120 m. c.	17 à 21 mèt. sous l'étiage.	86
1880	Pont de Pech (Dordogne).	Gravier.	Caissons ordin. de 42 m. c.	4 mètres sous l'étiage.	170
1880	Pont de Garrit (Dordogne).	Gravier.	Caissons bâtard. de 33 m.c.	2 mètres sous l'étiage.	318
1881	Pont de Mareuil (Dordogne).	Gravier.	Caissons bâtard de 128 m	3m50 à 6 m. sous l'étiage.	95
1881	Pont de Marmande (Garonne).	Gravier et tuf.	Caissons avec chambres de travail en briques.	5 à 9 mètres sous l'étiage.	78
1882	Déversoir du barrage du Coudray (Seine).	Gravier et sable.	Caissons bâtard. amovibles	6 mètres sous l'étiage.	148
1882	Déversoir du barrage d'Évry (Seine).	Gravier et sable.	Caissons ordinaires.	6 mètres sous l'étiage.	109
1880	Viaduc du val Saint-Léger.	Piles dans une vallée sèche.	Caissons de 12 m. sur 6m60	27 à 30 mètres dans le sol	80
1878	Dérochement de l'écueil la Rose, à Brest.	Granite à déblayer.	Cloches de 8 m. sur 10.	7 mètres.	62 fr. 50 granite. 10 fr. (vase).
1878	Fondation de la tour balise de Lavezzi.	Eau.	Scaphandre bétonnant sous l'eau.	6 mètres.	215
1857	Murs de quai du port de Cette.	Restauration de fondation sous l'eau.	Scaphandre.	6 mètres.	180

5° PRÉCAUTIONS POUR ÉVITER LES ACCIDENTS DANS L'AIR COMPRIMÉ

En 1866, une commission composée d'ingénieurs des ponts et chaussées et des mines fut chargée d'examiner un mémoire de M. Triger sur les mesures à prendre pour prévenir les accidents auxquels peut donner lieu l'application du procédé de l'air comprimé dans les fondations hydrauliques. Le rapport de cette commission indique les précautions à adopter lorsque l'on a à diriger une fondation de ce genre.

M. Triger indique d'abord le moyen de prévenir les explosions, qui sont toujours la cause des accidents les plus graves.

« L'appareil devant en raison de sa forme, de la nature et de l'épaisseur de ses parois, ainsi que du mode d'assemblage des pièces, être capable de résister à une pression très supérieure à celle sous laquelle il doit fonctionner, il convient de soumettre le sas monté à une pression d'épreuve, et de le munir de deux soupapes de sûreté.

« Il convient aussi de mettre le piston de la machine à vapeur et celui de la pompe foulante dans un rapport de surface et de vitesse tel que le degré de compression de l'air soit limité par cela même.

« Il faut enfin mettre l'appareil en communication avec trois manomètres placés, le premier près de la machine à vapeur, afin que le mécanicien qui la dirige l'ait constamment sous les yeux, le second dans le puits, pour que les ouvriers puissent se rendre compte de la pression à laquelle ils sont soumis, enfin le troisième à l'extérieur de l'écluse, en ayant soin de disposer ce dernier à air libre afin qu'il puisse au besoin fonctionner comme *sifflet d'alarme* et avertir le mécanicien dans le cas où, par une circonstance quelconque, le manomètre métallique qu'il a sous les yeux ne lui accuserait pas un excès de pression intérieure.

« Après le danger des explosions, celui auquel les ouvriers sont le plus exposés provient d'un déséclusement trop brusque.

« Toujours pressés de sortir après leur travail terminé, ils abusent généralement du robinet mis à leur disposition pour rentrer à l'air libre, et ne mettent souvent que quelques secondes pour se désécluser, c'est-à-dire pour rétablir l'équilibre de pression entre l'air de l'intérieur du sas et l'air extérieur.

« Voulant obtenir un déséclusement moins brusque que celui auquel on attribuait les accidents qui devenaient plus fréquents à mesure que les travaux devenaient plus profonds, M. Triger a fait remplacer le robinet simple de sortie par un robinet à double boisseau, laissant toujours à l'ouvrier la faculté d'agir à l'intérieur pour sortir, mais réglé à l'extérieur par le surveillant des travaux de manière à modérer l'échappement de l'air et à empêcher une dilatation trop brusque.

« En fixant la durée du déséclusement à trois minutes, M. Triger a déjà constaté une certaine amélioration; en portant cette durée à cinq minutes, le résultat a encore été plus frappant, les douleurs névralgiques des ouvriers ont disparu en grande partie, et elles ont cessé complètement avec une durée de sept minutes. A partir de ce moment, M. Triger affirme qu'aucun ouvrier de ses chantiers ne s'est trouvé malade en sortant de l'air comprimé, quoiqu'il ait été obligé de les faire travailler pendant plusieurs mois de suite sous des pressions d'eau de 25 à 30 mètres.

« Cette seconde amélioration obtenue, M. Triger a continué ses observations et ses recherches pour combattre les inconvénients que présente une trop grande compression, et cette fois c'est le hasard qui lui a fait découvrir un fait dont il a tiré un très heureux parti.

« Lors du percement de son premier puits, étant arrivé à une profondeur de plus de 25 mètres et obligé de descendre encore, ce n'était plus qu'avec une extrême inquiétude qu'il soumettait ses ouvriers à une pression de 3 atmosphères 1/2 pour essayer de faire sortir l'eau de son puisard par un tuyau de dégagement, lorsqu'un ouvrier donna par maladresse un coup de pic dans ce tuyau et y fit un trou. Aussitôt l'eau, qui depuis quelque temps ne pouvait plus s'élever assez haut pour dégorger, jaillit avec violence, et cependant le manomètre accusait une pression inférieure de plus d'une atmosphère à celle qui aurait été nécessaire pour faire équilibre au poids de la colonne d'eau extérieure. Ce jet d'eau continuait aussi longtemps que l'orifice inférieur du tuyau plongeait dans l'eau du puisard; il cessait aussitôt que l'eau s'abaissait au-dessous de cet orifice, pour reprendre lorsqu'elle remontait au-dessus, et cette intermittence se reproduisait autant de fois que l'eau descendait dans le puisard au-dessous de l'orifice pour remonter ensuite au-dessus par l'effet des filtrations.

« M. Triger parvenait donc ainsi à se débarrasser de l'eau en l'élevant à une hauteur plus grande que celle correspondant à la pression exercée à sa surface.

« L'eau se trouvait mélangée d'air et devenait ainsi un liquide bien plus léger.

« Ce fut pour lui, comme il le dit, un véritable trait de lumière, et, dès ce moment, il résolut de le mettre à profit pour ne plus exposer ses ouvriers qu'à des pressions beaucoup moindres que celles qu'il avait considérées d'abord comme nécessaires.

« M. Triger résume ainsi les perfectionnements qu'il a successivement apportés à ses premiers essais :

« 1° Mettre les ouvriers à l'abri de toute explosion;

« 2° Régler l'introduction de l'air dans le sas et sa sortie du sas de manière à faire disparaître complètement les névralgies et tous les autres accidents graves encore si fréquents aujourd'hui sur la plupart des chantiers;

« Équilibrer mathématiquement et d'une manière constante la pression de l'air avec la résistance effective à vaincre, et n'exposer ainsi les ouvriers qu'à une pression d'air beaucoup moindre que celle qui semble exigée par le niveau des eaux extérieures ou la profondeur du puits.

« M. Triger termine son mémoire en émettant l'avis que, pour remédier d'une manière certaine aux accidents occasionnés par l'emploi des appareils à air comprimé, il lui paraîtrait indispensable de soumettre ces appareils, avant leur mise en activité, non pas à un contrôle officiel, mais à un contrôle officieux, destiné à éclairer les entrepreneurs qui les font fonctionner sur la bonne ou mauvaise disposition des organes qui les composent.

« Nous allons examiner successivement chacun des moyens indiqués par M. Triger.

« *Explosions*. — Les explosions sont des accidents qui occasionnent presque toujours la mort des ouvriers.

« L'essai des appareils à une pression au moins double de la pression maximum à laquelle ils doivent fonctionner est une mesure essentiellement utile, aussi bien que l'établissement de deux soupapes sur l'écluse.

« Il en est de même de l'établissement de plusieurs manomètres placés notamment en vue du mécanicien et dans l'intérieur des tubes ; mais nous ne pensons pas qu'il convienne de rendre ces mesures obligatoires par un règlement administratif comme celui qui régit les appareils à vapeur, parce qu'alors l'administration assumerait sur elle la responsabilité de l'efficacité de ces mesures, dans le cas où il arriverait encore des accidents. Il vaut mieux, suivant nous, ne pas déplacer cette responsabilité, et la laisser peser tout entière sur les ingénieurs et sur les entrepreneurs, qui sont les plus intéressés à prendre toutes les précautions nécessaires pour sauvegarder la vie des ouvriers qu'ils emploient, et qui ont toute l'instruction nécessaire pour diriger, exécuter et surveiller des travaux de ce genre.

« *Éclusement et déséclusement trop brusques*. — La compression, en élevant la température, détermine une vaporisation d'eau, et la dilatation, en l'abaissant, provoque la condensation partielle de la vapeur qui s'est formée.

« Ainsi le déséclusement rend l'air froid, glacial même, et nébuleux par la condensation de l'eau. C'est ce qui explique l'empressement avec lequel les ouvriers font jouer le robinet pour sortir du sas.

« L'impression que l'on ressent pendant l'éclusement varie suivant la nature des individus, l'intensité de la pression et la rapidité avec laquelle on manœuvre le robinet; mais le malaise que l'on éprouve dure peu, surtout lorsque l'opération est faite avec la lenteur nécessaire pour que l'air qui remplit les organes puisse se mettre en équilibre avec l'air envahissant, et l'on est généralement assez d'accord sur ce point que les souffrances que l'on éprouve au début ne présentent aucun danger et que le séjour dans l'air comprimé n'a rien de malsain en lui-même.

« Mais il n'en est pas de même d'une dilatation trop brusque. Si l'entrée et le séjour dans les tubes sont le plus souvent sans danger, il ne paraît pas en être de même de la sortie; de là ce dicton des ouvriers tubistes : *On ne paye qu'en sortant*. Sur ce point cependant, les hommes compétents sont encore partagés, et l'on peut citer des faits qui tendraient à prouver qu'un déséclusement trop lent serait dangereux, et qu'un déséclusement rapide serait sans inconvénient.

« Aux mines de Douchy, où des travaux ont été faits avec des appareils à air comprimé et où le déséclusement s'opérait d'une manière tellement lente qu'il durait jusqu'à vingt minutes, des accidents graves et nombreux se sont produits. Sur le chantier du pont du Scorff, à Lorient, où le déséclusement s'opérait en 30, 20 et même 10 secondes, des milliers d'hommes ont passé par les sas, et deux seulement ont péri; un surveillant d'une constitution délicate et qui était descendu impunément une première fois dans les tubes est mort quelques mois après une seconde descente opérée dans de mauvaises conditions de santé.

« L'accident déplorable survenu au mois de décembre 1859 sur le chantier du pont de Bordeaux tendrait également à prouver que la décompression, même la plus instantanée, pourrait être sans aucun danger, puisque, lors de la rupture par explosion de l'une des colonnes en fonte qui forment les piles, sept des ouvriers qui y travaillaient en ce moment n'ont éprouvé aucun accident.

« M. Triger affirme que les accidents disparaissent complètement lorsque le déséclusement dure sept minutes.

« Nous ne pensons pas qu'il soit possible de poser une règle uniforme et absolue. Il nous semble que ce temps doit varier avec la constitution de l'ouvrier. Il y en a qui ne peuvent pas supporter le froid qui se produit par la dilatation brusque; pour ceux-là il faut se hâter. Il y en a d'autres au contraire, sur lesquels l'effet de ce changement subit de température est sans danger, et pour ceux-là il peut y avoir avantage à opérer une décompression lente et graduée.

« Le seul point sur lequel les hommes de l'art paraissent être d'accord, c'est que, s'il existe un danger, il est moindre avec un déséclusement lent qu'avec un déséclusement rapide.

« Ils recommandent aussi les précautions suivantes :

« Se munir de vêtements de laine que l'on quitte pour prendre ceux de travail, et les déposer dans une chambre chaude et voisine des tubes pour se changer en remontant.

« Après le travail, rester quelque temps dans les tubes pour se sécher.

« Une fois hors des tubes, se renfermer dans une salle bien chaude, se couvrir de vêtements de laine et attendre que l'effet réfrigérant de l'écluse soit effacé.

« Il semble résulter de ces prescriptions, qui sont indiquées dans une étude médicale publiée par M. Foley, docteur-médecin attaché à la Compagnie des chemins de fer de l'Ouest, que ce n'est pas dans le sas même, mais après en être sortis, que les ouvriers doivent prendre leurs vêtements de laine. Nous croyons néanmoins qu'il ne peut y avoir qu'avantage pour eux à se garantir contre les effets du refroidissement auquel ils sont exposés dans le sas pendant la durée du déséclusement. Le même auteur, qui était attaché au chantier du pont d'Argenteuil, fait connaître que l'on avait disposé près des tubes un bateau sur lequel était une cabine parfaitement chauffée et que cette installation a donné les meilleurs résultats.

« Quelques médecins ont émis l'avis que la durée du déséclusement devait varier avec la profondeur des puits.

« M. le docteur Foley, dont nous venons de parler, donne les nombres suivants que l'expérience lui a fournis :

« A une profondeur correspondant à une demi-atmosphère, le déséclusement ne doit durer que 30 secondes.

« Pour une atmosphère, 1 minute ;

« Pour une atmosphère et demie, 1 minutes 30 secondes ;

« Pour deux atmosphères, 2 minutes ;

« Pour deux atmosphères et demie, 2 minutes 30 secondes ;

« Il ajoute que, pour des pressions plus grandes, il ne faudrait probablement pas suivre cette progression, parce que 2 minutes 1/2 sont déjà bien longues dans une écluse glaciale.

« Ces nombres sont, comme on le voit, sensiblement inférieurs à celui de 7 minutes recommandé par M. Triger.

« On ne saurait donc poser une règle uniforme et il ne semble pas qu'il y ait lieu d'en observer une autre que celle que le bon sens indique, c'est-à-dire de ne pas ouvrir le robinet trop vite, aussi bien pour l'éclusement que pour le déséclusement, afin de donner à l'organisme le temps de se mettre en équilibre avec le milieu dans lequel il se trouve plongé.

« Au surplus, quelque regrettables que soient les accidents heureusement assez rares qui sont arrivés sur les chantiers depuis que l'on y fait emploi de l'air comprimé, il est bien avéré aujourd'hui que ce mode de travail appliqué avec intelligence et discernement n'altère pas la santé d'ouvriers d'ailleurs bien portants et d'une bonne constitution, et ne saurait être par conséquent considéré comme insalubre.

« Pour ne parler que des ponts construits en France, la Compagnie des chemins de fer du Midi a fait exécuter les fondations de trois ponts par ce système, celles du pont du Tech sur l'embranchement de Narbonne, celles du pont de Bordeaux et celles du pont construit à Bayonne, sur l'Adour, pour relier les lignes françaises avec les lignes espagnoles. Il y a eu quelques accidents sur chacun de ces chantiers, mais très peu nombreux, si on les compare au nombre des ouvriers qui ont passé par les écluses, et il n'y a eu de cas de mort que sur les deux derniers chantiers, où quatre ouvriers ont péri par suite d'explosions.

« La Compagnie des chemins de fer de l'Ouest a foncé, de 1861 à 1864, 33 tubes, dont 30 sur la Seine à Argenteuil, à Elbeuf et Orival, et 8 à Briollay sur le Loir, près d'Angers, et elle n'a eu à constater que des accidents peu graves, n'ayant occasionné que des interruptions de travail momentanées.

« La Compagnie d'Orléans a fait construire sur le Scorff un pont dans les travaux de fondation duquel deux ouvriers sont morts à la suite d'un déséclusement trop rapide, comme nous l'avons dit ci-dessus, et un surveillant est mort aussi au bout de quelques mois.

« La même Compagnie a fait construire sur le Louet (un des bras de la Loire), à Chalonnes, un pont où il y a eu une explosion par suite de laquelle deux ouvriers ont été tués ; mais un peu plus bas, à Nantes, sur le chantier du pont construit pour livrer passage au chemin de Napoléon-Vendée, on n'a eu aucun accident grave à déplorer, bien que ce pont n'ait pas moins de seize travées, dont neuf sur le bras de la rive droite de la Loire et sept sur la rive gauche.

Indépendamment de ces ponts situés en France, il en a été construit un grand nombre à l'étranger, et notamment en Russie et en Hongrie sur la Theiss à Szegedin.

« Il résulte donc de ce qui précède :

« Que les accidents auxquels sont exposés les ouvriers qui travaillent dans l'air comprimé, mettent rarement leur vie en danger, n'occasionnent que des interruptions de travail assez courtes, et sont surtout peu nombreux si on les compare au nombre de passages par les sas sur chaque chantier;

« Que les maladies occasionnées par ces accidents peuvent être prévenues par l'emploi des moyens indiqués dans le cours de ce rapport.

« Quant aux explosions, les circonstances dans lesquelles se sont produites celles dont nous avons eu connaissance, nous portent à croire qu'elles peuvent être dues à des imprudences commises dans le cours des travaux, autant qu'à l'absence d'appareils de sûreté ou de précautions prises.

« *Tension de l'air dans l'intérieur des tubes.* — Il nous reste à examiner le parti que l'on peut tirer du fait expérimental, constaté par M. Triger, d'une tension d'air à l'intérieur des tubes, sensiblement inférieure à celle correspondante au poids de la colonne d'eau extérieure.

« Pour empêcher complètement les eaux de pénétrer dans un puits creusé à travers un terrain aquifère et perméable, il faudrait y maintenir l'air à une pression qui dépassât celle de l'atmosphère d'une quantité au moins égale à la profondeur des bancs aquifères perméables, au-dessous du niveau auquel les eaux arriveraient naturellement dans le puits, si l'accès de l'air extérieur était libre, et qu'on appelle niveau hydrostatique. Si l'air n'est comprimé qu'à une pression moindre, l'eau pénètre dans le puits en quantité d'autant plus considérable que la pression s'abaisse davantage, et il faut, pour continuer le travail, l'épuiser incessamment. A cet effet, M. Triger ménage dans le fond du puits un petit puisard où se réunissent les eaux d'infiltration, et au lieu de les épuiser avec une pompe dont l'installation offrirait quelques difficultés, il les refoule par l'action même de l'air comprimé dans un tuyau de dégagement qui descend dans le tube en traversant au besoin le sas à air, plonge par le bas dans le puisard et a son orifice de dégorgement, soit à la surface du sol, soit dans une galerie d'écoulement quand il est possible d'en établir une. Il semble que, dans ce système, la pression de l'air nécessaire pour opérer le refoulement de l'eau, devrait être celle d'une colonne d'eau au moins égale à la hauteur de l'orifice supérieur du tuyau de dégagement au-dessus du niveau de l'eau dans le puisard, hauteur qui peut être différente de celle du niveau hydrostatique du puits, et serait plus grande dans le cas général, de sorte qu'on ne trouverait pas, dans ce procédé, un moyen de diminuer la pression de l'air.

L'artifice indiqué par M. Triger consiste à laisser pénétrer dans le tuyau de dégagement une certaine quantité d'air qui, se mêlant à l'eau et s'écoulant avec elle, diminue la densité du fluide en mouvement, et permet ainsi d'opérer l'épuisement au moyen d'air à une pression beaucoup moindre que celle qui eût été autrement nécessaire. A cet effet, il adapte au tuyau de dégagement, à une certaine hauteur au-dessus du niveau de l'eau dans le puisard, un ajutage de petite section pourvu d'un robinet.

« Supposons que ce robinet étant fermé, la colonne d'eau soit soutenue par la pression de l'air dans le puits à une hauteur de 20 mètres, par exemple, au-dessus du niveau de l'eau dans le puisard, tandis que l'orifice de dégorgement se trouve à 10 mètres plus haut. Les choses étant dans cet état, si l'on ouvre le robinet de l'ajutage, l'air entrera dans le tuyau de dégagement en vertu de l'excès de sa pression sur celle que la colonne d'eau exerce sur la paroi intérieure de ce tuyau au point où l'ajutage est appliqué. Une fois entré, il se dilatera en s'élevant dans l'eau qui remplit la partie du tuyau supérieure à l'ajutage et formera, avec elle, un mélange mousseux qui s'élèvera jusqu'à l'orifice de dégagement et se déversera par cet orifice. L'air ainsi dépensé étant remplacé à mesure par l'air injecté dans le puits par les pompes, de manière que la pression soit maintenue constante, on comprend qu'il en résultera un mouvement ascensionnel continu de l'eau du puisard dans le tuyau de dégagement, qui sera rempli d'eau dans la partie inférieure à l'ajutage, et d'eau mousseuse dans toute la partie supérieure. Étant donné la pression constante de l'air dans le puits, les hauteurs de l'orifice de dégorgement du tuyau ascensionnel et du point d'insertion de l'ajutage au-dessus du niveau de l'eau dans le puisard, on peut calculer approximativement la dépense d'air comprimé nécessaire pour l'élévation d'un volume d'eau déterminé, sauf à contrôler les résultats du calcul par l'expérience. La section la plus convenable de l'ajutage ou plutôt de l'ouverture du robinet qui donne accès à l'air, est d'ailleurs à déterminer expérimentalement.

« Les faits observés par M. Triger et le parti qu'il a su en tirer dans la pratique, nous paraissent mériter d'être signalés à l'attention des ingénieurs qui emploient les appareils à air comprimé pour le creusement de puits ou de travaux de fondation dans les terrains aquifères.

« *Conclusions.* — En résumé, le projet de M. Triger a déjà rendu les plus grands services en permettant, par son application aux travaux de fondations à de grandes profondeurs, de construire des ponts qu'il aurait été impossible de fonder par les moyens employés jusqu'alors.

« Il est appelé à en rendre tous les jours de nouveaux.

« Les dangers que son emploi présente peuvent être écartés par un système de précautions que M. Triger indique et que nous avons rappelées dans le cours de ce rapport, savoir :

« 1° L'essai préalable des appareils sous une pression au moins double de celle sous laquelle ils doivent fonctionner, en ayant soin de faire cet essai sur lesdits appareils montés, afin de rendre l'épreuve plus décisive.

« 2° L'application de soupapes de sûreté et de manomètres, notamment de celui qui doit faire connaître au mécanicien le degré de tension de l'air dans l'intérieur des tubes.

« 3° Les précautions à prendre pour ralentir le passage des ouvriers de l'air libre à l'air comprimé et réciproquement, ainsi que les mesures hygiéniques à prescrire sur les chantiers. »

Effet physiologique de l'air comprimé. — M. Cézanne, dans son mémoire sur le pont de Szegedin, a décrit avec soin les effets physiologiques de l'air comprimé.

Il y a trois phases à distinguer : l'entrée, le séjour, la sortie.

Lorsqu'on est entré dans le sas et qu'on ouvre le robinet de l'air comprimé, on est immédiatement saisi aux oreilles par un bourdonnement violent, accompagné de douleurs dont l'intensité varie avec les individus. L'air qui afflue est d'une chaleur étouffante et d'une odeur de caoutchouc et de sueur.

Il faut bien se garder d'ouvrir le robinet d'entrée de l'air avant de s'être assuré que celui de sortie est bien fermé. Si l'on néglige cette précaution, on est pris dans un courant d'air d'une extrême violence qui détermine instantanément de fortes douleurs névralgiques dans les dents, les tempes et les oreilles. Le passage dans le sas est toujours très désagréable et il y a des ouvriers qui ne peuvent s'y habituer et qui sont forcés de renoncer au travail.

Dans les parties hautes d'un tube, l'air est échauffé par la compression et très humide ; cet espace ressemble à une étuve et la température s'y est élevée, à Szegedin, jusqu'à 60°.

A mesure que l'on descend, on trouve un air plus frais et plus pur ; au fond de la colonne, lorsque l'eau a été complètement chassée et que le terrain est bien sec, la position est supportable.

Le séjour au fond du tube, dans une pression de 3 atmosphères, peut être prolongé plusieurs heures sans inconvénient ; le timbre de la voix est un peu altéré, la respiration s'active, la combustion de même, le noir de fumée se dépose partout et pénètre jusque dans les poumons.

Quoique peu douloureux, le moment de la sortie est le plus dangereux.

Dès que l'air comprimé s'échappe, la température s'abaisse rapidement, la vapeur se condense, et l'on sort entouré d'un nuage. En ce moment, le sang afflue quelquefois dans le nez et dans la gorge ; certaines personnes éprouvent des névralgies violentes, mais courtes ; d'autres conservent pendant plusieurs jours des maux de tête et des douleurs de dents.

Le plus souvent, la sortie ne cause d'autre sensation que celle d'une forte douche d'air froid et n'a d'autres suites qu'une tension légère dans les oreilles.

Les faits que nous venons d'exposer montrent qu'en somme le travail dans l'air comprimé favorise le développement des affections des organes respiratoires, mais qu'on peut combattre cet effet par des précautions attentives.

Avantages de l'écluse placée à la hauteur de la chambre de travail. — Nous avons fait remarquer qu'aux ponts de Saint-Louis et de Brooklyn, ainsi qu'au pont de Collonges en France, les écluses à air étaient engagées dans le plafond de la chambre de travail. C'est un grand avantage dans les fondations profondes, et les communications de tout genre entre l'air extérieur et l'air comprimé sont presque instantanées. Un escalier à l'air libre est ménagé dans le puits central, à sa base on trouve le sas à air dans lequel on pénètre par une porte verticale, et de ce sas on peut sauter sur le sol de la chambre de travail sans qu'il soit besoin de recourir à une échelle.

Dans l'air comprimé à trois ou quatre atmosphères, il faut réduire à moins d'une heure la durée des relais de travail; c'est donc un grand avantage de n'avoir pas chaque fois à monter et à descendre des échelles de 20 ou 30 mètres de hauteur au milieu de l'air comprimé qui augmente dans une proportion considérable la fatigue musculaire. L'ascension de l'escalier à l'air libre, en sortant de l'écluse, paraît, en outre, avoir exercé sur les ouvriers sortant de l'air comprimé une réaction salutaire.

Au pont de Brooklyn, on eut soin d'installer dans chacune des écluses à air un appareil de chauffage à la vapeur, afin de compenser le refroidissement et la condensation dus à la dilatation de l'air comprimé.

M. Malézieux, d'après M. Rœbling, signale ce fait. « que le jeu des poumons se modifie involontairement dans l'air comprimé; le nombre de fois qu'on respire dans un temps donné se réduit de 30 à 50 p. 100, ce qui indiquerait que l'organisme réagit contre l'introduction de l'oxygène à dose deux ou trois fois plus considérable que dans l'atmosphère normale. La conséquence naturelle à tirer de cette observation est qu'il faut abréger la durée du travail dans l'air comprimé à mesure que la pression augmente. »

Proportion des malades au pont de Marmande. — M. Séjourné constate qu'au pont de Marmande, en 313 jours, le nombre des tubistes travaillant par poste de six heures a été de 185, représentant environ 119,400 heures de travail et 14,400 compressions, à une pression moyenne de 9 à 12 mètres, qui a atteint exceptionnellement 15 mètres et un jour 22 mètres. Il y a eu 106 malades, soit 57 p. 100, et 164 cas de maladies; 25 cas résultent directement de l'action physiologique de l'air comprimé, savoir : 2 syncopes, 7 troubles de l'ouïe, 1 congestion pulmonaire avec crachement de sang, 6 lumbago et 8 douleurs articulaires; il a été constaté, en outre, 58 cas de bronchite qui peuvent résulter des conditions du travail; quant aux autres cas, ils ne sauraient être attribués au système.

En résumé, le travail dans l'air comprimé, sans présenter de grands dangers, n'est pas inoffensif; les ingénieurs et entrepreneurs ont le devoir de veiller à l'exécution des mesures préventives que nous venons d'indiquer.

6° APPAREILS DE COMPRESSION

Il est difficile de terminer cette étude sans donner au moins une idée sommaire des appareils qui fournissent l'air comprimé.

Les compresseurs et machines soufflantes sont aujourd'hui très nombreux : ils rendent les plus grands services à l'industrie, notamment à la métallurgie et à l'exploitation des mines ; nous savons que sans eux il eût été presque impossible de percer les longs tunnels comme ceux du Mont-Cenis et du Saint-Gothard.

L'air comprimé est jusqu'à présent le meilleur agent de transmission et de diffusion du travail ; une simple canalisation le conduit, sans perte sensible, à de longues distances. Peut-être l'électricité le supplantera-t-il un jour, mais, jusqu'à présent, c'est à lui qu'on a eu recours pour utiliser à distance des forces vives qu'on ne pouvait consommer sur place comme les chutes d'eau des montagnes.

Sans lui, l'ouverture de beaucoup de puits de mines, la fondation d'un grand nombre de ponts et de viaducs auraient présenté des difficultés presque insurmontables.

L'étude des applications de l'air comprimé est donc des plus intéressantes pour l'ingénieur et il n'est point d'industrie qui ne lui doive quelque perfectionnement. Cette étude générale a été présentée en 1876 par M. l'ingénieur Pernolet dans son ouvrage : *L'air comprimé et ses applications;* c'est à cet ouvrage que le lecteur devra se reporter, s'il veut approfondir la question.

Une masse d'air, soumise à une pression variable, obéit à la loi de Mariotte : *les volumes sont en raison inverse des pressions;* soumise à une température variable, elle obéit à la loi de Gay-Lussac : *les variations de volume sont proportionnelles aux variations de température*, que l'on peut énoncer plus simplement : *les volumes sont proportionnels aux températures*, pourvu que celles-ci soient comptées à partir de ce qu'on appelle le zéro absolu, c'est-à-dire 273° au-dessous du zéro centigrade.

Les deux lois de Mariotte et de Gay-Lussac, appliquées aux densités, deviennent : 1° *les densités sont proportionnelles aux pressions;* 2° *elles sont en raison inverse des températures*, comptées à partir du zéro absolu.

L'air, comme tout corps qui change de volume, est, en outre, soumis aux lois de la théorie mécanique de la chaleur : *Toutes les fois qu'un corps change d'état, en produisant un travail extérieur positif ou négatif, il y a absorption ou dégagement de chaleur, et la quantité de chaleur absorbée ou produite est proportionnelle à la quantité de travail, et réciproquement.* Le rapport constant entre la quantité de travail et la quantité de chaleur est *l'équivalent mécanique de la chaleur*.

D'après cela, la compression de l'air développe de la chaleur; cette chaleur est absorbée en partie par les parois de la cavité qui renferme l'air et surtout par la masse gazeuse elle-même, de sorte que la tension augmente, non pas dans la proportion voulue par la loi de Mariotte, mais dans une proportion plus rapide, car l'augmentation de température produit une augmentation de pression qui se superpose à l'augmentation engendrée par la diminution de volume.

D'autre part, lorsque l'air comprimé se dilate, il se refroidit et absorbe une quantité de chaleur considérable.

De là deux grands inconvénients dans l'emploi de l'air comprimé comme force motrice : 1° lorsqu'on le comprime pour emmagasiner du travail, il s'échauffe et les organes de la machine s'altèrent, les huiles se brûlent, les cuirs se dessèchent, les métaux se grippent, et il faut recourir à des courants d'eau froide pour absorber à chaque instant l'excès de chaleur qui tend à pénétrer les organes; 2° lorsque ensuite cet air comprimé se dilate pour restituer le travail qu'il a reçu, il se produit un refroidissement énorme, la vapeur d'eau se congèle et il en est de même des huiles lubrifiant les organes ; on est donc forcé de n'user de la détente qu'avec beaucoup de modération et de travailler presque uniquement à pleine pression, circonstance funeste pour l'économie.

Ces inconvénients graves n'ont pas empêché le développement des appareils à air comprimé, car il en existe de nombreux modèles et de nombreuses applications. Le moteur qui anime ces appareils est tantôt l'eau, tantôt la vapeur. Lorsqu'on peut utiliser une chute d'eau naturelle pour actionner des roues ou des turbines chargées de faire mouvoir les compresseurs, la solution est excellente et l'air comprimé peut s'obtenir à bon compte; c'est ce qui arrive presque toujours dans les grands tunnels, car ceux-ci se trouvent en pays de montagnes, à proximité de rivières torrentielles. Mais, dans bien des cas, cette solution n'est pas possible, et il faut recourir à une machine à vapeur pour actionner le compresseur; c'est ce qui arrive d'ordinaire pour les machines soufflantes et pour les fondations à l'air comprimé.

Les compresseurs doivent évidemment être combinés en vue de la pression qu'ils doivent fournir et du volume d'air qu'on leur demande par unité de temps. Les compresseurs sont donc à *basse*, à *moyenne* ou à *haute pression*, suivant qu'ils fournissent de l'air à une tension absolue de 2, de 4 ou de plus de 4 atmosphères ; la tension effective est inférieure à la tension absolue d'une quantité égale à la pression atmosphérique, c'est-à-dire d'une unité, et chaque atmosphère représente, comme on sait, la pression d'une colonne d'eau de 10^m33 de hauteur. Les cloches à plongeur et les scaphandres sont généralement à basse pression; les appareils pour fondation sont le plus souvent à moyenne pression ; cependant l'usage de la basse pression en cette matière se développe de jour en jour, car on ne réserve plus le système de l'air comprimé pour les fondations profondes; pour les tunnels, pour l'alimentation des machines perforatrices, c'est aux machines à haute pression qu'on a recours; cependant le perforateur Beaumont pour le tunnel sous la Manche ne fonctionne qu'à 2 atmosphères.

Pour les appareils de fondation, scaphandres, cloches, tubes, caissons, on peut se contenter de compresseurs à faible débit, car la consommation d'air n'est pas considérable, une fois la chambre remplie. Cependant il ne faut pas oublier que, dans les travaux, il convient toujours d'employer des machines plus puissantes que celles qui pourraient être strictement nécessaires; souvent des circonstances imprévues conduisent le constructeur à demander à une machine un effort exceptionnel, un coup de collier; si la machine n'est pas en état de répondre, on risque parfois un accident grave et presque toujours des chômages coûteux. Il est donc prudent et économique de recourir à des machines présentant une assez grande latitude de puissance.

Dans plusieurs compresseurs, l'effet est obtenu par des procédés spéciaux : ainsi l'air comprimé du télégraphe pneumatique est l'air d'un réservoir clos dans lequel on introduit de l'eau sous-pression prise aux conduites publiques; dans la trompe catalane, machine soufflante connue de longue date, c'est un jet d'eau sortant d'une buse conique qui entraîne l'air d'un tuyau entourant la buse, comme avec l'injecteur Giffard un jet de vapeur entraîne l'eau d'un réservoir et la fait pénétrer dans la chaudière; on peut construire sur le principe du Giffard un injecteur ou compresseur à air.

Mais, dans la pratique ordinaire, l'air est comprimé par un piston mobile dans un cylindre qui communique alternativement avec l'atmosphère et avec un réservoir où s'emmagasine l'air comprimé. La machine peut être à simple ou à double effet; elle fonctionne comme une machine à vapeur; mais des précautions sont à prendre pour combattre l'échauffement des appareils et le maintenir dans de justes limites. Pour les appareils à faible débit, on se contente de plonger le cylindre dans une bâche alimentée d'eau froide; pour les appareils à grand débit, on demande le refroidissement soit à une couche d'eau baignant le piston et les soupapes, soit à une injection d'eau froide dans le cylindre, soit à une injection d'eau pulvérisée dans le cylindre combinée avec une circulation d'eau froide à l'intérieur du piston et de sa tige.

C'est ce dernier système qui a prévalu dans les compresseurs perfectionnés.

Ces explications générales suffisent pour faire comprendre au lecteur tous les systèmes de compresseurs; elles trouveront leur complément dans la description de quelques-uns des appareils convenant plus spécialement aux travaux publics.

Compresseurs pour laboratoires. — La pompe de compression la plus simple, dont on ne se sert guère que dans les laboratoires, est représentée par la figure 141.

Un piston, manœuvré à la main, se meut dans un cylindre qui porte à sa base deux soupapes, l'une Z s'ouvrant de dehors en dedans et communiquant avec le tuyau d'aspiration T; l'autre Z' s'ouvrant de dedans en dehors et communiquant par le tuyau T' avec la capacité dans laquelle on veut comprimer l'air.

Si le piston s'élève, le vide se fait sous lui, la soupape Z se lève, et l'air entre; s'il s'abaisse, la soupape Z se ferme, Z' s'ouvre, l'air se comprime et se rend dans le récipient.

Lorsqu'on veut opérer sur des masses un peu considérables et obtenir une forte compression, on a recours à plusieurs pompes accouplées P, P', P'', dont les pistons, prolongés par des bielles B, B', B'', sont réunis à un même axe de rotation A. L'arbre A, muni d'un volant régulateur V, se termine par deux manivelles M et M' sur lesquelles agissent des hommes. L'air comprimé par les pompes se rend d'abord dans un récipient S, qui régularise l'admission.

Avec cet appareil, on peut arriver à comprimer l'air à 25 ou 30 at-

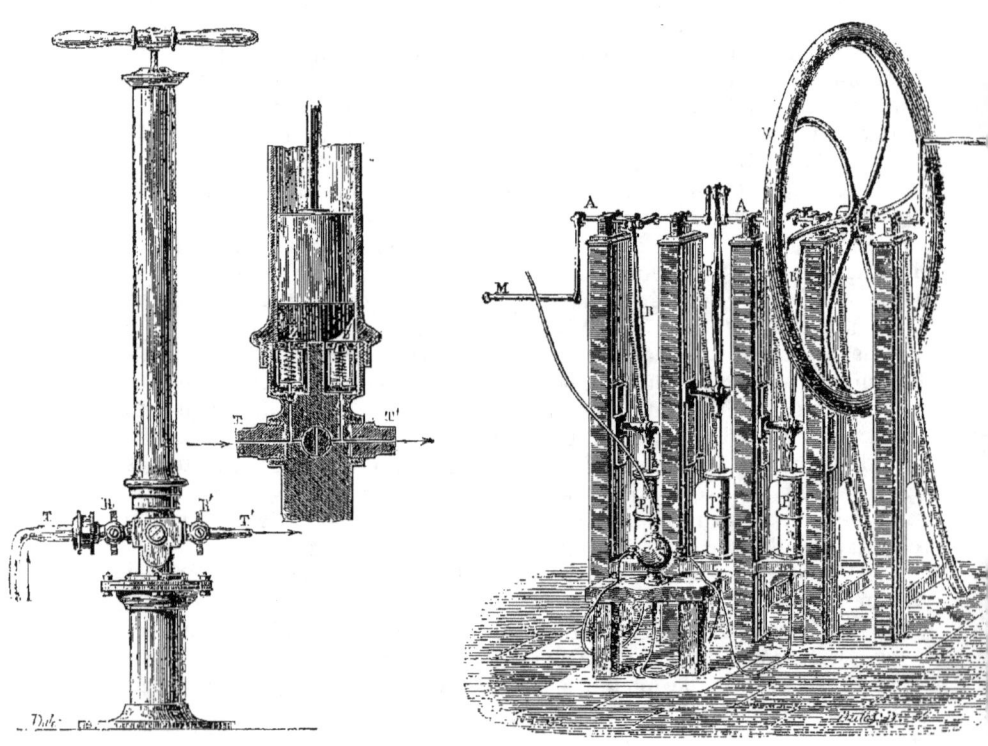

Fig. 141.   Fig. 142.

mosphères ; mais il faut avoir soin d'opérer sur de petites masses et de refroidir sans cesse les cylindres, car il se produit un échauffement considérable, les pistons ne tardent pas à gripper et le fonctionnement devient difficile.

On a parfois tourné cette difficulté de l'échauffement en faisant subir à l'air plusieurs compressions intermédiaires et le laissant se refroidir dans un réservoir spécial pendant l'intervalle des opérations successives. C'est le procédé qu'il faudrait employer pour obtenir de hautes pressions.

FONDATIONS 405

Compresseurs pour scaphandres. — La pompe à trois cy-

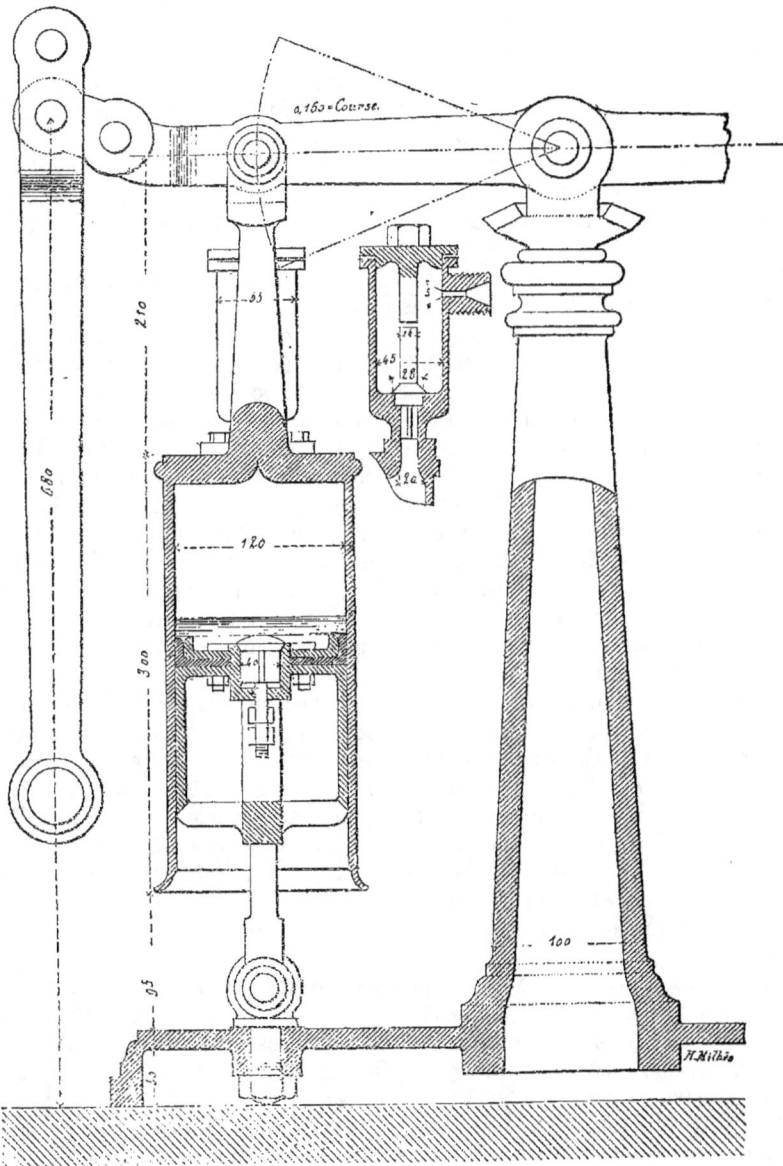

Fig. 143.

lindres ci-dessus décrite conviendrait presque pour des scaphandres, sauf à augmenter le diamètre des cylindres pour fournir un plus gros volume d'air à pression moindre.

La figure 4, pl. XLIII, représente la pompe à trois corps Rouquayrol-Denayrouse qui sert pour les scaphandres travaillant à des profondeurs notables ; les cylindres sont à simple effet, ils aspirent l'air de l'atmosphère pendant leur ascension et le compriment pendant la descente. L'air comprimé se rend dans un réservoir en fonte A placé sous la bâche à eau B dans laquelle plongent les cylindres ; le réservoir A porte une cloche C, et à son sommet on trouve la tubulure D qui reçoit le tuyau flexible chargé de conduire l'air au scaphandre. Un tube vertical met la cloche C en communication avec un manomètre sensible. Deux manivelles à volants actionnent les pistons.

Cette pompe à trois corps est vendue 1,800 francs par la Compagnie Denayrouse. Pour le travail à petites profondeurs on se contente d'une pompe à deux cylindres mus par un balancier. La figure 143, empruntée à l'ouvrage de M. Pernolet, représente l'ancienne pompe Rouquayrol : le piston oscillant est recouvert du cylindre comme d'une cloche et le cylindre reçoit par un balancier à deux branches un mouvement oscillatoire vertical. Pendant la période d'ascension, l'air atmosphérique est aspiré par la soupape que l'on voit au centre du piston ; pendant la période de descente, cet air est comprimé et refoulé par une soupape indiquée sur le fond du cylindre, soupape dont la coupe verticale est donnée à côté de l'élévation ; sur la chapelle de cette soupape se visse le tuyau qui mène l'air comprimé dans le réservoir régulateur. Le piston est recouvert d'une couche d'eau que l'on introduit par un robinet à godet placé, comme la soupape de refoulement, sur le fond du cylindre.

Les pompes à balancier et à deux cylindres que construit la Compagnie Denayrouse n'ont plus cette forme ; les cylindres sont fixes et ouverts par le haut, reposant par leur fond sur une caisse en fonte qui sert de réservoir à l'air comprimé, les pistons sont fixés au balancier et sont munis d'une garniture Giffard (nous en parlerons plus loin) ; ils compriment l'air pendant leur mouvement de descente.

L'appareil à cylindres de 0^m10 de diamètre coûte 300 francs, et l'appareil à cylindres de 0^m12 coûte 400 francs.

Ce dernier fournit à la minute 36 litres d'air à 4 atmosphères.

Compresseurs hydrauliques Sommeiller. — Les compresseurs Sommeiller, inventés par l'ingénieur de ce nom qui a dirigé le percement du Mont-Cenis, sont surtout intéressants au point de vue historique ; ils ne servent plus guère dans les travaux publics, quoiqu'on en ait construit divers modèles appropriés à tous les usages.

Il y avait au Mont-Cenis deux compresseurs de systèmes différents : 1° les compresseurs à choc que l'on a fini par abandonner ; 2° les compresseurs à pompe.

1° *Compresseurs à choc.* — En voici le principe :

On a détourné les eaux d'un torrent pour les amener dans un réservoir R, d'où elles s'écoulent par un tube vertical A pour se rendre dans un tuyau horizontal B, qui se trouve à 25 mètres au-dessous du niveau du réservoir R.

Le tube horizontal B se recourbe verticalement, pour s'embrancher en D avec un nouveau tube horizontal qui débouche dans un réservoir sphérique E, à la base duquel arrive une colonne d'eau de 50 mètres de hauteur, fournie par un réservoir M qu'alimente une petite dérivation.

L'air confiné dans la sphère E est donc soumis à une pression d'eau de 50 mètres, soit de 5 atmosphères. La pression qui s'exerce à la base du tube A n'est que de 25 mètres ou de 2,5 atmosphères.

Il y a en A dans le tube vertical une première soupape qui s'ouvre de bas en haut, en B un clapet qui s'ouvre dans l'atmosphère, en C un autre clapet qui s'ouvre du dehors au dedans du tube vertical, et en D une soupape dans le tube vertical, laquelle s'ouvre aussi de bas en haut.

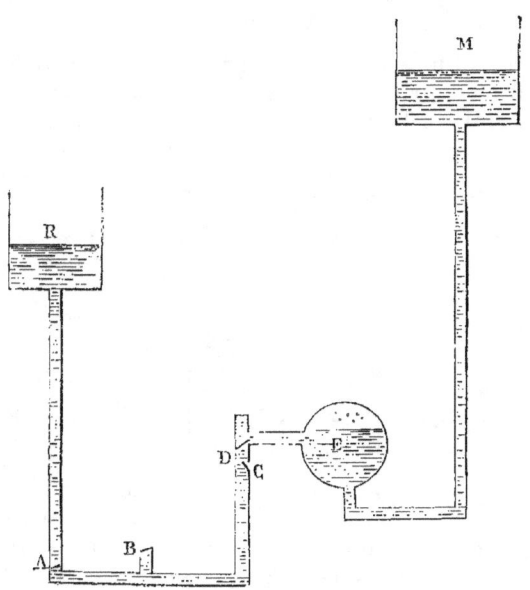

Fig. 144.

Supposons la soupape A fermée, le tube C étant plein d'eau, et le réservoir E d'air à 5 atmosphères, la soupape D appuyée par cette pression ne peut s'ouvrir; si l'on ouvre B, l'eau contenue dans le tube horizontal et dans le tube vertical C s'écoule dans l'atmosphère, et l'air extérieur entre par le clapet C; il remplit le tube vertical CD. Supposez maintenant qu'on ferme B et qu'on ouvre A, la colonne liquide AR va se précipiter avec force et produire un coup de bélier énergique qui va comprimer l'air confiné dans le tube vertical C; le clapet C fortement appuyé ne peut pas s'ouvrir, mais la soupape D est soulevée dès que la pression de l'air dépasse 5 atmosphères, et cet air pénètre dans le réservoir E. On revient alors à la première phase du mouvement.

Il y a là quelque chose qui peut surprendre au premier abord, et on se demande comment la pression due à la colonne d'eau A de 25 mètres peut vaincre la pression qui s'exerce en E et qui résulte d'une colonne d'eau de 50 mètres. En hydrostatique, ce serait évidemment une absurdité; ici, il ne s'agit point de considérer des pressions, mais des forces vives.

La colonne liquide RAB prend une vitesse considérable, d'où résulte une grande quantité de force vive que la compression de l'air compris dans le petit tube vertical doit anéantir. Cette compression doit donc exiger un travail égal à la demi-force vive de la masse liquide, et l'air confiné se comprimera tant que sa compression n'aura pas produit ce travail. Sa pression finale ne dépend donc aucunement de la hauteur RA, et, en fait, les dimensions des tubes sont telles qu'elle dépasse de beaucoup 5 atmosphères.

Donc, rien d'étonnant à ce que la soupape D soit soulevée et à ce que l'air pénètre dans le réservoir E, d'où il gagne la canalisation.

2° *Compresseur à pompe.* — Le compresseur à pompe est beaucoup plus simple et plus régulier :

Deux tubes verticaux d'égal diamètre, remplis d'eau sur la moitié de leur hauteur, sont réunis par un tube horizontal dans lequel se meut un piston P ; à la partie supérieure de chaque tube vertical s'ouvrent deux soupapes a et b, a' et b' ; les soupapes a et a' communiquent avec l'atmosphère : elles s'ouvrent de haut en bas ; les soupapes (b) et (b') communiquent avec un tube R qui va au réservoir d'air comprimé : elles s'ouvrent de bas en haut.

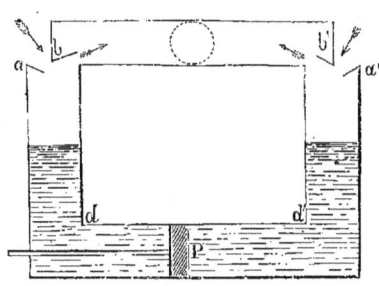

Fig. 145.

Supposons que le piston aille vers (d), l'eau de la branche de droite baisse jusqu'en d', l'air entre par a, et la soupape b' appuyée par l'air comprimé ne peut s'ouvrir. Quand le piston revient de d vers d', la soupape (a) s'ouvre et l'air pénètre à gauche, tandis qu'à droite il se comprime, ferme la soupape a' et finit par forcer la soupape b' pour s'en aller dans le réservoir. Et ainsi de suite indéfiniment.

Les compresseurs Sommeiller ont le grave inconvénient de mettre en mouvement à chaque coup de piston une masse d'eau dont la force vive s'annule en chocs ; ils sont encombrants et lourds et ne peuvent donner un rendement satisfaisant.

Compresseurs anciens pour caissons de fondation. —
1° *Compresseur Flaud.* — La figure 146 représente un compresseur Flaud, qui a été employé au pont de Kehl, concurremment avec d'autres appareils. Un arbre, dont on voit la poulie motrice à gauche de la figure, actionne par un pignon la roue dentée d'un autre arbre horizontal portant deux bielles à angle droit ; chaque bielle actionne le piston d'un cylindre à simple effet ; quand il descend, l'air est comprimé et refoulé dans un réservoir, ou cloche en fonte, placé entre les deux cylindres ; c'est de ce réservoir que part le tuyau qui conduit au caisson l'air com-

primé. Les soupapes sont en cuir avec surcharge métallique, et leur course est limitée par un taquet fixe en fer.

L'espace nuisible est considérable, et le rendement devait être faible; de plus, il n'est pris aucune précaution contre l'échauffement du cylindre et du piston. Cependant, ces appareils fonctionnaient convenablement tant qu'on ne leur demandait pas de l'air à plus de deux atmosphères; il fallut les remanier dès qu'on dépassa cette pression.

Avec une locomobile de 10 chevaux, l'arbre faisant 120 tours à la minute, l'appareil fournissait à la minute 11 mètres cubes d'air à 2 atmosphères, et 7 mètres cubes à 3 atmosphères.

2° *Compresseurs du pont de Szegedin.* — Les pompes à air employées à Szegedin se composaient de deux cylindres verticaux peu distants l'un de l'autre.

Dans le cylindre supérieur, de 0^{m}22 de diamètre, la vapeur actionne un piston dont la tige est commune avec celle du piston de la pompe; celui-ci se meut dans le cylindre inférieur de 0^{m}30 de diamètre. La course du piston est de 0^{m}20, et le nombre de coups est de 100 à 120 par minute.

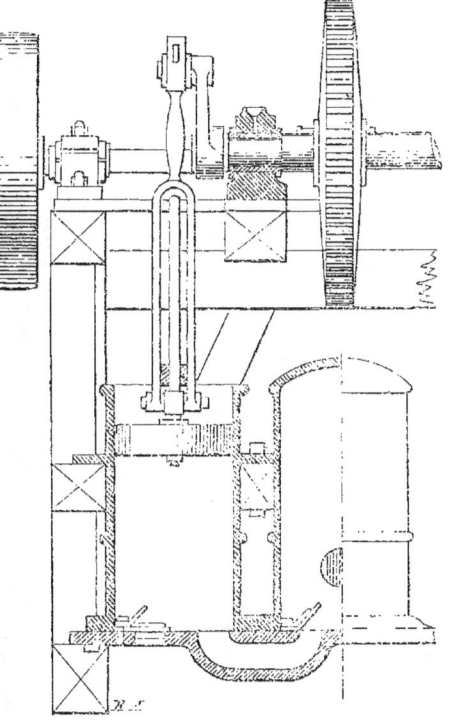

Fig. 146.

Ces machines sont à double effet, à détente variable et à échappement libre. Elles sont de la force de 10 à 12 chevaux et pèsent 2,200 kilogrammes. La vapeur leur était fournie par de vieilles locomotives embarquées sur un ponton couplé avec un autre ponton qui portait le charbon et une guérite.

Avec 120 tours par minute, l'appareil fournissait 1$^m{}^3$13 d'air comprimé à 3 atmosphères.

3° *Compresseurs Cail, pont de Kehl, pont de la Voulte.* — Les pompes à air du pont de la Voulte, construites par Cail, et ayant servi déjà au pont de Kehl, étaient installées dans un bateau amarré en aval des piles en construction. Elles formaient deux couples semblables susceptibles de

410   PROCÉDÉS ET MATÉRIAUX DE CONSTRUCTION

fonctionner ensemble ou séparément. Une chaudière tubulaire alimentait une machine à vapeur horizontale conduisant le piston de la pompe à air par l'intermédiaire du prolongement de la tige du piston moteur.

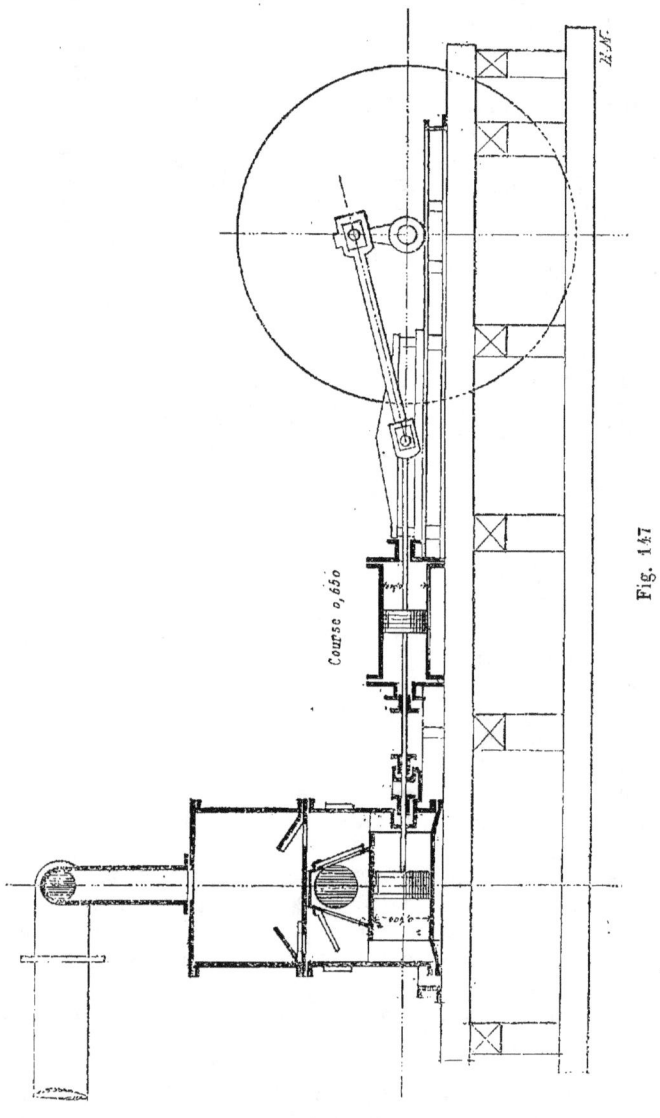

Fig. 147.

La pompe à air est à double effet : le tuyau supérieur emmène l'air comprimé qui arrive dans le réservoir par deux soupapes horizontales fonctionnant alternativement ; le tuyau inférieur, débouchant dans une chambre à section trapèze, donne l'air atmosphérique qui, par le jeu des deux soupapes de la chambre, arrive tantôt à gauche, tantôt à droite du piston.

Sur la figure, le piston est en mouvement de la gauche vers la droite; il aspire par la gauche l'air extérieur et refoule par la droite l'air comprimé. Les orifices des soupapes sont munis de clapets en caoutchouc qui, pendant la période de fermeture, reposent sur des grilles en fonte; l'ouverture des clapets à air comprimé est limitée par des plaques de fonte inclinées faisant saillie sur le fond du réservoir supérieur.

Les pistons en bronze n'ayant pas tardé à s'user, on les garnit avec une couche de régule, métal antifriction, et depuis, ils ont bien fonctionné.

Le presse-étoupe de la tige du piston est prolongé à droite par une petite caisse à eau qui empêche les rentrées d'air et lubrifie la tige du piston.

Le refroidissement est obtenu par des bâches à eau entourant le cylindre, mais ce procédé était insuffisant, et, au pont de Kehl, la température de l'air comprimé s'élevait à 40°; on eut alors l'idée de recourir à une injection d'eau faite par une pompe ordinaire dans le réservoir à air comprimé.

C'est dans le cylindre même qu'aujourd'hui l'on injecte l'eau pulvérisée. Le compresseur Cail fournissait par minute $1^{m3}7$ d'air comprimé à 3,5 atmosphères. L'appareil laissait évidemment à désirer; il présentait des espaces nuisibles considérables qui devaient réduire beaucoup le rendement; on en fut très content au pont de la Voulte, parce que l'on atteignait des profondeurs inférieures à celles du pont de Kehl.

4° *Compresseurs du pont de Marmande; prix de revient de la compression.* — M. l'ingénieur Séjourné, dans sa notice sur les fondations du pont de Marmande, a donné quelques renseignements sur les compresseurs dont on s'est servi pour cet ouvrage.

On a eu recours à 4 machines soufflantes de 25, 18, 18 et 12 chevaux, machines horizontales à piston hydraulique à double effet, établi dans le prolongement du cylindre moteur avec tige de piston commune; ce système, employé au pont de Kehl, marche régulièrement pour les petites vitesses et les basses pressions, mais les oscillations de l'eau du cylindre compresseur absorbent beaucoup de force vive et ne comportent pas de grandes vitesses, ce qui conduit à l'emploi de machines lourdes et encombrantes.

Le volume théorique d'air aspiré par heure pouvait varier, suivant le nombre de tours, de 350 à 583 mètres cubes, pour les trois premières machines, et de 87 à 312 pour la dernière. On se servait pour la distribution de tuyaux en fonte ou en caoutchouc de 0^m08 et 0^m40 de diamètre; les premiers coûtaient 6 et 8 francs, et les seconds 20 et 24 francs le mètre.

Les quatre machines représentaient un prix d'achat de 73,000 francs; si l'on ajoute les sas à air comptés à 0 fr. 70 le kilogramme, les cheminées en tôle à 0 fr. 65 et les tuyaux, on arrive à une dépense de

105,000 francs pour les frais d'achat du matériel principal, non compris 18,000 francs pour matériel accessoire et 3,600 francs pour 6 vérins de descente. D'où, un total de 126,000 francs pour le pont de Marmande. Il faut compter l'intérêt, l'amortissement, les réparations et la dépréciation à 25 p. 100 de ce capital.

Le tableau suivant donne les consommations d'air pour la pile numéro 1 et la culée du pont de Marmande :

On remarquera que la pression indiquée dans la colonne 4 mesure la pression absolue p diminuée d'une atmosphère p_o, c'est le nombre $\left(\dfrac{p}{p_o}-1\right)$;

DÉSIGNATION DES FONDATIONS	VOLUME D'UNE CYLINDRÉE (m. c.)	NOMBRE DE TOURS par minute	PRESSION EFFECTIVE au Manomètre en FRACTION D'ATMOSPHÈRE	VOLUME D'AIR PAR MINUTE		VOLUME TOTAL occupé par l'air comprimé (m. c.)	TRAVAIL correspondant en chevaux par seconde
				aspiré à la pression atmosphérique (m. c.)	fourni à la pression dans le caisson (m. c.)		
Pile N° 1. Surface : 74 m².	0,0973	33	0,2	6,42	3,01	145	2,1
		30	0,4	5,83	2,34	148	3,4
		24	0,6	6,03	2,12	155	5,2
		24,5	1,0	4,73	1,34	155	6,5
		31,5	1,4	6,13	1,43	159	10,8
Culée. Surface : 90 m².	0,0973	30	0,2	5,84	2,73	172	1,9
		34	0,5	6,62	2,47	176	5,0
		37	0,75	7,20	2,31	179	8,0
		40	1,0	7,80	2,20	183	10,4
		38	1,35	7,40	1,77	186	12,4

« A cause de l'étanchéité du tuf, la pression n'a pas augmenté régulièrement avec la profondeur. Pour ce même motif, le temps employé pour chasser l'eau de la chambre a été très variable : de 1 à 2 heures pour la pile, et de 3 heures pour la culée. A la pile numéro 2, on n'a pu parfois chasser l'eau sous le couteau, et on a dû la vider par les écluses, comme du déblai ordinaire ; cet inconvénient, qu'on pouvait prévoir, eût été facilement évité en disposant un tuyau plongeant au niveau du sol et débouchant à l'air libre ».

Le volume occupé par l'air comprimé se décomposait comme suit, à la fin de chaque fonçage :

FONDATIONS

	PILE N° 1.	CULÉE
Chambre de travail	127,0	154,8
Cheminées	18,3	17,7
Sas	9,6	9,6
Écluses	4,1	4,1
Total	159,0	186,2

A Marmande, le prix de revient de la fourniture d'air comprimé par heure a varié de 1 fr. 88 à 2 fr. 78. Au cas où le matériel serait loué à l'entreprise, il faudrait bonifier ce prix d'environ 20 p. 100, ce qui donnerait 2 fr. 34 par heure, ou 80 francs par jour pour matériel, personnel, fourniture de charbon, huile, etc.

On construit aujourd'hui des compresseurs perfectionnés qui se substituent peu à peu aux vieux modèles; c'est la construction du tunnel du Saint-Gothard, qui a conduit à réaliser des progrès sérieux, et cela se comprend, car, dans un travail d'aussi longue haleine, on a le temps d'étudier tous les systèmes, et on a grand avantage à le faire en vue des économies à réaliser.

Le système de compresseur que nous allons décrire réunit aujourd'hui toutes les préférences pour les travaux de tunnel et de fondation.

Compresseurs à double effet Sautter, Lemonnier et Cⁱᵉ. — MM. Sautter, Lemonnier et Cⁱᵉ construisent des compresseurs à double effet qui ont donné d'excellents résultats et qui sont disposés d'après les principes appliqués par M. Colladon au tunnel du Saint-Gothard.

Le compresseur (*fig.* 1 à 7, pl. XLII) se compose d'un cylindre à dou-

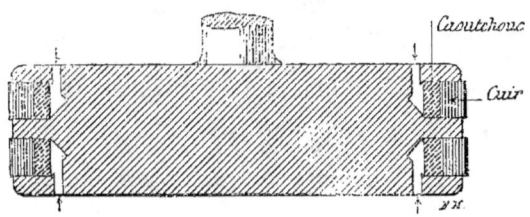

Fig. 148.

ble enveloppe avec circulation d'eau pour le refroidissement. Le piston C est muni, sur son pourtour cylindrique, de deux garnitures Giffard (*fig.* 148), formées chacune d'une bague en caoutchouc durci ou en cuir sur la face extérieure et en caoutchouc élastique à l'intérieur. Cette partie intérieure s'appuie sur le fond d'une rainure pratiquée dans le piston et se trouve en communication par de petits orifices avec l'air comprimé dont l'action s'ajoute à l'élasticité de la bague, pour constituer une garniture étanche.

Cette garniture donne de bons résultats; elle épouse exactement la forme du cylindre, évite tout grippement, n'exige d'autre lubrifiant que l'eau, et enfin peut être remplacée avec facilité.

De chaque côté du piston C, la tige qui le porte possède un diamètre uniforme pour permettre l'emploi de plateaux identiques à l'avant et à l'arrière du cylindre.

La tête du piston se meut sur deux glissières plates terminées par des réservoirs d'huile; elle est reliée à la tige par un écrou de préférence à une clavette, car, dans les compresseurs, les efforts brusques matent rapidement les clavettes et rendent le démontage difficile.

« Les soupapes d'aspiration H et de compression I comportent un disque mince en acier appliqué sur un siège de bronze par un ressort à boudin enveloppant la tige du disque. De plus, pour supprimer totalement la vibration des organes, on a interposé, entre le ressort et la tige, une simple gaine en caoutchouc.

« Chaque fond de cylindre reçoit deux soupapes d'aspiration et une soupape de refoulement qui possèdent un même diamètre égal à 0,085.

« Le refroidissement de l'air pendant sa compression est obtenu au moyen d'une circulation d'eau entre les deux enveloppes et, en second lieu, par une injection d'eau pulvérisée sous pression.

« L'eau de circulation qui arrive par le tuyau à robinet X s'en va par le tuyau Y et débouche par un robinet dans une cuvette, fixée à la partie arrière et au-dessous de chaque cylindre. Le réglage du courant s'obtient ainsi facilement et sa vérification nécessite un simple coup d'œil.

« L'introduction de l'eau dans l'intérieur du cylindre peut s'effectuer de deux manières, soit par la soupape d'aspiration, soit par une injection d'eau pulvérisée. La première a l'avantage de la simplicité; son emploi n'exige pas une eau aussi pure; mais un plus grand volume d'eau est nécessaire pour obtenir le même degré de refroidissement.

« Pendant les travaux du Saint-Gothard, les deux moyens ont été successivement employés. Dès lors, on a constaté que le refroidissement par injection nécessite, pour une pression de l'air variant entre 6 et 7 kilogrammes, une quantité d'eau égale au $\frac{1}{2,000}$ du volume d'air aspiré, tandis que la consommation était quatre fois plus grande en utilisant les soupapes.

« L'inconvénient d'introduire un excès d'eau qu'il faut expulser ensuite, conduit à dire que, dans les cas où l'injection est possible, elle doit être préférée. Néanmoins, les constructeurs ont disposé les soupapes pour servir, au besoin, au refroidissement de l'air.

« Au-dessous et en avant de chaque fond de cylindre se trouve un tuyau en cuivre rouge L, branché avec trois conduites verticales M. Ces dernières possèdent des joints articulés pour faciliter l'enlèvement des fonds, en se rabattant; elles aboutissent à des busettes N disposées en triangle.

« L'eau de refroidissement provient d'un réservoir soumis à la même pression que l'air comprimé. Son arrivée dans le cylindre s'effectue par deux orifices convergents, de 1/2 millimètre de diamètre, sous la forme de jets très minces qui, en se rencontrant, se pulvérisent réciproquement.

« La quantité d'eau introduite est réglée au moyen de robinets P, tandis que d'autres robinets Q, débouchant à l'air libre, permettent de vérifier, à volonté, le fonctionnement de chaque busette.

« Après une filtration préalable, l'eau d'injection est introduite dans son réservoir par l'action d'une pompe, mue par un excentrique calé sur l'arbre moteur. Ce réservoir est en communication avec le sécheur de l'air comprimé, par un tuyau qui sert en même temps à évacuer l'excès d'eau fournie par la pompe et à maintenir la pression dans le récipient.

« Les deux soupapes de refoulement d'un compresseur sont mises en communication à l'aide d'une tubulure en fonte avec le tuyau collecteur. Grâce à la disposition des soupapes de refoulement placées à la partie supérieure des fonds, sans gêner pour cela l'évacuation de l'eau, tous les joints d'un cylindre sont bien accessibles. »

Telle est la disposition générale des compresseurs; parfois on n'en emploie qu'un, mais le plus souvent les appareils sont à deux cylindres accouplés, comme le montre la vue d'ensemble (*fig.* 4).

Ce sont ces appareils qui alimentent les outils perforateurs employés au percement de la galerie d'essai du tunnel sous la Manche : le principal perforateur est le perforateur Beaumont, dont nous avons donné précédemment la description, et qui fonctionne avec de l'air comprimé à 2 atmosphères, mais les compresseurs peuvent également porter la tension à 8 atmosphères.

Afin d'avoir, dans la production de l'air comprimé, une élasticité suffisante, on a installé côte à côte deux compresseurs conjugués, actionnés par l'arbre horizontal d'une machine à vapeur, et chaque compresseur comprend un groupe de deux cylindres à double effet dont les bielles sont calées à 90° l'une de l'autre pour éviter les points morts.

Ces dispositions, bien préférables à celles qui consistent à placer le piston du compresseur dans le prolongement même de la machine motrice, sont à peu près identiques à celles qu'on a adoptées en dernier lieu au tunnel du Saint-Gothard.

Il importe d'alimenter les perforateurs avec de l'air sec, car cet air se refroidit par la détente, et, s'il est chargé d'humidité, il se forme de la glace qui obstrue les orifices. Un séjour de l'air comprimé dans de grands réservoirs ne suffit pas à le débarrasser de l'eau qu'il tient en suspension. Aussi, MM. Sautter et Lemonnier ont-ils adapté à leurs appareils un sécheur spécial, formé de deux cylindres concentriques en tôle.

Dans le plus petit se trouve une série de surfaces coniques en tôle mince, présentant leur concavité alternativement vers le haut et vers le bas; celles-ci sont les plus grandes, elles s'appliquent contre la paroi du cylindre et sont ouvertes vers le centre; les autres, au contraire, sont fermées vers le centre et laissent entre leur pourtour et le cylindre un vide annulaire.

L'air comprimé arrive par le haut de l'appareil, circule entre ces surfaces coniques, qui font l'effet d'un condenseur à surfaces; l'eau en suspension se condense sur les parois, s'y réunit en gouttes qui tombent au fond du sécheur; l'air sec remonte entre les deux cylindres et gagne le réservoir. Un flotteur indique le niveau de l'eau à la base du sécheur et permet de régler ce niveau.

Les compresseurs du tunnel de la Manche alimentent trois réservoirs cylindriques d'un volume total de 36 mètres cubes. Dans une installation aussi importante, le débit d'air comprimé atteignant $2^{mc}50$ par minute, à 8 kilogrammes de pression, les réservoirs ne sont pas destinés à suppléer aux arrêts de la machine, car le volume d'air à emmagasiner serait considérable; ils servent uniquement à régulariser la pression et à compléter la dessiccation.

Le piston de chaque cylindre compresseur a 0^m41 de diamètre et 0^m75 de course. Avec une marche normale de 45 tours par minute, la production par cylindre est de 800 litres d'air comprimé, à la pression de 8 kilogrammes. Les épreuves d'essai ont donné largement ce chiffre.

Nous donnons, à titre de renseignement utile, les dimensions principales et les prix des divers compresseurs à deux cylindres ou à un seul cylindre, construits par MM. Sautter et Lemonnier :

FONDATIONS

DÉSIGNATIONS	A A L 2 cylindres. Bâtis léger en tôle.	A A 2 cylindres. Bâtis en fonte.	A 1 cylindre.	B 1 cylindre.	C 1 cylindre.	D 1 cylindre vertical à simple effet.
Diamètre du piston.	300ᵐᵐ	300ᵐᵐ	300ᵐᵐ	240ᵐᵐ	180ᵐᵐ	150ᵐᵐ
Course du piston.	420ᵐᵐ	420ᵐᵐ	420ᵐᵐ	320ᵐᵐ	240ᵐᵐ	200ᵐᵐ
Nombre de tours par minute en marche normale.	60	60	60	75	90	90
Volume d'air aspiré par heure (en mètres cubes).	406ᵐ³	406ᵐ³	203ᵐ³	130ᵐ³	66ᵐ³	19ᵐ³
Volume d'air comprimé par heure à 2 atmosphères effectives.	135ᵐ³20	135ᵐ³20	67ᵐ³60	43ᵐ³30	22ᵐ³	6ᵐ³30
— 3 —	101ᵐ³50	101ᵐ³50	50ᵐ³75	32ᵐ³50	16ᵐ³50	4ᵐ³70
— 4 —	81ᵐ³20	81ᵐ³20	40ᵐ³60	26ᵐ³00	13ᵐ³20	3ᵐ³80
— 5 —	67ᵐ³60	67ᵐ³60	33ᵐ³80	21ᵐ³70	11ᵐ³00	3ᵐ³20
Nombre de chevaux-vapeur à fournir en vitesse normale pour comprimer à 2 atmosphères effectives.	29,00	29,00	14,50	9,40	4,50	1,16
— 3 —	36,00	36,00	18,00	11,50	5,80	1,73
— 4 —	42,00	42,00	21,00	13,30	6,70	2,00
— 5 —	46,00	46,00	23,00	15,00	7,30	2,16
Dimension des poulies. Diamètre	1ᵐ30	1ᵐ30	1ᵐ30	1ᵐ50	1ᵐ20	1ᵐ00
Largeur.	0ᵐ275	0ᵐ275	0ᵐ275	0ᵐ25	0ᵐ15	0ᵐ14
Emplacement occupé sans poulies. Longueur.	2ᵐ85	2ᵐ65	2ᵐ65	2ᵐ10	1ᵐ70	0ᵐ90
Largeur.	1ᵐ02	1ᵐ05	0ᵐ62	0ᵐ32	0ᵐ40	0ᵐ70
Poids. sans poulies.	2,100ᵏ	2,600ᵏ	1,400ᵏ	875ᵏ	550ᵏ	380ᵏ
avec poulies.	3,000ᵏ	3,500ᵏ	1,850ᵏ	1,275ᵏ	750ᵏ	630ᵏ
Prix à Paris.	6,000ᶠʳ	6,000ᶠʳ	4,000ᶠʳ	3,000ᶠʳ	2,000ᶠʳ	1,400ᶠʳ

Il convient de remarquer que les volumes en air comprimé sont théoriques, le rendement pratique varie de 60 à 90 p. 100.

Treuil de sas à air mû par l'air comprimé. — Lorsqu'on exécute des fondations à l'air comprimé, on a sous la main une puissance qu'il est naturel d'utiliser pour toutes les opérations et manœuvres accessoires ; c'est l'air comprimé lui-même. Une consommation supplémentaire, même un peu forte, n'entraîne pas une grosse dépense et se traduit finalement par une grande économie de main-d'œuvre.

Ainsi, quand l'eau confinée au fond du caisson ne peut, vu la nature du sol, s'échapper par refoulement sous le couteau, il suffit d'installer un tube vertical à crépine dans lequel cette eau remonte pour s'épancher à l'extérieur ; la hauteur d'ascension peut même être bien supérieure à la colonne d'eau représentant la pression ; il suffit, pour cela, de laisser entrer l'air comprimé dans le tube par un petit trou ou reniflard, l'air se mélange à l'eau et forme un fluide mixte de densité inférieure à celle de l'eau pure ; la colonne ascensionnelle d'équilibre augmente en raison inverse de la densité du mélange. De la sorte, on n'en est pas réduit à faire passer l'eau par le sas, comme nous l'avons vu faire au pont de Marmande.

De même, il est illogique de faire mouvoir à bras d'homme les treuils qui enlèvent les déblais et descendent les matériaux. Un petit moteur à air comprimé effectue ce travail beaucoup mieux, beaucoup plus vite et à meilleur compte.

C'est ce qu'ont bien compris MM. Sautter, Lemonnier et Cie, en construisant le treuil pour sas à air représenté par les figures 1 à 3, pl. XLIII.

Au sommet des sas, sur une collerette circulaire ménagée à cet effet, on boulonne une cloche en fonte K qui porte à l'intérieur le treuil proprement dit, et à l'extérieur le moteur.

Ce moteur X, nettement indiqué sur la vue d'ensemble, se compose de deux cylindres à air comprimé, cylindres oscillants, dont les bielles et manivelles sont montées à 90° l'une de l'autre (nous décrirons ce moteur en traitant de l'organisation des chantiers) ; l'arbre du moteur se termine à un bout par un volant, à l'autre par un pignon Y qui engrène avec la roue dentée E. Celle-ci fait tourner l'arbre A qui traverse la cloche et qui porte un frein automatique D (système Mégy, Echeverria et Bazan) ; le pignon de cet arbre A engrène avec la roue dentée F du second arbre B placé dans l'axe de la cloche. Cet arbre B est véritablement l'arbre moteur du treuil, il porte le tambour sur lequel s'enroule la corde de la benne, et une poulie directrice G ramène cette corde et la maintient dans l'axe du sas. On voit que la vitesse de rotation est considérablement réduite par les engrenages entre le premier arbre Y et le dernier arbre B ; il est à remarquer que l'on peut monter des manivelles ordinaires aux extrémités de l'arbre A et substituer, s'il le faut, la force musculaire de l'homme à la tension de l'air comprimé.

La mise en marche et l'arrêt du treuil peuvent être commandés très simplement du fond même du caisson, à l'aide de deux chaînettes. La première H, après avoir passé sur deux poulies de renvoi, vient agir sur le levier L, qui desserre le frein par son action sur le manchon M. La seconde Q ouvre le robinet O, qui donne l'air comprimé aux petits cylindres du moteur et le met en marche.

Ainsi, en tirant la chaîne Q, on enroule la corde du treuil et la benne monte; elle s'arrête au moment même où on lâche la chaîne; en tirant la chaîne H, le câble se déroule entraîné par le poids de la benne, et le mouvement de descente cesse dès que la chaîne est abandonnée.

La manœuvre est donc simple, précise et presque instantanée; il n'est pas besoin de démontrer qu'elle est économique; il y a toujours économie, pour un travail continu, à substituer un moteur inanimé à la force musculaire de l'homme.

TABLE DES MATIÈRES

	Pages.
Objet et division de l'ouvrage	7

CHAPITRE PREMIER
Généralités sur les fondations

Classification des procédés d'après la nature des terrains	9
1° Terrain solide	10
2° Terrain mobile superposé à un terrain solide	12
3° Terrain indéfiniment mobile	15
Précautions à prendre pour les terrains affouillables	16
Fondations sur radier général :	
Pont canal du Guétin	17
Viaduc de Pont-d'Ain	18
Classification adoptée dans le présent ouvrage pour les divers systèmes de fondation	19

CHAPITRE II
Fondations directes sur le solide.

1° Fondations directes sans fouille ni épuisement 20

Fondation sur le rocher :
Phare du Four; viaduc de Pompadour	21
Phare de Barfleur; barrage du Furens	22
Phare de la Banche	22

Fondation sur la terre compacte.
Résistance de la terre compacte à l'écrasement	23
Résistance d'une terre rapportée bien pilonnée	24
Utilité de l'arrosage pour la résistance des terres pilonnées	25
Traitement des remblais par l'eau	25

Fondations sur le sable; expériences sur la résistance et le tassement du sable 25

	Pages.
Pilotis en sable	29
Exemples de fondations sur sable	30

2° Fondation directe dans une fouille, avec ou sans épuisement.

Fouille étrésillonnée, fouille blindée.	31
Cadres pour blindage de puits	34
Fondations du viaduc de Morlaix	35
Égouts de Paris, fouille blindée avec épuisements, fondations en sous-œuvre	35
Viaduc de Dinan : fouilles blindées	36
Enceintes de pieux et palplanches battus dans la vase, viaduc d'Auray	37
Viaduc d'Hennebont; épuisements dans une enceinte de pieux et palplanches	39
Pont de Menat; épuisements en fouille blindée	41
Massif de béton posé à sec dans une fouille, précautions à prendre	43
Fondations et fouilles dans le sable, aux ports de Gravelines et de Dunkerque	44

3° Fondation dans une enceinte de bâtardeaux, avec épuisement.

Généralités sur la confection des bâtardeaux	46
Types divers de bâtardeaux	48
Pont de Neuilly : fondations dans des enceintes de bâtardeaux	51
Fondations du barrage de la Vanne Alcorps sur la Meuse	52
Fondations du viaduc de Montrond	54
Bâtardeau employé à Cherbourg	54
Fondations du quai Henri IV, à Paris	55
Bâtardeau des bassins de radoub du port de Marseille	57

	Pages.
Bâtardeau du bassin national, à Marseille.	58
Bâtardeau pour le barrage de l'île Davis, sur l'Ohio; transport du corroi par des pompes	59
Bâtardeau du bassin de la Citadelle, au Havre.	60
Bâtardeau du pont de Port-Sainte-Marie; forage préalable des trous de pieux.	61
Fondations du pont de Montauban.	62
Bâtardeau en charpente de La Rochelle.	63

4° Fondation dans un caisson étanche, avec épuisement.

Considérations générales.	63
Caisson du viaduc de Port-de-Pile, sur la Creuse	64
Caissons du viaduc de l'Aulne.	67
Caisson du viaduc du Scorff.	69
Caisson du viaduc de Quimperlé.	70
Caisson du pont de Beynac.	71

5° Description sommaire des procédés d'épuisement.

1° *Pompes à mouvement alternatif.*	73
Pompe aspirante.	74
Pompe foulante.	75
Pompe aspirante et foulante.	76
Pompe Letestu.	80
Application de la pompe Letestu aux épuisements	81
Prix et rendements de ces pompes.	84
Pompes à double effet.	84
2° *Pompes rotatives.*	87
Pompe de Dietz.	87
Pompes à force centrifuge.	87
Description de la pompe Dumont.	88
Avantages et inconvénients des pompes centrifuges.	91
Tuyaux d'aspiration; clapets de retenue et crépine.	92
Amorçage par éjecteur à vapeur.	93
Pompes rotatives pour dragage des vases molles et des sables.	95
Installation des appareils d'épuisement au neuvième bassin à flot du Havre	95
Installation des appareils d'épuisement à l'écluse de Carrières-sur-Seine.	96
Épuisements du canal Saint-Louis.	98
Exemples d'installation des pompes Dumont.	99

	Pages.
Choix de la machine motrice d'une pompe rotative.	102
Aperçu des prix des pompes rotatives.	102
3° *Appareils divers pour épuisements*	103
Siphon.	103
Application de l'éjecteur à vapeur ou de l'éjecteur à eau à l'amorçage du siphon.	105
Siphon de la distribution d'eau de Reims	106
Chapelet vertical ou incliné.	106
Chaîne-pompe.	107
Noria.	107
Écope hollandaise.	108
Roue à seaux.	109
Tympan.	110
Vis d'Archimède.	111
Bélier hydraulique.	115
Pulsomètre.	118
Application du pulsomètre à l'épuisement de puits et de galeries, à Montmédy.	121
Conditions générales à observer dans l'installation des appareils d'épuisement.	122
Usage des *toiles imperméables*, pour diminuer les filtrations	123
Captage des sources dans les fouilles de fondation.	124

CHAPITRE III

Fondations sur pieux ou piliers isolés.

Division du chapitre.	128
1° Pieux et pilotis en bois.	129
Distinction entre les pieux et les pilotis	129
Composition, forme et dimension des pieux.	129
Palplanches.	130
Conservation des bois sous l'eau.	130
Certaines eaux détruisent le bois.	131
Sabots et frettes des pieux.	132
Sabots Camuzat, Défontaine.	133
Enture des pieux.	134
Frettes.	135
Théorie mécanique du battage des pieux.	135
Valeur pratique de la charge à imposer à un pieu.	137
Refus.	138

TABLE DES MATIÈRES

	Pages.
Charge maxima par centimètre carré.	138
Règle à suivre pour le battage, valeur du refus	139
Théorie du battage d'après Rankine.	139

Procédés de battage des pieux 141

- 1° *Sonnette à tiraudes* 142
- 2° *Sonnettes à déclic* 143
- Déclics de divers systèmes 144
- Résultats pratiques de battage; carnet de battage 146
- Résultats sur le battage des pilotis au pont de Kuilenburg 147
- Battage de panneaux de pieux enfoncés d'une seule fois 148
- Forage de trous de pieux avant battage. 148
- Sonnette pour pieux inclinés 149
- Sonnette montée sur bateaux 149
- 3° *Sonnettes à vapeur* 150
- Sonnette Janvier au port de Toulon. 150
- Sonnette du pont de Kehl 152
- Sonnette des ponts de Nantes 152
- Sonnette de la ligne de Busigny à Hirson 153
- Sonnette du pont au Change, à Paris. 153
- Sonnette double du port de Gravelines. 154
- Sonnette du pont de Tarascon, pilon Nasmyth 155
- Sonnette à vapeur, système Lacour. 160
- Sonnette à vapeur système Riggenbach. 164
- *Sonnette balistique*, mue par la poudre à canon 165
- *Emploi de l'eau comprimée* pour l'enfoncement des pieux, applications à Calais, à Honfleur 167
- *Opérations accessoires au battage*. 169
- Arrachage de pieux 169
- Recepage des pieux sous l'eau 170
- Lunettes plongeantes 171
- Moisage des pieux sous l'eau 172

Exemples de fondations sur pilotis 173

- 1° *Fondations sur pilotis et grillages* 174
- Pont de Staines sur la Tamise 174
- Pilotis et plancher de fondation d'un pont sur le canal de l'Escaut 174
- Pilotis et grillages du viaduc de Paludate 175
- Pilotis et grillages du viaduc du Mans. 175
- Pilotis et grillages du pont des Arts, à Paris 177
- Fondation d'un mur de quai de la Tamise sur pieux inclinés 177
- Pilotis et grillages dans les terrains vaseux 178
- Ponts sur le Brivet, sur l'Oust (Bretagne) 179
- 2° *Fondations sur pilotis et massifs de béton* 180
- Pont sur la Bidassoa 180
- Pont en plein cintre de 24 mètres d'ouverture 181
- Pont de Lanne sur l'Adour 181
- Fondation de l'écluse du canal Saint-Louis 182
- Viaduc de Comelle 182
- Variations de la résistance à l'enfoncement des pieux dans certains terrains 183
- Fondation d'un mur de quai au Havre. 184
- Pont Hutcheson à Glasgow 184
- Viaduc du Point-du-Jour 185
- Pont sur la Meuse à Rotterdam 185
- Pont de Mœrdyck, sur le Hollandsch-Diep, recepage à grande profondeur. 186
- 3° *Fondations par caissons foncés sur pilotis* 187
- Ponts d'Austerlitz, d'Iéna, de Rouen. 187
- Pont de Libourne 192
- Pont de Vernon-sur-Seine 192

2° Pieux métalliques et pieux à vis 193

- Pieux en fer double T de la digue du large à Glasgow 194
- Observation générale sur les pieux métalliques 194
- Pieux creux en fonte enfoncés avec l'aide de l'eau comprimée, viaducs de Kent et de Leven 195
- Gros pilotis de 1m20 de diamètre, en bois et fer, du pont sur le Liimfjord. 198
- Pieux à vis 198
- Jetée de Courtown 200
- Phare de Walde 201
- Observations sur les pieux à vis 202

3° Piliers en maçonnerie 203

- Piles tubulaires du viaduc de l'Osse. 203
- Fondation du viaduc du Point-du-Jour, puits blindés 204

TABLE DES MATIÈRES

	Pages.
Fondation d'une maison sur puits remplis de béton.	205
Fondation du pont sur la Vilaine, à Redon.	206
Fondations de la jetée et des quais de Saint-Nazaire.	207
Fondations par havage du bassin à flot de Bordeaux.	211
Fondations par havage du bassin à flot de Rochefort.	214
Fondations par havage du neuvième bassin du Havre.	215
Fondations par havage de murs de quai à Glascow.	216
Descente de puits dans le sable des Landes.	216
Pompe Christ pour enlever le gravier.	217
Construction d'un puits à Chicago.	217
Fondations tubulaires du pont de l'Impératrice sur le Sutlej (Inde anglaise).	218

CHAPITRE IV
Fondations sur massifs immergés.

	Pages.
Généralités.	223
1° Fondations sur enrochements ou sur blocs artificiels.	224
Digues de Cherbourg, d'Holyhead.	225
Digue de Marseille.	226
Crèches en charpente remplies d'enrochements, ou *crib-works*.	227
2° Fondations sur plateformes en fascinages.	228
Confection d'une plateforme.	229
Levées d'accès du pont de Mœrdyck.	231
3° Fondations sur massifs de béton immergés dans des enceintes.	231
Fondation d'un mur de quai au canal Saint-Louis.	231
Fondation du viaduc de Javel.	232
Fondation du pont d'Albi, sur le Tarn.	232
Fondation du viaduc de Tarascon.	233
Fondation des ponts de Cé.	236
Fondation du pont de Plessis-lès-Tours.	237
Fondation du pont de Chalonnes.	238
Fondation du pont de Saint-Pierre-de-Gaubert.	239

	Pages.
Fondation de divers murs de quai à Paris.	241
Fondation du pont de Kuilenburg.	242
4° Fondations sur massifs de béton immergés dans des caissons.	243
Caissons employés en 1845 sur le Cher et la Vienne.	243
Caissons du pont du Point-du-Jour.	246
Caissons du pont au Change.	248
Caissons du pont Sully, à Paris.	249
Caissons du pont de Bezons-sur-Seine.	250
Caissons en tôle du pont de Brême.	251
Caissons en tôle du viaduc de Nogent-sur-Marne.	251
Conclusion sur les caissons en tôle.	256
Caisson métallique avec revêtement en briques du pont sur le Tay.	256
Fondation dans des cuvelages en fonte.	257
Applications sur la ligne de Nieuwe-Diep à Amsterdam.	257
Procédés d'immersion du béton.	260
Précautions à prendre pour l'immersion.	260
Anciennes trémies de Saint-Valery-sur-Somme.	261
Application récente des trémies à un pont sur la Loire.	262
Caisse d'immersion du port d'Alger.	263
Caisse d'immersion du port de Brest.	263
Bateau-lisseur du pont de Tours.	263
Installation du bétonnage au bassin de radoub n° 3 du port de Toulon.	263
Enlèvement des laitances.	264
Caisse d'immersion des ponts de Nantes.	264
Caisse d'immersion du pont de Saint-Pierre-de-Gaubert.	265
Caisse d'immersion du pont de Plessis-lès-Tours.	267
Caisse d'immersion du pont Sully.	267
Immersion du béton pour la fondation des ouvrages des ports de Gravelines et de Dunkerque.	268
Choix à faire entre les divers systèmes d'immersion.	271
Inconvénients des fondations sur massifs de béton immergés dans des caissons.	272

TABLE DES MATIÈRES

Pages.

Les caissons doivent-ils être à parois verticales ou à parois inclinées?. . 272

CHAPITRE V

Fondations par l'air comprimé.

Historique. 274
Classification des appareils à air comprimé. 276

1° Fondations tubulaires. 277

Appareil Triger. 277
Tubes du pont de Rochester. 278
Tubes du pont de Szegedin. 279
Piles tubulaires du pont de Bordeaux. 283
Piles tubulaires du pont d'Argenteuil. 285
Jetées tubulaires de l'embouchure de l'Adour. 287
Fondations tubulaires des magasins du Printemps, à Paris. 288
Comparaison avec le système de fondation de l'Opéra. 290

2° Caissons à l'air comprimé. 292

Caissons du pont de Saltash. 292
Caissons du pont de Kehl. 295
Caissons du pont de la Voulte. 300
Caissons du pont de Lorient, sur le Scorff, et du pont de Nantes, sur la Loire. 302
Caissons du pont de Vichy, sur l'Allier. 304
Caisson du pont de Saint-Louis, sur le Mississipi. 307
Caissons du pont de Brooklyn. 309
Caissons du pont de Collonges, sur le Rhône. 313
Caisson du bâtardeau du bassin de Brest. 316
Caisson du pont sur le Liimfjord. . . . 318
Caisson-bâtardeau du port d'Anvers. . 319
Caisson de la darse de Missiessy, à Toulon. 324
Jonction de caissons juxtaposés à Saint-Malo. 334
Caisson du viaduc du val Saint-Léger. 335
Caisson du pont sur le Tay. 337
Caisson-bâtardeau divisible et mobile. 338

Applications :

1° Pont de Garrit. 338
2° Démolition d'un mur de quai à Honfleur. 340

Pages.

3° Pont de Mareuil, sur la Dordogne. . 341
Valeurs des frottements sur les parois latérales des caissons pendant l'enfoncement ou l'arrachage. 343
4° Déversoir du barrage du Coudray. . 345
Caisson du pont de Marmande, chambre de travail formée d'une voûte en maçonnerie. 349
Poids des caissons à air comprimé.
Galeries souterraines construites avec l'aide de l'air comprimé. 351
1° Fondation d'un égout à Grenoble. . 352
2° Construction d'une galerie au port d'Anvers. 353
Danger de rencontre de gaz explosifs. 355
Tunnel sous la rivière d'Hudson. . . . 355
Puits de fondation foncés par l'air comprimé, au port de Rochefort. . . . 357

3° Cloches et bateaux plongeurs. 358

Anciennes cloches à plongeurs. 358
Bateau sous-marin de Coulomb et la Gourneric. 359
Cloche à plongeur appelée Nautilus. . 361
Bateau-cloche du service de la navigation de la Seine. 363
Cloche avec tube à mouvement télescopique. 369
Cloche à dérochement du port de Brest. 371
Observations sur la cloche à dérochement. 374

4° Scaphandres. 375

Anciens appareils. 375
Scaphandre Denayrouse. 376
Fonctionnement de cet appareil, précautions. 377
Appareils Galibert, Rouquayrol, etc. . 379
Régulateur de plonge Denayrouse. . . 381
Applications des scaphandres. 382
Reprise en sous-œuvre des quais de Cette. 382
Applications diverses. 383
Fondation de la tour balise de Lavezzi. 385
Observation générale sur l'emploi du scaphandre. 386
Lampes sous-marines. 386
Résumé des perfectionnements successifs de l'art des fondations à l'air comprimé. 388

	Pages.
Prix de revient de quelques fondations à l'air comprimé.	389

5° Précautions pour éviter les accidents dans l'air comprimé. 392

Examen d'un mémoire de M. Triger.	392
Explosions.	394
Eclusement et déséclusement trop brusques.	394
Expulsion des eaux par l'action de l'air comprimé.	397
Effets physiologiques de l'air comprimé.	399
Avantages de l'écluse placée à la hauteur de la chambre de travail.	400
Proportion des malades au pont de Marmande.	400

6° Appareils de Compression.

Lois de la compression.	401
Difficultés tenant à l'échauffement des gaz qui se compriment et au refroidissement des gaz qui se dilatent.	402

	Pages.
Classification des compresseurs.	402
Compresseurs pour laboratoires.	403
Compresseurs pour scaphandres.	405
Compresseurs hydrauliques Sommeiller.	406
1° Compresseurs à choc.	406
2° Compresseurs à pompe.	408
Compresseurs anciens pour caissons de fondation.	408
1° Compresseurs Flaud.	408
2° Compresseurs du pont de Szegedin.	409
3° Compresseur Cail, ponts de Kehl et de la Voulte.	409
4° Compresseurs du pont de Marmande, prix de revient de la compression.	411
Compresseurs à double effet, système Colladon, construits par MM. Sautter, Lemonnier et Cⁱᵉ.	413
Piston à garnitures Giffard.	413
Injection d'eau pulvérisée dans les cylindres.	414
Treuil de sas à air mû par l'air comprimé.	418

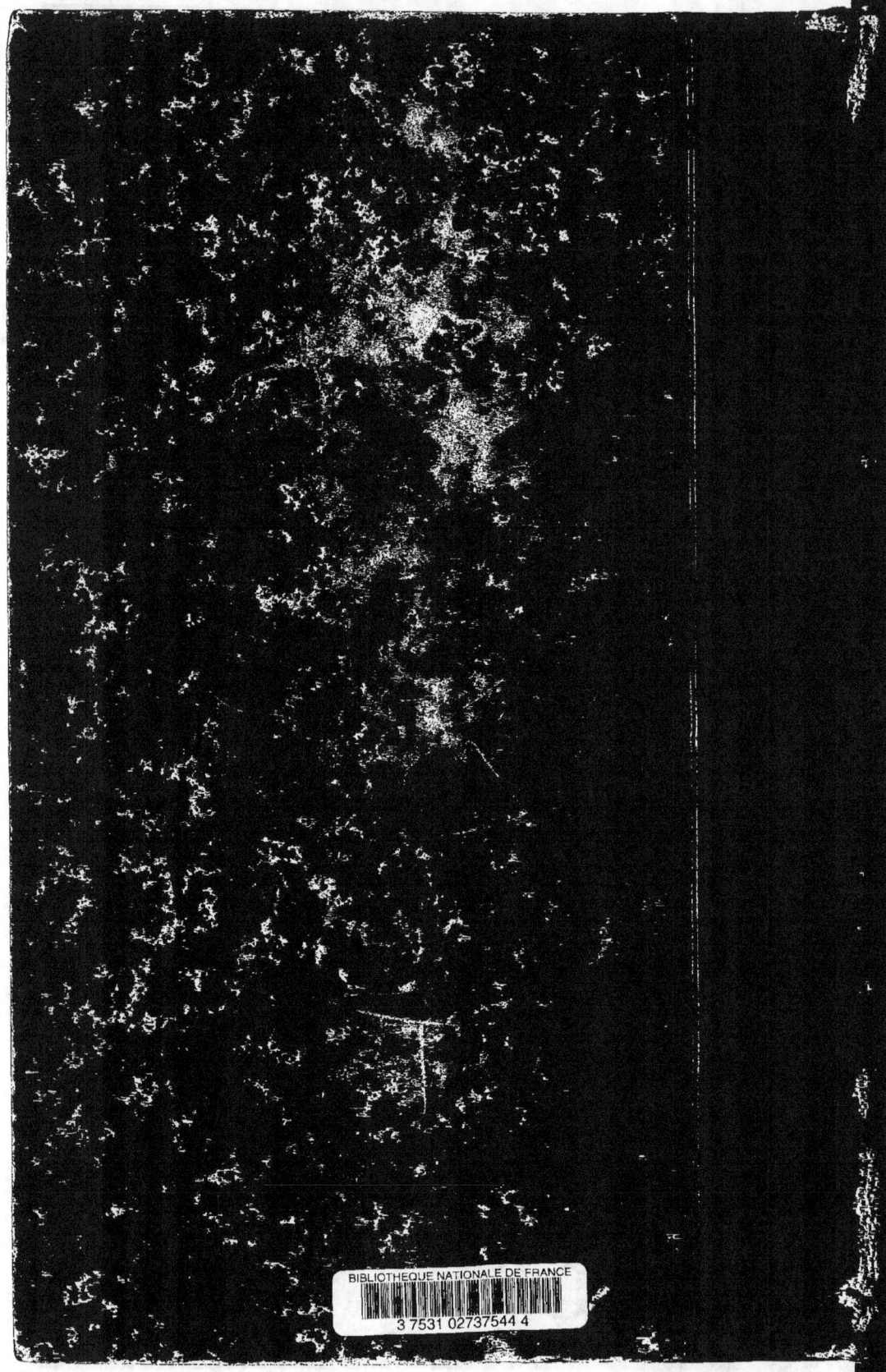

www.ingramcontent.com/pod-product-compliance
Lightning Source LLC
Chambersburg PA
CBHW050732240426
43665CB00053B/1946